图 2-2 分割和识别中颜色的价值。在这样的室外自然场景中，颜色有助于分割和识别。虽然在野外辨别食物来源对早期人类来说可能很重要，但是无人机可以通过颜色来协助导航

图 2-3 建筑环境中颜色的价值。色彩在人类管理建筑环境时起着重要作用。在车辆中，大量的强光、路标和标记（如黄线）被编码以帮助驾驶员；它们同样可以通过提供关键信息来帮助机器人更安全地驾驶

图 2-4 食品检测中颜色的价值。许多食物颜色鲜艳，就像日本料理一样。虽然这可能对人类有吸引力，但它也可以帮助机器人快速检测异物或有毒物质

图 3-12 颜色鲜艳的物体的颜色过滤。(A) 一些糖果的原始彩色图像;(B) 向量中值滤波;(C) 向量模式滤波;(D) 模式滤波器分别应用于每个颜色通道。注意,图 B 和 C 没有显示出颜色出血,尽管这在图 D 中非常明显。最引人注目的是黄色糖果周围孤立的粉红色像素,加上少量绿色像素。有关颜色出血的详细信息请参见 3.10 节

图 3-13 包含大量脉冲噪声的图像的彩色滤波。(A) Lena 图像,包含 70% 的随机彩色脉冲噪声;(B) 应用向量中值滤波器的效果;(C) 应用向量模式滤波器的效果。虽然模式滤波器的设计更多是为了增强而不是为了抑制噪声,但是我们已经发现,当噪声水平非常高时,它在这项任务中表现非常好

图 6-11　Harris 兴趣点检测器的应用。图 A 为原始图像；图 B 为兴趣点特征强度；图 C 和 D 为在 5 像素（C）和 7 像素（D）的距离上给出最大响应的兴趣点的位置；图 E 和 F 为序列中后续帧的兴趣点分布（使用 7 像素距离上的最大响应）；图 D～F 显示特征识别的高度一致性，这对跟踪目的很重要。请注意，兴趣点确实表明了感兴趣的位置——角点、人的脚、白色道路标记的两端、城堡窗口和城垛特征。此外，像素抑制范围测量的重要性越大，特征往往具有越大的相关性

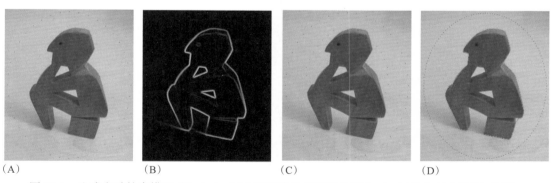

图 12-1　生成主动轮廓模型（Snake）。(A) 在图像边界附近具有 Snake 初始化点（蓝色）的原始图像；最终的 Snake 位置（红色）紧贴物体的外部，但很难进入底部的大凹面，它们实际上大致位于弱阴影边缘。(B) 对图 A 应用 Sobel 算子的平滑结果，Snake 算法使用这个图像作为它的输入。Snake 的输出在图 B 上以红色叠加，因此很容易看到边缘最大值的高度切合。(C) 中间结果，在迭代次数（60）的半数（30）后，这表明在捕获了一个边缘点之后，其他这样的点被捕获变得更容易。(D) 使用增加数量的初始化点（蓝色）并加入（绿色）最终位置（红色）来给出一个相连的边界，一些剩余的缺陷是显而易见的

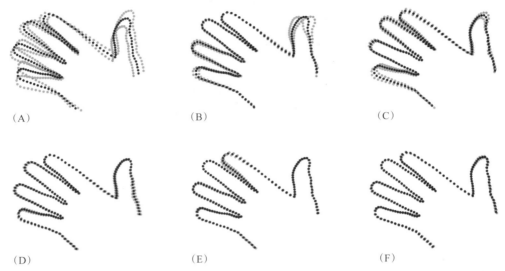

图 12-3　由各种特征向量产生的效果。在这里，图 12-2 所示类型的 17 只手训练后，对 6 个最大特征值的影响按顺序显示。黑色圆点表示平均手位置，红色和绿色圆点表示通过相关特征值的平方根（代表特征向量的真实强度）从平均位置移动的效果。显然，第 6 或更高特征值产生的变化很小

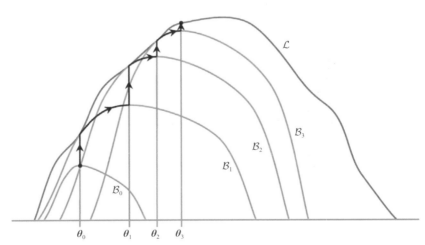

图 14-2　EM 算法中的 E 和 M 步骤。$\mathcal{B}_0$ 是似然函数的初始下界，并且隐藏（$z$）参数的调整导致一个垂直 "E" 步骤以满足最佳对数似然曲线 $\mathcal{L}$（标记为蓝色）。此后，调整 $\theta$ 参数导致沿红色 $\mathcal{B}_1$ 曲线的 "M" 步骤，直到达到局部最大值。随后继续 E 和 M 步骤（均由黑色箭头指示），直到达到 $\mathcal{L}$ 曲线上的最高位置。为清楚起见，仅显示了前几个步骤

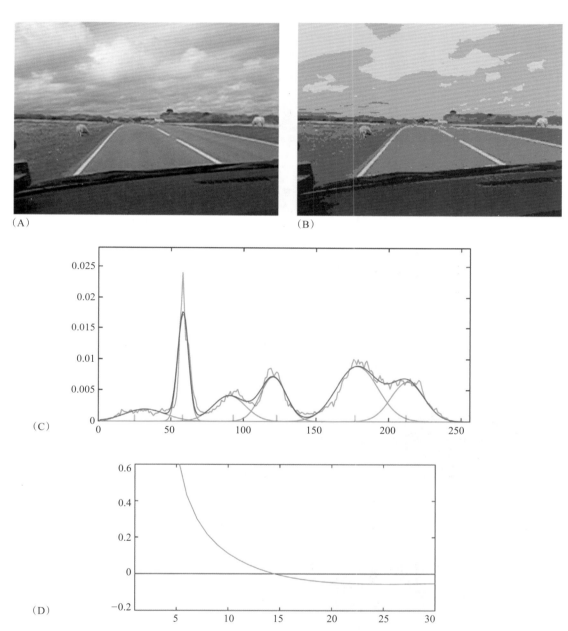

图 14-6 EM 算法在多级阈值处理中的应用。图 A 的强度直方图在图 C 中显示为绿色轨迹。
EM 算法用于获得 GMM，如图 C 中红色的 6 个高斯分布所示。图 C 中蓝色求和轨迹
完美拟合绿色轨迹，没有系统的变化，表明在这种情况下 6 个高斯分布的拟合是最佳
的。所有有助于绿色轨迹的相邻高斯分布交叉点之间的像素被分配中间高斯分布的平
均强度并重新插入图像，如图 B 所示。对云强度的拟合相对较差，但其他强度匹配合
理。图 D 显示算法中 30 次迭代的 $\Delta\mathcal{L}$ 的变化。在图 C 中，横轴上的 6 个青色标记表
示通过 K 均值算法定位的平均值

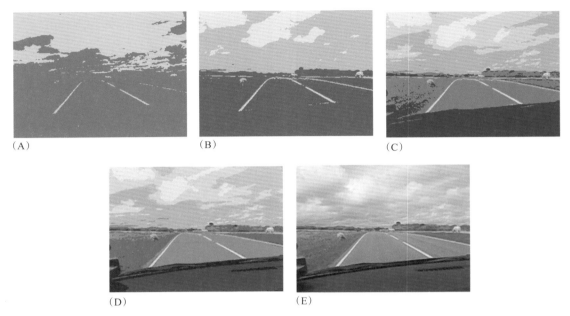

图 14-8　使用 K 均值进行分割。使用 K 均值算法将原始图像 E 分割成均匀颜色的 K 个区域。
　　　　图 A ～ D 中的 K 值分别为 2、3、5 和 8。除了云，图 D 中的图像是图 E 的合理再现

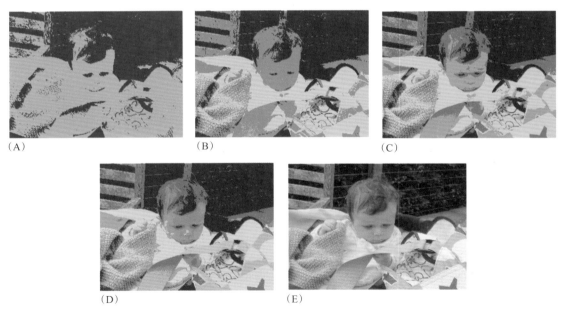

图 14-9　使用 K 均值进行分割。使用 K 均值算法将原始图像 E 分割为颜色均匀的 K 区域。在
　　　　图 A ～ D 中，K 的值分别为 2、3、4 和 8。除了脸部的一些细节之外，图 D 中的图
　　　　像是图 E 的合理再现

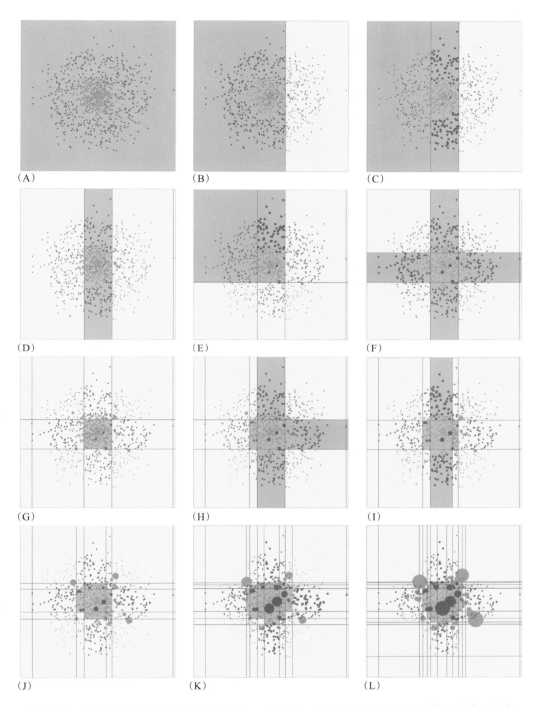

图 14-11　在一系列弱分类器上训练 AdaBoost 的结果。图 A 显示了初始训练集的分布，包括
　　　　　500 个红色和 500 个蓝色数据点。图 B ～ L 分别显示了对 1、2、3、4、5、6、7、8、
　　　　　12、20 和 30 个弱分类器的训练结果，每个弱分类器由单个直线决策面组成。在应
　　　　　用每个最佳拟合弱分类器之后，调整数据点的权重——对于正确分类的点使其更小，
　　　　　而对于错误分类的点使其更大。在图 J ～ L 中，可以识别出有几个点（大的红色或
　　　　　蓝色斑点）是过度训练的

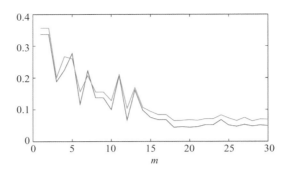

图 14-12　用于训练和测试的错误分类图。下面的蓝色折线显示了训练的错误分类图，上面的红色折线显示了测试的错误分类图。最初，两种情况下的误差都在迅速下降，但测试集的误差稍高一些（在训练集上进行测试总是有望带来更好的性能）。在应用了 18 ～ 20 个弱分类器后，再没有进一步的改善了，一些过度训练变得明显

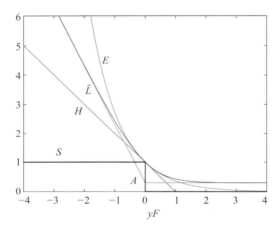

图 14-13　用于增强的损失函数的比较。$E$ 和 $\tilde{L}$ 是指数（红色）和对数损失（蓝色）函数，$H$ 是 SVM 分类器中使用的枢纽函数（绿色）。$S$ 是二元误分类步骤函数（黑色），其中损失函数必须以平滑、单调变化的方式模拟。$\tilde{L}$ 的两条线性渐近线（青色）在 $yF = 0$ 交点附近标记为 $A$。注意，$E$ 和 $\tilde{L}$ 在它们满足 $S$ 的点处具有相等的值、梯度和曲率；重要的是 $\tilde{L}$ 保持该特性但是对于 $yF$ 的大的负值转向线性变化

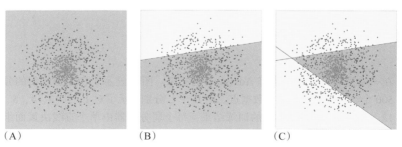

图 14-15　在一系列弱分类器上训练 LogitBoost 的结果。（A）初始训练集的配置，包括 500 个红色和 500 个蓝色数据点。（B）～（F）分别对 1、2、3、4 和 10 个弱分类器的训练结果，每个弱分类器由单个直线决策表面组成

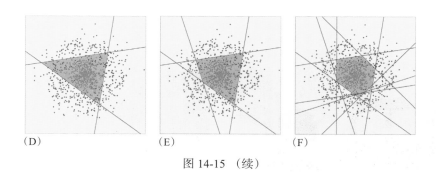

（D）　　　　　　　　　（E）　　　　　　　　　（F）

图 14-15　（续）

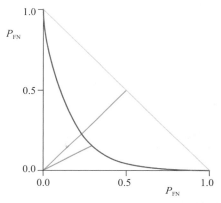

图 14-16　理想化的 ROC 曲线（以蓝色显示）。梯度为 +1 的红线表示先验可能导致最小误差的
　　　　　位置。实际上，最佳工作点是由绿线表示的，其中曲线上的梯度为 −1。梯度为 −1
　　　　　的橙线表示极限最坏情况，所有实际 ROC 曲线将位于该线下方

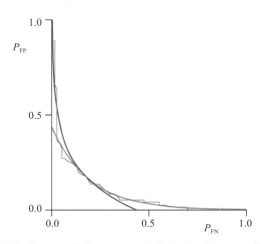

图 14-17　使用指数函数拟合 ROC 曲线。这里，给定的（红色）ROC 曲线（参见 Davies 等人，
　　　　　2003c）具有由有限的数据点集产生的独特路线。一对指数曲线（以绿色和蓝色显示）
　　　　　沿着两个轴很好地拟合 ROC 曲线，每个轴都有一个明显的区域（最佳模型）。在这
　　　　　种情况下，交叉区域相当平滑，但没有实际的理论原因。此外，指数函数不会通过
　　　　　限制点（0,1）和（1,0）

| 天空 | 建筑物 | 杆 | 道路<br>标记 | 道路 | 路面 | 树木 | 标志 | 栅栏 | 车辆 | 行人 | 自行车 |

图 15-14　从前排乘客座位拍摄的三条道路场景。在每种情况下，左边的图像是原始图像，右
　　　　边的图像是由 SegNet 生成的分割图像。关键字表示 SegNet 指定的 12 种可能的含
　　　　义。尽管定位精度并不完美，但鉴于有限数量的可解释性以及视野内物体的多样性，
　　　　所赋予的含义通常是合理的

（A）

（B）

图 23-2　RANSAC 在道路标线定位中的应用。（A）RANSAC 识别的带有车道标线的道路场景原始图像。（B）RANSAC 用于定位道路车道标线的边缘点局部极大值。虽然车道标线近似收敛于水平线上的点，但单个车道标线的平行边收敛不太准确，表明边缘点较少的情况下可以达到的极限。这与其说是 RANSAC 本身的缺陷，不如说是边缘检测器的缺陷

图 23-11　另一种通过肤色检测行人位置的方法。图 A 和 B 表明，通过肤色检测可以实现很多功能，不仅可以检测人脸，还可以检测颈部、胸部、手臂和脚（详见图 C 和 D）。通过适当的颜色分类器训练，可以实现更多功能，如图 E 和 F 所示

智能科学与技术丛书

# Computer Vision

Principles, Algorithms, Applications, Learning, Fifth Edition

# 计算机视觉
## 原理、算法、应用及学习

（原书第5版）

［英］E. R. 戴维斯（E. R. Davies） ◎ 著

袁春 刘婧 ◎ 译

机械工业出版社
China Machine Press

图书在版编目（CIP）数据

计算机视觉：原理、算法、应用及学习（原书第 5 版）/（英）E. R. 戴维斯（E. R. Davies）著；袁春，刘婧译 . —北京：机械工业出版社，2020.8（2023.1 重印）
（智能科学与技术丛书）
书名原文：Computer Vision: Principles, Algorithms, Applications, Learning, Fifth Edition

ISBN 978-7-111-66479-6

I. 计… II. ① E… ② 袁… ③ 刘… III. 计算机 – 视觉 – 研究 IV. TP302.7

中国版本图书馆 CIP 数据核字（2020）第 169594 号

**注意**

本书涉及领域的知识和实践标准在不断变化。新的研究和经验拓展我们的理解，因此须对研究方法、专业实践或医疗方法作出调整。从业者和研究人员必须始终依靠自身经验和知识来评估和使用本书中提到的所有信息、方法、化合物或本书中描述的实验。在使用这些信息或方法时，他们应注意自身和他人的安全，包括注意他们负有专业责任的当事人的安全。在法律允许的最大范围内，爱思唯尔、译文的原文作者、原文编辑及原文内容提供者均不对因产品责任、疏忽或其他人身或财产伤害及 / 或损失承担责任，亦不对由于使用或操作文中提到的方法、产品、说明或思想而导致的人身或财产伤害及 / 或损失承担责任。

出版发行：机械工业出版社（北京市西城区百万庄大街 22 号 邮政编码：100037）
责任编辑：佘 洁 责任校对：殷 虹
印 刷：北京建宏印刷有限公司印刷 版 次：2023 年 1 月第 1 版第 3 次印刷
开 本：185mm×260mm 1/16 印 张：31.75 插 页：6
书 号：ISBN 978-7-111-66479-6 定 价：149.00 元

客服电话：（010）88361066 68326294

随着近几年人工智能和机器学习技术的迅猛发展，计算机视觉作为其最重要的应用领域，也越来越受到学术界和产业界的广泛关注，2019 年在美国洛杉矶召开的 CVPR 会议，注册的各界参会人数达 9120 人。面对各界对计算机视觉高层次人才的迫切需求，高校如何做好计算机视觉方向的人才培养，成为我们这些计算机学科教师的重要课题。

我在清华大学深圳研究生院承担计算机视觉相关课程教学多年，深切感受到一本好教材对学生学好这门课的重要性，无论是课堂学习还是课后自学。我也曾经用过多本优秀的翻译教材，如艾海舟老师等翻译的《计算机视觉：算法与应用》（2012 年出版，Richard Szeliski 著）、林学闫老师等翻译的《计算机视觉：一种现代方法》（2004 年出版，David A. Forsyth 等著）、苗启广老师等翻译的《计算机视觉：模型、学习和推理》（2017 年出版，Simon J. D. Prince 著）。前面两位都是当年在清华大学计算机系媒体所教过我这门课的老师。然而随着计算机视觉技术的迅猛发展，深度学习方法已经在该领域广泛应用，如何将深度学习等最新的机器学习方法与传统的计算机视觉任务结合，成为当今计算机视觉科研和教学的重要内容。

英国伦敦大学 E. R. Davies 教授的这本书总结了作者长期以来在计算机视觉领域的科研成果。尤其值得强调的是，他从 1990 年的第 1 版开始，不断更新，不断修改，所以如今的这个版本可以说是当今计算机视觉领域在系统性、先进性、完整性方面最为突出的一本教材。有幸翻译这本教材是我的幸运，同时也是一项艰巨的任务。在系统性上我们可以发现，本书结构与 CVPR 会议的报告内容分类非常一致，系统性地阐述了计算机视觉的理论和方法，从初级视觉到中级视觉，再到机器学习和深度学习网络，以及 3D 视觉和运动。在先进性上，这是目前为止对深度学习计算机视觉方法进行系统介绍的唯一一本教材。在完整性上，全书共 24 章，全面涵盖计算机视觉的主要理论和方法。所以，我们特别推荐该书作为计算机视觉方向的大学本科或研究生教材。

感谢刘婧老师和我一起翻译此书，也感谢协助翻译工作的清华大学深圳研究生院的学生（选修 2018 年春季学期"计算机视觉"课程的学生），还要感谢实验室的李磊、魏萌、袁晨曦、罗莉舒、张宇为、蔡佳音、袁帅等同学参与了本书的校对工作。

最后感谢机械工业出版社对我的信任和支持，让我来承担这本计算机视觉领域重量级图书的翻译工作。

最后，因为翻译时间仓促，难免有错误和遗漏的地方，请各位读者及时指出，不胜感谢！

袁春

2020 年 5 月

很荣幸为《计算机与机器视觉》的新版写序，现在的书名为《计算机视觉：原理、算法、应用及学习》。戴维斯的这本书是计算机视觉领域的重要书籍之一，数年间屡次推陈出新，现在已经更新到了第 5 版。但本书值得肯定的地方远不止于此——它不仅反映了作者无私奉献和锲而不舍的精神，也反映了这本书自身的成就。

计算机视觉在其短暂的历史中显示出惊人的发展速度。这部分由于技术的发展：如今计算机速度快得多，内存也比戴维斯开始做研究时便宜得多。科技领域已经取得了许多成就，不断推动着行业的发展。所有这些都会影响教材的内容。过去也曾有过一些优秀的教材，遗憾的是，它们未能在市场上长期留存。本书没有犯同样的错误，因为作者紧跟该领域的发展，不断对书籍内容进行升级和完善。

我们可以期待，在未来，自动化计算机视觉系统将使我们的生活变得更加轻松，同时也更加丰富。计算机视觉在食品工业和机器人汽车领域已经有了许多应用，我们很快就能在生活中看到这些产品。在医学领域，图像分析技术也在不断进步，计算机视觉技术可以通过自动化手段帮助诊断和治疗。指纹识别为手机用户带来了便利，而面部识别技术将进一步改善用户体验。这些都是由计算机、计算机视觉和人工智能应用的进步而推动的。

读者将会看到，计算机视觉确实是一个令人兴奋的领域。本书设法涵盖技术的许多方面，从人类视觉到需要电子硬件、计算机实现和大量计算机软件的机器学习。在新版中，戴维斯将继续非常详细地讲述这些内容。

我还记得 1990 年本书推出了第 1 版，将理论、实现和算法以独特且实用的方式结合在一起。现在，我很高兴看到第 5 版依然保持着这种独特的方法。学过之前版本的学生非常欣赏这种方法，他们希望计算机视觉入门阶段的学习能够无障碍地进行。随着时间的推移，新版本的篇幅肯定会增加——书籍通常如此。本书也是这样的，那些增加的内容正是许多研究人员不断改进、完善和发展新技术的成果。

这一版的一个重大变化是包含关于深度学习的内容。事实上，这是计算机视觉和模式识别领域的重大变化。计算能力的提高和内存成本的降低意味着技术可能会变得更加复杂，这种复杂性有助于"大数据"分析的应用。我们不能忽视深度学习和卷积神经网络的影响力：只需仔细阅读顶级国际会议的计划，就能感受到它们对研究方向的革命性影响。尽管这些技术仍处于早期发展阶段，但是给出一些指导性资料对读者是有帮助的。在任何人工智能系统中，性能的本质总是容易受到质疑，回答这个问题的方法之一是更深入地考虑体系结构及其基础要素。这也是教科书的功能——对相关领域的研究和实践做推理式阐述，同时使知识体系得到升华。在这个版本中加入深度学习是一个勇敢的举动，但这是必要的。

戴维斯本人有什么变化呢？在牛津大学获得固体物理学博士学位后，他开发了一种新的核共振敏感方法，称为"Davies-ENDOR"（电子和核双共振），避免了其前身"Mims-ENDOR"的盲点。1970 年，他被任命为皇家霍洛威学院的讲师。他发表了一系列关于模式识别及其应用的论文，并编著了几本书籍，这些成果使他获得了众多殊荣，包括首席资格、理学博士学位，以及当选英国机器视觉协会（BMVA）的杰出会士。他为 BMVA 贡献颇丰，最近编辑了 BMVA 通讯。显然，这些工作经历对于写作本书帮助很大。

我期待着将第 5 版自豪地摆在书架上，同时，第 4 版也不会"退休"，它会转移到我的学生的书架上。这本书从未躺在那里落灰，因为它是我经常求助的教科书之一，需要随时翻阅以获取信息。与网上的百科资料不同，教科书中的内容组织更加连贯，知识的扩展性也更好。这就是教科书的作用，第 5 版将继续发挥这一优势。

马克·S. 尼克松
2017 年 7 月于南安普顿大学

# 第5版前言

Computer Vision: Principles, Algorithms, Applications, Learning, Fifth Edition

本书的第 1 版于 1990 年出版，受到许多研究者和从业者的欢迎。然而，在随后的 20 年里，计算机视觉的发展速度飞快，许多在第 1 版中不值一提的话题，现在必须被纳入以后的版本中。例如，我们引入了大量关于特征检测、数学形态学、纹理分析、形状检测、人工神经网络、3D 视觉、不变性、运动分析、目标跟踪和稳健统计的新材料，这些内容变得日益重要。在第 4 版中，我们认识到计算机视觉的应用范围越来越广，特别是必须增加关于监控和车载视觉系统的两章。从那以后，相关研究和讨论一直没有停止。事实上，在过去的四五年里，深度神经网络的研究开始呈现爆炸性增长，由此产生的实际成果令人震惊。显然，第5 版必须反映这种彻底的转变——无论是基础理论还是实践应用。事实上，本书增加了一个新的部分——机器学习和深度学习网络（第三部分），可以看出，这个标题意味着新内容不仅反映了深度学习（相对于旧的"人工神经网络"的巨大改进），也反映了一种基于严格的概率方法的模式识别方法。

在书中阐释清楚这些主题并非易事，因为概率方法只有在相当严格的数学环境中才能讲透。数学背景太少，这个主题可能会被淡化到几乎没有内容；数学内容太多，对许多读者来说可能无法理解。显然，我们不能因为读者害怕那些数学公式就避而不谈。因此，第 14 章对读者而言是一次挑战，这一章充分展示了所涉及的方法类型，同时提供给读者越过一些数学复杂性的途径——至少在第一次遇到时是这样的。一旦越过了相对困难的第 14 章，第 15 章和第 21 章将主要向读者展示案例研究，前者聚焦于深度学习网络的关键发展时期（2012—2015），后者的时间段与之类似（2013—2016）。在此期间，深度学习的主要目标是人脸检测和识别，并且取得了显著的进步。不应忽视的是，这些增补对本书的内容产生了非常大的影响，以至于书名不得不做出修改。之后，本书的组织结构又得到了进一步修改，在新的第五部分"计算机视觉的应用"中，收入了三个关于应用的章节。

值得注意的是，此时计算机视觉已经达到成熟水平，这使它变得更加严格、可靠、通用，并且能够实时运行（考虑到现在可用于实现的改进的硬件设施，特别是功能极其强大的GPU）。这意味着在要求严格的应用中使用计算机视觉技术的人比以往任何时候都多，而且实际困难也更少了。本书旨在从根本上反映这一全新的令人兴奋的发展。

对于电子工程和计算机科学专业的大四学生，视觉课程可包括第 1 ～ 13 章和第 16 章的大部分内容，根据需要，还可包括其他章节的部分内容。对于理学硕士或博士研究生来说，可能涵盖第三部分或第四部分的深入内容，第五部分的部分章节也是合适的，其中许多实际练习都是在图像分析系统上进行的（一旦开始认真研究，就不应该低估附录⊖中讨论的稳健统计的重要性，尽管这可能超出本科教学大纲的范围）。这在很大程度上取决于每个学生正在进行的研究项目。在现阶段，本书可能不得不更多地用作研究手册，事实上，这本书的主要目的之一就是作为这一重要领域的研究者和实践者的手册。

正如在之前版本的前言中提到的，本书很大程度上依赖于我与各位研究生合作时获得的经验，特别感谢马克·埃德蒙兹、西蒙·巴克、丹尼尔·塞拉诺、达雷尔·格林希尔、德里

---

⊖ 附录和参考文献为在线资源，请访问 www.hzbook.com 下载。——编辑注

克·查尔斯、马克·苏格鲁和乔治·马斯塔克西斯，他们都以自己的方式帮助我形成了对计算机视觉技术的认识。此外，与同事巴里·库克、扎希德·侯赛因、伊恩·汉娜、德夫·帕特尔、大卫·梅森、马克·贝特曼、铁英·卢、阿德里安·约翰斯顿和皮尔斯·普吕默进行的许多有益的讨论是我最美好的回忆，尤其是阿德里安和皮尔斯，他们为实现我的研究小组的视觉算法在生成硬件系统方面贡献颇多。接下来，我要感谢英国机器视觉协会的同僚就这一主题进行了多次广泛的讨论，特别感谢马吉德·米尔迈赫迪、阿德里安·克拉克、尼尔·萨克尔和马克·尼克松，随着时间的推移，他们对本书的数次更新产生了巨大的影响，并在本书中留下了永久的印记。接下来，我要感谢匿名评论者发表的有见地的评论，以及提出的非常有价值的建议。最后，我要感谢爱思唯尔的蒂姆·皮茨的帮助和鼓励，没有他，第5版可能永远不会完成。

最后，本书网站 https://www.elsevier.com/books-and-journals/book-companion/9780128092842 包含编程和其他资源，可帮助读者和学生使用本书。欢迎查看网站以了解更多信息。

E. R. 戴维斯

英国伦敦大学皇家霍洛威学院

# 第1版前言

Computer Vision: Principles, Algorithms, Applications, Learning, Fifth Edition

在过去30年左右的时间里，机器视觉已经发展成为一门成熟的学科，包含了许多主题和应用：从自动（机器人）组装到自动车辆导航，从文件的自动解读到签名的验证，从遥感图像的分析到指纹和人体血细胞的检测。目前，自动化视觉检测正在经历爆炸式增长，质量、安全和成本效益方面的必要改进都是其刺激因素。随着如此广泛的持续发展和变化，专业人员很难跟上这个主题及其相关的方法。尤其是，他们很难区分偶然的发展和真正的进步。本书的目的就是提供这方面的背景知识。

本书的构思和成形历经了10~12年的时间，在这些基本素材中，既有我为伦敦大学本科生和研究生课程编写的讲义，也有为各种工业课程和研讨会准备的资料。与此同时，我自己的调查加上在指导博士和博士后研究人员时获得的经验，也有助于形成对这个领域的看法，并最终融入本书的字里行间。当然，的确可以说，如果我在8年、6年、4年甚至2年前拥有这本书，对于我自己来说，它在解决机器视觉中的实际问题上将具有不可估量的价值。因此，我希望它现在能以同样的方式对其他人有用。当然，本书倾向于遵循我自己的重点——尤其是一种解决自动化视觉检测和其他与工业视觉应用相关的问题的方法。与此同时，尽管本书内容被限定在专业领域内，但是我们试图涵盖一些通用的原理，包括许多应用于图像分析领域的原理。读者会注意到诸如噪声抑制、边缘检测、照明原理、特征识别、贝叶斯理论和（现在的）霍夫变换等主题的普遍性。然而，这些知识的普遍性其实比我们在本书中所讨论的更加深入。本书旨在对视觉算法的局限性、约束和权衡进行综合论述。因此，书中会讨论噪声、遮挡和失真对图像的影响，以及对内置鲁棒性形式（不同于不太成功的临时鲁棒性或之后添加的鲁棒性）的需求；还有关于准确性、系统设计以及算法和架构匹配的主题。最后，书中还讨论了构建照明方案的问题，这一问题必须在完整的系统中得到妥善解决，但是在大多数关于图像处理和分析的书籍中却很少受到关注。综上所述，本书旨在提供不同层次的阅读主题，而不是一开始构想的快速精读材料，相对而言，本书现在的内容将具备更持久的价值。

当然，写作这样一本书困难重重，因为必须对材料进行精挑细选——受篇幅所限，我们无法充分讨论每一个主题。一个解决方案可能是让读者快速浏览整个领域，但无法帮助读者详细理解任何内容，也无法使其在阅读后取得任何成果。然而，对于计算机视觉这一实践领域而言，这种讲述方法是相当没有价值的极端情况。现在的重点可能转向了相反的方向——实用性（详细的算法、照明方案的细节等），读者必须自己判断重点阅读哪些章节。另一方面，必须坦诚地说，我的观点是，相比于读完一本书后只能记起一团乱麻的信息，不如让读者或学生掌握一系列连贯的知识点。因此，这就是我以这种特殊的方式呈现这种特殊材料的理由，也是我不情愿地省略详细讨论一些重要主题（比如纹理分析、松弛方法、运动和光流）的原因。

至于章节的组织，我试图让前几章的学习曲线较为平缓，自然进入主题，给出足够详细的算法（特别是在第2章和第6章），营造良好的学习体验——包括那些重要且复杂的主题，比如二值图像中的连通性。因此，第一部分重在带领读者入门，但其中并不都是琐碎的材料，实际上，该部分已经引入了一些最新的研究理念（如阈值技术和边缘检测）。第二部分是本书的主体。事实上，目前该学科的（书籍）文献对于中级视觉主题的讨论还有很大的不足，虽然高级视觉（AI）主题长期以来一直吸引着研究人员的想象力，但是中级视觉也有其自身的难点，科研人员正在攻破这些难点，并且取得了丰硕的成果（请注意，霍夫变换是在 1962 年提出的，当时被许多人认为是一个非常专业、相当深奥的主题，可以说现在才受到人们的重视）。第二部分和第三部分的前几章旨在阐明这一点，而第四部分给出了这一特殊变换变得如此有用的原因。总的来说，第三部分旨在展示本书前面介绍的基础工作的一些实际应用，并讨论实践中的一些基本原则，这一部分将会包含关于照明和硬件系统的章节。由于篇幅的限制，本书相应地侧重于讲解那些能为实践提供支撑的理论。有所侧重是至关重要的，因为计算机视觉在工业和其他领域都有许多应用，全盘列出这些应用并剖析其中的复杂性是不现实的——这样我们可能会停留在没完没了的细节上，令读者觉得乏味，而且细节往往会很快过时。虽然这本书不能完全涵盖关于 3D 视觉的所有内容（这一主题本身就能写成一本书），但是，详细给出关于这一重要主题及其中的复杂数学原理的概述还是有必要的。因此，第 16 章是本书最长的一章，这不是偶然为之的。最后，第四部分讨论视觉算法的局限性和限制，并通过借鉴前几章的信息和经验来阐述这些问题。将最后一章称为"结论"也许是自然而然的想法。但是，在这样一个充满活力的领域，必须抵制"给出结论"这种诱惑，尽管我们的确能从当前的发展中吸取大量教训并总结几句。显然，最后一章仅仅是我的个人观点，不过仍然期待读者会觉得这些观点是有趣且有用的。

| 1-D | one dimension/one-dimensional | 一维 |
|---|---|---|
| 2-D | two dimensions/two-dimensional | 二维 |
| 3-D | three dimensions/three-dimensional | 三维 |
| AAM | active appearance model | 主动外观模型 |
| ACM | Association for Computing Machinery（USA） | 美国计算机协会 |
| ADAS | advanced driver assistance system | 高级驾驶辅助系统 |
| AFW | annotated faces in the wild | 野外标注的面孔 |
| AI | artificial intelligence | 人工智能 |
| ANN | artificial neural network | 人工神经网络 |
| AP | average precision | 平均精度 |
| APF | auxiliary particle filter | 辅助粒子滤波 |
| ASCII | American Standard Code for Information Interchange | 美国信息交换标准编码 |
| ASIC | application specific integrated circuit | 专用集成电路 |
| ASM | active shape model | 主动形状模型 |
| ATM | automated teller machine | 自动取款机 |
| AUC | area under curve | 曲线下面积 |
| AVI | audio video interleave | 音频－视频交织 |
| BCVM | between-class variance method | 类间方差方法 |
| BDRF | bidirectional reflectance distribution function | 双向反射分布函数 |
| BetaSAC | beta [distribution] sampling consensus | beta 分布采样一致性 |
| BMVA | British Machine Vision Association | 英国机器视觉协会 |
| BPTT | backpropagation through time | 基于时间的反向传播 |
| CAD | computer-aided design | 计算机辅助设计 |
| CAM | computer-aided manufacture | 计算机辅助制造 |
| CCTV | closed-circuit television | 闭路电视 |
| CDF | cumulative distribution function | 累积分布函数 |
| CLIP | cellular logic image processor | 蜂窝逻辑图像处理器 |
| CNN | convolutional neural network | 卷积神经网络 |
| CPU | central processor unit | 中央处理器 |
| CRF | conditional random field | 条件随机场 |
| DCSM | distinct class based splitting measure | 基于差异类的分裂度量 |
| DET | Beaudet determinant operator | Beaudet 行列式算子 |
| DG | differential gradient | 微分梯度 |
| DN | Dreschler Nagel corner detector | Dreschler Nagel 角点检测器 |
| DNN | deconvolution network | 反卷积网络 |

| | | |
|---|---|---|
| DoF | degree of freedom | 自由度 |
| DoG | difference of Gaussians | 高斯差分 |
| DPM | deformable parts models | 可变形部件模型 |
| EM | expectation maximization | 期望最大化 |
| EURASIP | European Association for Signal Processing | 欧洲信号处理协会 |
| f.c. | fully connected | 全连通的 |
| FAR | frontalization for alignment and recognition | 对齐和识别的正面化 |
| FAST | features from accelerated segment test | FAST 特征点检测 |
| FCN | fully convolutional network | 全卷积网络 |
| FDDB | face detection data set and benchmark | 人脸检测数据集和基准 |
| FDR | face detection and recognition | 人脸检测和识别 |
| FFT | fast Fourier transform | 快速傅里叶变换 |
| FN | false negative | 假阴性 |
| fnr | false negative rate | 假阴性率 |
| FoE | focus of expansion | 扩展焦点 |
| FoV | field of view | 视场 |
| FP | false positive | 假阳性 |
| FPGA | field programmable gate array | 现场可编程门阵列 |
| FPP | full perspective projection | 全透视投影 |
| fpr | false positive rate | 假阳性率 |
| GHT | generalized Hough transform | 广义的霍夫变换 |
| GLOH | gradient location and orientation histogram | 梯度定位和方向直方图 |
| GMM | Gaussian mixture model | 高斯混合模型 |
| GPS | global positioning system | 全球定位系统 |
| GPU | graphics processing unit | 图形处理器 |
| GroupSAC | group sampling consensus | 小组采样一致性 |
| GVM | global valley method | 全局波谷方法 |
| HOG | histogram of orientated gradients | 方向梯度直方图 |
| HSI | hue, saturation, intensity | 色调、饱和度、强度 |
| HT | Hough transform | 霍夫变换 |
| IBR | intensity extrema-based region detector | 基于强度极值的区域检测器 |
| IDD | integrated directional derivative | 积分方向导数 |
| IEE | Institution of Electrical Engineers（UK） | 英国电气工程师学会 |
| IEEE | Institute of Electrical and Electronics Engineers（USA） | 美国电气与电子工程师协会 |
| IET | Institution of Engineering and Technology（UK） | 英国工程技术学会 |
| ILSVRC | ImageNet large-scale visual recognition object challenge | ImageNet 大规模视觉识别挑战赛 |
| ILW | iterated likelihood weighting | 迭代似然加权 |
| IMPSAC | importance sampling consensus | 重要性采样一致性 |
| IoP | Institute of Physics（UK） | 英国物理研究所 |

| IRLFOD | image-restricted, label-free outside data | 图像受限、无标记的外部数据 |
|---|---|---|
| ISODATA | iterative self-organizing data analysis | 迭代自组织数据分析 |
| JPEG/JPG | Joint Photographic Experts Group | 联合图像专家小组 |
| k-NN | k-nearest neighbor | $k$ 最近邻 |
| KL | Kullback Leibler | Kullback Leibler |
| KR | Kitchen Rosenfeld corner detector | Kitchen Rosenfeld 角点检测器 |
| LED | light emitting diode | 发光二极管 |
| LFF | local-feature-focus method | 局部特征聚焦方法 |
| LFPW | labeled face parts in the wild | 实际场景中部分有标记的人脸 |
| LFW | labeled faces in the wild | 实际场景中有标记的人脸 |
| LIDAR | light detection and ranging | 激光雷达 |
| LMedS | least median of squares | 最小中值平方法 |
| LoG | Laplacian of Gaussian | 高斯拉普拉斯算子 |
| LRN | local response normalization | 局部响应归一化 |
| LS | least squares | 最小二乘 |
| LSTM | long short-term memory | 长短期记忆 |
| LUT | lookup table | 查找表 |
| MAP | maximum a posteriori | 最大后验 |
| MDL | minimum description length | 最小描述长度 |
| ML | machine learning | 机器学习 |
| MLP | multi-layer perceptron | 多层感知机 |
| MoG | mixture of Gaussians | 混合高斯 |
| MP | microprocessor | 微处理器 |
| MSER | maximally stable extremal region | 最大稳定极值区域 |
| NAPSAC | n adjacent points sample consensus | $n$ 邻接点采样一致性 |
| NIR | near infra-red | 近红外光 |
| NN | nearest neighbor | 最近邻 |
| OCR | optical character recognition | 光学字符识别 |
| OVR | one versus the rest | 一对多 |
| PASCAL | network of excellence on pattern analysis, statistical modeling and computational learning | 模式分析、统计建模和计算学习的卓越网络 |
| PC | personal computer | 个人计算机 |
| PCA | principal components analysis | 主成分分析 |
| PE | processing element | 处理部件 |
| PnP | perspective n-point | $n$ 点透视 |
| PPR | probabilistic pattern recognition | 概率模式识别 |
| PR | pattern recognition | 模式识别 |
| PROSAC | progressive sample consensus | 渐进式采样一致性 |
| PSF | point spread function | 点扩散函数 |
| R-CNN | regions with CNN features | CNN 特征区域 |

| RAM | random access memory | 随机存取存储器 |
|---|---|---|
| RANSAC | random sample consensus | 随机采样一致性 |
| RBF | radial basis function [classifier] | 径向基函数［分类器］ |
| RELU | rectified linear unit | 线性整流单元 |
| RGB | red, green, blue | 红，绿，蓝 |
| RHT | randomized Hough transform | 随机霍夫变换 |
| RKHS | reproducible kernel Hilbert space | 可再现的内核希尔伯特空间 |
| RMS | root mean square | 均方根 |
| RNN | recurrent neural network | 循环神经网络 |
| ROC | receiver operator characteristic | 接受者操作特性 |
| RoI | region of interest | 感兴趣区域 |
| RPS | Royal Photographic Society（UK） | 英国皇家摄影学会 |
| s.d. | standard deviation | 标准差 |
| SFC | Facebook social face classification | Facebook 社交人脸分类 |
| SFOP | scale-invariant feature operator | 尺度不变特征算子 |
| SIFT | scale invariant feature transform | 尺度不变特征变换 |
| SIMD | single instruction stream, multiple data stream | 单指令流多数据流 |
| Sir | sampling importance resampling | 采样重要性重采样 |
| SIS | sequential importance sampling | 序贯重要性采样 |
| SISD | single instruction stream, single data stream | 单指令流单数据流 |
| SOC | sorting optimization curve | 排序优化曲线 |
| SOM | self-organizing map | 自组织映射 |
| SPIE | Society of Photo-optical Instrumentation Engineers | 国际光学工程学会 |
| SPR | statistical pattern recognition | 统计模式识别 |
| STA | spatiotemporal attention [neural network] | 时空注意力［神经网络］ |
| SURF | speeded-up robust features | 加速稳健特征 |
| SUSAN | smallest univalue segment assimilating nucleus | 最小单值分割同化核 |
| SVM | support vector machine | 支持向量机 |
| TM | template matching | 模板匹配 |
| TMF | truncated median filter | 截断中值滤波器 |
| TN | true negative | 真阴性 |
| tnr | true negative rate | 真阴性率 |
| TP | true positive | 真阳性 |
| tpr | true positive rate | 真阳性率 |
| TV | television | 电视 |
| USEF | unit step edge function | 单位阶跃边缘函数 |
| VGG | Visual Geometry Group（Oxford） | 视觉几何组（牛津） |
| VJ | Viola Jones | Viola Jones 人脸检测 |
| VLSI | very large scale integration | 超大规模集成 |
| VMF | vector median filter | 向量中值滤波器 |

| | | |
|---|---|---|
| VOC | visual object classes | 可视物体类 |
| VP | vanishing point | 消失点 |
| WPP | weak perspective projection | 弱透视投影 |
| YOLO | you only look once | 你只看一次 |
| YTF | YouTube faces | YouTube 人脸集 |
| ZH | Zuniga Haralick corner detector | Zuniga Haralick 角点检测器 |

# 计算机视觉面临的挑战

## 1.1　导言——人类及其感官

在视觉、听觉、嗅觉、味觉和触觉这五种感官中，视觉无疑是人类最依赖的感官，事实上它提供了人所接收的大部分数据。来自眼睛的输入在每次扫视时会提供兆比特的信息，在连续观看下的数据传输速率甚至可能超过 10Mbit/s。但是这些信息中的大部分都是冗余的，并且会被视皮层中的各个层所压缩。因此大脑的高级中枢只需要抽象地处理一部分数据。尽管如此，高级中枢从眼睛接收的信息量仍然比从其他感官获得的所有信息至少多两个数量级。

人类视觉系统的另一特点是易于进行解释。当我们看到这样一个场景——风景中的树、桌上的书、工厂里的小部件，无须明显的推理，也不需要花费多大力气，我们就可以解释每一个场景，并且这个过程十分短暂，通常在十分之一秒内就可以完成。有时视觉也会带给我们一些困惑，如一个线框立方体可能被错误地"看"成是从里到外的。这与其他许多视觉错觉一样众所周知，尽管在很大程度上我们可以把它们看作有趣之事——自然界的怪现象罢了。令人惊讶的是，错觉是相当重要的，因为它们反映了大脑在与大量复杂视觉数据的斗争中做出的隐藏假设——我们暂且说到这里（尽管它在本书的各个部分时不时地出现）。然而重要的一点是，我们在很大程度上没有意识到视觉的复杂性。"看"不是一个简单的过程：只是视觉已经发展了数百万年，在进化过程中并没有给我们任何关于任务难度的提示（如果有的话，反而会让我们的头脑中充斥着各种不相关的信息，从而减慢反应时间）。

现如今，人们尝试着用机器来完成大部分的工作。对于一些简单的机械性问题，这并不是特别困难，但是如果让机器胜任更加复杂的任务，我们必须要赋予机器视觉感知。40 年来，为赋予机器以视觉，人们已经做出了很多的努力，虽然有时并不为大众所知。起初，人们设计了用于阅读、解释染色体图像等任务的方案。但是当这些方案面临严格的实验检验时，问题往往变得更加复杂。一般来说，一些琐碎的问题总会出现在研究人员面前，阻碍他们的进一步探索，这在早期的视觉算法探索中尤其如此。很快研究人员就发现，这是一项非常复杂的任务，他们面临着很多根本性问题，眼睛很容易解释的场景变得非常具有欺骗性。

当然，与机器相比，人类视觉系统的一个优势是大脑拥有超过 100 亿个细胞（或神经元），其中一些细胞与其他神经元的接触（或突触）远远超过 1 万个。如果每个神经元充当一种微处理器，那么我们将有一台巨大的计算机，并且其中所有的处理元件都可以同时工作。以最大的单台人造计算机来说，它只有数亿个性能有限的处理元；大部分眼 – 脑系统的视觉和心理处理任务在瞬间就可以完成，目前的人造系统则不可能完成。除了这些规模上的问题之外，如何组织这么大的处理系统、如何编写程序也是很大的难题。很明显，眼 – 脑系统在一定程度上是由进化决定的，但是有趣的是，人类可以通过积极地使用和训练对这个系统进行动态"编程"。这种对大型并行处理系统以及随之而来的复杂控制问题的需求表明，计算机视觉确实是最难解决的智能问题之一。

那么，视觉上是什么问题使得眼睛看起来那么容易的任务对机器来说却是那么困难？在接下来的几节中我们会试图回答这个问题。

## 1.2    视觉的本质

### 1.2.1    识别过程

本节从一个非常简单的"字符识别"的例子开始，以说明实现计算机视觉的内在困难。考虑图 1-1A 所示的一组模式及对应类，每个模式可以被认为是一组 25 位的信息。想象一台计算机通过死记硬背来学习模式和对应的类，那么可以通过将任何新模式与这个先前学习的"训练集"进行比较，并将它分配给训练集中最接近模式的类别来对其进行分类（或"识别"）。显然，测试模式 1（见图 1-1B）将在此基础上分配给 U 类。在第 13 章中，会表明该方法是模式识别中最近邻算法的一种简单形式。

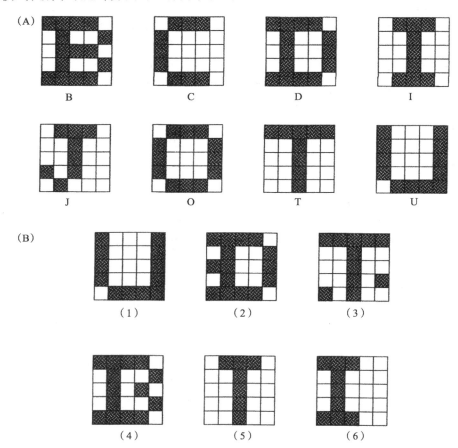

图 1-1    一些简单的 25 位模式及相应识别类，用以说明基本识别问题：（A）训练集模式（给定类别）；（B）测试模式

上述方案简单明了，而且行之有效，甚至能够应对测试模式出现失真或存在噪声的情况，如测试模式 2 和 3 所示。然而，这种方法并非万无一失。首先，当存在失真或噪声过大的情况时会导致识别错误的发生。其次，在有些情况下，虽然模式并没有严重扭曲或受到明显噪声的影响，但仍被错误识别了——这种问题更加严重，因为它表明了这种方法存在意外限制，而不是由噪声或扭曲造成的合理结果。特别是，这些问题会出现在测试模式相对于适

当的训练集模式存在移位或错位的情况下，如测试模式 6。

从第 13 章可以看出，一个有说服力的观点解释了为什么会出现上述不太可能出现的限制：仅仅是训练集中的模式不够充分，前面的训练集模式不能充分代表实际情况。但不幸的是，提供足够的训练集模式会导致严重的存储问题，并且在测试模式时会产生更严重的搜索问题。此外，很容易看出，这些问题随着图案变得更大和更真实而加剧（显然，图 1-1 的例子远没有达到足够的分辨率，甚至无法显示正常的字体）。事实上，这里发生了"组合爆炸"：这通常是指一个或多个参数产生快速变化（通常以指数形式）的效果，随着参数适度增加而产生"爆炸"。让我们暂时忽略图 1-1 的图案形状，把它们当作随机比特图案。现在这个 $N \times N$ 模式的位数是 $N^2$，这种大小下可能模式的数目是 $2^{N^2}$，即使在 $N=20$ 的情况下，任何实际机器都不可能存储所有这些模式及其解释，并且系统地搜索它们将花费不切实际的时间（是宇宙年龄的倍数）。因此，通过这种暴力手段解决识别问题即使在理论上也是不可行的。这些因素表明，解决这一问题还需要其他手段。

### 1.2.2　解决识别问题

解决识别问题的一个明显方法是以某种方式对图像进行标准化。显然，将任何 2D 图像物体的位置和方向进行标准化将有很大帮助：实际上，这将使自由度减少三个。实现这一点的方法包括将物体集中起来——将它们的质心布置在归一化图像的中心——并使它们的主轴（可通过矩计算推导出）垂直或水平。接下来，我们可以利用图像中已知的顺序——这里可以注意到，很少会出现目标模式与随机点模式无法区分的情况。进一步地，如果模式是非随机的，孤立的噪声点可以被消除。最终，所有这些方法都有助于使测试模式更接近一组受限的训练集模式（尽管最初仍必须小心处理训练集模式，以便它们能够代表处理过的测试模式）。

进一步考虑字符识别是有用的。在这里，我们可以进一步利用关于字符结构的已知信息，即它们由宽度大致恒定的笔画组成。在这种情况下，宽度没有代表任何有用的信息，因此可以将模式减薄成棒状（称为骨架，参见第 8 章）；那么，测试模式更有希望类似于适当的训练集模式（见图 1-2）。这一过程可以被视为减少图像中自由度的数量，从而帮助最小化组合爆炸的另一个实例，或者从实际的角度来看，它可最小化有效识别所需的训练集的大小。

图 1-2　通过细化对字符形状进行正则化。这里不同笔画宽度的字符形状被简化为线条或骨架。
　　　　因此移除了无关信息，从而有助于识别

接下来，我们以一种完全不同的方式来看待这个问题。识别是一个判定问题，即区分不同类别的模式。然而在实践中，考虑到模式的自然变化，包括噪声和失真的影响（甚至是断裂或遮挡的影响），也存在对同一类模式进行泛化的问题。在实际问题中，判定和泛化需求之间关联紧密。但也并非总是如此。即使对于字符识别任务，一些类是如此接近其他类（n 和 h 很相似），以至于比其他情况更不可能泛化。另一方面，也会出现极端的泛化形式，例如，无论 A 是大写字母还是小写字母，或者斜体、粗体、后缀或其他形式的字体（即使是手写的），都会被识别为 A。其可变性主要由最初提供的训练集决定。然而，我们在此强调的是，与判定一样，泛化也是解决识别问题的必要先决条件。

在这一点上，值得更仔细地考虑在上述例子中实现泛化的方法。首先，对物体进行适当的定位和定向；之后是清理噪声点；最后，它们被细化为骨架图形（尽管后一个过程仅与某些任务相关，如字符识别）。在上述事例中，我们概括了用所有可能的笔画宽度绘制的字符，对于这种类型的识别任务，宽度是无关的自由度。请注意，我们可以通过标准化它们的大小和保留另一个自由度来进一步泛化这些字符。所有这些过程的共同特点是，在最终尝试识别字符之前，旨在针对已知类型的可变性给予字符高水平的标准化。

以上概述的标准化（或泛化）过程都是通过图像处理实现的，即通过适当的手段将一个图像转换成另一个图像。结果是一个两阶段的识别方案：首先，图像被转换成包含相同比特数据的更易处理的形式；其次，它们被分类，且数据内容被减少到非常少的比特（见图 1-3）。事实上，识别是一个数据抽象的过程，最终的数据是抽象的，完全不同于原始数据。因此，我们一开始想象一个字母 A 是以 A 的形式排列的大约 20×20 比特的阵列，然后以 A 的 ASCII 表示形式的 7 比特结束，即 1000001（它本质上是一个与 A 不相似的随机比特模式）。

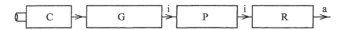

图 1-3　两阶段识别模型：C 为摄像机输入；G 为抓取图像（数字化存储）；P 为预处理；R 为识别（i 为图像数据；a 为抽象数据）。物体识别的经典范例是：1）预处理（图像处理）以抑制噪声或其他伪影并使图像数据正则化；2）应用抽象（通常是统计）模式识别过程来提取对物体进行分类所需的非常少的比特

上一段内容在很大程度上反映了图像分析的历史。早期，很大一部分图像分析问题被设想为由图像处理技术执行的图像"预处理"任务，然后是由纯模式识别方法执行的识别任务（见第 13 章）。这两个课题——图像处理和模式识别——被倾注了大量的研究精力，有效地主导了图像分析的主题，而像霍夫变换这样的"中间层次"方法一度发展缓慢。本书的目的之一是确保这种中间层次处理技术得到应有的重视，事实上最好的技术确实适用于任何计算机视觉任务。

### 1.2.3　物体定位

上面处理的问题（字符识别）是一个非常受约束的问题。在许多实际应用中，有必要在图片中搜索各种类型的物体，而不仅仅是解释图片的一小部分区域。

搜索是一项涉及大量计算的任务，而且还会受到组合爆炸的影响。想象一下在一页文本中搜索字母 E 的任务。实现这一点的一个显而易见的方式是在大小为 $N \times N$ 的图像上移动大小为 $n \times n$ 的合适的"模板"，并找到匹配发生的位置（见图 1-4）。匹配可以被定义为模板和图像的局部之间存在精确一致的位置，但是根据 1.2.1 节的思想，寻

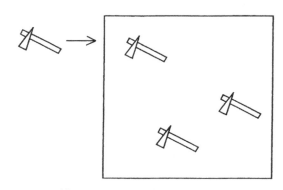

图 1-4　模板匹配，在图像上移动合适模板以确定匹配发生的精确位置的过程，从而揭示特定类型对象的存在

找最佳局部匹配（即，局部匹配优于相邻区域的位置）以及在某种更绝对的意义上也是好的匹配（这表明存在 E）是更有意义的。

　　检查匹配的最自然的方式之一是测量模板和图像的局部 $n×n$ 区域之间的汉明距离，即将对应比特之间的差的数目相加。这基本上是 1.2.1 节所述的过程。那么汉明距离小的地方就是匹配好的地方。这些模板匹配思想可以扩展到模板和图像中相应比特位置不仅有二进制值，还有 0 ～ 255 范围内强度值的情况。在这种情况下，获得的和不再是汉明距离，而是可以泛化为以下形式：

$$\mathcal{D} = \sum_t |I_i - I_t| \tag{1.1}$$

$I_t$ 是局部模板值，$I_i$ 是局部图像值，取和函数是在整个模板区域上进行的。这使得模板匹配在许多情况下都是可行的：该可能性将在后面的章节中更详细地讨论。

　　我们在上面也提到了这个搜索问题中的组合爆炸，出现这种情况的原因如下。首先，当在 $N×N$ 图像上移动 5×5 的模板以寻找匹配时，所需的操作数为 $5^2 N^2$ 数量级，对于 256×256 图像总计大约为 100 万次操作。问题在于，当在图像中寻找较大的物体时，操作的数量按物体大小的平方增加，当使用 $n×n$ 模板时，操作的总数为 $N^2 n^2$。对于 30 × 30 模板和 256 × 256 图像，所需的操作数量增加到约 6000 万。请注意，一般来说，模板将比用于搜索的物体大，因为必须包括一些背景来帮助标定物体。

　　接下来回想一下，一般来说，物体可能在图像中以许多方向呈现（打印页面上的 E 是例外）。如果我们设想可能的 360° 方位（即每次旋转一度），那么原则上必须应用相应数量的模板来定位物体。这种额外的自由度将搜索工作和时间推到了很高的水平，远离了实时实现的可能性，因此必须找到新的方法来完成任务（"实时"是一个常用的短语，意思是一旦信息变得可用，必须对其进行处理。这与信息可以在空闲时被存储和处理的许多情况（如处理来自太空探测器的图像）形成了对比）。幸运的是，许多研究人员已经致力于解决这个问题，并且有很多解决思路。也许在这种规模上最重要的节省精力的一般方法是两阶段（或多阶段）模板匹配，原理是通过物体的特征来搜索物体。例如，我们可以考虑通过查找其中包含水平线段的字符来搜索 E。同样，我们也可以先寻找制造商传送带上的螺丝孔来寻找铰链。一般来说，寻找小特征是有用的，因为它们需要更小的模板，所以涉及的计算量要少得多。这意味着通过寻找拐角而不是水平线段来搜索 E 可能更好。

　　不幸的是，如果我们通过小特征搜索物体，噪声和失真会带来问题，甚至有完全丢失物体的风险。因此，有必要从许多这样的特征中提取有用信息。这就是许多有效的方法的不同之处。应该核对多少特征？比起许多较小的特征，采用一些较大的特征是否更好？等等。此外，我们还没有完全回答最好使用哪种特征的问题。这些问题和其他问题将在后面的章节中讨论。

　　的确，从某种意义上说，这些问题是本书的主题。搜索是视觉的基本问题之一，但是两阶段模板匹配的基本思想的细节和应用给了主题很大的丰富性：为了解决识别问题，数据集需要仔细探索。显然，任何答案对数据都有依赖性，但值得探究的是在多大程度上存在对该问题的广义解决方案。

## 1.2.4　场景分析

　　上一个小节考虑了在图像中搜索特定类型的物体所涉及的内容：这种搜索的结果可能是

这些物体的质心坐标列表，尽管也可能获得伴随的方向列表。本小节考虑场景分析涉及的内容——我们在四处走动、规避障碍、寻找食物等过程中不断从事的活动。场景包含大量物体，它们的相互关系和相对位置与识别它们是什么一样重要。看似我们无须主动搜索每个场景，而是可以被动地接受场景中的内容。然而，很多证据（例如，通过对眼球运动的分析）表明，眼 – 脑系统通过不断地询问"那是什么"来解释场景。例如，我们会问以下问题：这是灯柱吗？有多远？我认识这个人吗？过马路安全吗？等等。这里的目的不是细说这些人类活动或对它们的反思，而仅仅是让你看到场景分析涉及大量输入数据、场景中物体之间的复杂关系，以及对这些复杂关系的描述。后者不再采取简单的分类标记或物体坐标列表的形式，而是具有丰富得多的信息内容。实际上，一个场景在第一次近似描述时，用英语（或文字）比用数字列表更好。在确定物体之间的关系时，似乎比仅仅识别和定位它们时所涉及的组合爆炸要大得多。因此，必须使用各种各样的道具来辅助视觉解释：这在人类视觉系统中有相当多的证据，其中上下文信息和巨大可能性数据库的可用性在很大程度上明显有助于眼睛。

还要注意，场景描述最初可能停留在事实内容的层面，但最终将延展至更深的层面——意图、意义和相关性的层面。不过，对于本书，我们将无法进一步探究。

### 1.2.5 视觉是逆向图形学

人们常说计算机视觉"仅仅"是逆向图形学。这是有一定道理的。计算机图形学是由计算机生成图像，从对场景的抽象描述和对图像形成规律的了解开始。此外，很难反驳这样一种观点，即视觉是从图像集和图像形成规律的知识开始来获得物体集描述的过程（实际上，定义中明确引入了解图像形成规律的必要性是有意义的，因为人们很容易忘记，在构建有助于解释说明的包含启发的描述时，这是先决条件）。

然而，这两个过程在表述上的相似性隐藏了一些基本点。首先，图形学是一种"前馈"活动，即一旦获得了关于视点和物体的足够的说明以及图像形成规律的知识，就直接生成图像。虽然这可能需要相当多的计算，但这个过程是完全确定和可预测的。对于计算机视觉来说，情况并不那么简单，因为搜索是复杂的，并且伴随着组合爆炸。实际上，一些视觉包包含图形学（或 CAD）包（Tabandeh 和 Fallside，1986），这些图形学包被插入反馈回路中进行解释：图形学包随后被反复引导，直到当输入参数能体现正确的解释时，可产生对输入图像的可接受的近似（这里与利用数 – 模转换器设计模 – 数转换器的问题非常相似）。因此，视觉本质上比图形学更复杂，这似乎是不可避免的。

我们注意到，通过对场景的观察，3D 环境被压缩成 2D 图像，并且大量的深度和其他信息丢失。这可能导致图像解释的歧义性（从一端看螺旋和圆都投影成圆），因此 3D 到 2D 的转换是多对一的。相反，解释必须是一对多，意思是有很多可能的解释，但我们知道只有一个解释是正确的：视觉不仅包括提供所有可能的解释的列表，而且包括提供最有可能的解释。因此，为了确定最可能的单一解释，必须涉及一些附加规则或约束。相比之下，图形学没有这些问题，因为上述内容显示它是多对一的过程。

## 1.3 从自动视觉检测到监控

到目前为止，我们考虑的是视觉的本质，而不是人工视觉系统的用途。事实上，人工视觉系统有许多不同的应用，当然，包括所有人类利用视觉的应用。本书特别感兴趣的是监控、自动检测、机器人组装、车辆引导、交通监控、生物测量和遥感图像分析。举例来说，指纹分析和识别一直是计算机视觉的重要应用，红细胞计数、签名验证和字符识别以及飞机识别（通过空中轮廓和从卫星拍摄的地面监控照片）也是如此。人脸识别甚至虹膜识别已经成为现实，视觉引导车辆原则上很快就能足够可靠地用于城市交通。公众是否会接受这些，以及其中所涉及的所有法律因素是另一个问题，但请注意，飞机雷达盲降辅助设备已被广泛使用多年。事实上，在最后一刻自动采取行动以预防事故是可取的妥协（参见第 23 章有关驾驶员辅助计划的相关讨论）。

本书考虑的视觉应用包括制造业的应用，特别是自动化视觉检测和自动化视觉装配。在这些情况下，摄像机可以"看"到许多相同的制造部件，不同之处在于如何使用产生的信息。在装配中，必须对部件进行定位和定向，以便机器人能够拾取和装配它们。例如，电机或制动系统的各个部分需要依次取出并放入正确的位置，或者线圈可能需要安装在电视机上、集成电路须放置在印刷电路板上或将巧克力放置在盒子中。在检测中，物体可以在移动的传送带上以每秒 10 ～ 30 个物体的速度通过检验站，并且必须确定它们是否有缺陷。如果检测到任何缺陷，问题部分通常不得不被剔除：这就是前馈解决方案。此外还可能引发反馈解决方案，也就是说，可能需要调整某些参数，以控制工厂退回生产线（对于控制产品直径等尺寸特性的参数尤其如此）。检测还有可能积累大量有利于管理的信息，包括生产线上的零件状态，如每天的产品总数、每天有缺陷的产品数量、产品尺寸的分布等。人工视觉的重要特点是可持续进行，所有的产品都可以被仔细检查和测量，因此质量控制可以达到很高的标准。在自动化装配中也可以进行大量的现场检测，这将有助于避免复杂装配被拒收或不得不进行昂贵修理的问题，而这可能只是因为一部分螺钉没有螺纹且未能正确插入。

大多数工业任务的一个重要特征是实时发生的，这意味着如果使用视觉，它必须能够跟上制造过程。对于装配来说，这可能不算一个太严格的问题，因为机器人可能无法每秒拾取和放置一个以上的物品——视觉系统有同样的时间来进行处理。对于检测来说，这种假设很少是有效的：即使是一条自动生产线（例如，一条用于瓶子加塞的生产线）也能够保持每秒 10 件物品的速度（当然，平行生产线能够保持更高的速度）。因此，视觉检测往往会对计算机硬件造成很大压力，因此在设计用于这种应用的硬件加速器时需要小心。

最后，我们回到关于视觉应用巨大多样性的初始讨论，将监视任务视为自动化检测的室外模拟是有趣的（实际上，想象沿着道路行驶的汽车和沿着生产线"行驶"的产品一样受到检查是非常有趣的！）。事实上，它们最近已经获得了接近指数级增长的应用。因此，用于检测的技术已经被注入活力，更多的技术被开发出来。自然，这意味着引入新主题的全部部分，如运动分析和透视不变量（参见第四部分）。同样有趣的是，这些技术增加了人脸识别等主题的丰富性（参见第 21 章）。

## 1.4　本书是关于什么的

前面几节已经研究了计算机视觉的一些性质，并简要地讨论了它的应用和实现。很明显，实现计算机视觉涉及相当大的实际困难，但更重要的是，这些实际困难体现了本书所讨论的实质性基础问题，这些问题包括导致过多处理负荷和时间的各种因素。实际问题可以通过智慧和谨慎来克服，然而根据定义，真正的基本限制永远无法通过任何手段来克服——我们希望的最好的结果是，在完全了解其性质之后将它们的影响降到最低。

因此，理解是计算机视觉成功的基石。通常这很难实现，因为数据集（即所有可以合理预期出现的图片）是高度多样化的。的确，这需要进行大量的调查来确定给定数据集的性质，不仅包括被观察的物体，还包括预期的噪声水平、遮挡程度、破损程度、缺陷和偏差，以及照明的质量和性质。最后，在一组有用的案例中可以获得足够的知识，以便更好地了解环境。然后继续对现有的各种图像分析方法进行比较和对比。有些方法会因为稳健性、准确性或实施成本，或其他相关变量而变得相当不令人满意——而且谁能预先说哪些是相关变量集？这同样需要确定和界定。最后，在可以合理使用的方法中也会有竞争：精度、速度、鲁棒性和成本等参数之间的权衡首先要从理论上判断，然后再从数值上详细计算出来，以找到最优解。这是一个复杂而漫长的过程，在这种情况下，工人过去一直致力于为自己的特殊（往往是短期的）需求找到解决办法。显然，有必要确保实用的计算机视觉从艺术发展到科学。幸运的是，这一过程已经发展了多年，本书的目标之一就是进一步阐明这个问题。

在继续学习之前，还有一到两块要放入拼图中。首先，有一个重要的指导原则：眼睛能做到的，机器也能做到。因此，如果一个物体相当好地隐藏在图像中，但是眼睛可以看到并跟踪它，那么应该可以设计一种效果相同的视觉算法。接下来，尽管我们可以期待迎接这一挑战，但是否应该把眼光放得更高，并致力于设计出优于眼睛的算法？似乎没有理由假设眼睛是最终的视觉机器：眼睛通过变幻莫测的进化而构建，所以可能很适合寻找浆果或坚果，或者识别人脸，但不适合某些其他任务，如测量。眼睛可能不需要测量物体的大小，一目了然，精度要高于百分之几。然而，如果机器人的眼睛能够实现远程尺寸测量，只需看一眼，精度为 0.001%，那么这可能是非常有用的。显然，机器人的眼睛可以获得优于生物系统的能力。再次强调，本书的目的是指出这些可能性的存在。

最后，本书有助于澄清机器视觉和计算机视觉这两个术语。事实上，它们在许多年前就已经出现了，而当时的情况与今天大不相同。随着时间的推移，计算机技术取得了巨大进步，与此同时，关于整个视觉领域的知识也得到了根本性发展。在早期，计算机视觉意味着视觉科学研究和软件的可能设计——在较小程度上涉及集成视觉系统，而机器视觉意味着不仅研究软件，而且研究硬件环境和实际应用所需的图像采集技术——所以它是一个更面向工程的学科。目前，计算机技术飞速发展，相当大的一部分实时应用可以在独立的个人计算机上实现。这一点和这一领域知识的许多发展导致了两个术语之间的显著趋同，结果是它们或多或少地被交替使用，尽管在本书中，我们的目标是将主题统一在计算机视觉之下。

## 1.5　机器学习的作用

在计算机视觉以上述方式发展的整个过程中，模式识别的主题也在发展。从贝叶斯理论和最近邻法开始的模式识别的基本思想随着人工神经网络的出现而逐渐改变，人工神经网络被设计成模拟已知存在于人脑中的神经元网络。此外，如支持向量机和 Boosting 等其他方法也出现了，在过去的十年左右，"深度学习"逐渐崭露头角。所有这些技术催生了一门新的学科——机器学习，它体现了纯粹的模式识别，但它不仅强调错误率的最小化，而且强调概率和数学优化的系统包含。这一课题对计算机视觉的影响在过去十年中日益显著，特别是在过去的 4 ～ 5 年中。本书旨在包括这一发展作为内容的一部分：第 2 章和第 13 章依次介绍了计算机视觉的成像方面和机器学习方面，第 15 章则引导读者进入深度学习的新领域。

> 广义上，现代计算机视觉学科既体现了早期的计算机和机器视觉方法，也体现了一系列机器学习技术：后者基于早期的模式识别方法，包括标准人工神经网络、最新的"深度学习"网络和一系列涉及概率优化的严格技术。

## 1.6　后续章节内容概述

第 2 章和第 13 章介绍了这门学科的两个主要分支——图像处理和机器学习。第 2 ～ 7 章遵循图像处理主题，涵盖了初级视觉和各种广泛使用的分割技术，从阈值分割、边缘和特征检测到纹理分析。第 8 ～ 12 章转到中级处理，这在过去 20 年中有了很大发展，对于复杂物体的推断非常重要，本书为此详细介绍了基于模型的关键视觉技术，如霍夫变换和 RANSAC（第 10 章和第 11 章）。主动形状模型（第 12 章）对于许多实际应用也很重要。然而，后者需要 PCA 和其他机器学习概念的知识——这些都在第 14 章中介绍。第 16 ～ 19 章发展了三维视觉的主题，而第 20 章介绍了运动。第 21 ～ 23 章涉及三个关键应用领域——人脸检测和识别、监控和车载视觉系统。第 24 章重申并强调了书中涉及的一些主题；附录 A 拓展了稳健统计的主题，它涉及本书所涵盖方法的很大一部分；附录 B 涵盖了一个对视觉等学科至关重要的背景主题——采样定理。附录 C 讨论了颜色的表示，而附录 D 与机器学习相关，包含了从分布中采样的重要材料。

为了让读者对后面的章节有更多的了解，正文分为五个部分：

- 第一部分（第 2 ～ 7 章）：初级视觉
- 第二部分（第 8 ～ 12 章）：中级视觉
- 第三部分（第 13 ～ 15 章）：机器学习和深度学习网络
- 第四部分（第 16 ～ 20 章）：三维视觉和运动
- 第五部分（第 21 ～ 23 章）：计算机视觉的应用

最后一个标题用于强调具有高数据流率的实际应用，以及将所有必要的识别过程集成到可靠的工作系统中的必要性。

尽管章节的顺序遵循了刚才描述的逻辑顺序，但是 1.4 节中概述的思想——理解视觉过程、由诸如噪声和遮挡等现实强加的约束、相关参数之间的权衡等——在相关的衔接处被混合到正文中，因为它们反映了普遍的问题。

最后，有许多主题因篇幅限制是书籍所不能包含的，章末的书目注释旨在弥补这一缺陷。

## 1.7　书目注释

本章的目的是向读者介绍机器视觉的一些问题，说明机器视觉的内在困难，但在现阶段没有详细介绍。对于相关细节，读者应该参考后面的章节。与此同时，Bishop（2006）、Prince（2012）和 Theodoridis（2015）也提供了机器学习领域的更多背景知识。此外，Hubel（1995）的专著引人入胜，从中可以获得对人类视觉的一些见解。

# 初 级 视 觉

　　本部分从介绍图像和图像处理开始，然后说明了图像处理的发展，以开启图像分析的整个过程。第 7 章对纹理分析、图像分析进行了研究，这些"传统"的方法足以满足许多实际应用。讨论的主题包括噪声抑制、特征检测、物体分割以及基于形态学的区域分析——其基本发展过程在第一部分的前两章进行了定义和详细阐述。

# 图像与图像处理

图像是视觉的核心，处理和分析图像的方法很多，既有简单方法，也有复杂方法。本章集中讨论简单的算法，但由于有重要的细节需要学习，因此需要认真对待。最重要的是，本章旨在表明，这些算法可以实现相当多的功能，读者可以很容易地对其进行编程和测试。

本章主要内容有：

- 不同类型的图像——二进制、灰度和彩色
- 用于呈现图像处理操作的紧凑符号
- 基本像素操作——清除、复制、反转和阈值处理
- 基本窗口操作——移动、缩小和放大
- 灰度增亮和对比度拉伸操作
- 二进制边缘定位和噪声去除操作
- 多图像和卷积操作
- 顺序操作和并行操作之间的区别，以及顺序情况下可能出现的"并发症"
- 图像边缘出现的问题

虽然是初级的，但本章实际上为全书第一部分和第二部分的大部分内容提供了基本的方法论，当编程更复杂的算法时，对这个阶段的充分理解将节省之后的许多复杂分析，其重要性不容低估，细节之处不容忽视。

## 2.1 导言

本章涉及图像和简单的图像处理操作，旨在引导更高级的图像分析操作，以用于工业环境中的机器视觉。也许这一章的主要目的是向读者介绍一些基本的技巧和符号，这些技巧和符号将贯穿全书。然而，这里介绍的图像处理算法本身在从遥感技术到医学领域、从司法鉴定到军事和科学应用等学科中都有价值。

本章处理已经从合适的传感器获得的图像，图像的获取过程将在后一章中讨论。典型的此类图像如图 2-1A 所示，这是一幅灰度图像，乍一看似乎是一张普通的"黑白"照片。但是仔细观察就会发现，它是由大量的单个图像单元或"像素"组成的。事实上，该图像是一个 $128 \times 128$ 像素的数组。为了更好地感受这种数字化图像的局限性，图 2-1B 显示了一个 $42 \times 42$ 的切片，该切片被放大 3 倍，以便检查每个像素。

看出这些灰度图像被数字化为仅包含 64 个灰度级并不容易。在某种程度上，高空间分辨率弥补了灰度分辨率的不足，因此很难看出单个灰度与理想图像中的灰度之间的差别。此外，当我们看图 2-1B 中的放大图像时，很难理解各个像素强度的意义——整体在大量小部分中消失了。早期的电视摄像机通常给出的灰度分辨率仅精确到大约 1/50，相当于每个像素大约 6 比特的有用信息。现代固态摄像机通常包含较少的噪声，并且每个像素可以允许 8 比

特甚至 9 比特的信息。然而，在很多情况下，不值得追求如此高的灰度分辨率，特别是当结果对人眼不可见时，或者当机器人可以使用大量其他数据来定位视场内的物体时。注意，如果人眼能够在特定空间和灰度分辨率的数字化图像中看到物体，则原则上可以设计一种计算机算法来执行相同的操作。

(A) 　(B)

图 2-1　经典灰度图像：（A）数字化成 128×128 像素阵列的灰度图像；（B）对图 A 中所示的图像部分进行 3 倍线性放大，各个像素清晰可见

尽管如此，在许多应用中，保持良好的灰度分辨率是很有价值的，这样就可以从数字图像中进行高精度的测量。许多机器人应用正是如此，其中部件的高精度检查至关重要。更多细节将在后面的章节分享。此外，在第二部分中可以看出，用于有效定位部件的某些技术要求将局部边缘方向的估计值大于 1°，并且这只有在每个像素至少有 6 比特灰度信息可用的情况下才能实现。

## 灰度与颜色

现在回到图 2-1A 的图像，我们可以合理地问：使用 RGB 彩色摄像机和三种主要颜色的数字转换器，用彩色代替灰度是否更好？颜色在两个方面对当前的讨论很重要，一是机器视觉中颜色的内在价值，二是可能带来的额外存储和处理代价。显然，鉴于现代计算机既有高存储又有高速度，后者并不重要。另外，高分辨率图像可以以极高的数据速率从一组 CCTV 摄像机中获得，并且需要很多年才能分析完从这些来源获得的所有数据。因此，如果颜色大大增加了存储和处理负载，这将需要被证明是合理的。

与此相反，颜色在帮助检测、监控、控制以及包括医学在内的各种其他应用（颜色在外科手术期间拍摄的图像中起着至关重要的作用）的许多方面具有巨大的潜力。图 2-2 和图 2-3 在机器人导航和驾驶方面对此进行了说明；又如图 2-4 和图 2-5 中的食品检测，以及图 3-12 和图 3-13 中的颜色过滤。注意，这些图像中的一些几乎是为了颜色而具有颜色（特别是在图 2-4 和图 2-5 中），尽管它们都不是人工生成的。在另一些情况下颜色则更柔和（图 2-3），而在图 2-5（不包括西红柿）中颜色相当精细。这里要指出的一点是，要想给我们手头的任务带来正确的信息，颜色不需要太花哨，只要精细就行。简单地说，在一些较简单的检测应用程序（如在输送机或工作台上进行机械部件的详细检测）中，很可能需要考虑的是形状，而不是物体或其部件的颜色。另一方面，如果要设计自动摘果器，检测颜色可能比检测具体形状更为关键。请读者自行思考颜色在何时何地特别有用，又或者仅仅是一种不必要的奢侈。

图 2-2  分割和识别中颜色的价值。在这样的室外自然场景中，颜色有助于分割和识别。虽然在野外辨别食物来源对早期人类来说可能很重要，但是无人机可以通过颜色来协助导航

图 2-3  建筑环境中颜色的价值。色彩在人类管理建筑环境时起着重要作用。在车辆中，大量的强光、路标和标记（如黄线）被编码以帮助驾驶员；它们同样可以通过提供关键信息来帮助机器人更安全地驾驶

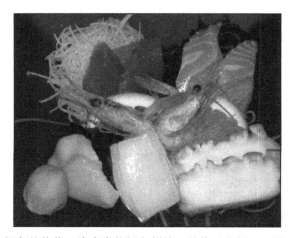

图 2-4  食品检测中颜色的价值。许多食物颜色鲜艳，就像日本料理一样。虽然这可能对人类有吸引力，但它也可以帮助机器人快速检测异物或有毒物质

图 2-5　食品检测中的细微色调。虽然很多食物颜色鲜艳，但就这幅图中的西红柿而言，绿色
　　　　沙拉叶显示出的颜色组合要精细得多，可能确实是唯一可靠的鉴别手段。这对于检测
　　　　原材料及其到达仓库或超市时的状态可能很重要

接下来，考虑颜色的处理。在许多情况下，良好的颜色区分可将两种类型的物体彼此分离和分割。这通常意味着不使用某个特定的颜色通道，而是以一种减去两个或组合三个通道的方式促进辨别（我们使用术语"通道"，不仅仅指红色、绿色或蓝色通道，还指通过将多种颜色组合成单一颜色维度而获得的任何派生通道）。在通过简单运算处理组合三个颜色通道的最坏情况下，其中每个像素被同等对待，处理负担将非常轻。与此相反，确定颜色通道数据的最佳组合方式和对图像不同部分动态执行不同操作所需要的处理量可能不能被忽略，在分析时一定要注意。这些问题的产生是因为颜色信号是不均匀的：这与灰度图像的情况形成对比，在灰度图像中，表示灰度的比特是相同类型的，并且采用表示像素强度的数字形式，因此，它们可以作为单个实体在数字计算机上处理。

## 2.2　图像处理操作

接下来详细考虑图 2-1A 和图 2-7A 的图像，检验可以在其上执行的许多图像处理操作中的部分。这些图像的分辨率显示了相当多的细节，同时显示了它与更"有意义"的全局信息的关系。这将有助于明确简单的成像操作对图像解释的贡献。

在执行图像处理操作时，我们从一个存储区域中的图像开始，并在另一个存储区域中生成新的处理图像。实际上，这些存储区域可以是在与计算机接口的一种称为帧存储器的特殊硬件单元中，也可以是在计算机的主存储器或其中一个磁盘上。过去需要专门的帧存储器来存储图像，因为每幅图像包含很大一部分兆字节信息，而在计算机主存中，普通用户不能使用这样大的空间。现在这不是问题，但是图像采集和显示仍然需要帧存储器。不过，我们在这里不会担心这些细节，我们假设所有图像都是固有可见的，并且它们存储在各种图像"空间" $P$、$Q$、$R$ 等中。因此，我们可以从空间 $P$ 中的图像开始，并将其复制到空间 $Q$。

### 2.2.1　灰度图像的一些基本操作

在下面的章节中，我们假设对如 C++ 这样的语言有一定程度的了解：不熟悉 C++ 或 Java 的读者应该参考 Stroustrup（1991）和 Schildt（1995）的书籍，C++ 和 Java 在所需的编程级别上是相似的。

也许最简单的成像操作是清除图像或将给定图像空间的内容设置为恒定水平。我们需要通过某种方式来安排，因此可以编写以下 C++ 例程来实现它：

```
for(j=0; j<=127; j++)
  for(i=0; i<=127; i++)
    P[j][i]=alpha;
```
(2.1)

在该例程中，局部像素强度值表示为 P[j][i]，因为 P 空间被认为是强度值的二维阵列（表 2-1）。在下文中，以更简洁的形式重写这样的例程将是有利的：

```
for all pixels in image do {P0 = alpha;}
```
(2.2)

因为这将通过删除无关的编程细节来帮助理解。调用像素强度 P0 的原因稍后了解。

另一个简单的成像操作是将图像从一个空间复制到另一个空间。这是在不改变原始空间 P 的内容的情况下通过以下例程实现的：

```
for all pixels in image do {Q0 = P0;}
```
(2.3)

一个更有趣的操作是反转图像，就像在将照片负片转换成正片的过程中一样。这个过程表示如下：

```
for all pixels in image do {Q0 = 255 - P0;}
```
(2.4)

在本例中，假设像素强度值在 0～255 范围内，对于将每个像素表示为一字节信息的帧存储器来说，通常如此。注意，这样的强度值通常是无符号的，下文普遍如此假设。

这些类型的操作有很多，其他一些简单的操作包括向左、向右、向上、向下或对角移动图像。如果使新的局部强度与原始图像中相邻位置处的局部强度相同，则易于实现。很容易用原始 C++ 例程中使用的双后缀表示法来表示它。在新的缩写符号中，有必要以一些方便的方式命名相邻像素，我们在这里采用以下简单方案：

| P4 | P3 | P2 |
| P5 | P0 | P1 |
| P6 | P7 | P8 |

对于其他图像空间具有类似的方案。通过这种表示法，很容易将图像的左移表示如下：

```
for all pixels in image do {Q0 = P1;}
```
(2.5)

表 2-1 C++ 符号释义

| 符号 | 意义 |
| --- | --- |
| ++ | 叠加 |
| [] | 在变量后添加数组索引 |
| [][] | 在变量之后添加两个数组索引：最后一个是运行速度更快的索引 |
| (int) | 将变量更转换为整数类型 |
| (float) | 将变量转换为浮点型 |
| {} | 包括一系列指令 |
| if(){} | 基本条件语句：( ) 包含条件；{} 包含要执行的指令 |
| if(){}; else if(){};...; else{}; | 最通用的条件语句类型 |
| while(){} | 循环语句的一般形式 |
| do{} while(); | 另一种循环语句形式 |
| do{} until(); | "until" 与 "while not" 意思相同。这通常是一种方便的表示法，尽管它不是严格的 C++ |

（续）

| 符号 | 意义 |
|---|---|
| for(；；){}； | 这里，条件语句有三个由分号分隔的参数：它们是初始化条件、终止条件和增量运算 |
| = | 强制相等（赋值） |
| == | 测试条件表达式中的相等性 |
| <= | 小于等于 |
| >= | 大于等于 |
| != | 不等于 |
| ! | 逻辑非 |
| && | 逻辑与 |
| ‖ | 逻辑或 |
| // | 指示该行的其余部分是注释 |
| /*…*/ | 将注释内容括起来 |
| A0…A8<br>B0…B8<br>C0…C8 | 3×3 窗口中的位图变量[①] |
| P0…P8<br>Q0…Q8<br>R0…R8 | 3×3 窗口中的字节图像变量[①] |
| P[0],… | 相当于 P0,… |

> 注：本表旨在说明本书中使用的各种 C++ 命令和指令的含义，但并不全面，只是为了帮助读者学习。表中只
> 包括 C++ 与其他常用语言（如 Pascal）之间不同的符号，以消除可能的歧义或混淆。
>
> [①] 这些预定义变量表示 C11 中不可用的特殊语法，但对于简化第 2 章及后续章节中介绍的图像处理算法很有用。

同样，右下方的移位表示为：

```
for all pixels in image do {Q0 = P4;}
```
(2.6)

现在清楚了为什么选择 P0 和 Q0 作为像素强度的基本标记："0" 表示 "邻域" 或 "窗口" 中的中心像素，并且对应于从一个空间复制到另一个空间时的零偏移。然而，上述窗口操作类型比单个像素操作强大得多，我们将在下面看到它的许多例子。同时，请注意，这可能会导致图像边界问题，我们将在 2.4 节回到这一点。

有一系列可能的操作与修改图像相关联，以使它们与人类观察者的要求相匹配。例如，添加恒定强度会使图像变得更亮：

```
for all pixels in image do {Q0 = P0+beta;}
```
(2.7)

并且可以以相同的方式使图像变暗。一个更有趣的操作是拉伸暗淡图像的对比度：

```
for all pixels in image do {Q0 = P0*gamma+beta;}
```
(2.8)

这里 gamma>1，在实践中（如图 2-6）有必要确保强度不会超出正常范围，如通过使用以下形式的操作：

```
for all pixels in image do{
   QQ = P0*gamma + beta;
   if (QQ < 0) Q0 = 0;
   else if (QQ > 255) Q0 = 255;
   else Q0 = QQ;
}
```
(2.9)

图 2-6  对比度拉伸：将图 2-1A 图像中的对比度增加两倍并适当调整平均强度水平的效果。现在可以更容易地看到壶的内部。但是请注意，新图像中没有其他信息

大多数实际情况需要更复杂的传递函数——非线性的或分段线性的——但是这种复杂性在这里被忽略了。

接下来，我们通过采用一组简单的符号来澄清讨论：字母表的前几个字母（A, B, C, …）一致用于表示二进制图像空间，后面的字母（P, Q, R, …）表示灰度图像（表 2-1）。在软件中，假设这些变量是预声明的，而在硬件（如帧存储）术语中，它们被认为是指每个像素仅包含必要的 1 或 8 位的专用存储空间。不同类型变量之间数据传输的复杂性是重要的考虑因素，这里不详细讨论：假设 A0 = P0 和 P0 = A0 都对应于单比特特传输就足够了，除了在后一种情况下，前 7 位分配的值为 0。

下一步我们将考虑的操作是对灰度图像进行阈值化，以将其转换为二值图像。这个主题稍后将更详细地讨论，因为它被广泛用于图像中的物体检测。然而，我们在这里的目的是把它看作另一个基本的成像操作。它可以使用如下例程来实现：

```
for all pixels in image do{
  if (P0 > thresh) A0 = 1; else A0 = 0;
}
```
（2.10）

就像经常发生的情况一样，如果物体在亮背景上显示较暗，则通过使用如下例程反转阈值化图像，可以更容易地可视化随后的二进制处理操作：

```
for all pixels in image do{A0 = 1 - A0;}
```
（2.11）

但是，更常见的是将两个操作组合成一个这样形式的例程：

```
for all pixels in image do{
  if (P0 > thresh) A0 = 0; else A0 = 1;
}
```
（2.12）

为了以尽可能接近原始图像的形式显示结果图像，可以对其进行重新转换，并给定强度值的全部范围（强度值 0 和 1 几乎不可见）：

```
for all pixels in image do{R0 = 255* (1 - A0);}
```
（2.13）

图 2-7 展示了这两个操作的结果。

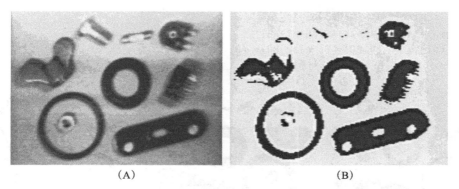

（A）　　　　　　　　　　　　　　　　（B）

图 2-7　灰度图像的阈值化：（A）部分集合的 $128 \times 128$ 像素灰度图像；（B）阈值化图像的效果

## 2.2.2　二值图像的基本操作

一旦图像被阈值化，就可以进行广泛的二进制成像操作。这里只讨论了少数这类操作，其目的是指导，而不是全面的。考虑到这一点，可以编写用于收缩暗阈值物体的例程（图 2-8A），它在这里由 0 背景中的一组 1 表示：

```
for all pixels in image do{
    sigma = A1+A2+A3+A4+A5+A6+A7+A8;
    if (A0 == 0) B0 = 0;
    else if (sigma < 8) B0 = 0;
    else B0 = 1;
}
```
（2.14）

事实上，这个例程的逻辑可以简化为以下紧凑版本：

```
for all pixels in image do{
    sigma = A1+A2+A3+A4+A5+A6+A7+A8;
    if (sigma < 8) B0 = 0; else B0 = A0;
}
```
（2.15）

请注意，收缩暗物体的过程也会扩展亮物体，包括亮背景。它还会使暗物体上的洞扩大。与之相反，扩展暗物体（或收缩亮物体）的过程是通过以下程序实现的（图 2-8B）：

```
for all pixels in image do{
    sigma = A1+A2+A3+A4+A5+A6+A7+A8;
    if (sigma > 0) B0 = 1; else B0 = A0;
}
```
（2.16）

收缩和扩展的过程也分别通过术语"腐蚀"和"膨胀"而广为人知（另见第 7 章）。使用它们的上述例程中的每一个都使用相同的技术来询问原始图像中的相邻像素：正如在本书中的许多场合中显而易见的那样，sigma 值是 $3 \times 3$ 像素邻域的有用且强大的描述符。因此，"如果（sigma > 0）"可以理解为"如果在暗物体旁边"，其结果可以理解为"那么扩展它"。同样，"如果（sigma < 8）"可以理解为"如果在亮物体旁边"或"如果在亮背景旁边"，其结果可以理解为"那么将亮背景扩展到暗物体中"。

寻找二进制物体边缘的过程有几种可能的解释。显然，可以假设边缘点具有 1～7（包括 1 和 7）范围内的 sigma 值。然而，它可以被定义为在物体内、在背景内或在任一位置。考虑物体边缘必须位于物体内的定义（图 2-8C），二值图像边缘查找例程如下：

```
for all pixels in image do{
  sigma = A1+A2+A3+A4+A5+A6+A7+A8;
  if (sigma == 8) B0 = 0; else B0 = A0;
}
```
(2.17)

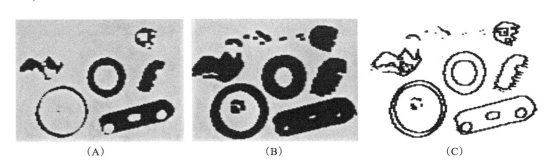

(A)                    (B)                    (C)

图2-8  应用于二进制图像的简单操作：（A）缩小图2-7B中出现的暗阈值物体的效果；（B）扩大这些暗物体的效果；（C）应用边缘定位例程的结果。注意，收缩、扩展和边缘例程应用于暗物体，这意味着强度最初作为阈值操作的一部分被反转，然后作为显示操作的一部分被再次反转（参见正文）

这种策略相当于取消不在边缘上的物体像素。对于此算法和大量其他算法（包括已经遇到的收缩和扩展算法），要彻底分析哪些像素应该设置为1和0（或者哪些应该保留，哪些应该删除），需要绘制表格：

|     |     | Sigma | |
| --- | --- | --- | --- |
|     |     | 0 到 7 | 8 |
| A0  | 0   | 0 | 0 |
|     | 1   | 1 | 0 |

这反映了算法规范包含识别阶段和动作阶段的事实，即需要首先在图像中定位（例如）要标记边缘或消除噪声的情况），然后必须采取动作来实现改变。

在二值图像上可有效执行的另一功能是去除"椒盐"噪声，即在暗背景上呈现为亮点或在亮背景上呈现为暗点的噪声。首先要解决的问题是识别这些噪声点；二是强度值的修正，相对比较简单。对于这些任务中的第一项，sigma值同样有用。为了去除盐噪声（在我们的惯例中即具有二进制值0），我们使用以下例程：

```
for all pixels in image do{
  sigma = A1+A2+A3+A4+A5+A6+A7+A8;
  if (sigma == 8) B0 = 1; else B0 = A0;
}
```
(2.18)

其可以被理解为保持像素强度不变，除非它是盐噪声点。消除胡椒噪声（即为二进制值1）的相应程序是：

```
for all pixels in image do{
  sigma = A1+A2+A3+A4+A5+A6+A7+A8;
  if (sigma == 0) B0 = 0; else B0 = A0;
}
```
(2.19)

将这两个例程合成一个操作（图2-9A）给出：

```
for all pixels in image do{
  sigma = A1+A2+A3+A4+A5+A6+A7+A8;
  if (sigma == 0) B0 = 0;
  else if (sigma == 8) B0 = 1;
  else B0 = A0;
}
```
（2.20）

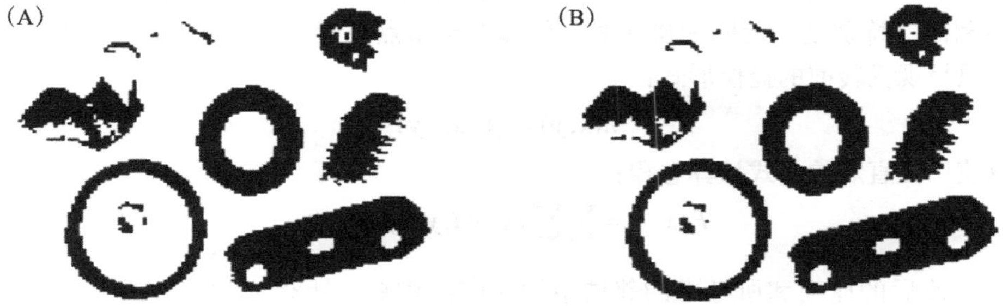

（A）                                （B）

图 2-9　简单的二进制噪声去除操作：（A）对图 2-7B 中的阈值化图像应用"椒盐"噪声去除操作的结果；（B）采用不太严格的噪声消除程序的结果，这对于减少某些物体上出现的锯齿状毛刺是有效的

可以使该例程在噪声像素的规范方面变得不那么严格，从而消除物体和背景上的毛刺——这是通过一种变形来实现的（图 2-9B）：

```
for all pixels in image do{
  sigma = A1+A2+A3+A4+A5+A6+A7+A8;
  if (sigma < 2) B0 = 0;
  else if (sigma > 6) B0 = 1;
  else B0 = A0;
}
```
（2.21）

如前所述，如果对算法有任何疑问，应该严格设置其规范，如下表所示。

|     |     | Sigma |     |     |
| --- | --- | --- | --- | --- |
|     |     | 0-1 | 2-6 | 7-8 |
| A0  | 0   | 0   | 0   | 1   |
|     | 1   | 0   | 1   | 1   |

还有很多其他可有效应用于二值图像的简单操作，其中一些在第 8 章讨论。

## 2.3　卷积和点扩散函数

卷积是图像处理和其他科学领域中一种强大而广泛应用的技术。它出现在本书的许多应用中，因此在早期引入它是有用的。我们首先将两个函数 $f(x)$ 和 $g(x)$ 的卷积定义为积分：

$$f(x) \otimes g(x) = \int_{-\infty}^{\infty} f(u)g(x-u)\mathrm{d}u$$
（2.22）

这个积分的作用通常被描述为将点扩散函数 (PSF)$g(x)$ 应用于函数 $f(x)$ 的所有点，并且将在每个点作用的结果累加起来。重要的是，如果 PSF 非常窄——理想的是 $\delta$ 函数——那么卷积与原始函数 $f(x)$ 相同。这使得很自然地认为函数 $f(x)$ 是在 $g(x)$ 的影响下展开的。这个论点可能会给人这样的印象，卷积必然会模糊原始函数，但是如果 PSF 具有正和负值的分布，情况并不总是如此。

当卷积用于数字图像时，上述公式需要进行两次变化：（1）二维必须使用二重积分；（2）积分必须变为离散求和。卷积的新形式如下：

$$F(x,y) = f(x,y) \otimes g(x,y) = \sum_i \sum_j f(i,j)g(x-i,y-j) \tag{2.23}$$

其中 $g$ 现在被称为空间卷积掩模。掩模在应用之前必须被反转，这一事实对于卷积过程的可视化是不利的，特别是涉及匹配操作时，例如对于角点位置（参见第 6 章）。因此，在本书中，我们只呈现反转前的掩模形式：

$$h(x,y) = g(-x,-y) \tag{2.24}$$

然后可以使用更直观的公式计算卷积：

$$F(x,y) = \sum_i \sum_j f(x+i,y+j)h(i,j) \tag{2.25}$$

这涉及将修改后的掩模和所考虑的邻域中的对应值相乘。针对 $3 \times 3$ 邻域重新表达此结果，并将掩模系数以以下形式列出：

$$\begin{bmatrix} h4 & h3 & h2 \\ h5 & h0 & h1 \\ h6 & h7 & h8 \end{bmatrix}$$

该算法可以根据我们先前的伪码形式得出：

```
for all pixels in image do{
    Q0 = P0*h0 + P1*h1 + P2*h2 + P3*h3 + P4*h4
        +P5*h5 + P6*h6 + P7*h7 + P8*h8;
}
```
$$\tag{2.26}$$

我们现在可以将卷积应用于实际情况。在这个阶段，我们试图通过对邻近像素求平均来抑制噪声。实现这一点的简单方法是使用卷积掩模：

$$\frac{1}{9}\begin{bmatrix} 1 & 1 & 1 \\ 1 & 1 & 1 \\ 1 & 1 & 1 \end{bmatrix}$$

其中掩模前面的数字加权掩模中的所有系数，并被插入以确保应用卷积而不会改变图像中的平均强度。如上所述，该特定卷积具有模糊图像以及降低噪声水平的效果（图 2-10）。更多细节将在第 3 章分享。

以上讨论清楚地表明了卷积是线性算子。事实上，它们是最一般的空间不变线性算子，可以应用于诸如图像的信号。注意，线性通常是令人感兴趣的，因为它在数学上易于分析，否则这将难以处理。

图 2-10  通过在 $3 \times 3$ 邻域内用均匀掩模卷积图 2-1A 的原始图像来实现邻域平均的噪声抑制。请注意，抑制噪声的代价是导致显著模糊

## 2.4  顺序操作与并行操作

应该注意到，到目前为止定义的大多数操作都是从一个空间中的图像开始，到另一个空

间中的图像结束。不幸的是，如果我们不这样使用单独的输入和输出空间，许多操作将不能令人满意地工作。这是因为它们本质上是"并行处理"例程。使用这个术语，因为这些是由具有与图像中的像素数量相等的处理元件数量的并行计算机执行的处理类型，使得所有像素可被同时处理。如果串行计算机要模拟并行计算机的操作，那么它必须具有单独的输入和输出图像空间，并且严格地工作，以使得它使用原始图像值来计算输出像素值。这意味着如下操作不是理想的并行处理：

```
for all pixels in image do{
    sigma = A1 + A2 + A3 + A4 + A5 + A6 + A7 + A8;
    if (sigma < 8) A0 = 0; else A0=A0;
}
```
(2.27)

这是因为，当操作完成一半时，输出像素强度不仅取决于一些未处理的像素值，还取决于一些已经处理的像素值。例如，如果计算机通过图像进行正常（前向）电视光栅扫描，扫描中一般点的情况将是：

$$
\begin{array}{ccc}
\checkmark & \checkmark & \checkmark \\
\checkmark & \times & \times \\
\times & \times & \times
\end{array}
$$

其中打钩的像素已经被处理，而其他像素没有。因此，上述操作将使得所有二值物体都被腐蚀到消失！

通过尝试使用以下例程将图像向右移动，可以更简单清晰地揭示顺序操作与并行操作的不同：

```
for all pixels in image do {P0 = P5;}
```
(2.28)

事实上，所有这一切的实现都是用对应于其左边缘之外的值来填充图像，而不管它们被假定为什么。因此，我们已经表明，移位过程本质上是并行的（请注意，每当计算机执行 $3 \times 3$（或更大）窗口操作时，它必须为偏离图像的像素强度假设一些值：通常，无论选择什么值都是不准确的，因此最终处理的图像将包含同样不准确的边框。无论是在软件中还是在帧存储器特殊设计的电路中捕获偏离图像像素地址，都是如此）。

稍后将看到，有一些过程本质上是顺序的，即处理后的像素必须立即返回到原始图像空间。同时，请注意，到目前为止描述的所有例程并不需要严格限制为并行处理。特别是，所有单像素例程（实质上，这些仅涉及 $1 \times 1$ 邻域中的单个像素）可以被有效地执行，就像它们本质上是连续的一样。这些例程包括以下强度调整和阈值操作：

```
for all pixels in image do {P0 = P0*gamma + beta;}
```
(2.29)
```
for all pixels in image do{if (P0 > thresh) P0 = 1; else P0 = 0; }
```
(2.30)

这些话意在作为警告。一般来说，设计完全并行的算法是最安全的，除非确实需要使它们按顺序进行。稍后将看到这种需求是如何产生的。

## 2.5 结束语

本章介绍了表示成像操作的紧凑表示法，并演示了一些基本的并行处理例程。第 3 章扩展了这项工作，讨论如何在灰度图像中实现噪声抑制，从而引入与机器视觉应用直接相关的更高级的图像分析工作。特别是第 4 章，在 2.2.1 节的基础上，更详细地研究灰度图像的阈值化，而第 8 章研究了二值图像中的物体形状分析。

> 纯像素操作可用于对数字图像进行彻底改变。然而，本章显示窗口像素操作更强大，它能够执行各种大小和形状改变操作，以及消除噪声。但注意，如果冒险应用，顺序操作可能会产生一些奇怪的效果。

## 2.6　书目和历史注释

由于本章的目的不是介绍最新的材料，而是对基本技术进行简要概述，因此讨论的大部分主题在 20 多年前就已经发展得很好了，并被许多领域的人们所使用，这并不令人惊讶。例如，灰度图像的阈值化最早在 1960 年被报道，而二值图像物体的缩小和扩展可以追溯到相同时期。关于其他技术起源的讨论在此省略了，关于更多的细节，读者可参考如 Gonzalez 和 Woods（2008）、Nixon 和 Aguado（2008）、Petrou 和 Petrou（2010）以及 Sonka 等人（2007）的文章。我们还参考了两本在一定深度上涉及图像处理编程方面的教材：Parker（1994）涉及 C 编程，Whelan 和 Molloy（2001）涉及 Java 编程。后面各章将参考更专业的文章和书籍。

## 2.7　问题

1. 推导出一种应用收缩操作求二值图像对象边缘的算法，并将结果与原始图像结合，得到的结果是否与使用边缘查找例程（2.17）得到的结果相同？根据 2.2.2 节所述，通过制定合适的算法表来严格证明你的陈述。
2. 在某一帧存储器中，取每个偏离图像像素为 0 或最近的图像像素的强度。对于收缩、扩展和模糊卷积，哪种做法更加合理？
3. 假设例程（2.20）和（2.21）的消噪例程被重新实现为顺序算法。结果表明，前者的行为没有变化，而后者会对某些二值图像产生非常奇怪的影响。

# 图像滤波和形态学

图像滤波涉及窗口操作的应用，这些操作执行有用的功能，如噪声去除和图像增强。本章特别关注一些基本的滤波器，如均值滤波器、中值滤波器和模式滤波器可以实现的功能。有趣的是，这些滤波器对物体的形状有显著的影响；事实上，对形状的研究由来已久，并产生了一系列高度多样化的算法和方法，并在此期间建立了数学形态学的总体形式。本章在许多数学定理之间指引了一条直观的路径，展示了它们如何引入实用的技术。本章的重点是灰度图像，一些彩色图像处理方法也包括在内。

本章主要内容有：

- 通过低通滤波可以实现什么
- 脉冲噪声问题以及如何消除脉冲噪声
- 中值滤波器、模式滤波器和秩排序滤波器的值
- 中值滤波器和秩排序滤波器产生的移位和失真
- 如何将"扩展"和"收缩"推广到膨胀和腐蚀中
- 如何将膨胀和腐蚀结合起来形成具有可预测特性的更复杂的操作
- 如何定义"闭运算"和"开运算"，以及如何通过残差（"顶帽"）操作来发现二进制物体形状中的缺陷
- 数学形态学如何被推广到灰度图像处理

本章深入研究了各种常见类型滤波器的特性，旨在了解它们能实现的效果及局限性。事实上，大多数滤波器产生的边缘偏移很小，并且是可预测的，原则上可以校正。除了秩排序滤波器，其偏移可能很大——但这也正是这种滤波器的优点，是数学形态学的核心。本章中的理论特别有价值，因为它整合了一系列主题，同时在许多应用中也十分有意义。

## 3.1 导言

第 2 章涉及简单的图像处理操作，包括灰度图像的阈值变换和二值图像中的噪声抑制等。本章将讨论灰度图像中的噪声抑制和增强。尽管在许多应用中，这些类型的操作是不必要的，但是在一定程度上对它们进行深入的研究是有用的，因为它们在许多其他情况下被广泛使用，并且为接下来的大部分工作奠定了基础。

我们已经看到，真实的图像中常常带有噪声，因此有必要通过健全的处理技术来抑制它。通常，在电气工程应用中，噪声通过低通滤波器或在频域中工作的其他滤波器去除（Rosie，1966）。将这些滤波器应用于一维时变模拟信号很简单，因为只需将它们按照信号通过的黑盒序列放置在适当的阶段即可。对于数字信号，情况则更为复杂，因为必须首先计算信号的频率变换，然后应用低通滤波器，最后将修改后的变换转换回时域得到信号。因此，必须计算两个傅里叶变换，尽管在频域内修改信号是一项简单的任务（图 3-1）。

事实上，计算由 $N$ 个样本表示的信号的离散傅里叶变换所涉及的处理量是 $N^2$ 个数量级（我们将把它写为 $O(N)^2$），而通过使用快速傅里叶变换（FFT），计算量可以减少到 $O(N\log_2 N)$（Gonzalez 和 Woods，1992）。这便成为消除噪声的一种实用方法。

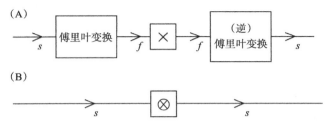

图 3-1    用于噪声抑制的低通滤波：$s$，空间域；$f$，空间频域；$\times$，低通特性乘法；$\otimes$，低通特性的傅里叶变换卷积。（A）通过（空间）频域中的乘法过程，最简单地实现了低通滤波；（B）通过卷积过程实现的低通滤波。注意，图 A 可能需要更多的计算，因为必须执行两个傅里叶变换

当将这些想法应用于图像时，我们首先注意到信号是一个空间量，而不是一个时变量，必须在空间频域中进行滤波。从数学上来说，这并没有真正的区别，但仍然存在重大问题。首先，没有令人满意的模拟信号处理方式，整个过程必须以数字方式进行（尽管光学处理方法具有明显的性能、速度和高分辨率，但我们在这里忽略这种方法，因为将它们与数字计算机技术结合绝非易事）。其次，对于 $N \times N$ 的像素图像，计算傅里叶变换所需的操作数量为 $O(N^3)$，FFT 仅能将此减少到 $O(N^2 \log_2 N)$，因此计算量相当可观（这里假设二维变换是通过连续一维变换来实现的，见 Gonzalez 和 Woods，1992）。还要注意的是，为了抑制噪声，需要两个傅里叶变换（图 3-1）。然而在许多成像应用中，这种方式值得推广，因为它不仅可以去除噪声，还可以滤除电视扫描线和其他伪像。这种情况尤其适用于遥感和空间技术。然而在工业应用中，重点总是实时处理，因此在许多情况下，通过空间频域操作去除噪声是不可行的。另一个问题是低通滤波适用于去除高斯噪声，但如果用于去除脉冲噪声，则会使图像失真。

在第 2 章中，我们讨论了腐蚀和膨胀操作。在 3.11 节中，我们将其应用于二值图像的滤波，并将表明通过这些操作的适当组合，有可能从图像中消除某些类型的物体，并定位其他物体。这些可能性并不是偶然的，相反，它们反映了形状的基本属性，这在数学形态学中有所涉及。数学形态学在过去的几十年里已经发展起来，现在已经成为一个成熟的学科。本章的目的是对这一重要的研究领域提出一些见解。请注意，数学形态学特别重要，因为它为形状研究提供了支柱，因此能够统一不同的技术，如噪声抑制、形状分析、特征识别、骨架化、凸包形成以及许多其他主题。

3.2 节讨论了空间频域和空间域中的高斯平滑。随后的三节介绍了中值滤波器、模式滤波器和一般秩排序滤波器，并对比了它们的主要特性和用途。3.6 节介绍了锐化 – 反锐化掩模技术，它为图像增强提供了一种非常简单但使用非常广泛的途径。3.7 节考察了由中值滤波器产生的边缘偏移，3.8 节扩展了这项工作，以涵盖由秩排序滤波器产生的较大偏移——这些偏移被相当充分地处理，因为它们与将偏移变为优点的形态学算子相关。3.10 节简要讨论了滤波器在彩色图像中的应用。3.11 节通过扩展 2.2 节中首次遇到的扩展和收缩的概念，开始了形态学的讨论。3.12 节发展了这个理论，得出了许多重要的结果——强调的不是数学的严密性，而是理解概念。3.13 节考察形态学分组操作。3.14 节接着展示了如何推广形态学

以处理灰度图像。

## 3.2 通过高斯平滑抑制噪声

低通滤波通常被认为可以消除具有高频率的信号分量，因此在空间频域中进行低通滤波是自然的。然而，我们可以直接在空间域中实现滤波。这是可能的，因为以下众所周知的事实（Rosie，1966）：将信号乘以空间频域中的函数相当于将其与空间域中函数的傅里叶变换卷积（图 3-1）。如果空间域中最后的卷积函数足够窄，那么所涉及的计算量不会过大，这样就可以实现一个令人满意的低通滤波器。现在还需要寻找合适的卷积函数。

如果低通滤波器有一个明显的截断，那么它在图像空间中的变换将是振荡的。这方面的一个极端例子是 sinc(sin$x$ / $x$) 函数，它是矩形轮廓的低通滤波器的空间变换（Rosie，1966）。振荡卷积函数不能令人满意，因为它们会在物体周围引入晕圈，从而严重扭曲图像。Marr 和 Hildreth（1980）提出，适用于图像的正确类型的滤波器是那些在频域和空间域都表现良好（非振动）的滤波器。高斯滤波器能够最佳地满足这一标准，它们在空间域和空间频域中具有同样的形式。在一维中，形式如下：

$$f(x) = \frac{1}{(2\pi\sigma^2)^{1/2}} \exp\left(-\frac{x^2}{2\sigma^2}\right) \tag{3.1}$$

$$F(\omega) = \exp\left(-\frac{1}{2}\sigma^2\omega^2\right) \tag{3.2}$$

因此，通过低通滤波抑制噪声所需的空间卷积算子的类型近似为高斯分布。文献中出现了许多这样的近似值，这些近似值随着所选邻域的大小和卷积掩模系数的精确值而变化。

最常见的掩模之一是下述掩模，在第 2 章首次提到，使用这种掩模的主要目的是简化计算，而不是用于其对高斯分布的保真度：

$$\frac{1}{9}\begin{bmatrix} 1 & 1 & 1 \\ 1 & 1 & 1 \\ 1 & 1 & 1 \end{bmatrix}$$

另一种常用的掩模更接近高斯分布，如下所示：

$$\frac{1}{16}\begin{bmatrix} 1 & 2 & 1 \\ 2 & 4 & 2 \\ 1 & 2 & 1 \end{bmatrix}$$

在这两种情况下，掩模之前的系数用于加权所有掩模系数：如 2.3 节所述，选择这些权重是为了对图像应用卷积而不会影响平均图像强度。这两个卷积掩模可能占所有离散逼近高斯分布的 80% 以上。请注意，在 3×3 邻域内移动时，它们的范围相当小，因此计算负荷相对较小。

接下来研究这类算子的性质，暂时不考虑更大邻域的高斯算子。首先想象一下，这样一种算子应用于具有均匀强度的噪声图像，结果是噪声被明显抑制了，因为对每 9 个像素进行了平均。这种平均模型对于上述两个掩模中的第一个是显而易见的，但事实上一旦人们接受了根据高斯分布的改进近似，平均效果的分布是不同的，则第二个掩模也同样适用。

虽然这个例子显示噪声被抑制了，但是很明显信号也会受到影响。这个问题只出现在信号最初不均匀的地方：事实上，如果图像强度是恒定的或者强度图接近平面，也没有问题。然而，如果信号在邻域的一部分上是均匀的，而在邻域的另一部分上是上升的（这必然会发生在物体的边缘附近），那么在滤波后的图像中该物体看起来会在邻域的中心（图3-2）。结果，物体的边缘变得有些模糊。我们将该算子视为"混合算子"，它通过将彼此非常接近的像素强度混合在一起，形成了一幅新的图片，对于为什么会出现模糊，直观上是很明显的。

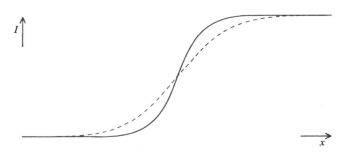

图3-2    通过简单高斯卷积模糊物体边缘。简单的高斯卷积可以被视为灰度邻域"混合"算子，
        因此解释了模糊产生的原因

从频域的角度来看，也能很明显地看出为什么会出现模糊。基本上，我们的目标是在空间频域给信号一个清晰的截断，结果在空间域它会变得稍微模糊。显然，模糊效应可以通过使用高斯卷积滤波器的最窄可能近似来减小，但同时滤波器的噪声抑制特性会下降。假设图像以大致正确的空间分辨率被初步数字化，使用大于$3 \times 3$或至多$5 \times 5$像素的卷积掩模对其进行平滑通常是不合适的（这里我们忽略了分析图像的方法，这些方法使用了具有不同空间分辨率的图像的多个版本，可参见Babaud等人，1986）。

总的来说，低通滤波和高斯平滑不适合这里考虑的应用，因为它们引入了模糊效应。还要注意的是，当干扰发生时会产生脉冲或"尖峰"噪声（对应于具有完全错误强度的多个单独像素），仅仅在更大的邻域内对该噪声进行平均会使情况变得更糟，因为尖峰会分布在大量像素上，并且会扭曲所有这些像素的强度值。这一考虑很重要，因为它自然引出限制和中值滤波的概念。

## 3.3    中值滤波器

这里探讨的想法是定位图像中那些具有极端强度的像素，并忽略它们的实际强度，代之以更合适的值。这类似于通过一系列点绘制一幅拟合曲线图，而忽略那些距离最佳拟合曲线很远的点。实现这一点的一个显而易见的方法是应用"限制"滤波器，防止任何像素的强度超出其相邻像素的强度范围：

```
for all pixels in image do {
  minP = min(P1, P2, P3, P4, P5, P6, P7, P8);
  maxP = max(P1, P2, P3, P4, P5, P6, P7, P8);
  if (P0 < minP) Q0 = minP;
  else if (P0 > maxP) Q0 = maxP;
  else Q0 = P0;
}
```
（3.3）

为了发展这种技术，有必要考察特定邻域内的局部强度分布。分布极端的点很可能来自脉冲噪声。因此，明智的做法不仅是消除这些点（就像在限制滤波器中一样），而且要进一步尝试去除分布两端的相等区域，以中间值结束。因此，我们得到了取所有局部强度的中值滤波器并生成对应于该组中值的新图像。如前所述，中值滤波器在脉冲噪声抑制方面非常出色，这在实践中得到了充分证实（图 3-3）。

图 3-3 对图 2-1A 的图像应用 3×3 中值滤波器的效果。请注意精细细节的轻微损失和整个图像相当 "柔和" 的外观

鉴于高斯平滑算子造成的模糊，考虑中值滤波器是否也会导致模糊是有意义的。事实上，图 3-3 显示，任何模糊都只是边缘性的，尽管有一些细微的细节损失，这可以使最终的图片呈现 "柔和" 的外观。这一点的理论讨论暂时不表；模糊较少弥补了高斯平滑滤波器的主要缺陷，从而中值滤波器可能是一般图像处理应用中使用最广泛的滤波器。

有许多实现中值滤波的方法，表 3-1 只给出了实现上述描述的显而易见的算法。该表使用了第 2 章的符号，但对其进行了扩充，以允许下标循环取 3×3 邻域中的 9 个像素（具体来说，P0 到 P8 被写为 P[$m$]），其中 $m$ 从 0 到 8 变化。

**表 3-1　中值滤波器的实现**

```
for (i = 0; i <= 255; i++) hist[i] = 0;
for all pixels in image do {
  for (m = 0; m <= 8; m++) hist[ P[m] ]++;
    i = 0; sum = 0;
    while (sum < 5) {
      sum = sum + hist[i];
      i = i + 1;
    }
    Q0 = i − 1;
    for (m = 0; m <= 8; m++) hist[ P[m] ] = 0;
}
```

该算法的操作如下：首先，清除直方图阵列并扫描图像，在 Q 空间生成新图像；然后，对于每个邻域，构造强度值的直方图；再找到中间值；最后，直方图阵列中已经增加的点被清除。最后一个特征消除了清除整个直方图的需要，因此节省了计算。不同于一般情况下定位分布的中值，这里只需要对分布扫描一次（一半），因为总面积是预先知道的（在这种情况下是 9）。

如上所述，计算中值的方法涉及像素强度排序操作。如果使用冒泡排序（Gonnet，1984），对于 $n×n$ 的邻域最多需要 $O(n^4)$ 次操作，而上面描述的直方图方法需要 256 次操作。因此，对于 $n$ 为 3 或 4 的小邻域来说，诸如冒泡排序之类的排序方法更快，但是对于 $n$

大于 5 的邻域或者对于像素强度值更受限制的邻域来说，则不然。

大部分文献中关于中值滤波的讨论都与节省计算有关（Narendra，1978；Huang 等人，1979；Danielsson，1981）。特别是已经注意到，在从一个邻域前进到下一个邻域时，遇到的新像素相对较少，这意味着可以更新旧值而不是从头开始寻找新的中值（Huang 等人，1979）。

## 3.4　模式滤波器

在考虑了将局部强度分布的均值和中值作为噪声平滑滤波器的候选强度值之后，考虑分布的模式似乎也是很有意义的。事实上，我们可以想象这比均值或中值更重要，因为模式代表了任何分布的最可能值。

然而，一旦我们尝试实现这个想法，就会出现一个麻烦的问题。局部强度分布是从相对较少的像素强度值计算得来的（图 3-4），这意味着几乎肯定会有多峰分布（其最高点不指示底层模式的位置），而不是容易定位模式的平滑强度分布。显然，在计算模式之前，需要对分布进行相当程度的平滑。另一个麻烦的问题是，分布的宽度在各个邻域之间变化很大（例如，从接近零到接近 256），因此很难知道在任意情况下要对分布进行多大程度的平滑。鉴于此，选择位置的间接测量模式可能比试图直接测量更好。

图 3-4　小邻域局部强度直方图的稀疏性。这种情况显然会给模式估计带来很大问题。假设观
　　　　察到的强度只是理想强度模式的噪声样本，这对于严格估计潜在中值也有明显的影响
　　　　（见 3.4 节）

事实上，一旦中值被定位，模式的位置就可以被合理且准确地估计出来（Davies，1984a，1988c）。为了理解这项技术，有必要考虑各种局部强度分布在实际情况下是如何出现的。在图像中的大多数位置，像素强度的变化是由背景照明的稳定变化、表面取向的稳定变化或噪声产生的。因此，预计会出现对称的单峰局部强度分布。众所周知，在这种情况下，均值、中值和模式是一致的。更成问题的是图像中物体边缘附近的强度变化会造成的影响。在这里，局部强度分布不太可能是对称的，更重要的是，它甚至可能不是单峰的。事实上，在边缘附近，该分布通常是双峰的，因为邻域包含的像素的强度对应于它们在边缘两侧的值（图 3-5）。从整体上来看，这是除了对称单峰分布以外最有可能的情况，任何进一步的可能性（如三峰分布）都是罕见的，其原因多种多样（例如，金属物体边缘的奇异闪烁），而这些都不在目前讨论的范围之内（这里我们忽略了噪声的影响，只考虑了潜在的图像信号）。

如果邻域横跨边缘，并且局部强度分布是双峰的，那么显然应该选择较大的峰值位置作为最可能的强度值。找到较大峰值的一个有效策略是剔除较小的峰值。如果知道模式的位置，我们可以首先找到分布的哪个极端更接近模式，然后向模式的对侧移动相等的距离，找到截断较小峰值的位置（图 3-6）。由于我们一开始并不知道模式的位置，一种选择是使用中值的位置作为模式位置的估计值，然后使用该位置找到截断分布的位置。由于均值、中值和模式总是以这种固定顺序出现（图 3-7），除了在分布不太好或多模式的情况下，这种方法是谨慎的（因为截断的分布少于所需的量），这使得它成为一种安全的使用方法。当我们现在找到截断分布的中值时，该位置比原始中值更接近模式，第二个峰值的很大一部分已经被去除（图 3-8）。迭代可以用来找到更接近模式位置的近似。然而，即使没有这样做，该方法也能显著增强图像（图 3-9）。

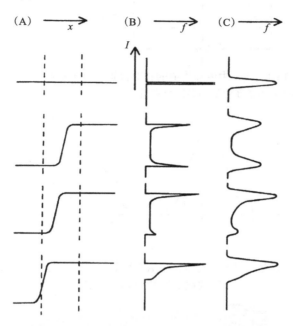

图 3-5　物体边缘附近图像数据的局部模型：（A）落在滤波器邻域附近的边缘的横截面；（B）当存在非常少的图像噪声时，对应的局部强度分布；（C）噪声水平增加的情况

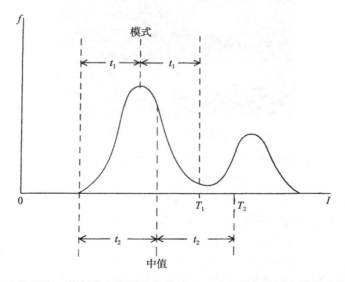

图 3-6　截断方法的原理。截断分布的明显位置是 $T_1$。由于最初并不知道模式的位置，因此在 $T_2$ 截断是次优的，却是安全的

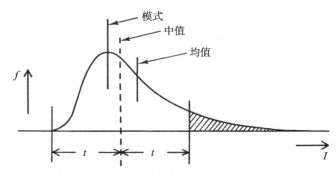

图 3-7  典型单峰分布的模式、中值和均值的相对位置。对于双峰分布，这种排序是不变的，只要它可以由两个宽度相似的高斯分布近似

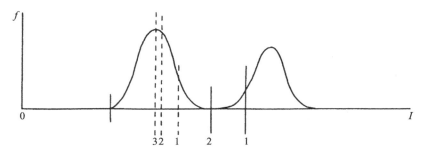

图 3-8  局部强度分布的迭代截断。这里，中值在截断过程的三次迭代中收敛于模式。这是可能的，因为在每个阶段，新的截断分布的模式与先前分布的模式保持相同

图 3-9  对图 2-1A 的图像应用一次 3×3 截断中值滤波器的效果

接下来，我们将更仔细地研究上述"截断中值滤波器"（Truncated Median Filter，TMF）的特性。虽然中值滤波器在去除噪声方面非常成功，但是 TMF 不仅去除了噪声，还增强了图像，使得边缘变得更加锐利。图 3-10 清楚地说明了为什么会发生这种情况。基本上，即使是在非常轻微地靠近边缘一侧的位置，大多数像素强度都对较大峰值有贡献，TMF 忽略了对较小峰值有贡献的像素强度。因此，TMF 对其位于边缘的哪一侧做出了明智的二元选择。起初，这似乎意味着把邻近边缘推得更远。然而，必须注意到它实际上是从两边"推开边缘"，结果使得边缘变得更锋利，物体轮廓变得更清晰。当物体开始被分割成强度相当均匀的区域时，多次对图像应用 TMF 的效果尤其引人注目（图 3-11）。实现这一点的完整算法如表 3-2 所示。

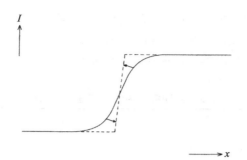

图 3-10  由模式滤波器实现的图像增强。这里边缘的一端由于模式滤波器在一个邻域内的作用而横向推动；因为相同的情况在相邻邻域内的另一侧发生，所以一阶时边缘的实际位置不变。整体效果是锐化边缘

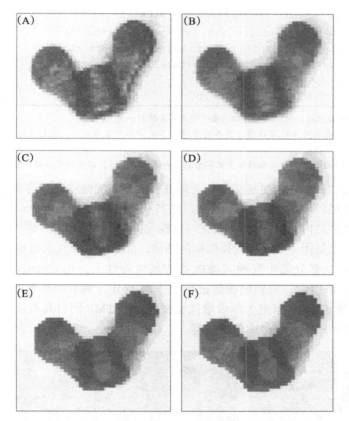

图 3-11  截断中值滤波器重复作用的结果：（A）原始的中等噪声图像；（B）3×3 中值滤波器的效果；（C）～（F）通过 1～4 次基本截断中值滤波器的效果

上述问题在一定程度上得到了解决，原因有如下几条。第一，模式滤波器迄今没有得到应有的关注。第二，中值滤波器似乎被普遍使用，而通常没有太多的理由或想法。第三，所有这些滤波器仅通过分析局部强度分布的内容（而完全忽略在邻域内出现不同强度的地方），来得到明显不同的特征：也许值得注意的是，局部强度分布中有足够的信息来实现这一点。所有这些都表明，在没有首先说明需要什么，然后便设计具有所需特性的算子的情况下，应用以特殊方式导出的算子是危险的。事实上，情况似乎是，如果需要一个具有最大脉冲噪声

抑制能力的滤波器，那么我们应该使用中值滤波器；如果需要一个通过锐化边缘来增强图像的滤波器，那么我们应该使用模式滤波器或 TMF（注意，TMF 应该是模式滤波器的改进，因为它在边缘过渡附近更加谨慎，边缘处的噪声会妨碍我们准确判断像素位于边缘的哪一侧，参见 Davies，1984a，1988c）。

**表 3-2　实现截断中值滤波器的算法概要**

```
do { // as many passes over image as necessary
  for all pixels in image do {
    compute local intensity distribution;
    do { // iterate to improve estimate of mode
        find minimum, median and maximum intensity values;
        decide from which end local intensity distribution should be
        truncated;
        deduce where local intensity distribution should be truncated;
        truncate local intensity distribution;
        find median of truncated local intensity distribution;
    } until median sufficiently close to mode of local distribution;
    transfer estimate of mode to output image space;
  }
} until sufficient enhancement of image;
```

注：（i）最外层和最内层的循环通常可以省略（即只需要执行一次）。
　　（ii）模式位置的最终估计可以通过简单的平均而不是计算中值来进行。我们发现，这种方法可以节省计算，而精度损失可以忽略不计。
　　（iii）可以用如最外层八分位数的位置来代替最小和最大强度值，以更稳定地估计局部强度分布的极值。

在考虑增强时，我们往往更加关注基于局部强度分布的滤波器；许多滤波器在没有局部强度分布的帮助下仍可增强图像（Lev 等人，1977；Nagao 和 Matsuyama，1979），但是它们不在本章讨论的范围之内。请注意，"锐化 – 反锐化掩模"（3.6 节）方法实现了增强功能，尽管它的主要目的是恢复因不小心而变得模糊的图像，如朦胧的大气或散焦的摄像机。

最后，虽然这一部分集中在模式滤波器的灰度特性上，但 Charles 和 Davies（2003a，2004）已经展示了如何设计对彩色图像进行操作的 TMF。典型结果如图 3-12 所示。此外，图 3-13 显示，尽管 TMF 被指定为图像增强滤波器，但 TMF 同时具有从图像中消除大量脉冲噪声的有用特性——显著超过中值滤波器。

（A）　　　　　　　　　　　　　　（B）

图 3-12　颜色鲜艳的物体的颜色过滤。（A）一些糖果的原始彩色图像；（B）向量中值滤波；（C）向量模式滤波；（D）模式滤波器分别应用于每个颜色通道。注意，图 B 和 C 没有显示出颜色出血，尽管这在图 D 中非常明显。最引人注目的是黄色糖果周围孤立的粉红色像素，加上少量绿色像素。有关颜色出血的详细信息请参见 3.10 节

（C）　　　　　　　　　　　　　（D）

图 3-12　（续）

（A）　　　　　　　　（B）　　　　　　　　（C）

图 3-13　包含大量脉冲噪声的图像的彩色滤波。（A）Lena 图像，包含 70% 的随机彩色脉冲噪声；（B）应用向量中值滤波器的效果；（C）应用向量模式滤波器的效果。虽然模式滤波器的设计更多是为了增强而不是为了抑制噪声，但是我们已经发现，当噪声水平非常高时，它在这项任务中表现非常好

## 3.5　秩排序滤波器

秩排序滤波器采用的原理是取给定邻域内的所有强度值，按值增加的顺序排列；最后选择 $n$ 个值中的第 $r$ 个，并将该值作为滤波器局部输出值返回。显然，$n$ 个秩排序滤波器可以根据使用的值 $r$ 来指定，但是这些滤波器本质上是非线性的，即输出强度不能表示为邻域内各分量强度的线性和。特别是，中值滤波器（$r = (n+1)/2$，仅当 $n$ 是奇数时）通常不会给出与均值滤波器相同的输出图像；事实上，众所周知，一个分布的均值和中值通常只在对称分布中重合。请注意，最小值和最大值滤波器（分别对应于 $r = 1$ 和 $r = n$）也常常被归类为形态滤波器（见 3.8 节）。最后，对于一般性，我们指出，如果 $n$ 是偶数，通常取分布中两个中心值的平均值作为中值。

## 3.6　锐化 – 反锐化掩模

当图像在采集之前或采集过程中被模糊化时，通常可以将它们恢复到基本理想的状态。正确地说，这是通过建立模糊过程的模型并应用旨在消除模糊的逆变换来实现的。这是一项复杂的任务，但在某些情况下，一种称为锐化 – 反锐化掩模的相当简单的方法能够产生显著的改善（Gonzalez 和 Woods，1992）。如图 3-14 所示，这种技术首先需要获得一个更加

模糊的图像版本（例如，借助高斯滤波器），然后从原始图像中减去该图像。请注意，模糊与相减具体要做到什么程度，通常是靠人的观感来确定的。因此，该方法被分类在"增强"主题下比在"恢复"主题下更好，因为它不是后一术语通常所代表的精确数学技术。在这些增强技术中，Hall（1979）指出："大部分增强的艺术是知道何时停止。"

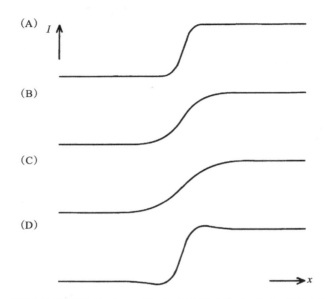

图 3-14    锐化 – 反锐化掩模的原理：（A）理想化边缘的横截面；（B）观测边缘；（C）图 B 的人
          为模糊版本；（D）从图 B 中减去一部分图 C 的结果

## 3.7    中值滤波器引入的偏移

尽管我们知道不同类型滤波器的主要特征，但仍有一些未知因素。特别是，确保以物体位置和尺寸不变的方式去除噪声通常很重要（例如，当对制造部件进行精确测量时）。然而，此时会出现以下两个问题。

首先，假设边缘的强度分布是对称的。如果是这样，那么局部强度分布的均值、中值和模式将是一致的，并且显然对它们中的任何一个都没有总体偏差。然而，当边缘轮廓不对称时，如果没有详细的情景模型，任何滤波器的效果都不会很明显。当存在显著噪声时，情景变得更加重要，但是随后将变得高度依赖于数据，在这里没有必要做进一步分析。

第二个问题涉及弯曲边缘的情况。在这种情况下仍有多种可能性，采用不同方式的滤波器将根据边缘的形状来修改边缘位置。在视觉应用中，中值滤波器是我们最有可能使用的滤波器，因为它的主要目的是抑制噪声而不引入模糊。我们需要仔细考虑这种滤波器产生的偏差，这将在下一小节中完成。

### 3.7.1    中值偏移的连续体模型

本小节考虑连续图像（即非离散网格），并且假设：（1）图像是二值的；（2）邻域完全是圆形的；（3）图像是无噪声的。接下来，我们注意到二值边缘有对称的横截面，而直边将这种对称延伸到二维，因此在（对称的）圆形邻域中应用中值滤波器不会将直边拉到一边或另一边。

　　现在考虑当滤波器应用于非直边时会发生什么。例如，如果边缘是圆形的，局部强度分布将包含两个峰值，其相对大小将随着邻域的精确位置而变化（图 3-15）。在某些位置，两个峰的大小将相同。显然，当邻域的中心位于中值滤波器的输出从暗变为亮（反之亦然）的点时，就会发生以上这种情况。因此，无论物体在亮背景下是暗的还是在暗背景下是亮的，中值滤波器都会产生朝向圆形物体中心（或曲率中心）的向内偏移。为了计算这种影响的大小，我们需要精确地确定圆形邻域的面积被物体边界平分的位置。

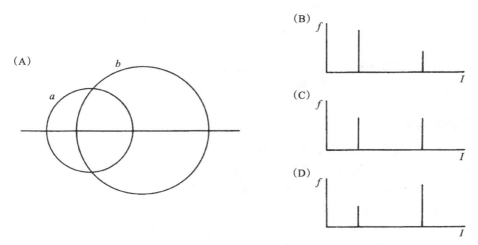

图 3-15　局部强度分布随邻域位置的变化：（A）半径为 $a$ 的邻域与半径为 $b$ 的暗圆形物体重叠；（B）～（D）当中心的间距分别小于、等于或大于物体平分邻域面积的距离 $d$ 时的强度分布 $I$

　　通过估计邻域内圆形物体的平均横向位移 $\bar{x}$，我们可以得到一个很好的近似值，它显示了该区域的中值必须位于何处。从图 3-16 中首先注意到，物体是一个圆，其方程为：

$$(x-b)^2 + y^2 = b^2 \tag{3.4}$$

因此

$$x = b - (b^2 - y^2)^{1/2} \approx \frac{y^2}{2b} \tag{3.5}$$

$$\therefore \bar{x} = \int_{-a}^{a} x \,\mathrm{d}y \Big/ \int_{-a}^{a} \mathrm{d}y \approx \frac{1}{2a}\int_{-a}^{a}\frac{y^2}{2b}\,\mathrm{d}y = \frac{1}{2ab}\left[\frac{y^3}{3}\right]_0^a = \frac{a^2}{6b} \tag{3.6}$$

注意到物体的曲率是 $\kappa = 1/b$，我们立即推断出横向位移是：

$$D = \frac{1}{6}\kappa a^2 \tag{3.7}$$

请注意，这种近似计算依赖于这样一个事实，即对于小曲率，物体边界将通过邻域上相隔接近 $2a$ 距离的点。

　　完整的计算（Davies，1989b）显示，正如所料，当 $b \to \infty$ 或 $a \to 0$ 时，中值偏移 $D \to 0$。相反，当 $a$ 接近并超过 $b$ 时偏移转变非常大。但请注意，当 $a > \sqrt{2}b$ 时，物体被忽略，它小到足以被滤波器视为无关的噪声：超过该值时，它对最终图像没有一点影响。物体最终消失之前的最大边缘偏移为 $(2-\sqrt{2})b \approx 0.586b$。

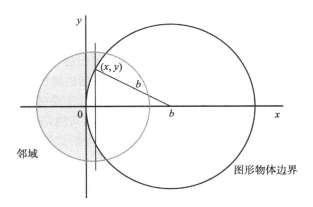

图 3-16    用于计算邻域和物体重叠的几何图形。物体是圆形的，半径为 $b$ ；邻域也是圆形的，
半径为 $a$。$x$ 轴和 $y$ 轴的原点在物体边界上。邻域的阴影和非阴影部分面积相等

### 3.7.2    推广到灰度图

为了将这些结果扩展到灰度图像，首先考虑在一维平滑阶跃边缘附近应用中值滤波器的效果。这里中值滤波器给出零偏移，因为对于从中心到邻域两端的相等距离，在强度直方图的相应部分下有相等数量的较高和较低强度值，因此面积相等。显然，当强度从邻域的一端到另一端单调增加时，这总是有效的。

接下来，很明显，对于二维图像，在直线边缘附近，这种情况再次保持不变，因为其保持高度对称。因此，在二值情况下中值滤波器给出零偏移。

对于弯曲边界，在灰度边缘情况下必须仔细考虑这种情况，与二值边缘不同，灰度边缘具有有限的斜率。当边界大致为圆形时，恒定强度的轮廓通常如图 3-17 所示。要知道中值滤波器是如何工作的，我们只需要识别中值强度的轮廓（在二维中，中值强度值标示整个轮廓），这将邻域分成两个相等的部分。这种情况的几何形状与 3.7.1 节中已经讨论过的相同：主要区别在于，对于邻

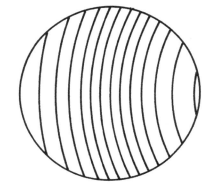

图 3-17    大圆形物体边缘的恒定强度轮廓，
就像在小圆形邻域内看到的

域的每个位置都有一个相应的中值轮廓，根据曲率，它有自己特定的偏移值。有趣的是，已经推导出的公式可以立即用于计算每个轮廓的偏移。图 3-17 显示了一个理想化的情形，其中恒定强度的轮廓具有相似的曲率，因此它们都向内移动相似的量。这意味着，大致上，物体的边缘在变小的过程中会保持横截面轮廓。

对于灰度图像，该理论预测的偏移与离散网格中大范围圆形尺寸的实验偏移在大约 10 % 范围内一致（尽管有一些额外的修正，但是没有像方程式（3.5）中那样的近似：见 Davies，1989b）（图 3-18）。图 3-19 和图 3-20 给出了实际情况下这些偏移的幅度。请注意，一旦像小孔或螺纹这样的图像细节被滤波器消除，就不可能应用任何边缘偏移校正公式来恢复它——尽管对于较大的特征来说，这样的公式对推断边缘的真实位置很有用。

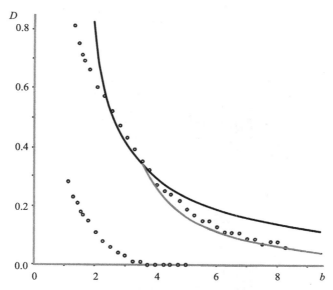

图 3-18　应用于灰度图像的 5×5 中值滤波器的边缘偏移。上面的一系列点代表实验结果，上面的连续曲线是根据 3.7.1 节的理论推导出来的。下面的连续曲线来自更精确的模型（Davies，1989）。下面的一组点表示通过"细节保真"类型滤波器获得的大幅减少的偏移（参见 3.16 节）

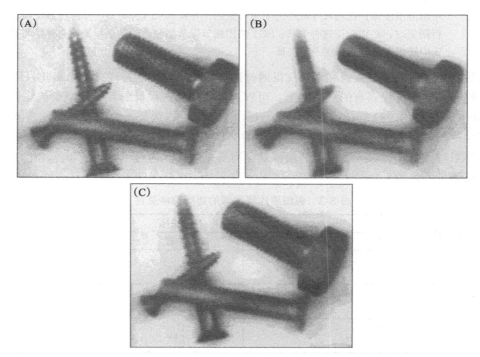

图 3-19　中值滤波器的边缘平滑特性：（A）原始图像；（B）不规则性的中值滤波平滑，尤其是边界周围的不规则性（注意，尽管保留了超过一半的过滤区域的细节，但实际上却消除了螺纹），在 6 位灰度值的 128×128 像素图像、5×5 邻域内使用 21 个元素的滤波器；（C）细节保真滤波器的效果（见 3.16 节）

图 3-20　过滤前后金属物体上的圆孔：（A）原始 128×128 像素图像，灰度为 6 位；（B）5×5
　　　　中值滤波图像：孔的尺寸减小是明显可见的，并且当从这种类型的实际滤波图像中进
　　　　行测量时，必须校正这种失真；（C）使用细节保真滤波器的结果：虽然总体结果比图
　　　　B 中好得多，但仍存在一些失真

最后我们注意到，边缘偏移无法仅仅通过选择邻域平均法的替代方法来避免，更确切地说，它们是平均化过程固有的：事实上，可以通过应用特殊设计的算子来减少边缘偏移（参见 Nieminen 等人，1987；Greenhill 和 Davies，1994）。特别是，模式和均值滤波器已经显示出产生的偏移在大小上与中值滤波器产生的偏移相当——如表 3-3 所示（均值、中值和模式滤波器对对称阶跃边缘产生相同的偏移是显而易见的，因为对于对称分布，均值、中值和模式滤波器是一致的）。

表 3-3　邻域平均滤波器的边缘偏移总览

| 边缘类型 | 滤波器 | | |
| --- | --- | --- | --- |
| | 均值 | 中值 | 模式 |
| 阶跃 | $\frac{1}{6}\kappa a^2$ | $\frac{1}{6}\kappa a^2$ | $\frac{1}{6}\kappa a^2$ |
| 过渡态 | $\sim\frac{1}{7}\kappa a^2$ | $\frac{1}{6}\kappa a^2$ | $\frac{1}{2}\kappa a^2$ |
| 线性 | $\frac{1}{8}\kappa a^2$ | $\frac{1}{6}\kappa a^2$ | $\frac{1}{2}\kappa a^2$ |

### 3.7.3　中值偏移的离散模型

3.7.2 节中指出，使用连续体模型预测的中值偏移与实验偏移不完全一致，对于较小的 $b$ 值，差异相当大（图 3-18）。为了消除这个问题，调查显示需要一个离散模型，明确定义所选邻域内像素的位置（Davies，1999）。

这里叙述对这种方法的完整分析太乏味了。只要说明在宽范围的 $\kappa$ 值上进行实验，它能够保证理论和实验一致（如图 3-21 所示）：$\kappa$ 值高的差异的原因是灰度图像边缘出现有限的强度梯度。

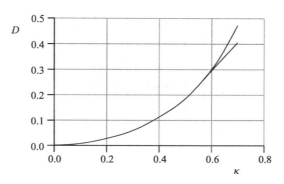

图 3-21　$3 \times 3$ 中值偏移的比较。下实线显示了离散模型的非近似结果（Davies，1999），上实线显示了灰度圆上的实验结果

总的来说，中值偏移问题现在已经被很好地理解，并通过使用离散模型得到了充分的解释。事实证明，连续体模型仅在 $a$ 和 $b$（$=1/k$）大小为许多像素（即 $a,b \gg 1$）时能给出准确结果。

## 3.8　秩排序滤波器引入的偏移

本节特别关注秩排序滤波器（Bovik 等人，1983），这形成了一个可以应用于数字图像的整个滤波器家族——通常与该家族的其他滤波器结合使用——以便产生各种效果（Goetcherian，1980；Hodgson 等人，1985），家族中其他值得注意的成员是最大值和最小值滤波器。因为秩排序滤波器推广了中值滤波器的概念，所以研究它们在直线和曲线强度轮廓上产生的失真类型是有意义的。还应该指出，这些滤波器对于形态学图像分析和测量滤波器的设计至关重要。此外，当用于此目的时，它们有一些优势，因为它们有助于抑制噪声（Harvey 和 Marshall，1995），尽管在最大值和最小值滤波器的特殊情况下这种效果会消失。

下面分析了秩排序滤波器产生偏移的原因，并指出它们在矩形邻域中的运算方法。它通过测量不同尺寸圆盘上 $5 \times 5$ 秩排序滤波器产生的位移，考察了理论预测在实践中得到证实的程度。

### 矩形邻域上的偏移

与以前关于中值偏移的工作一样，我们在此集中讨论理想的无噪声情况。在这种情况下，滤波器在一个小的邻域内工作，在这个邻域内，信号基本上是一个单调递增的强度函数。要考虑的最复杂的强度变化是强度轮廓具有曲率 $\kappa$ 的变化。尽管采用了这种简化，但对于实际中可能由秩排序滤波器产生的失真程度，仍然可以得出有价值的结果。

由于秩排序滤波器的计算非常复杂，相对于中值滤波器，秩排序滤波器包含一个额外的参数，因此对于矩形邻域的简单情况，首先研究它们的性质是值得的（Davies，2000c）。我们假设在直线强度轮廓平行于矩形邻域的短边的情况下应用秩排序滤波器，我们最初认为矩

形邻域是 $1 \times n$ 像素阵列（图3-22）。在这种情况下，我们可以不失一般性地假设邻域内的连续像素将具有越来越大的强度值。接下来，我们将获得秩排序滤波器的基本属性视为获取局部强度分布的强度直方图，并返回邻域内 $n$ 个强度值的第 $r$ 个值。这意味着秩排序滤波器选择一个强度，该强度与邻域的最低强度像素的间隔为 $B$，与最高强度像素的间隔为 $C$。

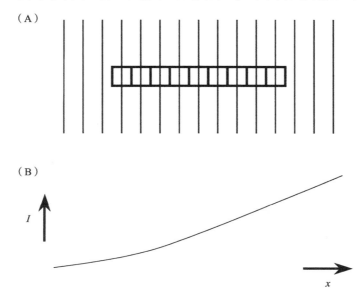

图3-22　矩形邻域中秩排序滤波器的基本情况。此图说明了在由 $1 \times n$ 像素阵列组成的矩形邻域内应用秩排序滤波器的问题。强度从左向右单调增加，如B所示；A中的强度轮廓假定平行于邻域的短边

从这些考虑出发，Davies（2000c）发展了秩排序滤波器的偏移理论。为了清楚起见，相对于 $r$，他使用了一个对称的秩排序参数 $\eta$，该参数从 $-1$（对于最大值滤波器）平滑变化到 $+1$（对于最小值滤波器），0对应中值滤波器，其中：

$$\eta = (n - 2r + 1)/(n - 1) \tag{3.8}$$

继续考虑连续体模型，并假设任意邻域（即 $n \to \infty$）中有大量像素，则预测的偏移为：

$$D = \eta a + \frac{1}{6} \kappa \tilde{a}^2 \tag{3.9}$$

其中 $a$ 和 $\tilde{a}$ 分别是矩形邻域的一半长度和一半宽度。我们不仅仅停留在这个只适用于矩形邻域的低曲率轮廓公式上，还用图形展示了改进理论的结果，以包含圆形邻域中高曲率轮廓的情况（图3-23）。图3-24显示了在截断的 $5 \times 5$ 邻域的特定情况下获得的实际偏移（Davies，2000c）——这些与理论图表非常相似，足以证明理论的概念有效性，即使没有采用更精确的离散模型。

值得注意的是，这些结果非常普遍，涵盖了最大值、最小值和中值滤波器的特殊情况。特别是，当 $\eta = 0$ 与3.7节的计算一致时，得到中值情况；$\eta = -1$ 和 $\eta = 1$ 时分别得到最大值和最小值滤波器。在后一种限制情况下，偏移分别是 $D = -a$ 和 $D = a$，结果独立于 $\kappa$，所有这些都符合上下文中最大和最小（强度）含义的先验概念。在最大值和最小值滤波器之间有一个连续的性能渐变，最大值和最小值滤波器有非常显著但相反的偏移，这两个基本效果抵消了中值滤波器的影响，尽管抵消仅适用于直线轮廓。图3-23总结了全部情况。

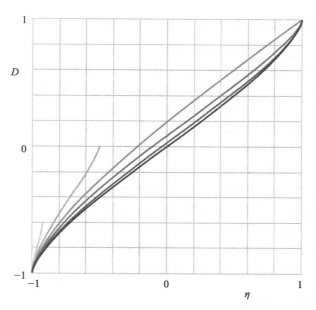

图 3-23 不同 $\kappa$ 的偏移 $D$ 与秩排序参数 $\eta$ 的关系图。此图从下到上总结了 $\kappa = 0, 0.2 / a, 0.5 / a$, $1 / a, 2a, 5a$ 的秩排序滤波器的操作。注意，图中 $b < a$ ($\kappa > 1 / a$) 用于限制 $\eta$ 和 $D$ 范围（见 3.8.1 节）。$D$ 值中必须包含乘数 $a$

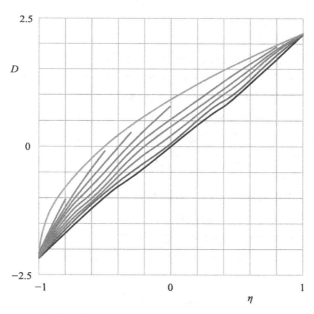

图 3-24 为一个典型的离散邻域获得的偏移。这些偏移是秩排序滤波器应用在 8 个离散的，半径为 10.0 到 1.25 像素、平均曲率为 0.1 ～ 0.8 的圆盘上，在一个截断为 5×5 的邻域内以步长 0.1 运行时获得的。通过对半径为 ±20.0 像素、曲率为 ±0.05 的圆盘给出的回应进行均匀化，可得到最下面的曲线，并显示给定的尺度与 0 曲率的所得结果一致。最上面的曲线表示理论上的极限值。然而，由于离散情况下的方向效应，上限实际上比该曲线指示的要低（见正文）

## 3.9   滤波器在计算机视觉工业应用中的作用

上文已阐述关于中值滤波如何有效去除图片中的噪声，如斑点和纹理。不幸的是，它无法有效地将诸如细线、重要的点、洞等许多有用特征同斑点和纹理区分开来。此外，中值滤波器通过删除精细细节来"软化"图片。它还会裁剪物体的边角——另一个通常不受欢迎的特性（可见第 6 章）。最后，虽然中值滤波器不会模糊边缘，但依然会让它们轻微地移位。实际上，弧形边缘移位更像是噪声抑制滤波器的一个普遍特性。

正因为这种畸变是非常惊人的，使得我们忌惮对滤波器的滥用。如果要在精确测量图像的情况下使用，必须特别注意检测数据是否发生了偏差。虽然有可能对数据做适当的修正，但似乎在对物体可见性至关重要的情况下才使用噪声去除滤波器是一个不错的总体策略。另一种方法是使用边缘检测和其他自动抑制噪声的算子作为其函数的一个组成部分。这就是后续章节中采用的普遍方法：事实上本书所强调的基本原则之一就是算法应对噪声或其他可能干扰测量的人为现象具有"鲁棒性"。设计鲁棒算法有非常重要的适用范围，因为图像包含如此多的信息以至于忽略错误信息通常是可行的。

## 3.10   图像滤波中的色彩

第 2 章曾指出色彩往往会增加图像分析算法的复杂度，也会增加相关的计算成本。从这些角度来看，除了评估水果成熟度等应用外，色彩可能被认为是一种无关紧要的奢侈品。虽然如此，在图像处理和图像滤波领域，必须向人类操作员呈现高质量图像的场景令人关注。事实上，近年来，大量的精力被投入到了高效色彩过滤算法的发展中。这里我们将主要考虑中值和相关的脉冲噪声滤波过程。

也许，要注意的第一点是中值滤波是基于排序操作定义的，因此在通常包含三个维度的颜色域中并未有定义。然而，简单的解决办法就是在每个彩色通道中使用一个标准的中值滤波器，之后再重组彩色图像。不幸的是，该办法将导致某些问题，最明显的是颜色"出血"（色彩溢出，见图 3-12）。这种情况发生于当脉冲噪声点只出现在其中一个通道，并位于边缘或其他图像特征附近时。这种一个脉冲噪声点靠近边缘的情况以简化形式表达如下：

初始：  0 0 0 0 1 0 1 1 1 1 1 1 1 1

过滤后：  ? 0 0 0 0 1 1 1 1 1 1 1 1 ?

我们观察到三元素中值滤波器去除了脉冲噪声点，但同时也把边缘移向它。彩色图像的最终结果表明边缘将沾染脉冲噪声点的色彩。

庆幸的是，该问题有一套标准的解决办法。首先注意，单通道中值滤波有可能表达为距离度量最小值，且该度量无法延展至三色通道（或者实际上任意通道数量）。相关的单通道度量为：

$$\text{median} = \arg\min_i \sum_j |d_{ij}| \tag{3.10}$$

其中 $d_{ij}$ 表示单通道（灰度）空间内，样本点 $i$ 与 $j$ 之间的距离；"$\arg\min$"为标准数学用语，表示生成随后表达式（这里指 $\sum_j |d_{ij}|$）最小值的对应于索引（这里指 $i$）的参数（这里指像素强度）。在三色领域中，该度量迅速延展至：

$$\text{median} = \arg\min_i \sum_j |\tilde{d}_{ij}| \tag{3.11}$$

其中 $\tilde{d}_{ij}$ 为样本点 $i$ 与 $j$ 之间的泛化距离，我们通常采用 L2 范数来定义三色距离度量：

$$\tilde{d}_{ij} = \left[ \sum_{k=1}^{3} (I_{i,k} - I_{j,k})^2 \right]^{1/2} \tag{3.12}$$

这里 $I_i$ 和 $I_j$ 为 RGB 向量，$I_{i,k}$、$I_{j,k}$ ($k = 1, 2, 3$) 为它们各自的彩色分量。

虽然得到的向量中值滤波器（VMF）不再单独处理各个颜色成分，但也绝不能保证完全消除色彩溢出。实际上，与标准中值相似，它用存在于相同窗口中的另一个像素的噪声强度 $I_j$ 来代替任意噪声强度 $I_n$（包括色彩），而非一个理想噪声强度 $I$。因此，色彩溢出只能缓解，无法去除。若真的在图像的任意点内存在色彩融合，即便在不存在任何脉冲噪声的情况下，这些种类的算法都可能会发生混乱并且无意识地引入少量色彩溢出。最后，这种影响是由数据维度提升所导致，这就意味着算法不得不应对可能大幅度增长的输出数量，即使作为一个临时编排的程序其并不包含对图像的特殊理解。

图 3-12 展示了色彩溢出的本质，虽然仅限于模式滤波。该图证明了向量中值和向量模式滤波器完全不存在色彩溢出，但标量模式滤波器并非如此——原因与上文提到的中值滤波器相似。

## 3.11　二值图像的膨胀和腐蚀

### 3.11.1　膨胀和腐蚀

正如我们在第 2 章所见，膨胀能扩大物体至背景大小，并能够去除物体内的"盐"噪声，甚至可以用于去除物体上宽度不到 3 像素的裂纹。

相反，腐蚀则能够收缩二值图像物体，有着去除"椒"噪声的作用，且能够去除宽度小于 3 像素的细小物体"毛发"。

正如在下文我们将了解到的更多细节，腐蚀与膨胀密切相关。作用于反向输入图像的膨胀可充当腐蚀。

### 3.11.2　抵消效应

一个明显的问题是：腐蚀是否能够抵消膨胀，或相反。我们简单地回答一下这个问题：执行膨胀后将去除盐噪声以及裂纹，且一旦盐噪声和裂纹消失，腐蚀则无法再将之恢复；因此一般不会发生确切的抵消。所以，对于普通图像 $I$ 中的物体像素集合 $S$，也许我们可以写为：

$$\text{erode}(\text{dilate}(S)) \neq S \tag{3.13}$$

等式仅适用于某些特定的图像类型（缺乏盐噪声、裂纹和细小边界细节的图像）。类似地，被腐蚀去除的椒噪声或毛发一般无法通过膨胀恢复：

$$\text{dilate}(\text{erode}(S)) \neq S \tag{3.14}$$

大致上，最常见的表达式为：

$$\text{erode}(\text{dilate}(S)) \supseteq S \tag{3.15}$$

$$\text{dilate}(\text{erode}(S)) \subseteq S \tag{3.16}$$

然而，我们可能会注意到，大的物体会因为膨胀而在周围变大一个像素，或因为腐蚀而在周围变小一个像素。因此，当这两个操作依次应用时，通常会产生相当大的抵消效果，也就意味着腐蚀和膨胀的顺序为从图像中滤除噪声和无用细节提供了良好的基础。

### 3.11.3　改进的膨胀与腐蚀算子

图像时常会包含或多或少地沿图像轴方向对齐的结构，并且在这种情况下，以不同的方

式处理这些结构能获得某些优势。譬如可以用于去除细垂直线，而不改变宽水平条带。此
时，可使用以下"垂直腐蚀"算子：

```
for all pixels in image do {
  sigma = A1 + A5;
  if (sigma < 2) B0 = 0; else B0 = A0;
}
```
(3.17)

不过，必须附加使用补偿膨胀算子才不会导致水平条带缩短：

```
for all pixels in image do {
  sigma = A1 + A5;
  if (sigma > 0) B0 = 1; else B0 = A0;
}
```
(3.18)

本章不涉及任何将图像还原至原始图像空间的操作。

　　这个例子也论证了构建出更强大的图像滤波器类型的可能性。为了实现这些可能性，我
们下面要开发一套更通用的数学形态学形式。

## 3.12  数学形态学

### 3.12.1  泛化的形态学膨胀

　　数学形态学的基础是将集合运算应用于图像及其算子上。我们首先将泛化膨胀掩模定义
为 3×3 邻域内的一组位置。当把邻域的中心作为原点时，这组位置上的每一个都会导致图
像根据向量定义的方向从原点移动到该位置。当一个掩模指定了多个移位时，各个移位图像
中 1 的位置是由并操作实现的。

　　该类型最简单的例子是使图像保持不变的恒等运算：

（请注意：我们将 0 从掩模中去掉，因为我们现在关注的是各个位置上的元素集合，集合元
素要么存在，要么消失。）

下一个考虑的运算是：

此处为一次左移位，与 2.2 节中讨论的相同。将两个运算组合成一个掩模：

通过将图像中的所有物体与其自身的左移版本相结合，可以使图像中的所有物体水平加厚。
该算子可实现所有物体的等向增厚：

（显然，这与 2.2 节和 3.11 节中讨论到的膨胀算子相同），同样该掩模可实现对称的水平增厚运算（见 3.11.3 节）：

这种运算的一条规则是：如果我们想要保证所有的原始物体像素都包含于输出图像中，那我们必须将一个 1 包含在掩模中心（原点）。

最后，并不强制要求所有的掩模必须为 3×3。实际上，除了上文列出的掩模，其他掩模都远小于 3×3，并且在较复杂的场景中可以使用更大的掩模。为了强调这一点，并且允许不给出完整 3×3 邻域的不对称掩模，我们将遮蔽原点，如上文情况所示。

### 3.12.2　泛化的形态学腐蚀

我们现在继续描述集合运算方面的腐蚀。由于它涉及反向移位，这个定义有些特殊，不过原因会随着我们的叙述逐渐清晰。这里，掩模像先前一样定义方向，只是在这个场景中，我们将利用相反的方向来移动图像，并利用交叉运算来组合所得的图像。但对于只携带一个元素的掩模（3.12.1 节中提到的恒等和左移位算子），交叉运算并不适用，最终结果也与相应的膨胀算子一致，不同点只在于反向移位。对于更为复杂的场景，交叉运算将导致物体尺寸缩小。因而掩模：

有剥离物体左侧的效果（物体右移，且与自身进行 AND 运算）。类似地，掩模：

生成各向同性剥离运算，因而与 3.11.1 节中描述的腐蚀运算相同。

### 3.12.3　膨胀与腐蚀之间的对偶性

我们将膨胀和腐蚀运算分别形式化为 $A \oplus B$ 和 $A \ominus B$，其中 $A$ 为图像，$B$ 为相关运算的掩模：

$$A \oplus B = \cup_{b \in B} A_b \tag{3.19}$$
$$A \ominus B = \cup_{b \in B} A_{-b} \tag{3.20}$$

在这些等式中，$A_b$ 表示 $B$ 的 $b$ 元素方向上的基本移位运算，而 $A_{-b}$ 表示其反向移位运算。接下来，我们叙述一下关于膨胀和腐蚀运算的两个重要定理：

$$(A \ominus B)^c = A^c \oplus B^r \tag{3.21}$$
$$(A \oplus B)^c = A^c \ominus B^r \tag{3.22}$$

其中 $A^c$ 表示 $A$ 的补码，$B^r$ 表示 $B$ 对其原点的反射。Haralick 等人（1987）已经给出了这些定理的依据。

根据上文给出的膨胀和腐蚀的相关并集和交集的定义，存在两个这样紧密相关的定理的事实表明这两个运算之间存在着重要的对偶性。实际上，如上文所述，图像上物体的腐蚀对应于背景的膨胀，反之亦然。然而，由于两种情况都需要掩模的反射，所以这种联系并非完全不重要。或许奇怪的是，相比摩根定律的交集互补的情况：

$$(P \cap Q)^c = P^c \cup Q^c \qquad (3.23)$$

膨胀或腐蚀掩模的有效互补则是其反射，而不是补码，对于算子而言则是替代算子。

### 3.12.4 膨胀与腐蚀算子的特性

膨胀与腐蚀算子具有某些非常重要且有用的特征。首先，请注意连续的膨胀是可结合的：

$$(A \oplus B) \oplus C = A \oplus (B \oplus C) \qquad (3.24)$$

而连续的腐蚀则不然。事实上，腐蚀的对应关系为：

$$(A \ominus B) \ominus C = A \ominus (B \oplus C) \qquad (3.25)$$

显然，两个算子之间的明显对称性比它们在扩张和收缩时可能表现出的简单原点更为微妙。

下一个特性：

$$X \oplus Y = Y \oplus X \qquad (3.26)$$

表明图像膨胀的顺序并不重要，且同样适用于执行腐蚀的顺序：

$$(A \oplus B) \oplus C = (A \oplus C) \oplus B \qquad (3.27)$$

$$(A \ominus B) \ominus C = (A \ominus C) \ominus B \qquad (3.28)$$

除仅使用了形态学算子 $\oplus$ 和 $\ominus$ 的上述关系以外，还有着许多涉及集合运算的关系。在下列例子中，必须非常小心地注意哪些特定的分配运算实际上是有效的：

$$A \oplus (B \cup C) = (A \oplus B) \cup (A \oplus C) \qquad (3.29)$$

$$A \ominus (B \cup C) = (A \ominus B) \cap (A \ominus C) \qquad (3.30)$$

$$(A \cap B) \ominus C = (A \ominus C) \cap (B \ominus C) \qquad (3.31)$$

在其他某些情况下，如果预期等式可能是先验的，那么可以提出的最强有力的陈述可如下表述：

$$A \ominus (B \cap C) \supseteq (A \ominus B) \cup (A \ominus C) \qquad (3.32)$$

注意，这种结合关系显示了大型膨胀或腐蚀可以分解的价值，这样它们就能作为两个小型膨胀或腐蚀而更有效地执行。相似地，分配关系也表明大型掩模可分成两个子掩模，然后单独运用这些掩模，通过"或"运算将得到的子图像生成相同的最终图像。这些方法对于提供高效的实现是有用的，尤其是在涉及超大掩模的情况下。比方说，我们可利用两个独立的运算分别对图像进行水平和垂直扩张，之后再将它们合并起来，如下面的实例所示：

接下来，让我们考虑恒等运算 $I$ 的重要性，它对应于中心（A0）位置具有一个 1 的掩模：

举例来说，我们采用了等式（3.29）和（3.30），并在两个等式中用 $I$ 代替 $C$。如果我们将 $B$ 与 $I$ 的并集写为 $D$，则掩模 $D$ 必然包含一个中心点 1（即 $D \supseteq I$），得出：

$$A \oplus D = A \oplus (B \cup I) = (A \oplus B) \cup (A \oplus I) = (A \oplus B) \cup A \tag{3.33}$$

永远包含 A：

$$A \oplus D \supseteq A \tag{3.34}$$

类似地：

$$A \ominus D = A \ominus (B \cup I) = (A \ominus B) \cap (A \ominus I) = (A \ominus B) \cap A \tag{3.35}$$

永远包含于 A：

$$A \ominus D \subseteq A \tag{3.36}$$

输出保证包含输入的运算（譬如包含中心点 1 的掩模膨胀后的运算）称为外延性，同时那些输出保证包含于输入的运算（譬如包含中心点 1 的掩模腐蚀后的运算）称为非外延性。显然，外延性运算放大物体，而非外延性运算收缩物体，或者在任何一种情况下都保持不变。

另一个重要的运算类型是增长型运算。例如，可保持其运算物体的大小顺序的合并运算。如物体 $F$ 足够小以包含于物体 $G$ 内，那么施加腐蚀或膨胀将不会影响该情况，尽管这会大幅度改变物体尺寸和形状。我们可以用以下形式写出这些条件：

如果

$$F \subseteq G \tag{3.37}$$

则

$$F \oplus B \subseteq G \oplus B \tag{3.38}$$

且

$$F \ominus B \subseteq G \ominus B \tag{3.39}$$

接下来，我们注意到腐蚀可用于定位二值图像中的物体边界：

$$P = A - (A \ominus B) \tag{3.40}$$

从技术上讲，我们在这里处理集合，适当的集合运算是 ANDNOT 函数 "\"，而不是减法。但是，后者能够极好地传达所需含义，而没有含糊不清。本书记录了大量膨胀与腐蚀的实际应用，特别是它们的连并使用，我们将在下文看到。

最后，我们探讨腐蚀的形态学定义涉及反射的原因。思路是膨胀和腐蚀能够在适当的情况下相互抵消。以左移位膨胀运算和右移位腐蚀运算为例。两者均可通过以下掩模得出：

但在腐蚀运算中，它以反射形式执行，因此产生右移位需要腐蚀任意物体的左边缘——也就清楚地说明了 $(A \oplus B) \ominus B$ 型的运算为什么可能无法得到 $A$。

更确切地说，必须有相反方向的偏移，并且必须由"与"运算或"或"运算产生适当的减法，以使消除成为可能。当然，在多数情况下，膨胀掩模都将具有 180° 旋转对称性，$B^r$ 和 $B$ 之间的区别则将纯粹是理论性的。

### 3.12.5  闭合与开启

膨胀和腐蚀是基本的运算，可以从中推导出许多其他运算。早期，我们对腐蚀消除膨胀的可能性感兴趣，反之亦然。因此，一个明确的步骤就是定义出两个表示抵消程度的新算子：第一个称为闭合，因其通常具有消弭物体间间隙的作用；另一个则因其通常具有断开间隙的作用而称之为开启（图3-25）。闭合（·）与开启（。）可通过以下公示正式定义：

$$A \cdot B = (A \oplus B) \ominus B \tag{3.41}$$

$$A \circ B = (A \ominus B) \oplus B \tag{3.42}$$

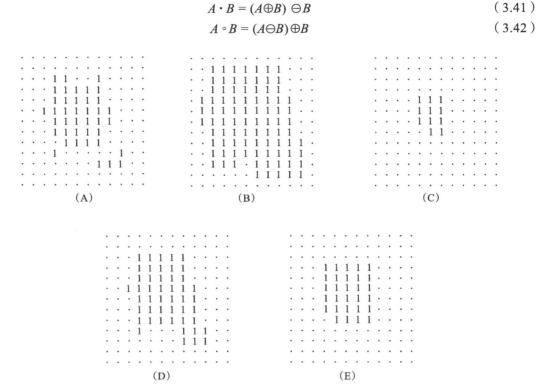

图3-25   形态学运算结构：（A）原始图像；（B）膨胀图像；（C）腐蚀图像；（D）闭合图像；（E）开启图像（引用自《世界科学》，2000年）

闭合能够去除盐噪声、狭小的裂纹，或是通道和小洞或凹陷：我们继续采用暗物体在二进制图像中变为1，浅色背景或其他特征变为0的惯例。而开启能够去除胡椒噪声、细毛和小突起。因此，这些运算对于实际应用非常重要。况且，通过从原始图像中减去衍生的图像，可以定位许多种类的瑕疵，包括上文提到的通过开启和闭合去除的瑕疵：这种可能性使得这两种运算更加重要。比方说，我们可能会使用下列运算来定位一个图像中的所有细毛：

$$Q = A - A \circ B \tag{3.43}$$

该算子及其使用开启的对偶式：

$$R = A \cdot B - A \tag{3.44}$$

对于瑕疵检测任务极为重要。通常它们分别被称为白或黑"顶帽"算子。但对于这种算子类型，"顶帽"这个名字是否贴切仍不确定：术语"残差函数"（或简称残差）似乎更为恰当，因为它会让人联想到准确的功能内涵。两种算子的实际应用包括锡桥和印刷电路板轨道中裂缝的定位。

同时开启和闭合也有着极有趣的特性，即幂等性：这意味着重复应用任一运算都没有进一步的效果（该特性与多次施加膨胀和腐蚀发生的情况形成鲜明对比）。我们可形式上写下这些结果，如下：

$$(A \cdot B) \cdot B = A \cdot B \tag{3.45}$$

$$(A \cdot B) \circ B = A \cdot B \tag{3.46}$$

从实际观点来看，这些特性是可以预料到的，因为填充的所有小洞或裂纹仍然保持填充状态，重复运算毫无意义。类似地，一旦去除了毛发或突起，就不能在不首先重新创建毛发或突起的情况下再次去除。不太明显的是，混合闭合和开启运算是幂等的：

$$\{[(A \cdot B) \circ C] \cdot B\} \circ C = (A \cdot B) \circ C \tag{3.47}$$

这同样适用于混合开启与闭合运算。更简单的结果如下：

$$(A \oplus B) \circ B = (A \oplus B) \tag{3.48}$$

这证明，使用已经用于膨胀的相同掩模进行开启没有任何意义：本质上说，第一次膨胀将引起某些无法被腐蚀（开启运算时）逆转的影响，而第二次膨胀也仅能逆转腐蚀的影响。此结果的对偶式也有效：

$$(A \ominus B) \cdot B = (A \ominus B) \tag{3.49}$$

闭合与开启具有许多其他特征，其中最重要的是如下集合包含特征，适用于 $D \supseteq I$ 时：

$$A \oplus D \supseteq A \cdot D \supseteq A \tag{3.50}$$

$$A \ominus D \subseteq A \circ D \subseteq A \tag{3.51}$$

因此，闭合一个图像将增加物体的大小，而开启一个图像将使物体缩小，不过开启和闭合运算可以引起的变化有明显的限制。

最后请注意，开启和闭合与膨胀和腐蚀一样具有对偶性：

$$(A \cdot B)^c = A^c \circ B^r \tag{3.52}$$

$$(A \circ B)^c = A^c \cdot B^r \tag{3.53}$$

### 3.12.6 基本形态学运算概要

前几节无法阐述完形态学运算，包括膨胀、腐蚀、闭合以及开启的所有特征，但也已经概括了它们的一些特征，并展示了使用它们后获得的一些实际结果。也许，加入数学分析的主要目的也是为了证明这些运算不是特定的，而且它们的特征在数学上是可证明的。再者，分析还指明：（1）如何为各种情况设计运算顺序；（2）如何通过避免重复使用幂等运算，或以分解掩模至小型高效掩模的方式来分析运算顺序，从而节省计算量。

总的来说，这里设计出的运算可以帮助去除图像中的噪声和不相关的人为瑕疵，从而得到更为准确的形状识别；并通过定位兴趣特征来帮助辨别物体上的瑕疵。此外，它们还能执行分组功能，譬如在存在种子这种极小物体的情况下（见 3.13 节），进行图像区域定位。一般来说，闭合与开启之类的运算能够去除人为瑕疵，同时，通过对照运算结果与原始图像之间的区别（比较等式（3.29）与（3.30））能够定位这种特征；以及利用规模较大的闭合运算可定位小物体所在的区域。显然，在为所有任务设计完整的算法时，仔细选择尺度和掩模大小至关重要。图 3-26 和图 3-27 阐明了这在胡椒粒图像中的可能性：图像中部分兴趣点在于一根枝干的存在，以及它是如何经过考虑来去除或辨别的。

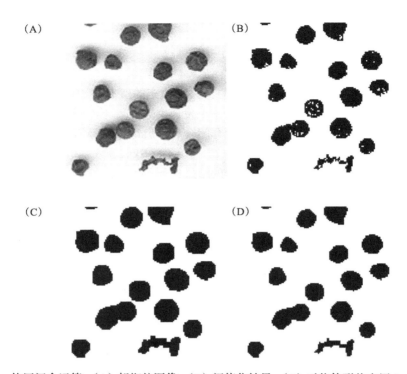

图 3-26　使用闭合运算。（A）胡椒粒图像；（B）阈值化结果；（C）对物体形状应用 3×3 膨胀运算的结果；（D）随后进行 3×3 腐蚀运算的效果。两个运算的总体效果是"闭合"运算。在该场景中，闭合能有效去除物体上的小洞：例如，它有助于防止错误的循环出现在骨架中。对于这张图片，要将胡椒粒分组至各个区域需要用到非常大的窗口运算（引用自《世界科学》，2000 年）

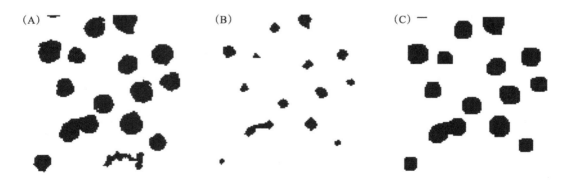

图 3-27　使用开启运算。（A）胡椒粒阈值化图像；（B）对物体形状应用 7×7 腐蚀运算的结果；（C）随后再应用 7×7 膨胀运算的效果。两者的总体效果是"开启"运算。在这种场景中，开启有益于去除枝干。图 D 和 E 在 11×11 窗口中应用了相同的操作。这里已经实现了某些尺寸的胡椒粒的过滤，并且所有胡椒粒已经分离，从而有助于随后的计数和标记运算（引用自《世界科学》，2000 年）

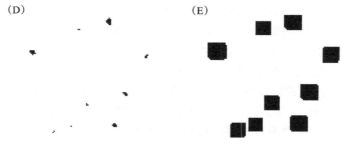

图 3-27　（续）

## 3.13　形态学分组

　　纹理分析是计算机视觉的一个重要领域。它不仅
与将图像中一个区域与另一个区域分隔（如在许多遥
感应用中）相关，而且与表征区域绝对相关。第 7 章
描述了许多纹理分析的方法，虽然其中一些需要相
当大的计算量，但也有一些涉及更少的计算量，适
用于纹理特别简单的情况。例如，如果需要定位包含
小物体的区域，那么对图像的阈值化版本应用简单
的形态学操作通常是合适的（图 3-28，Bangham 和
Marshall，1998）。这种方法可用于定位含有种子、谷
粒、钉子、沙子或其他物质的区域，用于评估总体数
量或分布，或测定是否存在尚未遮盖的区域。所应用
的基本运算为膨胀运算，其将各个颗粒合并至完全连
接的区域中。该办法不仅适用于连接单个颗粒，并且
适用于分离含有这种颗粒的高密度和低密度区域。通

图 3-28　将小物体理想化分组到各个
区域中，如可以尝试使用闭
合操作（IEE，2000 年）

过使用相同的形态学核函数，随后一个腐蚀运算在很大程度上可抵消膨胀运算的扩张特性。
实际上，如果颗粒总是突起并且散布均匀，则腐蚀应该能够恰好抵消膨胀（即使合并的闭合
运算总的来说不是空运算），且这依赖于上述连接运算。

　　接下来，我们看一个简单的检测程序，发现一种稍微复杂，但能够改善结果的方法。
程序面对的问题是定位散落在谷粒间的啮齿类动物的粪便，如图 3-29A 所示。图 3-29B 为
原始图像的阈值化版本，其实现了一个良好的污染物检测等级。去除不良的带斑点背景的
好办法是先执行腐蚀，然后进行膨胀，以恢复污染物的原始大小和形状，该程序的效果如
图 3-29C 所示。注意：该方法已成功应用于消除谷粒间的阴影，但是在应对污染物高亮区域
方面明显较弱。记住，谷粒之间可能非常均匀，但各个啮齿类动物粪便之间的大小、形状和
颜色存在明显的差异。所以，腐蚀 – 膨胀方法的效果具有限制性。为了解决这个问题，似乎
可以尝试在腐蚀之前应用膨胀来巩固污染物，从而去除上面的所有斑点或小光斑。这个办法
的效果如图 3-29D 所示。注意，该办法的结果是巩固了谷粒间的阴影，而非污染物的形状。
即使额外施加少量腐蚀（图 3-29E），巩固的阴影也不会消失，且与污染物的尺寸相当。因
此，该方法不可行，并且造成的后果多于所解决的问题。

　　另一策略是尝试对阈值化图像使用大尺度中值滤波器来同时巩固前景和背景，如图 3-29F

所示。这样很好地分割了污染物，在合理范围内维持其固有形状：它还能很好地抑制谷粒间阴影。事实上，污染物周围的阴影在中值滤波图像中增大了后者的尺寸，而更远的一些阴影被中值滤波巩固并保留。作为此次分析的最后一步，发现执行最终的腐蚀运算十分有用（图 3-29G）：排除了无关的阴影，保留了污染物适当的大小和形状等。总的来说，图 3-29G 证明，中值滤波 – 腐蚀模式很容易对原始污染物提供最大的保真度，同时在去除其他人为瑕疵方面也极为成功（Davies 等人，1998）。在本例中，似乎中值滤波器充当了一个分析设备，在一个"严谨"阶段里细致地分析并获得结果，从而避免了"两阶段"流程中固有的误差传播。

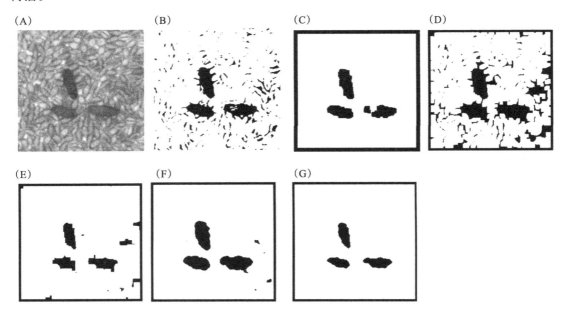

图 3-29    各种运算和滤波器对谷粒图像的效果。（A）包含若干污染物（啮齿类动物粪便）的谷粒图像；（B）图 A 的阈值化版本；（C）图 B 的腐蚀和膨胀结果；（D）图 B 的膨胀和腐蚀结果；（E）图 D 的腐蚀结果；（F）将 11 × 11 中值滤波器应用于图 B 的结果；（G）图 F 的腐蚀结果。在所有情况下，"腐蚀"意味着基础 3 × 3 腐蚀算子的三个应用程序，"膨胀"类似（IEE，1998 年）

## 3.14    灰度图像中的形态学

对灰度图像的形态学泛化可以通过多种方式实现。一个特别简单的办法是采用"平坦"的结构元素。它们在每个灰度级中以相同的方式执行形态处理，仿佛每个灰度级的形状都是分离的、独立的二值图像。若以这样的方式执行膨胀，结果将与在相同形状上应用最大强度运算的效果相同：即我们通过量值比较来代替集合包含；不用说，这在数学上与普通二值图像相同，但是当应用于灰度图像时，它很好地概括了膨胀的概念。类似地，也可以通过应用与原始二元结构元素相同形状的最小强度结构元素来进行腐蚀。此次探讨假设我们专注于阴暗背景下的亮色物体。实际上，这一点与第 2 章中使用的图像和成像操作相反。但是，正如我们将在下文看到的，在灰度处理中，关注强度可能比关注特定物体更普遍。因此，当施加最大强度操作时，浅色物体将发生膨胀，而使用最小强度运算时会发生腐蚀；当然我们也可以改变这一惯例，这就取决于在各个时刻或各种应用中我们所关注物体的类型了。我们可以总结如下：

$$A \oplus B = \max_{b \in B} A_b \tag{3.54}$$

$$A \ominus B = \min_{b \in B} A_{-b} \tag{3.55}$$

还有许多更复杂的膨胀和腐蚀的灰度类似物：它们采用 3D 结构元素的形式，其任何灰度级的输出不仅取决于该灰度级图像的形状，还取决于若干接近灰度级的形状。这种"非平坦"结构元素是有用的，但对于许多应用程序而言并不是必需的，因为平坦结构元素已经体现了与二值场景相关的大量泛化。

在本节的结尾，我们证明了非平坦结构的泛化关系并不过分复杂——远非如此。在进行 max 运算的情况下，强度为 $I$ 的 1D 灰度图像的泛化形式可简单描述为：

$$(I \oplus K)(x) = \max[I(x-z) + K(z)] \tag{3.56}$$

其中 $K(z)$ 为结构元素。实际上，在三角结构元素场景中，几何学能够更简洁地表达该运算，如图 3-30 所示。这里的函数 $K(z)$ 表达为反转模型，运行于图像 $I(x)$ 上方，以便与其保持接触。因此，反转模型的原点描绘了膨胀图像的顶部表面。图 3-30 中的几何学表达有着凸显泛化运算如何对 2D 图像起作用的优点。

类似的关系也适用于腐蚀、闭合、开合以及各种各样的集合函数。这也意味着标准的二值形态学关系（等式（3.24）～（3.32））适用于灰度图像和二值图像。此外，膨胀 – 腐蚀和闭合 – 开启的对偶性（等式（3.21）、（3.22）、（3.52）以及（3.53））也适用于灰度图像。这些都是非常强有力的结果，允许人们以直观的方式应用形态学概念。在这种情况下，实际上重要的因素也就变成了为应用选择合适的灰度结构元素。

（A）

（B）

图 3-30　三角结构元素对 1D 灰度图像的膨胀。（A）结构元素，底部的垂线表示坐标原点；（B）
　　　　原始图像（下方的连续灰线）应用反转结构元素的几个实例，以及输出图像（上方的
　　　　连续黑线）。该几何构造能够自动考虑到等式（3.56）中的 max 运算。注意，由于该
　　　　结构元素的任何部分都不在图 A 中的原点之下，因此输出强度在图像的每个点上均
　　　　有提高

## 3.15　结束语

虽然本章主要讨论基于局部强度分布的噪声抑制和图像增强算子的实现，但同时也提出了其他观点。尤其是，本章还表明了为所需的图像处理制定规范的必要，然后才能制定出算法设计策略。这样做不仅能够确保算法将有效执行其功能，也使得各种实用标准的算法优化

成为可能，包括速度、存储以及其他感兴趣的参数。此外，本章还证明，应当探寻和处理所选设计策略的所有不良特性——譬如边缘的无意识移位。最后，某些类型的排序滤波器的大边缘移位也是关键，因为它们在形态学算子中都将成为优势。

二值图像包含用于分析 2D 物体形状、大小、位置和方向的所有数据，从而可辨识物体甚至检测出瑕疵。也如我们在第 8 章和第 9 章中看到的那样，存在许多简单的小邻域运算，用于处理二进制图像并朝着上述目标前进。乍看之下，这些数据可能更像是随机集合，反映了历史发展，而非系统化的分析工具。然而，在过去的几十年里，数学形态学已经成为形状分析的统一理论：我们的目标是在本章中为这个话题多增添一分色彩。事实上，顾名思义，数学形态学本质上属于数学，也许这也是它复杂的原因，但同时它也给出了许多关键的定理和结论（其中一部分已经在这里讨论并记录在正文当中）。譬如：具有重要意义的泛化膨胀和腐蚀，因为进一步的重要概念和结构均以其为基础——闭合、开启、模板匹配，甚至是连通性特征（尽管由于篇幅限制，未能详细讨论它在最后两个话题上的应用）。

至于灰度形态学处理的更多信息，可参见 Haralick、Shapiro（1992）和 Soille（2003）。有趣的是，数学的严谨精准成就了它，但与此同时，也使得论证和从中获得的结果不那么直观。另一方面，数学的真正优势是超越直觉，并得到新的意想不到的结果。

> 中值滤波器长期以来被用来消除脉冲噪声而不模糊边缘。然而，本章已表明，使用中值滤波器可以导致显著的边缘偏移，且这一特性延展至模式滤波器，更不用说秩排序滤波器——甚至后者成为形态学处理的基础。具体而言，腐蚀、膨胀和诸如开启与闭合等操作均为数学形态学的核心。而且，数学有助于使形状分析主题严格和泛化。它对灰度图像处理的延展也很有价值。

## 3.16  书目和历史注释

本章中的大部分工作是基于笔者（Davies，1988c）的一篇文章，该文章又基于对高斯、中值以及其他秩排序滤波器的大量早期工作（Hodgson 等人，1985；Duin 等人，1986）。注意，中值滤波器产生的边缘移位不局限于这种类型的滤波器，而且几乎同样适用于均值滤波器（Davies，1991b）。此外，笔者已经发现了中值滤波器的其他不准确性，并且已经设计了用于校正它们的方法（Davies，1992e）。

早期的文献罕有提到模式滤波器，想必是因为难以找到既不会被噪声过度混淆，又能快速执行的简单模式估计器。事实上，只有一份早期参考文献中提到（Coleman 和 Andrews，1979），尽管它在后期才得到支持（如 Evans 和 Nixon，1996；Griffin，2000）。此外，这里提到的文献还包括高斯分解和中值滤波器（Narendra，1978；Wiejak 等人，1985），以及关于快速实现中值滤波器的大量论文（如 Narendra，1978；Huang 等人，1979；Danielsson，1981；Davies，1992a）。

大量的精力被投入到研究中值滤波器的"根本"性能中，换言之，即应用中值滤波操作直到不再发生进一步变化的结果。而实际上，其大部分工作都是针对 1D 信号进行的，包括心电和语音波形，而非图像（Gallagher 和 Wise，1981；Fitch 等人，1985；Heinonen 和 Neuvo，1987）。"根本"性能的意义在于其与信号的基础结构相关，而不管它的实现涉及大量的处理。有关过滤的一些工作旨在改进而不是模拟中值滤波器。这类工作包括 Heinonen 等人的细节保真滤波器（Nieminen 等人，1987），并涉及图 3-18 中下面的一组点。还有本主题的神经网络方法（如 Greenhill 和 Davies，1994）。更多关于非线性滤波的近期研究可参见 Marshall 等人（1998）；加权排序统计滤波器的新设计方案可参见 Marshall（2004）。

笔者发表了优化小邻域中的线性平滑滤波器的方法，即最小化将它们拟合到连续高斯函数的总误差（Davies，1987b）：邻域内亚像素误差与邻域外分布比例引起的误差之间必须求得平衡（图 3-31）。

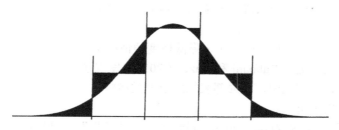

图 3-31　将离散逼近连续高斯。该图证明了亚像素误差与函数截断部分引起的误差之间必须求得平衡

随着 PC 端低成本的色帧采集卡的出现以及数码摄像机的广泛使用，彩色数字图像变得无处不在，这导致对彩色滤波的大量研究。Sangwine 和 Horne（1998）对 1998 年以前该领域的工作进行了有用的总结。更多关于向量（彩色）滤波的近期研究包括 Lukac（2003）的研究。Charles 和 Davies（2003b）描述了新的距离加权中值滤波器及其在彩色图像中的应用。他们还将作者早期的模式滤波器工作扩展到彩色图像（Charles 和 Davies，2003a，2004）。Davies（2000b）提出的定律证明：对于大部分像素，将多通道（彩色）滤波器的输出限制在一个输入采样点的向量值上（如来自图像中的当前窗口），会提高最终图像中存在的不准确性，由于这表示用于最小化色彩溢出的常见向量中值策略，因此需要进一步研究色彩滤波算法的有效性。

Davies 进一步分析了由一系列秩排序、均值和模式滤波器产生的失真和边缘移位，并对该主题进行了统一的审查（Davies，2003c）。在中值滤波器的情况下，为了高精准度，有可能也有必要为这种情况提供离散模型（Davies，2003a），而不仅仅只是延展至先前已经描述过的连续模型（Davies，1989b）。

在形态学的发展过程中，Serra（1982）的著作是一个重要的早期里程碑。随后的许多文章则为奠定数学基础作出了贡献，也许其中最重要且最具影响力的是 Haralick 等人（1987）的文章；还有 Zhuang 和 Haralick（1986）提出的分解形态学算子的办法，以及 Crimmins 和 Brown（1985）提出的形状识别更具实用性的方面。Dougherty 和 Giardina（1988）、Heijmans（1991），以及 Dougherty 和 Sinha（1995a，b）的文章对于灰度形态学处理方法的发展至关重要，Huang 和 Mitchell（1994）对灰度形态学分解所做的工作，以及 Jackway 和 Deriche（1996）关于多尺度形态学算子的研究同样进一步推动了该研究主题。

但有一个问题，即如何确定应用程序所需要的形态学算子顺序并不明显。这是一个遗传算法对系统生成完整系统做出了贡献的领域（如 Harvey 和 Marshall，1994）。

## 近期研究发展

21 世纪前十年通过"切换"类型的滤波器用了一种新的滤波方法，判断是否有任何像素被脉冲噪声破坏。如果答案是"是"，他们就使用诸如中值或 VMF（向量中值滤波器）

来去除；如果是"否"，则采用使用原始像素强度或彩色的零改变策略。零改变策略非常有用，因为它有助于保持图像清晰度和保真度。这种办法的早期例子可见 Eng 和 Ma 的研究工作（2001）；近期的更复杂的该概念版本可见 Chen 等人（2009）和 Smolka（2010）（Smolka 的版本属于"对等组切换滤波器"类别）。

Davies（2007b）研究了泛化（非向量）中值滤波器的特征，该滤波器能够比 VMF 去除更多的噪声，但并非专门针对去除色彩溢出。他演示了各种实现滤波器的方法，使其足够快地运行，从而成为 VMF 的替代方案。

Celebi（2009）演示了如何在不显著降低精度的情况下减少基于排序统计的方向向量滤波器的计算需求。另一边，Rabbani 和 Gazor（2010）发现了如何通过使用局部混合模型来降低加性高斯噪声；他们表明，在局部表征的小波类型中，离散复小波变换在峰值噪声性能和计算成本方面都更为出色。

在形态学方面，Bai 和 Zhou（2010）设计了一个"顶帽"选择转换，用于定位和增强以空中飞行器为代表的微弱红外小物体。该选择转换以经典的顶帽（残差）运算符为基础。分析的必要参数为物体与背景之间的最小强度差（n），并且给出用于估计它的方法。Jiang 等人（2007）也使用了残差运算符来检测细的、对比度小的边缘。该方法运用了 5 个基本的 5×5 掩模来探测正常宽度的边缘。这种方法中应用的特殊技术组合证明了它具有很高的抗噪声能力。Soille 和 Vogt（2009）证明了如何分割二值图像，以辨识一系列不同类型的图案（模式），包括以下互斥的前景类别：核心、小岛、接口（环路和桥接）、边界（穿孔和边缘）、分支以及分割的二值模式。Lézoray 和 Charrier（2009）描述了一个新的彩色图像分割方法，通过分析 2D 直方图里的彩色投影来找到主色，其重要因素是 2D 直方图中的聚类可以使用标准图像处理技术（包括形态学处理）非常有效地进行。Valero 等人（2010）使用定向数学形态学来检测遥感图像上的道路。论文首先把道路作为线性连通的路径；然而，可以通过使用"路径开口"和"路径关闭"来分割弯曲的路段和处理其他网络细节，以便获得所需的结构信息。

## 3.17　问题

1. 绘制一张表格，证明在不同大小的邻域中执行中值滤波器所需要的运算量。表格中须包含：（1）所有 $n^2$ 像素直接冒泡排序的结果；（2）冒泡排序分别在 $1 \times n$ 和 $n \times 1$ 邻域中的结果；（3）3.3 节中提到的直方图法的结果。探讨结果并考虑可能的计算成本。

2. 演示如何对二值图像执行中值滤波运算，并证明如果通过在不同级别对灰度图像进行阈值化处理而形成一组二值图像，且每个二值图像经过了中值滤波，则灰度图像可以重建为原始灰度图像的中值滤波版本。考虑滤波二值图像所缩减的计算量对要滤波的单独阈值图像数量的补偿程度。

3. "极值"滤波器即图像并行运算，它给每个像素分配局部强度分布较接近两个极限值的强度值。证明可以使用此类滤波器来增强图像。而此类滤波器的弊端又是什么？

4. 在怎样的条件下，中值滤波器会将 1D 信号过滤为根信号？无论是否为横截面，中值滤波器既不导致直边缘移位，也不引起模糊，这个陈述是否正确，为什么？

5. a）解释下列中值滤波算法的作用：

```
for all pixels in image do {
    for (i = 0; i <= 255; i++) hist[i] = 0;
    for (m = 0; m <= 8; m++) hist[ P[m] ]++;
    i = 0; sum = 0;
```

```
while (sum < 5) {
    sum = sum + hist[i];
    i = i + l;
}
Q0 = i − 1;
}
```

b）说明该算法可以通过更有效的直方图清除技术和计算每个 $3 \times 3$ 窗口的最小强度来加速。在每种情况下，估计算法将加速多少。

c）解释中值滤波器能够平滑图像，而不模糊图像的原因。

d）图像的一个 1D 横截面具有以下强度分布：

121123022311229228887887999

在该分布上应用：（1）三元素中值滤波器；（2）五元素中值滤波器。利用这些示例，证明中值滤波器将在 1D 分布中产生常量的"运行"。并证明在某些情况下，临近尖端将导致边缘移位；提出一条规律，证明什么时候一维 $n$ 元素滤波器会发生边缘移位。

6. a）模式滤波器被定义为任何像素处的新像素强度取在原始图像空间中围绕该像素放置的窗口的局部强度分布中最可能的值的滤波器。证明在灰度图像中，模式滤波器会使图像发生锐化，同时均值滤波器会模糊图像。

b）最大值滤波器是取每个像素周围窗口中局部强度分布的最大值的滤波器。阐释最大值滤波器应用于图像时会发生什么。考虑当模式滤波器应用于图像时，是否会发生任何相似的效果。

c）解释中值滤波器的用途。为什么 2D 中值滤波器有时以两个 1D 中值滤波器顺序执行来实现？

d）对比五元素 1D 均值、最大值，以及中值滤波器应用于下列波形时的性能（对于均值滤波器，在每种情况下给出最接近的整数值）：

0112322020239324465670 8891189

e）如重复使用 1D 中值滤波器，将发生什么？以上述波形为例。

7. a）证明：（1）$3 \times 3$ 中值滤波器；（2）$5 \times 5$ 中值滤波器应用于如图 3-P1 所示部分图像的效果。

b）证明可以根据这些中值滤波器特征开发边角检测器。讨论采纳该设计策略可能带来的优缺点。

```
0 0 0 0 0 0 0 0 0 0
0 0 0 0 0 0 0 2 0 0
0 1 0 0 0 0 0 0 0 0
0 0 1 0 0 0 0 0 0 0
0 0 0 0 9 9 9 9 9 9
0 0 0 9 9 8 9 9 9
0 0 1 0 9 8 9 9 7 9
0 0 0 0 7 9 9 8 9 9
0 1 0 8 9 9 9 9 9 9
0 0 0 0 9 9 9 9 9 9
0 0 0 0 8 9 9 9 9 9
```

图 3-P1　中值滤波器测试的部分图像

8. a）区分均值与中值滤波器。解释均值滤波器模糊图像的原因，以及为什么中值滤波器不会产生这样的影响。通过展示在窗口大小为 $1 \times 3$ 的情况下，以下 1D 实例将发生什么，以阐明你的答案：

1111211234404444567654 33

b）设计一个基于直方图，并运行于 $3 \times 3$ 窗口的完整中值滤波器算法。解释算法运行相对较慢的原因。

c）计算机语言具有 max $(a, b)$ 运算作为标准。证明如何使用它来查找 $3 \times 3$ 窗口内最大强度。并证明如何成功地将零替换为最大值以查找中值。如 max $(a, b)$ 运算的速度几乎与 $a+b$ 运算相同，则判定是否能利用该方法更快速地找到中值。

d）探讨是否将 $3 \times 3$ 中值运算分为 $1 \times 3$ 以及 $3 \times 1$ 中值运算能够有效去除脉冲噪声。若运用 $\max(a, b)$ 运算，该方法的速度将受到怎样的影响？

9. a）判断三元素中值滤波器应用于以下 1D 信号的结果：

     i. 0 0 0 0 0 1 0 1 1 1 1 1 1 1 1

     ii. 2 1 2 3 2 1 2 2 3 2 4 3 3 4

     iii. 1 1 2 3 3 4 5 8 6 6 7 8 9 9

b）从结果中可了解到怎样的一般规律？同时对于第一个示例，考虑 2D 图像灰度边缘的相应情况。

c）2D 中值滤波器偶尔会实现为依次应用的两个 1-D 中值滤波器，以便提高处理速度。估算在：（1）$3 \times 3$ 中值滤波器；（2）$7 \times 7$ 中值滤波器；（3）一般情况下，速度会得到多大的提升。

10. 形态学梯度二值边缘增强运算符由以下公式定义：

$$G = (A \oplus B) - (A \ominus B)$$

利用边缘的 1D 模型或是其他方式，证明该运算能够得出二值图像的宽边缘。如果灰度膨胀"⊕"等同于求 $3 \times 3$ 窗口中的局部最大强度函数，则灰度腐蚀（⊖）等同于求 $3 \times 3$ 窗口中的局部最小，概述应用运算符 $G$ 时的结果。证明如果采用 Sobel 幅度而忽略边缘方向效应，则它与 Sobel 边缘增强运算符效果相似：

$$g = (g_x^2 + g_y^2)^{1/2}$$

# 阈值的作用

数字图像中出现的物体标定是图像处理重要实践目标之一。这个过程被称为分割，通常可以通过阈值化来实现很好的近似。从广义上讲，这涉及将图像的暗区和亮区分开，从而识别浅色背景上的暗物体（反之亦然）。本章将展开讨论该思想的有效性及其实现方法。

本章主要内容有：

- 图像分割，区域生长及阈值概念
- 阈值选择的问题
- 全局阈值的局限性
- 阴影及闪光（高光）问题
- 局部自适应阈值算法可以解决的问题
- 基于方差、熵及最大似然更彻底的阈值选取方法
- 多阈值图像建模的可行性
- 全局波谷转换的值
- 单峰分布下阈值的选取

阈值化的作用是有限的，且自动估计最佳阈值存在很多困难——这已经被为该目的所设计的许多可用技术所证实。实际上，分割是一个不适定问题，人眼看似可以可靠地执行阈值化这一事实给人一种误导。然而也有一些任务通过合适的明暗结构简化，阈值分割就很有效。因此这个有用的技术被囊括在主要算法的工具箱中。第 5 章的图像边缘检测将涉及更有效的方法来处理更加复杂的图像数据。

## 4.1 导言

最先要解决的一个问题就是将物体从背景中分割出来，当物体很大并且没有太多表面细节信息时，可以将物体分割视为将图像按照诸如亮度、颜色、纹理或者运动形态等参数，分为几个区域，这些区域内部在以上参数上表现高度一致。所以可以很直接地将这些物体分离开来，包括那些有不同切面的实物，比如立方体。

不幸的是，上面提到的分割概念是一种理想化的概念，仅在某些情况下有效。在更多的现实情境中，它只是人类大脑的发明，是从某些简单的例子中概括出来的不准确的结果。这个问题的出现是因为眼睛有能力一眼就理解真实场景，因此在图像中以已知的形式分割和感知物体。自省并不是设计视觉算法的好方法，而分割实际上是最核心和最困难的实践方法之一。

因此，通常所认为的分割是寻找具有一定一致性的区域的观点效用有限。在三维物体世界中有很多这样的例子：一个是从一个方向对球体打光，光逐渐变化，所以没有明显的均匀区域；另一种是立方体，其各个表面因为光线角度的问题而具有相同的亮度值，所以仅仅根据亮度的强度分割图像往往是行不通的。

　　然而，依据统一性测量的方式进行分割也有充分正确性，也值得在实际应用中探求。因为在很多（尤其是工业）场景下只含有有限个数的物体，并且对光照和环境都有完全的把控。特定问题的解法通常不完全适用于普遍情况，但是利用现有的工具也可以针对当前问题找到一个合理代价的方案。然而在实际情况中，在单纯的成本效益解决方案和计算代价略高但是普适的通用方案之间有一个权衡，在处理计算机视觉这样的实际问题时心中要时刻明确这一点。

## 4.2　区域生长方法

　　前述图像分割思想自然而然地指向了图像区域生长方法（Zucker，1976b）。在这里，强度相同（或其他合适的性质）的像素被连续分组在一起，形成越来越大的区域，直到整个图像被分割。这显然涉及许多规则：不能将亮度相差太大的相邻像素组合在一起，而允许将亮度随着视场背景光照的变化而逐渐变化的像素组合在一起。当然这并不足以成为一个可行的策略，算法不仅应具备将区域结合在一起的能力，还应具有将大块的非均匀的区域进行分割的能力（Horowitz 和 Pavlidis，1974）。特殊情况如噪声、尖锐边缘和来自不同区域的线，使得很难用一种简单的标准来划分区域边界。例如在遥感应用中，连续区域被遮挡进而很难形成一个连续的边界，所以常需要交互，即需要人工帮助计算机确定边界。Hall（1979）发现实际区域中的边界通常很宽，为了让算法有效工作，通常需要边界检测框架的辅助以防止边界过宽，否则即使一个缺口也可以将两个区域合并在一起。

　　因此，区域生长算法在实际应用中很复杂。此外，区域生长算法通常是迭代操作的，逐步细化关于像素属于哪个区域的假设。该技术复杂的原因在于，如果执行得当，它涉及全局和局部图像操作。考虑到所有这些因素，再加上后续还会有更有效的方法，本书就不继续探究该算法了。

## 4.3　阈值方法

　　如果背景光是全局统一的，并且我们的任务是分割出平坦区域上有明显轮廓的物体，那么分割可以直接通过设定一个特定强度的图像阈值来实现。第 2 章已经涉及阈值处理方法，其基本思想是将灰度图像转换成二值图像，使得物体用黑色像素表示，背景用白色像素表示（图 2-7），反之亦然。进一步的分析将会涉及物体的形状和大小，这时就需要物体检测方法了。第 8 章将会详细介绍这些问题。同时，当前有一个关键的问题：如何自动确定最佳阈值水平？

### 4.3.1　寻找合适的阈值

　　在诸如光学字符识别（OCR）这样的情况下，有一种简单的方法可以找到一个合适的阈值，其中被物体（即印刷字符）占据的背景比例相对固定，对相关图像统计数据进行初步分析之后，按照一系列图像中固定的明暗比例设定后续阈值（Doyle，1962）。在实践中，进行一系列的实验，当阈值被调整时，对阈值图像进行检测：在该阶段，测量图像中的暗区域与亮区域的占比。但可惜实践中会出现很多未能预知的情况，比如灯泡的故障会打乱这种亮暗划分，因为这会影响到图像中亮暗区域的相对占比。然而这是工业应用上常用的方法，特别是需要检查物体内部的特定细节时，典型的例子是机械部件（如支架）上的孔。

　　确定阈值最常用的技术是分析数字化图像中强度级别的直方图（图 4-1），如果能找到一个显著的极小值，那么这个极小值将被当作阈值（Weska，1987）。显然，这里的假设是，直方图左边的峰值对应深色物体，而右边的峰值对应浅色背景（就像在许多工业应用中一样，这里假设物体在浅色背景上呈现深色）。

这个方法有以下缺点：

1）波谷（极小值）可能很宽，很难定位到具体的一个值。

2）可能有很多波谷存在，它们表示物体的细节信息，找到最显著的一个波谷并不容易。

3）波谷的噪声可能影响我们寻找最佳阈值的位置。

4）分布中可能没有明显可见的波谷，因为噪声非常大或者背景光在图像上有较大变化。

5）其中一个显著峰值比另一个显著峰值大很多（多数情况是因为背景导致），这将会导致极小值的偏差。

6）直方图本身可能是多峰的，很难直接得出哪个才是相关的阈值水平。

为了简单起见，我们将暂时忽略最后一个问题，而将注意力集中在问题 1～5（这些可以归纳为图像内容"杂乱"、噪声和光照变化），也就是当单个阈值的位置部分模糊时，如何找到真正的单个阈值。

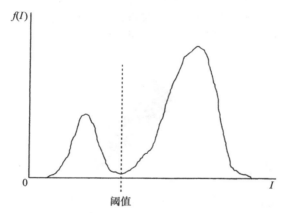

图 4-1  图像中像素强度等级的理想化直方图。右边较大的峰值来自明亮的背景，左边较小的峰值是由于前景中较暗的物体。分布中的极小值直接方便地给出强度值作为阈值

### 4.3.2  解决阈值选取中的偏差问题

本节着重讨论上文提到的问题 5，即当直方图中的一个峰值大于另一个峰值时，在阈值选择中消除偏差。首先，注意如果峰的相对高度已知，这就有效地解决了问题，因为这样就可以使用以上提到的"固定比例"方法，然而，这通常是不可能的。另一个比较有效的方法是通过降低强度分布的极端值（那些强度分布中破坏平衡的值）的权重来防止偏差。要实现这一点，请注意，中间值是特殊的，因为它们对应物体边缘。因此，可以通过寻找图中存在显著强度梯度的位置（对应于沿边缘的像素），并且分析紧邻这些位置周围的强度值，忽略图像中其他点。这将确保所检测的前景和背景的像素数目大致相等，也就排除了净偏差。

在这一点上，我们已经找到了提供内在合理性阈值的选取方法，然而这些方法并不能解决不均匀光照引起的所有问题。此外，它们也无法处理闪光、阴影或者图像杂乱的问题。不幸的是，这些问题却是实际中常见的（如图 4-2 和图 4-3）并且很难解决。实际上在工业应用中有金属存在，闪光问题就不只是特殊情况而是非常普遍了；阴影也因为有物体的遮挡而

很难避免。即使是非常平滑的物体也会因为特殊的光照位置，在其轮廓周围有很明显的阴影。需要明确的是，只有在两阶段图像分析系统中可以容忍闪光和阴影，因为第一阶段尝试性地分配阈值，第二阶段再对所有像素强度进行细致的重检测。现在，我们回到如何最大限度地利用阈值技术的问题上，找到允许范围内背景光照变化的最大差异程度。

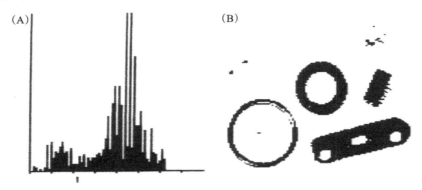

图 4-2    图 2-7A 图像的直方图。直方图并没有特别接近图 4-1 的理想形式。因此，从 A 中
获得的阈值（由标度下的短线表示）没有得到符合二值化图像所有物体的理想结果
（B）。但是结果比图 2-7B 中随机的阈值化图像好

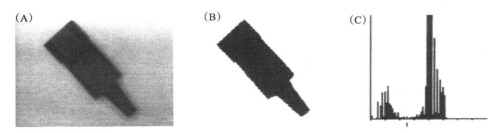

图 4-3    一幅具有更理想特性的图像：（A）插头经过均匀照明的图像；（B）可以接受的阈值划
分结果；（C）接近理想形式的直方图。然而，在二值化过程中，插头的很多细节信
息丢失了

## 4.4  自适应阈值

由光照不均匀引起的问题可以通过允许阈值在整个图像上自适应地变化来解决。原则上有很多方法可以解决这个问题，一种是对图像内背景建模，另一种方法是通过检测邻域的强度范围，计算出每个像素的局部阈值。

有时，通过在没有任何物体的情况下获取背景图像，可以很好地解决背景建模的问题——这种方式适用于工厂流水线。从理论上讲，它似乎能够以严格、精确的方式解决自适应阈值问题。然而，需要注意的是，由于物体带来的不仅是阴影（在某种意义上可以被认为是物体的一部分），同时还包括它们投射在背景和其他物体上的反射而产生的附加效应。这种附加效应是非线性的，因此不仅需要在每种情况下增加物体与背景强度之间的差异，还需要增加取决于多物体之间反射系数的乘积的强度。这些考虑意味着使用无物体背景是完全无效的。尽管如此，这种方法作为第一次近似通常是有用的，但如果它被证明是不可行的，就没有选择了，只能从被分割的实际图像建模背景。值得注意的是，类似的问题也出现在监控中，例如，当汽车或行人处于道路或人行道上时（见第 22 章）。

## 局部阈值方法

前面提到的另一种方法对于寻找局部阈值特别有用，它包括分析每个像素邻域的强度，以确定最佳的局部阈值水平。因此，有必要通过有效的采样来获取关键信息。一个简单的方法是取适当的函数计算附近强度值作为阈值：通常取局部强度分布的平均值，因为这是一个简单的统计量并且在某些情况下会得到很好的结果。例如，在天文图像中，恒星就是用这种方式被挑选出来的。Niblack（1985）提出在某种情况下将一定比例的局部标准差添加到均值能获得更合适的阈值，可能的原因是这样做可以抑制噪声（显然，添加标准差适合于寻找明亮物体，如恒星；而减去标准差适合于定位昏暗的物体）。

另一个常用的统计量是局部强度分布中最大值和最小值的平均值。这样做的理由是无论分布的两个主要峰值是多少，这一统计量往往能合理地估计直方图最小值的位置。显然，这种方法只有满足以下条件才是准确的：（1）物体边缘的强度轮廓是对称的；（2）噪声在图像中处处均匀，使得分布的两个峰的宽度相似；（3）两个峰值高度差异不会过于显著。有时这些假设也是不必要的——例如寻找鸡蛋或其他产品的（暗色）裂缝，在这种情况下，可以找到局部强度分布的均值和最大值，并利用统计量推导出阈值。

$$T = \text{mean} - (\text{maximum} - \text{mean}) \tag{4.1}$$

在假设噪声分布对称的情况下，该策略是估计亮背景中的最低强度（图 4-4）。只有当裂纹较窄且不显著影响平均值时，使用平均值才是可行的。如果有影响的话，那么统计量可以通过使用一个特殊参数进行调整：

$$T = \text{mean} - k\,(\text{maximum} - \text{mean}) \tag{4.2}$$

这里 $k$ 值可能低至 0.5（Plummer 和 Dale，1984）。

该方法与 Niblack（1985）的方法基本相同，但在估计标准差时计算负担最小。最后两种技术中的每一种都依赖于寻找局部强度极值。使用这些方法有助于节省计算量，但由于噪声的影响，这些方法显然有些不可靠。如果因为以上原因使得使用均值的效果非常差，可以使用四分位数或其他统计量。对图像进行预滤波以去除噪声的方法不太可能适用于阈值检测裂纹，因为裂纹几乎肯定会与噪声同时被去除。更好的策略是使用式（4.1）或（4.2）生成 $T$ 值的图像：对该图像进行平滑处理，使其能够有效地对初始图像进行阈值处理。

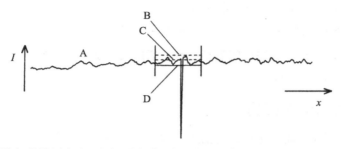

图 4-4  鸡蛋裂纹阈值检测方法：（A）裂纹附近的蛋的强度剖面：假定裂纹看上去是黑色的（例如，在斜光源下）；（B）鸡蛋表面的局部最大强度；（C）局部平均强度；（D）式（4.2）给出有用的估计量 $T$ 来表示阈值水平

不幸的是，只有在为估计所需阈值而选择的邻域足够大，能够跨越很大的前景和背景

时，这些方法才能起作用。在许多实际情况下这是不可能的，而且这些方法会错误地调整自己，如分割黑暗物体中更暗的点以及分割黑暗物体本身。然而，在某些特定的应用中这些情况几乎不会发生，一个值得注意的例子是 OCR。在这里，字体笔画的宽度很可能是预先知道的，不会有很大的变化。如果是这样的话，那么可以选择一个邻域大小使得它同时跨越或者至少能采样到背景与字体，从而可以使用表 4-1 描述的简单功能测试来高效地为字符选取阈值。该方法（表 4-1）的有效性见图 4-5。

表 4-1　一个简单的自适应选取印刷字符阈值的算法

```
minrange = 255 / 5;
/* minimum likely difference in intensity between print and background:
this parameter can be preset manually or "learnt" by a previous routine */
for all pixels in image do {
    find minimum and maximum of local intensity distribution;
    range = maximum − minimum;
    if (range > minrange)
        T = (minimum + maximum)/2; // print is visible in neighbourhood
    else T = maximum − minrange/2; // neighbourhood is all white
    if (P0 > T) Q0 = 255; else Q0 = 0; // now binarize print
}
```

注 1：minrange 是印刷字符和背景之间的最小可能差异：这个参数可以人工设置或者利用先前的程序习得。

注 2：印刷字符在其邻域范围内可见（有区分度）。

注 3：邻域是纯白的。

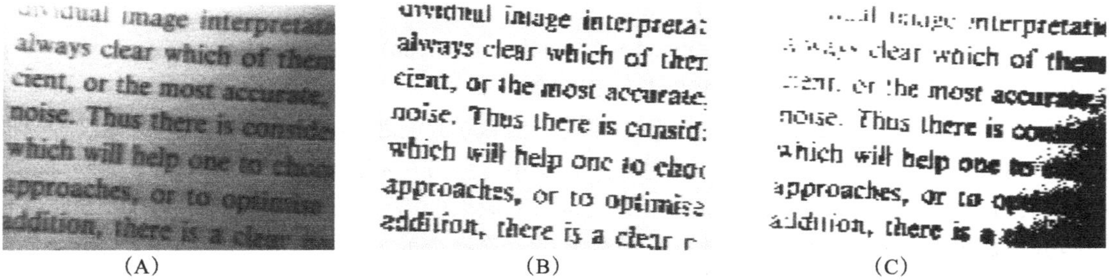

(A)　　　　　　　　　　(B)　　　　　　　　　　(C)

图 4-5　印刷文本局部阈值的有效性。这里有一个简单的局部阈值处理程序（表 4-1），在一个 3×3 的邻域内操作，用于对印刷文本（A）的图像进行二值化。尽管光线很差，二值化图像（B）却相当有效，注意图 B 中完全不存在孤立的噪声点，与此相反，所有字母 i 上的点都被精确地再现。而通过统一阈值得到的最佳效果只能如图 C 所示

在结束本节之前，请注意滞后阈值是一种自适应阈值类型——使得阈值有效地在局部变化，该主题将在 5.10 节中讨论。

## 4.5　更彻底的阈值选择方法

此时，我们回到全局阈值选择，并描述一些具有严格数学证明的特别重要的方法：第一个是基于方差的阈值；第二个是基于熵的阈值；第三是最大似然阈值。这三种方法都得到了广泛的应用，第二种方法在过去 20 ～ 30 年里获得了越来越多的发展，第三种方法是一种更广泛的基于统计模式识别（在第 13 章中将会介绍）的技术。

### 4.5.1 基于方差的阈值

前面概述的标准阈值方法涉及查找全局图像强度直方图的波谷。然而，当直方图的暗色峰值很小时是行不通的，因为在直方图中暗色区域峰值将会混在噪声中，并且用一般算法无法抽取出来。

很多研究者都研究过这类问题（Otsu，1979；Kittler 等，1985；Sahoo 等，1988），其中最著名的方法是基于方差的方法。在这类方法中，通过对图像强度直方图的分析，找出最佳分割位置，并基于类内、类间和总方差的比值来优化标准。最简单的方法（Otsu，1979）是计算类间方差，接下来我们将对此进行描述。

首先，我们假设图像具有 $L$ 个灰度级的灰度分辨率。灰度级 $i$ 的像素个数为 $n_i$，所以总的像素个数是 $N = n_1 + n_2 + \ldots + n_L$。那么灰度级 $i$ 所占的比例是：

$$p_i = n_i / N \tag{4.3}$$

其中

$$p_i \geqslant 0 \quad \sum_{i=1}^{L} p_i = 1 \tag{4.4}$$

对于达到或超过阈值 $k$ 的强度范围，我们现在可以计算类间方差 $\sigma_B^2$ 和总方差 $\sigma_T^2$：

$$\sigma_B^2 = \pi_0 (\mu_0 - \mu_T)^2 + \pi_1 (\mu_1 - \mu_T)^2 \tag{4.5}$$

$$\sigma_T^2 = \sum_{i=1}^{L} (i - \mu_T)^2 p_i \tag{4.6}$$

其中

$$\pi_0 = \sum_{i=1}^{k} p_i \qquad \pi_1 = \sum_{i=k+1}^{L} p_i = 1 - \pi_0 \tag{4.7}$$

$$\mu_0 = \sum_{i=1}^{k} i p_i / \pi_0 \qquad \mu_1 = \sum_{i=k+1}^{L} i p_i / \pi_1 \qquad \mu_T = \sum_{i=1}^{L} i p_i \tag{4.8}$$

使用后一个定义，类间方差可以简写成：

$$\sigma_B^2 = \pi_0 \pi_1 (\mu_1 - \mu_0)^2 \tag{4.9}$$

对于单个阈值最大化标准是类间方差与总方差之比：

$$\eta = \sigma_B^2 / \sigma_T^2 \tag{4.10}$$

然而对于一张给定图像直方图，总方差是一个常数，最大化 $\eta$ 就可以简化成最大化类间方差。

该方法可以很容易地扩展到双阈值情况 $1 \leqslant k_1 \leqslant k_2 \leqslant L$，其中结果类 $C_0$、$C_1$ 和 $C_2$ 的灰度范围分别为 $[1, \cdots, k_1]$、$[k_1 + 1, \cdots, k_2]$ 和 $[k_2 + 1, \cdots, L]$。在某些情况下（如 Hannah 等，1995），这种方法仍然无法处理直方图噪声，必须使用更复杂的方法。其中一种技术是基于熵的阈值化，它已经牢固地根植于这个学科（Pun，1980；Kapur 等，1985；Abutaleb，1989；Brink，1992）。要进一步了解类间方差方法（BCVM）的性能，请参见 4.7 节。

### 4.5.2 基于熵的阈值

阈值的熵测量是基于熵的概念。如果一个变量在可用范围内分布很分散，熵的统计量就会很高；如果它是有序的且分布很窄，熵的统计量就会很低：具体来说，熵是无序的一种度量，对于一个完全有序的系统，其熵为零。熵阈值的概念是找到一个强度值，使得两个强度概率分布根据这个值被分离后熵的总和最大。这样做的原因是为了得到最大的熵减，也就是，最大化增加有序性。换句话说，最合适的阈值是能够让系统最具有序性的，从而能够得到最有意义的结果。

强度概率分布被分为两类：不高于阈值 $k$ 的灰度级和高于 $k$ 的灰度级（Kapur 等，1985）。从而得到两个概率分布 A 和 B：

$$\text{A:} \qquad \frac{p_1}{P_k}, \frac{p_2}{P_k}, \cdots, \frac{p_k}{P_k} \qquad\qquad (4.11)$$

$$\text{B:} \qquad \frac{p_{k+1}}{1-P_k}, \frac{p_{k+2}}{1-P_k}, \cdots, \frac{p_L}{1-P_k} \qquad\qquad (4.12)$$

其中

$$P_k = \sum_{i=1}^{k} p_i \qquad 1 - P_k = \sum_{i=k+1}^{L} p_i \qquad\qquad (4.13)$$

每一类的熵为

$$H(A) = -\sum_{i=1}^{k} \frac{p_i}{P_k} \ln \frac{p_i}{P_k} \qquad\qquad (4.14)$$

$$H(B) = -\sum_{i=k+1}^{L} \frac{p_i}{1-P_k} \ln \frac{p_i}{1-P_k} \qquad\qquad (4.15)$$

总熵为

$$H(k) = H(A) + H(B) \qquad\qquad (4.16)$$

相减得到最终的表达式为

$$H(k) = \ln\left(\sum_{i=1}^{k} p_i\right) + \ln\left(\sum_{i=k+1}^{L} p_i\right) - \frac{\sum_{i=1}^{k} p_i \ln p_i}{\sum_{i=1}^{k} p_i} - \frac{\sum_{i=k+1}^{L} p_i \ln p_i}{\sum_{i=k+1}^{L} p_i} \qquad\qquad (4.17)$$

这就是需要最大化的参数。

这种方法可以得到很好的结果（Hannah 等，1995）。同样，它可直接扩展到双阈值，此处不赘述（Kapur 等，1985）。实际上，进行概率分析找到的数学上理想的双阈值可能不是实际情况下的最佳方法，Hannah 等人（1995）设计了一种顺序确定双阈值的替代技术，并将其应用于 X 射线检查任务。

### 4.5.3 最大似然阈值

在处理强度直方图等分布时，将实际数据与之前基于训练集构建的模型中预期的数据进行比较是很重要的。这与统计模式识别的方法一致（参见第 13 章），充分考虑了先验概率。为了这个目的，一个选择是使用已知的分布函数（如高斯分布）对训练集数据建模。高斯分布有许多优点，它可用于相对直接的数学分析。此外，它可以用两个众所周知的参数来表示——均值和标准差，这两个参数在实际情况中很容易测量。实际上，对于任何高斯分布我们有：

$$p_i(x) = \frac{1}{(2\pi\sigma_i^2)^{1/2}} \exp\left[-\frac{(x-\mu_i)^2}{2\sigma_i^2}\right] \qquad\qquad (4.18)$$

其中，$i$ 指的是一个特定的分布，当然在进行阈值化时假设涉及两个这样的分布。应用

各自的先验类概率 $P_1$、$P_2$（参见第 13 章），仔细分析得出 $p_1(x) = p_2(x)$ 可以写为（Gonzalez 和 Woods，1992）：

$$x^2\left(\frac{1}{\sigma_1^2} - \frac{1}{\sigma_2^2}\right) - 2x\left(\frac{\mu_1}{\sigma_1^2} - \frac{\mu_2}{\sigma_2^2}\right) + \left(\frac{\mu_1^2}{\sigma_1^2} - \frac{\mu_2^2}{\sigma_2^2}\right) + 2\log\left(\frac{P_2\sigma_1}{P_1\sigma_2}\right) = 0 \qquad (4.19)$$

注意，一般来说，这个方程有两个解，这意味着需要两个阈值，尽管当 $\sigma_1 = \sigma_2$ 时，只有一个解：

$$x = \frac{1}{2}(\mu_1 + \mu_2) + \frac{\sigma^2}{\mu_1 - \mu_2}\ln\left(\frac{P_2}{P_1}\right) \qquad (4.20)$$

两个解存在的原因是，一个解表示两个高斯函数重叠区域的一个阈值；另一个解在数学上是不可避免的，其强度要么很高，要么很低。后一个解在两个高斯的方差相等时会消失，因为分布显然不会再交叉。无论如何，被建模的分布不太可能在实践中如此接近高斯分布，以至于非中心解可能很重要，也就是在数学假设中先不考虑这种情况。

其次，当这两类的先验概率相等时，该方程可简化为更简单、更明显的形式：

$$x = \frac{1}{2}(\mu_1 + \mu_2) \qquad (4.21)$$

在本章描述的所有方法中，只有最大似然方法使用先验概率。这使它看起来似乎是唯一严格的方法，而所有其他方法都是错误的且它们的估计中有偏差，但其实并非如此。原因在于，其他方法包含了样本数据的实际频率，这些频率本身就包含了先验概率（见 13.3 节）。因此，其他方法也可以给出正确的结果。然而，明确引入先验概率是非常有用的，因为这使得在任何存疑的情况下获得无偏结果的置信度更高。

## 4.6　全局波谷阈值方法

很多阈值估计方法（尤其包括熵阈值和它的变体）的一个重要缺点是不清楚其如何应对特殊情况或特定要求，比如需要在一幅图像中获得多个阈值（Kapur 等，1985；Hannah，1995；Tao 等，2003；Wang 和 Bai，2003；Sezgin 和 Sankur，2004）。除此之外，更复杂的方法还存在错过原始数据重要方面的风险。全局波谷方法（Davies，2007a）旨在提供一种严谨的方法，从基本要素上找到强度直方图的全局波谷，从而体现数据的内在意义。

图 4-6A 的顶部轨迹显示了基本情形——阈值方法有效且最优阈值很容易找到。然而，高强度直方图往往包含很多波峰和波谷，即使是人类的眼睛——具备一眼即可分析判断的强大能力，也可能会被混淆，尤其是当需要识别全局波谷的位置而不是重要性较小的局部极小值时。图 4-6B 顶部轨迹可以清楚地表达以上问题。在这里，谷 1（从左边开始编号）比谷 3 要低，但是因为谷 3 周围有两个高峰而使得谷 3 更深；然而，谷 1 也位于最高的两峰之间，从这个意义上说，它是分布中全局最深的谷。

显然，要判断全局谷的深度，我们需要一个数学标准，这样所有谷之间便可以清楚地比较了。对任何潜在的全局谷点（称之为点 $j$），我们需要看看所有左边的点（$i$）以找到最高峰的点，以及看看所有右边的点（$k$）以找到最高峰的点，这样才能为点 $j$ 构建一个合适的标准值。因此我们需要找到最大的 $i$ 点和最大的 $k$ 点。而且我们需要对所有 $j$ 点做这样的处理，对于每一个点，我们只需要考虑点 $i$（$i < j$）和点 $k$（$k > j$），并考虑相应的分布中的 $h_i$、$h_j$、$h_k$ 的高度。最大值必须取自判据函数 $C_j$，其一般形式为 $\max_{i,k}\{Q(h_i - h_j, h_k - h_j)\}$。这种形式的一个明显的判据函数采用算术平均值。但是，为了避免负高度带来的复杂性，我们引入了一个符号函数 $s(\cdot)$，当 $u > 0$ 时 $s(u) = u$，当 $u \leqslant 0$ 时 $s(u) = 0$。其结果如下：

$$F_j = \max_{i,k}\left\{\frac{1}{2}[s(h_i - h_j) + s(h_k - h_j)]\right\} \tag{4.22}$$

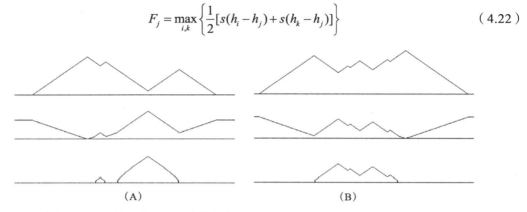

图 4-6　将全局极小化算法应用于一维数据集的结果：（A）基本双峰结构；（B）基本的多峰结构。其中顶部折线为原始的 1D 数据集，中间折线为式（4.22）的结果，底部折线为式（4.23）的结果

　　将上式应用到图 4-6A 的顶部轨迹时，得到的结果是一个分布（如图 4-6A 所示的中间轨迹），它在所需的谷位置具有最大值。此外，这个最大值对应的 $i$ 和 $k$ 的值是原始强度分布中的第一和第三个峰值位置。符号函数 $s(\cdot)$ 具有防止负响应的作用，因为这种负响应会导致情况不必要地复杂化。

　　上面的函数 $F$ 很容易应用并且使用了线性表达式（线性表达式在进行深入分析时极具吸引力），但它导致输出分布两端的基座（pedestal），当有许多峰和谷时这可能会使情况复杂化。幸运的是，几何平均值并不受限于这个问题，因此它在全局波谷方法（GVM）中被采用。我们用如下函数代替 $F_j$：

$$K_j = \max_{i,k}\{[s(h_i - h_j)s(h_k - h_j)]\} \tag{4.23}$$

　　注意，当两个参数几乎相等时，算术和几何平均方法是非常相似的。但是当两个参数相差很大时，它们会有很大的偏差：这是适用于分布两端的不同情况，需要抑制在其附近只有一个峰值的潜在波谷，此时几何平均值比算术平均值更具有优势。图 4-6B 进一步证实了这些观点。

　　总的来说，这种方法的基本原理是寻找强度分布中最显著的波谷，与判别原始图像中暗色物体和高亮背景的最优情况相对应。在某些情况下这很明显（图 4-6A），但通常在一系列高峰和低谷中很难挑选，尤其是确定全局波谷的位置。因此式（4.23）所体现的就是以保证自动求出全局最优解为目标。显然，通过对输出分布的分析，也可以找到与输入分布中全局波谷位置相对应的极大值范围，从而能够处理多峰分布，并找到多阈值点。

　　在所有的直方图方法中，有必要适当地考虑分布中的局部噪声，因为它可能导致结果不准确。因此，在进行进一步的分析以确定阈值之前，应该保证 $K$ 分布是平滑的。

　　另一个重要因素是这种方法所需的计算量。虽然获得最优解需要密集型扫描计算所有可能的采样点 $i$、$j$、$k$ 集合，但实际上计算负载可以从 $O(N^3)$ 降低到 $O(N)$，其中 $N$ 是强度分布中的灰度数量级。

## 4.7　应用全局波谷阈值方法的实际结果

　　下面将使用图 4-7A 所示的图像对上面提出的想法进行测试。从该图像开始，应用以下操作序列：（1）生成强度直方图（图 4-7D）；（2）应用 K 函数（图 4-7D 中间轨迹）；（3）输出分布平滑（图 4-7D 底部的轨迹）；（4）峰值位置（图 4-7D 底部的短竖线）；（5）选择最显著的峰值作为阈值标准（这里八个都被选中）；（6）利用相邻阈值强度标准的平均值生成新图像。结果（图 4-7B）是对原始图像的一种合理分割，尽管在云区域中有明显的限制——因为准确地显示这些图像需要一个相当完整的灰度范围，并且阈值在这些区域是不合适的。然而，重要的是该方法很容易自动合并多峰强度分布的多级阈值——这一直是熵阈值方法的难点（Hannah等，1995）。最后，图 4-7C 给出了与 Otsu（1979）的最大 BCVM（它最近经历了使用和流行的复苏）的比较，部分原因是它可以用于系统生成多级阈值（Liao 等，2001；Otsu，1979）。

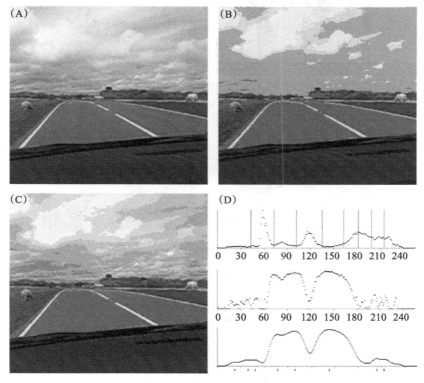

图 4-7　将全局波谷算法应用于多峰强度分布的结果：（A）原始灰度图像；（B）利用输出分布中的 8 个峰进行多次阈值化后的重建图像；（D）顶部为原始图像 A 的强度直方图，中部为应用全局波谷变换的结果，底部为平滑的结果，底部的 8 条短竖线表示峰值位置。在图 D 中，强度标度为 0 ～ 255；垂直比例尺归一化到垂直轴的高度所指示的最大高度。注意：这三个轨迹的计算比显示的值精确 25 倍，因此峰值位置的确定比图示更准确。作为对比，图 C 显示了将类间方差法应用于同一图像的结果：8 个阈值用图 D 中顶部折线图的垂直线表示

　　该方法的可重构性（在某种意义上，大部分图像重构得非常好，以至于很难与原始图像区分开来）是成功的标志，因为很明显，删除的信息绝不是任意的，而实际上是多余的和无用的。这个性质在图 4-8 中也很明显，它展示了该方法在著名的 Lena 图像中的应用。

平滑的标准是尽可能地降低噪声而不消除相应的阈值点。为此，用一个 3 元素的 $\frac{1}{4}[1 \quad 2 \quad 1]$ 核对 $K$ 分布进行重复的卷积，直到产生一定的平滑效果。注意，GVM 的峰值绝不是固定的。特别是，随着平滑的进行它们会逐渐移动，然后合并，如图 4-8 中 F ～ H 的底部轨迹所示。就在合并之前，通常会有一个很大的变化来调整合并的波峰。为了解决这个问题并找到合适的阈值水平，一个有用的启发式方法是将合并位置的四分之一移动到下一个合并位置（参见图 4-8F ～ H 的水平虚线）。为了明确这一过程，表 4-2 给出了基本的 GVM 算法。

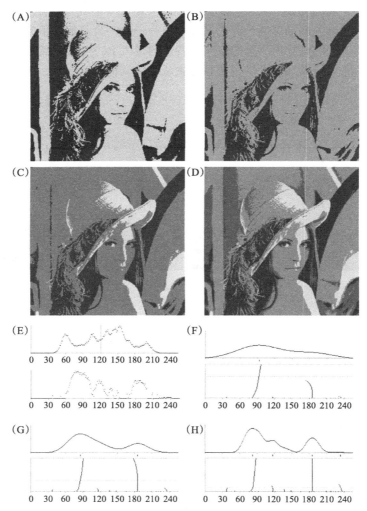

图 4-8    Lena 图像的多级阈值。原始灰度图像请参见 USC-SIPI 图像数据库（http://sipi.usc.edu/database/database.php）中的"Miscellaneous"项（访问日期为 2011 年 12 月 13 日）。图 A 为将类间方差法（BCVM）应用于原始图像的结果。图 B ～ D 为将全局波谷法应用于原始图像的结果，分别生成两级、三级和五级划分的图像。E 图的上方图像为强度直方图，垂直线表示 BCVM 选取的二级阈值。下方图像为 $K$ 分布的结果。图 F ～ H 的上方图像为 $K$ 分布的平滑版本。短的垂直线分别表示一个、两个或四个阈值位置；下方图像为经过逐步平滑的 $K$ 分布所产生的阈值位置：注意，下方图像是经过缩放的并且有些是经过截断的（如图像顶的水平灰色实线所示），水平虚线显示了如何自动选择阈值集（参见正文）

**表 4-2　基本的全局波谷算法**

```
scan = 0;
do {
    numberofpeaks = 0;
    for (all intensity values in distribution) {
        if (peak found) {
            peakposition[scan, numberofpeaks] = intensity;
            numberofpeaks ++;
        }
    }
    if (numberofpeaks == requirednumber) {
        if (previousnumberofpeaks > numberofpeaks) lowestscan = scan;
        else highestscan = scan;
    }
    previousnumberofpeaks = numberofpeaks;
    apply incremental smoothing kernel to distribution;
    scan ++;
} while (numberofpeaks > 0);
optimumscan = (lowestscan*3 + highestscan)/4;
for (all peaks up to requirednumber)
    bestpeakposition[peak] = peakposition[optimumscan, peak];
```

注：该算法的这个版本假设所需峰值的数量（requirenumber）是预先知道的，尽管最优的平滑量是未知的。在这里，后者是通过加权平均产生所需峰值的最低和最高数量平滑扫描来估计的。算法的最后一行给出最佳位置所需数量的峰值。该算法的这种形式在得到了特定需求数量的峰值的位置的同时，该过程也映射出了一组完整的稳定图，因为它一直持续到峰值的数量为零。有关详细信息，请参见 4.7 节。

图 4-8F ～ H 给出了三个平滑的例子，直到产生 1、2 或 4 个阈值点（这些阈值点分别生成了两级、三级和五级阈值划分）。图 4-8B ～ D 由此产生，特别要注意的是，Lena 鼻子上的浅色阴影区域非常稳定，没有噪声。注意，在上面的过程中有一个潜在的混淆：随着平滑的进行，GVM 阈值的数量逐渐减少。因此，从这个角度来看，子图 F ～ H 中的图像和轨迹是逆序的。子图是 BCVM 的逻辑顺序，对于 BCVM，计算量随阈值的增加而近似成指数增长。

接下来，我们将集中讨论 GVM 的一个特殊优势：它能对强度范围末端的少数强度做出稳健的判断。它有效地放大了这些分布区域，并提供了高度稳定的图像分割，特别是图 23-1C 所示的车辆阴影和图 4-9C 所示的麦角污染物。注意，这些代表了重要的车辆导航和检测任务：（1）使用车辆阴影是一种很有前途的技术，用于定位在前方道路上的车辆（Liu 等，2007）；（2）麦角是有毒的，在小麦或其他谷物中定位它是非常重要的，这些谷物将被用于人类食用（Davies，2003b）。GVM 能够有效使用图 4-9D 中异常嘈杂的 $K$ 分布，这个性质相当引人注目。

将 GVM 的结果与 BCVM 的结果（图 4-8A 和 E）进行比较，我们看到二级 BCVM 阈值似乎在一个非常合理的强度直方图的先验位置，但是，仔细检查发现，BCVM 几乎是将直方图的活跃区域分割成相等的部分，即找到一个合适的中值。这意味着，对于单峰直方图，它难以进行最佳分割。在理想直方图上进行测试的结果（图 4-10）支持了以上观点，这些测试表明它无法找到波谷。同样值得注意的是，与 GVM 不同，多级 BCVM 有时会忽略在强度范围末端的阈值（参见图 4-7D 顶部折线图中的垂线）。

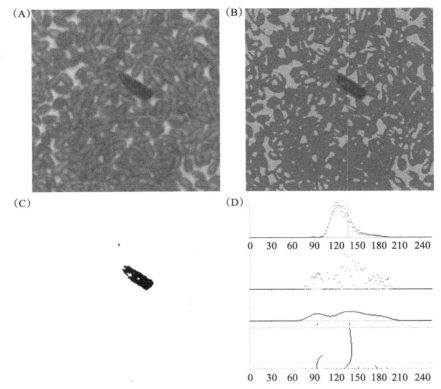

图 4-9　定位麦粒中的麦角：（A）原始图像；（B）双阈值图像；（C）只应用较低阈值的结果；（D）自上而下为图 A 的强度直方图、应用全局波谷变换的结果、平滑全局波谷变换的结果，以及图 B 中使用的两个阈值自动定位在虚线上。麦角的定位用阈值中较低的一个，将麦粒从光传输背景中分离出来用另一个阈值。细节详见正文

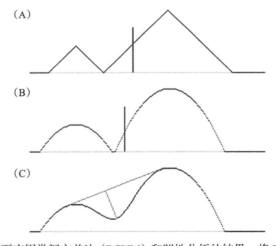

图 4-10　在理想情况下应用类间方差法（BCVM）和凹性分析的结果。将 BCVM 应用于图 A（三角形直方图）和图 B（抛物线直方图），竖线表示 BCVM 选择的二级阈值，请注意，在每种情况下它都与直方图的明显全局最小值相差很远。图 C 通过凹性分析找到阈值，该技术形成了分布的凸包，取每条连接线，用最长法线的脚作为阈值位置的指示。这种方法通常是非常有效的，但往往会使结果更接近主峰值，而不是最佳的最小位置

总的来说，GVM 比 BCVM 产生更稳定的阈值，在阈值分割的图像中不容易产生噪声边界，其结果往往更有意义。事实上，BCVM 倾向于盲目地将强度分布分割成近似相等的区域：虽然它的数学公式中没有明确针对这一点，但它本质上似乎具有这种效果。

## 4.8　直方图凹性分析

在本节中，我们简要地讨论之前关于直方图凹性分析的工作。Rosin（2001）描述了如何使用简单的几何结构（图 4-10C）来识别合适的二级阈值。这项技术依赖于直方图有"角"，角很容易被识别出来，但是当角的定义不太明确时，就会出现偏差，需要对直方图分布进行建模，以获得对阈值点的系统修正。这种方法将适用于真正的单峰分布（包括灰度边缘图像生成的那些），或者适用于除了主模式外存在非常弱的模式的近单峰分布。对于真实的单峰分布，GVM 不能有效工作，因为其中一个分量信号在函数 $K$ 中为零。在这种情况下，必须使用如 Rosin 所描述的方法——尽管 Rosenfeld 和 Torre（1983）、Tsai（1995）等人之后也对其他方法进行了描述。对近单峰分布，Rosin 方法存在一些内在的偏差，如图 4-10C 所示，但是在许多应用中进行建模以克服这个问题是可行的。然而，对于建模的需求似乎并没有随 GVM 出现，正如前所述（参见图 21-2 和图 23-1）。

## 4.9　结束语

前文揭示了一些对阈值化过程至关重要的因素，特别是通过在强度直方图的暗区和亮区使用近似相等的群体来避免阈值选择中的偏差；并且在存在光照变化的情况下，只在近邻区域进行处理以保证局部强度直方图能得到合理的波谷。

事实上，很多条件并非相容的，应该在不同实际情况中做出妥协。特别是通常不可能找到一个适用于图像中任何地方的邻域大小，其在所有情况下产生的暗像素和亮像素的总体数量大致相同。的确，如果选择的尺寸足够小，能够理想地跨越边缘，从而产生不带偏差的局部阈值，那么它在大物体内部就没有价值了。试图通过采用其他阈值计算方法来避免这种情况并不能解决问题，因为这些方法固有的是一个内置的区域大小：这意味着可能需要可变分辨率解决方案。

在这一阶段，我们对这些阈值化过程的复杂性提出了质疑，当强度分布开始变为多峰时，这一过程变得更糟。注意，整个过程是找到局部强度梯度，以获得准确、无偏差的阈值估计，这样就可以通过灰度图像获取水平切片，从而最终找到"垂直"（即空间的）图像中的边界。另一方面，也许我们应该考虑通过使用梯度直接估计边界位置来简化问题。例如，这样的方法不会导致大区域（这些区域的强度直方图基本上是单峰的）的问题，尽管这个方法可能还会导致其他问题（参见第 5 章和第 10 章）。

总的来说，作者认为许多方法（区域生长、阈值化、边缘检测等）在逼近极限下都能得到同样好的结果。毕竟，它们都受到相同的物理效应——图像噪声、光照的可变性、阴影的存在等的限制。然而，有些方法会更容易生效，需要最小的计算量，或者具有其他有用的特性，如鲁棒性。因此，阈值化可以成为一种非常有效的方法，帮助我们解释某些类型的图像。但是一旦图像的复杂度超过一定的临界值，依赖边缘检测就会突然变得更加有效和简单。这将在第 5 章进行研究。与此同时，我们不能忽视通过优化照明系统、确保任何工作台或输送机保持清洁和白亮的方法来减轻阈值化处理过程难度的可能性——在数量惊人的工业应用中，这是一种可行的方法。

阈值化的最终结果是一组表示物体形状的剪影，它们构成了原始图像的"二值化"版本。有许多技术用于进行二值化形状分析，其中一些在第8章描述。同时请注意，原始场景的许多特征，如纹理、凹槽或其他表面结构，可能不会出现在二值化图像中。虽然利用多个阈值对原始图像生成多个二值化版本可以保留原始图像中存在的相关信息，但这种方法仍然有局限性，最终可能会被迫返回原始灰度图像中以获取更详细的信息。

> 阈值化是最简单的图像处理操作之一，是一种本身就具有吸引力的分割方式。虽然这种方法显然是受限的，但是不应该忽视它及其最近的发展，因为它为程序员的工具包提供了有力的支持。

## 4.10    书目和历史注释

阈值分割已经发展多年，近年来已经被细化为一套成熟的分割方法。早期值得注意的方法是作为范式但计算密集型的 Chow 和 Kaneko 方法（1972），这在 4.4.1 节中有概述。Nakagawa 和 Rosenfeld（1979）研究了这一方法，并将其发展并应用在三峰分布上，但没有改善计算量。

Fu 和 Mui（1981）对图像分割进行了有益的概述，Haralick 和 Shapiro（1985）对此进行了更新。这些论文回顾了由于篇幅的原因本章无法涵盖的许多主题，也包括 Sahoo（1988）等人对阈值技术的有价值的调研。然而，值得强调的是 Fu 和 Mui（1981）的观点："所有区域提取技术都是以一种迭代的方式处理图像，通常需要大量的计算时间和内存。"

如 4.4 节所示，阈值（特别是局部自适应阈值）在 OCR 中有许多应用。最早的算法包括 Bartz（1968）和 Ullmann（1974）描述的算法，此外 White 和 Rohrer（1983）描述了两种非常有效的算法。

在 20 世纪 80 年代，自动阈值的熵方法逐渐形成（Pun，1981；Kapur 等，1985；Abutaleb，1989；Pal 和 Pal，1989），这种方法（4.5.2 节）被证明是非常有效的，并在 20 世纪 90 年代继续发展（Hannah 等，1995）。

21 世纪初，对于传统的区域定位和确定物体与背景之间的过渡区域以使分割过程更可靠方面，熵阈值方法仍然是重要的（Yan 等，2003）。在一个实例中，我们发现使用模糊熵和遗传算法是有用的（Tao 等，2003）。Wang 和 Bai（2003）表明，通过对边界像素的强度进行聚类使阈值选择更加可靠，同时确保考虑的是连续而不是离散的边界（当一幅图像在有限区域内被近似成二值图像时，边缘像素可能出现在物体内部或者背景内部，而不是恰好在两者之间）。然而，对于复杂的户外场景和医学图像如脑部扫描，仅仅阈值化是不够的，而且可能不得不进行图匹配（见第11章）以产生最好的结果，这反映了分割过程一定是高级而不是低级处理（Wang 和 Siskind，2003）。然而，在要求较低的情况下，可变形的模型引导的分割和合并技术可能仍然足够（Liu 和 Sclaroff，2004）。

### 近期研究发展

Sezgin 和 Sankur（2004）对 2004 年之前的阈值工作进行了全面的回顾和评估。近期，人们对单峰（Coudray 等，2010；Medina-Carnicer 等，2011）和近单峰直方图（Davies，2007a，2008）的阈值处理仍有兴趣：后者在 4.6 节和 4.7 节中已经详细讨论。Coudray 等人（2010）的目标是根据强度梯度直方图的阈值有效地定位边缘，所采用的方法是将噪声的贡献建模为瑞利分布，然后设计启发式算法来分析总体分布。基于同样的目的，Medina-Carnicer 等人（2011）表明，应用直方图变换可以提高 Otsu（1979）和 Rosin（2001）方法的性能。Li 等人（2011）采用新的方法来限制阈值算法所考虑的灰度范围，弱化前景和背景内部的灰度级变化，从而简化原始图像，使强度直方图更接近双峰。在此之后，一些阈值方法可以更可靠地运行。Ng（2006）描述了 Otsu（1979）方法的修订版本，该方法在单峰分布中运行良好，且这对于缺陷检测是有用的。这种"强调波谷"的方法通过对 Otsu 阈值计算应用权重来实现。总的来说，最近的一些研究发展可以被理解为对旧方法进行转换或其他改进，以使它们更加精密和准确，但是它们在理论上没有一个是高度复杂的。最后，在经历了这么多年之后，阈值化仍然是一个热门话题，这似乎有点让人惊讶——之所以如此，一定是因为它极其简单和实用。

## 4.11 问题

1. 使用 4.3.3 节的方法，对通过在图像中找到所有边缘像素及其所有相邻像素的强度分布进行建模。说明虽然这比原始强度分布有更清晰的谷值，但并不如利用 Laplacian（拉普拉斯）算子定位的像素那样锐利。

2. 考虑以下两种方式是否能更准确地估计一个合适的双峰、双高斯分布的阈值：（a）求出最小值的位置；（b）找到两个峰值位置的平均值。考虑到峰值的大小可做出什么样的修正？

3. 写出式（4.19）的完整推导，并说明在一般情况下（如 4.5.3 节所述）它有两个解。这其中的物理原因是什么？当 $\sigma_1 = \sigma_2$ 时，为什么只有一个解？

4. 证明 4.6 节的结论，即全局波谷阈值方法的直方图分析的复杂度可以从 $O(N^3)$ 减少到 $O(N)$，以及为达到此目的所需的遍历直方图的次数最多为 2。

# 边 缘 检 测

从本质上看，边缘检测为图像分割的初始化提供了一种比阈值化更严格的方法。然而，自组织（Ad hoc）边缘检测算法有着悠久的历史，本章旨在区分哪些是有原则的，哪些是自组织的，并提供支撑现有技术的理论和实践知识。

本章主要内容有：

- 用于边缘检测的各种模板匹配（TM）算子，如 Prewitt、Kirsch 和 Robinson 算子
- 微分梯度（DG）边缘检测方法——以 Roberts 算子、Sobel 算子和 Frei-Chen 算子为例
- 模板匹配算子的性能分析理论
- DG 算子的优化设计方法以及"圆形"算子的价值
- 分辨率、噪声抑制能力、定位精度和方向精度之间的权衡
- 边缘增强和边缘检测之间的区别
- 更现代算子的概述——Canny 和 Laplacian 算子

在讨论边缘检测的过程中，本章表明在一个小窗口内以惊人的精度估计边缘方向是可能的——决窍是要充分利用存在于灰度值中的大量信息。当使用霍夫变换来定位数字图像中的物体时，高精度的方向信息是特别有价值的——这将在本书第二部分"中级视觉"的几章中看到。

## 5.1 导言

在第 4 章中，我们通过寻找图像均匀区域的一般方法来解决分割问题——基于这种方法找到的区域与物体的表面和面相吻合的可能性较大。其中计算效率最高的方法是阈值法，但对于真实图像，这种方法很容易失败，或者很难令人满意地实现。实际上，要使它工作良好，似乎需要多分辨率或分层的方法，再加上一些具体的度量方法来获得合适的局部阈值。这些方法必须考虑到局部梯度强度和像素强度，并提出了简化处理的可能性——单独考虑梯度强度。

事实上，边缘检测一直是实现图像分割的另一种方法，也是本章所追求的方法。无论哪种方式本质上是更好的方法，边缘检测还有一个额外的优势，那就是它可以立即减少大多数图像数据中相当大的冗余度（通常约 100 倍）。这很有用，因为它显著减少了存储信息所需的空间，以及随后分析信息所需的处理量。

边缘检测经历了三十多年的演变。在此期间有两种主要的边缘检测方法，第一种是 TM 方法，第二种是 DG 方法。在任何一种情况下，目的都是找到强度梯度幅度 $g$ 足够大的位置，以作为物体边缘的可靠指示器。那么 $g$ 可以以类似于第 4 章阈值化的方式被阈值化（事实上我们将会看到，寻找 $g$ 的局部最大值是可能的，而不只是对它进行阈值化）。TM 和 DG 方法的主要区别在于如何对 $g$ 进行局部估计，然而，它们在确定局部边缘方向上也有重要的

区别，这在某些物体检测方案中是一个重要的变量。在 5.11 节中，我们将讨论 Canny 算子，它比以前的边缘检测器设计得更加严格。最后，我们讨论基于 Laplacian 的算子。

在继续讨论各种边缘检测算子的性能之前，应该注意到存在各种类型的边缘，尤其是阶跃型边缘、"倾斜台阶"边缘、"平面"边缘和各种中间边缘（图 5-1）。在本章的大部分内容中，我们将关注与图 5-1 中类型 A ～ D 近似的边缘，稍后我们将讨论与图 5-1 中类型 E 和 F 近似的边缘。

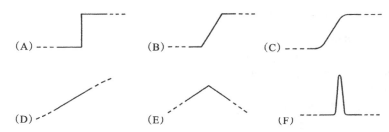

图 5-1　边缘模型：（A）阶跃型边缘；（B）倾斜台阶边缘；（C）平滑台阶边缘；（D）平面边缘；（E）屋顶边缘；（F）线边缘。边缘模型的有效轮廓仅在所述邻域内非零。倾斜台阶和平滑台阶是接近真实边缘轮廓的：阶跃型和平面边缘是用于做比较的极端形式（参见正文）。屋顶和线边缘模型仅出于完整性目的，本章不再进一步讨论

## 5.2　边缘检测基本理论

DG 和 TM 算子都借助于适当的卷积掩模来估计局部强度梯度。在 DG 型算子的情况下，仅需要两个这样的掩模——关于 $x$ 和 $y$ 方向。在 TM 的情况下，通常使用多达 12 个卷积掩模来估计梯度在不同方向上的局部分量（Prewitt，1970；Kirsch，1971；Robinson，1977；Abdou 和 Pratt，1979）。

在 TM 方法中，局部边缘梯度幅度（简而言之，边缘"幅度"）通过获取分量掩模的最大响应来近似：

$$g = \max(g_i : i = 1, \cdots, n) \tag{5.1}$$

其中 $n$ 通常为 8 或 12。

在 DG 方法中，局部边缘幅度可以使用非线性变换的向量计算：

$$g = (g_x^2 + g_y^2)^{1/2} \tag{5.2}$$

为了节省计算量，通常的做法是（Abdou 和 Pratt，1979）用一种更简单的形式来近似这个公式：

$$g = |g_x| + |g_y| \tag{5.3}$$

或者

$$g = \max(|g_x|, |g_y|) \tag{5.4}$$

一般而言，这两种方法同样准确（Foglein，1983）。

在 TM 方法中，边缘方向被简单地估计为式（5.1）中梯度最大值的掩模的边缘方向。在 DG 方法中，它由更复杂的方程矢量估计：

$$\theta = \arctan(g_y / g_x) \tag{5.5}$$

显然，DG 公式（5.2）和（5.5）比 TM 公式（5.1）需要更多的计算量，尽管它们更准

确。然而，在某些情况下方向信息的提升似乎微乎其微；此外，图像对比度可能差异很大，因此对 $g$ 的更精确估计进行阈值分割似乎没有什么好处。这可以解释为什么这么多人使用 TM 而不是 DG 方法。由于这两种方法基本上都涉及局部强度梯度估计，因此 TM 掩模通常与 DG 掩模相同也就不足为奇了（表 5-1 和表 5-2）。

**表 5-1 常见的微分边缘算子掩模**

a. Roberts $2 \times 2$ 算子的掩模

$$R_{x'} = \begin{bmatrix} 0 & 1 \\ -1 & 0 \end{bmatrix} \qquad R_{y'} = \begin{bmatrix} 1 & 0 \\ 0 & -1 \end{bmatrix}$$

b. Sobel $3 \times 3$ 算子的掩模

$$S_x = \begin{bmatrix} -1 & 0 & 1 \\ -2 & 0 & 2 \\ -1 & 0 & 1 \end{bmatrix} \qquad S_y = \begin{bmatrix} 1 & 2 & 1 \\ 0 & 0 & 0 \\ -1 & -2 & -1 \end{bmatrix}$$

c. Prewitt $3 \times 3$ 平滑梯度算子的掩模

$$P_x = \begin{bmatrix} -1 & 0 & 1 \\ -1 & 0 & 1 \\ -1 & 0 & 1 \end{bmatrix} \qquad P_y = \begin{bmatrix} 1 & 1 & 1 \\ 0 & 0 & 0 \\ -1 & -1 & -1 \end{bmatrix}$$

注：通过将普通卷积格式旋转 $180°$，掩模以直观的形式呈现（即系数在正 $x$ 和 $y$ 方向上增加）。这一惯例贯穿本章。$2 \times 2$ Roberts 算子掩模（a）可以被看作 $x'$ 轴与 $y'$ 轴相对通常的 $x$、$y$ 轴旋转了 $45°$。

**表 5-2 常见的 $3 \times 3$ 模板匹配边缘算子掩模**

| | 0° | 45° |
|---|---|---|
| a. Prewitt 掩模 | $\begin{bmatrix} -1 & 1 & 1 \\ -1 & -2 & 1 \\ -1 & 1 & 1 \end{bmatrix}$ | $\begin{bmatrix} 1 & 1 & 1 \\ -1 & -2 & 1 \\ -1 & -1 & 1 \end{bmatrix}$ |
| b. Kirsch 掩模 | $\begin{bmatrix} -3 & -3 & 5 \\ -3 & 0 & 5 \\ -3 & -3 & 5 \end{bmatrix}$ | $\begin{bmatrix} -3 & 5 & 5 \\ -3 & 0 & 5 \\ -3 & -3 & -3 \end{bmatrix}$ |
| c. Robinson 三级掩模 | $\begin{bmatrix} -1 & 0 & 1 \\ -1 & 0 & 1 \\ -1 & 0 & 1 \end{bmatrix}$ | $\begin{bmatrix} 0 & 1 & 1 \\ -1 & 0 & 1 \\ -1 & -1 & 0 \end{bmatrix}$ |
| d. Robinson 五级掩模 | $\begin{bmatrix} -1 & 0 & 1 \\ -2 & 0 & 2 \\ -1 & 0 & 1 \end{bmatrix}$ | $\begin{bmatrix} 0 & 1 & 2 \\ -1 & 0 & 1 \\ -2 & -1 & 0 \end{bmatrix}$ |

注：该表仅示出了每组中八个掩模中的两个，其余掩模可以在每种情况下通过对称操作生成。对于三级和五级算子，八个掩模中的四个是其他四个掩模的反转版本（参见正文）。

## 5.3 模板匹配方法

表 5-2 显示了四种常见的用于边缘检测的 TM 掩模。这些掩模最初是（Prewitt，1970；Kirsch，1971 年；Robinson，1977）从表 5-1 所示的 DG 掩模的两个案例开始，以直观的方式引入。在所有情况下，每组的 8 个掩模都是通过循环置换掩模系数从给定掩模中获得的。由于对称性，这对于偶排列是一个很好的策略，但是仅仅对称本身并不能证明它对于奇排列

是正确的——下面将更详细地探讨这种情况。

　　首先请注意，"三级"掩模中的 4 个和"五级"掩模中的 4 个可以通过符号反转由它们组的其他四个掩模生成。这意味着在任何一种情况下，在每个像素邻域只需要执行 4 次卷积，从而节省了计算。如果把 TM 方法的基本思想看作比较 8 个方向上的强度梯度，那么这是一个明显的过程。不使用这种策略的两个算子是早期在一些未知的直觉基础上开发的。

　　在继续之前，我们讲解一下 Robinson "五级"掩模背后的原理（Robinson，197）。这是为了强调对角线边缘的权重，以补偿人眼的特征——人眼往往会增强图像中的垂直线和水平线。通常，图像分析涉及图像的计算机解释，需要一组各向同性的响应。因此，"五级"算子是一种特殊用途的算子，这里不需要进一步讨论。

　　这些讨论表明，上述 4 种模板算子有很强的理论依据，因此值得深入研究（这将在下一节中进行）。

## 5.4　3×3 模板算子理论

　　下面假设使用 8 个掩模，角度相差 45°。此外，其中 4 个掩模与其他掩模的区别仅在于符号，因为这样基本不会造成任何性能损失。然后对称要求分别导致以下 0° 和 45° 的掩模。

$$\begin{bmatrix} -A & 0 & A \\ -B & 0 & B \\ -A & 0 & A \end{bmatrix} \quad \begin{bmatrix} 0 & C & D \\ -C & 0 & C \\ -D & -C & 0 \end{bmatrix}$$

　　设计掩模显然非常重要，以便它们在不同方向上给出一致的响应。为了找出这如何影响掩模系数，我们采用确保强度梯度遵循向量加法规则的策略。如果在 3×3 邻域内的像素强度值是

$$\begin{bmatrix} a & b & c \\ d & e & f \\ g & h & i \end{bmatrix}$$

那么上述掩模将给出在 0°、90° 和 45° 方向上的以下梯度估计：

$$g_0 = A(c+i-a-g)+B(f-d) \tag{5.6}$$
$$g_{90} = A(a+c-g-i)+B(b-h) \tag{5.7}$$
$$g_{45} = C(b+f-d-h)+D(c-g) \tag{5.8}$$

如果向量加法是成立的，那么：

$$g_{45} = (g_0 + g_{90})/\sqrt{2} \tag{5.9}$$

对比系数 $a$，$b$，…，$i$ 引出了以下等式：

$$C = B/\sqrt{2} \tag{5.10}$$
$$D = A/\sqrt{2} \tag{5.11}$$

　　另一个要求是 0° 和 45° 掩模在 22.5° 给出相等的响应。这可以推导出以下等式

$$B/A = \sqrt{2}\,\frac{9t^2-(14-4\sqrt{2})t+1}{t^2-(10-4\sqrt{2})t+1} \tag{5.12}$$

其中 $t$=tan22.5°，因此

$$B/A = (13\sqrt{2}-4)/7 = 2.055 \tag{5.13}$$

　　现在，我们可以总结在 TM 掩模设计方面的结论。首先，通过在正方形邻域中"循环"

地遍历系数来获得一组掩模是人为设计且无关具体图形的，这样才能产生有用的信息。其次，根据向量相加的规律和不同方向响应一致的需要，我们证明了理想的 TM 掩模需要与 Sobel 系数接近；我们还严格推导了 $B/A$ 比值的精确值。

在对 TM 边缘检测掩模的设计过程有了一些了解之后，我们接着研究 DG 掩模的设计。

## 5.5  微分梯度算子的设计

本节研究 DG 算子的设计，包括 Roberts 2×2 算子和 Sobel 及 Prewitt 3×3 算子（Roberts 等人，1965；Prewitt，1970；Sobel 算子见 Pringle，1969；Duda 和 Hart，1973）（表 5-1）。Prewitt 或 "梯度平滑" 类型的算子已由 Prewitt（1970）等人扩展到更大的像素邻域（Brooks，1978；Haralick，1980）（表 5-3）。在这些情况下，基本原理是在合适尺寸的邻域上用最佳拟合平面来模拟局部边缘。在数学上，这相当于获得适当的加权平均值，以估计 $x$ 和 $y$ 方向上的斜率。正如 Haralick（1980）所指出的，使用等权平均值来测量给定方向的斜率是不正确的：使用的适当权重由表 5-3 列出的掩模给出。因此 Roberts 和 Prewitt 算子显然是最优的，而 Sobel 算子不是。这将在下面更详细地讨论。

**表 5-3  在正方形邻域中估计梯度分量的掩模**

| | $M_x$ | $M_y$ |
|---|---|---|
| a. 2×2 邻域 | $\begin{bmatrix} -1 & 1 \\ -1 & 1 \end{bmatrix}$ | $\begin{bmatrix} 1 & 1 \\ -1 & -1 \end{bmatrix}$ |
| b. 3×3 邻域 | $\begin{bmatrix} -1 & 0 & 1 \\ -1 & 0 & 1 \\ -1 & 0 & 1 \end{bmatrix}$ | $\begin{bmatrix} 1 & 1 & 1 \\ 0 & 0 & 0 \\ -1 & -1 & -1 \end{bmatrix}$ |
| c. 4×4 邻域 | $\begin{bmatrix} -3 & -1 & 1 & 3 \\ -3 & -1 & 1 & 3 \\ -3 & -1 & 1 & 3 \\ -3 & -1 & 1 & 3 \end{bmatrix}$ | $\begin{bmatrix} 3 & 3 & 3 & 3 \\ 1 & 1 & 1 & 1 \\ -1 & -1 & -1 & -1 \\ -3 & -3 & -3 & -3 \end{bmatrix}$ |
| d. 5×5 邻域 | $\begin{bmatrix} -2 & -1 & 0 & 1 & 2 \\ -2 & -1 & 0 & 1 & 2 \\ -2 & -1 & 0 & 1 & 2 \\ -2 & -1 & 0 & 1 & 2 \\ -2 & -1 & 0 & 1 & 2 \end{bmatrix}$ | $\begin{bmatrix} 2 & 2 & 2 & 2 & 2 \\ 1 & 1 & 1 & 1 & 1 \\ 0 & 0 & 0 & 0 & 0 \\ -1 & -1 & -1 & -1 & -1 \\ -2 & -2 & -2 & -2 & -2 \end{bmatrix}$ |

注：上述掩模可视为扩展的 Prewitt 掩模。该 3×3 掩模是 Prewitt 掩模，为完整起见，列入本表。在所有情况下，为了简单起见，本章权重因子都被省略了。

对边缘检测问题的充分讨论涉及在不能假设局部强度模式为平面时估计边缘大小和方向的精度。事实上，已经有很多关于阶跃边缘近似值的边缘检测算子的角度依赖性的分析。特别是，O'Gorman（1978）考虑了由在正方形邻域内观察到的阶跃边缘引起的估计角度与实际角度的变化（另见 Brooks，1978），但注意所考虑的情况是连续体而不是离散的像素网格——发现这导致角度误差从 0° 和 45° 时的零变化到 28.37° 时的最大值 6.63°（其中估计方位为 21.74°）的平滑变化，这一范围以外的角度的变化被对称复制。Abdou 和 Pratt（1979）获得了离散网格中 Sobel 和 Prewitt 算子的类似变化，各自的最大角度误差为 1.36° 和 7.38°（Davies，1984 b）。Sobel 算子似乎具有接近最佳的角度精度，因为它接近 "真正的圆形" 算子。这一点将在下面更详细地讨论。

## 5.6 圆形算子的概念

如上所述，当在正方形邻域中估计阶跃边缘方向时，可能导致高达 6.63° 的误差。这种误差在平面边缘近似下不会产生，因为平面与正方形窗口内的平面边缘轮廓的拟合可以精确地进行。误差仅当在正方形邻域内，边缘轮廓与理想平面形状不同时才会出现——阶跃边缘可能是"最坏的情况"。

控制边缘方向估计误差的一种方法可能是将边缘观察限制在圆形邻域内。在连续的情况下，这足以将所有方向的误差减小到零，因为对称性规定，假设所有平面都通过相同的中心点，只有一种将平面拟合到圆形邻域内阶跃边缘的方法；那么，估计的方向 $\theta$ 等于实际角度 $\varphi$。根据 Brooks（1976）所指出的路线进行严格计算，得出正方形邻域的以下公式（O'Gorman，1978）：

$$\tan \theta = 2 \tan \varphi / (3 - \tan^2 \varphi) \quad 0° \leqslant \varphi \leqslant 45° \tag{5.14}$$

推导出下列公式（对于圆形邻域（Davies，1984 b））：

$$\tan \theta = \tan \varphi, \quad 即\ \theta = \varphi \tag{5.15}$$

类似地，在连续近似下，将平面拟合到圆形邻域内任何轮廓的边缘都是零角度误差。实际上，对于任意形状的边缘表面，唯一的问题是数学最佳拟合平面是否符合客观需要的平面（如果不符合，则需要固定的角度校正）。忽略这些情况，基本问题是如何在通常为 3×3 或 5×5 像素的小尺寸数字图像中逼近圆形邻域。

为了系统地进行，我们首先回顾 Haralick（1980）提出的一项基本原则：

两个正交方向上的斜率决定了任意方向上的斜率，这在向量演算中是众所周知的。然而，它在图像处理界似乎并不那么出名。

本质上，两个正交方向上的斜率的适当估计可以计算任意方向上的斜率。要应用这一原则，首先要对斜率进行适当的估计：如果斜率的分量不合适，它们就不能作为真实向量的分量，从而导致边缘方向的估计误差。这似乎是 Prewitt 算子和其他算子的主要误差来源——与其说斜率分量在任何情况下都是不正确的，不如说它们不适合向量计算的目的，因为它们不能以所需的方式彼此充分匹配（Davies，1984b）。

根据前面讨论的连续情况的论点，必须在圆形邻域内严格估计斜率。然后，算子设计问题转变成确定如何最好地模拟离散网格上的圆形邻域，从而使误差最小化。为了实现这一点，需要在计算掩模时应用接近圆形的加权，以便适当考虑梯度加权和圆形加权因子之间的相关性。

## 5.7 圆形算子的详细实现

实际上，计算角度变化和误差曲线的任务必须用数字处理，将邻域中的每个像素分成适合的小的子像素阵列，然后给每个子像素分配梯度权重（等于 $x$ 或 $y$ 位移）和邻域权重（半径为 $r$ 的圆的内侧为 1，外侧为 0）。显然，"圆形" DG 边缘检测算子的角度精度必须依赖于圆形邻域的半径。特别是，当离散邻域接近连续体时，对于小的 $r$ 值精度差，而对于大的 $r$ 值精度好。

这种研究的结果如图 5-2 所示。所描绘的变化表示：（1）均方根（RMS）角度误差；（2）边缘方向估计中的最大角度误差。变化的结构都令人惊讶的平滑：它们是如此紧密相关和系统化，以至于它们只能代表不同大小邻域内像素排列的统计数据。5.8 节讨论了这些统计数据的细节。

总体而言，图 5-2 的三个特征值得注意。首先，如预期的，随着 $r$ 趋于无穷大，角度误差一般趋向于零。其次，存在非常显著的周期性变化，在圆形算子与数字网格的细分最匹配的情况下，具有特别好的精度。第三个有趣的特征是，对于 $r$ 的任何有限值，误差都不会消失——显然，问题的约束条件不允许超过误差最小化。这些曲线表明，可以生成最优算子族（在误差曲线的最小值处），其第一个算子紧密对应于已知接近最优的算子（Sobel 算子）。

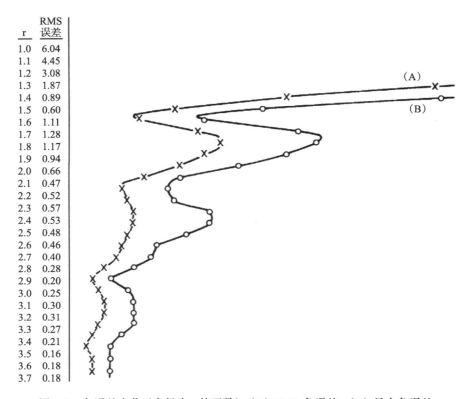

| $r$ | RMS 误差 |
|-----|------|
| 1.0 | 6.04 |
| 1.1 | 4.45 |
| 1.2 | 3.08 |
| 1.3 | 1.87 |
| 1.4 | 0.89 |
| 1.5 | 0.60 |
| 1.6 | 1.11 |
| 1.7 | 1.28 |
| 1.8 | 1.17 |
| 1.9 | 0.94 |
| 2.0 | 0.66 |
| 2.1 | 0.47 |
| 2.2 | 0.52 |
| 2.3 | 0.57 |
| 2.4 | 0.53 |
| 2.5 | 0.48 |
| 2.6 | 0.46 |
| 2.7 | 0.40 |
| 2.8 | 0.28 |
| 2.9 | 0.20 |
| 3.0 | 0.25 |
| 3.1 | 0.30 |
| 3.2 | 0.31 |
| 3.3 | 0.27 |
| 3.4 | 0.21 |
| 3.5 | 0.16 |
| 3.6 | 0.18 |
| 3.7 | 0.18 |

图 5-2　角误差变化（半径为 $r$ 的函数）：（A）RMS 角误差；（B）最大角误差

图 5-2 中所示的变化可以解释为（Davies, 1984b）像素中心位于填充良好的或近似于连续的"闭合"频带中，如图 5-2 中的低错误点所示，其中中心的填充更为松散。因此我们得到表 5-4 中列出的"封闭带"算子，它们的角度变化见表 5-5。可以看出，Sobel 算子已经是前面建议的 $3 \times 3$ 边缘梯度算子中最精确的，通过调整其系数使其更圆，可以使其精度提高约 30%。此外，封闭带思想表明，最好完全去除 $5 \times 5$ 或更大算子的角点像素，这不仅需要更少的计算，而且实际上也提高了性能。这种情况似乎也适用于许多其他算子，而不仅仅是边缘检测。

在结束本主题之前，请注意，上面通过考虑圆形算子获得的最佳 $3 \times 3$ 掩模实际上非常接近在 5.4 节中纯解析获得的模板匹配掩模，它们遵循向量相加规则。在后一种情况下，对于两个掩模系数的比率，获得的值为 2.055，而对于圆形算子，该值为 0.959 / 0.464=2.067 ± 0.015。显然这不是偶然，令人非常满意的是，以前被认为是特定设置的（ad hoc）系数（Kittler, 1983）实际上是可优化的，并且可以以封闭形式获得（5.4 节）。

**表 5-4　"封闭带"差分梯度边缘算子的掩模**

a. 包含前置位 a～c 的带（有效半径为 1.500）

$$\begin{bmatrix} -0.464 & 0.000 & 0.464 \\ -0.959 & 0.000 & 0.959 \\ -0.464 & 0.000 & 0.464 \end{bmatrix}$$

b. 包含前置位 a～e 的带（有效半径为 2.121）

$$\begin{bmatrix} 0.000 & -0.294 & 0.000 & 0.294 & 0.000 \\ -0.582 & -1.000 & 0.000 & 1.000 & 0.582 \\ -1.085 & -1.000 & 0.000 & 1.000 & 1.085 \\ -0.582 & -1.000 & 0.000 & 1.000 & 0.582 \\ 0.000 & -0.294 & 0.000 & 0.294 & 0.000 \end{bmatrix}$$

c. 包含前置位 a～h 的带（有效半径为 2.915）

$$\begin{bmatrix} 0.000 & 0.000 & -0.191 & 0.000 & 0.191 & 0.000 & 0.000 \\ 0.000 & -1.085 & -1.000 & 0.000 & 1.000 & 1.085 & 0.000 \\ -0.585 & -2.000 & -1.000 & 0.000 & 1.000 & 2.000 & 0.585 \\ -1.083 & -2.000 & -1.000 & 0.000 & 1.000 & 2.000 & 1.083 \\ -0.585 & -2.000 & -1.000 & 0.000 & 1.000 & 2.000 & 0.585 \\ 0.000 & -1.085 & -1.000 & 0.000 & 1.000 & 1.085 & 0.000 \\ 0.000 & 0.000 & -0.191 & 0.000 & 0.191 & 0.000 & 0.000 \end{bmatrix}$$

注：在所有情况下，只显示 x 掩模，y 掩模可以通过一个平凡对称操作获得。掩模系数精确到 0.003，但在正常的实际应用中会四舍五入到 1 或 2 位数精度。

**表 5-5　最佳算子的角度变化测试**

| 实际角（度数） | 估计角（度数）[①] | | | | | |
|---|---|---|---|---|---|---|
| | Prew | Sob | a～c | circ | a～e | a～h |
| 0 | 0.00 | 0.00 | 0.00 | 0.00 | 0.00 | 0.00 |
| 5 | 3.32 | 4.97 | 5.05 | 5.14 | 5.42 | 5.22 |
| 10 | 6.67 | 9.95 | 10.11 | 10.30 | 10.81 | 10.28 |
| 15 | 10.13 | 15.00 | 15.24 | 15.52 | 15.83 | 14.81 |
| 20 | 13.69 | 19.99 | 20.29 | 20.64 | 20.07 | 19.73 |
| 25 | 17.72 | 24.42 | 24.73 | 25.10 | 24.62 | 25.00 |
| 30 | 22.62 | 28.86 | 29.14 | 29.48 | 29.89 | 30.02 |
| 35 | 28.69 | 33.64 | 33.86 | 34.13 | 35.43 | 34.86 |
| 40 | 35.94 | 38.87 | 39.00 | 39.15 | 40.30 | 39.71 |
| 45 | 45.00 | 45.00 | 45.00 | 45.00 | 45.00 | 45.00 |
| 均方根误差 | 5.18 | 0.73 | 0.60 | 0.53 | 0.47 | 0.19 |

注：关键点：Prew，Prewitt，Sob，Sobel。a～c，理论最佳情况——包含前置位 a~c 的封闭带。circ，实际的最优圆形算子（由图 6-2 中的第一个最小值定义）。a～e，理论最佳情况——包含前置位 a～e 的封闭带。a～h，理论最佳情况——包含前置位 a~h 的封闭带。

① 每种情况中的值精确到 0.02° 以内。

## 5.8　微分边缘算子的系统设计

5.6 节和 5.7 节中研究的"圆形"DG 边缘算子族仅包含一个设计参数——半径 r。只有有限数量的该参数值可获得最佳边缘方向估计精度。

值得考虑的是，这一参数可以控制哪些其他属性，以及在算子设计期间应该如何调整。

事实上，它会影响信噪比、分辨率、测量精度和计算负载。要理解这一点，首先要注意信噪比随圆形邻域半径的线性变化，因为信号与面积成正比，高斯噪声与面积的平方根成正比。同样，测量精度由进行平均的像素数量决定，因此与算子半径成比例。分辨率和"比例"也随半径的变化而变化，因为图像的相关线性特性是在邻域的有效区域上被平均得到的。最后，计算负载和用于加速处理的相关硬件成本通常至少与邻域中的像素数量成比例，因此与 $r^2$ 成比例。

总的来说，4 个重要参数随着邻域半径的变化是固定不变的，这意味着它们之间存在着确切的权衡，有些改进只能通过损失其他参数来实现——从工程的角度来看，它们之间必须根据具体情况做出妥协。

## 5.9　上述方法的问题——一些替代方案

尽管上述想法可能很有趣，但它们存在自己固有的问题。特别是，它们没有考虑边缘从邻域中心的位移 $E$ 或噪声对边缘大小和方向估计的影响。事实上，可以证明在以下情况下，Sobel 算子对阶跃边缘方向的估计误差为零：

$$|\theta| \leq \arctan(1/3) \quad \text{和} \quad |E| \leq (\cos\theta - 3\sin|\theta|)/2 \qquad (5.16)$$

此外，对于一个以下形式的 $3 \times 3$ 算子：

$$\begin{bmatrix} -1 & 0 & 1 \\ -B & 0 & B \\ -1 & 0 & 1 \end{bmatrix} \quad \begin{bmatrix} 1 & B & 1 \\ 0 & 0 & 0 \\ -1 & -B & -1 \end{bmatrix}$$

应用到边缘

$$\begin{bmatrix} a & a + h(0.5 - E\sec\theta + \tan\theta) & a+h \\ a & a + h(0.5 - E\sec\theta) & a+h \\ a & a + h(0.5 - E\sec\theta - \tan\theta) & a+h \end{bmatrix}$$

Lyvers 和 Mitchell（1988）发现，估计的方向是：

$$\varphi = \arctan[2B\tan\theta / (B+2)] \qquad (5.17)$$

这立即说明了为什么 Sobel 算子在 $\theta$ 和 $E$ 的特定范围内给出零误差，但是这有一点误导，因为相当多的误差出现在这个区域之外。如前几节所假设的，它们不仅在 $E=0$ 时出现，而且它们随 $E$ 的变化也很大。实际上，在这种更一般的情况下，Sobel 和 Prewitt 算子的最大误差分别上升到 2.90° 和 7.43°（相应的均方根误差分别为 1.20° 和 4.50°）。因此应进行全面分析，以确定如何减少最大误差和平均误差。Lyvers 和 Mitchell（1988）进行了实证分析，并构造了一个查找表，用以校正 Sobel 算子估计的方向，最大误差降至 2.06°。

另一种减小误差的方案是 Reeves 等人的基于矩的算子（1983 年）。这导致类似 Sobel 的 $3 \times 3$ 掩模，基本上与 Davies（1984b）的 $3 \times 3$ 个掩模相同，$B$ 都等于 2.067（对于 $A =1$）。但是，如果用附加掩模来计算二阶强度矩，矩法也可以用来估计边缘位置 $E$。因此，通过使用二维查找表估计方向，可以在性能上做出非常显著的改进：结果是对于 $3 \times 3$ 掩模，最大误差从 2.83° 减小到 0.135°，对于 $5 \times 5$ 掩模，最大误差从 0.996° 减小到 0.0042°。

然而 Lyvers 和 Mitchell（1988）发现，在噪声存在的情况下，这种额外的精度有很大一部分损失，对于 $3 \times 3$ 算子，在 40dB 信噪比下，边缘方向估计的均方根标准差已经在 0.5° 左右。原因很简单，每个像素强度具有在其加权掩模分量中引入误差的噪声分量；这些误差的综合效应可以基于假设它们独立产生，从而使它们的方差相加来估计（Davies，1987b）。因此，可以计算噪声对梯度的 $x$ 和 $y$ 分量的影响。这些提供了沿着和垂直于边缘梯度向量的噪声分量的估计（图 5-3）：Sobel 算子的边缘方向受到 $\sqrt{12}\sigma/4h$ 弧度的影响，其中 $\sigma$ 是像素强度值的标准差，$h$ 是边缘对比度。如果使用 Pratt（2001）的信噪比（分贝）定义，这解释了 Lyvers 和 Mitchell 给出的角度误差：

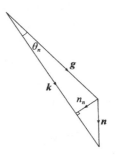

$$S/N = 20\log_{10}(h/\sigma) \qquad (5.18)$$

Canny（1986）提出了一种完全不同的边缘检测方法。他利用泛函分析导出了边缘检测的最优函数，从三个优化准则开始——良好的检测、良好的局部化以及白噪声条件下每个边缘只有一个响应。这种分析过于技术性，在这里无法详细讨论。然而，Canny 发现的一维函数由高斯的导数精确地近似，然后与垂直方向上相同 $\sigma$ 的高斯组合，在峰值的 0.001 处截断，并

图 5-3　计算噪声引起的角度误差：$g$ 表示为强度梯度向量；$n$ 表示为噪声向量；$k$ 表示为强度梯度与噪声向量的合力；$n_n$ 表示为法向分量的噪声；$\theta_n$ 表示为噪声引起的方向误差

分裂成合适的掩模。这种方法的基础是将边缘定位在高斯平滑图像梯度幅度的局部最大值。此外，该 Canny 实现对边缘幅度采用滞后操作（5.10 节），以使边缘合理连接。最后，采用多尺度方法对边缘检测器的输出进行了分析。下面将详细介绍这些要点。Lyvers 和 Mitchell（1988）对 Canny 算子进行了测试，发现它在方位估计精度方面比上述矩和积分方向导数（IDD）算子低很多。此外，它需要使用 180 个掩模来实现，因此花费了大量的计算时间，尽管这个算子的许多实际实现要比早期论文指出的快得多。的确，现在有必要问"是哪个 Canny？"，因为它有大量的实现，这给算子之间的实际比较带来了问题。5.11 节描述了其中一种实现方式。

具有重大历史意义的算子是 Marr 和 Hildreth 提出的（1980）。设计这种算子的动机是模拟哺乳动物视觉对某些心理物理过程的建模。基本原理是找到高斯平滑（$\nabla^2 G$）后图像的 Laplacian 算子，然后获得一个"原始草图"，作为一组过零点线。Marr-Hildreth 算子不使用任何形式的阈值，因为它仅评估 $\nabla^2 G$ 图像通过零的位置。这个特性很有吸引力，因为计算阈值是一项困难而不可靠的任务。然而，高斯平滑过程可以应用于各种尺度，并且在某种意义上，尺度是代替阈值的新参数。事实上，Marr-Hildreth 方法的一个主要特点——这对后来的工作产生很大影响（Witkin，1983；Bergholm，1986），就是可以在多个尺度上获得过零线，这为更强大的语义处理提供了潜力：显然，这需要找到以系统和有意义的方式组合所有信息的手段。这可以通过自下而上或自上而下的方法来实现，并且文献中已经对实现这些过程的方法进行了很多讨论。然而值得一提的是，在许多（特别是工业检验）应用中，人们对特定分辨率工作感兴趣，这样就可以节省大量的计算。同样值得注意的是，Marr-Hildreth 算子被认为要求至少有 $35 \times 35$ 的邻域空间才能正确实现（Brady，1982）。尽管如此，其他研究人员已经在小得多的邻域实施了这一操作，降至 $5 \times 5$。Wiejak 等人（1985）演示了如何使用线性平滑操作来实现算子以省计算。Lyvers 和 Mitchell（1988）报告了使用 Marr-Hildreth 算子时的角度精度不是很好（在没有噪声的情况下，$5 \times 5$ 算子为 $2.47°$，$7 \times 7$ 算子为 $0.912°$）。

如上所述，在不同尺度下应用的那些边缘检测算子导致不同尺度下的不同边缘图。在这

种情况下，存在较低尺度上的某些边缘在较大尺度上消失；此外，在低尺度和高尺度下同时出现的边在高尺度下出现位移或重合。Bergholm（1986）展示了消失、移位和重合的发生，Yuille 和 Poggio（1986）展示了高分辨率下存在的边缘不应在较低分辨率下消失。现在我们可以很好地理解边缘定位的这些特性了。

下面我们首先讨论滞后阈值，这是已经提到的关于 Canny 算子的过程。在 5.11 节中，我们对 Canny 算子进行了更全面的评估，并在真实图像上显示了详细的结果。然后在 5.12 节中，我们讨论 Laplacian 算子类型。

## 5.10　滞后阈值

滞后阈值的概念是一个通用的概念，可以应用于各种应用，包括图像和信号处理。事实上，施密特触发器是一种使用非常广泛的电子电路，用于将变化的电压转换成脉冲（二进制）波形。在后一种情况下有两个阈值，在允许输出接通之前，输入必须上升到上阈值以上；在允许输出断开之前，输入必须下降到下阈值以下。这对于输入波形中的噪声具有相当大的抗扰性——远远超过上开关阈值和下开关阈值之间的差为零的情况（零滞后的情况），因为这时少量噪声就会导致上输出电平和下输出电平之间的过度切换。

当这个概念被应用到图像处理中时，通常是用于边缘检测，在这种情况下，需要在物体边界周围协商一个完全类似的一维波形，尽管我们将看到，会出现一些特定的二维并发症。基本规则是在高电平对边缘进行阈值化，然后允许边缘向下延伸到低电平阈值，但仅邻近已经被分配边缘状态的点。

图 5-4 显示了对图 5-4E 中的边缘梯度图像进行测试的结果；图 5-4A 和 B 分别示出了在上滞后水平和下滞后水平下阈值化的结果；图 5-4C 示出了使用这两个水平的滞后阈值化的结果。为了进行比较，图 5-4D 给出了在适当选择的中间水平下阈值化的效果。请注意，物体边界内的孤立边缘点被滞后阈值化忽略，尽管噪声杂散可能发生并被保留。我们可以将边缘图像中的滞后阈值处理过程看作：

1）形成上阈值边缘图像的超集；

2）形成下阈值边缘图像的子集；

3）通过通常的连通性规则（参见第 8 章），形成连接到上阈值图像中的点的下阈值图像子集。

显然，边缘点只有在被上阈值图像的点确定为"种子"时才能保留。

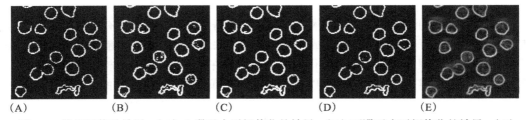

（A）　　　　　（B）　　　　　（C）　　　　　（D）　　　　　（E）

图 5-4　滞后阈值的效果：（A）上滞后水平阈值化的效果；（B）下滞后水平阈值化的效果；（C）滞后阈值的效果；（D）中间水平阈值化的效果。该图显示了对图 E 中边缘梯度图像进行的测试（后者是通过对图 3-26A 的图像应用 Sobel 算子获得的）

尽管图 5-4C 中的结果优于图 5-4D，其中边界中的间隙被消除或长度减小，但在少数情况下引入噪声杂散。然而，滞后阈值的目的是通过利用物体边界中的连通性来获得假阳性和假阴性之间的更好平衡。实际上，如果正确管理，附加参数通常会导致边界像素分类误差的净（平均）减少。然而，除了以下几点之外，选择滞后阈值的简单准则很少：

1）使用一对滞后阈值，其提供对已知噪声水平范围的抗扰性；

2）选择下阈值以限制噪声杂散的可能程度（原则上是包含所有真实边界点的最低阈值子集）；

3）选择上阈值以尽可能保证重要边界点的"播种"（原则上是连接到所有真实边界点的最高阈值子集）。

不幸的是，在高信号可变性的限制下，规则 2 和 3 似乎建议彻底消除迟滞！归根结底，这意味着处理该问题的唯一严格的方法是对任何新应用中的大量图像进行完整的假阳性和假阴性统计分析。

## 5.11  Canny 算子

自 1986 年被设计出来，Canny 算子（Canny，1986）已经成为应用最广泛的边缘检测算子之一。这是有原因的，因为它旨在摆脱基于掩模的算子的传统（其中许多不能被认为是"设计的"），是一个完全条理化和完全集成的算子。这种方法的本质是仔细规定其预期工作的空间带宽，并且排除不必要的阈值，同时允许细线结构出现，并且确保它们尽可能地连接在一起，以及在特定的尺度和带宽下确实是有意义的。基于这些考虑，该方法涉及多个处理阶段：

1）低通空间频率滤波；

2）一阶微分掩模的应用；

3）涉及像素强度的子像素内插的非最大抑制；

4）滞后阈值。

原则上，低通滤波通过高斯卷积算子进行，其中标准差（或空间带宽）$\sigma$ 已知并预先指定。然后需要应用一阶微分掩模，为此 Sobel 算子是可接受的。在这方面，请注意 Sobel 算子掩模可以被认为是具有 [1 1] 平滑掩模的基本 [−1 1] 型掩模的卷积（$\otimes$）。因此，对 Sobel 的 $x$ 求导得到：

$$\begin{bmatrix} -1 & 0 & 1 \\ -2 & 0 & 2 \\ -1 & 0 & 1 \end{bmatrix} = \begin{bmatrix} 1 \\ 2 \\ 1 \end{bmatrix} \begin{bmatrix} -1 & 0 & 1 \end{bmatrix} \tag{5.19}$$

其中

$$\begin{bmatrix} 1 & 2 & 1 \end{bmatrix} = \begin{bmatrix} 1 & 1 \end{bmatrix} \otimes \begin{bmatrix} 1 & 1 \end{bmatrix} \tag{5.20}$$

$$\begin{bmatrix} -1 & 0 & 1 \end{bmatrix} = \begin{bmatrix} -1 & 1 \end{bmatrix} \otimes \begin{bmatrix} 1 & 1 \end{bmatrix} \tag{5.21}$$

这些等式清楚地表明，Sobel 算子本身包括相当数量的低通滤波，因此可以合理地减少阶段 1 所需的附加滤波量。另外需要注意的是，低通滤波本身可以通过图 5-5B 所示类型的平滑掩模来执行，并且有趣的是，该掩模与图 5-5A 所示的全二维高斯非常接近。还要注意，图 5-5B 中掩模的带宽是精确已知的（它是 0.707），并且当与 Sobel 的带宽相结合时，整个带宽几乎精确地变为 1.0。

(A)                                                                                      (B)

| 0.000 | 0.000 | 0.004 | 0.008 | 0.004 | 0.000 | 0.000 |
| 0.000 | 0.016 | 0.125 | 0.250 | 0.125 | 0.016 | 0.000 |
| 0.004 | 0.125 | 1.000 | 2.000 | 1.000 | 0.125 | 0.004 |
| 0.008 | 0.250 | 2.000 | 4.000 | 2.000 | 0.250 | 0.008 |
| 0.004 | 0.125 | 1.000 | 2.000 | 1.000 | 0.125 | 0.004 |
| 0.000 | 0.016 | 0.125 | 0.250 | 0.125 | 0.016 | 0.000 |
| 0.000 | 0.000 | 0.004 | 0.008 | 0.004 | 0.000 | 0.000 |

(B)

| 1 | 2 | 1 |
| 2 | 4 | 2 |
| 1 | 2 | 1 |

图 5-5    著名的 3×3 平滑内核。该图显示了基于高斯的平滑核（A），它在中心区域（3×3）上
最接近著名的 3×3 平滑核（B）。为了清晰，两个都没有用因子 1/16 来标准化。较大
的高斯包络线在图中区域外下降到 0.000，积分到 18.128 而不是 16。因此，图 B 中的
核可以说近似于 13% 内的高斯分布。其实际标准差为 0.707，而高斯分布为 0.849

接下来，我们将注意力转向第三阶段，即非最大抑制阶段。为此，我们需要用方程
（5.5）确定局部边缘法线方向，并沿法线方向任意移动，以确定当前位置是否为沿法线方向
的局部最大值。如果不是，则抑制当前位置的边缘输出，仅保留沿边缘法线证明为局部最大
值的边缘点。因为沿着这个方向应该只有一个点是局部最大值，所以这个过程必将灰度边
缘变薄到单位宽度。这里出现了一个小问题，即边缘法线方向一般不会穿过相邻像素的中
心，因此 Canny 方法要求通过插值来估计沿着法线的强度。如图 5-6A 所示，在 3×3 邻域
中，这可以简单实现，因为任何八分点中的边缘法线都必须位于给定的一对像素之间。在
较大邻域中，插值可以发生在几对像素之间。例如，在 5×5 邻域中，必须确定两对中的哪
一对是相关的（图 5-6B），并应用适当的插值公式。然而，可以理解为不需要使用更大的
邻域，因为 3×3 邻域将包含所有相关信息，并且在阶段 1 中给出足够的预平滑——将导致
可忽略的精度损失。当然，如果存在脉冲噪声，这可能会导致严重的误差，但是低通滤波
在任何情况下都不能保证消除脉冲噪声，所以使用较小的邻域进行非最大抑制没有特殊的
损失。以上考虑需要根据特定的图像数据及其包含的噪声仔细考查。图 5-6 示出了必须确
定的两个距离 $l_1$ 和 $l_2$。通过与距离成反比地加权相应的像素强度来给出沿边缘法线的像素
强度：

$$I = (l_2 I_1 + l_1 I_2) / (l_1 + l_2) = (1 - l_1) I_1 + l_1 I_2 \qquad (5.22)$$

其中

$$l_1 = \tan \theta \qquad (5.23)$$

这将我们带到最后一个阶段——滞后阈值。至此，在不应用阈值的情况下尽可能地实现
了目标，因此有必要采取这一最后步骤。然而，通过应用两个滞后阈值，旨在限制单个阈
值可能造成的损害，并用另一个阈值进行修复。也就是说，选择上阈值以确保捕获可靠的边
缘，然后选择具有高可能性的其他点，因为它们与已知可靠的边缘点相邻。事实上这还是特
定的，但在实践中效果相当好。选择下阈值的一个简单规则是，它应该大约是上阈值的一
半。同样，这只是经验法则，必须根据特定的图像数据仔细检验。

图 5-7 和图 5-8 示出了 Canny 算子在不同阶段的结果以及不同阈值的比较，即图 E 使用
滞后阈值，F 为在较低级别的单阈值化，G 为在较高级别的单阈值化。证据表明，滞后阈值
法通常比单级阈值法更可靠、更连贯，给出的虚假或误导性结果更少。

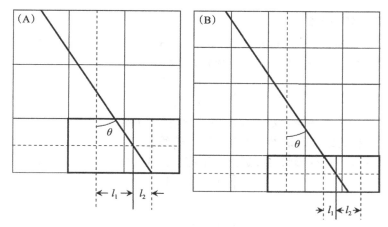

图 5-6 Canny 算子中的像素插值:(A)在 3×3 邻域右下角的两个突出显示像素之间进行插值;(B)5×5 邻域内的插值。注意,在相邻像素对之间存在两种插值可能性,相关距离标记在右侧像素对上

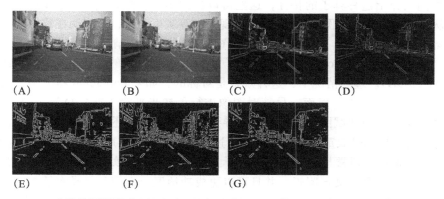

图 5-7 Canny 边缘检测器的应用:(A)原图;(B)平滑图像;(C)应用 Sobel 算子的结果;(D)非最大抑制的结果;(E)滞后阈值的结果;(F)仅在下阈值水平阈值化的结果;(G)上阈值水平阈值化的结果。请注意,图 E 中的错误或误导性输出比使用单一阈值产生的输出要少

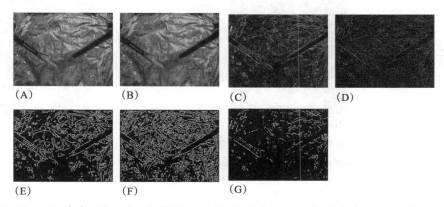

图 5-8 Canny 边缘检测器的另一个应用;(A)原图;(B)平滑图像;(C)应用 Sobel 算子的结果;(D)非最大抑制的结果;(E)滞后阈值的结果;(F)仅在下阈值水平阈值化的结果;(G)上阈值水平阈值化的结果。图 E 中的错误或误导性输出也比使用单一阈值产生的输出少

## 5.12    Laplacian 算子

边缘检测器如 Sobel 是一阶导数算子，Laplacian 是二阶导数算子，因此它只对强度梯度的变化敏感。在二维空间中，其标准（数学）定义如下：

$$\nabla^2 = \frac{\partial^2}{\partial x^2} + \frac{\partial^2}{\partial y^2} \tag{5.24}$$

利用两个不同带宽的高斯函数对高斯核进行差分（DoG），可以得到计算 Laplacian 的局部掩模（有关此过程的细节，请参见 6.7.4 节）。这给它们一个各向同性的二维轮廓——一个正中心和一个负周围。这种形状可以通过如下掩模在 3×3 窗口中进行近似：

$$\begin{bmatrix} -1 & -1 & -1 \\ -1 & 8 & -1 \\ -1 & -1 & -1 \end{bmatrix} \tag{5.25}$$

显然，这种掩模远非各向同性的。但是它表现出较大掩模的许多特性，如 DoG 核，它们更准确地说是各向同性的。

这里我们只介绍这种算子的特性，这些可以从图 5-9 中看出。首先，注意 Laplacian 输出的范围从正到负，因此在图 5-9C 中，它呈现为中等灰度背景，这表明在物体的确切边缘，Laplacian 输出实际上为零，如前所述。这在图 5-9D 中变得更清楚，其中示出 Laplacian 输出的幅度。可以看出，由 Sobel 或 Canny 算子定位的边缘位置的正内侧和正外侧由强信号突出显示（图 5-9B）。理想情况下，这种效果是对称的，如果 Laplacian 算子用于边缘检测，则必须找到输出的过零点。然而，尽管对图像进行了初步平滑（图 5-9A），图 5-9D 中的背景仍具有大量噪声，因此试图寻找过零点将导致除边缘点之外还检测到大量噪声，事实上，众所周知，微分（特别是双重微分，如这里所述）倾向于加重噪声。尽管如此，这种方法已经被非常成功地使用，通常与 DoG 算子在更大的窗口中工作。实际上，对于大得多的窗口，将会有大量像素位于零交叉点附近，并且可以更成功地区分它们和仅具有低 Laplacian 输出的像素。使用 Laplacian 零交叉理论的一个特殊优点是，理论上它们必然导致物体周围的闭合轮廓（尽管噪声信号也将具有它们自己单独的闭合轮廓）。

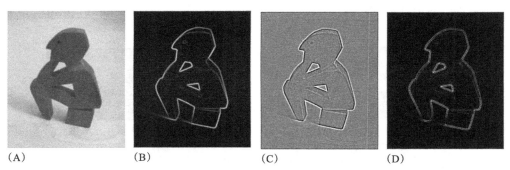

(A)                    (B)                    (C)                    (D)

图 5-9    Sobel 和 Laplacian 输出的比较。（A）原始图像的预平滑版本；（B）应用 Sobel 算子的结果；（C）应用 Laplacian 算子的结果，因为 Laplacian 输出可以是正的或负的，所以图 C 中的输出相对于中等（128）灰度背景显示；（D）Laplacian 输出的绝对幅度。为清楚起见，图 C 和 D 以增强的对比度呈现。请注意，图 D 中的 Laplacian 输出给出了两条边缘，一条在 Sobel 或 Canny 算子指示的边缘位置的正内侧，一条在边缘位置的正外侧（要使用 Laplacian 检测边缘，必须定位过零点）。这里使用的 Sobel 和 Laplacian 都应用于 3×3 窗口

## 5.13 结束语

以上各节明确指出，目前边缘检测算子的设计已经进入相当高级的阶段，使得边缘可以定位到亚像素精度，并且准确性可以达到一定程度。此外，可以在多个尺度上绘制边缘图，并且结果与辅助图像解释相关。不幸的是，为实现这些目的而设计的一些方案相当复杂，并且往往消耗大量的计算资源。在许多应用中，这种复杂性可能是不合理的，因为应用程序需求会（或者适度地）受到很大的限制。此外，实时实现往往需要节省计算资源。基于这些原因，探索使用单个高分辨率检测器（如 Sobel 算子）可以实现什么通常是有用的，Sobel 算子在计算负载和定向精度之间提供了良好的平衡。实际上，本书第二部分"中级视觉"中的几个例子就是使用这种算子实现的，这种算子能够估计边缘方向在大约 1° 以内。这丝毫没有使最新的方法失效，特别是那些涉及不同尺度边缘研究的方法——这些方法在一般场景分析等应用中有其独特之处，在这些应用中，视觉系统需要处理大量无约束的图像数据。

本章完成了低级图像分割任务的另一个方面。随后的章节继续讨论通过第 3 章和第 4 章中介绍的阈值和边缘检测方案找到物体的形状。特别是第 8 章，它通过分析物体延伸的区域来研究形状，而第 9 章通过讨论它们的边缘模式来研究形状。

> 边缘检测可能是数字图像中最广泛使用的定位和识别物体的方法。不同的边缘检测策略相互竞争以获得认可，本章表明它们都遵守基本定律——如灵敏度、噪声抑制能力和计算成本都随空间大小而增加。

## 5.14 书目和历史注释

如本章前几节所述，早期的边缘检测倾向于使用多个模板掩模，这些模板掩模可以定位不同方向的边缘。这些掩模往往是特定的，20 世纪 80 年代后，这种方式最终被已经以各种形式存在了相当长一段时间的 DG 方式所取代（见 Haralick，1980）。

Frei-Chen 方法很有意思，因为它需要 9 个 3×3 掩模组，在这个邻域尺度内形成一套完整的集合，其中一个是亮度测试，四个是边缘测试，四个是线条测试（Frei 和 Chen，1977）。尽管有趣，但 Frei-Chen 边缘检测掩模并不对应于那些为最佳边缘检测而设计的掩模，而 Lacroix（1988）对该方法做了进一步有用的评论。

与此同时，Marr（1976）、Wilson 和 Giese（1977）等人的心理物理学研究为边缘检测提供了另一条发展道路。Marr 和 Hildreth（1980）的著名论文由此产生，该论文在随后的几年中具有很大的影响力。这促使其他人考虑替代方案，Canny（1986 年）算子从这种蓬勃的环境中脱颖而出。事实上，Marr-Hildreth 算子是最先对图像进行预处理以便在不同尺度上研究它们的技术之一，这种技术已经得到了很大的扩展（例如，参见 Yuille 和 Poggio，1986），并且将在第 6 章中更深入地讨论。Marr-Hildreth 算子的计算问题使其他人的思维更为传统，Reeves 等人（1983）、Haralick（1984）、Zuniga 和 Haralick（1987）的研究都属于这一类。Lyvers 和 Mitchell（1988）回顾了这些论文，并提出了自己的建议。另一项研究（Petrou 和 Kittler，1988 年）对算子优化做了进一步的工作。SjöBerg 和 Bergholm（1988）的研究也令人感兴趣，他们发现了区分物体边缘和阴影边缘的规则。

最近，通过仔细消除局部异常值，在边缘检测中实现了更强的鲁棒性和可靠性。在 Meer 和 Georgescu（2001）的方法中，这是通过估计梯度向量、抑制非极大值、执行滞后阈值以及与置信度量相结合以产生更一般的鲁棒性结果来实现的；事实上，在算法的最后两个步骤之前，每个像素都被分配了一个置信度值。Kim 等人（2004）将此技术进一步提高，不再需要使用模糊推理方法设置的阈值。Yitzhaky 和 Peli（2003）表达了类似的观点，他们旨在通过接受者操作特性曲线和卡方测量来找到边缘检测器的最佳参数集，这实际上给出了非常相似的结果。Prieto 和 Allen（2003）设计了一种边缘图像相似性度量，可用于测试各种边缘检测器的有效性。他们指出，为了可靠地比较边缘的相似性，度量需要允许边缘位置有轻微的自由度。他们宣布了一种新的方法，这种方法在确定边缘图像之间的相似性时考虑了边缘位置的位移和边缘强度。

Suzuki 等人（2003）不满足于手工算法，设计了一种对模型数据进行监督学习的反向传播神经边缘增强器，使其能够很好地处理噪声图像（在给出清晰、连续边缘的意义上）。在与期望边缘相关的相似性测试中，发现其结果优于传统算法（包括 Canny、Heuckel、Sobel 和 Marr - Hildreth）。缺点是学习时间长，尽管其最后执行时间短。

### 近期研究发展

在最近的研究发展中，Shima 等人（2010）描述了六方晶格上更精确梯度算子的设计。虽然后者并不常用，但由于六方晶格中距给定像素相等距离的最近邻数目较多，所以长期以来对这一领域仍有研究兴趣——这使得某些类型的窗口操作和算法更加精确和有效，并且对于边缘检测和细化特别有用。Ren 等人（2010）描述了一种改进的边缘检测算法，该算法通过融合强度和色差进行操作，从而可更好地利用彩色图像中的成分信息。

## 5.15　问题

1. 证明式（5.12）和（5.13）。
2. 给出 Sobel 算子在估算边缘方向时导致零误差的条件，检查 5.9 节中引用的结果。继续证明式（5.17）。

# 角点、兴趣点和不变特征的检测

角点检测对在二维或三维空间中定位和跟踪复杂物体很有价值。本章讨论该检测问题以及考量哪些方法最适合该任务。

本章主要内容有：

- 在哪些方法中角点特征是有用的
- 可用于角点检测的各种方法——模板匹配、二阶导数方法、基于中值的方法、Harris 兴趣点检测器
- 在哪里角点信号最大：检测器偏置是如何产生的
- 如何估计角点方向
- 为什么需要不变特征检测器：相关类型不变性的层次结构
- 如何使特征检测器对相似性和仿射变换具有不变性——SIFT、SURF、MSER 等
- 不变量检测器须包含多参数描述符，以帮助后续匹配任务
- 可以制定什么标准来衡量传统和不变类型的特征以及特征检测器的性能
- 用于特征检测的定向梯度直方图（HOG）方法

请注意可用于执行相关检测任务的各种方法。然而，不同的方法有不同的速度、准确度、灵敏度和鲁棒性——本章旨在揭示问题的所有这些方面。

## 6.1　导言

本章关注的是角点的有效检测。在前面的章节中已经提到，物体的有效定位通常与它们的特征相关，突出的特征包括直线、圆、弧、孔和角点。角点尤其重要，因为它们可以用来做物体定位和定向，并提供物体尺寸的测量。例如，如果机器人想找到拾取物体的最佳方式，关于方位的知识将是至关重要的，而在大多数检测应用中尺寸测量是必要的。因此，高效、准确的角点检测器在机器视觉中非常重要。

我们从考虑什么是最明显的检测方案来开始本章——模板匹配。然后，我们转到其他类型的检测器，即基于局部强度函数的二阶导数；随后，我们发现中值滤波器可以产生有用的角点检测器，其性质类似于基于二阶导数的检测器。接下来，我们考虑基于局部强度函数一阶导数的二阶矩的检测器。虽然这些完全属于传统的角点检测方法，但它为不变局部特征检测器这一十分重要的方法奠定了基础，这些检测器已经在过去十年左右的时间内被开发出来，并用于匹配广泛分离的三维场景的视图，包括那些包含快速移动物体的视图。在本章末尾，我们将重点介绍各种类型的角点和特征检测器的性能标准。

## 6.2　模板匹配

根据我们在边缘检测模板匹配方法方面的经验（第 5 章），设计合适的用于角点检测的模板看起来似乎很容易。下面是角点在 3×3 邻域内将采取的一般表达形式：

$$\begin{bmatrix} -4 & 5 & 5 \\ -4 & 5 & 5 \\ -4 & -4 & -4 \end{bmatrix} \quad \begin{bmatrix} 5 & 5 & 5 \\ -4 & 5 & -4 \\ -4 & -4 & -4 \end{bmatrix}$$

8 个模板的完整集合是通过上面两个模板连续旋转 90° 产生的。Bretsich（1981）还提出了另一套模板。类似边缘检测模板，其掩模系数的和设定为零，使得角点检测对光强度的绝对变化不敏感。理想情况下，这组模板应该能够定位所有角点，并在 22.5° 范围内估计它的方位。

不幸的是，角点在许多特征上差别很大，尤其包括它们的尖锐程度、内角和边界处的强度梯度。（术语"尖锐度"与"钝度"相反，术语"尖锐度"保留用于角区域中边界通过的总角度 $\eta$，即 $\pi$ 减去内角）。因此，很难设计出最佳角点检测器。此外，对于上面所示的 $3 \times 3$ 模板掩模来说，为了获得良好的效果，角点通常不够尖。另一个问题是在较大的邻域中，不仅掩模变得更大，而且需要更多掩模来获得最佳角点响应，很明显，对于实际的角点检测来说，模板匹配方法可能会涉及过多的计算。另一种方法是分析性地处理这个问题，以某种方式推导出任意方向角点的理想响应，从而绕过通过大量计算单独响应来找出哪一个给出了最大信号的问题。本章其余部分描述的方法体现了这种替代哲学。

## 6.3　二阶导数方法

二阶差分算子方法已经广泛用于角点检测，并模拟了用于边缘检测的一阶算子。事实上，它们的关系比这还要复杂。根据定义，灰度图像中的角点出现在强度等级快速变化的区域。因此，它们被检测图像边缘的相同算子检测到。然而，角点像素比边缘像素少得多——根据一种定义，它们出现在两个相对直的片段相交的地方（我们可以想象一幅 64K 像素的 $256 \times 256$ 图像，其中 1000 像素（~ 2 %）位于边缘，只有 30 像素（~ 0.06 %）位于角点）。因此，让算子直接检测角点是有用的，即不需要做不必要的边缘定位。为了实现这种可辨别性，显然有必要考虑图像强度的局部变化，至少要考虑到二阶的变化。因此，局部强度变化扩展如下：

$$I(x,y) = I(0,0) + I_x x + I_y y + I_{xx} x^2 / 2 + I_{xy} xy + I_{yy} y^2 / 2 + \cdots \tag{6.1}$$

其中，考察了对于 $x$ 和 $y$ 的偏微分，并且在原点 $X_0(1,0)$ 处进行展开。二阶导数的对称矩阵为：

$$\mathcal{I}_{(2)} = \begin{bmatrix} I_{xx} & I_{xy} \\ I_{yx} & I_{yy} \end{bmatrix}, \ I_{xy} = I_{yx} \tag{6.2}$$

这给出了 $X_0$ 处局部曲率的信息。事实上，坐标系的适当旋转将 $\mathcal{I}_{(2)}$ 转换成对角形式：

$$\tilde{\mathcal{I}}_{(2)} = \begin{bmatrix} I_{\bar{x}\bar{x}} & 0 \\ 0 & I_{\bar{y}\bar{y}} \end{bmatrix} = \begin{bmatrix} \kappa_1 & 0 \\ 0 & \kappa_2 \end{bmatrix} \tag{6.3}$$

其中对应的导数可以被解释为 $X_0$ 的主曲率。

我们对旋转不变算子特别感兴趣，像 $\mathcal{I}_{(2)}$ 这样的矩阵的迹和行列式在旋转下是不变的，这一点很重要。由此，我们可以得到 Beaudet（1978）算子：

$$\text{Laplacian} = I_{xx} + I_{yy} = \kappa_1 + \kappa_2 \tag{6.4}$$

以及

$$\text{Hessian} = \det(\mathcal{I}_{(2)}) = I_{xx} I_{yy} - I_{xy}^2 = \kappa_1 \kappa_2 \tag{6.5}$$

众所周知，Laplacian 算子沿直线和边缘给出了显著的响应，因此不是特别适合作为角点检测器。另一方面，Beaudet 的"DET"算子不响应线条和边缘，而是在角点附近发出显著的信号，因此它应该会是一个有用的角点检测器。然而，DET 在角点的一侧用一个符号响应，在角点的另一侧却用相反的符号响应；在真正感兴趣的点——处于角点的点——它给出了零响应。因此，需要更复杂的分析来推断每个角点的存在和确切位置（Dreschler 和 Nagel，1981；Nagel，1983）。这个问题在图 6-1 中得到了解释。在这里，虚线显示了斜坡上各种强度值的最大水平曲率路径。DET 算子在这条线上的位置 P 和位置 Q 给出了最大的响应，必须探索 P 和 Q 之间连线的部分，从而找到 DET 为零的"理想"角点 C。

也许是为了避免这种相当复杂的程序，Kitchen 和 Rosenfeld（1982）从考虑边缘方向的局部变化开始，研究了各种定位角点的策略。他们发现了一个高效的算子，该算子估计了梯度方向向量沿水平边缘切线方向的局部变化率的投影，并表明了它在数学上与计算强度函数 $I$ 的水平曲率 $\kappa$ 相同。为了获得角点的强度的正确指示，他们将 $\kappa$ 乘以局部强度梯度 $g$ 的大小：

$$C = \kappa g = \kappa(I_x^2 + I_y^2)^{1/2}$$
$$= \frac{I_{xx}I_y^2 - 2I_{xy}I_xI_y + I_{yy}I_x^2}{I_x^2 + I_y^2} \tag{6.6}$$

最后，他们使用沿边缘法线方向的非最大抑制启发式算法来进一步定位角点位置。

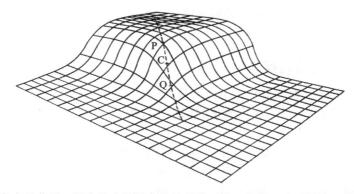

图 6-1　理想角点的草图，用来给出平滑变化的强度函数。虚线显示了斜坡上各种强度值的最大水平曲率路径。DET 算子在 P 和 Q 处给出最大响应，并且需要找到 DET 给出零响应的理想角点位置 C

1983 年，Nagel 能够证明使用非最大抑制的 Kitchen 和 Rosemfeld（KR）角点检测器与数学上的 Dreschler 和 Nagel（DN）角点检测器几乎完全相同。一年后，Shah 和 Jain（1984）用基于强度函数的双三次多项式模型研究了 Zuniga 和 Haralick（ZH）的角点检测器（1983），他们表示这个基本上等同于 KR 角点检测器。然而，ZH 角点检测器的操作非常特殊，因为它对强度梯度进行阈值处理，然后对图像中的边缘点子集进行处理，仅在那个阶段将曲率函数用作角点强度标准。通过在算子中明确检测的边缘，ZH 检测器消除了许多可能由噪声引起的假角点。

这三个角点检测器的内在近似等价性也并不令人惊讶，因为最终不同的方法会反映相同的潜在物理现象（Davies，1988 d）。然而，令人欣慰的是，这些相当数学化的公式的最终结果可以用像水平曲率乘以强度梯度这样容易理解的东西来解释。

## 6.4　基于中值滤波的角点检测器

Paler 等人开发了一种完全不同的角点检测策略（1984）。基于中值滤波器的特性，它采用了一种令人惊讶的非数学的方法。该技术包括对输入图像应用中值滤波器，然后形成另一个图像，即输入图像和滤波图像之间的差值。这个差分图像包含一组信号，这些信号被解释为角点强度的局部测量。

显然，应用这种技术似乎存在风险，因为它的原理表明，它非但没有给出正确的角点指示，反而可能会挖掘出原始图像中的所有噪声，并以一组"角点"信号的形式呈现出来。幸运的是，分析显示，这些问题可能并不严重。首先，在没有噪声的情况下，背景区域不会出现强信号，直线边缘附近也不会出现强信号，因为中值滤波器不会显著移动或修改这些边缘（参见第 3 章）。然而，如果窗口从背景区域逐渐移动，直到其中心像素刚好位于凸起的物体角上，中值滤波器的输出就不会出现变化——因此会有强烈的差异信号指示角点的存在。

Paler 等人（1984）对算子进行了进一步深入的分析，得出的结论是，从算子那里获得的信号强度与局部对比度和角点的"锐度"成正比。他们使用的锐度定义是 Wang 等人的定义（1983），表示边界处的转角 $\eta$。因为在这里假设了边界在滤波器邻域内转过一个很大的角度（也许是整个角度 $\eta$），所以与二阶强度变化方法的差别很大。事实上，后一种方法隐含的假设是，一阶和二阶系数合理严格地描述了局部强度特性，强度函数本质上是连续的和可微的。因此，二阶方法可能会对方向变化在几像素范围内的角点无法预测。虽然这有一定的道理，但在考虑差异之前，也需要先看看两种角点检测方法之间的相似性。我们在下一小节中继续讨论这个问题。

### 6.4.1　分析中值检测器的操作

本小节讨论中值角点检测器对于灰度强度在中值滤波器邻域内变化很小的情况时的性能。这允许角点检测器的性能与强度变化的低阶导数相关，从而可以与前面提到的二阶角点检测器进行比较。

接着，我们假设中值滤波器在一个连续的模拟图像和理想的圆形邻域内工作。简单起见，因为我们试图将信号强度和微分系数联系起来，所以噪声被忽略了。接下来，回想一下（第 3 章），对于在任意方向 $\tilde{x}$ 上随距离单调增加但在垂直方向 $\tilde{y}$ 上不变的强度函数，圆形窗口内的中值等于邻域中心的值。这意味着，如果水平曲率局部为零，中间角点检测器会给出零信号。

如果存在小的水平曲率 $\kappa$，则可以通过在圆形窗口内设想一组大致为圆形且曲率大致相等的恒定强度轮廓来模拟这种情况，该轮廓的半径为 $a$（图 6-2）。考虑具有中值强度值的轮廓。该轮廓的中心不穿过窗口的中心，而是沿着负 $\tilde{x}$ 轴向一侧移动。此外，从角点检测器获得的信号取决于该位移。如果位移是 $D$，很容易看到角点信号是 $Dg_{\tilde{x}}$，因为 $g_{\tilde{x}}$ 使得距离 $D$ 上的强度变化能够被估计（图 6-2）。剩下的问题是 $D$ 与水平曲率 $\kappa$ 的关系。给出这种关系的公式已经在第 3 章中得到。所需的结果是：

$$D = \frac{1}{6}\kappa a^2 \qquad (6.7)$$

所以角点信号是

$$C = Dg_{\tilde{x}} = \frac{1}{6}\kappa g_{\tilde{x}} a^2 \qquad (6.8)$$

注意到 $C$ 对应强度（对比度）的维度，并且以上等式可以用以下形式重新表达：

$$C = \frac{1}{12}(g_{\tilde{x}}a) \cdot (2a\kappa) \tag{6.9}$$

因此，正如 Paler 等人（1984）的公式所示，角点强度与角点对比度以及角点锐度密切相关。

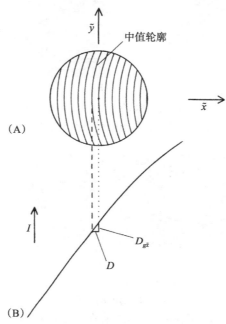

图 6-2　（A）小邻域内恒定强度的轮廓。理想情况下，这些轮廓是平行的、圆形的，曲率大致相等（中值强度的轮廓不穿过邻域的中心）；（B）强度变化的横截面，表示中值轮廓的位移 $D$ 如何导致角点强度的估计

总而言之，来自基于中值的角点检测器的信号与水平曲率和强度梯度成比例。因此，这个角点检测器与 6.3 节中讨论的 3 个二阶强度变化检测器给出了相同的响应，实际上其中最接近的是 KR 检测器。然而，只有当强度的二阶变化给出了完整描述时，这种比较才有效。显然，当角点非常尖锐，以至于它们在中值邻域内的总角度中占很大比例时，情况可能会有很大的不同。此外，在这两种情况下，噪声的影响可能会有所不同，因为中值滤波器特别擅长抑制脉冲噪声。同时，对于小的水平曲率，中值和二阶导数方法定位角点的位置应该没有差别，在这两种情况下定位的精度应该相同。

## 6.4.2　实际结果

用中值方法检测角点的实验测试表明，这是一种非常有效的方法（Paler 等人，1984；Davies，1988d）。角点可被可靠地检测，信号强度确实与局部图像对比度和角点锐度大致成比例（见图 6-3）。对于 3×3 的实现，噪声更明显，这使得使用 5×5 或更大的邻域来提供良好的角点区分更好。然而，在很大的邻域中，中值运算速度较慢，即使在 5×5 规模的邻域中，背景噪声仍然很明显，这意味着与二阶方法相比，基于中值的基本方法的性能较差。然而，通过使用"略读"（Skimming）程序，实际上这两个缺点都被消除了，在这种程序中，首先通过对边缘梯度进行阈值处理来定位边缘点，然后用中值检测器检查边缘点来定位角点（Davies，1988d）。改进后的方法在角点信号的局部化和精度提高方面优于常规的 KR 方法。

实际上，与用改进的中值方法获得的尖锐信号形成对比，二阶方法似乎给出了相当模糊的信号（图6-4）。

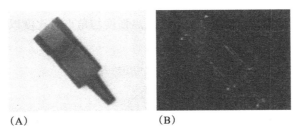

（A）　　　　　　　　　　　　　（B）

图6-3　（A）原始无闪光灯摄像机128×128的6位灰度图像；（B）在5×5邻域中应用基于中值的角点检测器的结果。请注意，角点信号强度与角对比度和角锐度大致成比例

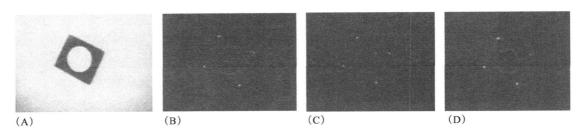

（A）　　　　　　　　（B）　　　　　　　　（C）　　　　　　　　（D）

图6-4　中值角点检测器和KR角点检测器的比较：（A）原始128×128灰度图像；（B）应用中值检测器的结果；（C）包括适当梯度阈值的结果；（D）应用KR检测器的结果。大量背景噪声在图A中饱和，但在图B中明显存在。为了在中值检测器和KR检测器之间进行公平比较，在每种情况下使用5×5邻域，并且不应用非最大抑制操作：在图C和D中使用相同的梯度阈值（KR即Kitchen和Rosenfeld）

在这个阶段，使用二阶算子获得了更模糊的角点信号的原因尚不清楚。理论上来说，将二阶算子应用于尖角是没有道理的，因为它会依赖于强度函数的高阶导数，至少会干扰它们的操作。然而，显而易见的是，当尖角的尖端出现在它们附近的任何地方时，二阶方法可能会给出强烈的角点信号，因此对于任何角点信号，都可能存在半径为 $a$ 的最小模糊区域。这似乎充分解释了观察到的结果。然而我们注意到，通过KR方法获得的信号的锐度可以通过非最大抑制来提高（Kitchen 和 Rosenfeld，1982；Nagel，1983）。此外，这种技术还可以应用于中值角点检测器的输出，因此，事实上中值角点检测方法比二阶方法具有更好的局部化信号。

总的来说，基于中值的角点检测器的固有缺陷可以通过结合略读程序来克服，从而使得该方法在定位角点信号方面变得优于二阶方法。定位特性差异的根本原因似乎是基于中值的信号最终只对强度接近窗口内中值轮廓的特定少数像素敏感，而二阶算子使用典型的卷积掩模，其通常对窗口内所有像素的强度值敏感。因此，当一个尖角的尖端出现在窗口的任何地方时，KR算子都会倾向于给出一个强信号。

## 6.5　Harris 兴趣点算子

在本章前面，我们了解了二阶导数型角点检测器，它是基于角是理想的、平滑变化的可微分强度分布而设计的。我们还描述了基于中值滤波器的检测器，这些检测器有完全不同的

工作方式，并且被发现适用于处理轮廓变化可能不太平滑和可微的弯曲阶跃边缘。在这一点上，我们考虑有哪些其他策略可用于角点检测。Harris 算子是一个被广泛使用的重要算子。Harris 算子和二阶导数型检测器有很大不同，它只考虑强度函数的一阶导数。因此引出一个问题，即如何通过获取足够的信息来检测角点。在这一部分中，我们对该算子构建了一个模型，以阐明这个关键问题。

Harris 算子的定义非常简单，基于图像中强度梯度 $I_x$、$I_y$ 的局部分量。定义要求定义一个窗口区域，并且在整个窗口上取平均值 $\langle \cdot \rangle$。我们从计算以下矩阵开始：

$$\Delta = \begin{bmatrix} \langle I_x^2 \rangle & \langle I_x I_y \rangle \\ \langle I_x I_y \rangle & \langle I_y^2 \rangle \end{bmatrix} \tag{6.10}$$

其中元素表示强度 $I$ 的偏微分；然后，我们使用行列式和迹来估计角点信号：

$$C = \det \Delta \,/\, \mathrm{trace}\, \Delta \tag{6.11}$$

虽然这个定义涉及平均值，但我们会发现使用强度梯度的二次乘积和更方便：

$$\Delta = \begin{bmatrix} \Sigma I_x^2 & \Sigma I_x I_y \\ \Sigma I_x I_y & \Sigma I_y^2 \end{bmatrix} \tag{6.12}$$

为了理解该算子的操作，首先考虑它对单个边缘的响应（图 6-5A）。事实上：

$$\det \Delta = 0 \tag{6.13}$$

因为 $I_x$ 在整个窗口区域上为零。请注意，由于行列式和迹在轴的旋转下是不变的，所以选择水平边缘不会丧失通用性。

接下来考虑角点区域的情况（图 6-5B）。这里：

$$\Delta = \begin{bmatrix} l_2 g^2 \sin^2 \theta & l_2 g^2 \sin \theta \cos \theta \\ l_2 g^2 \sin \theta \cos \theta & l_2 g^2 \cos^2 \theta + l_1 g^2 \end{bmatrix} \tag{6.14}$$

其中 $l_1$ 和 $l_2$ 是包围角点的两个边缘的长度，$g$ 是边缘对比度，在整个窗口上假设为常数。我们现在发现：

$$\det \Delta = l_1 l_2 g^4 \sin^2 \theta \tag{6.15}$$

而且：

$$\mathrm{trace}\, \Delta = (l_1 + l_2) g^2 \tag{6.16}$$

所以：

$$C = \frac{l_1 l_2}{l_1 + l_2} g^2 \sin^2 \theta \tag{6.17}$$

这可以被解释为：（1）强度因子 $\lambda$ 的乘积，其取决于窗口内的边缘长度；（2）对比度因子 $g^2$；（3）形状因子 $\sin^2 \theta$，其取决于边缘"锐度" $\theta$。显然，对于 $\theta = 0$ 和 $\theta = \pi$，$C$ 为零，对于 $\theta = \pi/2$，$C$ 是最大值，所有这些结果直观上是正确和恰当的。

关于长度 $l_1$ 和 $l_2$ 的集合有一个有用的定理，其中强度因子 $\lambda$ 和 $C$ 是一个最大值。假设我们设定 $L = l_1 + l_2 = $ 常数。$l_1 = L - l_2$，用 $l_1$ 换元后我们发现：

$$\lambda = \frac{l_1 l_2}{l_1 + l_2} = \left[ L l_2 - l_2^2 \right] / L \tag{6.18}$$

$$\therefore \mathrm{d}\lambda \,/\, \mathrm{d}l_2 = 1 - 2l_2 / L \tag{6.19}$$

对于 $l_2 = L/2$，该值为零，此时 $l_1 = l_2$。这意味着获得最大角点信号的最佳方式是将角点对称地放置在窗口内，然后通过移动角点来进一步增加信号，从而使 $L$ 最大化（图6-6）。

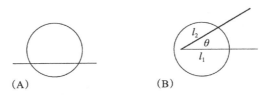

图6-5　直边和一般角点的情况；（A）出现在圆形窗口中的单一直边；（B）圆形窗口中出现的
　　　　一般角点。圆形窗口被认为是理想的，因为它们不会偏向任何方向

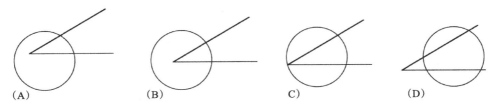

图6-6　圆形窗口对锐角的可能几何形状进行采样：（A）一般情况；（B）对称放置，$l_1 = l_2$ （见
　　　　图6-5B 中的符号）；（C）信号最大的情况；（D）当角点的尖端伸出窗口时，信号的大小
　　　　减小的情况

我们还注意到另一个事实：如果 $l_i$ 很小（对于 $i$ 的任何一个值），角点信号首先会随着 $l_i$ 线性增加，正如前面提到的，角点检测器会自行忽略一条直线边缘。

最后，我们探索对称矩阵（可以用任何方便的正交轴集合来表示）的性质，这意味着我们可以找到特征值和特征向量。然而，值得注意的是，当沿着角平分线选择对称对齐的一组轴时，这些轴会自动出现，因为随后修改后的 $\Delta$ 矩阵的非对角元素会获得两个相反符号的分量 $(L/2)g^2 \sin(\theta/2) \cos(\theta/2)$，并因此抵消掉。所以，对角元素本身就是特征值，并且是 $(L/2)g^2 \times 2\cos^2(\theta/2)$ 和 $(L/2)g^2 \times 2\sin^2(\theta/2)$。同样，如果 $\theta = 0$ 或 $\pi$，特征值中的一个或另一个为零，那么行列式为零，角点信号消失；同样，$\theta = \pi/2$ 出现最大信号。

### 6.5.1　各种几何构型的角点信号和位移

在本节中，我们寻找基于不同锐度的角点的最大角点信号条件。我们将遵循前一节的结果，即最大信号要求 $l_1 = l_2 = L/2$。

首先，我们假设 $\theta = 0$，且我们已经得出这会导致 $C=0$。

接下来，当 $\theta$ 较小，即小于 $\pi/2$ 时，我们可以通过对称移动角点来继续增加 $L$。当角点的尖端到达窗口的远侧时，达到了最佳状态（图6-6）。我们可以想象角点移动得更远，但是位于窗口内的侧面部分将横向移动，因此它们将变得更短，信号将下降（图6-6D）。

现在以 $\theta = \pi/2$ 为例。继续上文的叙述，当角点的尖端位于窗口的远侧时，最佳状态仍然会出现（图6-7A）。然而，$\theta$ 的进一步增加将导致不同的最佳条件（图6-7B ～ D）。在这种情况下，最佳情况将发生在当角部尖端移动减少，边缘的可见端正好位于窗口直径的相对端时（图6-7D）。从形式上来说，我们可以从以下等式中看到对称情况（$l_1 = l_2$）下的这一点：

$$\lambda_{\text{sym}} = (L^2/4)/L = L/4 \tag{6.20}$$

所以 $L$ 的减少将导致 $\lambda_{\text{sym}}$ 和 $C$ 的下降。这种情况持续到 $\theta = \pi$，此时 $C$ 将再次降为零。

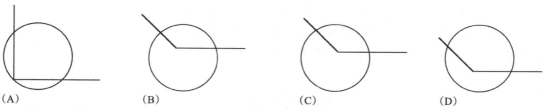

图 6-7 直角和钝角的可能几何形状；（A）直角角点的最佳情况，这是直角情况，对应于图 6-6C；（B）钝角的一般情况；（C）以 $l_1=l_2$ 对称放置，最大信号情况。在图 D 中，包围角点的边缘在直径的相对端处穿过圆形窗口的边界

我们现在可以计算 Harris 检测器产生的角点位移。具体地说，在如上所说的信号被声明为"最佳"的情况下，检测器将最大输出信号置于窗口的中心。对于小角点角度，产生的位移的大小等于窗口的半径 $a$，因为角点的顶端对称地放置在窗口的边界上。当 $\theta$ 上升到 $\pi/2$ 以上时，简单的几何形状（图 6-8A）表明位移由以下公式给出：

$$\delta = a\cot(\theta/2) \tag{6.21}$$

因此，$\delta$ 从 $\theta = \pi/2$ 处的值 $a$ 开始，随着 $\theta \to \pi$ 下降为零（图 6-8B）。

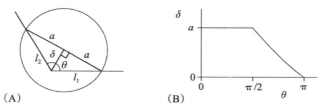

图 6-8 计算钝角偏移的几何图形和实际结果；（A）用于计算图 6-7D 所示情况下的角点位移的详细几何形状；（B）显示角点位移 $\delta$ 作为转角锐度 $\theta$ 的函数的曲线图。图表的左边对应于尖角获得的恒定位移 $a$，而右边显示钝角的变化结果

## 6.5.2 交叉点和 T 形交叉点的性能

在本节中，我们考虑 Harris 算子在其他类型特征上的性能，这些特征通常不会被归类为简单的角点。实例如图 6-9 和图 6-10 所示。事实证明，Harris 算子提取这些特征的效率与检测角点的效率非常相似。我们从考虑交叉点开始。

值得注意的最重要的一点是，许多等式仍然适用于角点，尤其是等式（6.17）。然而，$l_1$ 和 $l_2$ 现在必须被看作两个主要方向中每一个方向上的边缘长度之和。这里有一点需要注意——沿着两个边缘方向，对比度值的符号都在交叉点处反转。然而，这并没有改变响应，因为在等式（6.17）中，对比度 $g$ 进行了平方。因此，当窗口位于交叉点（两个组成角的顶点）的中心时，$l_1$ 和 $l_2$ 的值加倍。

另一个相关的因素是，角点结构现在关于交叉点是对称的，根据对称性，这也必须是最大信号的位置。事实上，当窗口内的两条边都有最大长度时，全局最大信号必须出现，因此它们必须沿着窗口直径紧密对齐。这些事实同样适用于 $\pi/2$ 和斜交（图 6-9A、B 和图 6-10A）。

我们现在考虑另一个经常出现的情形——T 形交叉兴趣点。这可以是 $\pi/2$ 或斜结。这种情况比上面讨论的角点和交叉点更普遍，因为它们由具有三种不同强度的三个区域介导（图 6-9C、D 和图 6-10B）。这里不能对所有这些案例的情况进行全面分析。相反，我们考虑了一个有趣的情况，一个高对比度边缘已经达到，但是没有被低对比度边缘交叉。在这种情况下，额外的强度破坏了结的对称性，因此不仅角点峰不位于连接点上，而且峰会有小的横向移动。然而，如果低对比度边缘的对比度比其他两个边缘低得多，横向偏移将是最小的。为了计算角点信号，我们首先推广等式（6.17），以考虑到一条线将比另一条线具有更高的对比度：

$$C' = \frac{l_1 l_2 g_1^2 g_2^2}{l_1 g_1^2 + l_2 g_2^2} \sin^2 \theta \qquad (6.22)$$

其中 $l_1$ 是具有高对比度 $g_1$ 的直边，$l_2$ 是具有低对比度 $g_2$ 的直边。如前所述，我们发现最佳信号出现在 $l_1|g_1| = l_2|g_2|$ 处。有趣的是，这可能意味着最大信号以高度不对称的方式出现在低对比度边缘（图 6-10B）。这项研究的部分动机是观察到文献中显示的 Harris 算子峰值（如 Shen 和 Wang，2002）似乎经常局限在这些点上，尽管在 2005 年［作者注意到并解释了这一现象（Davies，2005）］之前，这一点似乎没有被提及。虽然看起来微不足道，但实际上很重要，因为测量偏差可能会误导或导致后续算法中的错误。然而，这里的偏差是已知的、系统的和可计算的，并且在该算子的实际应用中是允许的。

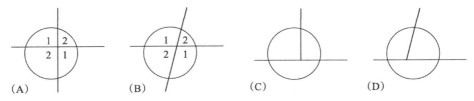

图 6-9  其他类型的兴趣点。此图中显示的兴趣点类型不能归类为简单的角点；（A）十字交叉点；（B）斜交点；（C）T 形交叉点；（D）斜 T 形交叉点。在 A 和 B 中，数字表示强度相等或不同的区域

请注意，Harris 算子通常被称为"兴趣"算子，因为它不仅检测角点，还检测其他感兴趣的点，如十字交叉点和 T 形交叉点，出现这种情况的原因也非常好理解。实际上，很难想象二阶导数信号在其他情况下会给出相当大的信号，因为二阶导数的相干性在很大程度上不存在，在交叉的情况下甚至完全为零。有趣的是，Harris 算子通常被称为 Plessey 算子，以最初开发该算子的公司命名。

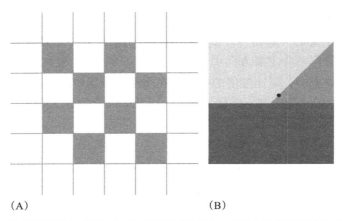

图 6-10  Harris 角点检测器的效果；（A）显示棋盘图案，在每个边缘交叉点给出高响应。由于对称性，峰的位置正好在交叉位置；（B）T 形交叉点的例子。黑点显示了一个典型的峰值位置。在这种情况下，没有对称性来指示峰值必须正好出现在 T 形交叉点处

### 6.5.3　Harris 算子的不同形式

在本节中，我们考虑 Harris 算子可以采取的不同形式。等式（6.11）中的形式应归功于 Noble（1988），他实际上给出了这个表达式的逆表达，并在分母中包含了一个小的正常数，以防止被零除的情况。然而，原本的 Harris 算子有着完全不同的形式：

$$C = \det \Delta - k(\operatorname{trace} \Delta)^2 \qquad (6.23)$$

此处 $k \approx 0.04$。忽略这个常数，我们发现上面给出的分析实际上保持不变，特别是关于最佳信号和定位偏差。Harris 和 Stevens（1988）添加了涉及 $k$ 的项，以限制由显著边缘导致的假阳性的数量。原则上，孤立的边缘应该没有这种影响，因为如前所述，它们会导致 $\det \Delta = 0$。然而，噪声或杂乱会通过引入短的无关边缘来影响这一点，这些边缘与任何现有的强边缘相互作用，构成伪角（在文献中没有解释的情况下，这似乎是对情况的最合理解释）。因此，必须根据经验调整 $k$，以最小化误报的数量。搜索文献显示，在实践中工作人员几乎总是给 $k$ 一个接近 0.04 或 0.05 的值。事实上，Rocket 对此进行了调查，并发现：（1）使 $k$ 等于 0.04 而不是 0 会大幅减少边缘导致的假阳性数量；（2）似乎有一个最佳值，实际上比 0.04 更接近 0.05，但绝对低于 0.06，$k$ 响应函数是一条平滑变化的曲线（Rocket，2003）。然而，我们必须期望 $k$ 的最佳值随图像数据而变化。

有趣的是，在使用 Harris 算子进行的测试中，式（6.11）中给出的形式没有试图在 $k$ 中引入某一个项（尽管考虑了除以零的情况），结果如图 6-11 所示。边缘导致的假阳性数量过多并不明显，尽管这可能是因为对这种特定类型的数据缺乏敏感性。

图 6-11　Harris 兴趣点检测器的应用。图 A 为原始图像；图 B 为兴趣点特征强度；图 C 和 D 为在 5 像素（C）和 7 像素（D）的距离上给出最大响应的兴趣点的位置。图 E 和 F 为序列中后续帧的兴趣点分布（使用 7 像素距离上的最大响应）。图 D～F 显示特征识别的高度一致性，这对跟踪目的很重要。请注意，兴趣点确实表明了感兴趣的位置——角点、人的脚、白色道路标记的两端、城堡窗口和城垛特征。此外，像素抑制范围测量的重要性越大，特征往往具有越大的相关性

最后应该指出，当 Harris 和其他算子（如二阶导数和基于中值的算子）进行直接的理论比较时，式（6.11）和（6.17）中表达式的平方根需要采用以确保结果与边缘对比度 $g$ 成正比。

## 6.6  角点方向

到目前为止，本章认为角点检测的问题仅仅与角点位置有关。然而，在检测物体的可能点特征中，角与孔的不同之处在于它们不是各向同性的，因此能够提供方向信息。这种信息可以由程序使用，这些程序整理来自各种特征的信息，以便推断包含它们的物体的存在和位置。在第11章中可以看出，方向信息对于立即消除大量可能的图像解释，从而快速缩小搜索问题并节省计算是有价值的。

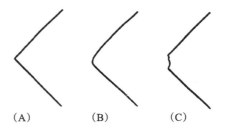

图 6-12　角点类型；（A）尖角；（B）圆角；（C）有缺口。A 型角点通常出现在金属部件，B 型角点通常出现在饼干和其他食品，而 C 型角点通常出现在食品上，也出现在少量的金属部件上

显然，当角点不是特别尖的时候（图 6-12），或者在相当小的邻域内被检测到时，方向的准确性会受到一定的限制。然而，方位误差很少会比45°更差，而且一般会小于20°（实际上，角点位置的准确性也会受到影响）。然而在第11章将描述，通过利用广义霍夫变换克服该问题的方法）。虽然这些精度远不如对于边缘定向的精度（大约1°）（参见第5章），它们仍然对图像的可能解释提供了有价值的限制。

这里，我们只讨论估计角点方向的简单方法。基本上，一旦一个角点被精确定位，从那个位置的强度梯度来估计它的方向是一件相当微不足道的事情。通过在估计的角点位置周围的小区域上找到平均强度梯度，即使用分量 $\langle l_x \rangle$ 和 $\langle l_y \rangle$，可以使该估计更加准确。

## 6.7  局部不变特征检测器与描述符

前几节中的讨论涵盖了角点和兴趣点检测器，这些检测器对于通用的物体定位很有用，即从它们的特征中找到物体位置。检测器应当满足如下要求：灵敏、可靠、准确，这样就不会遗漏包含它们的物体，同时得到准确的物体位置。在第二部分描述的物体推理方案的上下文中，特别是在第11章中，某些特征是否丢失或是否出现额外的噪声或杂波特征都无关紧要，因为推理方案具有足够的鲁棒性，能够在这种情况下找到物体。然而，整个场景本质上是二维的，可以很好地想象出物体几乎是平的，或者有几乎是平的面，这样就可以避免三维透视类型的失真。即便如此，在三维中，从几乎任何角度来看，角点都是角点，因此鲁棒的推断算法仍然能够找到物体的位置。然而，当从完全不同的方向观看三维物体时，它们的外观会发生巨大的变化，即使所有的特征都出现在图像中，我们也很难识别它们。因此，我们得到了在宽基线上观测的概念。在双目视觉，即在相当窄的基线上拍摄两个视图（人眼基线约为 7cm）的情况下，为了传达深度信息，视图之间的差异是必要的，但是这种差异不太可能相差巨大，以至于在一个视图中识别的特征在第二个视图中不能被重新识别（但是当存在大量相似的特征时，如观察一块料子时出现的纹理特征，这可能不适用）。另一方面，当物体在较宽的基线上时，比如在显著位移发生前后观测，视图之间的角度间隔可能会达到50°。如果出现更大的角度分离，识别的可能性就会小得多。虽然这种情况可以通过记忆物体的视图序列来解决，但是在这里，我们主要关注的是间隔达到50°的宽基线视图中可以察觉到的局部特征。

此时，我们已经确定需要在间隔达到50°的宽基线视图中识别局部特征，以便能较为轻易地在数据库中重新识别、跟踪或找到物体。显然，迄今为止描述的角点和兴趣点检测器并没有为此特殊要求提供很好的解决方案。为了实现这一目标，检测器必须满足额外的标准。第一，尽管视点有很大的变化，特征检测必须是一致的和可重复的；第二，特征必须体现对其局部特性的描述，这样在每个视图中，相同的物理特征才很有可能被正确识别。想象一下，每张图像都包含约 1000 个角点特征，那么两个视图之间将会有一百万个潜在的特征匹配。虽然一个鲁棒的推理方案可以对平面物体进行匹配，但是对于三维物体的一般视图来说，这种情况变得更加苛刻，以至于完全无法匹配，或者更确切地说，在合理时间内不可能，以及在不出现大量模糊匹配的情况下不可能。因此，最小化特征匹配任务非常重要。实际上，理想情况下，如果为每个特征提供足够丰富的描述符，则视图之间的特征匹配可以简化为一对一。在现在这个阶段，我们离这种可能性非常远，因为我们检测到的角点到目前为止只能基于它们的封闭角度、强度或颜色来进行特征化（并且请注意，这些参数中的第一个通常会因视角的改变而有很大的改变）。在接下来的内容中，我们依次考虑了两个要求，即一致的、可重复的特征检测和特征描述。但是首先，我们必须定义所涉及的各种类型的特征标准化。

### 6.7.1　几何变换和特征标准化

广义地说，获得一致的、可重复的特征检测包括允许视图之间的变化并使之标准化。标准化明显的参数候选是尺度、仿射失真和透视失真。其中，第一个是直观的，第二个是困难的，第三个是不切实际的。这是由每个特征需要估计的参数数量造成的。请记住，局部特征必然很小，随着参数数量的增加，估计参数的精度会迅速降低。图 6-13 显示了各种变换如何影响二维形状。

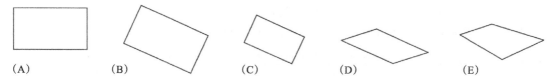

(A)　　　　　(B)　　　　　(C)　　　　　(D)　　　　　(E)

图 6-13　各种变换对凸二维形状的影响；（A）原始形状；（B）欧几里得变换的效果（平移＋旋转）；（C）相似变换的效果（尺度的变化）；（D）仿射变换的效果（拉伸＋错切）；（E）透视变换的效果。请注意，在图 D 中平行线仍然保持平行：这通常不是投影变换后的情况，如 E 所示。总的来说，所示的每个变换都是前一个变换的概括。各个自由度的数量分别是 3、4、6 和 8，在最后一种情况下，四个点中的每一个都是独立的，且有 2 个自由度，尽管仍然存在一些限制，比如必须保持凸面

以下等式分别定义了欧几里得变换、相似变换（尺度变化）和仿射变换：

$$\begin{bmatrix} x' \\ y' \end{bmatrix} = \begin{bmatrix} r_{11} & r_{12} \\ r_{21} & r_{22} \end{bmatrix} \begin{bmatrix} x \\ y \end{bmatrix} + \begin{bmatrix} t_1 \\ t_2 \end{bmatrix} \qquad (6.24)$$

$$\begin{bmatrix} x' \\ y' \end{bmatrix} = \begin{bmatrix} sr_{11} & sr_{12} \\ sr_{21} & sr_{22} \end{bmatrix} \begin{bmatrix} x \\ y \end{bmatrix} + \begin{bmatrix} t_1 \\ t_2 \end{bmatrix} \qquad (6.25)$$

$$\begin{bmatrix} x' \\ y' \end{bmatrix} = \begin{bmatrix} a_{11} & a_{12} \\ a_{21} & a_{22} \end{bmatrix} \begin{bmatrix} x \\ y \end{bmatrix} + \begin{bmatrix} t_1 \\ t_2 \end{bmatrix} \qquad (6.26)$$

其中旋转通过角度 $\theta$ 发生，旋转矩阵为

$$\begin{bmatrix} r_{11} & r_{12} \\ r_{21} & r_{22} \end{bmatrix} = \begin{bmatrix} \cos\theta & -\sin\theta \\ \sin\theta & \cos\theta \end{bmatrix} \qquad (6.27)$$

欧几里得变换允许平移和旋转操作，并具有 3 个自由度；相似变换包括缩放操作并具有 4 个自由度；仿射变换包括拉伸和错切操作，具有 6 个自由度，是使平行线变换成平行线的最复杂的变换；投影变换要复杂得多，有 8 个自由度，包括使平行线不平行和改变直线上的长度比两种操作。随着参数数量的稳定增加，对特征点透视失真的估计也被减弱了：事实上，当估计全仿射失真时，尺度参数的精度也会降低。

### 6.7.2　Harris 尺度、仿射不变检测器和描述符

在更详细地考虑上述想法之前，请注意，特征检测器（如 Harris 算子）已经估计了位置和方向，因此已经允许对平移和旋转进行归一化。这使得尺度成为标准化的下一个候选，基本概念就是使用越来越大的掩模，在不同的尺度上应用给定的特征检测器。在 Harris 算子这个例子中，有两个相关的尺度，一个是边缘检测（微分）尺度 $\sigma_D$，另一个是整体特征（积分）尺度 $\sigma_I$。在实际应用中这两个参数应该被联系起来（这会导致损失一点通用性），因此我们有 $\sigma_I = \gamma\sigma_D$，其中 $\gamma$ 在 0～1 范围内具有合适的值（通常约为 0.5）。$\sigma_I$ 表示整个算子的尺度。现在的方法是改变 $\sigma_I$，并找到算子与局部图像数据的最佳匹配值：最佳匹配（极值）是表示局部图像结构的匹配值，它旨在可以独立于任意的图像分辨率。事实上，在这种（"尺度空间"）表示中，最终的"尺度适应性"Harris 算子很少在尺度上达到真正的最大值（Mikolajczyk 和 Schmid，2004）；这是因为一个角点出现在一个大范围的尺度上（Tuytelaars 和 Mikolajczyk，2008）。为了获得匹配的最佳尺度，我们采用了完全不同的方法，即使用 Harris 算子定位合适的特征点，然后使用 Laplacian 算子检查其周围环境以找到理想的尺度。然后调整后者的尺度，以匹配滤波器（即最佳信噪比）的方式确定 Laplacian 算子的轮廓何时最准确地匹配局部图像结构（图 6-14）。所需的算子称为高斯拉普拉斯算子（Laplacian of Gaussian，LoG）。它对应于使用高斯平滑图像，然后应用拉普拉斯算子 $\nabla^2 = \dfrac{\partial^2}{\partial x^2} + \dfrac{\partial^2}{\partial y^2}$（参见第 5 章）。同样，因为卷积（$\otimes$）满足结合特性，我们有 $\nabla^2 \otimes (G \otimes I) = (\nabla^2 \otimes G) \otimes I = LoG \otimes I$，因此我们得到了下面的组合各向同性卷积算子

$$\mathrm{LoG} = \frac{(r_2 - 2\sigma^2)}{\sigma^4 (2\pi\sigma^2)} \exp(-r^2 / 2\sigma^2) = \frac{(r^2 - 2\sigma^2)}{\sigma^4} G(\sigma) \qquad (6.28)$$

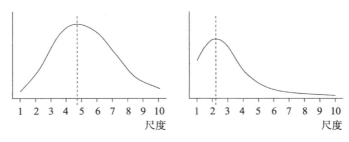

图 6-14　正在匹配的两个物体的缩放图。左边的缩放图的极值在 4.7，右边的缩放图的极值在 2.2。这表明，当它们的尺度因子的比率大约为 2.14 : 1 时，最佳匹配出现了。图形的垂直尺度没有进入优化计算

其中

$$G(\sigma) = \frac{1}{2\pi\sigma^2} \exp(-r^2 / 2\sigma^2) \qquad (6.29)$$

优化了这个算子后，我们知道了角点的尺度，以及它的位置和二维方向。这意味着当比较两个这样的角特征时，我们可以保持平移、旋转和尺度不变性。为了获得仿射不变性，我们估计角点邻域的仿射形状。检查 Harris 矩阵方程（6.10），我们以尺度适配的形式重写它：

$$\Delta = \sigma_D^2 G(\sigma_I) \otimes \begin{bmatrix} I_x^2(\sigma_D) & I_x(\sigma_D)I_y(\sigma_D) \\ I_x(\sigma_D)I_y(\sigma_D) & I_y^2(\sigma_D) \end{bmatrix} \qquad (6.30)$$

其中

$$I_x(\sigma_D) = \frac{\partial}{\partial x} G(\sigma_D) \otimes I \qquad (6.31)$$

$I_y(\sigma_D)$ 也有类似的结论。这些方程充分考虑了微分和积分尺度 $\sigma_D$ 和 $\sigma_I$。然后，对于尺度适配的 Harris 算子的每个尺度，我们重复使用 Laplacian 算子确定尺度时应用过的过程，这一次迭代确定适合局部强度模式的最佳拟合椭圆（而不是圆）轮廓。事实上，尽管从不同的尺度开始，但对于定义明确的角点结构，可以选择高度一致和鲁棒的平均值。相应的椭圆（与原始圆相比）将在两个垂直方向上被拉伸不同的量：拉伸度和偏斜度是输出仿射参数。

最后一步是通过对特征进行变换来标准化该特征，使得椭圆轮廓变得各向同性、圆形，从而仿射不变（即仿射变形无效）。这对应于均衡最佳尺度适配的二阶矩阵方程（6.30）的特征值。

当比较两个角点时，我们需要不变的参数。为了获得这些描述符，需要确定兴趣点的局部邻域的高斯导数，这些导数是在变换后的各向同性特征轮廓上计算的。显然，高斯导数必须针对标准化的各向同性轮廓尺寸进行调整，并且它们必须通过将高阶导数除以一阶导数（即邻域中的平均强度梯度）来标准化为强度变化。在 Mikolajczyk 和 Schmid（2004）的工作中，维数为 12 的描述符是通过使用四阶导数获得的（有两个一阶、三个二阶、四个三阶和五个四阶导数：不包括一阶导数，总共 12 个到四阶的导数）。这组描述符被证明对于在高达 40° 分离的不同视图中识别对应的特征对非常有效，具有优于 40 % 的可重复性，在仿射情况下，对高达 70° 分离视图具有高达 40% 的可重复性。此外，当视图分离角度超过 40°时，Harris-Laplace 的定位精度或多或少随着角度分离而线性下降，而 Harris-Affine 的定位精度保持在可接受的水平（约 1.5 像素误差）。对此特性，我们描述 Harris-Laplace 在 40° 的观测点改变时有一个崩溃点。

### 6.7.3 Hessian 尺度、仿射不变检测器和描述符

在研究基于 Harris 算子的尺度和仿射不变检测器和描述符的同一时期，对基于 Hessian 算子的类似算子也在进行研究。这里有必要回顾一下，Harris 算子是根据强度函数 $I$ 的一阶导数定义的，而 Hessian 算子 [见等式（6.5）] 是根据 $I$ 的二阶导数定义的。因此，我们可以认为 Harris 算子是基于边缘（edge-based）的，Hessian 算子是基于斑点（blob-based）的。这有两个原因。一是，这两种类型的操作符可能也确实会带来关于物体的不同信息，因此在某种程度上它们是互补的。另一个原因是 Hessian 比 Harris 可更好地匹配拉普拉斯尺度估计器——事实上，Hessian 源于行列式，拉普拉斯源于二阶导数矩阵的迹 [见等式（6.2）]。Hessian 和 Laplacian 更好的匹配导致该算子的尺度选择精度提高（Mikolajczyk 和 Schmid,

2005）。Hessian-Laplacian 和 Hessian-Affine 算子的其他细节与对应的 Harris 算子相似，在此不再详细讨论。然而值得注意的是，在所有四种情况下，根据内容不同，每个图像都通常会有 200 ～ 3000 个检测到的区域（Mikolajczyk 和 Schmid，2005）。

### 6.7.4 尺度不变特征变换算子

Lowe 的尺度不变特征变换（Scale Invariant Feature Transform，SIFT）于 1999 年首次提出，Lowe 在 2004 年给出了更全面的描述。虽然仍然是一个受限的尺度不变版本，但这个新描述很重要，原因有二：（1）就不变类型检测器的存在、重要性和价值而言，给视觉社区留下深刻的印象；（2）证明特征描述符可以为特征匹配带来的丰富性。为了估计尺度，SIFT 算子使用与上面列出的基于 Harris 和 Hessian 的算子相同的基本原理。然而，它不是用 LoG，而是使用高斯差分函数（Difference of Gaussians，DoG），以节省计算。这种节省计算的可能性可以通过将等式（6.29）中的 $G$ 关于 $\sigma$ 求微分来看出。

$$\frac{\partial G}{\partial \sigma} = (\frac{r^2}{\sigma^3} - \frac{2}{\sigma})G(\sigma) = \sigma \, \mathrm{LoG} \tag{6.32}$$

这意味着我们可以将 LoG 近似为两个尺度的 DoG：

$$\mathrm{LoG} \approx \frac{G(\sigma') - G(\sigma)}{\sigma(\sigma' - \sigma)} = \frac{G(k\sigma) - G(\sigma)}{(k-1)\sigma^2} \tag{6.33}$$

其中恒定尺度因子 $k$ 的使用允许我们在尺度之间简单地进行尺度标准化。

事实上，正是在描述符的设计中 SIFT 与基于 Harris 和 Hessian 的检测器特别不同。这里，算子在每个尺度上将支持区域划分成 16×16 的样本阵列，并估计每个样本阵列的强度梯度方向。然后，它们被分组为 16 个 4×4 子阵列的集合，并且为这些子阵列中的每一个生成方向直方图，这些方向被限制在 8 个方向之一。最终输出是 4×4 直方图阵列，每个直方图包含 8 个方向的条目——总计输出维度为 4×4×8＝128。

人们发现整个检测器比 Harris-Affine 更具可重复性（Mikolajczyk，2002），并且在 50°分离角度上，最终匹配精度保持在 50% 以上。然而，由于 Harris-Affine 的稳定性有限，Lowe（2004）推荐 Pritchard 和 Heidrich（2003）的方法，在训练过程中加入附加的 SIFT 特征，以达到 60° 视点分离检测。我们将对该检测器性能的进一步讨论放到 6.7.7 节。

### 6.7.5 加速鲁棒特征算子

SIFT 的发展使得人们更希望得到一种有效的不变特征检测器，这种检测器必须非常高效，并且需要比 SIFT 使用的大描述符更小的描述符。这个类型中的一个重要算子是 Bay 等人的加速鲁棒特征（Speeded-Up Robust Feature，SURF）方法（Bay 等人，2006，2008）。它基于 Hessian-Laplace 算子。为了提高速度，我们采用以下措施：（1）利用积分图像方法快速计算 Hessian 值，并在尺度空间分析中采用积分图像方法；（2）用 DoG 代替 LoG 来评估尺度；（3）用 Haar 小波和代替梯度直方图，使得描述符维数降为 64，即 SIFT 的一半；（4）在匹配阶段使用 Laplacian 符号；（5）各种简化形式的算子被用来使其适应不同的情况，特别是一种"直立"形式，能够识别 ±15° 范围内与直立姿势相关的特征，如室外建筑和其他物体。通过保持严格、鲁棒的设计，该算子被描述为优于 SIFT，并且被证明能够在几分之一度内估计三维物体方向，当然比 SIFT、Harris-Laplace 和 Hessian-Laplace 更精确。

对于这种实现来说，积分图方法（Simard 等人，1999）具有一定的重要性，Viola 和

Jones 在 2001 年提出这种方法的实际应用，但在 20 世纪初，这种方法没有发挥出很大的用处。这种方法极其简单，但对计算速度有着巨大的提升。它主要用来计算积分图像 $I_\Sigma$，该图像保留在输入图像上的单次扫描中遇到的所有像素强度的总和：

$$I_\Sigma(x,y) = \sum_{i=0}^{i \le x} \sum_{j=0}^{j \le y} I(i,j) \tag{6.34}$$

这不仅允许原始图像中的任何像素强度可以被重新算出：

$$I(i,j) = I_\Sigma(i,j) - I_\Sigma(i-1,j) - I_\Sigma(i,j-1) + I_\Sigma(i-1,j-1) \tag{6.35}$$

而且允许计算出任何垂直矩形块中的像素强度之和，例如图 6-15 中块 D 内的从 $x=i$ 到 $i+a$ 以及从 $y=j$ 到 $j+b$ 的像素强度之和

$$\sum_D I = \sum_A I - \sum_{A,B} I - \sum_{A,C} I + \sum_{A,B,C,D} I \tag{6.36}$$
$$= I_\Sigma(i,j) - I_\Sigma(i+a,j) - I_\Sigma(i,j+b) + I_\Sigma(i+a,j+b)$$

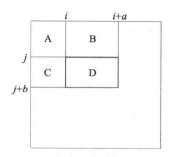

图 6-15　积分图概念。这里，块 D 可以被认为是通过取块 A+B+C+D，然后减去块 A+B 和块 C 组成的，对于后者，可通过减去 A+C 并加上 A（关于精确的数学处理，参见正文）

该方法特别适用于计算 Haar 滤波器，Haar 滤波器通常由包含相同值块的阵列组成，例如：

$$\begin{bmatrix} -1 & -1 & 1 & 1 & 1 & 1 & -1 & -1 \\ -1 & -1 & 1 & 1 & 1 & 1 & -1 & -1 \\ -1 & -1 & 1 & 1 & 1 & 1 & -1 & -1 \\ -1 & -1 & 1 & 1 & 1 & 1 & -1 & -1 \end{bmatrix}$$

请注意，一旦积分图像被计算出来，它就允许对任何块进行求和，只需执行四次加法——所花费的时间很少，且与块的大小无关。对三维盒子滤波器的简单概括（Simard 等人，1999）也是可能的，这被用于 SURF 实现中的尺度空间内的计算。

### 6.7.6　最大稳定极值区域

有一类不变特征不属于前面章节中介绍的模式——不变区域类型特征。这类特征最重要的例子之一是最大稳定极值区域（Maximally Stable Extremal Region，MSER）。该方法分析强度范围越来越大的区域，旨在以特别稳定的方式确定那些极端的区域（请记住，找到极值是定位不变特征的一种强大的通用方法，正如我们在 6.7.2 节中已经看到的）。

该方法（Matas 等人，2002）一开始取零强度的像素，并逐步增加具有更高强度水平的像素，在每个阶段监控形成的区域。在每个阶段，最大的连通区域或"连通分量"将代表极值区域（有关连通分量及其计算的完整说明参见 8.3 节。同时，假设"连通分量"是指包含连接到该区域任何部分的所有内容的区域。因此根据定义，连通分量是极值区域）。随着越

来越多的灰度增加，连通分量区域将会增加，一些最初分离的区域将会合并。MSER 是那些在一个强度范围内接近稳定的连通分量（可方便地测量其面积），即每个 MSER 由面积函数变化率中局部强度最小值的位置表示。有趣的是，相对面积变化是仿射不变特性，因此找到 MSER 区域可以保证尺度和仿射不变。事实上，基于强度在 MSER 中被处理的方式，其结果也与图像强度的单调变换无关。

虽然每个 MSER 都可以被视为阈值化图像的连通分量，但是不执行全局阈值化，并且基于所定位的连通分量的稳定性来判断最优性。从本质上来说，MSER 具有任意形状，尽管为了匹配的目的，它们可以被转换成适当面积、方向和矩的椭圆。对于仿射特征来说，可能令人惊讶的是，它们可以在像素数接近线性的时间内高效地计算出来；它们也有良好的可重复性，尽管它们对图像模糊非常敏感。考虑到对单个灰度级的依赖以及连通分量分析的精度，这最后一个问题是可以被预料的；事实上，这一困难已经在最近的工作扩展中得到解决（Perdoch 等人，2007）。

### 6.7.7  各种不变特征检测器的比较

虽然还有许多本章未涵盖的其他不变特征检测器（显著区域、IBR、FAST、SFOP 等）以及它们的许多变体（GLOH、PCA-SIFT 等），但是接下来我们将重点比较前文提到的不变特征检测器之间的差异。事实上，大多数论文在描述新检测器时都与旧检测器进行了比较，但通常数据集有限。这里我们概述 Ehsan 等人的结论（2010），他们比较了 SIFT、SURF、Harris-Laplace、Harris-Affine、Hessian-Laplace 和 Hessian-Affine，并使用了以下数据集：Bark、Bikes、Boats、Graffiti、Leuven、Trees、UBC 和 Wall（即六幅图像的八个序列，详见牛津大学数据集：http://www.robots.ox.ac.uk/~vgg/research/affine/，采集于 2011 年 4 月 19 日）。表 6-1 以修改后的形式显示了结果，SURF 位于 Hessian-Laplace 之后，因为它基于后者。

表 6-1  各种不变特征检测器的比较

| 数据集 | SIFT | Harris-Laplace | Hessian-Laplace | SURF | Harris-Affine | Hessian-Affine | 总计 |
|---|---|---|---|---|---|---|---|
| Bark | ▬ | ▪ | ▪ | ▬ | ▪ | ▪ | 9 |
| Bikes | ▪ | ▬ | ▬ | ▬ | ▬ | ▬ | 14 |
| Boat | ▬ | | ▬ | ▬ | ▬ | ▬ | 12 |
| Graffiti | ▪ | | | ▬ | ▪ | ▬ | 10 |
| Leuven | ▬ | | ▬ | ▬ | ▬ | | 12 |
| Trees | ▪ | ▬ | ▬ | ▬ | ▪ | ▬ | 13 |
| UBC | ▬ | ▬ | ▬ | ▬ | ▬ | ▬ | 17 |
| Wall | ▬ | | ▬ | ▬ | ▬ | ▬ | 14 |
| 总计 | 16 | 14 | 18 | 20 | 15 | 18 | 101 |

注：这些总数显示了检测器的总体能力，以及各个数据集的复杂性。然而，检测器总数必须根据可达到的不变性的最高水平来解释，即尺度或仿射。

除了表 6-1 之外，Ehsan 等人（2010）展示了使用三种不同标准来判断特征检测器性能重复性的结果。第一个是标准的重复性标准：

$$C_0 = N_{rep} / \min(N_1, N_2) \tag{6.37}$$

其中 $N_1$ 是在第一幅图像中检测到的总点数，$N_2$ 是在第二幅图像中检测到的总点数，$N_{rep}$ 是重复点数。

　　他们强调（Tuytelaars 和 Mikolajczyk，2008），这种重复性"不能保证在特定应用中的高性能"。他们推断这部分是由于比较的是相邻图像对中的特征，而不是整个图像序列。具体地说，他们建议以序列的第一帧作为参考，并使用以下标准来比较每个图像：

$$C_1 = N_{rep} / N_{ref} \tag{6.38}$$

　　然而，他们也提出了更对称的重复性测量：

$$C_2 = N_{rep} / (N_{ref} + N_c) \tag{6.39}$$

　　其中 $N_c$ 是当前帧中检测到的总点数。与观察到的图像序列的真实趋势相比，这被证明是一个不那么苛刻和更现实的标准。放弃标准重复性标准 $C_0$ 的进一步证据是，它奖励未能检测到特征的情况（因为 $N_1$ 或 $N_2$ 的减少会提高 $C_0$ 的值，如果有的话）。这意味着改变 $C_0$ 以使用最大值而不是最小值。然而，使用最大值或最小值往往会强调极端结果，导致不鲁棒的度量。从这个角度来看，最合适的测量方法必须是 $C_2$。事实上，当使用 Pearson 的相关系数与事实发生冲突时，这个标准给出了最佳结果和低错误概率测量（Ehsan 等人，2010）。使用 $C_2$，一个重要的结果是基于 Hessian 的检测器占主导地位，这在表 6-1 中已经非常明显，其中三个基于 Hessian 的总计是 18、18、20，其他的是 14、15 和 16（有趣的是，当给出最佳和最差结果的数据集（Bark 和 UBC）被忽略时，这种情况更倾向于基于 Hessian 的检测器）。请注意，Tuytelaars 和 Mikolajczyk（2008）并没有如此强烈地支持基于 Hessian 的检测器，但这可能是因为他们对数据集的分析不够广泛；Ehsan 等人（2010）也是第一个如此严格地使用 $C_2$ 查看图像序列的人。

表 6-2　各种特征检测器的性能评估

| 检测器 | 不变性 | 重复性 | 准确性 | 鲁棒性 | 效率 | 总计 |
|---|---|---|---|---|---|---|
| Harris | 旋转 | ▬▬ | ▬▬ | ▬▬ | ▬ | 11 |
| Hessian | 旋转 | ▬ | ▬ | ▬ | ▪ | 7 |
| SIFT | 尺度 | ▬ | ▬ | ▬ | ▪ | 8 |
| Harris-Laplace | 尺度 | ▬▬ | ▬ | ▬ | ▪ | 9 |
| Hessian-Laplace | 尺度 | ▬▬ | ▬ | ▬ | ▪ | 10 |
| SURF | 尺度 | ▬ | ▬ | ▬ | ▪ | 9 |
| Harris-Affine | 仿射 | ▬▬ | ▬▬ | ▬ | ▪ | 10 |
| Hessian-Affine | 仿射 | ▬▬ | ▬▬ | ▬▬ | ▪ | 11 |
| MSER | 仿射 | ▬▬ | ▬▬ | ▬ | ▬▬ | 11 |

注："总计"给出了检测器总体能力的一些指示。然而，它们必须根据可达到的最高不变性水平来解释（第 2 列）。

　　Tuytelaars 和 Mikolajczyk（2008）的评论对于评估使用几个不同标准的性能（即重复性、准确性、鲁棒性和效率）具有重要价值。他们的一些结果显示在表 6-2 中——特别是表 6-1 中涵盖的所有特征检测器的结果、单尺度 Harris 和 Hessian 的结果，以及之前提到过的 MSER 检测器的结果（Matas 等，2002）。他们还提出了以下宝贵意见：

　　1）尺度不变算子通常可以通过对小于 30° 的视点变化的鲁棒性能力来充分处理，因为仿射变形仅上升到那些由于超出该水平的物体外观变化而引起的变形之上。

　　2）在不同的应用中，不同的特征属性可能很重要，因此成功在很大程度上取决于特征的适当选择。

　　3）重复性并不总是最重要的特征性能特性，不仅在于它难以定义和测量，而且在于对微小外观变化的鲁棒性更重要。

4）需要将工作重点放在特征的互补上，推出互补的检测器或提供互补特征的检测器。

最后请注意，最近 Ehsan 等人（2011）开展了一些基础性工作，用来测量兴趣点检测器的覆盖范围。他们发现最近的 SFOP 尺度不变特征变换（Förstner 等人，2009）是这方面最杰出的检测器，无论是单独使用还是与其他检测器联合使用。Ehsan 等人提出的关于覆盖范围 $C$ 的新标准基于谐波平均值，以免过分强调附近的特征：

$$C = N(N-1) / \sum_{i=1}^{N-1} \sum_{j>1}^{N} (1/d_{ij}) \tag{6.40}$$

（在这个公式中，$d_{ij}$ 是特征点 $i$ 和 $j$ 之间的欧几里得距离。）

请注意，具有高覆盖率的检测器不能保证是完美的。毕竟，随机选择特征点的检测器在这一点上可能会表现良好。因此，只有当覆盖标准用于选择特征和特征检测器的互补类型，或者提供良好的混合特征类型的检测器时［对于这种混合，输出选择在其他方面（重复性、鲁棒性等）保持良好］，覆盖标准才能发挥作用。

### 6.7.8  定向梯度直方图

如果不包括定向梯度直方图（Histogram of Oriented Gradients, HOG）方法（Dalal 和 Triggs，2005），对局部不变特征检测器的研究将是不完整的，该方法出现在 SIFT、SURF 和前面提到的其他方法的同一时期。HOG 是专为检测人体形状而设计的，并且与之非常匹配。基本上，它们集中在人体的躯干上，这些躯干有许多沿同一方向排列的边缘点——尽管后者会随着行走或其他运动而自然改变。该方法的基础是将图像分成"单元"（像素组），并为所有单元生成方向直方图。在方向直方图的每个 bin 的投票过程中加入了与梯度大小成比例的权重。这些单元被组合成更大的重叠块，其结果是一些块会有更大的信号，从而表明存在人类肢体。奇怪的是，HOG 检测器主要根据轮廓来判断，并强调头部、肩部和脚部。

尽管 HOG 方法和 SIFT 算子都因为使用方向直方图而具有一定优势，但是它们的使用方式不同。事实上，SIFT 的目的是通过首先消除特征对之间的方向差异来匹配特征对，从而提供方向不变性（SIFT 本质上是尺度不变的，尽管它最终也是平移和旋转不变的，因为它的描述符具有每个特征的位置和方向信息）。相比之下，HOG 方法不提供方向不变，而是旨在呈现图像部分上的方向直方图的细胞图，从而可以识别人或其他形状。因此，它应该被描述为区域图像描述符，而不是局部图像描述符。然而，它还有另一个优点，即提供了良好的几何和光度不变性测量，因为它只关注方向的局部变化。

为了提供光度不变性，HOG 算子中的直方图关于图像对比度被归一化。Dalal 和 Triggs 通过对相邻（通常为 $2 \times 2$）小区块的对比度进行归一化来实现这一点。有趣的是，他们发现，通过使用不同的单元重叠块并将结果作为独立的信号处理，对每个单元进行几次这样的处理会更好。在 $2 \times 2$ 单元块的情况下，这给出了每个单元的四个结果，如下图中的 4 个主方块所示。

　　总的来说，实验表明，边有 6～8 像素的正方形单元以及 $2 \times 2$ 或 $3 \times 3$ 单元的块大小工作得最好（在这种情况下，"最好"意味着与特定图像数据集中的人体四肢宽度进行最佳匹配）。

　　另一个有趣的细节是，9 个直方图箱被用来覆盖范围 $0°～180°$，相当于相对精细的方向量化；此外，在检测人类时，使用有符号梯度没有发现任何好处（尽管对于汽车和摩托车识别来说，位置被发现是相反的）。

## 6.8　结束语

　　角点检测为物体定位过程提供了一个有利的开端，为此，通常与第 11 章中讨论的抽象模式匹配方法结合使用。除了适用性有限的明显模板匹配程序之外，本章已经描述了三种主要方法。第一种是二阶导数方法，包括 KR、DN 和 ZH 方法，所有这些方法都体现了相同的基本模式；第二种是基于中值的方法，在角点具有平滑变化的强度函数的情况下，该方法被证明等同于二阶导数方法；第三个是基于强度函数一阶导数的二阶矩矩阵的 Harris 检测器。也许令人惊讶的是，后者能够提取与其他两种方法相同的信息，尽管有所不同，因为 Harris 检测器被更好地描述为兴趣点检测器，而不是角点检测器。事实上，Harris 检测器可能是最广泛使用的角点和兴趣点检测器，对于通用（非三维）操作来说，这似乎仍然是事实——尽管 SUSAN 检测器已经问世（Smith 和 Brady，1997），这种检测器速度更快，效率更高，但抗噪声能力稍差。

　　有趣的是，从大约 1998 年开始，上述情况发生了根本性变化，当时人们开始寻找物体定位的方法，该方法不仅对噪声、失真、部分遮挡和异常特征具有鲁棒性，而且能够克服由于从不同方向观看同一场景而导致的严重失真问题。这个"宽基线"问题（它在三维和运动应用中非常突出，包括跟踪运动物体）成为新思维和发展的驱动力。正如我们已经看到的，有人试图使 Harris 算子适应这种情况，使其对相似性（尺度）和仿射变换不变，尽管最后通过回到本章前面讨论的 Hessian 算子，取得了一些更大的成功。替代方法包括 MSER 方法，它绝不基于任何类型的角点或兴趣点的位置。事实上，它回溯到第 4 章中的阈值化方法。但是这一切都是有益的，因为潜在的任务是与识别和识别/匹配相结合的分割——将一个主题分割成若干独立的主题，如阈值分割、边缘检测和角点检测，其有效性有限，或者至少它限制了提供这个主题的真正问题的最佳解决方案。在这种情况下，新发展的特征检测器包含多参数描述符是与之相关的，这使得它们不仅更适合于检测本身，也更适合于更精确的宽基线 3D 匹配任务。

　　总的来说，在本章中，我们已经看到角点检测器方法本身能够克服高达 70° 视角分离的问题，并取得了巨大的成功。值得注意的是，所有这些都是在不到 10 年的时间里取得的——这表明这个主题正在加速发展。重要的是，这与古老的计算机格言"错进，错出"（garbage in, garbage out）是相关的，因为特征检测在原始图像和它们的高级解释之间形成了重要的联系。

　　本章研究了如何从物体的角点和兴趣点来检测和定位物体。它既发展了检测器设计的经典方法，也发展了最近的不变性方法，这些方法产生了多参数特征描述符，有助于物体的宽分离视图之间的匹配。

## 6.9　书目和历史注释

角点检测的主题已经发展了三十多年。Beaudet（1978）在旋转不变图像算子方面的工作为平行角点检测算法的发展设定了场景。在这之后很快出现了 Dreschler 和 Nagel（1981）的更复杂的二阶角点检测器：这项研究的动机是绘制交通场景中汽车的运动，角点提供了清晰解读图像序列的关键信息。一年后，Kitchen 和 Rosenfeld（1982）完成了主要基于边缘方向的角点检测器的研究，并开发了 6.3 节中描述的二阶 KR 方法。1983 年和 1984 年见证了二阶 ZH 检测器和基于中值的检测器的发展（Zuniga 和 Haralick，1983；Paler 等人，1984）。随后，笔者进行钝角检测（见第 11 章）以及分析和改进基于中值的检测器方面的工作（Davies，1988a 和 d，1992a）。与此同时，其他方法也被开发出来，如 Harris 算法（Harris和 Stephens，1988；另见 Noble，1988）。Smith 和 Brady（1997）的"SUSAN"算法标志着又一个转折点，不需要对角点几何形状进行假设，因为它通过对局部灰度进行简单比较来工作——这是所有角点检测算法中引用得最多的算法之一。

在 21 世纪，更进一步的角点检测器已经被开发出来。Lüdtke 等人（2002）设计了一种基于边缘方向混合模型的检测器：除了与 Harris 和 SUSAN 算子相比有效之外，特别是在大开口角度下，该方法还提供了精确的角度和角点的强度。Olague 和 Hernández（2002）研究了单位阶跃边缘函数（Unit Step Edge Function, USEF）概念，该概念能够很好地模拟复杂的角点，这导致了适应性强的检测器，它能够以亚像素精度检测角点。Shen 和 Wang（2002）描述了一个基于霍夫变换的检测器：由于它在一维参数空间中工作，所以对于实时操作来说足够快；这篇论文的一个特点是将 Wang 与 Brady 检测器、Harris 检测器和 SUSAN 检测器进行了比较。几幅示例图像显示，很难确切地确定角点检测器的实际搜寻目的（即角点检测是一个不适定的问题），甚至众所周知的检测器有时也莫名其妙地在明显的地方找不到角点。Golightly 和 Jones（2003）提出了在户外乡村风景中的一个实际问题，他们不仅讨论了假阳性和假阴性的发生率，还讨论了角点匹配中正确关联的概率，如在运动中的正确关联概率。

Rocket（2003）对三种角点检测算法——KR 检测器、基于中值的检测器和 Harris 检测器——进行了性能评估：结果很复杂，发现这三种检测器具有非常不同的特性。这篇论文不仅在展示如何优化这三种方法方面很有价值（不仅显示了 Harris 检测器参数 $k$ 应该是约为 0.05），还因为它专注于仔细的研究，而不是"出售"一台新的检测器。Tissainayagam 和 Suter（2004）对角点检测器的性能进行了评估，对点特征（运动）跟踪应用进行了极其重要的覆盖。有趣的是，它发现，在图像序列分析中，Harris 检测器比 SUSAN 检测器对噪声更具鲁棒性，一个可能的解释是它"有一个内置的平滑功能作为其公式的一部分"。最后，Davies（2005）分析了 Harris 算子的定位特性，这项工作的主要结果见 6.5 节。

虽然上述讨论涵盖了角点检测的许多发展，但并不是全部。这是因为在许多应用中，需要的不是特定的角点检测器，而是"兴趣点"检测器，它能够检测任何可用作可靠特征点的强度特征模式。事实上，Harris 检测器通常被称为兴趣点检测器——这是有充分理由的，如 6.5.2 节所示。Moravec（1977）是第一批提及兴趣点的人，紧随其后的是 Schmid 等人（2000）。然而，Sebe 和 Lew（2003）称之为显著点——这个术语更多的是指吸引人类视觉系统注意力的点。总的来说，使用 Harlick 和 Shapiro（1993）的定义可能是最安全的：如果一个点既独特又不变，那么它就是"有趣的"。也就是说，它很突出，对几何扭曲是不变的，比如尺度或观测点的适度变化（注意 Harlick 和 Shapiro 也列出了其他令人满意的属性——稳定性、独特性和可解释性）。Kenney 等人（2003）研究了不变性方面，他们展示了如何从中去除病态点，以使匹配更加可靠。

具有特征不变性的检测器和描述符这一主题花了十多年时间才发展起来，在这段时间里，它已经取得了很大进展。Lindeberg（1998）和 Lowe（1999）的论文指明了它前进的道路，并提供了基本技术。这在很大程度上是因为宽基线立体工作中的困难，以及在许多视频帧上跟踪目标特征——因为特征会随着时间的推移而改变其外观，并且很容易丢失对应关系。为了继续，首先需要消除特征尺寸变化的相对简单的问题，从而需要尺度不变性（这意味着平移和旋转不变性已经得到处理）。后来，为了应对仿射不变性，有必要进行改进。因此，Linderberg 的开创性理论（1998）很快被 Lowe 关于尺度不变特征变换（SIFT）的研究（1999，2004）所继承。接下来是 Tuytelaars 和 Van Gool（2000）、Mikolajczyk 和 Schmid（2002，2004）、Mikolajczyk 等人（2005）开发的仿射不变方法。在这些发展的同时，关于 MSER（Matas 等人，2002）和其他极端方法（例如，Kadir 和 Brady，2001；Kadir 等人，2004）的研究也发表了。

这项工作的大部分利用了 Harris 和 Stephens（1988）的兴趣点工作，并以仔细深入的实验调查和比较为基础（Schmid 等人，2000；Mikolajczyk 和 Schmid，2005；Mikolajczyk 等人，2005）。接下来，潮流转向了其他方向，特别是针对实时操作的特征检测器的设计——就像 SURF 方法的情况一样（Bay 等人，2006，2008）。

Tuytelaars 和 Mikolajczyk 在 2008 年发表了一篇综述文章，总结了主要方法。然而，这绝不是故事的结尾。如 6.7.7 节中 Ehsan 等人（2010）简要回顾了主要特征和检测器的可重复性现状，并报告了对其进行评估的实验。他们的工作包括两个新的可重复性标准，更真实地反映了对不变量检测器的基本要求。此外，他们展示了新的研究（Ehsan 等人，2011），用以回应 Tuytelaars 和 Mikolajczyk（2008）的尖锐评论。很明显，随着 21 世纪头十年的过去，一个更加严格的发展阶段正在进行中，性能评估更加严格：这将不再足以产生新的不变特征检测器；相反，有必要将它们与目标应用程序更充分地集成，遵循严格的设计，以确保所有相关标准都得到满足，并且标准之间的权衡更加透明。

## 近期研究发展

自 Tuytelaars 和 Mikolajczyk（2008）的评论之后，关于特征检测器和描述符的进一步工作已经出现。Rosten 等人（2010）推出了 FAST 系列角点检测器，该系列基于一种新的启发式设计，速度特别快，同时具有高度可重复性；他们还回顾了比较特征检测器的方法，呼吁不要过于关注特征检测器应该如何工作，而要关注需要优化的性能测量。Cai 等人（2011）致力于"线性判别投影"过程，以降低局部图像描述符的维数，并设法将 SIFT 计数从 128 减少到 30。然而，他们提醒说，这似乎只能通过使投影特定于图像数据类型来实现。出于类似的动机，Teixeira 和 Corte-Real（2009）量化了 SIFT 描述符，以使用预先定义的词汇形成可视词汇，但是在这种情况下，词汇表的结构是树状的；它使用与正在执行的物体跟踪类型相关的通用数据集来构建。Van de Sande 等人（2010）讨论颜色物体描述符的生成。他们发现，为所有类别的数据选择单一颜色描述符是不明智的：但是对于未知的数据，"OpponentSIFT"（对三种对立颜色使用三组 SIFT 特征）显示出对光度变化的最高程度的不变性。Zhou 等人（2011）提出了一种执行描述符组合和分类器融合的方法。他们将物体分类问题投射到一个学习环境，这再次意味着该方法是适应性的，不经过再训练就不适用于新数据。总的来说，我们看到试图减少原始的 128 个 SIFT 特征（或等效特征）往往会使得这些方法只针对特定的训练数据。

## 6.10　问题

1. 通过检测角点的合适的二值图像，证明中值角点检测器会在角点边界内给出最大响应，而不是在角点外边缘处响应最大。说明这个情况在灰度图下会有什么变化。这将如何影响在改进的中值检测器中使用的撤除梯度噪声阈值的值？

2. 证明等式（6.6），从以下曲率公式开始

$$\kappa = (d^2 y / dx^2) / [1 + (dy / dx)^2]^{3/2}$$

**提示**：首先用强度梯度的分量来表达 $dy/dx$，记住强度梯度向量 $(I_x, I_y)$ 是沿着边缘法线取向的；然后用 $\kappa$ 公式中的变量 $I_x$、$I_y$ 代替变量 $x$、$y$。

# 纹 理 分 析

---

　　我们很容易理解纹理是什么，但很难对它下一个准确的定义。基于许多原因，将纹理进行分类并将它们彼此区分开来是十分有用的；同时，因为纹理通常表示真实物体的边界，所以确定不同纹理之间的边界也同样很有用。本章将研究实现上述目标的方法。

　　本章主要内容有：

- 纹理分类的基本方法：规律性、随机性和方向性等
- 使用自相关等显式纹理分析方法会出现的问题
- 存在已久的灰度共生矩阵法
- Laws 法及其推广 Ade 法
- 纹理结构中含有的随机元素使得必须对纹理进行统计分析

　　就像纹理是大多数图像的核心组成部分一样，纹理分析也是视觉系统中的核心要素之一。因此，将本章主题归入本书的第一部分似乎是最合适的。

---

## 7.1　导言

　　在前面几章中，我们对图像分析和识别的许多方面进行了研究，这些问题的核心概念均是图像分割。图像分割指的是将一幅图像划分成几个在亮度、颜色、纹理、深度、运动或其他相关属性上都具有一致性的区域。在第 4 章中，我们强调图像分割这一过程在很大程度上是随机的，因为其产生的边界不一定与真实物体的边界相对应。然而，无论是作为谋求更高精度或迭代划分物体及其表面的初步工作，还是直接作为目标本身，图像分割中最重要的就是去尝试。例如，判断表面特性就是一个典型的例子。

　　在本章中，我们将研究纹理及其测量。纹理是一种难以定义的属性。1979 年，Haralick 曾经说过在"纹理"这个词出现之前，我们都不能对其下一个令人满意的定义。对此我们也许并不会感到惊讶，因为这个概念在视觉、触觉和味觉的背景下有着截然不同的含义。不同的人对于纹理的理解可能会有细微的差别，而这种细微的差别带有很强的个人主观性。然而，我们需要一个有效的纹理定义。在视觉中，我们比较关注特定表面或者图像区域上的亮度变化。尽管有了这样的前提，我们仍不能确定其描述的纹理是来自被观察的真实物体，还是衍生于图像。这表明表面粗糙程度或材料结构产生了初始的视觉特性。在本章中，我们主要讨论图像的解释，因此，我们将纹理定义为图像区域强度的特征变化，基于此定义，我们可以识别和描述纹理，并能标注其边界（参见图 7-1）。

　　从上述纹理定义可知，纹理在亮度均匀的表面是不存在的；同时，该定义也没有说明强度会如何变化，以及如何识别并描述它。实际上，强度变化的可能方式有很多种，但是如果强度变化不够均匀，那么就可能没有足够的纹理特征以供识别或分割。

　　接下来，我们将考虑强度变化的可能方式。显然，强度可以快速地变化，也可以缓慢地变化；可以前后反差大，也可以前后反差小；可以有高度指向性，也可以没有指向性；可以

是规律的，也可以是随机的。通常来说，我们认为规律性是关键因素。因为纹理图案要么是规律的，如一块布，要么是随机的，如沙滩或者一堆草屑。然而，我们常常会忽略这样一个事实，即一个规则的纹理图案通常并不是完全规则的（如一块布），也不是完全随机的（如一堆大小相似的土豆）。因此，在描述纹理特征的时候，必须测量和比较纹理的随机性和规律性。

图7-1  从实物中获得的各种纹理：（A）树皮；（B）木纹；（C）冷杉叶；（D）鹰嘴豆；（E）地毯；（F）布；（G）碎石；（H）水。该图展示了能很容易地从其特征强度模式中识别出的各种熟悉纹理

对于上面提到的纹理，我们还可以讲一些更深入的内容。纹理通常来自相似的微小物体或组件，它们通过介于纯随机与纯规律之间的某种方式组合在一起，如墙上的砖、沙堆、草叶、衬衫上的条纹、篮子上的柳条或者其他东西的集合。在纹理分析中，对图像区域中重复出现的纹理元素进行命名是十分有用的。通常，我们将这些纹理元素简称为纹素（texel）。基于上述这些考虑，我们可以使用以下方法来描述纹理：

1）纹素具有不同的尺寸与均匀度。

2）纹素具有不同的方向。

3）在不同方向上，纹素可以用不同的距离分隔开。

4）对比度会有不同的幅度与变化。

5）在纹素之间可以看到大量不同的背景。

6）构成纹理的变化相对于随机性可能具有一定的规律性。

通过上述的讨论，我们可以清楚地看出纹理是一个难以度量的复杂实体，其原因在于描述纹理的时候会有许多参数参与进来。在涉及许多参数的时候，分离出可用数据、测量单个数据、找出与识别过程最相关的参数等过程都是十分困难的，而且许多参数的统计性质可能没有用处。到目前为止，我们都只是在说明纹理分析情况的复杂性。而在接下来的研究中，我们将会阐述在实际情况下其实可以用非常简单的方法来识别和分割纹理。

在开始阐述之前，我们先来回忆一下能有效用于形状分析的二分法。在进行形状描述的时候，我们通常会采用一系列测量方法，比如圆度和纵横比，但该方法不能对其进行重构；而要进行完整而准确的重构，我们可以使用描述符，比如骨骼的距离函数值或者矩，但是描述符的集合往往是经过压缩的，所以只能获得有限的精度。理论上，这样的重构方法也适用于纹理。实际上，重构纹理可以分为两种层次。首先，我们可以复制一种图案，在人眼看来，这种图案与摄像机外的纹理无法区分，直到将两者逐像素进行比较。第二种层次，我们需要精确地重构一个纹理模式。因为纹理在本质上通常是部分统计的，所以很难做到逐个像素进行强度匹配，一般来说这样做也不值得。因此，纹理分析通常只要求获得对纹理的精确统计描述。如果有需求，我们可以依据这些统计描述重构出表面上相同的纹理。

在长达 40 多年的时间里，有很多研究人员提出了各种各样的纹理分析方法。对于许多人来说，现有材料堆积如山，其统计性质全面到可能令人望而生畏。我们将会在 7.4 节讨论 Laws 纹理能量方法，这种方法在软件和硬件上都很容易应用，并且在很多应用领域都十分有效，因此这一节与相关从业者关系特别密切。尽管 7.3 节中关于灰度共生矩阵的内容整体上来讲很重要，但是读者可以在第一次阅读的时候跳过。

## 7.2 纹理分析的一些基本方法

在 7.1 节中，我们将纹理定义为图像区域强度的特征变化，基于此定义，我们可以识别和描述纹理，并能标注其边界。基于纹理可能的统计特性，我们可以根据整个纹理区域的强度值方差来描述纹理特征。然而，这种方法在大多数情况下都不能对纹理进行详尽的描述，当然也不可能对纹理进行重建。特别是在纹素定义良好或者纹理具有高度周期性的情况下，这个方法尤其不适合。对于具有高度周期性的纹理，如许多纺织品等，我们一般会考虑采用傅里叶分析法。在早期的图像分析中，傅里叶分析法曾经过彻底的测试，虽然其结果并不总是令人满意。在这里，我们暂时不讨论寻找纹理区域的问题，而是直接进入通过计算纹理特征来执行分割函数这一过程。但是对于有监督的纹理分割任务来说，一些分类器的初步训练显然可以用于克服上述提到的问题。

Bajcsy（1973）在傅里叶域中使用了各种环状和定向条形滤波器来分离纹理特征，该方法对于草、沙和树等自然纹理具有较好的效果。然而，在使用傅里叶功率谱时有一个普遍的困难，因为信息比最初预期的更分散。此外，强边缘和图像边界效应也会阻碍该方法进行准确的纹理分析。Weszka 等人（1976）发现傅里叶方法是一种全局方法，因此不适用于经由纹理分析和分割后产生的图像。

自相关法是另一种显式纹理分析方法，它能够同时呈现局部强度变化以及纹理的重复性（参见图 7-2）。Kaizer（1955）进行了一项早期研究，他检测了在自相关函数降到初始值的 $1/e$ 之前需要移动多少像素，并在此基础上对粗糙度进行了主观测量。后来 Rosenfeld 和 Troy（1970a，b）发现自相关法并不是一个令人满意的粗糙度测量方法。此外，自相关法也不能很好地鉴别自然纹理中的各向同性。因此，研究人员很快采用了 Haralick 等人在 1973 年提出的共生矩阵法。实际上，该方法不仅取代了自相关法，而且成为 20 世纪 70 年代纹理分析的"标准"方法。

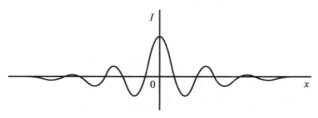

图 7-2　使用自相关函数进行纹理分析。该图显示了织物受到空间变化的显著影响后，其自相关函数的一维轮廓。请注意，自相关函数的周期性在相当短的距离内衰减

## 7.3 灰度共生矩阵

灰度共生矩阵法也称为空间灰度依赖矩阵（SGLDM）法，是一种基于像素强度分布统计的研究。正如上文提到的像素强度值的方差一样，单个像素的统计量并不能为实际应用提供充足的纹理描述。于是，我们转而考虑在一定的空间关系中像素对的二阶统计量。因此，可以使用共生矩阵来表示两个像素之间的相关频率或概率 $P(i, j \mid d, \theta)$，其中，$(d, \theta)$ 表示两个像素之间的相关极坐标，$i$ 和 $j$ 分别表示这两个像素的强度值。共生矩阵提供了纹理的原始数据值，而这些原始数据值只有经过压缩后才能用于纹理分类。Haralick 等人（1973）的早期论文给出了 14 种这类方法，这些方法在木材、玉米、草和水等许多类型的纹理分类中取得了成功。然而，Conners 和 Harlow（1980a）发现，其中只有 5 种方法是通用的，即能量、熵、相关性、局部同质性和不活动性（注意这 5 种方法的名字并不能很好地说明各自的操作模式）。

为了更详细地了解该技术的操作，我们可以考虑如图 7-3 所示的共生矩阵。该矩阵表示一幅只有单一区域的均匀图像，单一区域内的像素强度服从高斯噪声分布，而像素对间的距离可以表示为一个常数向量 $d=(d, \theta)$。接下来考虑图 7-4 所示的共生矩阵，该矩阵表示具有多个均匀区域的无噪声图像。在这种情况下，每个像素对中的像素则对应于相同的图像区域或是不同的图像区域，而当 $d$ 很小时，它们只能对应于相邻的图像区域。在共生矩阵中，对角块有 $N$ 个，非对角块的可能值为 $M$，我们只用一个限制值 $L$ 将 $N$ 和 $M$ 这两者联系起来，其中，$M={}^N C_2$，$L \leqslant M$，通常 $L$ 的阶为 $N$ 而不是 $N^2$。对于纹理不明显的图像，我们可以改用噪声建模，那么图像中的 $N+L$ 个块就会变得更大并且不会重叠。然而在更复杂的情况下，使用共生矩阵进行分割的时候，要保证 $d$ 的取值能够防止块之间的重叠。因为许多纹理是有方向的，尽管 $d$ 的最佳取值取决于纹理的多个特征，但 $\theta$ 的慎重取值显然有助于该任务。

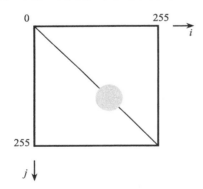

图 7-3 服从高斯噪声分布的均匀灰度图像的共生矩阵。这里的亮度变化几乎是连续的，$j$ 指数是一个离散值并且是向下增加的（参见图 7-4）

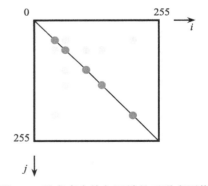

图 7-4 具有多个均匀区域的无噪声图像的共生矩阵。同样，图的主对角线是从左上角到右下角（参见图 7-2 和图 7-5）

为了更进一步说明，我们以图 7-5A 所示的小图像为例。在给定 $d$ 的值之后，我们只需统计强度为 $i$ 的像素和强度为 $j$ 的像素间距离为 $d$ 的像素对数目，便可得到共生矩阵；我们通常采用 $d=(1, 0)$ 和 $d=(1, \pi/2)$ 这两种常量向量。因此，可以得到如图 7-5B 和 C 所示的矩阵。

| | 0 | 0 | 0 | 1 |
|---|---|---|---|---|
| | 1 | 1 | 1 | 1 |
| | 2 | 2 | 2 | 3 |
| | 3 | 3 | 4 | 5 |

| | 0 | 1 | 2 | 3 | 4 | 5 |
|---|---|---|---|---|---|---|
| 0 | 2 | 1 | 0 | 0 | 0 | 0 |
| 1 | 1 | 3 | 0 | 0 | 0 | 0 |
| 2 | 0 | 0 | 2 | 1 | 0 | 0 |
| 3 | 0 | 0 | 1 | 1 | 1 | 0 |
| 4 | 0 | 0 | 0 | 1 | 0 | 1 |
| 5 | 0 | 0 | 0 | 0 | 1 | 0 |

| | 0 | 1 | 2 | 3 | 4 | 5 |
|---|---|---|---|---|---|---|
| 0 | 0 | 3 | 0 | 0 | 0 | 0 |
| 1 | 3 | 1 | 3 | 1 | 0 | 0 |
| 2 | 0 | 3 | 0 | 2 | 1 | 0 |
| 3 | 0 | 1 | 2 | 0 | 0 | 1 |
| 4 | 0 | 0 | 1 | 0 | 0 | 0 |
| 5 | 0 | 0 | 0 | 1 | 0 | 0 |

(A)　　　　　　　　(B)　　　　　　　　(C)

图 7-5　小图像的共生矩阵：（A）原始图像；（B）$d$=(1, 0) 时的共生矩阵；（C）$d$=(1, $\pi$/2) 时的共生矩阵。注意，即使是这种简单情况，共生矩阵也比原始图像包含更多的数据

这个简单的例子表明，共生矩阵的数据量是原始图像的好几倍，在更复杂的情况下，将会大大增加利用 $d$ 和 $\theta$ 来精确描述纹理的计算量。此外，灰度的数量级通常接近 256 而不是 6，共生矩阵的数量级则随这个数字的平方而变化。最后，我们可以发现共生矩阵只能提供一个新的表示方法，其本身并不能解决纹理识别问题。

上述这些因素表明，不仅灰度必须要压缩到一个较小的数值，而且 $d$ 和 $\theta$ 的具体值也要谨慎选择。在大多数情况下，这种选择并不是显而易见的，根据情况自主选择则更为困难。此外，在准确提取纹理特征和分类之前，我们还要对共生矩阵数据的各种功能进行测试。

目前，我们已经解决了共生矩阵法中存在的问题。接下来，我们主要讨论其中两个问题的解决方法。第一个是忽略图像中相反方向之间的区别以减少 50% 的存储空间。第二个是处理灰度水平的差异，这相当于在共生矩阵上沿平行于矩阵主对角线的轴上执行求和操作，结果是一阶差分统计量的集合。虽然这些方法改进了共生矩阵法，但是在 20 世纪 80 年代，纹理分析方法有了重大的突破。其中，最重要的 Laws 法（1979，1980a 和 b）提供了系统性的、适应性的纹理分析手段，为其他衍生方法奠定了基础。该方法将会在下一节中介绍。

## 7.4　Laws 纹理能量法

1979 年和 1980 年，Laws（1979；1980a，b）提出了纹理能量分析的新方法，该方法涉及简单滤波器在数字图像上的应用。Laws 使用了普通高斯滤波器、边缘检测器和拉普拉斯类型滤波器，用于突出图像中的高纹理能量点。通过识别这些高能量点、平滑各种滤波图像并得到信息，便能够高效地描述纹理特征。如前所述，Laws 方法对后续研究有很大的影响，因此值得在这里详细讨论。

Laws 掩模由下面三个基本的 1×3 掩模构造而成：

$$L3 = \begin{bmatrix} 1 & 2 & 1 \end{bmatrix} \tag{7.1}$$

$$E3 = \begin{bmatrix} -1 & 0 & 1 \end{bmatrix} \tag{7.2}$$

$$S3 = \begin{bmatrix} -1 & 2 & -1 \end{bmatrix} \tag{7.3}$$

这些掩模的首字母分别表示局部平均、边缘检测和点检测。事实上，这些基本掩模横跨整个 1×3 子空间，并形成了一个完整的集合。同样，通过 1×3 掩模卷积便能得到 1×5 掩模。尽管从生成原则上来看可以形成 9 个掩模，但是其中只有 5 个是不同的：

$$L5 = \begin{bmatrix} 1 & 4 & 6 & 4 & 1 \end{bmatrix} \tag{7.4}$$

$$E5 = \begin{bmatrix} -1 & -2 & 0 & 2 & 1 \end{bmatrix} \tag{7.5}$$

$$S5 = \begin{bmatrix} -1 & 0 & 2 & 0 & -1 \end{bmatrix} \tag{7.6}$$

$$R5=\begin{bmatrix} 1 & -4 & 6 & -4 & 1 \end{bmatrix} \tag{7.7}$$

$$W5=\begin{bmatrix} -1 & 2 & 0 & -2 & 1 \end{bmatrix} \tag{7.8}$$

以上前三个式子的首字母与 $1\times 3$ 掩模一样，后两个式子的首字母分别表示波纹检测和波形检测。我们同样可以以 $1\times 3$ 和类似的 $3\times 1$ 掩模为基础，通过矩阵乘法运算得到 9 个 $3\times 3$ 掩模，例如：

$$\begin{bmatrix} 1 \\ 2 \\ 1 \end{bmatrix} \begin{bmatrix} -1 & 2 & -1 \end{bmatrix} = \begin{bmatrix} -1 & 2 & -1 \\ -2 & 4 & -2 \\ -1 & 2 & -1 \end{bmatrix} \tag{7.9}$$

计算生成的掩模同样也形成了一个完整的集合（参见表 7-1），可以发现其中有两个掩模和 Sobel 算子掩模相同。同样，$5\times 5$ 掩模也可以采用相同的方法生成。因为 $3\times 3$ 掩模已经说明了所有的相关原理，所以对于其余尺寸掩模的生成这里将不再赘述。

**表 7-1　9 个 $3\times 3$ Laws 掩模**

| L3$^{\mathrm{T}}$L3 | | | L3$^{\mathrm{T}}$E3 | | | L3$^{\mathrm{T}}$S3 | | |
|---|---|---|---|---|---|---|---|---|
| 1 | 2 | 1 | -1 | 0 | 1 | -1 | 2 | -1 |
| 2 | 4 | 2 | -2 | 0 | 2 | -2 | 4 | -2 |
| 1 | 2 | 1 | -1 | 0 | 1 | -1 | 2 | -1 |
| **E3$^{\mathrm{T}}$L3** | | | **E3$^{\mathrm{T}}$E3** | | | **E3$^{\mathrm{T}}$S3** | | |
| -1 | -2 | -1 | 1 | 0 | -1 | 1 | -2 | 1 |
| 0 | 0 | 0 | 0 | 0 | 0 | 0 | 0 | 0 |
| 1 | 2 | 1 | -1 | 0 | 1 | -1 | 2 | -1 |
| **S3$^{\mathrm{T}}$L3** | | | **S3$^{\mathrm{T}}$E3** | | | **S3$^{\mathrm{T}}$S3** | | |
| -1 | -2 | -1 | 1 | 0 | -1 | 1 | -2 | 1 |
| 2 | 4 | 2 | -2 | 0 | 2 | -2 | 4 | -2 |
| -1 | -2 | -1 | 1 | 0 | -1 | 1 | -2 | 1 |

所有掩模集合中都会包含一个平均值不为 0 的掩模。因为该掩模给出的结果更多地依赖于图像的强度而不是纹理，因此该掩模对纹理分析没有太大的作用。而其余掩模对边缘点、点、线和以上这些的组合均十分敏感。

在生成了表示局部边缘等的图像之后，下一步就是推断这些量的局部大小。接下来，我们将会选择在大小适中的区域上而不是掩模大小的区域上对这些量进行平滑处理，比如 Laws 在应用了 $3\times 3$ 的掩模之后会采用 $15\times 15$ 的平滑窗口，这样做可以达到平滑纹理边缘和其他微型特征之间间隙的效果。平滑后，图像就转换成了向量图像，其中的每个分量都表示不同类型的能量。虽然 Laws（1980b）同时采用了平方级和绝对级来估计纹理能量，但是前者对真实的能量能给出更好的响应，而后者则更适用于计算量小的情况：

$$E(l,m) = \sum_{i=l-p}^{l+p} \sum_{j=m-p}^{m+p} |F(i,j)| \tag{7.10}$$

其中，$F(i,j)$ 表示典型微型特征的局部大小，它在一般扫描位置 $(l, m)$ 上以 $(2p+1)\times(2p+1)$ 的窗口进行平滑。

我们在下一阶段会采用若干方式来联合不同的能量，并提供多个输出，以将其输入到分类器中来判别每个像素位置的纹理类型（参见图 7-6）。如果有必要，我们还可以使用主成分分析法来辅助选择一组合适的中间输出。

当应用于草、拉菲亚树、沙、羊毛、猪皮、皮革、水和木头等的复合纹理图像时，共生矩阵的准确率大约在 72%，而 Laws 法大约在 87%，说明 Laws 法具有更高的分类准确性（Laws，1980b）。与此同时，通常情况下图像的直方图均衡化可以用于消除纹理区域灰度分布的一阶差异，然而在这种情况下该方法却几乎没有改进。

Pietikäinen 等人（1983）进行了一系列研究，想要确定在 Laws 掩模中使用精确系数对该方法的性能是否会产生影响。他们发现只要掩模的一般形式得以保留，性能就不会恶化，甚至在某些情况下还能得到改善。此外，他们还确认了 Laws 纹理能量测量方法比共生矩阵等基于像素对的测量方法更有效。

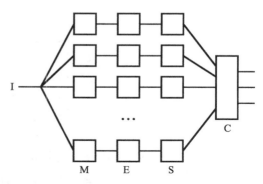

图 7-6　Laws 纹理分类器的基本形式。这里，I 是输入图像，M 代表微型特征，E 表示能量计算，S 表示平滑，C 表示最终分类

## 7.5　Ade 特征滤波器法

1983 年，Ade 研究了衍生自 Laws 法的相关理论，并根据特征滤波器提出了一个改进的理论。在此，我们建议读者在进一步阅读之前参考 14.5 节中主成分分析法和特征值问题相关的内容。Ade 在 $3 \times 3$ 窗口中选取了所有可能的像素对，并采用 $9 \times 9$ 的协方差矩阵来描述图像强度特征。之后他还确定了用于对角化矩阵的特征向量。该方法采用的滤波器掩模类似于 Laws 掩模，即使用这些特征滤波器掩模生成给定纹理的主成分图像。此外，每个特征值都给出了原始图像中可由相应的滤波器提取的部分方差。从本质上来讲，方差会对给定的纹理给出详尽的描述，因为协方差矩阵最初就是在图像纹理上派生出来的。对于纹理识别来说，产生低方差的滤波器显然并不是很重要。

接下来，我们将会说明 $3 \times 3$ 窗口技术。我们先按照 Ade（1983）的顺序对 $3 \times 3$ 窗口中的像素进行编号：

| 1 | 2 | 3 |
| 4 | 5 | 6 |
| 7 | 8 | 9 |

这将产生一个 $9 \times 9$ 的协方差矩阵，主要用于描述如上所述的 $3 \times 3$ 窗口内像素强度之间的关系。我们描述一个纹理时，其纹理属性和像素分布并不是一致的，但是我们会假设协方差矩阵 $C$ 中的对应系数是相等的，如 $C_{24}$ 应该等于 $C_{57}$，此外，$C_{57}$ 必须等于 $C_{75}$。我们这样设定的目的在于通过降低参数维数来提高参数取值的准确性。事实上，一共有 ${}^9C_2 = 36$ 种选择像素对的方法。如果不考虑像素对的平移，那么像素之间就只有 12 个不同的空间关系；如果包含空向量，则会有 13 个空间关系（参见表 7-2）。那么包含了 $a \sim m$ 这 13 个参数的协方差矩阵（参见 14.1 节和 14.5 节）可以采用如下形式：

$$
C = \begin{bmatrix}
a & b & f & c & d & k & g & m & h \\
b & a & b & e & c & d & l & g & m \\
f & b & a & j & e & c & i & l & g \\
c & e & j & a & b & f & c & d & k \\
d & c & e & b & a & b & e & c & d \\
k & d & c & f & b & a & j & e & c \\
g & l & i & c & e & j & a & b & f \\
m & g & l & d & c & e & b & a & b \\
h & m & g & k & d & c & f & b & a
\end{bmatrix}
\tag{7.11}
$$

$C$ 是对称的，实对称协方差矩阵的特征值是正实数并且相互正交（参见 14.5 节）。

表 7-2    3×3 窗口中像素之间的空间关系

| $a$ | $b$ | $c$ | $d$ | $e$ | $f$ | $g$ | $h$ | $i$ | $j$ | $k$ | $l$ | $m$ |
|---|---|---|---|---|---|---|---|---|---|---|---|---|
| 9 | 6 | 6 | 4 | 4 | 3 | 3 | 1 | 1 | 2 | 2 | 2 | 2 |

注：该表显示了 3×3 窗口中像素之间空间关系的出现次数。注意，$a$ 是协方差矩阵 $C$ 的对角元素，其他所有元素在 $C$ 中出现的次数是表中所示的两倍。

此外，由此产生的特征滤波器反映了正在研究的纹理的结构，并且非常适合描述它。例如，对于一个有着显著方向性图案的纹理，其对应方向上会有一个或多个强方向性的特征滤波器的高能量特征值。

## 7.6    对 Laws 法和 Ade 法的评估

我们将对 Laws 法和 Ade 法进行详细的比较。Laws 法采用标准滤波器生成纹理能量图像，然后利用主成分分析法进行纹理识别；而 Ade 法采用特征滤波器，结合主成分分析法，计算纹理能量，并利用多个纹理能量度量进行识别。

Ade 法的优势在于在早期便已去除无用部分，从而节省计算量。例如，在 Ade 应用中，假设有 9 个部分，而前 5 个部分已包含 99.1% 的纹理总能量，那么我们将忽略剩余部分，这对识别准确度几乎没有损失。然而，在某些应用中，纹理可能会不断地变化，在任何时候对特定的数据进行微调可能并不可行。例如：纺织品，在制造过程中，纹理可能有被连续拉伸的情况；大豆之类的食物，纹理大小会随着供应源的改变而改变；蛋糕之类的食物，在加工过程中，纹理会随着烹饪温度和水蒸气含量的不同而改变。

1986 年，Unser 总结了 Faugeras（1978）、Granlund（1980）、Wermser 和 Liedtke（1982）的方法，并提出了一种更为通用的 Ade 方法。该方法不仅对纹理分类进行了性能优化，而且还通过同时对角化两个协方差矩阵来对纹理识别进行了性能优化。而 Unser 和 Eden（1989，1990）通过对非线性检测器应用的细致分析继续优化了该方法。他们采用了两种级别的非线性度量，一种是继线性滤波器之后随即设计的（使用特定的高斯纹理模型）给平滑阶段提供真实方差或其他适当的度量，另一种是经过空间平滑阶段来抵消前一种滤波的影响，目的是提供与输入信号单位相同的特征值。这意味着能够从每个线性滤波器通道中得到均方根（RMS）纹理信号。

在 20 世纪 80 年代，Laws 法最初是作为一种共生矩阵的替代方法出现的。值得注意的是，研究人员还设计了其他可能更优越的方法，例如，Harwood 等人（1985）提出的局部秩相关方法以及 Vistnes（1989）提出的在不同纹理之间找出边缘的强制选择方法，这两种方法都比 Laws 法具有更高的准确度。Vistnes（1989）调查发现，Laws 法具有以下限制：小尺寸的掩模可能会忽略大尺寸的纹理结构；事实上，纹理能量平滑操作会模糊边缘的纹理特征值。Hsiao 和 Sawchuk（1989，1990）发现，当存在介于两个纹理边界区域之间的第三类纹理的时候，上述所说的第二个限制将会被放大，因此他们应用了一个改进的特征平滑技术。与此同时，他们还使用概率松弛法对结果数据进行空间组织。

## 7.7　结束语

在本章中，我们已经看到了分析纹理的困难。导致这些困难的原因不仅仅在于纹理的属性在本质上往往是统计性的，更在于纹理的真实复杂性——有时是潜在的，然而在许多情况下是令人恐惧的。早期被广泛使用的灰度共生矩阵在实际应用中有明显的计算缺陷，其原因在于：首先，许多共生矩阵原则上要求取不同的 $d$ 和 $\theta$ 值来充分描述一个给定的纹理；其次，共生矩阵十分巨大，而自相矛盾的是它可能比所描述的图像包含更多的数据，尤其是当灰度值的范围很大的时候。此外，图像上纹理的变化可能需要许多共生矩阵一起来描述，在必要的时候可能还要进行分割操作。一般情况下，我们都会进行压缩共生矩阵的预操作，然而，我们并不关心如何压缩以及如何进行自动压缩。这也解释了为什么在 20 世纪 80 年代，研究人员将关注点转移到了其他方法上，特别是 Laws 法及其推广 Ade 法等。还有基于分形的度量、马尔可夫方法和 Gabor 滤波器等其他改进方法，尽管篇幅有限不能对这些方法进行讨论，但是可以参阅 7.8 节中与这一主题相关的内容。

> 人们可以像识别和分割普通物体一样识别和分割纹理。本章表明纹理分析对微观结构敏感，因此我们可以用 PCA 来寻找最优结构进而得到微观结构。本课题对虹膜识别等新应用具有很重要的意义。

## 7.8　书目和历史注释

Haralick 等人（1973）开展了纹理分析的早期工作，到了 1976 年 Weska 和 Rosenfeld 则将纹理分析应用于材料检验。Zucker（1976a）和 Haralick（1979）对这一领域进行了审核及评价，而 Ballard 和 Brown（1982）、Levine（1985）的书中对其也有精彩的描写。

在 20 世纪 70 年代之前，纹理分析一直采用共生矩阵法，直到 Laws 法（1979，1980a 和 b）出现才改变了这一局面。同时 Laws 法也为 Dewaele 等人（1988）、Unser 和 Eden（1989，1990）进一步发展 Ade 法奠定了基础。Laws 法的研究方向特别有价值，因为它展示了如何直接实施纹理分析，并在某种意义上与检查等实时应用保持一致。

20 世纪 80 年代，纹理分析还出现了其他新发展，比如由 Pentland（1984）发起的分形方法以及大量关于纹理的马尔可夫随机场模型的研究。尽管 Cross、Derin、D. Geman、S. Geman 和 Jain 在他们的论文中已反复出现该理论的探讨，但是 Hansen 和 Elliott（1982）的研究工作已有初步结果。Bajcsy 和 Liebermann（1976）、Witkin（1981）和 Kender（1983）则开创了纹理形状的概念，并受到了广泛的关注。后来，Greenhill 和 Davies（1993）以及 Patel 等人（1994）开始研究如何利用神经网络方法来进行纹理分析。Van Gool 等人（1985）、Du Buf 等人（1990）、Ohanian 和 Dubes（1992）、Reed 和 Du Buf（1993）则进行了许多有用的比较研究。

近年来，研究人员开始考虑纹理自动检测的问题，已发表的相关论文有：Davies，2000a；

Tsai 和 Huang，2003；Ojala 等人，2002；Manthalkar 等人，2003；Pun 和 Lee，2003。这些论文中也有几篇引用了医学、遥感等其他领域的论文。其中后三篇论文专门研究纹理分类的旋转不变性，最后一篇则主要研究尺度不变性。在过去，研究人员并不看重旋转不变性。Clerc 和 Mallat（2002）主要研究如何通过纹理梯度方程从纹理中恢复形状，而 Ma 等人（2003）则特别关注基于虹膜纹理的身份识别。Mirmehdi 和 Petrou（2000）则对颜色纹理分割进行了深入分析。在此背景下，小波作为一种越来越常用的纹理分析技术（如人类虹膜识别）得到了广泛的关注（Daugman，1993，2003）。小波是一种方向滤波器，会让人联想到 Laws 边缘、条、波形和波纹，但是 Mallat（1989）指出，在多分辨率的图像分解中，小波适用于具有更严格定义的形状和包络线的情况。

Spence 等人（2004）提出可以使用光度立体视觉来消除纹理，以提取底层的表面形状或"凹凸贴图"，并从多个视角对纹理等进行重建。McGunnigle 和 Chantler（2003）指出，如果只有笔的压力标记的话，这种技术也能够用于揭示隐藏在纹理表面的文字。Pan 等人（2004）实现了如何从古碑（特别是由铅和木头制成的）中去除纹理，从而得到清晰的文字图像。

## 近期研究发展

在 21 世纪的前 10 年中，尺度不变性和旋转不变性仍是纹理分析的重点之一。Janney 和 Geers（2010）的论文描述了局部纹理不变特征方法，可以在任意给定的位置使用一维正圆数组采样。该方法采用了 Harr 小波，具有较高的计算效率，并应用于多个尺度上，以达到尺度不变性的目的。此外，该方法还采用强度归一化方法，使得该方法的光照、尺度和旋转也保持不变。

最近出版了关于 Petrou 和 Sevilla（2006）以及 Mirmehdi 等人（2008）的两本著作。前者是一本很好的教科书，从较低的层次开始讲解，还涉及了本书中没有提到的主题，如分形、马尔可夫随机场、吉布斯分布、Gabor 函数、小波和维格纳分布等。后者可以看成是许多研究人员展示新研究内容的汇编，下面展示一些新颖的章节标题："TEXEMS：随机纹理的表征和分析""3D 纹理分析""纹理外观模型""从动态纹理、动态形状到外观模型""纹理划分：分层特征描述""实际追踪转换实施""使用局部二值模式进行人脸分析"。

# 中 级 视 觉

在本部分我们学习中级图像分析，主要涉及图像的抽象信息获取，从图像本身开始：在这个阶段，我们不再关注图像间的转换，就像对图像处理这一主题不太感兴趣一样。具体来说，将使用系统设计的转换方法。

在大多数情况下，第二部分提供了关于各种图像特征的位置和方向的抽象信息，目的不是提供真实世界的数据——这是留给第三~五部分讨论的。因此，第二部分可以告诉我们图像中有一个圆，而进一步解释这是否是一个轮子以及是否存在什么缺陷就是后面几部分所要研究的。

# 二值化形状分析

虽然二值图像比灰度图像包含的信息要少得多，但二值图像的形状和尺寸信息对物体识别具有重要的意义。然而，这些信息存在于像素的数字网格中，其结果是错综复杂的几何图形。本章讨论了处理过程中的一些问题和一些重要算法。

本章主要内容有：

- 连通性矛盾及其解决方法
- 物体标记以及如何解决标识冲突
- 二值图像中与测量有关的问题
- 尺寸滤波技术
- 如何利用凸包来描绘形状，以及确定凸包的方法
- 距离函数，以及如何通过并行和顺序算法的骨架求得距离函数
- 骨架，以及如何通过细化求得骨架：交叉数在确定骨架以及分析骨架上都起着关键作用
- 形状识别的一些简单度量，包括圆度和纵横比
- 更严格的形状度量，包括矩和边界描述符

实际上，这一章几乎只讨论了基于区域的形状分析方法，基于边界的过程将在第 9 章介绍，尽管圆度度量和边界跟踪在本章都有涉及。然而，章节的划分不可能是完全独立的，因为任何方法都需要在不同的地方放置"钩子"。实际上，在详细了解如何充实一个概念之前，提前碰到这个概念通常是有价值的。

回到本章，有趣的是，我们注意到一些算法的过程十分复杂，尤其是连通性，它渗透到整个数字化形状分析过程中，而且伴随着严重的"健康"问题。

## 8.1 导言

在过去的几十年里，二维形状分析是在数字图像中识别和定位物体的主要手段。从根本上说，二维形状非常重要，因为它独特地刻画了许多类型的物体，从键到字符，从垫圈到扳手，从指纹到染色体，然而，它又可以用简单的二值化图像的模式来表示。第 1 章展示了模板匹配方法是如何导致组合爆炸的——即使是在寻找非常基本的模式时，所以初步分析图像来寻找特征是有效识别和定位过程中的关键阶段。因此，二值化形状分析能力是实际视觉识别系统的基本要求。

事实上，40 年来的技术进步产生了大量的形状分析方法和相应应用。显然，用一章来覆盖整个领域是不可能的——甚至不可能完整地讨论所有算法和方法（在本章中，我们对所有算法和方法都只做简短的介绍）。从一个层面上来说，主要讨论的一些主题都是其本身具有内在影响和实际应用的例子；从另一个层面上，它们引入了一些基本原则。重复出现的主题包括二值图像连通性的重要性、图像的局部和全局操作之间以及图像数据的不同表达形式

之间的区别、优化准确性和计算效率的需求，以及算法和硬件的兼容性。本章首先讨论如何在二值图像中度量连通性。

## 8.2 二值图像的连通性

本节首先假设物体已经通过阈值或其他程序分割成背景为 0、前景为 1（参见第 2～4 章）的形式。在这一阶段，重要的是认识到已经隐含地做了第二个假设——在二值图像中很容易划分物体之间的边界。然而，在以矩形镶嵌数字表示的图像中，连通性的定义出现了问题。考虑以下哑铃形物体，它表示为 1 的数组（所有未标记的图像点都取二进制值 0）：

在中心处，物体有这样一部分表达形式：

$$\begin{matrix} 0 & 1 \\ 1 & 0 \end{matrix}$$

这将两个背景区域分开。此时，对角相邻的 1 被视为连接的，而对角相邻的 0 被视为断开的——这是一组似乎一致的分配。然而，我们很难接受这样一种情况，即一对相连的对角 0 与一对相连的对角 1 交叉而不会导致中断。同样，我们不能接受这样一种情况，即一对断开的对角线 0 与一对断开的对角线 1 交叉，而在这两种情况下都没有连接。因此，连通性的对称定义是不可能的，并且只有当对角邻居是前景时才认为它们是连接的，即前景是"8 连通的"，背景是"4 连通的"，随后的讨论都遵循了这一惯例。

## 8.3 物体标记和计数

现在，我们对连通性有了一致的定义；我们可以轻易地划分二值图像中的所有物体，并且应该能够设计算法来唯一地标记它们并进行计数。可以通过顺序扫描图像直到在第一个物体上遇到 1 来实现标记；然后记录扫描位置，并启动"传播"例程以 1 标记整个物体。因为原始图像空间已经在使用中，所以必须分配单独的图像空间用于标记。接下来继续扫描，忽略所有已经标记的点，直到找到另一个物体（这在单独的图像空间中用 2 标记）。这个过程一直持续到整个图像被扫描，并且所有物体都被标记（图 8-1）。在这个过程中隐含着通过一个连通物体传播的可能性。假设在这一阶段没有方法可用于限制传播例程的场，因此必须扫描整个图像空间。然后，传播例程采取以下形式：

```
do {
    for all points in image
        if point is in an object
            and next to a propagating region labelled N
        assign it the label N
} until no further change;
```
(8.1)

do-until 循环的内核更明确地表示为：

```
// original image in A-space; labels to be inserted in P-space
for all pixels in image do {
    if ( (A0 == 1)
        && ( (P1 == N) || (P2 == N) || (P3 == N) || (P4 == N)
        || (P5 == N) || (P6 == N) || (P7 == N) || (P8 == N) ) )
    P0 = N;
}
```
(8.2)

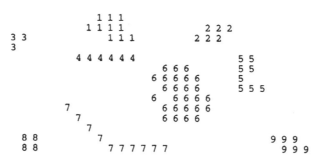

图 8-1    所有二值化物体被标记的过程

在这一阶段，获得了一种相当简单的物体标记算法，如表 8-1 所示：注释 " for forward scan over image do {...}" 表示图像上的连续正向光栅扫描。

表 8-1    物体标记的简单算法

```
// start with binary image containing objects in A-space
// clear label space
for all pixels in image do { P0 = 0; }
// start with no objects
N = 0;
/* look for objects using a sequential scan and propagate labels through them */
do { // search for an unlabelled object
    found = false;
    for forward scan over image do {
        if ( (A0 == 1) && (P0 == 0) && not found) {
            N = N + 1;
            P0 = N;
            found = true;
        }
    }
    if (found) // label the object just found
        do {
            finished = true;
            for all pixels in image do {
                if ( (A0 == 1) && (P0 == 0)
                    && ( (P1 == N) || (P2 == N) || (P3 == N) || (P4 == N)
                    || (P5 == N) || (P6 == N) || (P7 == N) || (P8 == N) ) ) {
                        P0 = N;
                        finished = false;
                }
            }
        } until finished;
} until not found; // i.e. no (more) objects
// N is the number of objects found and labelled
```

请注意，上述物体计数和标记过程要求在图像空间上至少进行 $2N+1$ 次扫描，并且在实践中，数量将更接近 $NW/2$，其中 $W$ 是物体的平均宽度。因此，该算法本身相当低效。这促

使我们考虑如何减少扫描图像的次数以节省计算量。一种可能是向前扫描图像，当发现物
体时传播新标记。虽然这对于凸形物体来说基本上是直
截了当的，但是对于具有凹形（例如"U"形）的物体
会遇到问题，因为同一物体的不同部分将以不同的标记
结束，并且意味着必须设计用于处理标记"碰撞"的装
置（例如，最大局部标记可以穿过物体的其余部分，见
图 8-2）。然后，通过图像的反向扫描可以解决不一
致的问题。然而，该过程不会解决所有可能出现的问
题，如在更复杂物体（如螺旋）的情况下。在这种情况
下，重复应用一般的并行传播，直到没有进一步的标记
出现——这可能是更好的做法，尽管正如我们已经看到
的，这样的过程本质上是计算密集的。然而，它可以非
常方便地在某些类型的并行处理器上实现，如单指令流
多数据流（SIMD）机器。

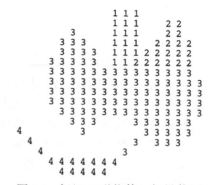

图 8-2  标记 U 形物体：如果使用
简单的传播算法，则在标
记某些类型的物体时会出
现问题。必须做出一些规
定来接受标记的"碰撞"，
即便可以通过后续处理阶
段消除混淆

最终，计算量最小的传播过程涉及一种不同的方
法：物体和物体的一部分在通过图像的单次连续过程中
被标记，同时注意哪些标记在物体上共存。然后，在抽
象信息处理阶段，标记被分开排序，以确定最初相当特别的标记应该如何解释。最后，在第
二次通过图像时，物体被适当地重新标记（事实上，后一遍有时是不必要的，因为图像数据
仅仅以过度复杂的方式被标记，所需要的是如何解释它们）。改进的标记算法现在采用表 8-2
所示的形式。显然，这种单次顺序扫描的算法本质上就比前一种算法效率要高得多，尽管专
用的特定硬件或合适的 SIMD 处理器的存在可能会带来改变并证明使用前一种替代程序是合
理的。

**表 8-2  物体标记的改进算法**

```
// clear label space
for all pixels in image do { P0 = 0; }
// start with no objects
N = 0;
// clear the table that is to hold the label coexistence data
for (i = 1; i <= Nmax; i++)
    for (j = 1; j <= Nmax; j++)
        coexist[i][j] = false;
// label objects in a single sequential scan
for forward scan over image do {
    if (A0 == 1) {
    }
        if ( (P2 == 0) && (P3 == 0) && (P4 == 0) && (P5 == 0) ) {
            N = N + 1;
            P0 = N;
        }
        else {
            P0 = max(P2, P3, P4, P5);
            // now note which labels coexist in objects
            coexist[P0][P2] = true;
            coexist[P0][P3] = true;
            coexist[P0][P4] = true;
            coexist[P0][P5] = true;
```

（续）

```
        }
    }
}
analyse the coexist table and decide ideal labelling scheme;
relabel image if necessary;
```

显然，对上述算法的微小修改使得我们可以确定物体的面积和周长。因此，可以用面积或周长来标记物体，而不是用代表它们在图像中出现顺序的数字来标记。更重要的是，传播例程的可用性意味着可以依次整体考虑物体——如果需要的话，可以将它们转移到单独的图像空间或存储区域，以备无阻碍的独立分析。显然，如果物体出现在单个二值空间中，最大和最小空间坐标是容易测量的，质心很容易找到，矩量（见下文）和其他参数的更详细计算也很容易进行。

### 解决复杂情况下的标记问题

在本节中，我们在表 8-2 末尾的"分析共存表并决定理想的标记方案"这一过于简单的陈述中添加了实质性内容。首先，我们必须通过提供一个合适的例子来使这项任务变得重要。图 8-3 给出了示例图像，其中已经按照表 8-2 的算法执行了顺序标记，然而采用了一种不同形式——使用最小而不是最大标记约定，使得这些值通常稍微接近最终的理想标记（这也证明了设计合适的标记算法不是只有一种方法）。算法本身表明现在共存表应该如表 8-3 所示。但是，计算理想标记的整个过程可以通过插入数字而不是打钩来提高效率，并且还可以沿着主对角线添加正确的数字，如表 8-4 所示；出于同样的原因，这里保留技术上冗余的主对角线以下的数字。

```
              1        2 2
              1        2 2
              1     2 2
                  1 1 1
          3 3 1 1 1
      4 4 3 3 1 1 1
    4 4 3 3 1 1 1
  4 4 3 3 1 1 1
```

```
        5                                    6
        5          7 7           8 8       6
      5          7        7        8      8    6
      5      7           7      8           6
      5 5                    7 7
```

图 8-3    在更复杂的情况下解决标记问题

表 8-3    图 8-3 的图像共存表

|   | 1 | 2 | 3 | 4 | 5 | 6 | 7 | 8 |
|---|---|---|---|---|---|---|---|---|
| 1 |   | √ | √ |   |   |   |   |   |
| 2 | √ |   |   |   |   |   |   |   |

（续）

| | 1 | 2 | 3 | 4 | 5 | 6 | 7 | 8 |
|---|---|---|---|---|---|---|---|---|
| 3 | √ | | | √ | | | | |
| 4 | | | √ | | | | | |
| 5 | | | | | | | √ | |
| 6 | | | | | | | | √ |
| 7 | | | | √ | | | | √ |
| 8 | | | | | | √ | √ | |

注：打钩项对应于标记的冲突。

**表 8-4　带有附加数字信息的共存表**

| | 1 | 2 | 3 | 4 | 5 | 6 | 7 | 8 |
|---|---|---|---|---|---|---|---|---|
| 1 | 1 | 1 | 1 | | | | | |
| 2 | 1 | 2 | | | | | | |
| 3 | 1 | | 3 | 3 | | | | |
| 4 | | | 3 | 4 | | | | |
| 5 | | | | | 5 | | 5 | |
| 6 | | | | | | 6 | | 6 |
| 7 | | | | | 5 | | 7 | 7 |
| 8 | | | | | | 6 | 7 | 8 |

注：该共存表是表 8-3 的增强版本。从技术上来说，沿着和低于主对角线的数字是多余的，但是它们加快了后续的计算。

　　下一步是最小化表中各行的条目，如表 8-5 所示，然后沿着各个列最小化（表 8-6）。再然后，我们沿着行最小化（表 8-7）。这个过程反复进行，直到完成（已经进行了三次最小化）。我们现在可以从主对角线读出最终结果。请注意，需要进一步的计算阶段来使结果标记是连续的整数（从单位 1 开始）。然而，实现这一点所需的过程要简单得多，不需要操作二维数据表，这作为一个简单的编程任务留给读者。

**表 8-5　以最小化行重新绘制共存表**

| | 1 | 2 | 3 | 4 | 5 | 6 | 7 | 8 |
|---|---|---|---|---|---|---|---|---|
| 1 | 1 | 1 | 1 | | | | | |
| 2 | 1 | 1 | | | | | | |
| 3 | 1 | | 1 | 1 | | | | |
| 4 | | | 3 | 3 | | | | |
| 5 | | | | | 5 | | 5 | |
| 6 | | | | | | 6 | | 6 |
| 7 | | | | | 5 | | 5 | 5 |
| 8 | | | | | | 6 | | 6 |

注：在这个阶段，表不再是对称的。

**表 8-6　以最小化列再次重绘共存表**

| | 1 | 2 | 3 | 4 | 5 | 6 | 7 | 8 |
|---|---|---|---|---|---|---|---|---|
| 1 | 1 | 1 | 1 | | | | | |

（续）

| | 1 | 2 | 3 | 4 | 5 | 6 | 7 | 8 |
|---|---|---|---|---|---|---|---|---|
| 2 | 1 | 1 | | | | | | |
| 3 | 1 | | 1 | 1 | | | | |
| 4 | | | 1 | 1 | | | | |
| 5 | | | | | 5 | | 5 | |
| 6 | | | | | | 6 | | 5 |
| 7 | | | | | 5 | | 5 | 5 |
| 8 | | | | | | 6 | 5 | 5 |

表 8-7　以最小化行再次重绘共存表

| | 1 | 2 | 3 | 4 | 5 | 6 | 7 | 8 |
|---|---|---|---|---|---|---|---|---|
| 1 | 1 | 1 | 1 | | | | | |
| 2 | 1 | | | | | | | |
| 3 | 1 | | 1 | 1 | | | | |
| 4 | | | 1 | 1 | | | | |
| 5 | | | | | 5 | | 5 | |
| 6 | | | | | | 6 | | 5 |
| 7 | | | | | 5 | | 5 | 5 |
| 8 | | | | | | 6 | 5 | 5 |

注：在这个阶段，表以最终形式呈现，并且再次对称。

现在，我们对上述过程的性质进行一些评论。事实上，原始图像数据已经被有效地压缩到表达标记所需的最小空间中，即每个原始冲突只有一个条目。这解释了为什么表格保留了原始图像的二维格式：较低的维度无法完全表示图像拓扑。它还解释了为什么最小化必须在两个正交方向上进行，直到完成。另一方面，特定的实现，包括对角线以上和对角线以下的元素，能够最小化计算开销，并在非常少的迭代中完成操作。

最后，人们可能会觉得，对于寻找二值图像的连通分量已经投入了太多的精力。事实上，在工业检测等实际应用中，这是一个非常重要的话题，在对所有物体进行单独识别和仔细检查之前，必须明确定位这些物体。此外，图 8-3 清楚地表明，不仅仅是 U 形物体会带来问题，还包括那些形状精细的物体——就像图 8-3 上部物体的左边所示的那样。

## 8.4　尺寸滤波

在继续研究尺寸滤波之前，我们提醒大家注意这样一个事实，即连通性的 8 连通和 4 连通定义导致以下距离衡量（或"度量"），这些度量适用于数字网格中标记为 $i$ 和 $j$ 的像素对：

$$d_8 = \max(|x_i - x_j|, |y_i - y_j|) \tag{8.3}$$

和

$$d_4 = |x_i - x_j| + |y_i - y_j| \tag{8.4}$$

虽然 $d_4$ 和 $d_8$ 度量的使用必然会导致某些不精确，但是对于了解在二值图像中使用局部操作可以实现什么是有用的。本节研究如何仅使用局部（$3 \times 3$）操作来执行简单的尺寸滤波操作。基本想法是，可以通过应用一系列缩小操作来消除小物体。事实上，$N$ 次缩小操作将消除最窄维度上像素为 $2N$ 或更少的物体（或物体的那些部分）。当然，这个过程会缩小图像中的所有物体，但原则上，后续的 $N$ 次扩展操作会将较大的物体恢复到它们以前的大小。

如果需要完全消除小物体，同时完全保留较大的物体，则不能通过上述程序来实现，因为在许多情况下，较大的物体会被这些操作扭曲或分割（图 8-4）。为了将较大的物体恢复到它们的原始形式，正确的方法是使用缩小的版本作为"种子"，通过繁殖过程从中生长出原始物体。表 8-8 的算法能够实现这一点。

(A)    (B)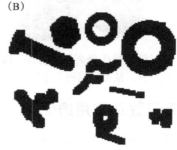

图 8-4  简单尺寸滤波程序的效果。当通过一组缩小和扩展操作尝试进行尺寸滤波时，较大的物体会恢复到其原始尺寸，但它们的形状经常会发生改变甚至破碎。在本例中，图 B 显示了对图 A 中的图像应用两次缩小和两次扩展操作的效果

**表 8-8  用于恢复缩小物体的原始形式的算法**

```
// save original image
for all pixels in image do { C0 = A0; }
// now shrink the original objects N times
for (i = 1; i <= N; i++) {
    for all pixels in image do {
        sigma = A1 + A2 + A3 + A4 + A5 + A6 + A7 + A8;
        if (sigma < 8) B0 = 0; else B0 = A0;
    }
    for all pixels in image do {A0 = B0; }
}
// next propagate the shrunken objects using the original image
do {
    finished = true;
    for all pixels in image do {
        sigma = A1 + A2 + A3 + A4 + A5 + A6 + A7 + A8;
        if ( (A0 == 0) && (sigma > 0) && (C0 == 1) ) {
            A0 = 1;
            finished = false;
        }
    }
} until finished;
```

在讨论如何移除处处窄于指定宽度的整个（连通的）物体之后，我们可以设计一些算法来移除给定宽度范围内的物体的任何子集：大的物体可能会被过滤掉，方法是先移除较小的物体，然后对原始图像执行逻辑掩模操作；而中等大小的物体可能会被过滤掉，方法是移除较大的子集，然后恢复先前存储在分离图像空间中的小物体。最终，所有这些方案都依赖于传播技术的可用性，而传播技术又依赖于单个物体的内部连通性。

最后请注意，扩展操作后紧接缩小操作可能对于连接附近的物体、填充洞等非常有用。可对这些简单的技术进行多种改进和补充。一个特别有趣的方法是通过缩小操作将接触物体（如巧克力）的轮廓分开，这样就可以可靠地对它们进行计数（图 8-5）。

(A)                                    (B)

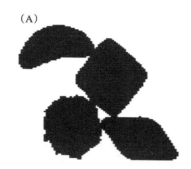
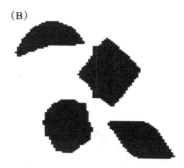

图 8-5    通过缩小操作分离接触物体。这里，图 A 中的物体（巧克力）被收缩（B），以便将它
们分开，从而可以可靠地计数

## 8.5  距离函数及其用途

物体的距离函数在形状分析中是一个非常简单和有用的概念。本质上，物体中的每个像素都根据其与背景的距离进行编号。像往常一样，背景像素被视为 0，边缘像素被计数为 1，1 旁边的物体像素变成 2，再旁边是 3，以此类推贯穿所有物体像素（图 8-6）。

```
                1 1 1
                1 2 1        1 1
        1       1 2 1        1 1
    1 1 1       1 2 1    1 1 1 1
    1 2 1 1     1 2 1 1 1 1 2 2 1
  1 1 2 2 1     1 2 2 2 2 2 2 1
  1 2 2 2 1 1 1 1 2 3 3 3 3 2 1
  1 2 3 2 2 2 2 2 3 4 4 3 2 1 1
  1 2 2 3 3 3 3 3 3 3 3 3 2 2 1
  1 1 2 2 2 2 2 2 2 2 3 3 2 2 1
    1 1 2 1 1 1 1 1 2 2 3 2 1 1
        1 1 1     1 1 2 2 2 1
  1           1     1 1 2 1 1
    1         1     1 1 1
      1             1
      1 1 1 1 1 1
      1 1 1 1 1
```

图 8-6    二元形状的距离函数：每个像素的值是距离背景的距离（$d_8$ 度量）

表 8-9 的并行算法通过传播找到二值物体的距离函数。请注意，该算法在执行最后一遍时，没有发生任何事情；如果我们要保证这一进程会完成，这是不可避免的。

### 表 8-9    传播距离函数的并行算法

```
// Start with binary image containing objects in A-space
for all pixels in image do { Q0 = A0 *255; }
N = 0;
do {
    finished = true;
    for all pixels in image do {
      if ( (Q0 == 255) // in object and no answer yet
          && ( (Q1 == N) || (Q2 == N) || (Q3 == N) || (Q4 == N)
          || (Q5 == N) || (Q6 == N) || (Q7 == N) || (Q8 == N) ) ) {
              // next to an N
              Q0 = N + 1;
              finished = false; // some action has been taken
        }
    }
    N = N + 1;
} until finished;
```

如果使用顺序处理，则可以用更少的操作来执行距离函数的传播。在一维中，基本思想是使用如下例程在物体内建立坡道：

```
for all pixels in a row of pixels do{Q0 = A0*255;}
for forward scan over row of pixels do
  if (Q0 > Q5 + 1) Q0 = Q5 + 1;
```

接下来，我们需要坚持在物体内部设置双面坡道，包括水平方向的坡道和垂直方向的坡道。这是通过两种顺序操作优雅地实现的，一种是正常的正向光栅扫描，另一种是反向光栅扫描：

```
for all pixels in image do{Q0 = A0 *255;}
for forward scan over image do {
    minplusone = min (Q2, Q3, Q4, Q5) + 1;
    if (Q0 > minplusone) Q0 = minplusone;
}
for reverse scan over image do {
    minplusone = min (Q6, Q7, Q8, Q1) + 1;
    if (Q0 > minplusone) Q0 = minplusone;
}
```

$$(8.5)$$

请注意用于区分图像上的正向光栅扫描和反向光栅扫描的符号："for forward scan over image do {...}"表示正向光栅扫描，"for reverse scan over image do {...}"则表示反向光栅扫描。该算法更简洁的版本如下：

```
for all pixels in image do{Q0 = A0*255;}
for forward scan over image do {
    Q0 = min (Q0 − 1, Q2, Q3, Q4, Q5) + 1;
}
for reverse scan over image do {
    Q0 = min (Q0 − 1, Q6, Q7, Q8, Q1) + 1;
}
```

$$(8.6)$$

在继续之前，有必要强调顺序处理对于传播距离函数的价值。事实上，当这种顺序算法在串行计算机上运行时，对于 $N \times N$ 的图像，将比在串行计算机上运行的相应并行算法快 $O(N)$ 倍，但是比在并行计算机上运行的相同并行算法慢 $O(N)$ 倍。虽然以上描述是专门针对距离函数的传播的，但是对于许多其他操作也可以做出类似的描述（请注意，使用已知的 SIMD 机器的并行计算机可以非常高效地实现并行处理）。

## 局部最大值和数据压缩

距离函数的一个有趣的应用是数据压缩。为了实现这一点，应执行相关操作来定位那些是距离函数的局部最大值的像素（图 8-7），因为存储这些像素值和位置将允许原始图像通过向下传播的过程再生（见下文）。请注意，尽管找到距离函数的局部最大值为数据压缩提供了基本信息，但实际压缩仅发生在数据以点列表的形式存储时，而不是以原始图片格式存储时。为了定位局部最大值，可以采用以下并行例程：

```
for all pixels in image do {
    maximum = max (Q1, Q2, Q3, Q4, Q5, Q6, Q7, Q8);
    if ((Q0 > 0) && (Q0 ≥ maximum)) B0 = 1; else B0 = 0;
}
```

$$(8.7)$$

或者，压缩数据可以传输到单个图像空间：

```
for all pixels in image do {
    maximum = max (Q1, Q2, Q3, Q4, Q5, Q6, Q7, Q8);
    if ((Q0 > 0) && (Q0 ≥ maximum)) P0 = Q0; else P0 = 0;
}
```

$$(8.8)$$

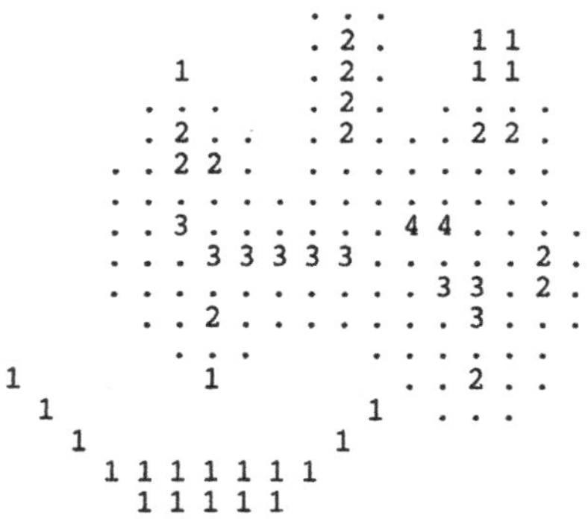

```
                  . . .
                  . 2 .        1 1
        1         . 2 .        1 1
      . . .       . . .      . . . .
      . 2 .       . 2 .      . 2 2 .
      . . 2 2 .   . . . .    . . . .
      . . . . .   . . . .    . . . .
      . . . 3 .   . . . .  4 4 . . .
      . . . 3 3 3 3 3 . . .      . 2 .
      . . . . . . . .   . 3 3 . 2 .
      . . . 2 . . . .        . 3 .
    1             . 1        . . 2 .
    1                  1      . . .
      1                1
      1 1 1 1 1 1
      1 1 1 1
```

图 8-7    图 8-6 所示形状的距离函数的局部最大值，形状的其余部分用点表示，背景为空白。
请注意，局部最大值将它们自己分组到每个包含等距离函数值的点的簇中，而不同值
的簇被清楚地分开

注意，为了数据压缩的目的而保留的局部最大值不是绝对最大值，而是在不与较大值相邻的意义上的最大值。如果不是这样，保留的点数不足以完全再生原始物体。结果发现，绝对最大值将它们自己分组到连通点的簇，每个簇具有共同的距离值，并且与不同距离值的点分开（图 8-7）。因此，物体的局部最大值集合不是连通子集。这一事实对骨架的形成有重要影响（见下文）。

了解如何通过寻找距离函数的局部最大值来执行数据压缩后，我们讨论用于从已经插入局部最大值的图像中恢复物体形状的并行向下传播算法（表 8-10）。再次注意，如果可以假设最多需要 $N$ 次通过已知最大宽度的物体传播，那么算法将变得简单：

```
for (i = 1; i <= N; i++)
    for all pixels in image do {
        Q0 = max(Q0 + 1, Q1, Q2, Q3, Q4, Q5, Q6, Q7, Q8) − 1;
    }
```
(8.9)

**表 8-10    从距离函数的局部最大值恢复物体的并行算法**

```
// assume that input image is in Q-space, and that non-maximum values have
value 0
do {
    finished = true;
    for all pixels in image do {
        maxminusone = max(Q0 + 1, Q1, Q2, Q3, Q4, Q5, Q6, Q7, Q8) − 1;
        if (Q0 < maxminusone){
            Q0 = maxminusone;
            finished = false; // some action has been taken
        }
    }
} until finished;
```

## 8.6    骨架和细化

骨架是一个强大的模拟概念，可用于分析和描述二值图像中的形状。骨架可以被定义为沿着图形枝干的一组相连的中间线。例如，在粗手绘字符的情况下，骨架可以被认为是笔实际行进的路径。事实上，骨架的基本思想是消除冗余信息，同时只保留有助于识别物体形状和结构的拓扑信息。在手绘字符的情况下，笔画的宽度被认为是无关紧要的。宽度可能是恒定的，因此不携带任何有用的信息，或者可能随机变化，也没有识别价值（图 1-2）。

上述定义引出了寻找插入物体边界内的最大圆盘中心轨迹的想法。首先，假设图像空间

是一个连续体。然后，假设圆盘为圆形，它们的中心形成轨迹，当物体边界由直线段近似时，轨迹可以非常方便地建模。事实上，轨迹的部分分为三类：

1）可以是角平分线，即平分角并一直延伸到角顶点的线；

2）可以是位于边界线中间的线；

3）可以是与直线和其他直线的最近点等距的抛物线，即两条直线相交的角点。

显然，第 1 类和第 2 类是更一般情况的特殊形式。

这些想法为具有线性边界的物体确定了独特的骨架，这些概念很容易推广到曲线形状。事实上，这种方法给出的细节往往比通常要求的要多，即使是最钝的角，其顶点也有一条骨架线（图 8-8）。因此，我们经常采用阈值方案，使得骨架线仅到达具有指定最小锐度的角。

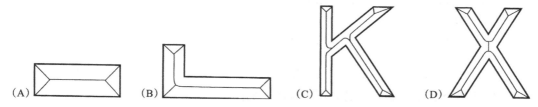

图 8-8  边界完全由直线段组成的四种形状。理想化的骨架一直延伸到每个角落的顶点，不管它有多钝。在图 B、C 和 D 的某些部分中，骨架片段是抛物线的一部分，而不是直线。因此，骨架的详细形状（或由离散图像中操作的大多数算法产生的近似值）并不完全是最初预期的或者是某些应用所期待的

我们现在必须看看骨架概念在数字网格中是如何工作的。在这里，我们面临着一个直接的选择：应该采用哪种度量标准？如果我们选择欧几里得度量（即网格距离被测量为像素对之间的欧几里得距离），可能会有相当大的计算负荷。如果选择 $d_8$ 度量，我们将立即失去准确性，但是计算要求应该更适中（这里不考虑 $d_4$ 度量，因为我们正在处理前景物体的形状）。接下来，我们将集中讨论 $d_8$ 度量。

在这个阶段，一些思考表明，应用最大圆盘来定位骨架线，实质上相当于找到距离函数的局部最大值的位置。不幸的是，如前一节所见，局部最大值集在给定物体内无法形成连通图，也不一定由细线组成，实际上它在某些地方可能有 2 像素宽。因此，在试图使用这种方法来获得连通的单位宽度骨架（该骨架可以方便地用于表示物体的形状）时出现了问题。我们将在下面再次使用这种方法。然而，与此同时，我们追求另一种想法——细化。

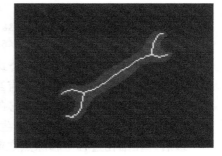

图 8-9  离散网格中细化算法的典型结果

细化也许是骨架化最简单的方法。它可以被定义为系统地剥离图形的最外层，直到只剩下连通的单位宽度骨架的过程（见图 8-9）。有多种算法可以实现这一过程，且具有不同程度的精度，我们将在下面讨论如何达到和测试特定的精度水平。然而，有必要首先讨论在细化算法中有效去除图形边界上的点的机制。

## 8.6.1  交叉数

现在必须考虑检查点以确定它们是否可以在细化算法中被移除的确切机制。这可以通过

参考特定 $3 \times 3$ 邻域外的 8 个像素的交叉数 $\chi$（chi）来决定。$\chi$ 被定义为在邻域外进行 0-1 和 1-0 转换的总数：这个数字实际上是将物体的剩余部分连接到邻域中心的潜在连接数的两倍（图 8-10）。不幸的是，$\chi$ 的公式由于 8 连通性标准而变得更加复杂。

```
0 0 0     0 0 0     1 0 0     1 0 0     1 0 1     1 0 0     1 0 1
0 1 0     0 1 1     0 1 1     0 1 0     0 1 0     0 1 0     0 1 0
0 0 0     1 1 1     1 1 1     0 1 0     1 1 1     1 0 1     1 0 1
   0         2         4         4         6         6         8
```

图 8-10    一些给定了像素邻域配置的交叉数的例子（0，背景；1，前景）

为了有效地表达这一点，我们使用 C++ "(int)" 构造将逻辑结果的真和假转换为整数结果 1 和 0，得到

```
badchi = (int)(A1! = A2) + (int)(A2! = A3) + (int)(A3! = A4)
       + (int)(A4! = A5) + (int)(A5! = A6) + (int)(A6! = A7)       (8.10)
       + (int)(A7! = A8) + (int)(A8! = A1)
```

然而，根据 8 连通性标准，这是不正确的。例如，

```
0 1 0
0 1 1
1 1 1
```

这个公式给出的 $\chi$ 值是 4 而不是 2。原因是右上角孤立的 0 并不能阻止相邻的 1 的连接，修改后的公式为：

```
wrongchi = (int)(A1! = A3) + (int)(A3! = A5) + (int)(A5! = A7)
         + (int)(A7! = A1);                                        (8.11)
```

然而，这也不对。因为

```
0 0 1
0 1 0
1 1 1
```

给出的答案是 2 而不是 4。因此，有必要增加四个额外的项来处理拐角处独立的 1：

```
chi = (int)(A1! = A3) + (int)(A3! = A5) + (int)(A5! = A7)
    + (int)(A7! = A1)
    + 2*((int)((A2 > A1) && (A2> A3)) + (int)((A4> A3) && (A4> A5))   (8.12)
    + (int)((A6> A5) && (A6> A7)) + (int)((A8> A7) && (A8> A)));
```

这个（现在正确的）交叉数公式在不同情况下给出了 0、2、4、6 或 8 的值（图 8-10）。细化过程中移除点的规则是，只有当点位于物体边界上 $\chi$ 为 2 的位置时，才能移除点；当 $\chi$ 大于 2 时，该点必须保留，因为它在物体的两个部分之间形成重要的连接点；此外，当 $\chi$ 为 0 时，必须保留，因为移除它会产生一个孔。

最后，在细化过程中移除点之前，还必须满足一个条件，即 $3 \times 3$ 邻域外部的 8 个像素值的总和 $\sigma$（sigma）不等于 1（参见第 2 章）。这样做的原因是为了保留线端，如下例所示：

```
0 0 0     0 0 0
0 1 0     0 1 0
0 1 0     0 0 1
```

很明显，如果线端随着细化而被侵蚀，最终的骨架将完全不能准确地表示物体的形状

（包括其枝干的相对尺寸）（然而，我们可能有时希望在保持连通性的同时缩小物体，在这种情况下，不需要实现这种额外的条件）。学习过这些基础知识后，我们现在可以设计完整的细化算法了。

### 8.6.2　细化的并行和顺序实现

细化"本质上是顺序的"，因为通过安排一次只能移除一个点，最容易确保保持连通性。如上所述，这是通过在移除交点之前检查交点是否为 2 来实现的。现在想象一下将表 8-11 中"明显的"顺序算法应用到二值图像中。假设正常的正向光栅扫描，这个过程的结果是产生一个高度扭曲的骨架，由沿着物体右边缘和底边缘的线组成。现在可以看出 $\chi=2$ 的条件是必要的，但还不够，因为它没有说明删除点的顺序。为了产生一个不偏不倚的骨架，考虑一组真正的中线，有必要尽可能均匀地去除物体边界周围的点。有助于实现这一点的方案包括一个新的处理序列：在图像的第一遍扫描时标记边缘点；在第二遍时按照上述算法顺序剥离点，但仅在它们已经被标记的地方；然后标记一组新的边缘点；再执行另一次剥离过程；然后重复该标记和剥离顺序，直到不再发生变化。根据这一原理工作的早期算法是 Beun（1973）的算法。

表 8-11　一个"明显的"顺序细化算法

```
do {
    finished = true;
    for forward scan over image do {
        sigma = A1 + A2 + A3 + A4 + A5 + A6 + A7 + A8;
        chi = (int) (A1 != A3) + (int) (A3 != A5) + (int) (A5 != A7)
            + (int) (A7 != A1)
            + 2*((int) ((A2>A1) && (A2>A3))+(int) ((A4>A3) && (A4>A5))
            + (int) ((A6>A5) && (A6>A7))+(int) ((A8>A7) && (A8>A1)));
        if ( (A0 == 1) && (chi == 2) && (sigma != 1) ) {
            A0 = 0;
            finished = false; // some action has been taken
        }
    }
} until finished;
```

尽管上述新颖的顺序细化算法可以用于产生合理的骨架，但是如果剥离动作可以围绕物体对称地执行，从而消除任何可能的骨架偏差，则效果会好得多。在这方面，并行算法应该有明显的优势。然而，并行算法会导致几个点同时被移除。这意味着 2 像素宽的线将消失（因为在 3×3 邻域中操作的掩模无法"看到"足够多的物体来判断一个点是否可以被有效移除），结果，形状会被断开。避免这个问题的一般原则是在不同的遍历中剥离位于边界不同部分的点，这样就没有造成断裂的风险。事实上，通过应用不同的掩模和条件来表征边界的不同部分，有很多方法可以实现这一点。如果边界总是凸的，问题无疑会减少；然而，边界可能非常复杂，并且会受到量化噪声的影响，因此问题很复杂。由于这个问题有这么多潜在的解决方案，我们在这里集中讨论一个可以方便地分析并给出可接受结果的解决方案。

所讨论的方法是周期性地去除北、南、东、西四个方向的点，直到完成细化。北点定义如下：

$$\times\ 0\ \times$$
$$\times\ 1\ \times$$
$$\times\ 1\ \times$$

其中"×"表示 0 或 1，南、东和西方向的点的定义类似。很容易证明所有 $\chi=2$ 和 $\sigma \neq 1$ 的北点可以并行移除，不会造成骨架断裂，南点、东点和西点也一样。因此，矩形网格化中并行细化算法的可能格式如下：

```
do {
    strip appropriate north points;
    strip appropriate south points;
    strip appropriate east points;
    strip appropriate west points;
} until no further change;
```
(8.13)

其中剥离"适当"北点的基本并行程序是：

```
for all pixels in image do {
    sigma = A1 + A2 + A3 + A4 + A5 + A6 + A7 + A8;
    chi = (int)(A1 != A3) + (int)(A3 != A5) + (int)(A5 != A7)
        + (int)(A7 != A1)
        + 2*((int)((A2 > A1) && (A2 > A3)) + (int)((A4 > A3) && (A4 > A5))
        + (int)((A6 > A5) && (A6 > A7)) + (int)((A8 > A7) && (A8 > A1)));
    if ((A3 == 0) && (A0 == 1) && (A7 == 1) //north point
        && (chi == 2) && (sigma != 1))
        B0 = 0;
    else B0 = A0;
}
```
(8.14)

(但是需要插入额外的代码来检测在给定遍历图像中是否进行了任何更改。)

上述类型的算法非常有效，尽管它们的设计往往非常直观和特别。在作者于 1981 年进行的一项调查中（Davies 和 Plummer，1981），许多这样的算法都存在问题。忽略算法设计不够严格以保持连通性的情况，其他四个问题显而易见：

1）骨架偏差问题；

2）消除某些枝干的骨架线的问题；

3）引入"噪声杂散"的问题；

4）操作速度慢的问题。

事实上，问题 2 和问题 3 在很多方面是对立的：如果一个算法被设计用来抑制噪声杂散，它在某些情况下很容易消除骨架线；相反，如果一个算法被设计成从不消除骨架线，则不太可能抑制噪声杂散。这种情况的出现是因为进行细化的掩模和条件是直观和特殊的，因此没有区分有效和无效骨架线的基础。最终，这是因为很难将明显的全局现实模型构建成纯粹的局部算子。类似地，谨慎进行的算法，即在担心出错或引起偏差的情况下不删除物体点的算法，运行速度往往比其他算法慢。同样，很难通过直观设计的局部算子来设计能够快速做出正确全局决策的算法。因此，如果解决上述问题中的一个而不会给其他问题带来困难，则需要一种完全不同的方法。下一节将讨论这种替代方法。

### 8.6.3 引导细化

本节回到 8.5.1 节的观点，在这里发现距离函数的局部最大值不构成理想骨架，因为它们出现在集群中，并且没有连通。此外，这些簇通常有两个像素宽。往好的方面想，集群准确地处于正确的位置，因此不应受到骨架偏差的影响。因此理想的骨架应该是这样的，如果：（1）簇可以适当地重新连接；（2）所得到的结构可以减少到单位宽度——当然，单位宽度骨架只能在物体像素宽度为奇数的情况下完全没有偏差。

重新连接集群的一个简单方法是使用它们来引导传统的细化算法（见 8.6.2 节）。作为第一阶段，可以正常进行细化，但前提是不能删除任何集群点。这将给出一个在某些地方宽为 2 像素的连通图。然后，应用一个例程将图形剥离到单位宽度。在这个阶段，应该产生一个无偏差的骨架（在 1/2 像素范围内）。这里的主要问题是噪声杂散。现在有机会通过应用适当的全局规则系统地消除这些问题。一个简单的规则是消除骨架图上终止于局部最大值（例如 1）的线（或者更好的方法是，将它们剥离回下一个局部最大值），因为这样的局部最大值对应于物体边界上相当小的细节。因此，可以将忽略的细节级别编程到系统中（Davies 和 Plummer，1981）。整个引导细化过程如图 8-11 所示。

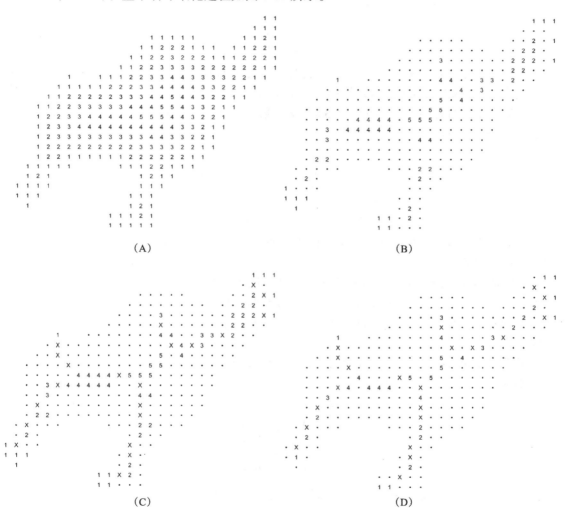

图 8-11　引导细化算法的结果：（A）原始形状上的距离函数；（B）局部最大值集；（C）通过简单的细化算法连接的局部最大值集；（D）最终的细化骨架。通过切割以 1 回到下一个局部最大值结束的枝干，系统地消除噪声杂散的效果很容易从图 D 的结果中辨别出来：物体的一般形状不受此过程的干扰

### 8.6.4　如何看待骨架的本质

在 8.6 节的开头，以字符识别为例，说明了骨架可能是书写字符时笔画走过的路径。然

而，在一个重要方面却并非如此。从模拟推理和细化算法的结果中都可以看出原因。以字母 K 为例，理论上，骨架左侧的垂直笔画由两个直线段组成，并由两个抛物线段连接至连接处（图 8-8）。只有在使用更高级别的模型来约束结果时，此笔画才会变直。

## 8.6.5 骨架节点分析

骨架节点分析可以借助于交叉数概念非常简单地实现。骨架线中间点的交叉数为 4，线条末端点的交叉数为 2，骨架 T 形连接点的交叉数为 6，骨架 X 形连接点的交叉数为 8。但是，有一种情况需要注意，即看起来像"+"形连接点的地方：

$$
\begin{array}{ccc}
0 & 1 & 0 \\
1 & 1 & 1 \\
0 & 1 & 0
\end{array}
$$

在这种情况下，交叉数实际上是 0（见公式），尽管该模式肯定是交叉的。一开始，情况似乎是在一个 $3 \times 3$ 邻域中没有足够的分辨率来识别一个"+"形交叉点，最好的选择是寻找这个 0 和 1 的特殊模式，并使用比 $3 \times 3$ 交叉数更复杂的结构来检查是否存在交叉点。问题是要区分以下两种情况：

$$
\begin{array}{ccccccccccc}
0 & 0 & 0 & 0 & 0 & & 0 & 0 & 1 & 0 & 0 \\
0 & 0 & 1 & 0 & 0 & & 1 & 0 & 1 & 0 & 0 \\
0 & 1 & 1 & 1 & 0 & 和 & 1 & 1 & 1 & 1 & 1 \\
0 & 0 & 1 & 0 & 0 & & 0 & 0 & 1 & 0 & 0 \\
0 & 0 & 0 & 0 & 0 & & 0 & 0 & 0 & 1 & 0
\end{array}
$$

然而，进一步的分析表明，这两种情况中的第一种情况会细化为一个点（或一个短条），因此，如果最后一个骨架上出现"+"节点（如第二种情况），它实际上表示存在一个交叉，尽管 $\chi$ 的值相反。Davies 和 Celano（1993）已经证明，在这种情况下使用的适当措施是修改的交叉数 $\chi_{skel}=2\sigma$，该交叉数不同于 $\chi$，因为不需要测试点是否可以从骨架中消除，而是确定已知位于最终骨架上的该阶段点的意义。注意，$\chi_{skel}$ 的值可以高达 16——不限于 0 到 8 之间！

最后请注意，有时分辨率不足确实是一个问题，因为交叉角较浅的交叉口看起来像是两个 T 形交叉点：

$$
\begin{array}{cccccccc}
0 & 0 & 0 & 0 & 0 & 0 & 0 & 1 \\
1 & 1 & 1 & 0 & 0 & 1 & 1 & 0 \\
0 & 0 & 0 & 1 & 1 & 0 & 0 & 0 \\
0 & 1 & 1 & 0 & 0 & 1 & 1 & 1 \\
1 & 0 & 0 & 0 & 0 & 0 & 0 & 0
\end{array}
$$

很明显，分辨率使得在一个 $3 \times 3$ 邻域内，无法从其交叉数中识别星号或更复杂的数字。也许，最好的解决办法是先对交叉点进行暂时性标记，然后考虑图像中所有交叉点标记，并分析是否应该重新解释特定的局部交叉点组合——例如，可以推断出两个 T 形交叉点形成一个交叉点。考虑到连接区域骨架上出现的变形（见 8.6.4 节），这一点尤为重要。

## 8.6.6 骨架在形状识别中的应用

通过骨架形状和尺寸的分析，可以简单方便地进行形状分析。显然，研究骨架节点（除了两个骨架相邻点以外的点）可以推出简单形状的分类，但不能区分所有的大写字母。后续章节将讨论许多依据枝干长度和位置完成分析的分类方案，以及实现这一点的方法。

对于染色体形状的分析也存在类似的情况，其中染色体形状采用十字形或 V 形。对于小型工业部件，需要进行更详细的形状分析；这仍然可以通过沿着骨架线的距离函数值，用骨架技术来处理。一般来说，使用骨架进行形状分析，应依次检查节点、枝干长度和方向以及距离函数值，直到获得所需的特征级别。

骨架作为分析连通形状的辅助工具的特殊重要性不仅在于它在平移和旋转下是不变的，而且在于它体现了出于许多目的的高度方便的图形表示，这些图形（带有距离函数值）基本上承载了所有原始信息。如果一个物体的原始形状可以完全从一个表示中推导出来，这通常是一个良好的符号，因为这意味着它不仅是一个形状的特殊描述符，而且可以对它施加相当大的依赖性（比较其他方法，如圆度测量，见 8.7 节）。

## 8.7　形状识别的其他度量

有许多简单的形状测试可以用来确认物体的类别或检查缺陷，包括产品面积和周长、最大尺寸的长度、相对于质心的矩、孔的数量和面积、凸包（见下文）和封闭矩形的面积和尺寸、尖角的数量、与检查圆的交叉点数量和交叉点之间的角度（图 8-12），以及骨架节点的类型和数量的测量。

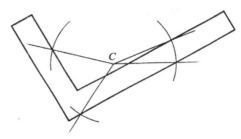

图 8-12　通过极性检查快速检查产品

如果没有提及广泛使用的形状测量 $C=$ 面积 / 周长 $^2$，则列表将不完整。这个量通常被称为"圆度"或"紧度"，因为它的最大值是圆的 $1/4\pi$，其随着形状变得越来越不规则而减小，对于长而窄的物体接近零。有时也使用它的倒数，当形状变得越来越复杂时，它的大小增加，所以被称为"复杂性"。请注意，这两个度量都是无量纲的，因此它们与尺寸无关，只对物体的形状敏感。这种类型的其他无量纲度量包括垂直度和纵横比。

所有这些测量方法都具有表征形状的特性，但不能唯一地描述形状。因此很容易看出，通常有许多不同的形状具有相同的参数值，如圆度。因此，这些特别的度量总体上不如骨架化（8.6 节）或矩（见下文）等方法有价值，这些方法可用于表示和复现形状，以达到任何精度要求。然而，即使是对一个测量值进行严格的检查以达到高精度，也往往能使加工零件得到正确识别。

上面提到了使用矩进行形状分析，这是广泛使用的方法，应该更详细地介绍。事实上，矩近似提供了一种描述二维形状的严格方法，并采用了该类型的级数展开形式：

$$M_{pq} = \sum_x \sum_y x^p y^q f(x, y) \tag{8.15}$$

对于图像函数 $f(x, y)$，当近似值足够精确时，这样的序列可能会被缩减。通过参照形状的质心轴，可以构造位置不变的矩，它们也可以被归一化，以便在旋转和尺度变化下保持不变（Hu, 1962; Wong 和 Hall, 1978）。使用矩描述符的主要价值在于，在某些应用中，参数的数量可能会很少，但不会造成明显的精度损失——尽管在没有对一系列相关形状进行测试的情况下，所需数量可能不清楚。矩在描述形状（如凸轮和其他相当圆的物体）时尤其有价值，尽管它们也被用于各种其他应用，包括飞机骨架识别（Dudani 等人，1977）。

上面提到了凸包，它也被用作复杂、完整的形状描述的基础。凸包被定义为包含原始形状的最小凸面形状（可以设想为由放置在原始形状周围的弹性带所包含的形状）。凸缺陷是指必须添加到给定形状以创建凸包的形状（图 8-13）。凸包可以作为一个简单的近似值，提供物体范围的快速指示。用凹陷树可以更全面地描述物体的形状：首先用物体的凸缺陷来获得物体的凸包，然后找出凸缺陷的凸包和缺陷，再找出这些凸缺陷的凸包和缺陷……直到所有形状是凸形的，或者直到获得原始形状的充分近似。因此形成一棵树，它可用于系统的形状分析和识别（图 8-14）。除了注意到它的内在效用之外，我们不应该停留在这种方法上，它的核心是需要找到一种可靠的方法来确定形状的凸包。

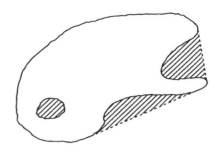

图 8-13　凸包和凸缺陷。凸包即在物体周围放置一个弹性带的封闭形状。阴影部分是添加到形状以创建凸包的凸缺陷

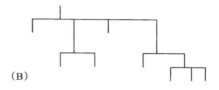

(A)　　　　　　　　　　　　(B)

图 8-14　一个简单的形状及其凹陷树。通过反复形成凸包和凸缺陷分析图 A 中的形状，直到所有组成区域都是凸的（见正文）。表示整个过程的树如图 B 所示：在每个节点上，左侧的分支是凸包，右侧的分支是凸缺陷

获取凸包的一个简单策略是重复填充所有显示凹面的邻域中心像素，包括以下每一个：

```
1 1 1     0 1 1
1 0 0     1 0 0
0 0 0     0 0 0
```

直到没有进一步的变化。实际上，通过上述方法得到的形状比理想的凸包大，近似于八边形（或退化的八边形）。因此，需要更复杂的算法来生成凸包，这里有一种有用的方法，涉及使用边界跟踪来搜索具有公共切线的边界上的位置。

## 8.8　边界跟踪过程

前面描述了基于骨架和矩等主体表征分析形状的方法。然而，到目前为止，一个重要的方法被忽略了——使用边界模式分析。这种方法的潜在优点是大大减少了计算量，因为要检查的像素数是任何物体边界上的像素数，而不是大得多的边界内的像素数。在正确使用边界模式分析技术之前，必须找到系统地跟踪图像中所有物体边界的方法。此外，注意不要忽略存在的任何孔或孔内的任何物体。

从某种意义上说，该问题已经分析过了，8.3 节的物体标记算法系统地遍历了图像中的所有物体。现在所需的只是在遇到物体边界时跟踪它们的一些方法。很明显，在一个单独的图像空间中标记所有被跟踪的点是有用的，或者可以构造一个物体边界图像并在这个空间

中执行跟踪，所有的跟踪点在通过时被删除。

在后一个过程中，在某些位置具有单位宽度的物体可能会断开连接。因此，我们忽略了这个方法，而采用前面的方法。当物体有单位宽度的区段时，仍然存在一个问题，因为这些区段会导致设计糟糕的跟踪算法，从而选择错误的路径，绕着前一区段而不是下一区段返回（图 8-15）。为了避免这种情况，最好采取以下策略：

1）沿着每个边界跟踪，始终保持左侧路径；

2）只有在沿原方向通过起始点（或以相同顺序通过前两个点）时，才停止跟踪过程。

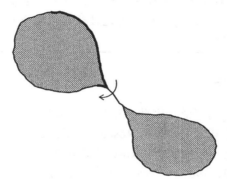

图 8-15　超简单边界跟踪算法的一个问题：边界跟踪过程在单位宽度的边界段上走捷径，而不是一直保持在左边的路径上

除了在开始时进行必要的初始化外，表 8-12 给出了一个合适的跟踪过程。

**表 8-12　跟踪单个物体的基本过程**

```
do {
    // find direction to move next
    start with current tracking direction;
    reverse it;
    do {
        rotate tracking direction clockwise
    } until the next 1 is met on outer pixels of 3 × 3 neighbourhood;
    record this as new current direction;
    move one pixel along this direction;
    increment boundary index;
    store current position in boundary list;
} until (position == original position) && (direction == original
direction)
```

在了解了如何在二值图像中跟踪物体的边界之后，我们现在可以开始进行边界模式分析了，这将在第 9 章完成。

## 8.9　结束语

本章重点介绍了使用图像处理技术进行图像分析的传统方法。这自然引出了物体的区域表示，包括基于矩和凸包的方案——尽管骨架方法作为一种相当特殊的情况出现，因为它将物体转换为图形结构。另一种模式是在应用了合适的跟踪算法之后，用它们的边界模式表示形状（下一章将考虑后一种方法）。与此同时，连通性是本章的一个基本主题，物体被背景区域分开，从而使物体能够被单独考虑和表征。连通性被认为涉及比预期更复杂的计算，这需要在算法设计上非常小心——这在一定程度上解释了为什么这么多年后，新的细化算法仍在开发中（如 Kwok，1989；Choy 等人，1995）（最终，这些复杂性的产生是因为图像的全局属性是通过纯粹的局部方法计算的）。

虽然边界模式分析在某些方面比区域模式分析更有吸引力，但这种比较不能完全脱离于算法运行所依赖的硬件。在这方面请注意，本章的许多算法可以在 SIMD 处理器上有效执行（SIMD 处理器每像素有一个处理元素），而我们在第 9 章将看到边界模式分析能更好地匹配更传统的串行计算机的能力。

> 形状分析可以通过边界或区域表示来尝试，两者都深受连通性和像素数字点阵相关度量问题的影响。本章表明，这些问题只有通过认真结合全局知识和局部信息才能得到解决。例如，利用距离变换。

## 8.10　书目和历史注释

形状分析技术的发展特别广泛，因此，这里只简要回顾一下历史。数字图像中最重要的连通性理论和相关的邻接概念主要是由 Rosenfeld 提出的（如 Rosenfeld，1970）。连通性概念引导了数字图像中距离函数的概念（Rosenfeld 和 Pfaltz，1966，1968），以及相关的骨架概念（Pfaltz 和 Rosenfeld，1967）。然而，骨架的基本概念可以追溯到 Blum（1967）的经典著作，参见 Blum 和 Nagel（1978）。Arcelli 等人（1975，1981；Arcelli 和 di Baja，1985）以及 Davies 和 Plummer（1981）在细化方面发表了重要文章。后一篇文章展示了枝干修剪的可能性，并提出一种严格的方法来测试任何细化算法的结果（无论是怎样生成的），特别是用于检测骨架偏差。最近，Arcelli 和 Ramella（1995）重新考虑了灰度图像中的骨架问题，在推广距离函数概念以及使距离函数统一和各向同性方面也有了重要的进展［如 Huttenlocher 等人（1993）］。用于分析骨架形状的修正交叉数 $\chi_{skel}$ 的设计可以追溯到同一时期，如 8.6.5 节所述，$\chi_{skel}$ 与 $\chi$ 不同，因为它评估剩余的（即骨架）点而不是可能从骨架上消失的点（Davies 和 Celano，1993）。

Sklansky 在凸面和凸包测定方面进行了大量工作（如 Sklansky，1970；Sklansky 等人，1976），而 Batchelor（1979）开发了用于形状描述的凹陷树。Haralick 等人（1987）已经概括了基础数学（形态学）概念，包括灰度分析的情况。使用不变矩进行模式识别可以追溯到 Hu（1961，1962）的两篇开创性论文。Pavlidis 已经提醒注意明确的（"渐近的"）形状表征方案的重要性（Pavlidis，1980）——不同于特殊的形状测量集。

在 21 世纪头十年，骨架研究一直很吸引人且具有实用性，如果说有什么变化的话，即通过参考精确的模拟形状（Kégl 和 Krzyżak，2002）变得更加精确，并产生了冲击图的概念，这个概念更严格地描述了早期的 grass-fire 转化（Blum，1967；Giblin 和 Kimia，2003）。小波变换也被用于在离散域中更准确地实现骨架（Tang 和 You，2003）。相比之下，形状匹配已经使用自相似性分析与树表示相结合进行——这种方法对于跟踪关节状物体形状（包括人体骨架和手部运动）特别有价值（Geiger 等人，2003）。有趣的是，考虑到突变理论（Chakravarty 和 Kompella，2003）进行的镂空手写字符形状的图形分析，这是相关的，因为：（1）存在拐点的临界点可以变形为成对的点，每个点对应于曲率最大值加上最小值；（2）T 形交叉可以是实际的或非交叉的；（3）环可以变成尖点或角点（还存在许多其他可能性）。关键是需要在形状变化之间进行映射的方法，而不是对分类进行快速判断（这相当于对过程和特殊工程的科学理解之间的差异）。

**近期研究发展**

最近，人们越来越关注处理骨架并将其用于物体匹配和分类。Bai 和 Latecki（2008）通过确保骨架分支的端点对应于物体的视觉部分（如马的四条腿）来讨论如何有意义地修剪骨架。一旦实现了这一点，尽管可能发生任何关节或骨架变形，但应该可以匹配物体（例如马）。该方法可更有效地匹配并且更能抵抗部分遮挡：这是因为意义被构建到最终骨架中，而次要复杂性（原本可能是由于噪声在物体中形成了微小孔）将被淘汰。此方法可用于跟踪、立体匹配和数据库匹配。Ward 和 Hamarneh（2010）关注修剪骨架分支的顺序。他们报告了几种修剪算法，并根据去噪、分类和类内骨架相似性度量来量化它们的表现。这项工作很重要，众所周知的事实是，中轴变换对于形状边界上的微小扰动是不稳定的，这意味着在骨架可以可靠地使用之前，需要修剪噪声杂散以使它们对应底层形状。

## 8.11　问题

1. 编写排序标记列表所需的完整 C ++ 例程，插入表 8-2 算法的末尾。
2. 证明如 8.6.2 节所述，对于并行细化算法，可以并行移除所有北点，而不会导致骨架中断。
3. 描述在二值图像中定位、标记和计数物体的方法。你应该考虑基于从"种子"像素传播的方法，或者基于逐渐缩小骨架到某一点的方法，是否会为实现所述目的提供更有效的方法。举例各种形状的物体。
4. a）给出一个简单的一次通过算法来标记出现在二值图像中的物体，明确连通性所起的作用。举例说明这个基本算法在什么情况下标记真实物体时会出错，用清晰的像素图说明你的答案，这些图显示了可以出现在不同形状的物体上的标记数量。
   b）展示如何使用面向表格的方法来消除物体中的多个标记。明确表格的设置方式以及必须插入的数字。分析表格所需的迭代次数是否与完全在原始图像内完成的多遍标记算法所需的次数相似。考虑如何使用表格分析标记的真正收益。
5. a）使用以下符号表示 3 × 3 窗口：

$$
\begin{array}{ccc}
A4 & A3 & A2 \\
A5 & A0 & A1 \\
A6 & A7 & A8
\end{array}
$$

   给出以下算法对包含各种形状的小前景物体的二值图像的影响：

```
do {
  for all pixels in image do {
    sum = (int)(A1 + A3 == 2) + (int)(A3 + A5 == 2)
        + (int)(A5 + A7 == 2) + (int)(A7 + A1 == 2);
    if (sum > 0) B0 = 1; else B0 = A0;
  }
  for all pixels in image do {A0 = B0;}
} until no further change;
```

   b）详细说明如何实现算法中的函数"do…until no further change"。
6. a）给出一个在 3 × 3 窗口中运行的简单算法，用于在二值图像中的每个物体周围生成矩形凸包。在算法中包含用于实现所需操作"do…until no further change"的任何必要代码。
   b）设计用于寻找精确凸包的更复杂的算法。解释为什么会采用边界跟踪过程。说明用于跟踪二值图像中物体边界的算法的一般策略，并编写用于实现它的程序。考虑如何使用表格分析标记的真正收益。
   c）根据图像的大小，提出一种设计完整凸包算法的策略，并指出你希望它运行的速度有多快。
7. a）解释术语"距离函数"的含义。举例说明简单形状的距离函数，包括图 8-P1 所示。

图 8-P1 用于形状分析测试的二值图像物体

b) 通过仅发送距离函数的局部最大值的坐标和值来执行快速图像传输。给出一个完整的算法，用于找到图像中距离函数的局部最大值，并设计另一种算法来重建原始二值图像。

c) 讨论以下哪一组数据将给出图 8-P1 所示的二值图片物体的更多压缩版本：

    i. 局部最大值坐标和值的列表；

    ii. 物体边界点的坐标列表；

    iii. 一个列表，包括边界上的一个点和围绕边界跟踪的每对边界点之间的相对方向（每个表示为 3 位代码）。

8. a) 二值图像的距离函数是什么？说明你的答案，其中 $128 \times 128$ 图像 P 仅包含图 8-P2 中所示的物体。并行算法和顺序算法需要执行多少次才能找到图像的距离函数？

```
1 1 1 1 1 1 1 1 1 1 1 1 1 1 1 1 1 1
1 1 1 1 1 1 1 1 1 1 1 1 1 1 1 1 1 1
1 1 1 1 1 1 1 1 1 1 1 1 1 1 1 1 1 1
1 1 1 1 1 1 1 1 1 1 1 1 1 1 1 1 1 1 1
1 1 1 1 1 1 1 1 1 1 1 1 1 1 1 1 1 1 1
1 1 1 1 1 1 1 1 1 1 1 1 1 1 1 1 1 1 1
                  1 1 1 1 1 1 1 1 1 1
                  1 1 1 1 1 1 1 1 1 1
                  1 1 1 1 1 1 1 1 1 1
                  1 1 1 1 1 1 1 1 1 1
                  1 1 1 1 1 1 1 1 1 1
                  1 1 1 1 1 1 1 1 1 1 1
```

图 8-P2 用于距离函数分析的二值图像物体

b) 给出一个完整的并行或顺序算法来查找距离函数并解释它是如何运行的。

c) 通过确定距离函数局部最大的位置的坐标来快速传输图像 P。指示局部最大值的位置，并解释如何在接收端重建图像。

d) 如果以这种方式传输图像 P，则确定压缩因子 $\eta$。表明可以通过在传输之前消除一些局部最大值来增加 $\eta$，并估计得到的 $\eta$ 增加了多少。

9. a) 距离函数的局部最大值可以通过以下两种方式定义：

    i. 那些值大于所有相邻像素值的像素；

    ii. 那些值大于或等于所有相邻像素值的像素。局部最大值的哪个定义对于再现原始物体形状更有用？为什么？

b) 给出一种能够从距离函数的局部最大值再现原始物体形状的算法，并解释它的运行方式。

c) 解释图像压缩的游程编码方法。比较游程编码和局部最大值方法来压缩二值图像。解释为什么一种方法会导致某些类型的图像受到更大程度的压缩，而另一种方法对于其他类型的图像会更好。

10. a) 解释如何使用并行算法执行距离函数的传播。给出一个更简单的完整算法，该算法对图像进行两次顺序遍历。

b）有人建议，四遍顺序算法甚至比双遍算法更快，因为每遍只能使用一个最多涉及三个像素的一维窗口。给出算法的典型遍历的代码。

c）在 $N \times N$ 像素图像的情况下，估计用于计算距离函数的这三种算法的近似速度。假设使用传统的串行计算机来执行计算。

11. 一些小的深色昆虫将被安置在谷类中。昆虫近似于尺寸为 $20 \times 7$ 像素的矩形条，谷物颗粒近似椭圆形，尺寸为 $40 \times 24$ 像素。所提出的算法设计策略是：（1）采用边缘检测器，在 1 的背景下将图像中的所有边缘点标记为 s ；（2）在背景区域中传播距离函数；（3）定位距离函数的局部最大值；（4）分析局部最大值；（5）进行必要的进一步处理，以识别昆虫的几乎平行的侧面。解释如何设计算法的第 4 ～ 5 阶段，以便识别昆虫而忽略谷物。假设图像不太大，距离函数将溢出字节限制。确定如果边缘在几个地方断裂，该方法的鲁棒性如何。

12. 给出一种二值图像物体边界跟踪算法的一般策略。如果跟踪器已到达具有交叉数 $\chi=2$ 和邻域

| 0 | 0 | 1 |
|---|---|---|
| 0 | 1 | 1 |
| 1 | 1 | 1 |

的边界点，则决定它现在应该朝哪个方向前进。因此，对于 $\chi = 2$ 的情况，给出一个完整的程序来确定边界上下一个位置的方向代码。方向代码从由下图指定的当前像素（*）开始：

| 4 | 3 | 2 |
|---|---|---|
| 5 | * | 1 |
| 6 | 7 | 8 |

对于 $\chi \neq 2$ 的情况，如何修改程序？

13. a）解释跟踪二值图像中物体边界以生成可靠骨架的原理。概述可用于此目的的算法，假设它是从普通 $3 \times 3$ 窗口获取信息。

b）获得二值图像，并尽可能地压缩其中的数据。为此目的，将测试以下算法：

   i.  边界图像；

   ii.  骨架图像；

   iii. 距离函数局部最大值的图像；

   iv. 距离函数局部最大值的适当选择的子集图像；

   v.  一组游程数据，例如在连续逐行扫描图像时获得的一系列数字：计算 0 的个数，然后是 1 的个数，再然后是 0 的个数等。

c）在（i）和（ii）中，可以使用链码对行进行编码，即使用相对于当前位置 C 定义的方向码 1 ～ 8，给出第一个点的坐标和每个后续点的方向：

| 4 | 3 | 2 |
|---|---|---|
| 5 | C | 1 |
| 6 | 7 | 8 |

d）借助适当选择的示例，讨论哪种数据压缩方法最适合不同类型的数据。尽可能给出数值估计以支持你的论点。

e）指出如果将噪声添加到最初的无噪输入图像中会发生什么。

14. 测试 8.7 节中概述的双掩模策略，以获得二值图像物体的凸包。确认其操作一致，并给出一个几何结构，预测其生成的最终形状。如果单独使用第一个或第二个掩模会发生什么？说明双掩模策略可同时作为顺序算法和并行算法运行。设计一种不允许合并附近形状的算法版本。

# 边界模式分析

通过边界模式分析识别物体应该是一个简单的过程，但是本章展示它有一些问题需要克服。特别是，任何由于破损或多个物体接触而导致的边界扭曲都可能导致匹配过程的完全失败。本章讨论这些问题及其解决方案。

本章主要内容有：

- 质心轮廓方法及其局限性
- 质心轮廓方法的加速策略
- $(s, \psi)$ 边界图的识别如何更具鲁棒性
- $(s, \psi)$ 图如何变为更方便的 $(s, \kappa)$ 图
- $\psi$ 和 $\kappa$ 的关系
- 更严谨的方式来处理遮挡问题
- 讨论边界长度度量的准确性

不同的方法可用于表示物体边界以及测量和识别物体。所有的方法都有相同的困难：管理遮挡（必须移除相关数据）和规避像素描述方法产生的不准确性。9.6 节指出了管理遮挡的合理方法，这项工作给后面章节的内容做了铺垫，比如霍夫变换，这些方法被广泛用于提升物体识别的鲁棒性。

## 9.1 导言

前面展示了如何使用阈值来对灰度图像进行二值化，从而将物体呈现为二维形状。但是，那种方法只有在充分注意照明和物体可以方便地呈现时（例如，作为浅色背景上的黑色斑点），才能成功地分割物体。在其他情况下，自适应阈值可能有助于达到相同的目的。作为替代方案，可以应用边缘检测，这些方案通常对照明更具抵抗力。尽管如此，对边缘增强图像的阈值处理仍然存在一些问题，特别是边缘可能会在某些地方逐渐消失，而在其他地方可能变厚（如图 9-1）。边缘检测器的理想输出是连通的单位宽度线，这些单位宽度线是围绕物体外围连接的。如果使用 Canny 或使用非最大抑制的其他算子仍未实现（请参阅第 5 章），边缘检测器就需要采取小步幅将边缘转换为单位宽度线。

细化算法可用于减少边缘到单位厚度，同时保持连通性（图 9-1D）。为了达到这一目的，已经开发了许多算法，但主要的问题如下：（1）由于像素分布的不均匀，算法准确性较低并会产生轻微的偏差，即使是最好的算法，也只能产生局部误差小于 1/2 像素的一条线，无法做到更为精确；（2）算法会引入一定数量的噪声。这些问题中的第一个可以通过使用直接作用于原始灰度边缘增强图像的边缘细化算法（如 Paler 和 Kittler, 1983）来最小化。物体边缘周围的噪声可以通过移除例如比 3 像素短的线来有效地消除。总的来说，要解决的主要问题是如何重新连接在阈值化时成为碎片的那些边缘，并把它们恢复到单位厚度。

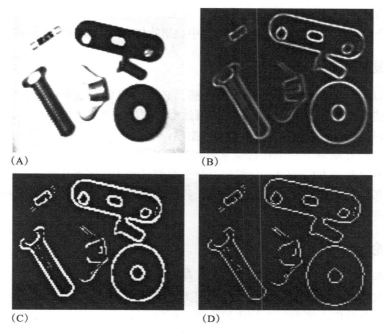

图 9-1　边缘存在的一些问题。图 C 中对来自原始图像 A 的边缘增强图像 B 进行阈值处理，边缘在某些地方消失并在其他地方变厚。细化算法能够将边缘减少到单位厚度（D），但特设的（即不是基于模型的）连接算法易于产生错误的结果（未示出）

　　一些特设的方案可用于重新连接断开的边缘。例如，线端可以沿其现有方向延伸，这是一个非常有限的过程，因为只存在（至少对于二值化边缘）8 个可能的方向，延长线路可能难以遇到。另一种方法是将紧邻的线末端连接起来，并指向相同的方向——两端之间的向量方向。事实上，这种方法原则上可以做得很可信，但实际上它可能会导致各种各样的问题，因为它仍然是预先设置好的，而不是模型驱动的。因此，由真实的表面标记和阴影产生的相邻线可以通过这样的算法任意地连接在一起。在许多情况下，如果该过程是模型驱动的，则最好——例如，找到一个最适合某种适当的理想化边缘（如椭圆）的方法。另一种方法是放松标记，它反复地增强原始图像，逐渐使原始灰度级得到加强。因此，只有在原始图像中有证据可用的情况下，才允许边缘连接。一种类似但计算效率更高的方法是第 5 章描述的滞后阈值方法：高于某个上阈值的强度梯度给出边缘位置的明确指示，而对于高于第二个下阈值的那些梯度，只有当它们与已被确认为边缘的位置相邻时才指示边缘（更详细的分析参见 5.10 节）。

　　可以认为 Marr-Hildreth 和相关的（基于 Laplacian 的）边缘检测器不会遇到这些问题，因为它们给出了必须连接的边缘轮廓。然而，使用强制连通的方法有时（例如，当边缘是漫射的或低对比度的，以至于图像噪声是重要因素时）会使部分轮廓缺乏含义。事实上，一个轮廓可能沿着噪声方向蜿蜒，而不是沿着有用的物体边缘。此外，还应指出的是，问题不仅仅是将低特征信号从噪声中拉出来，而是有时没有任何信号能够被提升到有意义的水平。产生这种情况的原因包括零对比度的照明（例如当立方体以两个面具有相同亮度的方式照亮时）以及遮挡。缺少空间分辨率也会因为物体上的几条线合并在一起而导致这样的问题。

　　下文将假定所有这些问题都已被照明方案、适当的数字化和其他手段的充分利用而克服，还将假设已经应用了适当的细化和连接算法，以便所有物体都通过连通的单位宽度边缘进行轮廓化。在这个阶段，应该有可能从边界图像中找出物体，并准确地对它们进行识别和定向。

## 9.2 边界跟踪过程

在物体可以与它们的边界模式相匹配之前，必须找到系统地跟踪图像中所有物体边界的方法。在一些特定的区域（例如由强度阈值过程产生的区域），已经有了实现的方法（第8章）。然而，如果通过边缘检测之类的算法产生单位宽度的边界，那么追踪的问题会更简单，因为仅需要重复地移动到下一个边缘像素就可以完成跟踪。很显然，有必要确保以下几点：（1）我们永远不会改变方向；（2）我们知道什么时候已经追踪完整个边界；（3）我们将检测到的物体边界都记录下来。跟踪周围区域时，我们必须确保在每种情况下，我们最后都从同一方向穿过起点。

## 9.3 质心轮廓

二维模板匹配时发生的实质性匹配问题，使得在不太苛刻的搜索空间中定位物体变得很有吸引力。事实上，通过在一个维度上匹配每个物体的边界，可以非常简单地实现这一点。最明显的是，这种方案可使用一个 $(r, \theta)$ 点来描述。这里，物体的质心首先被定位，它的位置可以直接从边界像素坐标列表中推导出来，而不需要从物体的区域描述开始。然后相对于这个点建立一个极坐标系，并将物体边界绘制为一个 $(r, \theta)$ 图，通常称该图为 "质心轮廓"（图9-2）。接下来，获得的一维图将与相同类型的理想化物体的对应图做匹配。由于物体通常具有任意方向，因此需要沿着从图像数据获得的理想化图形 "滑动"，直到获得最佳匹配。这种匹配对于物体的每一个方向 $\alpha_j$ 都进行测试，测量边缘图 B 和模板图 T 之间对于各种 $\theta$ 值的径向距离的差异，并且将它们的平方求和以给出关于其质量的差异度量 $D_j$：

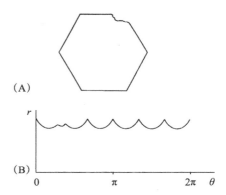

图9-2 用于物体识别和检查的质心轮廓：（A）一个角被损坏的六角形螺母形状；（B）质心轮廓，它既可以直接识别物体，又可以对其形状进行详细检查

$$D_j = \sum_i [r_B(\theta_i) - r_T(\theta_i + \alpha_j)]^2 \tag{9.1}$$

或者，使用差值的绝对值：

$$D_j = \sum_i |r_B(\theta_i) - r_T(\theta_i + \alpha_j)| \tag{9.2}$$

后一种方法的优点是易于计算，并且不会被极端或错误的差异值影响。可以发现，基本的二维匹配操作现在已经减少到一维，如果我们以 1° 为步幅，那么每个方向索引 $i$ 和 $j$ 都必须有 360 个值。结果是，测试每个物体所需的操作次数下降到大约 $360^2$（约 100000），因此边界模式分析可以节省大量的计算。

上述一维边界模式匹配方法能够识别物体并找出它们的方位。事实上，物体质心的初始位置也可以解决 9.1 节末尾指出的一部分问题。在这个阶段可以注意到，我们能够利用匹配过程来检查物体形状,并将这一过程作为算法的固有部分(图 9-2)。原则上,这种组合使得质心轮廓检测技术相当强大。

最后请注意,该方法能够处理形状相同但尺寸不同的物体。这是通过使用 $r$ 的最大值对轮廓进行归一化来实现的,即给出了一个变量 $(\rho, \theta)$,其中 $\rho = r / r_{max}$。

## 9.4 质心轮廓方法存在的问题

实际上,上述程序存在几个问题。首先,物体边界的任何重大缺陷或遮挡都可能导致质心远离其真实位置,并且匹配过程会被极大破坏(图 9-3)。因此,算法不会认为这是一个类型为 X 但边缘的特定部分受损的物体,而是很可能根本无法识别这种受损。这种行为在许多自动化检测应用中是不合适的,在这些应用中需要正确识别及查找故障,并且如果没有做出令人满意的判断,则必须拒绝该物体。

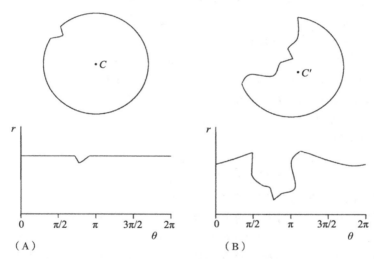

图 9-3 质心轮廓描述符存在的问题。图 A 显示了一个圆形物体,在其边界上有一个小缺陷;它的质心轮廓描绘位于下方。图 B 显示了相同的物体,这次有一个严重的缺陷:由于质心移到 C',整个质心轮廓严重失真

其次,对于某一类物体,$(r, \theta)$ 图将是多值的(图 9-4)。这会使匹配过程部分为二维的,导致问题变得复杂并需要大量计算。

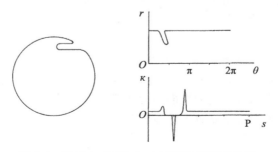

图 9-4 通过 $(r, \theta)$ 和 $(s, \kappa)$ 进行边界模式分析

第三,当在 $(r, \theta)$ 空间绘制时,可变的像素间距是复杂性的来源。它需要对一维的点进

行平滑处理，尤其是在边缘接近质心的区域，例如对于诸如扳手或螺丝刀之类的细长物体（图 9-5）；然而在其他地方，准确性将超过所需求的程度，整个过程将导致浪费。出现这个问题的原因是量化本应该理想地沿着 $\theta$ 轴均匀分布，以便两个模板可以相对于彼此方便地移动以找到最佳匹配的方向。

最后，计算时间仍然非常重要，因此还需要一些省时的技术。

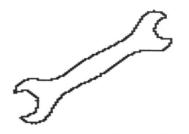

图 9-5　获得细长物体的质心轮廓时遇到一个问题。该图突出显示了细长物体（扳手）边界周围的像素，表明算法难以获得质心附近区域的精确质心轮廓

### 一些解决方案

上述所有四个问题都可以通过某种方式来解决，并取得不错的效果。第一个问题，即应对遮挡和严重缺陷的问题，可能是最根本的，也是最难找到满意解决方案的。要使某方法成功应用，必须在物体内找到稳定的参考点。质心本身就是一个很好的选择，因为其位置固有的平均值会消除大多数形式的噪声或小缺陷；然而，诸如破损或遮挡引起的重大扭曲必然会对其产生不利影响。边界的质心不是一个好的选择，在抑制噪声方面也可能不太成功。其他可能的候选者是突出特征的位置，如角、孔、弧的中心等。一般而言，这种特征越小，在发生破损或遮挡时就越有可能完全错过，而这种特征越大，就越可能受到缺陷的影响。实际上，即使圆弧部分被遮挡（见第 10 章），圆弧也可以精确定位（在它们的中心），所以这些特征对于获得合适的参考点非常有用。一组对称放置的孔有时可能是合适的，因为即使其中一个被遮挡，另一个可能是可见的并且可以作为参考点。

显然，这些特征可以帮助算法更好地工作，但是它们的存在也会引起对一维边界模式匹配过程价值的质疑，因为它们可能使用更优越的方法进行物体识别（参见后面第二部分的章节）。因此，目前我们接受：（1）当物体的一部分缺失或被遮挡时出现的复杂性；（2）通过使用突出的特征作为参考点，可能对这些问题提供某种程度的具有抵抗力的质心。事实上，应对遮挡所需要的唯一变化是应该忽略大于如 3 像素的差异值 $(r_{\mathrm{B}}-r_{\mathrm{T}})$，并且能够很好地均衡 B 与 T 的匹配是问题的最佳匹配，这一匹配对应 $\theta$ 的最大值。

第二个问题——多值 $(r, \theta)$ 图，可以很简单地通过对任意给定的 $\theta$ 采用 $r$ 的最小值的启发算法，然后进行正常的匹配（这里假设存在于物体边界内的任何孔的边界都被分别处理，在识别过程结束时会对任何物体及其孔洞的信息进行整理）。实际上，在将物体与其一维模板进行初步匹配时，这个特定程序应该是可以接受，并且可以在物体的方向准确知道后将其丢弃。

上述第三个问题是由于像素边界在 $(r, \theta)$ 图上沿 $\theta$ 轴的不均匀间隔而产生的。在某种程度上，这个问题可以通过事先确定 $\theta$ 的允许值并查询边界点列表以找到哪个 $\theta$ 与允许值最接近来避免。可以进行有序边界点集的局部平滑处理，但原则上这是不必要的，因为对于连通边界，总是会有一个像素在给定 $\theta$ 时离质心最近的线上。

上面说明的两阶段的匹配方法也可以用来帮助解决上述问题中的最后一个问题——加速处理的需求。首先，通过在相对较大的步幅（比如说 5°）中取 $\theta$ 以在物体与其一维模板之间获得粗略匹配，同时忽略图像数据和模板中的中间角度；然后通过对方向进行微调可以获得更好的匹配，从而获得 1° 范围内的匹配。以这种方式，粗匹配比一次完整匹配可能快 20

倍，而最后的精匹配需要相对较短的时间，因为只有很少的方向需要被测试。

这个两阶段过程可以通过一些简单的计算来优化。在 $\delta\theta$ 步幅进行粗匹配，计算负载与 $(360/\delta\theta)^2$ 成正比，而精匹配的计算负载与 $360\delta\theta$ 成比例，总的计算负载为：

$$\lambda = (360/\delta\theta)^2 + 360\delta\theta \tag{9.3}$$

这个值应该与原始负载进行比较：

$$\lambda_0 = 360^2 \tag{9.4}$$

因此，负载减少（算法加速）的倍数为：

$$\eta = \lambda_0 / \lambda = 1/[(1/\delta\theta)^2 + \delta\theta/360] \tag{9.5}$$

当 $d\eta / d\delta\theta = 0$ 时取得最大值，此时：

$$\delta\theta = \sqrt[3]{2\times360} \approx 9° \tag{9.6}$$

在实践中，这个 $\delta\theta$ 值相当大，并且存在这样的风险：粗匹配会不合适以至于不能识别物体；因此 $\delta\theta$ 的值在 2° ~ 5° 的范围内是更常见的（如 Berman 等人，1985）。请注意，$\eta$ 的最佳值是 26.8，而当 $\delta\theta = 5°$ 时这个值只能降低到 18.6，$\delta\theta = 2°$ 则降低到 3.9。

解决这个问题的另一种方法是在 $(r, \theta)$ 图中搜索一些特征，如尖角（这一步构成了粗匹配），然后在所推导的物体方向周围进行精确匹配。显然这里有发生错误的可能性，在这种情况下，物体具有几个相似的特征——如矩形。然而，单独的试验相对代价小，因此如果物体具有适当明确的特征，则值得使用该过程。请注意，可以将最大值 $r_{max}$ 的位置用作定向特征，但这常常是不恰当的，因为平滑最大值会导致相对较大的角度误差。

## 9.5 $(s, \psi)$ 图

从上述考虑可以看出，除了可以预期的遮挡和严重缺陷的问题之外，边界模式分析通常是可行的。但是，这些问题确实会激发一些替代的方法。事实上，$(s, \psi)$ 图就是特别流行的一种，因为它本质上比 $(r, \theta)$ 图更适合于发生缺陷和遮挡的情况。另外，它不受 $(r, \theta)$ 方法遇到的多个值的影响。

$(s, \psi)$ 图不需要事先估计质心或其他参考点，因为它是从边界直接计算出来的，以切线方向 $\psi$ 作为边界距离 $s$ 的函数。该方法并非没有问题，特别是沿边界的距离需要准确测量。常用的方法是将水平和垂直步数计算为单位距离，并取对角线步距为距离 $\sqrt{2}$；实际上，这个想法被认为是一种特殊的解决方案，9.7 节会进一步讨论这种情况。

考虑将 $(s, \psi)$ 图应用于物体识别时，将立即注意到该图对于边界的每个环路有增加 $2\pi$ 的 $\psi$ 值，即 $\psi(s)$ 在 $s$ 中不是周期性的。结果是图形基本上变为二维的，必须通过沿着 $s$ 轴和沿着 $\psi$ 轴方向移动的理想物体模板来匹配形状。理想情况下，模板可以沿着图对角的方向移动。然而，实际形状相对于理想形状的噪声和其他偏差意味着实际上匹配必须至少部分是二维的；因此增加了计算负载。

解决这个问题的一种方法是将其与具有相同边界长度 $P$ 的圆进行比较。因此，绘制了 $(s, \Delta\psi)$ 图，该 $(s, \Delta\psi)$ 图反映了预期的形状 $\psi$ 和预期的具有相同周长的圆之间的差 $\Delta\psi$：

$$\Delta\psi = \psi - 2\pi s/P \tag{9.7}$$

该表达式有助于保持一维图，因为 $\Delta\psi$ 在边界的一个回路（即，$\Delta\psi$ 在 $s$ 中是周期性的）之后自动将其自身重置为初始值。

接下来，注意到 $\Delta\psi(s)$ 的变化取决于起始位置（$s=0$），并且这个位置随机地位于边缘

上。消除这种依赖性是有用的，可以通过从 $\Delta\psi$ 中减去平均值 $\mu$ 来实现。这里给出一个新的变量：

$$\tilde{\psi}=\psi-2\pi s/P-\mu \qquad (9.8)$$

在这个阶段，图完全是一维的，也是周期性的，这些方面与 $(r,\theta)$ 图相似。现在，匹配的过程可以简化为：算法确定一个模板，并使其沿着 $\tilde{\psi}(s)$ 图滑动，直到达到最佳匹配。

在这一点上，只要物体的尺度是已知的且不会出现遮挡或其他干扰，就不应该有任何问题。假设接下来尺度是未知的：那么周长 $P$ 可以用来归一化 $s$ 的值。但是，如果可能发生遮挡，则不能依靠 $P$ 来归一化 $s$，因此该方法不能保证起作用。如果物体的尺度已知，就不会出现此问题，因为可以假定标准的周长 $P_{\mathrm{T}}$。但是，遮挡的可能性会带来进一步的问题，下一节将对此进行讨论。

另一种解决非周期性问题 $\psi(s)$ 的方法是用其导数 $\mathrm{d}\psi/\mathrm{d}s$ 代替 $\psi$。于是消除了不断扩大的 $\psi$ 的问题（因为其在边界的每个环路之后增加 $2\pi$）——与 $\psi$ 相加的 $2\pi$ 不会影响局部的 $\mathrm{d}\psi/\mathrm{d}s$，如 $\mathrm{d}(\psi+2\pi)/\mathrm{d}s = \mathrm{d}\psi/\mathrm{d}s$。请注意，$\mathrm{d}\psi/\mathrm{d}s$ 实际上是局部曲率函数 $\kappa(s)$（参见图9-4），因此得到的图形具有简单的物理解释。不幸的是，这个版本的方法有其自身的问题，因为 $\kappa$ 在任何尖锐的角点接近无穷大。对于经常出现尖角的工业部件来说，这是一个真正的实际困难，也许可以通过近似相邻梯度来解决，并确保 $\kappa$ 在角点区域中的正确值（Hall，1979）。

许多人进一步有采用 $(s,\kappa)$ 图的想法，并将 $\kappa(s)$ 扩展为傅里叶级数：

$$\kappa(s)=\sum_{n=-\infty}^{\infty}c_n\exp(2\pi ins/P) \qquad (9.9)$$

这是众所周知的傅里叶描述符方法。在这种方法中，形状根据一系列傅里叶描述符分量进行分析，这些分量在足够数量的项之后被截断为零。不幸的是，这种方法所涉及的计算量是相当大的，并且倾向于用相对较少的项来近似曲线。在需要实时执行计算的工业应用中，这可能会产生问题，因此匹配基本的 $(s,\kappa)$ 图通常更合适。通过这种方式，可以实时用足够的精度对物体特征进行测量。

## 9.6　解决遮挡问题

无论采取何种手段来解决 $\psi$ 持续增加的问题，在发生遮挡时都会出现问题。然而，对于基本的 $(r,\theta)$ 方法，在缺少部分边界的情况下，算法并不会立即失效。遮挡的第一个影响是物体的周长发生了变化，所以 $P$ 不能再用于指示其尺度。因此，后者必须事先知道。遮挡的另一个结果是某些部分正确对应了物体的一些部分，而其他部分对应于物体的遮挡部分；或者，它们可能对应发生损坏的不可预知的边界段。注意，如果整个边界是两个重叠物体的边界，则观察到的周长 $P_{\mathrm{B}}$ 将大于理想周长 $P_{\mathrm{T}}$。

分割相关部分和不相关部分之间的边缘是一个先验的、困难的任务。然而，一个有用的策略是首先尽可能地进行正向匹配，并忽略不相关的部分——像往常一样匹配，忽略任何不合适的边界部分。我们可以想象通过沿着边界 B 滑动的模板 T 来实现匹配。然而，由于 T 在 $s$ 中是周期性的，并且不应该在范围 $P_{\mathrm{T}}$ 的末端被截断，所以出现了问题。因此，有必要尝试匹配长度 $2P_{\mathrm{T}}$。初看起来，可能认为这种情况在 B 和 T 之间应该是对称的。然而，T 是事先已知的，而 B 是部分未知的，在理想边界中存在一个或多个中断（断点）的可能性，其中外边界段已经包括在内；事实上，中断的位置是未知的，所以有必要尝试在 B 的所有位置上匹配整个 T。为了高效地匹配，在测试中考虑长度 $2P_{\mathrm{T}}$ 允许 T 在任何相关位置出现所需的中断，见图9-6。

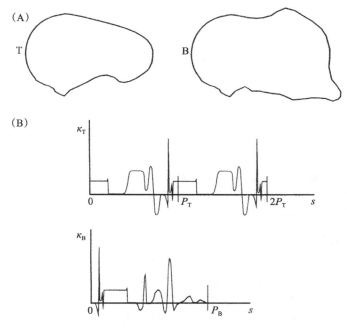

图 9-6　匹配扭曲边界的模板。当边界 B 断裂（或部分遮挡）但是连续时，有必要尝试在 B 与
　　　　模板 T 之间进行匹配，模板 T 的长度加倍至 $2P_T$，以便 T 在任何点都被切断：（A）基
　　　　本问题；（B）在 $(s, \kappa)$ 空间中匹配

进行匹配时，我们基本上使用差异度量：

$$D_{jk} = \sum_i [\psi_B(s_i) - (\psi_T(s_i + s_k) + \alpha_j)]^2 \qquad (9.10)$$

其中 $j$ 和 $k$ 是匹配中分别用于定向和边缘位移的参数。注意，生成的 $D_{jk}$ 大致与合理的边界
长度 $L$ 成正比。不幸的是，这意味着度量 $D_{jk}$ 似乎随着 $L$ 的减少而增加；因此，当发生可
变的遮挡时，必须将最佳匹配视为最大长度 $L$ 在 B 和 T 之间给出的具有良好一致性的匹配
［这可以用公式（9.10）的和中 $s$ 最大个数来衡量，它使 B 和 T 之间有很好的一致性，即 $i$
的总和使得方括号中的差值在数值上小于，比如说 5°］。

　　如果边界在多个位置被遮挡，那么 $L$ 只是未被遮挡的边界的最大单一长度（而不是未被
遮挡的边界的总长度），因为单独的片段通常与模板"不同步"。在试图获得准确的结果时，
这是一个缺点，因为多余的匹配会增加噪声，从而降低拟合效果，因此增加了识别物体的风
险，并降低了对准的准确性。这表明仅使用边界模板的短的部分进行匹配可能会更好。确
实，这种策略是有利的，因为速度得到了提高，并且配准精度可以通过仔细选择显著特征来
保持甚至提高（注意，平滑曲线段等非显著特征可能来自物体边界上的许多位置，并且对于
识别和准确定位物体帮助有限；因此，忽视它们是合理的）。在这个版本的方法中，我们现
在有 $P_T < P_B$，并且需要匹配长度是 $P_T$ 而不是 $2P_T$，因为 T 不再是周期性的（图9-7）。一
旦各个部分被定位，就可以重组边界尽可能接近其完整形式，并且在那个阶段可以显式地识
别和记录缺陷、遮挡和其他扭曲。物体边界的重组可以通过诸如霍夫变换和关系模式匹配技
术来执行（参见第11章）。这种类型的工作已由 Turney 等人（1985）完成，他发现这些显

著特征应该是角点和具有其他特殊"扭结"的短边界。

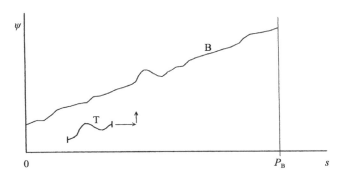

图 9-7    将一个短模板匹配到边界的一部分。对应于理想化边界的一部分的短模板 T 与观察到
　　　　　的边缘 B 相匹配。严格地说，在 $(s, \psi)$ 空间中的匹配是二维的，尽管在垂直（方向）维
　　　　　度上的不确定性很小

在结束这个话题之前，注意到，当遮挡存在时，$\bar{\psi}$ 不能再使用，因为虽然周长可以被
认为是已知的，但无法推导出 $\Delta \psi$［方程（9.8）］的平均值。因此，匹配任务变为二维搜索
（尽管如前所述，$\psi$ 方向上的非限制性搜索很少需要进行）。然而，在寻求小的显著特征的情
况下，我们可以合理地假设：在任何情况下都不会发生遮挡，即一个特征要么完全存在，要
么完全消失。这样，T 上的平均斜率 $\bar{\psi}$ 就可以被有效地计算出来（图 9-7），并且这又将搜索
减少到一维（Turney 等人，1985）。

总体而言，缺少物体边界的部分，需要考虑如何进行边界模式分析。对于非常小的缺
陷，$(r, \theta)$ 方法足够鲁棒，但在较不平凡的情况下，使用某种形式的 $(s, \psi)$ 方法至关重要，而
对于真正严重的遮挡，尝试匹配整个边界并不是特别有用；相反，最好尝试匹配小的显著特
征。这为后面章节的霍夫变换和关系模式匹配技术设定了场景。

## 9.7    边界长度度量的准确性

接下来，我们核查之前表达的思想的准确性，如果连接它们的向量沿主轴对齐，则 8 连
通曲线上的相邻像素应该相隔 1 像素；如果向量沿对角线方向，应为 $\sqrt{2}$。一般来说，这个
估计量高估了沿边界的距离。这样说的原因很容易通过以下两种情况看到：

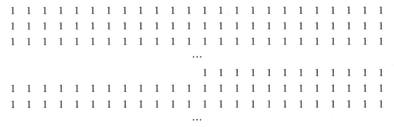

无论哪种情况，我们都只考虑物体的顶部。在第一个例子中，沿着物体顶部的边界长度
恰好是由规则给出的。然而在第二种情况下，由于阶跃的存在，所估计的长度增加了 $\sqrt{2}-1$。
现在，由于物体顶部的长度趋向于较大的值，例如 $p$ 个像素，实际长度接近于 $p$，而估计的
长度是 $p+\sqrt{2}-1$；因此存在明确的误差。事实上，随着 $p$ 的减小，这个误差的重要性增加，
因为物体顶部的实际长度（当只有一个阶跃时）仍然是：

$$L = (1+p^2)^{1/2} \approx p \tag{9.11}$$

所以相对误差是

$$\xi \approx (\sqrt{2}-1)/p \tag{9.12}$$

当 $p$ 减小时，该误差值增加。

这个结果可以解释为：估计边界长度的相对误差 $\xi$ 随着边界方向 $\psi$ 从 0 增加而增加。当方向从 45° 降低时，会出现类似的效应。因此，$\xi$ 变化在 0° 到 45° 之间具有最大值。这个系统的高估边界长度可以采用改进的模型来消除，其中每个像素的长度沿主轴方向是 $s_m$，在对角线方向是 $s_d$。完整的计算（Kulpa，1977；Dorst 和 Smeulders，1987）表明：

$$s_m = 0.948 \tag{9.13}$$

同时

$$s_d = 1.343 \tag{9.14}$$

可能令人惊讶的是，该解决方案对应的比率 $s_d / s_m$ 仍然等于 $\sqrt{2}$，尽管上面给出的论点显示 $s_m$ 应该小于 1。

不幸的是，只有两个自由参数的评估器仍然可以允许在估计单个物体的周长时出现相当大的错误。为了缓解这个问题，有必要对边界周围的阶梯模式进行更详细的建模（Koplowitz 和 Bruckstein，1989），这显然会显著增加计算量。

需要强调的是这项工作的基础是估计原始连续边界的长度，而不是数字化边界的长度。此外，必须指出的是，数字化过程会丢失信息，因此最好是获得原始边界长度的最佳估计。因此，采用上面给出的值 0.948、1.3343，而不是值 1、$\sqrt{2}$，将边界长度度量中的估计误差从 6.6% 减少到 2.3%——但是仅在相邻边界像素处的定向之间存在相关性的假设下（Dorst 和 Smeulders，1987）。

## 9.8　结束语

本章一直关注边界模式分析。设想边界模式来自边缘检测，经过处理，它们已经是连通的并且具有单位宽度。然而，如果采用强度阈值法分割图像，则边界跟踪也允许使用本章的边界模式分析方法。相反，如果边缘检测导致连通边界的产生，这些边界可以用合适的算法来填充（比起最初想象的更难以设计）（Ali 和 Burge，1988），并将其转换为可以应用第 8 章二值化形状分析方法的区域。因此，形状可以用区域或边界形式表示：如果它们最初以其中一个形式表示，则它们可以转换为替代形式表示。这意味着可以适当地使用边界或区域手段进行形状分析。

这里一个重要的因素是，通过采用边界模式分析常常会获得益处，因为计算量本质上较低（与以两种表示形式描述形状所需的像素数成比例）。在本章中已经看到的另一个重要决定性因素是遮挡。如果存在遮挡，那么其中的几种方法将会不正确地运行——就像本章前面介绍的基本质心轮廓法一样。$(s, \psi)$ 方法提供了一个很好的起点。正如已经看到的，这最适用于检测小的显著边界特征，然后可以通过关系模式匹配将其重组成整个物体（特别参见第 11 章）。

> 各种边界表示都可用于形状分析。然而，本章已经表明，直观的方案提出了鲁棒性问题：这些问题只有稍后通过放弃演绎采用推理才会得到解决。数字化网格中模拟形状估计也是一个问题。

## 9.9 书目和历史注释

本章描述的许多技术来自图像分析，早期就已为人所知。自 1961 年 Freeman 引入他的链式编码以来，边界追踪就已为人所知。事实上，Freeman 负责了这方面的许多后续工作（Freeman, 1974）。Freeman（1978）在"临界点"引入了划分边界的概念来促进匹配，合适的临界点是角点（曲率不连续点）、拐点和曲率最大点。这项工作显然与 Turney 等人的工作（Turney, 1985）密切相关。Rutovitz（1970）、Barrow 和 Popplestone（1971）、Zahn 和 Roskies（1972）对使用 $(r, \theta)$ 和 $(s, \psi)$ 方法进行傅里叶边界描述进行了早期研究。另一个值得注意的论文是 Persoon 和 Fu 发表的（1977）。在一个有趣的发展过程中，Lin 和 Chellappa（1987）能够用傅里叶描述符对部分（即非闭合）二维曲线进行分类。

在本章的开头，我们注意到在图像中为每个物体获取细连通边界会存在重大问题。自 1988 年以来，主动轮廓模型（或 Snake 模型）的概念解决了许多这些问题。参阅第 12 章，以获取有关 Snake 模型的介绍；以及第 22 章对其车辆位置监控的应用。

值得一提的是，在过去的 20～30 年间，人们越来越关注准确性。例如，在 9.7 节讨论的数字化边界长度估计中就可以看到这一点（Kulpa, 1977; Dorst 和 Smeulders, 1987; Beckers 和 Smeulders, 1989; Koplowitz 和 Bruckstein, 1989; Davies, 1991c）。有关该主题的后续更新请参阅 Coeurjolly 和 Klette 论文（2004）。

近来，人们一直强调对形状族进行刻画和分类，而不仅仅是个别的孤立形状，特别参见 Cootes（1992）、Amit（2002）、Jacinto 等人文章（2003）。Klassen 等人（2004）在使用形状族中各种形状之间的测量线分析平面（边界）形状时，提供了进一步的例子，他们在研究中使用了 Surrey fish 数据库（Mokhtarian 等人，1996）。Geiger 等人（2003）的自相似分析和匹配方法有同样的总体思路（用于人体轮廓和手部运动分析）。Horng（2003）描述了一种用线段和圆弧拟合数字平面曲线的自适应平滑方法。这种方法的目的是获得比广泛使用的多边形拟合更高的准确度，但是与样条拟合的方法相比具有更低的计算负荷。也可以想象，由线段加圆弧模型施加的任何精度限制在像素的离散晶格中几乎没有关联。da Gama Leitão 和 Stolfi（2002）开发了一种基于多尺度轮廓的方法来匹配和重组二维碎片。虽然这种方法关注在考古学中重组陶器碎片，但作者暗示它也可能在法医学、艺术保护以及评估机械部件疲劳失效等方面具有价值。

有两本有用的书籍以不同的方式描述形状和形状分析的主题，一本作者是 Costa 和 Cesar（2000），另一本是 Mokhtarian 和 Bober（2003）。前者覆盖范围相当广泛，但强调傅里叶方法、小波和多尺度方法。后者建立了一个尺度空间（特别是曲率尺度空间）表示（其实质上是多尺度的），并且相当广泛地发展了该主题。

### 近期研究发展

Ghosh 和 Petkov（2005）已经描述了关于不完整物体边界的鲁棒性问题，他们讨论了有关 ICR 测试的问题，即根据保留轮廓的百分比来评估识别率性能，其中缺失可能由于分割删除或发生遮挡，或随机像素删除。实验表明，遮挡是最严重的，而随机像素删除的问题最轻。Mori 等人（2005）考虑了来自多个二维视图并与三维形状识别有关的问题。他们发现，"形状上下文"对于这种情况下的高效匹配尤其重要，形状上下文是通过物体上的一组 $n$ 个样本来表示形状并检查相对位置的分布。这种技术允许在两阶段（快速修剪，然后进行仔细匹配）有效地进行形状匹配。

## 9.10　问题

1. 设计一个程序，用于在二值图像中查找物体的细化（8 连通）边界。

2. a）描述形状分析的质心轮廓方法。说明圆形、方形、三角形和这些形状的有缺陷版本对应的结果。

　　b）获得表达形状的一般公式，该形状在质心轮廓中呈现为直线。

　　c）说明有两种方法可以从质心轮廓中识别物体，一种包括轮廓分析，另一种涉及与模板的比较。

　　d）通过分两阶段实现后一种方法，首先是低分辨率，然后是全分辨率，以显示后一种方法如何加速实现。如果低分辨率具有全分辨率细节的 $1/n$，请写出总计算负载的公式。根据公式估算负载最小值的 $n$ 值。假设全角度分辨率涉及 360 个一度的步幅。

3. a）给出一个简单的消除二值化图像中椒盐噪声的算法，并说明如何扩展它以消除物体上的短刺。

　　b）说明类似的效果可以通过"收缩"和"展开"类型的过程来实现。讨论在多大程度上这样的过程影响物体的形状，举例说明你的论点，并试图准确量化这些过程完全消除物体的大小和形状。

　　c）描述用于表述物体形状的 $(r, \theta)$ 图方法。说明在这些图上应用一维中值滤波可以使物体的形状描述更为平滑。你会期望这种方法在平滑物体边缘方面比基于缩小和扩展的方法更有效吗？

4. a）概述用于识别二维物体的 $(r, \theta)$ 图方法，并说明其主要优点和局限性。描述等边三角形的 $(r, \theta)$ 图的形状。

　　b）写出一个运行在 $3 \times 3$ 窗口的完整算法，生成二维物体的凸包的近似值。证明通过在物体的 $(r, \theta)$ 图中用直线连接小丘可以获得更精确的凸包近似。说明为什么后一种情况的结果只是一个近似值，并提出如何得到一个精确的凸包。

5. 形状分析的另一种方法涉及测量任何物体边界的距离，在水平或垂直方向上前进到下一个像素时距离的增量为 1 个单位，而在对角线方向上进行时为 $\sqrt{2}$ 单位。取一个平行于图像轴的 20 像素的正方形，并通过小角度旋转它，表明围绕正方形边界的距离不能用 $1 : \sqrt{2}$ 模型精确估计。证明当正方形与坐标轴成 45° 时会产生类似的效果。提出解决这个问题的方法。

# 直线、圆和椭圆的检测

宏观特征的检测是视觉模式识别的一个重要方面，其中非常有意思的是对于直线的识别，这在制造业和建筑环境中都普遍存在。霍夫变换（Hough Transform，HT）和 RANSAC（随机样本一致性）这两种方法在定位这些特征上都表现出极高的鲁棒性，本章描述了这两种方法的原理和过程。此外，圆形特征也广泛出现在人造物体的图像中，也可以使用 HT 方法定位。这种方法也适用于椭圆，椭圆可以是以其自身的形式出现，也可能是圆形物体的斜视图。然而，由于定义椭圆需要更多的参数，其定位比圆的定位更复杂。

本章主要内容有：

- HT 如何用于定位图像中的直线
- 为什么 HT 对噪声和背景杂波具有鲁棒性
- RANSAC 线段定位方法及其效率
- 如何定位腹腔镜工具的位置
- 如何使用 HT 定位图像中的圆形物体
- 在圆半径未知时如何应用这些方法
- 如何提高处理速度
- 椭圆定位的直径平分法和弦切法
- 如何定位人类虹膜

本章介绍了检测图像中重要特征的两种关键方法。它显示了 HT 如何能够定位一系列特征，包括直线、圆和椭圆，以及 RANSAC 方法如何用于有效定位直线，尽管它的功能远不止这一点。这两种方法都依赖于投票机制，并且在每种情况下，它们的鲁棒性都源于对物体和特征的积极证据的关注。

## 10.1 导言

直线是现代世界最常见的特征之一，可能出现在大多数人造物体和部件中，尤其在我们居住的建筑中。然而，在自然状态下是否会出现真正的直线仍然存在争议：在原始户外场景中，它们出现的唯一例子可能是地平线——虽然从太空中我们可以清楚地看到这其实是一个圆形边界！水的表面实质上是平面，但重要的是我们要认识到这个推论：事实上直线很少出现在完全自然的场景中。尽管如此，在城市图片和工厂中，拥有检测直线的有效手段显然是至关重要的。本章研究了定位这些重要特征的可用方法。

一直以来，HT 一直是检测直线的主要手段，并且由于该方法很早就被发明出来（Hough，1962），所以已经做了很多改进。因此，本章将集中讨论这一特定技术；它还为接下来几章中应用 HT 方法检测圆、椭圆、边角等打下了基础。我们首先研究最原始的霍夫方法，尽管在目前看来，这种方法极其浪费计算资源，但是它涉及了很多重要的原理。到本章的末尾，我们将看到 HT 并不是唯一的直线检测方法，RANSAC 在这方面表现也很不错。事实上，正如 10.6 节中所讨论的，这两种方法都有其优点和局限性。

本章还研究了圆形物体的定位，这在图像分析的许多领域都很重要，尤其是在工业应用中，如自动检查和装配。仅在食品工业中，就有大量的产品是圆形的，如饼干、蛋糕、比萨饼、馅饼、桔子等（Davies，1984）。在汽车工业中也使用了许多圆形部件，如垫圈、车轮、活塞、螺栓头等，而各种尺寸的圆孔也出现在诸如外壳和气缸体等物品中。此外，纽扣和许多其他日常用品也都是圆形的。当然，在倾斜观看圆形物体时，它们看起来会是椭圆形的。另外，某些其他物体本身就是椭圆形的。这表明我们需要能够找到圆和椭圆的算法。最后，物体通常可以通过它们的孔来定位，所以找到圆孔或相关特征往往是更大问题中的一个小部分。本章讨论了这个问题的各个方面。

这项工作的一个重点在于物体定位算法在诸如阴影和噪声等伪像存在的情况下的应对程度。特别是，第 9 章介绍的如表 10-1 所示的算法在处理这些伪像的情形时是不够鲁棒的。本章表明 HT 技术特别擅长应对各种困难，包括非常严重的遮挡。它不是通过增加鲁棒性而是通过将鲁棒性作为技术的一个组成部分来实现的。

HT 对于圆的检测是该技术最直接的用途之一。然而，为了提高算法的准确性和速度，以及在检测一系列不同尺寸的圆形时更有效地工作，仍然有一些可行的增强和调整方法。这些改进是建立在基本的 HT 技术之上的。之后进一步讨论了可以执行椭圆检测的 HT 版本。本章最后介绍了一个重要的应用——人类虹膜定位。

**表 10-1　用于查找具有最大支持直线的基本 RANSAC 算法**

```
Mmax = 0;
for all pairs of edge points do {
  find equation of line defined by the two points i, j;
  M = 0;
  for all N points in list do
    if (point k is within threshold distance d of line) M++;
  if (M > Mmax) {
    Mmax = M;
    imax = i;
    jmax = j;
    // this records the hypothesis giving the maximum support so far
  }
}
/* if Mmax > 0, (x[imax], y[imax]) and (x[jmax], y[jmax]) will be the
coordinates of the points defining the line having greatest support */
```

注：此算法仅返回一条直线：实际上，它返回具有最大支持的特定直线模型，用于查找具有最大支持的直线。支持较少的直线最终被忽略。

## 10.2　霍夫变换在直线检测中的应用

霍夫变换定位直线的基本概念是点－线的对偶性。点 $P$ 可以被定义为一对坐标或通过它们的一组线。如果我们考虑一组共线点 $P_i$，然后列出穿过每个共线点 $P_i$ 的线组，最后注意到只有一条线是所有这些线组共有的，这个概念就有意义了。因此，仅仅通过消除不是多次命中 $P_i$ 的那些线，最终就可以找到包含所有 $P_i$ 的线。事实上，很容易看出，如果多个噪声点 $Q_j$ 与信号点 $P_i$ 混合，则该方法将能够在找到包含它们的线的同时，仅通过搜索多个命中来从噪声点中区分共线点。因此，该方法对噪声具有较好的鲁棒性，因为它实际上是在区分当前不需要的信号，如圆。

事实上，对偶性会更进一步。从上面的论证中可以明显看出，正如一个点可以定义一组线（或反之）一样，一条线也可以定义一组点（或反之）。这使得上述直线检测方法在数学上很优雅。令人惊讶的是，霍夫检测方案最初是作为检测高能粒子轨迹的电子装置的专利（Hough，1962）发表的，而不是作为论文在学术期刊上发表的。

该方法最初应用的形式包括使用斜率－截距方程参数化直线

$$y = mx + c \tag{10.1}$$

然后将直线边缘上的每个点绘制为 $(m, c)$ 空间中的一条线，对应于与其坐标一致的所有 $(m, c)$ 值，并且在该空间中检测到这些线。$(m, c)$ 值的无限范围的问题（当该直线接近垂直于 $x$ 轴时，斜率参数会接近无限的值）通过使用两组图来克服，第一组对应于小于 1.0 的斜率，第二组对应于 1.0 或更大的斜率。在后一种情况下，等式（10.1）改为：

$$x = \tilde{m}x + \tilde{c} \tag{10.2}$$

其中

$$\tilde{m} = 1/m \tag{10.3}$$

Duda 和 Hart（1972）提出取消这种相当浪费的设计，用所谓的"法线"$(\theta, \rho)$ 代替了斜率－截距公式（见图 10-1）：

$$\rho = x \cos \theta + y \sin \theta \tag{10.4}$$

为了应用使用这种形式的方法，穿过每个点 $P_i$ 的一组线被表示为 $(\theta, \rho)$ 空间中的一组正弦曲线。例如，对于点 $P_1(x_1, y_1)$，正弦曲线满足等式：

$$\rho = x_1 \cos \theta + y_1 \sin \theta \tag{10.5}$$

$(\theta, \rho)$ 空间中的多次命中表示原始图像中过 $\theta$、$\rho$ 值的直线。

上面描述的每种方法都有一个特征，即它采用了一个"抽象"参数空间，在这个空间中寻找多次命中。上面我们谈到了参数空间中的"标绘"点，但事实上，寻找命中的方法是寻找由来自不同来源的数据累积而成的峰值。虽然通过逻辑运算（如使用逻辑 AND 函数）搜索命中是可能的，但霍夫方法通过投票方法积累证据而获得了显著的收益。从下面可以看出，这正是该方法高度鲁棒性的原因。

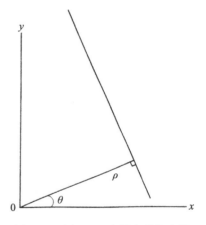

图 10-1　用 $(\theta, \rho)$ 法线参数化直线

尽管上述方法在数学上很优雅，能够在相当大的干扰信号和噪声中检测直线（或一组共线点——它们可能完全相互隔离），但它们存在相当大的计算复杂度问题。原因是原始图像中的每个显著点都会在参数空间中产生大量投票，因此对于 $256 \times 256$ 图像，$(m, c)$ 参数化需要累积 256 票，而 $(\theta, \rho)$ 参数化需要类似的数目——360，如果 $\theta$ 量化足够精细以解决直线方向的 1° 变化（需要注意的是，"显著点"以何种方式显著并不重要，它们实际上可能是边缘点、黑斑、孔中心等等。稍后，我们将始终把它们视为边缘点）。

几名研究者试图克服这个问题，Dudani 和 Luk（1978）试图通过区分 $\theta$ 和 $\rho$ 估计值来解决这个问题。他们首先在 $\theta$ 的一维参数空间中累积投票——$\theta$ 值的直方图（请注意，这样的直方图本身就是 HT 的简单形式）——事实上，如果任何过程涉及在参数空间中累积投票，意图搜索重要的峰值以找到原始数据的属性，都可以将其称为 HT。在 $\theta$ 直方图中找到合适的峰值后，他们为给定 $\theta$ 峰值投票的所有点建立一个 $\rho$ 直方图，并对所有 $\theta$ 峰值重复这个过程。因此，两个一维空间取代了原来的二维参数空间，在存储和负载方面有很大的节省。然而，这种类型的两阶段方法往往不太精确，因为第一阶段不太具有选择性：偏置 $\theta$ 值可能来自在二维空间中很好分离的线对。此外，估计 $\theta$ 值时的任何误差都会传播到确定 $\rho$ 的阶段，使得 $\rho$ 值更加不准确。出于这个原因，Dudani 和 Luk 增加了一个最终的最小二乘拟合阶段，以完成对图像中直线边缘的精确分析（注意，许多研究者已经发现，使用最小二乘法往往会加重不太准确的点的贡献，包括那些与直线的确定无关的点。要理解最小二乘法的局限性，请参阅附录 A。）

从实际的角度来看，要继续这种直线检测方法，首先需要获得强度梯度的局部分量，然后推导梯度幅值 $g$ 并对其进行阈值处理，以定位图像中的每个边缘像素。$\theta$ 可以使用 arctan 函数结合局部边缘梯度分量 $g_x$、$g_y$ 来估计：

$$\theta = \arctan (g_y / g_x) \tag{10.6}$$

由于 arctan 函数具有周期 $\pi$，因此可能必须添加 $\pm\pi$ 以获得 $-\pi$ 到 $+\pi$ 范围内的主值，这可以从 $g_x$ 和 $g_y$ 的符号中确定（请注意，在 C++ 中，基本的 arctan 函数是 atan，它只有一个参数，应该如上所述使用 $g_y / g_x$。然而，C++ atan2 函数有两个参数，如果分别使用 $g_y$ 和 $g_x$，该函数会自动返回 $-\pi$ 到 $\pi$ 范围内的一个角度）。一旦 $\theta$ 已知，$\rho$ 可以从等式（10.4）中找到。

最后，请注意直线和直线边缘是不同的，需要以不同的方式检测（直线边缘可能更常见，经常作为物体边界出现，而在户外场景中的代表就是电缆线）。事实上，我们在上面已经集中于使用 HT 来定位直线边缘，从边缘检测器开始。直线段可以使用拉普拉斯类型算子来定位，并且它们的方向是在 0° ～ 180° 而不是 0° ～ 360° 的范围内定义的，这使得 HT 设计有了微妙的不同。在本章的剩余部分中，我们将重点讨论直线边缘检测。

### 纵向线定位

前面的章节提供了各种方法来定位数字图像中的直线并找到它们的方向。然而，这些方法对于沿着无限理想化的直线观察到的区段的位置不敏感，原因是拟合仅包括两个参数。这方面也有一些优势，因为线的部分遮挡并不妨碍它的检测。事实上，如果一条直线的几段是可见的，它们都会对参数空间中的峰值做出贡献，从而提高灵敏度。另一方面，对于全图像解释而言，了解线段的纵向位置也是很有用的。

这是通过进一步的处理来实现的。额外的处理阶段包括找出哪些点对主参数空间中的每个峰值有贡献，并在每种情况下进行连通性分析（当直线的斜率小于 45° 时，最方便的方法是沿 $x$ 轴投影；当斜率大于 45° 时，沿 $y$ 轴投影，对于其他象限的方向类似）。Dudani 和 Luk（1978）称这一过程为"$xy$ 分组"。线段是 4 或 8 连通的并不重要，只要线段上有足够的点，使得相邻的点在阈值距离之内，也就是说，如果它们在预先指定的距离之内（通常是 5 像素），点集就会合并。最后，短于某个最小长度的片段（通常也是约 5 像素）可以被忽略，因为它们太微不足道，并不能对图像进行解释。

## 10.3　垂足法

另一种节省计算资源的方法（Davies，1986）通过采用不同的参数化方案，消除了三角函数（如 arctan）的使用。如前所述，迄今为止描述的方法都使用抽象参数空间，其中点与图像空间没有直接明显的视觉关系。在替代方案中，参数空间是第二图像空间，其与图像空间一致（即参数空间类似于图像空间，并且参数空间中的每个点都保存了与图像空间中的对应点直接相关的信息）。

这种类型的参数空间通过以下方式获得。首先，图像中的每个边缘片段都是按照之前的要求产生的，以便能够测量 $\rho$，但是这一次，来自原点的法线的垂足本身被视为参数空间中的投票位置（图 10-1）。很明显，垂足位置包含了 $\rho$ 和 $\theta$ 值之前携带的所有信息，在数学上，这些方法基本上是等价的。然而，我们接下来会看到，它们的细节仍有所不同。

直线边缘的检测需要分析：（1）局部像素坐标 $(x, y)$；（2）每个边缘像素的强度梯度 $(g_x, g_y)$ 的相应局部分量。取 $(x_0; y_0)$ 作为从原点到相关线的法线的垂足（必要时产生，见图 10-2），可以发现

$$g_y / g_x = y_0 / x_0 \tag{10.7}$$
$$(x - x_0) x_0 + (y - y_0) y_0 = 0 \tag{10.8}$$

这两个方程足以计算两个坐标 $(x_0; y_0)$。解 $x_0$ 和 $y_0$ 有

$$x_0 = vg_x \tag{10.9}$$
$$y_0 = vg_y \tag{10.10}$$

其中

$$v = \frac{xg_x + yg_y}{g_x^2 + g_y^2} \tag{10.11}$$

请注意，这些表达式只涉及加法、乘法和一次除法，因此使用这个公式可以有效地进行投票。

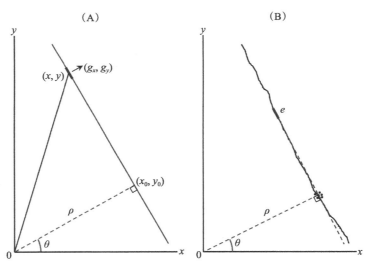

图 10-2　直线的图像空间参数化：（A）计算中涉及的参数（见正文）；（B）针对更实际的情况，在参数空间中作法线垂足，其中直线并不完全精确：$e$ 是对应参数空间中单次投票的典型边缘片段

## 垂足法的应用

虽然垂足法在数学上类似于 $(\theta, \rho)$ 法，但它不能以完全相同的准确度直接确定线条方向。这是因为方位精度取决于确定 $\rho$ 的分数精度——这又取决于 $\rho$ 的绝对幅度。因此，对于较小的 $\rho$，从参数空间中的峰值位置预测的线的方向将相对不准确，即使垂足的位置是准确

已知的。然而，直线方向的精确值总是可以通过识别在垂足参数空间中对给定峰值有贡献的点并使它们对 $\theta$ 直方图有贡献来找到，根据 $\theta$ 直方图可以更精确地确定直线方向。

上述方法的典型结果显示在图 10-3 中，它被应用于 $128 \times 128$ 图像中的 $64 \times 64$ 子图像中。显然，这些图片中的一些物体被它们的直线边缘过度确定，所以低 $\rho$ 值不是主要问题。对于 $\rho > 10$ 的峰值，直线方向的估计在大约 $2°$ 以内；结果，这些物体位于 1 像素内，并通过这种技术在 $1°$ 内定向，而且不需要 $\theta$ 直方图。图 10-3 中的两个子图像包含未检测到的线段。这部分是由于它们的对比度相对较低、噪声水平较高、模糊度高于平均水平或长度较短。然而，这也取决于在初始边缘检测器和最终峰值检测器上设置的阈值。当这些阈值被设置为较低值时，能够检测到额外的线，但是其他噪声峰值也在参数空间中变得突出，并且需要详细检查这些阈值中的每一个以确认图像中相应直线的存在。这是图像分析领域存在的一个普遍问题。

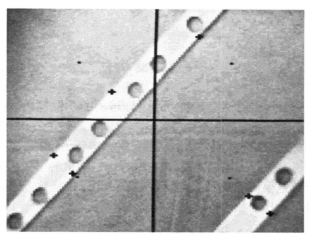

图 10-3　机械零件图像空间参数化的结果。每个象限中心的点是用于计算图像空间变换的原
　　　　　点。"+"字是参数空间中标记单个直边缘的峰值位置。详细说明参见正文

## 10.4　使用 RANSAC 进行直线检测

RANSAC 是一种基于模型的搜索模式，通常可以作为 HT 的替代方法。事实上，在检测直线时这种方法是非常有效的，所以这里引入该方法。该策略可以被解释为投票方案，但是它以不同于 HT 的方式使用。后者通过在参数空间中以投票的形式建立物体实例的证据，然后对它们的存在做出决定（或者通过对它们的存在做出假设，这些假设随后可以被检测出来）。RANSAC 通过对物体进行一系列假设来运作，并通过计算与物体一致的数据点数量来确定对每个物体的支持度。正如所料，对于任何潜在的物体，每个阶段都只保留最大支持度的假设。从而 RANSAC 能比 HT 存储更紧凑的信息，即对于 RANSAC，假设列表保存在当前存储器中；而对于 HT，通常只是稀疏填充的整个参数空间都保存在存储器中。因此RANSAC 数据是抽象列表，而 HT 数据通常可以在参数空间中被视为图片——就像在垂足线检测器的情况下一样。这都不会妨碍 RANSAC 输出在图像空间中的显示（例如直线），也不妨碍 HT 用列表表示来累积。

为了更详细地解释 RANSAC，我们以直线检测为例。至于 HT，我们从应用边缘检测器开始，并定位图像中的所有边缘点。正如我们将看到的，RANSAC 在有限数量的点上运行得最好，因此找到强度梯度图像的局部最大值边缘点很有用（这与 Canny 算子中使用的非最大抑制类型不一致，Canny 算子会产生稀疏连接的边缘点串，但是会产生单独的孤立点，我们将在下面回到这一点）。接下来，为了形成直线假设，所需要的就是从应用局部最大值运算后剩余的 N 个边缘点列表中提取任意一对边缘点。对于每一个假设，我们通过 N 个点的列表，找出有多少点（M）支持这个假设。然后我们接受更多的假设（更多对边缘点），在每个阶段只保留一个给予最大支持的假设 $M_{max}$。该过程如表 10-1 所示。

表 10-1 中的算法对应于在 HT 情况下找到参数空间中最高峰值的中心。要找到图像中的所有线条，最显而易见的策略是：找到第一行，然后删除所有支持它的点；然后找到下一行，删除所有支持它的点；以此类推，直到所有的点都从列表中删除。该过程可以更简洁地写为：

```
repeat {
  find line;
  eliminate support;
}
until no data points remain;
```

这种策略带来的问题是，如果线条彼此交叉，对第二条线（必然是较弱的那条线）的支持可能会少于它应该得到的支持。然而，只有当图像被线条严重搅乱时，这才会是一个严重的缺点。但是，该过程是顺序的，因此结果（即精确的线位置）将取决于线被消除的顺序，因为支持区域将在每个阶段被微小地改变。总的来说，对复杂图像的解释几乎必须按顺序进行，有大量证据表明，人类的眼 - 脑系统就是这样解释图像的，即遵循早期的提示，以便逐渐理解数据。有趣的是，HT 似乎可以通过并行识别峰值的潜在能力来摆脱这一点。虽然对于简单的图像来说这很可能是真的，但是对于包含许多重叠边缘的复杂图像来说，仍然需要对上述类型进行顺序分析（参见反向投影法，Gerig 和 Klein，1986）。关键是，对于 RANSAC 采用的特定列表表示，我们会立即面临如何识别多个物体的问题，而由于上述原因，HT 不会立即出现这种情况。最后，有利的一面是，连续消除支持点必然会使查找后续物体变得越来越容易，计算量也越来越小。但是该过程本身并不是没有代价的，因为表 10-1 中的整个 RANSAC 过程必须每条线运行两次，以确定必须消除的支持点。

接下来，我们考虑 RANSAC 过程的计算复杂度。如果有 N 个边缘点，潜在直线的数量将为 $^NC_2$，对应的计算复杂度为 $O(N^2)$。然而，为每条线寻找支持将涉及 $O(N)$ 次操作，因此总计算负荷将为 $O(N^3)$。此外，消除找到的每条线的支持点的需要将导致与线的数量 n 成比例的计算，仅相当于 $O(nN)$，这对总的计算复杂度几乎没有影响。

还有一点没有提到，那就是不是所有的 N 个边缘点都来自直线：一些来自直线，一些来自曲线，一些来自一般背景，还有一些来自噪声。为了限制误报的数量，设置一个支持阈值 $M_{thr}$ 将是有用的，这样当 $M > M_{thr}$ 时最有可能是真正的直线，而其他最有可能是伪像，如曲线或噪声点的一部分。因此，当 $M_{max}$ 降到 $M_{thr}$ 以下时，RANSAC 程序可以终止。当然，可能需要仅保留"有效"直线，如那些长度大于 L 像素的直线。在这种情况下，随着 RANSAC 算法的进行，对每一条直线的分析可以消除更多的点。另一个因素是，是否应该考虑与点过于接近的配对相对应的假设。特别是，可以认为，距离 5 像素更近的点是多余的，因为它们沿着一条线的方向指向的可能性会大大降低。然而，事实证明，RANSAC 在这方面是安全的，并且通过保持极小间距的配对有所收益，因为一些结果假设实际上可能比任何其他假设都更准确。总的来说，通过它们的间距来限制成对可能是减少计算量的一种有用方式，要记住 $O(N^3)$ 可是相当高的。这里，我们应该还记得，如果使用成对的点，HT 在投票期间的复杂度为 $O(N^2)$；如果使用单个边缘点及其梯度，则为 $O(N)$。

正如我们刚刚看到的，RANSAC 在计算复杂度方面不如 HT，所以当 $N$ 可以以某种方式减少时，使用 RANSAC 更好。这就是为什么使用 $N$ 个局部最大值是有用的，而不是通过非最大抑制产生的边缘点串形式的完整的边缘点列表，更不用说在非最大抑制之前存在的那些。事实上，从完整的列表中重复随机采样，直到有足够的假设得到检验，以确信所有有效直线都被检测到，这将会有很大的收获（值得注意的是，这些想法反映了 RANSAC 一词的原始含义，它代表随机采样共识——"共识"表明任何假设都必须与现有支持数据形成共识）。使用此程序，计算复杂度从 $O(N^3)$ 降低到 $O(N^2)$ 甚至 $O(N)$（很难预测由此产生的计算复杂性。无论如何，可实现的计算复杂度将高度依赖于数据）。可以通过估计由于没有考虑位于该线上的代表性点对而错过有效直线的风险，来获得所有有效直线都被检测到的信心。附录 A.6 节将更全面地研究这个问题。

在继续之前，我们将简要考虑另一种减少计算量的方法：除了消除那些非常短的边缘点，以及将每 $p$ ($p \approx 10$) 像素中较长的边缘点编码为孤立点以外，还可以通过使用由非最大抑制产生的边缘点的连通串。这样将会有比我们早期范例少得多的点，而且那些被使用的点将会增加一致性和位于直线的可能性，因此集中了高质量的数据，而 $O(N^3)$ 计算系数将会大大降低。显然，在高噪声的情况下，这不会很有效，读者可自行判断它对于图 5-7 和图 5-8 中 Canny 算子定位的边缘集的工作效果如何。

我们现在可以讨论将 RANSAC 应用于直线检测所获得的实际结果。在所描述的测试中，成对的点被用作假设，并且所有边缘点都是强度梯度的局部最大值。图 10-4 所示的情况对应于检测二十面体形状的一块木头，以及一对有着平行侧面的腹腔镜工具。请注意，图 10-4A 右侧的一条线被遗漏了，因为必须对每条线的支持水平设置下限。这是必要的，因为低于这一支持水平，共线性的概率会急剧增加，即使是在图 10-4B 所示相对较少的边缘点上，也会导致假阳性线的数量急剧增加。图 23-2 和图 23-3 为利用 RANSAC 定位道路车道标记。在上述所有情况下都使用了相同版本的 RANSAC，尽管在图 23-3 的情况下，增加了一个改进，可以更好地消除已经定位的线上的点（见下文）。总的来说，这组例子表明 RANSAC 是数字图像中直线定位的一个非常重要的竞争者。这里没有讨论的事实是，RANSAC 在二维和三维中对获得与许多其他类型形状的稳健匹配是有用的。

值得一提的是，RANSAC 的一个特点是它比 HT 受直线混叠的影响更小。这是因为 HT 峰值倾向于被混叠分割，所以如果不对图像进行过度平滑，很难获得最佳假设。RANSAC 在这种情况下表现更好的原因是它不依赖于单个假设的准确性，而是依赖于足够的假设，这些假设很容易产生，同样也是可以丢弃的。

最后，我们回到上面关于改进删除已定位的线上的点的讨论。假设一条线的横截面以边缘点的（横向）高斯分布为特征。作为一个真实的高斯在任意一个方向上延伸到无穷远，支持区域没有被很好地定义，但是为了高精度，将它视为直线中心线 $\pm\sigma$ 内的区域是合理的。然而，如果仅仅消除这些点，线附近的剩余点可能会在以后产生替代线，或者与其他点结合导致误报。因此，最好（Mastorakis 和 Davies, 2011）使"删除距离" $d_d$ 大于检测期间用于支持的"拟合距离" $d_f$，如使 $d_d = 2\sigma$ 或 $3\sigma$，其中 $d_f = \sigma$（可以认为 $d_d \approx 3\sigma$ 接近最优，因为高斯分布中 99.9% 的样本位于 $\pm 3\sigma$ 内）。图 23-3 显示了拟合距离为 3 像素，删除距离为 3、6、10 和 11 像素的情况，显示了通过使 $d_d$ 显著大于 $d_f$ 可以获得的优势。图 23-4 示出了在这种情况下使用的算法流程图。

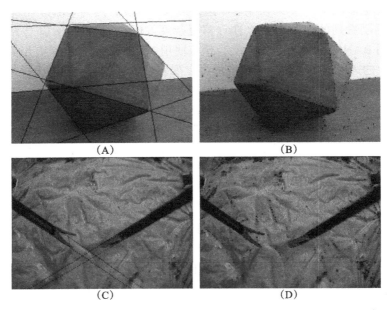

(A)        (B)
(C)        (D)

图 10-4    使用 RANSAC 技术的直线位置:(A)使用 RANSAC 技术定位的具有各种直边的原始灰度图像;(B)图 A 的 RANSAC 边缘点,这些是孤立点,它们是梯度图像的局部最大值;(C)一对腹腔镜工具的直边——一个刀具和一个夹具,由 RANSAC 定位;(D)图 C 的 RANSAC 点数。在图 A 中,错过了二十面体的 3 个边缘,这是因为它们是具有低对比度和低强度梯度的顶部边缘。由于支持水平的下限(见正文),RANSAC 错过了第 4 个边缘

## 10.5    腹腔镜工具的位置

上一节展示了 RANSAC 如何提供一种高效的方法来定位数字图片中的直线,并给出了一个使用 RANSAC 定位腹腔镜工具手柄的例子。这些被用于各种形式的洞眼手术,具体地,一个工具(例如刀具)可以通过一个切口插入,另一个工具(例如夹具)可以通过第二个切口插入。同时还需要额外的切口,以便通过采用光纤技术的腹腔镜进行观察,并为空腔(如腹腔或胸腔)充气。在本节中,我们将讨论通过腹腔镜可以获得哪些信息。

图 10-4C 示出了位于模拟肌肉背景中的腹腔镜夹具和刀具。背景通常是一个潮湿的表面,很大可能是红色的,并且会显示出许多接近镜面反射的区域。在这些条件下发生的强度的巨大变化使得场景很难解释。虽然控制器械的外科医生可以通过触觉反馈了解很多关于场景的信息,从而增强他对场景的理解,但是其他人,如在电视监视器或计算机上观看场景的人,很容易发现场景非常混乱。这同样适用于任何试图解释、分析或记录操作进度的计算机。后面这些任务对记录操作、培训其他医生、与其他地方的专家交流或者在随后的任何汇报中分析操作的进展都可能很重要。因此,如果能够至少相对于腹腔镜的参照系来确定工具的确切位置、方位和其他参数,这将是有用的。为此,RANSAC 提供了有关工具手柄位置的重要二维数据。评估手柄线对的消失点也提供了三维信息。显然,从工具末端的坐标中可以获得更多信息。

为了识别工具的末端,首先要定位手柄的末端。这是一项简单的任务,需要了解工具手

柄边缘 RANSAC 支持区域的确切末端。工具末端的剩余部分现在可以通过初始近似预测、
自适应阈值处理和连通分量分析来定位（图 10-5），特别注意工具末端尖端的精确定位。在图 10-5 中，这对于左侧的夹具可在约 1 像素内实现，对于右侧的闭合刀具则稍不精确。如果夹具是打开的，精度会与夹具相似。请注意，由于背景中复杂的强度模式，如果不首先识别工具手柄，很难定位工具末端。

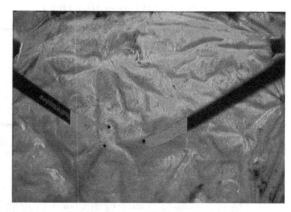

图 10-5　腹腔镜工具的尖端位于在灰色中突出显示的部分

上面提到的每个腹腔镜工具具有 $(X, Y, Z)$ 位置坐标，以及图像平面 $(x, y)$ 内的旋转 $\psi$、远离图像平面的 $\theta$（朝向 $Z$ 轴），以及关于手柄轴的 $\varphi$；此外，每个工具端都有一个开口角 $\alpha$（图 10-6）。从单个单目视角获得所有 7 个参数肯定很困难。然而原则上，使用工具端的精确 CAD 模型，约 $15° \sim 20°$ 角度精度应该是可能的。关于手柄的中心线和宽度、手柄边缘的汇聚度、工具尖端的精确位置的二维信息应该一起用来进行这种三维分析。这里我们集中在二维分析上，需要进一步研究的相关三维背景理论的细节可以在第三部分找到。

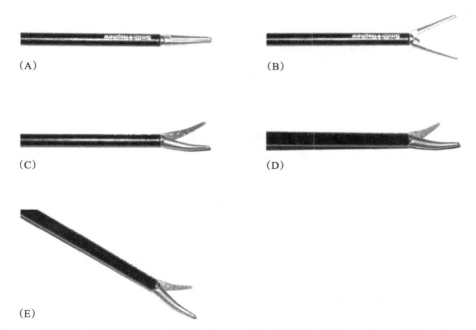

图 10-6　腹腔镜工具的方位参数:(A) 夹爪工具，夹爪闭合;(B) 夹具，夹爪以角度 $\alpha$ 分开;(C) 夹具绕水平轴旋转一个角度 $\varphi$;(D) 夹具从图像平面倾斜角度 $\theta$;(E) 夹具绕摄像机光轴旋转一个角度 $\psi$

## 10.6　基于霍夫的圆形物体检测方案

在本节中，我们提出了一种基于 HT 的圆形物体检测方法，目的是取代第 9 章介绍的非

鲁棒质心轮廓方法——表 10-2 中对此进行了总结。

在寻找圆的原始 HT 方法中（Duda 和 Hart，1972），首先在图像中的所有位置估计强度梯度，然后阈值化以给出重要边缘的位置。然后，所有可能的中心点的位置——距离每个边缘像素 R 的所有点——在参数空间中累积，R 是预期的圆半径。参数空间可以是一个通用的存储区域，但是当寻找圆时，方便起见应使其与图像空间一致：在这种情况下，可能的圆中心会累积在图像空间的新平面中。最后，在参数空间中搜索对应于圆形物体中心的峰值。由于边缘的宽度非零，噪声总是会干扰峰值定位的过程，准确的中心定位需要使用合适的取平均过程（Davies，1984；Brown，1984）。

**表 10-2　使用（r，θ）边界图查找物体的过程**

1. 定位图像中的边缘。
2. 连接断开的边缘。
3. 使厚边缘变薄。
4. 跟踪对象轮廓。
5. 生成一组（r，θ）图。
6. 将（r，θ）图与标准模板匹配

注：对于许多类型的真实数据，如在存在噪声、产品形状失真等的情况下，该过程不够稳健。事实上，跟踪过程转向和跟踪阴影或其他伪像是很常见的。

这种方法显然需要在参数空间中累积大量的点，因此该方法的改进形式现在已经成为新的标准。在这种新的方法中，每个边缘像素的局部可用边缘方向信息被用来估计圆心的精确位置（Kimme 等人，1975）。这是通过在每个边缘位置沿着边缘法线移动距离 R 来实现的。因此，累积的点数等于图像中边缘像素的数量，这能够显著节省计算量（这里我们假设物体比背景更亮或更暗，所以只需要沿着一个方向的法线移动）。为了使该过程可行，所采用的边缘检测算子必须高度精确。幸运的是，Sobel 算子能够估计 1° 的边缘方向，并且非常容易应用（第 5 章）。因此，改进后的转换形式在实践中是可行的。

正如在第 5 章中看到的，一旦应用了 Sobel 卷积掩模，强度梯度 $g_x$ 和 $g_y$ 的局部分量就可用了，并且局部强度梯度向量的大小和方向可以使用以下公式计算：

$$g = (g_x^2 + g_y^2)^{1/2} \qquad (10.12)$$

$$\theta = \arctan(g_y / g_x) \qquad (10.13)$$

然而，在估算中心位置坐标 $(x_c, y_c)$ 时，不会涉及 arctan 运算，因为三角函数可以抵消：

$$x_c = x - R (g_x / g) \qquad (10.14)$$

$$y_c = y - R (g_y / g) \qquad (10.15)$$

$\cos\theta$ 和 $\sin\theta$ 的值由下式给出：

$$\cos \theta = g_x / g \qquad (10.16)$$

$$\sin \theta = g_y / g \qquad (10.17)$$

此外，如果对候选中心点群进行一点额外的平滑处理，就可以避免通常的边缘细化和边缘连接操作——虽然这通常需要大量的处理（Davies，1984）（见表 10-3）。因此，这种基于霍夫的方法可以非常有效地定位圆形物体的中心，几乎所有多余的操作都取消了，只留下边缘检测、候选中心点的定位和中心点平均这几项。此外，该方法具有很强的鲁

**表 10-3　一种基于霍夫的圆形物体定位方法**

1. 定位图像中的边缘。
2. 连接断开的边缘。
3. 使厚边缘变薄。
4. 对于每个边缘像素，找到一个候选中心点。
5. 找到所有的候选中心集群。
6. 平均每个集群以找到准确的中心位置。

注：这个方法特别鲁棒，它很大程度上不受阴影、图像噪声、形状失真和产品缺陷的影响。注意，该方法的 1～3 阶段与表 10-2 中的 1～3 阶段相同。然而，在基于霍夫的方法中，通过省略阶段 2 和 3，可以节省计算量，并且提高精度。

棒性，即使物体的部分边界被遮挡或扭曲，物体中心仍能精确定位。事实上，结果也是令人印象深刻（例如图 10-7 和图 10-8 所示）。从图 10-9 中可以清楚地看出这种特性有用的原因。

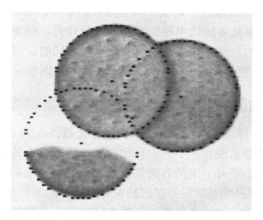

图 10-7　破碎和重叠饼干的定位，展示了中心定位技术的稳健性。精确度由黑点表示，每个黑点距离中心的径向距离在 1 / 2 像素以内

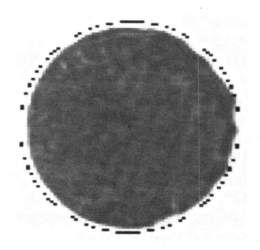

图 10-8　变形饼干的定位，显示一个巧克力包裹的饼干，一边有多余的巧克力。请注意，计算出的中心没有被突起物"拉"到侧面。为了清楚起见，黑点标记为正常径向距离之外的 2 像素

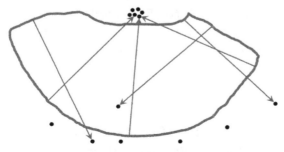

图 10-9　定位圆形物体中心时霍夫变换的鲁棒性。边界的圆形部分给出了聚焦于真实中心的候选中心点，而不规则的断裂边界给出了随机位置的候选中心点。在这种情况下，边界近似为图 10-7 所示的破碎饼干的边界

上述技术的效率意味着真正执行计算的 HT 部分比评估和阈值化整个图像上的强度梯度所花费的时间稍少。部分原因是边缘检测器在 3×3 邻域内工作，并且需要大约 12 次像素访问、4 次乘法、8 次加法、2 次减法，以及一次平方和的平方根的计算 [ 等式（10.12）]。

总的来说，精度要求意味着候选中心位置需要大量计算。然而，仅仅通过软件手段使得速度大幅提高仍然是可能的，这将在本章后面介绍。与此同时，我们讨论了当图像包含许多不同半径的圆，或者另一些半径事先不知道，或一些其他原因会导致的问题。

## 10.7　圆半径未知的问题

在许多情况下，圆半径最初是未知的。一种情况是，人们正在寻找许多不同尺寸的圆——比如硬币或不同类型的洗衣机。另一种情况是，圆的大小是可变的——就像饼干这样的食品一样——因此系统必须有一定的容错性。通常需要找到所有圆形物体，并测量它们的半径。在这种情况下，标准技术是在适当扩展的参数空间中的多个参数平面中同时累积候选中心点，每个平面对应于一个可能的半径值。参数空间中检测到的峰值中心不仅给出了每个圆的二维位置，还给出了它的半径。虽然这个方案理论上完全可行，但在实践中存在几个问题：

1）必须在参数空间中累积更多的点；

2）参数空间需要更多的存储空间；

3）在搜索参数空间寻找峰值时，计算量要大得多。

在某种程度上，这是意料之中的，因为增强方案能够在原始图像中直接检测到更多的物体。

下面将说明，后两个问题可以在很大程度上消除。这是通过仅使用一个参数平面来存储用于定位不同半径的圆的所有信息来实现的，即每个边缘像素不仅累积一个点，而是沿着该一个平面中的边缘法线方向累积整条线的点。实际上，该直线不需要在任一方向上无限延伸，而只需要延伸到圆形物体或孔的有限半径范围内。

即使有这种限制，大量的点正在单个参数平面中累积，并且最初可能认为这将导致点的激增，以至于几乎任何"斑点"形状都将导致参数空间中的峰值，而该峰值可能被解释为圆心。然而，情况并非如此，重要的峰值通常只来自真正的圆和密切相关的形状。

要了解这种情况，请考虑在参数空间中的特定位置如何出现相当大的峰值。只有当来自这个位置的大量径向向量正常满足物体的边界时，这种情况才会发生。在边界无不连续性的情况下，相邻的一组边界点只有位于圆弧上时才能垂直于径向向量。尽管如此，局部边缘方向测量中的误差使得该方案检测圆形物体的能力稍微不那么明确。

最后，请注意，通过在单个参数平面中累积所有投票会导致关于径向距离信息的丢失。因此，需要进一步的分析阶段来测量物体半径。这一额外的分析阶段通常包括可忽略不计的额外计算，因为搜索空间已经被初始圆定位过程大大缩小，因此只需要使用一维 HT，并以径向距离作为相关参数。

### 实际结果

上述方法的效果与预期一致，除了由低分辨率的小圆形物体（半径小于约 20 像素）引起的问题（Davies，1988）。这里的问题主要在于小物体的精确形状缺乏区分（见图 10-10）。如上文所述，该方法变为小半径圆形特征检测器时（如图 10-10 蝶形螺母的定位），这一问题通常可以转化为优势。

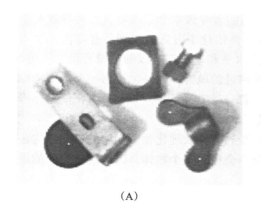

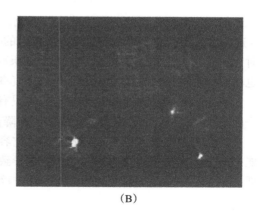

（A）　　　　　　　　　　　　　　　　　　（B）

（C）

图 10-10　（A）当半径假设在 4 ～ 17 像素范围内时，透镜盖和蝶形螺母的精确同步检测；（B）
　　　　　参数空间中随半径范围产生的响应，注意透镜盖和支架的变换重叠；（C）当半径假
　　　　　设在 −26 ～ −9 像素的范围内时图 A 中的孔检测（使用负半径是因为孔被视为负对
　　　　　比度的物体）。显然，在该图像中可以使用较小范围的负半径

　　根据需要，即使物体被部分遮挡，也能可靠地检测到。然而，从图 10-10 中可以清楚地
看出，当使用单个参数平面来检测大范围尺寸的物体时，不能期望中心位置的高精度。因
此，最好尽可能缩小投票范围。

　　总的来说，这种方法在速度和准确性之间有一个折中。然而结果证实，有可能在显著合
并的参数空间内定位不同半径的物体，从而大大节省存储和计算——即使必须在参数空间中
累积的总投票数本身并没有减少。

## 10.8　克服速度问题

　　本节探讨如何在速度显著提高的情况下进行圆检测。为此，尝试了两种方法：（1）对图
像数据进行采样；（2）使用更简单的边缘检测器。对于方法 1 来说，最合适的策略似乎是
只查看图像中的每 $n$ 行，而对于方法 2 来说，在搜索边缘时，需要使用一个小的 2 元素邻域
（Davies，1987d）。虽然这种方法将失去估计边缘方向的能力，但是它仍然允许一个圆的水
平和垂直弦被平分，从而得到中心坐标 $(x_c, y_c)$ 的值。它还涉及更少的计算，包括乘法和平
方根计算、大部分除法被消除或被二元差分运算取代。下面给出了使用这种方法可获得的总
体速度增益的实际细节。

最初的 HT 和弦二分法都导致峰的形成，尽管前者导致单个二维峰，后者导致两个一维峰（这两个一维峰必须分别获得）。圆检测的鲁棒性依赖于可靠地找到所有峰值，当物体变形时，这种情况变得不太可能。显然，如果减少水平和垂直扫描线的数量有助于一维峰值，这也将导致检测鲁棒性的潜在降低，即峰值将被错过的风险。此外，还有一个需要考虑的因素：如果所有可能的水平和垂直扫描线中只有一部分 $\alpha$ 有助于一维 HT 峰值，信噪比将下降一个因子 $\sqrt{\alpha}$，并且中心定位的精度将同样降低。

虽然弦采样策略可以非常有效，但是它容易受到高度纹理化物体问题的影响。这是因为可能会产生太多的假边缘，这些假边缘会导致弦不会横跨整个物体；因为这导致 $\alpha$ 的进一步降低，并进一步降低了该方法的鲁棒性和准确性。

**实际结果**

用图 10-11 中的图像进行的测试（Davies，1987）显示，可以获得超过 25 的速度增益，$\alpha$ 值低于 0.1（即每扫描 10 条水平线和垂直线）。破碎圆形物品的结果（图 10-12）是不言自明的，它们指示了该方法可以应用的极限。表 10-4 给出了完整算法的概要（请注意，如果碰巧有几个峰值，消除结果歧义是一个相对简单的问题）。

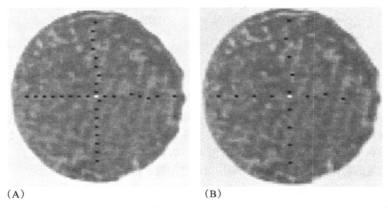

(A)                              (B)

图 10-11    使用相同初始图像的弦等分算法，以及连续的 4 和 8 像素步长，成功定位物体。黑点显示水平和垂直弦平分线的位置，白点显示中心的位置

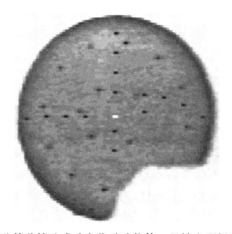

图 10-12    使用弦等分算法成功定位破碎物体：只缺少理想边界的四分之一

表 10-4　快速查找中心算法概述

```
y = 0;
do {
    scan horizontal line y looking for start and end of each object;
    calculate midpoints of horizontal object segments;
    accumulate midpoints in 1-D parameter space (x space);
    // note that the same space, x space, is used for all lines y
    y = y + d;
} until y > ymax;
x = 0;
do {
    scan vertical line x looking for start and end of each object;
    calculate midpoints of vertical object segments;
    accumulate midpoints in 1-D parameter space (y space);
    // note that the same space, y space, is used for all lines x
    x = x + d;
} until x > xmax;

find peaks in x space;
find peaks in y space;
test all possible object centres arising from these peaks;
// the last step is necessary only if ∃ > 1peak in each space
// d is the horizontal and vertical step-size (= 1/α)
```

图 11-13 显示了调整二元边缘检测器中阈值的效果。图 10-13A 显示了设置过低的结果。这里，物体的表面纹理触发了边缘检测器，弦中点引起了一系列对中心坐标的错误估计。图 11-13B 示出了将阈值设置在过高水平的结果，从而减少了中心坐标的估计数，并且灵敏度降低。

总的来说，上述中心定位过程比标准 HT 快一个数量级以上，通常快 25 倍。这在严格的实时应用中可能非常重要。鲁棒性如此之好，以至于该方法至少能容忍一个物体四分之一的周长不存在，这使得它适合许多实际应用。重要的是，完全清楚哪些类型的图像数据可能会使算法混淆。

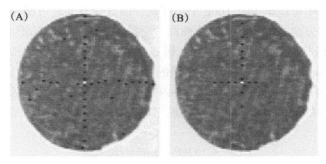

图 10-13　梯度阈值调整不当的影响：（A）阈值设置过低的影响，使得表面纹理混淆了算法；（B）设置阈值过高时灵敏度降低

## 10.9　椭圆检测

检测椭圆的问题可能比检测圆的问题稍微复杂一些，因为偏心率是一个单独的参数。然

而，偏心破坏了圆的对称性，因此也必须定义主轴的方向。因此，描述椭圆需要 5 个而不是 4 个参数，椭圆检测必须明确或隐含地考虑到这一点。尽管如此，椭圆检测的一种方法实现起来特别简单和直接：那就是直径平分法，这将在下面描述。

### 10.9.1  直径平分法

Tsuji 和 Matsumoto（1978）的直径平分法概念非常简单。首先，编辑图像中所有边缘点的列表。然后，列表被排序以找到那些反平行的点，这样它们可以位于椭圆直径的相对端；接下来，所有这些点对的连接线的中心点位置被作为参数空间中的投票位置（图 10-14）。类似圆的定位，用于此目的的参数空间与图像空间一致。最后，确定参数空间中重要峰值的位置，以识别可能的椭圆中心。

在包含许多椭圆和其他形状的图像中，将会有非常多的反平行边缘点对，对于它们中的大多数，连接线的中心点将会导致参数空间中无用的投票。显然，这种杂乱会导致计算的浪费。然而 HT 的一个原则是，投票必须在参数空间中的所有点上累积，这原则上可以推出正确的物体中心位置：由峰值查找器来查找最有可能对应于物体中心的投票位置。

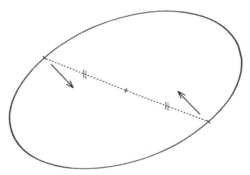

图 10-14  直径平分法的原理。定位一对点，对于这些点，边缘方向是反平行的。如果这样一对点位于椭圆上，连接这些点的线的中点将位于椭圆的中心

杂乱不仅会导致计算的浪费，而且方法本身的计算成本也很高。这是因为它检查了所有的边缘点对，并且这种点对比边缘点多得多（$m$ 个边缘点导致 $^mC_2 \approx m^2/2$ 个边缘点对）。事实上，由于典型图像中可能至少有 1000 个边缘点，因此计算问题可能非常棘手。

有趣的是，基本方法并没有特别区分椭圆。它挑选出许多对称的形状——任何确实具有 180° 旋转对称性的形状，包括矩形、椭圆、圆或超椭圆（方程形式为 $x^s/a^s + y^s/b^s = 1$，椭圆是一种特殊情况）。此外，即使在仅存在椭圆的图像中，基本方案有时也会产生许多错误的标识（图 10-15）。然而，Tsuji 和 Matsumoto（1978）也提出了一种可以区分真实椭圆的技术。该技术的基础是椭圆的特性，即垂直半径 OP、OQ（$O$ 是椭圆的中心，$P$ 和 $Q$ 是边界点）的长度符合以下关系：

$$1/OP^2 + 1/OQ^2 = 1/R^2 = \text{constant} \tag{10.18}$$

接下来，使用有助于参数空间中给定峰值的一组边缘点来构造 $R$ 值的直方图［后者从等式（10.18）中获得］。如果在直方图中发现一个明显的峰值，那么在图像中的指定位置有明显的椭圆迹象。如果发现两个或更多这样的峰值，那么图像中有相应数量同心椭圆的证据。然而，如果没有发现这样的峰值，那么可能会出现矩形、超椭圆或其他对称形状，并且这些形状中的每一个都需要自己的识别测试。

这种方法显然依赖于椭圆上直径相对端的明显数量的边缘点对：因此对必须可见的边界数量有严格的限制（图 10-16）。最后，不应该忽视的是，该方法浪费了从不匹配的边缘点获得的信号。这些考虑推动了对椭圆检测的进一步方法的探索。

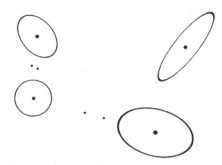

图 10-15　使用基本直径平分法的结果。大点表示通过该方法找到的真实椭圆中心，而小点表示通常出现错误警报的位置。通过应用正文中描述的测试来消除这种误报

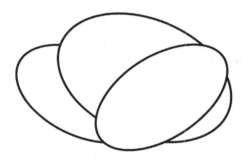

图 10-16　直径平分法的局限性：在所示的三个椭圆中，只有最左边的一个不能用直径平分法定位

## 10.9.2　弦切法

弦切法是由 Yuen（1988）等设计的，它利用了椭圆的另一个简单几何性质。成对的边缘点再一次被轮流取用，对于成对的每一点，椭圆的切线被构造并被发现在 T 处交叉；连接线的中点位于 M 处；然后计算线 TM 的方程，位于该线 MK 部分的所有点都在参数空间中累积（图 10-17）（显然，T 和椭圆的中心位于 M 的相对侧）。最后，峰值位置如前所述。

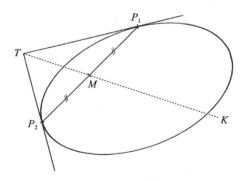

图 10-17　弦切法的原理。$P_1$ 和 $P_2$ 处的切线在 T 处相交，$P_1P_2$ 的中点是 M。椭圆的中心 C 位于 TM 线上。注意，M 位于 C 和 T 之间。因此，点 $P_1$ 和 $P_2$ 的变换只需要包括这条线的部分 MK

证明这种方法正确是很容易的。对称性确保该方法适用于圆，投影属性则确保它也适用于椭圆：在正投影下（参见第 16 章），直线投影成直线，中点投影成中点，切线投影成切线，圆投影成椭圆；此外，总是可以找到一个视点，使得一个圆可以投影到给定的椭圆中。

不幸的是，这种方法的计算量大大增加，因为必须在参数空间中累积这么多点，这显然是提高适用性的代价。然而，计算至少可以通过三种方式最小化：（1）通过考虑椭圆的预期尺寸和间距，减少参数空间中累积的投票线的长度；（2）如果边缘点过于靠近或相距太远，则最初不配对为边缘点；（3）一旦边缘点被识别为属于特定椭圆，则消除它们。

### 10.9.3  寻找剩余椭圆参数

尽管上述方法被设计用于定位椭圆的中心坐标，但是需要更正式的方法来确定其他椭圆参数。因此，我们以下列形式写出椭圆方程：

$$Ax^2 + 2Hxy + By^2 + 2Gx + 2Fy + C = 0 \tag{10.19}$$

椭圆与双曲线的区别在于附加条件：

$$AB > H^2 \tag{10.20}$$

这个条件保证了 $A$ 永远不会为零，并且椭圆方程可以用 $A = 1$ 重写而不失一般性。这留下了 5 个参数，它们与椭圆的位置、方向、大小和形状（或偏心率）相关。

已经定位了椭圆的中心，我们可以在其中心 $(x_c, y_c)$ 选择一个新的坐标原点；然后，该等式采用以下形式：

$$x'^2 + 2Hx'y' + By'^2 + C' = 0 \tag{10.21}$$

其中

$$x' = x - x_c; \quad y' = y - y_c \tag{10.22}$$

它现在仍然符合方程式（10.21）为所考虑的椭圆中心提供证据的边缘点。这个问题通常会被过度确定。因此，一个显而易见的方法是最小二乘法。不幸的是，这种技术往往对异常点非常敏感，因此容易导致不准确。另一种选择是使用某种形式的 HT。这里，我们通过微分方程（10.21）来跟随 Tsuji 和 Matsumoto（1978）的思路：

$$x' + By'/dx' + H(y' + x'dy'/dx') = 0 \tag{10.23}$$

然后，$dy'/dx'$ 可以根据 $(x', y')$ 处的局部边缘方向和在新的 $(H, B)$ 参数空间中累积的一组点来确定。当峰值最终定位于 $(H, B)$ 空间时，相关数据（原始边缘点集合子集的子集）可以与等式（10.21）一起使用来获得 $C'$ 值的直方图，从中可以获得椭圆的最终参数。

根据 $H$、$B$ 和 $C'$，需要以下公式来确定椭圆的方位 $\theta$ 和半轴 $a$、$b$：

$$\theta = \frac{1}{2} \arctan\left(\frac{2H}{1-B}\right) \tag{10.24}$$

$$a^2 = \frac{-2C'}{(B+1) - [(B-1)^2 + 4H^2]^{1/2}} \tag{10.25}$$

$$b^2 = \frac{-2C'}{(B+1) + [(B-1)^2 + 4H^2]^{1/2}} \tag{10.26}$$

数学上，$\theta$ 是将等式（10.21）中的二阶项对角化的旋转角度；完成这种对角化后，椭圆基本上是标准形式 $\tilde{x}^2/a^2 + \tilde{y}^2/b^2 = 1$，从而确定了 $a$ 和 $b$。

请注意，上述方法分三个阶段找到了 5 个椭圆参数：首先获得位置坐标，然后是方向，最后是尺寸和偏心率（严格来说，偏心率是 $e = (1 - b^2/a^2)^{1/2}$，但在大多数情况下，我们更感兴趣的是半短轴与半长轴的比率 $b/a$）。这种三阶段计算涉及较少的计算，但会增加任何误差。此外，边缘方向误差虽然很低，但会成为一个限制因素。出于这个原因，Yuen 等人（1988）通过加快 HT 过程本身来解决这个问题，而不是避免直接冲击等式（10.21）。也就是说，它们旨在快速实现彻底的第二阶段，在一个三维参数空间中找到等式（10.21）的所有参数。

现在很明显，一旦知道椭圆的位置，就可以用合理的最佳方法找到椭圆的方向和半轴（这个过程中的弱点似乎是最初找到椭圆）。事实上，上面已经描述过的实现这一点的两种方法计算量特别大，主要是因为它们检查所有的边缘点对；一种可能的替代方法是应用广义霍夫变换（GHT），它通过单独取边缘点来定位物体，这种可能性将在第 11 章中讨论。

## 10.10　人类虹膜定位

人类虹膜定位是计算机视觉的一个重要应用，原因有三：（1）它为人脸分析提供了有用的线索；（2）可用于确定注视方向；（3）就其本身而言，它对于生物测定目的是有用的，也就是说，对于识别几乎唯一的个人来说是有用的。后一种可能性已经在第 7 章提到，其中概述了虹膜识别的纹理方法，并给出了一些关键参考。更多关于人脸定位和分析的细节将在第 21 章给出。在这里，我们将重点放在使用 HT（霍夫变换）的虹膜定位上。

事实上，我们可以相当直接地处理虹膜定位和识别任务。首先，如果头部已经以合理的精度定位，那么它可以作为感兴趣的区域，在该区域内可以寻找虹膜。在眼睛向前看的前视图中，虹膜将被视为一个圆形的高对比度物体，并且可以借助 HT 直接定位（Ma 等，2003）。在某些情况下，这不太容易，因为虹膜相对较轻，颜色可能不明显——尽管很大程度上取决于照明的质量。也许更重要的是，在一些人类受试者中，眼睛的眼睑和下轮廓可能与虹膜部分重叠（图 10-18A），使得识别更加困难（尽管如下所述，HT 能够应对相当程度的遮挡）。

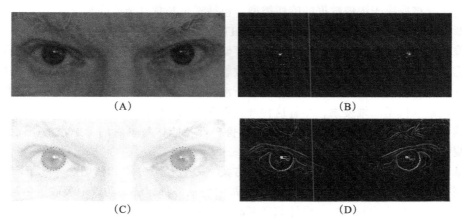

(A)　　　　　　　　　　　(B)

(C)　　　　　　　　　　　(D)

图 10-18　使用霍夫变换的虹膜定位：（A）人脸眼睛区域的原始图像；（B）参数空间中的梯度加权霍夫变换；（C）从图 B 中的峰值准确定位虹膜；（D）用于获得初始边缘图像的 Canny 算子的输出（包括平滑、非最大抑制和滞后）。梯度加权对物体（虹膜）定位的稳健性和准确性做出了重要贡献。请注意图 D 中过多的额外边缘，这些边缘会产生大量选票，干扰虹膜的选票

请注意，如果眼睛不是正对前方，虹膜将呈现椭圆形；此外，眼睛的形状远非球形，其水平直径大于垂直直径——再次使虹膜看起来像椭圆形（Wang 和 Sung，2001）。在任一种

情况下，虹膜仍然可以使用 HT 来检测。此外，一旦做到了这一点，应该有可能以合理的精确度估计注视方向（Gong 等，2000），从而使我们不仅限于识别（通过测量椭圆在眼球上的位置，可以抵消测量椭圆偏心率会导致视线方向模糊的事实）。最后，Toynenis 等人（2002）显示 HT 可以用于实时定位虹膜，尽管眼睑和眼睛的下轮廓有相当大的部分遮挡。

图 10-18 中的例子说明了上述几点。HT 的应用远非微不足道，在眼部区域有大量令人惊讶的边缘，这些边缘会产生大量额外的投票，干扰虹膜的投票。这些是由上下眼睑和周围的皮肤褶皱引起的。因此，该方法的准确性没有得到保证，这使得梯度加权（见 11.4 节）特别有价值。图 10-18 中所示的虹膜半径约为 17.5 像素，其形状中没有椭圆率的具体证据。然而，为了估计方位（例如，确定注视角度），虹膜的更准确位置和椭圆率的测量需要相当大的分辨率，虹膜半径应接近 100 像素，而出于生物测定目的分析虹膜纹理模式的图片需要更大的半径。

## 10.11    结束语

本章描述了在数字图像中寻找直线和直线边缘的各种技术。其中一些基于 HT，这很重要，因为它允许从图像中系统地提取全局数据，并且能够忽略"局部"问题，如遮挡和噪声。这是"中级"处理所需要的，将在后面的章节中反复看到。

其所涵盖的具体技术包括直线的各种参数化，以及提高效率和准确性的手段。特别是，通过使用两阶段寻线程序来提高速度。这种方法在 HT 的其他应用中很有用，这将在后面的章节中看到。由于误差传播以及第一阶段容易受到太多干扰信号的影响，这种两阶段处理往往会降低精度。然而通过使用最小二乘优化过程，可以提高近似解的精度。

随后，很明显 RANSAC 方法也有直线拟合能力，且在某些方面优于 HT 方法——尽管 RANSAC 的计算量更大 [ $N$ 个边缘点的计算量为 $O(N^3)$，而不是 $O(N^2)$ ]。一言以蔽之，方法的最终选择将取决于图像数据的确切类型，包括噪声和背景杂波的水平。

本章接着描述了圆和椭圆检测技术，从 HT 方法开始。尽管 HT 被发现对遮挡、噪声和其他伪像有效且高度鲁棒，但它需要大量的存储和计算，特别是当定位半径未知的圆时。本章已经描述了一种使用单个二维参数空间有效解决后一个问题的方法，此外也描述了一种通过沿第 $n$ 行第 $n$ 列采样来显著减少圆检测中所涉及的计算负荷的技术。本质上，这种技术用两个一维搜索取代了二维搜索，尽管这种搜索效率更高，但以已知的方式限制了鲁棒性和准确性。这符合这样一个原则，即（对于 HT）鲁棒性不能作为事后的考虑添加，而是必须作为任何视觉算法设计的一个组成部分。

本章还描述了两种基于 HT 的椭圆检测方案——直径平分法和弦切法。基于广义 HT 的椭圆检测的另一种方法将在第 11 章介绍，到那时将从各种方法的功效中吸取更多的教训。

如同直线检测的情况一样，设计圆和椭圆检测方案的一个趋势是有意将算法分成两个或多个阶段。这对于在精细区分一种类型的物体或特征，或者在精确测量尺寸或其他特征之前，键入图像的重要和相关部分非常有用。事实上，这个概念可以进一步理解，因为本章讨论的所有算法的效率都已经通过首先搜索图像中的边缘特征而得到提高。因此，两阶段模板匹配的概念在本主题的方法论中根深蒂固，并在后面的章节中进一步发展。

虽然两阶段模板匹配是提高效率的标准手段（VanderBrug 和 Rosenfeld，1977；Davies，1988f），但并非效率总是可以这样提高。这似乎是该主题的本质，需要通过独创性来发现实现这一目标的方法。

> HT 是从物体的特征点推断物体存在的一种方法，RANSAC 是另一种方法。尽管只有 HT 使用参数空间表示，但这两种方法都使用投票方案来选择最佳拟合线。并且这两种方法都非常健壮，因为它们只关注物体存在的积极证据。HT 对于圆形和椭圆形检测也达到了令人印象深刻的鲁棒性水平。在某些情况下，可以通过采用尺寸减小的参数空间来改善实际问题，如速度和存储要求。

## 10.12　书目和历史注释

HT 是 1962 年提出的（Hough，1962），目的是在高能核物理中发现（直的）粒子轨迹，后来 Rosenfeld（1969）将其引入主流图像分析文献。Duda 和 Hart（1972）进一步发展了该方法，并将其应用于数字图片中的直线和曲线的检测。O'Gorman 和 Clowes（1976）很快提出了一种基于霍夫的方案，它通过利用边缘方向信息来有效地寻找直线，同时 Kimme 等（1975）将同样的方法（显然是独立的）应用于圆的有效定位。本章中描述的快速有效的检测直线的许多想法都出现在 Dudani 和 Luk（1978）的一篇论文中。作者的垂足方法（Davies，1986）发展得很晚。在 20 世纪 90 年代，这一领域的工作取得了进一步的进展。例如，参见 Atiquzzaman 和 Akhtar（1994）有效确定直线及其终点坐标和长度的方法；Lutton 等（1994）将变换应用于消失点的确定；以及 Kamat-Sadekar 和 Ganesan（1998）对该技术的扩展，以涵盖多线段的可靠检测，特别是与道路场景分析相关的检测。

应该提到相关的 Radon（拉东）变换。这是通过积分图像函数 $I(x, y)$ 形成的，其沿着图像的无限细的直线条，具有法向坐标参数 $(\theta, \rho)$，并将结果记录在 $(\theta, \rho)$ 参数空间中。Radon 变换是直线检测 HT 的推广（Deans，1981）。事实上，对于直线 Radon 变换减化为 HT 的 Duda 和 Hart（1972）形式。真实直线的变换在参数空间中具有特征性的"蝴蝶"形状（穿过相应峰值的一束线段）。Leavers 和 Boyce（1987）研究了这一现象，他们设计了特殊的 $3 \times 3$ 卷积滤波器来灵敏地检测这些峰值。

尽管 HT 在计算上有困难，但人们一直对它有浓厚的兴趣：事实上，这反映了计算机视觉中不可避免的潜在匹配问题，因此方法的开发必须继续下去。因此 Schaffalitsky 和 Zisserman（2000）通过考虑重复线条的情况，如某些类型的栅栏和砖砌建筑上出现的线条，对先前关于消除线条和点的想法进行了有趣的扩展；Song 等（2002）开发了 HT 方法来处理大尺寸图像中的模糊边缘和噪声问题；而且 Guru 等（2004）展示了 HT 的可行替代方案，如基于通过小特征值分析实现的启发式搜索。

作者在自动检测的圆检测方面的工作要求实时性和高精度。这推动了 10.7 ～ 10.8 节中描述的技术的发展（Davies, 1987d, 1988b）。此外，作者考虑了噪声对边缘方向计算的影响，特别说明了噪声对降低中心定位精度的影响（Davies，1987c），见 5.9 节。

Yuen 等人（1989）回顾了各种现有的利用 HT 进行圆检测的方法。总的来说，他们的结果证实了 10.7 节方法对于未知圆半径的有效性，尽管他们发现所涉及的两阶段过程有时会导致轻微的鲁棒性损失。在某些情况下，似乎可以通过使用 Gerig 和 Klein（1986）算法的修改版本来减少这个问题。但是请注意，Gerig 和 Klein 方法本身就是一个两阶段的过程。最近 Pan 等人（1995）通过预先将边缘像素分组成弧，提高了 HT 的计算速度，并用于地下管道检查。

两阶段模板匹配技术和提高数字图像搜索效率的相关方法在 1977 年就已经为人所

知（Nagel 和 Rosenfeld，1972；Rosenfeld 和 VanderBrug，1977；VanderBrug 和 Rosenfeld，1977），并从那时起经历了进一步的发展——特别是与本章中描述的特定应用有关的应用（Davies，1988f）。

椭圆检测部分主要基于 Tsuji 和 Matsumoto（1978）、Tsukune 和 Goto（1983）以及 Yang 等人（1988）的工作；为了节省计算，第四种方法（Davies,1989a）使用 Ballard（1981）的 GHT 思想，参见第 11 章。正如本章所显示的，这些方法之间的对比是多方面、错综复杂的。特别是，在实施 GHT 时节省维度的想法也出现在普通的圆形检测器中（Davies，1988b）。在那时，确定椭圆参数的多阶段方法的必要性似乎被证明了，尽管有点令人惊讶的是这种阶段的最佳数量只有两个。

后来的算法通过明确包含误差和误差传播，表现出对真实数据更大程度的鲁棒性（Ellis 等，1992）。随后，人们更加关注霍夫方法的验证阶段（Ser 和 Siu，1995）。此外，还对超椭圆的检测进行了研究，超椭圆是介于椭圆和矩形之间的中间形状，尽管所使用的技术（Rosin 和 West，1995）是分割树，而不是 HT（超椭圆的非特异性检测当然可以通过直径平分法实现，见 10.9.1 节），另见 Rosin（2000）。

对于谷物颗粒检测（典型的流速超过每秒 300 粒），需要超快速算法，由此产生的算法限制了 HT 基于弦的版本（Davies，1999a/b）；Shee 和 Ji（2002）采用了一种相关的方法来检测椭圆；Lei 和 Wong（1999）采用了一种基于对称性的方法，发现这种方法能够检测抛物线、双曲线以及椭圆。请注意，虽然这在某些应用中是有利的，但在其他应用中，缺乏识别力可能会被证明是不利的。据报道，它比其他方法更稳定，因为它不需要计算切线或曲率；Sewisy 和 Leberl（2001）也发表了后一种优势。即使在 21 世纪头十年，基本的新椭圆检测方案也在发展，这说明了图像分析的科学——即使在今天，算法工具箱还不完整，如何在工具箱中选择项目，或者如何系统地为工具箱开发新项目的科学还不成熟。此外，尽管用于规范这种工具箱的所有参数都是已知的，但是关于它们之间可能的折中的知识仍然有限。

## 近期研究发展

HT 的应用仍在不断取得进展。特别是 Chung 等人（2010）开发了一种基于方向的消除策略，该策略已经显示出比以前基于 HT 的直线确定方法更有效。它通过将边缘像素分成取向范围较小（通常为 10°）的组来进行操作，并且对于这些组中的每一个执行直线检测过程。由于该过程涉及尺寸减小的参数空间，因此存储和搜索时间都减少了。

RANSAC 过程由 Fischler 和 Bolles 在 1981 年发表，这一定是计算机视觉中被引用最多的论文之一，而且这种方法也一定是最常用的方法之一（甚至比 HT 更好，因为它仅仅依赖于合适假设的存在，而不论是如何获得的）。最初的论文用它来处理三维中的全透视 $n$ 点拟合问题（参见第 17 章）。Clarke 等人（1996 年）用其定位和跟踪直线。Borkar 等人（2009）使用它来定位道路上的车道标记，Mastorakis 和 Davies（2011）为了同样的目的进一步开发了它。有趣的是，Borkar 等人使用低分辨率 HT 来馈送 RANSAC，然后对内点进行最小二乘拟合。这篇论文没有报道这种三阶段方法在准确性和可靠性方面获得了多少收益（如果采用了足够的假设——在这种应用中当然不乏这些假设——HT 和最小二乘拟合都可以避免，但是在这里，速度优化可能会使最小二乘的加入变得至关重要）。有关 RANSAC 的进一步讨论，请参见第 23 章和附录 A。

近年来，在利用 HT 进行虹膜检测方面已完成了大量工作。Jang 等人（2008）特别关注上眼睑和下眼睑虹膜区域的重叠，并使用抛物线形式的 HT 精确定位它们的边界，特别注意限制计算量。Li 等人（2010）使用圆形 HT 定位虹膜，使用类似 RANSAC 的技术定位上眼睑和下眼睑，同样对后者使用抛物线模型（他们的方法是为了处理非常嘈杂的虹膜图像）。Chen 等人（2010）使用圆形 HT 定位虹膜，使用直线 HT 定位接近每个眼睑边界的两个线段。Cauchie 等人（2008）推出了新版本的 HT，以从圆形或部分圆形片段中准确定位公共圆心，并展示了它对虹膜定位的价值。Min 和 Park（2009）使用圆形 HT 检测虹膜、抛物线 HT 检测眼睑，然后使用阈值法检测睫毛。

最后，我们总结 Guo 等人（2009）所做的工作以克服纹理区域中密集边缘集的问题。为了减少这些边缘的影响，引入一种各向同性环绕抑制的度量：当在霍夫空间中累积投票时，所得算法对纹理区域中的边缘赋予小权重，对强清晰边界上的边缘赋予大权重。当在包含人造结构（如建筑）的场景中定位直线时，该方法给出了良好的结果。

## 10.13　问题

1. a）在法线垂足 HT 中，将法线 $F(x_f, y_f)$ 的垂足从图像中心的原点 $O(0, 0)$ 定位到包含每个边缘片段 $E(x, y)$ 的延长线上，并在单独的图像空间中的 $F$ 处进行投票，可以找到直线边缘。

   b）通过检查正方形图像中线条的可能位置以及由此产生的垂足位置，确定理论上形成 HT 所需的参数空间的精确范围。

   c）相对于定位直线的 $(\rho, \theta)$HT，这种形式的 HT 的鲁棒性和计算强度如何？

2. a）为什么有时会说 HT 会产生物体定位的假设而不是实际解决方案？这种说法有道理吗？

   b）一种新型 HT 将被设计用于检测直线。它将获取图像中的每一个边缘片段，并沿任一方向延伸，直到它碰到图像的边界，然后在每个位置累积投票。因此，每一条直线都应该有两个峰值。解释为什么找到这些峰值需要比标准 HT 更少的计算，但是推断直线的存在需要额外的计算。这些计算量将如何随：（1）图像的大小；（2）图像中的行数而变化？

   c）讨论这种方法是否是对直线定位标准方法的改进，以及它是否有任何缺点。

3. a）描述物体定位的 HT 方法。解释它相对于质心 $(r, \theta)$ 作图法的优势，参照已知半径 $R$ 的圆的定位来说明你的答案。

   b）描述 HT 如何用于直线定位。解释如果原始图像中也出现许多弯曲边缘，在参数空间中会看到什么。

   c）解释如果图像包含任意大小的正方形物体，除此之外什么都不包含，会发生什么。你如何从参数空间中的信息推断出一个正方形物体存在于图像中？给出一种算法的主要特征，以确定一个正方形物体的存在并定位它。

   d）详细检查使用 c 中描述的策略的算法是否会因为以下情况而变得混乱：（1）正方形某些边的部分被遮挡；（2）正方形的一面或多面不见了；（3）图像中出现几个正方形；（4）其中几种情况一起发生。

   e）对于这类算法来说，具有能够精确确定边缘方向的边缘检测器有多重要？描述一种能够实现这一点的边缘检测器。

4. a）假设物体尺寸事先已知，描述 HT 在圆形物体检测中的应用。同时展示检测椭圆的方法如何适用于检测未知尺寸的圆。

   b）提出一种新的圆定位方法，其涉及水平和垂直扫描图像。在每种情况下，弦的中点都被确定，它们的 $x$ 或 $y$ 坐标被累积在单独的一维直方图中。说明这些可以被视为简单类型的 HT，基于此可以推断出圆的位置。讨论这种方法是否会出现任何问题，同时考虑相对于圆检测的标准 HT，它是否会带来任何优势。

   c）提出另一种圆定位方法，它也涉及水平扫描图像，但是在这种情况下，对于找到的每个弦，都会立即通过存在的中心点来估计两个端点，然后对这些点位进行投票。作出该方法的几何图形，并确定该方法是否比 b 中概述的方法更快。判断该方法与 b 中的方法相比是否有任何缺点。

5. 确定本章中描述的哪种方法可以检测：（1）双曲线；（2）$Ax^3+By^3=1$ 型曲线；（3）$Ax^4+Bx+Cy^4=1$ 型曲线。

6. 证明对于任意椭圆，等式（10.18）恒成立。提示：用合适的参数形式写下 P 和 Q 的坐标，然后利用 $OP \perp OQ$ 从等式的左侧消除其中一个参数。

7. 描述用于定位图像中椭圆的直径平分法和弦切法，并比较它们的特性。通过证明弦切法对圆检测的有效性，然后将该证明扩展到椭圆检测，以证明使用弦切法的合理性。

8. 各种尺寸的圆形硬币将在自动售货机中被定位、识别和分类。讨论是否应该为此目的使用弦切法，而不是在三维 $(x, y, r)$ 参数空间内操作的 HT 圆定位方案的通常形式。

9. 概述以下使用 HT 定位椭圆的方法：（1）直径等分法；（2）弦切法。解释这些方法所依赖的原则。确定哪个更健壮，并比较它们的计算量。

10. 对于直径平分法，搜索具有正确方向的边缘点列表可能会花费过多的计算。有人建议，两阶段方法可以加快这个过程：（1）将边缘点加载到一个表格中，这个表格可以通过方向来寻址；（2）通过向表格中输入适当的方向来查找边缘点。估计这将在多大程度上加速直径平分法。

11. 当同一图像中出现几个椭圆时，直径平分法有时会变得混乱，并产生不位于任何椭圆中心的虚假"中心"。同时，通过直径平分法可以检测到某些其他形状。在每一种情况下，确定该方法对什么非常敏感，并考虑如何克服这些问题。

# 广义霍夫变换

在本章中，我们将看到霍夫变换（HT）如何被用来定位一般的形状，并且它能够广泛地保持其鲁棒性。与此稍有不同的是，抽象模式匹配不从图像本身出发，而是在更高层次上工作，以及以抽象的方式对特征进行分组，来推断图像中物体的存在。长期以来，图形匹配一直是实现这一任务的标准解决方案，但是在某些情况下，我们会看到广义霍夫变换（GHT）具有更好的性能。本章讨论这些推理过程，并继续考虑可用于图像数据的各种类型的搜索。

本章主要内容有：

- 广义霍夫变换（GHT）技术
- 它与空间匹配滤波的关系
- 如何通过梯度而不是均匀加权来优化灵敏度
- GHT 如何用于椭圆检测
- 如何估计各种 HT 技术的计算负荷
- 从物体的点特征识别物体的匹配图方法
- 为什么子图－子图同构导致最大的鲁棒性
- 如何利用对称性简化匹配任务
- GHT 可以超越最大团范式的情况

本章描述 GHT，并扩展我们对 HT 作为通用计算机视觉技术的看法。本章还对三种基于 HT 的椭圆检测方法的计算量依次进行了计算，展示了如何从一组点特征推断物体的存在，并且在某些情况下为此目的使用 GHT 会有相当大的优势。

## 11.1 导言

在前面已经看到 HT 对诸如线、圆和椭圆之类特征的检测，以及找到相关的图像参数非常重要，这使得我们有必要了解如何推广该方法，以便检测任意形状。Merlin 和 Farber（1975）、Ballard（1981）的工作在历史上是至关重要的，促进了 GHT 的发展。本章对 GHT 进行研究，首先展示它是如何实现的，然后考察它如何被优化并适应特定类型的图像数据。这要求我们回到第一原则：以空间匹配滤波为起点。发展了相关理论后，GHT 被应用到椭圆检测的重要案例中，特别展示了如何将计算负荷最小化。然后，更全面地研究了 GHT 和 HT 的计算问题。

对于物体具有更复杂形状的情况，通常利用突出的特征来定位它们，如小孔、角、直线、圆形或椭圆部分，以及任何容易定位的子图案（前面的章节已经展示了如何定位这些特征）。然而在某个阶段，为了识别和定位包含信息的物体，有必要找到从各种特征中整理信息的方法。通常使用图形匹配方法来实现这一点，这一方法将在本章后面讨论。然而，某些图形匹配方法（如范式最大团方法）是 NP 完全的，所以显然有计算困难的问题。有趣的是，在某些情况下，可以使用 GHT 来执行点模式匹配任务（从物体的点特征中识别物体），从而在多项式时间内高效地找到物体，这个过程在 11.10 节中描述。然后，人们会注意到如何使用具有额外属性的特征（如角的方向和锐度），以及这将如何有助于减少计算和解释中潜在的歧义。

## 11.2  广义霍夫变换

本节展示标准霍夫技术是如何被推广的，以便它可以检测任意形状。原则上，实现这一点是很简单的。首先，我们需要在理想化形状的模板中选择一个定位点 L。然后，我们不是直接沿着局部边缘法线从边缘点移动固定距离 $R$ 到达中心，而是在可变方向 $\varphi$ 上移动适当的可变距离 $R$，从而到达 L——$R$ 和 $\varphi$ 现在是局部边缘法线方向 $\theta$ 的函数（图 11-1）。在这些情况下，投票将在预选的物体定位点 L 处达到峰值。函数 $R(\theta)$ 和 $\varphi(\theta)$ 可以解析地存储在计算机算法中，或者对于完全任意的形状，它们可以作为查找表存储。无论哪种情况，该方案原则上都非常简单，但在实践中出现了两种情况。第一种情况是因为一些形状具有凹面和孔等特征，因此对于 $\theta$ 的某些值，$R$ 和 $\varphi$ 需要多个值（图 11-2）。第二种情况是因为我们正从各向同性的形状（圆形）变成各向异性的形状，这种形状可能是完全任意的。

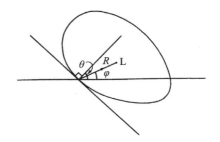

图 11-1  广义霍夫变换的计算

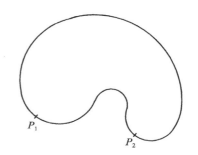

图 11-2  呈现凹形：$\theta$ 的某些值对应于边界上的几个点，因此需要 $R$ 和 $\varphi$ 的几个值，就像点 $P_1$ 和 $P_2$ 一样

为了应对第一种复杂情况，对于边缘方向 $\theta$ 的每个可能值，查找表（通常称为"$R$ 表"）必须包含物体边界上所有点相对于 L 的位置 $r$ 的列表（或者必须通过分析获得类似的效果）。然后，在图像中遇到方向为 $\theta$ 的边缘片段时，可以依据给定边缘片段移动一段距离（或多个距离）$R = -r$ 来获得 L 位置的估计。显然，如果 $R$ 表具有多值条目（即对于某些 $\theta$ 值，有多个对应的 $r$ 值），这些条目中只有一个（对于给定的 $\theta$）可以给出 L 位置的正确估计。然而，至少该方法保证给出最佳灵敏度，因为所有相关的边缘片段都对参数空间中 L 处的峰值有贡献。这种最佳灵敏度的特性反映了一个事实，即 GHT 是一种空间匹配滤波器，下面将更详细地分析这种特性。

第二个复杂情况的出现，是因为除了圆以外的任何形状都是各向异性的。如同大多数应用（包括工业应用，如自动装配）一样，物体方向最初是未知的，算法依靠自己获得物体方向信息。这意味着要在参数空间中增加一个额外的维度（Ballard，1981）。然后，每个边缘点在参数空间的每个平面中，在给定形状和给定方向的物体的预期位置提供投票。最后，在整个参数空间中搜索峰值，最高点表示物体的位置和方向。显然，如果物体大小也是一个参数，问题会变得更加严重，这种复杂性在这里被忽略了（尽管 10.7 节的方法显然是相关的）。

在继续执行 GHT 时所做的更改使其与前面描述的 HT 圆形检测器一样健壮，从而提供了改进 GHT 的动机，以限制实际情况下的计算问题。具体来说，参数空间的大小必须大幅缩减，以节省存储空间并减少相关的搜索任务。为了实现这一目标，已经投入了大量的精力来设计替代方案。重要的特殊情况是椭圆检测和多边形检测，这两种情况都取得了明确的进展：椭圆检测在第 10 章讨论，多边形检测见 Davies（1989a）。在这里，我们继续进行一些关于 GHT 的更基础的研究。

## 11.3　空间匹配滤波的相关性

许多年前，研究表明 HT 相当于模板匹配（Stockman 和 Agrawala，1977），也相当于空间匹配滤波（Sklansky，1978）。匹配滤波可以追溯到第二次世界大战雷达的发展，它被证明是检测信号的理想方法。特别是，一个与给定信号"匹配"的滤波器在白噪声条件下以最佳信噪比（SNR）检测信号（North，1943；Turin，1960）。白噪声被定义为在所有频率下功率相等的噪声（在图像科学中，白噪声被理解为在所有空间频率下功率相等）。这一点的意义在于，不同像素处的噪声完全不相关，但服从相同的灰度概率分布，也就是说，它在所有像素处具有潜在的相同幅度范围。

数学上，使用匹配滤波器等同于与待检测信号具有相同时间或空间轮廓的信号（或"模板"）的相关性（Rosie，1966）。不幸的是，当在图像分析中应用相关性时，背景照明的变化会导致从一幅图像到另一幅图像，以及从图像的一部分到另一部分的信号发生很大变化。这些问题有两种解决方案，分别是：

1）调整模板，使其平均值为零，以抑制不同照明水平的影响；

2）将模板分成许多较小的模板，每个模板的平均值为零，这样随着子模板的大小接近于零，不同照明水平的影响将趋于零。

第一种方案被广泛应用于图像分析，被认为是检测边缘、线段、角点或其他小特征时最明显的方法。事实上，当物体被这样的小特征检测到时，第二种方案也被默认使用。然而，存在一个问题，如果从一组小模板中检测到物体，则它们实际上并没有被整体检测到，因此需要推断整个物体存在的方法。如果做得不够严格，物体可能会丢失或者检测到错误警报。因此，这种由模板匹配带来的偏差就会导致错误。

同时，我们还有一个想法，即 GHT 是匹配滤波器的一种形式，并结合了上述两种方案来应对背景照明中不受控的变化。也可以说，这些方案构成了应用噪声白化滤波器的相当粗糙的方法，从而使匹配滤波器更接近其理想形式。

有趣的是，使用零均值模板会导致绝对信号电平降低到零，并且只保留局部相对信号电平，因此 GHT 会抑制来自物体主体的信号，只保留其边界附近的信号。结果是，GHT 对物体位置高度敏感，但没有针对物体检测进行优化。总体而言，GHT 因此可以被视为围绕物体外部的一种周界模板（图 11-3）——尽管任何内部高对比度边缘也应该包括在分析中。

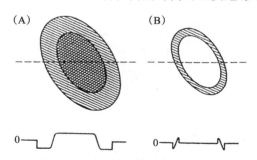

图 11-3　周界模板的思想：原始空间匹配滤波器模板（A）和相应的"周界模板"（B）都具有零均值（参见正文）。图的下部显示了沿虚线的横截面

## 11.4  梯度加权与均匀加权

关于 GHT 的另一个长期存在的问题是如何相对于各自的边缘梯度幅度对参数空间中的投票进行最佳加权。为了找到这个问题的答案，我们求助于空间匹配滤波器场景来寻找理想的解决方案，然后为 GHT 确定相应的解决方案。首先，请注意，对子模板（或周界模板）的响应与边缘梯度幅度成比例。接下来请注意，使用空间匹配滤波器，信号可以通过相同形状的模板进行最佳检测。因此，对空间匹配滤波器响应的每个贡献必须与信号的局部幅度和模板的局部幅度成比例。考虑到使用空间匹配滤波器通过在卷积空间中寻找峰值来定位物体与使用 GHT 通过在参数空间中寻找峰值来定位物体之间的对应关系，我们应该使用与边缘点的梯度成比例和与先验边缘梯度成比例的权重。

权重的选择有两种重要方式。第一，均匀加权的使用意味着梯度幅度高于阈值的所有边缘像素将被有效地降低到阈值，因此信号将会减少——这意味着高对比度物体的 SNR 将会显著降低。第二，高对比度物体的边缘宽度将通过均匀加权以粗略的方式加宽（见图 11-4），但是在梯度加权下这种加宽将受到控制，给出大致的高斯边缘轮廓。因此，参数空间中的峰值将更窄、更圆，并且物体参考点 L 可以更容易、更精确地定位。这种效应在图 11-5 中可见，图 11-5 还显示了均匀加权导致的相对增加的噪声水平。

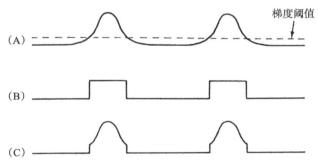

图 11-4  在中等对比度的物体上，有效梯度幅度作为截面内位置的函数，阈值设定在相当低的水平：（A）原始图像数据的梯度幅度和梯度阈值设定水平；（B）均匀加权，边缘的有效宽度被粗略地加宽，大大增加了在参数空间中定位峰值的难度；（C）梯度加权，基本上可以通过受原始图像数据的梯度轮廓形状限制的方式来估计参数空间中的峰值位置

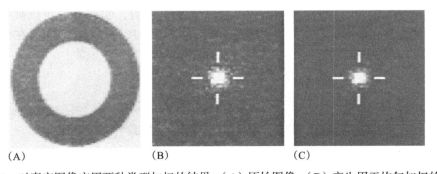

图 11-5  对真实图像应用两种类型加权的结果：（A）原始图像；（B）产生用于均匀加权的参数空间；（C）梯度加权的结果。在这两种情况下，峰值（产生于垫圈的外边缘）被标准化为相同的水平，在图 B 中增加的噪声水平是显而易见的。在这个例子中，梯度阈值被设置在低水平（大约最大水平的 10%），这样低对比度的物体也可以被检测到

还要注意的是，低梯度幅度对应于未知位置的边缘，而高值对应于清晰定义的边缘。因此，与物体位置相关的信息的准确性与每个边缘像素的梯度幅度成比例，因此应该使用适当的加权。

### 11.4.1 灵敏度和计算负荷的计算

本小节的目的是通过计算灵敏度和计算负荷的公式来强调上述观点。假设正在 $N \times N$ 大小的图像中寻找 $n \times n$ 大小的 $p$ 个物体。

相关性需要 $N^2 n^2$ 次运算以计算图像中物体所有可能位置的卷积。使用周界模板，基本操作的数量减少到 $\sim N^2 n$，对应于模板中减少的像素数量。GHT 需要 $\sim N^2$ 次运算来定位边缘像素，再加上 $\sim pn$ 次运算来累积参数空间中的点。

灵敏度的情况则大不相同。通过相关性，$n^2$ 个像素的结果相加，给出了与 $n^2$ 成比例的信号，尽管噪声（假设在每个像素上独立）与 $n$ 成比例。这是因为众所周知的结果，即各种独立噪声分量的噪声功率是相加的（Rosie，1966）。总的来说，这导致 SNR 与 $n$ 成比例。周界模板仅拥有 $\sim n$ 个像素，在这里，总的结果是 SNR 与 $\sqrt{n}$ 成比例。只要参数空间中的图与边缘梯度 $g$ 乘以先验边缘梯度 $G$ 成比例地加权，GHT 的情况与周界模板方法的情况本质上就是相同的。现在有必要计算比例常数 $\alpha$。将 $s$ 作为平均信号，等于物体主体上的强度（假设大致均匀），将 $S$ 作为完全匹配滤波器模板的幅度。在相同的单位中，$g$（和 $G$）是周界模板内信号的幅度。然后，$\alpha = 1/sS$，这意味着周界模板法和 GHT 法在两个方面失去了灵敏度——首先是因为它们考虑的可用信号较少，其次是因为它们考虑的信号位置较低。对于梯度幅度的高值，其出现在阶跃边缘（其中强度的大部分变化发生在 1 个像素范围内），$g$ 和 $G$ 的值饱和，因此它们几乎等于 $s$ 和 $S$（见图 11-6）。在这些条件下，周界模板法和 GHT 的灵敏度仅取决于 $n$ 的值。

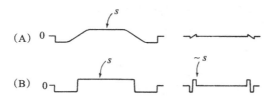

图 11-6　边缘梯度对周界模板信号的影响：（A）低边缘梯度，信号与梯度成比例；（B）高边缘梯度，信号在 $s$ 值处饱和

表 11-1 总结了上述情况。经常被引用的说法是，GHT 的计算负荷与周界像素的数量成正比，而不是与物体主体内的像素数量成正比，这只是一种近似。此外，这种节省不是没有代价的。特别是，灵敏度（SNR）降低（最多）为"物体面积 / 周长的平方根"（请注意，面积和周长是以相同的单位测量的，因此找到它们的比值是有效的）。

表 11-1　计算负荷和灵敏度的公式[①]

| | 模板匹配 | 周界模板匹配 | 广义霍夫变换 |
|---|---|---|---|
| 操作次数 | $O(N^2 n^2)$ | $O(N^2 n)$ | $O(N^2) + O(pn)$ |
| 灵敏度 | $O(n)$ | $O\left(\dfrac{\sqrt{n}gG}{sS}\right)$ | $O\left(\dfrac{\sqrt{n}gG}{sS}\right)$ |
| 最大灵敏度[②] | $O(n)$ | $O(\sqrt{n})$ | $O(\sqrt{n})$ |

[①] 此表给出了在尺寸为 $N \times N$ 的图像中寻找尺寸为 $n \times n$ 的 $p$ 个物体时的计算负荷和灵敏度的公式。整个物体模板内的图像强度取为 $s$，理想模板的值取为 $S$，周界模板内强度梯度的相应值为 $g$ 和 $G$。

[②] 最大灵敏度指的是阶跃边缘的情况，对于阶跃边缘，$g \approx s$ 和 $G \approx S$（见图 11-6）。

最后，GHT 绝对灵敏度随着 $gG$ 的变化而变化。随着对比度的变化，$g \to g'$，我们看到 $gG \to g'G$，即灵敏度变化因子 $g'/g$。因此，理论预测灵敏度与对比度成正比。虽然这个结果可能已经被预料到了，但是我们现在看到它只有在梯度加权的情况下才有效。

### 11.4.2  总结

以上各节考察了 GHT，并发现以下是与优化相关的因素：

1）如果要优化灵敏度，参数空间中的每个点都应该与产生它的边缘像素的强度梯度成比例地加权，并且与先验梯度成比例地加权。

2）通过忽略具有低强度梯度的像素，可以最小化 GHT 的计算负荷。如果梯度幅度的阈值设置得太高，很可能检测到较少的物体；如果设置得太低，计算节省将会减少。设置阈值需要合适的方法，但是如果要保持低对比度图像中的最高灵敏度，计算量的减少将会十分有限。

3）GHT 本质上是针对物体位置而非物体检测进行优化的。这意味着它可能会错过低对比度的物体，这些物体可以通过考虑物体整个区域的其他方法检测到。然而，在 SNR 不是问题的应用中，这种考虑往往并不重要，而在整洁的环境中快速找到物体则并非如此。

总的来说，很明显，GHT 只是一个特定意义上的空间匹配滤波器，因此可能并不总是达到最高的灵敏度。该技术的主要优点是高效，总体计算量原则上与物体周边相对较少的像素成比例，而不是与物体内更多的像素成比例。此外，通过专注于物体的边界，GHT 保留了精确定位物体的能力。因此，明确区分检测物体的灵敏度和定位物体的灵敏度非常重要。

## 11.5  使用 GHT 检测椭圆

我们已经看到，当使用 GHT 来检测各向异性物体时，本质上需要在参数空间中使用大量平面。然而，如下所示，通过在参数空间的单个平面中累积所有可能方向的投票，有时可以节省大量的计算。基本上，这个想法主要是通过在参数空间中只使用 1 个而不是（通常）360 个平面来降低 GHT 相当大的存储需求，同时显著减少最终峰值搜索所涉及的计算。这种方案可能伴随着一些缺点，如产生假峰值，这方面必须仔细研究。

为了实现这些目标，有必要分析为每个边缘像素累积的点扩散函数（PSF）的形状。为了证明这一点，我们以未知方向的椭圆为例。我们首先在椭圆参数 $\psi$ 定义的位置获取一个一般的边缘片段，并推导出椭圆中心相对于局部边缘法线的方位（图 11-7）。首先在基于椭圆的轴系中工作，对于分别具有长半轴 $a$ 和短半轴 $b$ 的椭圆，很明显：

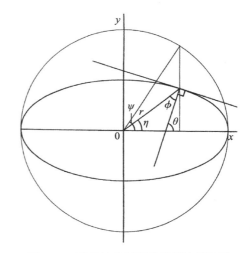

图 11-7　椭圆的几何形状及其边缘法线

$$x = a\cos\psi \tag{11.1}$$

$$y = b\sin\psi \tag{11.2}$$

因此，

$$\frac{\mathrm{d}x}{\mathrm{d}\psi} = -a\sin\psi \tag{11.3}$$

$$\frac{\mathrm{d}y}{\mathrm{d}\psi} = b\cos\psi \tag{11.4}$$

则有

$$\frac{\mathrm{d}y}{\mathrm{d}x} = -(b/a)\cot\psi \tag{11.5}$$

因此，边缘法线的方向由以下公式给出：

$$\tan\theta = (a/b)\tan\psi \tag{11.6}$$

此时，我们希望推导出椭圆中心相对于局部边缘法线的方位。从图 11-7 可以看出：

$$\phi = \theta - \eta \tag{11.7}$$

其中

$$\tan\eta = y/x = (b/a)\tan\psi \tag{11.8}$$

且

$$\tan\phi = \tan(\theta - \eta) = \frac{\tan\theta - \tan\eta}{1 + \tan\theta\tan\eta} \tag{11.9}$$

对 $\tan\theta$ 和 $\tan\eta$ 进行代换，然后重新整理，给出：

$$\tan\phi = \frac{(a^2 - b^2)}{2ab}\sin 2\psi \tag{11.10}$$

另外，

$$r^2 = a^2\cos^2\psi + b^2\sin^2\psi \tag{11.11}$$

为了获得未知方向椭圆的 PSF，我们现在通过将当前边缘片段置于原点并将法线沿 $u$ 轴定向来简化问题（图 11-8）。PSF 是椭圆中心所有可能位置的轨迹。为了找到它的形式，只需要消除等式（11.10）和（11.11）之间的 $\psi$。这可以通过以双角度重新表达 $r^2$ 来实现（双角度的意义在于椭圆的 180° 旋转对称性）：

$$r^2 = \frac{a^2 + b^2}{2} + \frac{a^2 - b^2}{2}\cos 2\psi \tag{11.12}$$

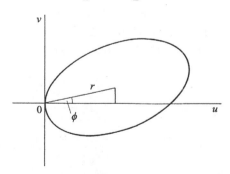

图 11-8　通过形成接触给定边缘片段的椭圆中心的轨迹，获得椭圆检测 PSF 的几何图形

经过一些操作后，获得轨迹如下：

$$r^4 - r^2(a^2 + b^2) + a^2 b^2 \sec^2\psi = 0 \tag{11.13}$$

其在基于边缘的坐标系中也可以用以下形式表示：

$$v^2 = (a^2 + b^2) - u^2 - a^2 b^2 / u^2 \tag{11.14}$$

事实上，这是一个复杂多变的形状，如图 11-9 所示，尽管对于偏心率低的椭圆，PSF 也接近椭圆。然而，通常更好的做法是使用专门构建的查找表来精确地实现它。

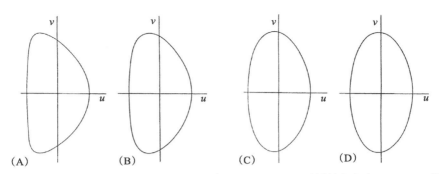

图 11-9    用于检测各种偏心椭圆的典型 PSF 形状：（A）$a/b = 21.0$ 的椭圆；（B）$a/b = 5.0$ 的椭圆；
（C）$a/b = 2.0$ 的椭圆；（D）$a/b = 1.4$ 的椭圆。注意随着偏心率趋于零，PSF 形状如
何接近纵横比为 2.00 的小椭圆

## 实际细节

构建了椭圆检测的查找表后，检测算法必须对其进行缩放、定位和旋转，以便在参数空
间中积累点。图 11-10 示出了将上述方案应用于位于斜坡上的一些 O 形环的图像的结果，而
图 11-11 示出了椭圆物体的结果，各自的 PSF 包含 50 票和 100 票。

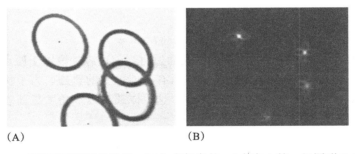

图 11-10    将 PSF 应用于倾斜圆的检测：（A）在任意的 45°方向上的一组圆形 O 形环的镜头外
128 × 128 图像；（B）参数空间中的变换。注意椭圆变换的特殊形状，它接近于"四
叶草"模式。图 A 还指示了 O 形环中心的位置，这些定位是由图 B 获得的：精度受
到噪声、阴影、杂波和可用分辨率的限制，总体标准差约为 0.6 像素

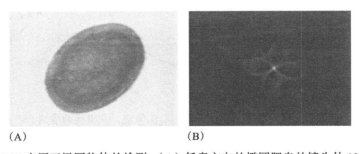

图 11-11    将 PSF 应用于椭圆物体的检测：（A）任意方向的椭圆肥皂的镜头外 128 × 128 图像；
（B）参数空间中的变换。在这种情况下，四叶草模式更好地被分解。定位精度部分
受到物体形状失真的限制，但是峰值定位过程导致 0.5 像素数量级的总体标准差

在图 11-10 中，尽管有重叠和遮挡，O 形环仍被精确地发现，并且具有相当程度的鲁
棒性。

图 11-10 还示出了参数空间中点的排列，这是将 PSF 应用于椭圆边界上的每个边缘点的结果——图 11-11 中的模式稍微清晰一些。在任一种情况下，它都包含高度的结构性（有趣的是，投票似乎形成了近似的"四叶草"模式）。对于理想的变换，应除了主峰值之外没有其他结构，并且 PSF 上没有落在椭圆中心的峰值上的所有点将随机分布在附近。尽管如此，中心的峰值已经被很好地定义，并且证实了这种形式的 GHT 是完全可行的。

## 11.6 各种椭圆检测方法的比较

本节简要比较上述椭圆检测方法的计算负载。为了进行公平的比较，我们专注于椭圆检测本身，而忽略与以下相关的任何附加过程：（1）寻找其他椭圆参数；（2）区分椭圆与其他形状；（3）分离同心椭圆。我们从研究 GHT 方法和直径平分法开始。

首先，假设一个 $N \times N$ 像素图像包含 $p$ 个相同的椭圆，其中有半轴 $a$、$b$ 和两个由 $c = (a+b)/2$、$d = (a-b)/2$ 定义的 PDF 定向参数。通过忽略噪声和一般背景杂波，我们将倾向于直径平分法，如下所述。接下来，假设计算负载主要存在于计算参数空间中应该累积投票的位置——在参数空间中定位边缘像素点和定位峰值所花费的精力要小得多，由此可以简化讨论。

在这些情况下，GHT 方法的负载可以近似为边缘像素的数量和每个边缘像素必须在参数空间中累积的点数的乘积，后者等于 PSF 上的点数。因此，负载正比于：

$$L_G \approx p \times 2\pi c \times \frac{2\pi(2d+d)}{2} = 6\pi^2 pcd \approx 60pcd \qquad （11.15）$$

其中椭圆被认为具有相对较低的偏心率，因此，如 11.5 节所示，PSF 本身接近椭圆，其半轴值为 $2d$ 和 $d$。

对于直径平分法，实际投票只是算法的一小部分——就像在 GHT 方法中一样（参见表 11-1 中列出的代码片段）。在任一情况下，大部分计算负载都与边缘方向计算或比较有关。假设这些计算和比较涉及类似的内在努力，那么将直径平分法的负载评估为：

$$L_D \approx {}^{p \times 2\pi c}C_2 \approx (2\pi pc)^2/2 \approx 20p^2c^2 \qquad （11.16）$$

因此

$$\frac{L_D}{L_G} \approx \frac{pc}{3d} \qquad （11.17）$$

当 $a$ 接近 $b$ 时，对于一个圆来说，$L_G \to 0$，直径平分法就成为一个糟糕的选择。然而，在某些情况下，发现 $a$ 接近 $2b$，因此 $c$ 接近 $3d$。负载的比率随后变为：

$$\frac{L_D}{L_G} \approx p \qquad （11.18）$$

在某些情况下，$p$ 可能会低至 1。然而这种情况可能很少发生，并且会被存在大量背景图像杂波和噪声，或者所有 $p$ 个椭圆都有给出不相关信号（这些信号可以被认为是一种自感杂波，参见图 11-10 的 O 形环示例）的其他边缘细节的应用所抵消。

直径平分法中的一些边缘点对也可能在加以考虑之前被排除，如通过给每个边缘点一个与椭圆尺寸相关的相互作用范围。这趋于将计算负载减少到原来的 $1/p$（但不像 $p$ 那么小）。然而，这里需要的计算开销是不可忽略的。

总的来说，在大多数实际应用中，GHT 方法应该比直径平分法快得多，当图像杂波和噪声很强时，直径平分法处于明显的劣势。相比之下，弦切法总是比直径平分法需要更多的计算，因为它不仅检查每对边缘点，而且在参数空间中为每对边缘点生成一行投票。

必须注意各种方法的不同特点，尤其是计算上的局限性。首先，直径平分法没有特别区分，因为它定位了许多对称的形状，如前所述。弦切法对椭圆有选择性，但对椭圆的大小或偏心率没有选择性。GHT 方法对所有这些因素都有选择性。根据不同的应用，这些类型的区分性或者缺乏区分性，可能是有利的，也可能是不利的。因此，我们在这里只是提醒注意这种情况。同样相关的是，直径平分法不如其他方法稳健。这就好像一个反平行对的一个边缘点没有被检测到，那么该对的另一个点对椭圆的检测就没有贡献——这一因素不适用于其他两种方法，因为它们考虑了所有的边缘信息。

## 11.7    物体定位的图论方法

本节考虑一种常见的情况，其包括相当大的限制——物体出现在水平工作台上或距离摄像机已知距离的传送带上。假设：（1）物体是平的或者只能以有限数量的姿态出现在三维空间中；（2）物体直接从正上方向下看；（3）透视失真很小。在这种情况下，原则上可以基于非常少的点特征来识别和定位物体。由于这些特征被认为没有自己的结构，因此不可能从单个特征中唯一地定位物体，尽管如果两个特征是可区分的，并且它们的距离是已知的，那么可以使用这两个特征明确地进行识别和定位。对于真正不可区分的点特征，不具有 180° 旋转对称性的所有物体仍存在歧义性。因此，通常至少需要 3 个点特征来定位和识别已知范围内的物体。显然，噪声和其他人为因素（如遮挡）改变了这个结论。事实上，当将理想化物体中的点的模板与真实图像中的点进行匹配时，我们可能会发现：

1）由于图像中所选物体类型的多个实例，可能会出现大量特征点；

2）由于背景中不相关的物体和结构的噪声或杂乱，可能会出现额外的点；

3）由于噪声或遮挡，或者由于所查找的物体中的缺陷，应该存在的某些点丢失了。

这些问题意味着我们通常应该尝试匹配一个理想化模板中点的子集合到图像中点的各种子集。如果点集被认为是以点特征为节点构成的图，那么任务就转移到子图 – 子图同构的数学问题上，即找到图像图中哪些子图与理想化模板图的子图同构（同构意味着具有相同的基本形状和结构）。当然，可能有大量的匹配，而涉及的点很少：这些匹配来自原始图像中相隔有效距离的特征集（例如，见上面第 2 项）。最重要的匹配将涉及相当多的特征，并将实现正确的物体识别和定位。显然，如果一个点特征匹配方案通过搜索具有最大内部一致性（即每个物体的点匹配次数最多）的解决方案来找到最有可能的解释，那么它将是最成功的。

不幸的是，上述模式在许多应用中仍然过于简单，因为它对失真不够鲁棒。特别是，光学（如透视）失真可能会出现，或者物体本身可能会失真，或者通过部分地搁置在其他物体上，它们可能并不完全处于假设的姿态。因此，特征之间的距离可能不像预期那样精确。这些因素意味着特征对之间的距离必须接受一些容差，并且通常采用阈值，使得特征间距离必须在该容差内一致，这样匹配才被接受为潜在有效。显然，失真给点匹配技术带来了更大的压力，使寻找具有最大内部一致性的解决方案变得更加有必要。因此，在定位和识别物体时，应该考虑尽可能多的特征。最大团方法旨在实现这一点。

首先，在原始图像中识别尽可能多的特征，并且这些特征以一些合适的顺序编号，如正常电视光栅扫描中的出现顺序。然后，这些数字必须与理想化物体上特征对应的字母相匹配。实现这一点的系统方法是构建匹配图（或关联图），其中节点表示特征分配，连接节点的弧表示分配之间的成对兼容性。为了找到最佳匹配，有必要找到匹配图中交联度最大的区域。为此，在匹配图中寻找团。团是一个完整的子图，即所有节点对都通过弧连接的子图。然而，前面的论点表明，如果一个团完全包含在另一个团中，很可能较大的团代表更好的匹配——实际上，最大团可以被视为观察图像和物体模型之间最可靠的匹配。

　　图 11-12A 给出了一般三角形的情况。为简单起见，该图中观察到的图像仅包含一个三角形，并假设长度完全匹配，并且没有遮挡发生。这个例子中的匹配图如图 11-12B 所示，其中有 9 个可能的特征分配、6 个有效的兼容性和 4 个最大团，只有最大的团对应于精确匹配。

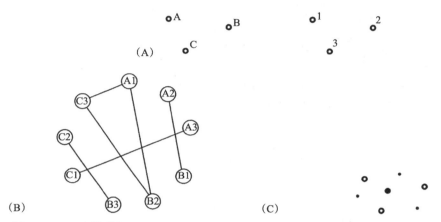

图 11-12　一个简单的匹配问题——一个普通的三角形：（A）模型（左）和图像（右）的基本标记；（B）匹配图；（C）在参数空间中放置投票。在图 B 中，最大团是：（1）A1、B2、C3；（2）A2、B1；（3）B3、C2；（4）C1、A3。在图 C 中，使用了以下符号："∘"，观察到的特征的位置；"•"，投票位置；"●"，主要投票高峰的位置

　　图 11-13A 显示了四边形的不太常见的情况，匹配图显示在图 11-13B 中。在这种情况下，有 16 个可能的特征分配、12 个有效的兼容性和 7 个最大的团。如果某个特征发生遮挡，这将减少可能的特征分配数量以及有效兼容性的数量。此外，最大团的数量和最大团的规模将会降低。另一方面，噪声或杂乱会增加错误的特征。如果后者与现有特征相距任意距离，则可能的特征分配数量将会增加，但匹配图中不再有兼容性，因此后者只引入微不足道的额外复杂性。然而，如果额外的特征出现在现有特征允许的距离处，则将在匹配图中引入额外的兼容性，并使分析更加烦琐。在图 11-14 所示的情况下，出现了两种类型的"并发症"——遮挡和附加特征，现在有 8 个成对分配和 6 个最大团，总体上比图 11-13 的原始情况要少。然而，重要的因素是，最大的最大团仍然表明了对图像最有可能的解释，并且该技术本身具有很强的鲁棒性。

　　当使用像最大团这样涉及重复操作的方法时，寻找节省计算代价的方法是有用的。事实上，当被寻找的物体具有某种对称性时，就可以节约代价。考虑平行四边形的情况（图 11-15）。在这里，匹配图有 20 个有效的兼容性、10 个最大团。其中最大的两个具有相等的节点数量，并且在对称运算中都识别平行四边形。这意味着最大团方法包含多余的计算量，这可以通过对称运算重新标记模型模板后产生新的"对称缩减"匹配图来避免（见图 11-16）。这给出了一个小得多的匹配图，其成对兼容性的数量是最大团数量的一半。特别是，只有一个非平凡的最大团，然而请注意，它的大小并没有因为对称性的应用而减小。

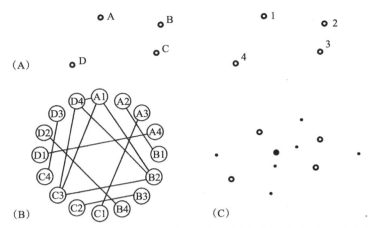

图 11-13    另一个匹配问题———一般四边形:(A)模型(左)和图像(右)的基本标注;(B)匹配图;(C)在参数空间中放置投票(符号说明如图 11-12 所示)

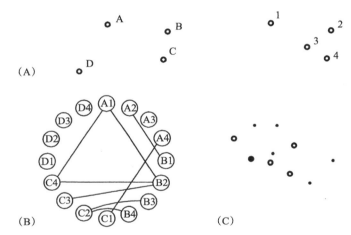

图 11-14    当一个特征被遮挡并且另一个特征被添加时的匹配:(A)模型(左)和图像(右)的基本标记;(B)匹配图;(C)在参数空间中放置投票(符号说明如图 11-12 所示)

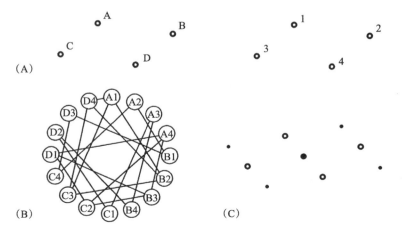

图 11-15    匹配具有某种对称性的图形:(A)模型(左)和图像(右)的基本标记;(B)匹配图;(C)在参数空间中放置投票(符号说明如图 11-12 所示)

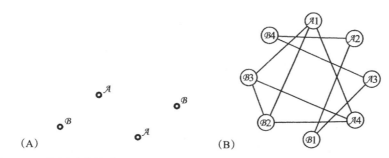

图 11-16　使用对称缩减匹配图：（A）重新标记的模型模板；（B）对称缩减匹配图

## 一个实用示例——定位奶油饼干

图 11-17A 示出了一对奶油饼干中的一个，饼干的孔将会被用来定位——这种策略是有利的，因为它有可能在详细检测之前实现高度精确的产品定位（在这种情况下，目的是从孔中准确定位饼干，然后检测饼干薄片的对齐情况，并检测产品侧面的任何多余奶油）。图 11-17B 示出了通过简单模板匹配例程发现的孔，其中所使用的模板相当小，因此该例程相当快，但无法定位所有孔；此外，它还会发出假警报。因此，必须使用"智能"算法来分析孔位置数据。

图 11-17　（A）典型的奶油夹心饼干；（B）一对带有十字标记的奶油夹心饼干，表示应用简单的孔检测例程的结果；（C）两块饼干由 GHT 从图 B 的孔数据中可靠地定位，孤立的小十字表示单个投票的位置

显然，这是一种高度对称的物体类型，因此使用上述对称缩减匹配图应该是有益的。为了继续，将物体模型中所有孔对之间的距离列成表是有帮助的（图 11-18B）。然后，该表可以重新分组，以考虑对称操作（图 11-18D），这将有助于我们构建特定图像的匹配图。对上述例子中数据的分析表明，有两个非平凡的最大团，每个团都与图像中两块饼干中的一块相对应。然而，请注意，简化匹配图并没有给出图像的完整解释——它定位了两个物体，但并没有唯一确定是哪个孔。特别是，对于给定的 A 型起始孔，不知道是 B 型两个孔的哪一个。可以对坐标应用简单的几何学，以便确定哪个 B 型孔是通过绕中心孔 E 顺时针旋转到达的。

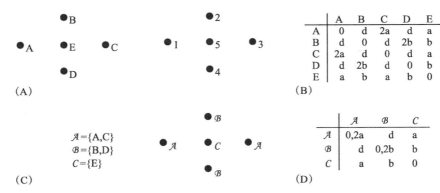

图 11-18    奶油饼干上孔的特征距离：（A）模型（左）和图像（右）的基本标记；（B）允许的距离值；（C）使用对称集合表示法对模型进行修正标注；（D）允许的距离值。最终表格中零特征间距离的情况可以忽略，因为它们不会导致有用的匹配

## 11.8    节省计算的可能性

在这些例子中，检查哪些子图是最大团是一个简单的问题。然而，在实际的匹配任务中，它会很快变得难以管理（鼓励读者为包含两个七点物体的图像绘制匹配图！）。

表 11-2 显示了寻找最大团的最明显的算法。它通过依次检查给定数量节点的所有团，并通过添加额外的节点（记住，任何额外的节点都必须与该团中的所有现有节点兼容）来发现可以从这些团构建什么团。这可识别匹配图中的所有团。然而，在知道哪个团最大之前，还需要采取额外的步骤来消除（或重新标记）作为新的更大团的子图包括的所有团。

表 11-2    简单最大团算法

```
set clique size to 2;
// this is the size already included by the match graph
while (newcliques = true) { // new cliques still being found
  increment clique size;
  set newcliques = false;
  for all cliques of previous size {
    set all cliques of previous size to status maxclique;
    for all possible extra nodes
      if extra node is joined to all existing nodes in clique {
        store as a clique of current size;
        set newcliques = true;
      }
  }
  // the larger cliques have now been found
  for all cliques of current size
    for all cliques of previous size
      if all nodes of smaller clique are included in current clique
        set smaller clique to status not maxclique;
  // the subcliques have now been relabelled
}
```

鉴于寻找最大团的重要性，学术界已经为此提出了许多算法，可能其中最好的算法现在已接近可能的最快运行速度。不幸的是，已知最佳执行时间不是由 $M$（对于包含最多 $M$ 个节点的最大团的匹配图）中的多项式限定，而是由变化更快的函数限定。具体来说，寻找最大团的任务类似于众所周知的旅行商问题，并且被认为是"NP 完全的"，这意味着它在指数时间内运行（见 11.9 节）。因此，假设 $M$ 值约为 6 时的运行时间为 $t$，则当 $M$ 值增大到约为

10 时，运行时间通常会增加到 $100\,t$；当 $M$ 增大到大于 ~14 时，运行时间会再翻 100 倍，增加到 $10000t$。在实际情况下，有几种方法可以解决这个问题，如下所示：

1）尽可能使用对称缩减匹配图；

2）选择最快的最大团算法；

3）在机器代码中写出最大团算法的关键循环；

4）构建特殊的硬件或多处理器系统来实现算法；

5）使用局部特征聚焦（LFF）方法（见下文，这意味着搜索小 $M$ 的团，然后使用另一种方法）；

6）使用替代的顺序策略，但是这可能无法保证找到图像中的所有物体；

7）使用 GHT 方法（参见 11.9 节）。

在这些方法中，应尽可能地在适用的地方使用第一种方法。方法 2～4 相当于改进实现，并且受到收益递减的影响。请注意，$M$ 的执行时间变化非常快，以至于即使是最好的软件实现也不太可能使 $M$ 实际增加超过 2（即 $M \rightarrow M+2$）。同样，专用硬件实现可能只使 $M$ 增加 4～6。方法 5 是一种"捷径"方法，实践证明非常有效。这个想法是搜索物体特征的特定子集，然后假设该物体存在，并返回原始图像检查它是否确实存在。Bolles 和 Cain（1982）在非常复杂的图像中寻找铰链时设计了这种方法。原则上，该方法的缺点是，被选择作为线索的物体的特定子集可能由于遮挡或一些其他伪像而丢失。因此，可能有必要在每个物体上寻找几个这样的线索。这是进一步偏离匹配滤波器范例的例子，这再次降低了检测灵敏度。该方法被称为 LFF 方法，因为物体是通过线索或局部焦点来寻找的。

最大团方法是一种穷举搜索过程，是一种有效的并行算法。这具有使其高度健壮的效果，但也是其速度缓慢的部分原因。另一种选择是对物体进行某种顺序搜索，当在图像的解释或部分解释中获得足够的置信度时停止。例如，当对于给定数量的物体上的特定最小数量的特征已经获得匹配时，搜索过程可以终止。这种方法在一些应用中可能是有用的，并且当 $M$ 约大于 6 时，通常比完全最大团过程快得多。Ullman（1976）对几种子图同构的树搜索算法进行了分析，该论文使用人工生成的数据测试算法，而它们与真实图像的关系不清楚。然而，所有非穷尽搜索算法的成功与否，必须严格取决于所分析的特定类型的图像数据，因此，很难就此给出进一步的一般性指导（但是关于搜索过程的更多评论可参见 11.11 节）。

上面列出的最后一种方法是基于 GHT 的。从许多方面来说，这为这个问题提供了一个理想的解决方案，因为它提供了一种详尽的搜索技术，基本上等同于最大团方法，但不属于 NP 完全范畴。这看起来可能是矛盾的，因为任何定义明确的数学问题的解决方法都应该受制于已知的数学约束。然而，虽然抽象的最大团问题是 NP 完全的，但是由基于二维图像数据产生的最大团问题的子集很可能通过其他方式，特别是通过二维技术，用较少的计算就能解决。这种特殊情况看起来确实有效，但是通过参考使用 GHT 方法找到的特定解决方案，它自然不可能解决一般 NP 完全问题！ GHT 方法将在下一节描述。

## 11.9　使用 GHT 进行特征排序

本节描述如何使用 GHT 作为最大团方法的替代方法，从点特征中整理信息，以便找到物体。我们考虑物体没有对称性的情况（就像图 11-12～图 11-14 中的情况一样）。

为了应用 GHT，我们首先列出所有特征，然后在参数空间中与每对特征一致的定位点

L 的每个可能位置处累积投票（图 11-19）。这种策略特别适合于当前环境，因为它对应于最大团方法中使用的成对分配。为了继续下去，仅仅需要使用特征间距离作为 GHT $R$ 表中的查找参数。对于不可区分的点特征，这意味着对于特征间距离的每个值，L 的位置有两个条目。注意，我们假设不存在对称性，并且所有特征对具有不同的特征间距离。如果不是这样，则每个特征间距离值在 $R$ 表中存储两个以上的向量。

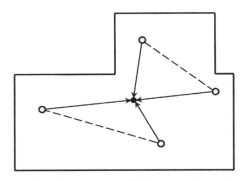

图 11-19　从特征位置对中定位 L 的方法。当物体没有对称性时，每对特征点在参数空间中给出两个可能的投票位置。当存在对称性时，某些特征对可能产生多达 4 个投票位置：这可以通过详细考察图 11-17C 得到证实

为了说明该过程，首先将其应用于图 11-12 的三角形示例。图 11-12C 显示了在参数空间中累积投票的位置。其中有四个高度分别为 3、1、1、1 的峰值，很明显，在没有复杂的遮挡和缺陷的情况下，物体可位于最大尺寸的峰。接下来，将该方法应用于图 11-13 的一般四边形示例，这导致参数空间中的七个峰值，其大小分别为 6、1、1、1、1、1、1（图 11-13C）。

仔细检查图 11-12 ～图 11-14 可知，参数空间中的每个峰值对应于匹配图中的最大团。的确，两者之间存在着一对一的关系。在本文所考察的简单情况中，对于物体内的特征的任何一般安排都必然如此，因为特征之间的每个成对兼容性对应于两个潜在的物体位置，其中一个是正确的，另一个是否正确只能从该特征对的角度来看。因此，正确的位置都相加，从而在参数空间中给出一个大的最大团和一个大的峰值，而错误的位置给出的每个最大团都包含两个错误的分配，并且每个都对应于参数空间中大小为 1 的假峰值。即使出现遮挡或存在其他特征，这种情况仍然适用（参见图 11-14）。当存在对称性时，情况稍微复杂一些，两种方法各自以不同的方式偏离，限于篇幅无法在此深入探讨该问题，但是图 11-15C 给出了图 11-15A 的情况的解决方案。总的来说，最简单的设想是，这两种方法的解决方案之间仍然存在一对一的关系。

最后，再次考虑 11.7.1 节（图 11-17A）的示例，这次通过 GHT 获得解决方案。图 11-17C 显示了 GHT 所发现的候选物体中心的位置。小的孤立交叉点表示单票的位置，而那些非常接近两个大交叉点的交叉点导致在这些相应位置上权重为 10 和 6 的投票峰值。因此，物体定位满足既准确又稳健的需求。

## 计算负载

本小节比较最大团和 GHT 方法进行物体定位的计算要求。为简单起见，想象一个只包含一个被搜索物体的完全可见示例的图像。此外，假设物体具有 $n$ 个特征，并且我们正试图通过寻找所有可能的成对兼容性来识别它，而无论它们之间的距离如何（如 11.7 节的所有

示例)。

对于具有 $n$ 个特征的物体，匹配图包含 $n^2$ 个节点（即可能的分配），并且在构建该图时要检查 $n^2C_2 = n^2(n^2-1)/2$ 种可能的成对兼容性。该分析阶段的计算量是 $O(n^4)$。除此之外，还必须增加寻找最大团的代价。由于问题是 NP 完全的，所以负载以比多项式更快的速率上升，并且在 $n^2$ 中可能是指数上升的（Gibbons，1985）。

现在考虑通过成对兼容性让 GHT 查找物体的代价。正如已经看到的，参数空间中所有峰值的总高度一般等于匹配图中成对兼容性的数目。因此，计算负载是相同的数量级，即 $O(n^4)$。接下来的问题是在参数空间中定位所有峰值。在这种情况下，参数空间与图像空间是相同的。因此，对于 $N \times N$ 图像，只需要在参数空间中访问 $N^2$ 个点，并且计算量是 $O(N^2)$。但是，请注意另一种策略是可用的，其中保存了参数空间中数量相对较少的投票位置的运行记录。这种策略的计算负载是 $O(n^4)$——虽然阶数更高，但在实践中通常表示较少的计算。

读者可能已经注意到，到目前为止概述的基本 GHT 方案能够从其特征中定位物体，但是不确定它们的方向。然而，可以通过第二次运行该算法并找到对每个峰值都有贡献的所有分配来计算方位。或者，第二遍可以着眼于在每个物体中找到不同的定位点。无论哪种情况，整个任务都应该在两倍多的时间内完成，即仍然在 $O(n^4+N^2)$ 时间内完成。

虽然 GHT 最初看起来是在多项式时间内解决最大团问题，但它实际实现的是在多项式时间内解决一个实际空间模板匹配问题：它没有在多项式时间内解决抽象的图论问题。总的结论是，图论表示与实际空间不匹配，而不是实际空间可以在多项式时间解决抽象的 NP 完全问题。

## 11.10  推广最大团及其他方法

本节考虑如何将图匹配概念推广到覆盖可选的特征类型和特征的各种属性。早期的讨论仅限于点特征，特别是小孔。通过忽略位置坐标以外的属性，角点也被作为点特征。因此，孔和角点是理想的，因为它们提供了最精细的定位并最大化了物体定位的准确性。

其他类型的特征通常具有两个以上的指定参数，其中一个是对比度，另一个是大小。这适用于大多数孔和圆形物体，尽管对于最小的孔，有时将强度的中心倾角作为测量参数是最可行的。角点可能有许多属性，包括对比度、颜色、锐度和方向，尽管这些属性可能不是很精确。最后，更复杂的形状如椭圆，具有方向、大小和偏心率，并且对比度或颜色也是可用的属性。

事实上有这么多的信息可用，所以我们需要考虑如何最好地使用它来定位物体。为方便起见，这里将结合最大团方法进行讨论。事实上，答案很简单。当考虑兼容性并在匹配图中绘制圆弧时，决定图像中的一对特征是否与物体模型中的一对特征匹配时，可以考虑任何可用信息。在 11.7 节中，通过将特征间距离作为唯一的相关测量来简化讨论。然而，更全面地描述物体模型中的特征并坚持它们都在预先指定的容差内匹配是完全可以接受的。例如，只有孔具有正确的尺寸，角具有正确的锐度和方向，并且特征间距离也合适时，才允许孔和角匹配。所有相关信息必须保存在适当的查找表中。一般来说，增益容易超过损失，因为这将消除相当多的潜在解释——从而使匹配图显著简化，并且在许多情况下减少寻找最大团所需的计算量。

总的来说，特征外属性在减少计算量方面有很大价值——它们还可以减少错误解释的可能性。

## 11.11　搜索

以上已经说明了如何利用最大团方法在图像中定位物体，或者根据预定义的规则来标记场景，这些规则与场景中预期的区域安排有关。无论哪种情况，正在执行的基本过程都是搜索与观测数据兼容的解决方案。这种搜索在分配空间，即存在观测特征分配与可能解释的所有组合的空间中进行。问题是找到一组或多组观测分配的有效集合。

通常情况下，搜索空间非常大，因此穷尽地搜索所有解将涉及巨大的计算工作并需要相当长的时间。不幸的是，获得解的最明显和最吸引人的方法之一——最大团方法，是 NP 完全的，并且可能需要不切实际的大量时间来找到解。因此，有必要澄清最大团方法的性质。为此，我们首先描述搜索的两个主要类别——广度优先搜索和深度优先搜索。

广度优先搜索系统地沿着可能性树向下遍历，从不向附近的解决方案走捷径。相比之下，深度优先搜索涉及尽可能直接地采用一条路径到单个解决方案，在找到解决方案时停止该过程，并在发现做出错误决策时回溯到上一树节点。当已经找到足够的解决方案时，减少深度优先搜索是正常的，这意味着许多可能性树将不被探索。虽然在找到足够的解决方案时可以类似地减少广度优先搜索，但是如前所述，最大团方法实际上是一种广度优先搜索的形式，其穷举直到完成。

除了穷举的广度优先搜索之外，最大团方法可以被描述为"盲目的"和"平坦的"——它既不涉及引导搜索的启发式方法，也不涉及分层方法。事实上，更快的搜索方法包括以各种方式引导搜索。首先，启发式用于指定在各个阶段前进的方向（要展开树的哪个节点）或忽略哪些路径（要修剪哪些节点）。其次，搜索可以更"层次化"，以便首先搜索解决方案的概要特征，稍后（可能分几个阶段）返回以填充细节。这里省略了这些技术的细节。然而，Rummel 和 Beutel（1984）使用了一种有趣的方法。他们使用角点和孔等特征在图像中搜索工业组件，通过基于动态调整参数的启发式在各个阶段交替使用广度优先搜索和深度优先搜索：这是基于搜索距离物体还有多远以及到目前为止的拟合质量来计算的。Rummel 和 Beutel 指出，速度和准确度之间存在权衡，作为"指导因素"，基于识别所需的特征数量对其进行了调整——问题是试图提高速度会带来找不到最佳解决方案的风险。

## 11.12　结束语

第 10 章引入了霍夫变换作为直线检测方案，并将其应用于圆和椭圆的检测。其中，它似乎是一种辅助物体检测的相当"狡猾"的方法，虽然它被认为具有各种优势，特别是它在面对噪声和遮挡时的稳健性，但在其相当新颖的投票方案中似乎没有真正意义。本章已经表明，霍夫变换远不是一种技巧方法，而是一种比最初设想要普遍得多的方法。实际上，它体现了空间匹配滤波器的特性，因此接近于物体检测的最佳灵敏度。然而，这并不妨碍其实施带来相当大的计算负荷，并且在一般情况和特定情况下都致力于克服该问题。一般情况由本章前面部分讨论的方案解决。重要的是不要低估特定解决方案的价值，因为直线、圆、椭圆和多边形等形状覆盖了制造物体的大部分，并且因为应对特定情况的方法容易（如原始的霍夫变换）变得更加普遍（因为人们看到了开发基础技术的可能性）。

为了进一步强调 GHT 的一般性，还通过仿真空间匹配滤波器检测器，将其用于已知长度的线的最佳定位，该结果已应用于多边形和角点的最佳检测（后者参见图 11-20）（Davies，1988a，1989a）。

本章还讨论了从点特征识别物体的问题。最大团方法被认为能够找到这项任务的解决方案，但仅限于 NP 完全问题。有趣的是，已经发现 GHT 能够在多项式时间内执行相同的任务。这是可能的，因为图论表示以 GHT 的方式不能很好地匹配相关的实际空间模板匹配任务。在这里，回想一下 GHT 特别适合于实际空间中的物体检测，因为它是空间匹配滤波器的一种类型，而这不能说是最大团方法。

最后，请注意在绝对尺度上，图匹配方法很少记录详细的图像结构，最多只使用成对特征属性。这对于二维图像解释是足够的，但对于诸如三维图像分析的情况是不够的，其中存在更多的自由度（对于场景中的每个物体，通常分别有三个自由度用于位置和方向）。因此，在这种情况下需要采取更专业和复杂的方法（第三部分将对这些方法进行研究）。

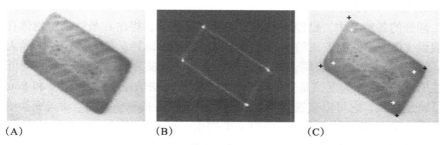

　　（A）　　　　　　　　　　（B）　　　　　　　　　　（C）

图 11-20　角点检测的广义霍夫变换方法示例：（A）饼干的原始图像（128×128 像素，64 灰度级）；（B）横向位移变换为短边的 22% 左右；（C）具有变换峰值（白色十字）和推导出的理想化角点位置（黑色十字形）的图像。这里采用的横向位移接近这种类型物体的最佳位移

　　尽管霍夫变换可能看起来有点武断，但本章已经证明它在匹配滤波方面具有扎实的根源，这反过来意味着投票应该是梯度加权以获得最佳灵敏度。本章还对比了椭圆检测的三种方法，显示了如何估计和最小化计算负荷。此外，通过特征搜索物体远比模板匹配有效。本章已经表明，这需要推断出物体的存在——这个过程仍然是计算密集型的。在这方面，测试表明广义霍夫变换可能比图形匹配更有效。

## 11.13　书目和历史注释

虽然早在 1962 年就引入了霍夫变换，但早期的一些想法［尤其包括 Merlin 和 Farber（1975）、Kimme 等人（1975）的想法］在开发广义霍夫变换之前仍然是必需的（Ballard，1981）。到那个时候，已经知道霍夫变换形式上等同于模板匹配（Stockman 和 Agrawala，1977）和空间匹配滤波（Sklansky，1978）。

到 1985 年，霍夫变换的计算负荷成为阻碍其更普遍使用的关键因素，特别是因为它可以用于大多数类型的任意形状检测，具有良好的灵敏度和相当强的鲁棒性。Li 等人（1985，1986）通过使用非均匀量化的参数空间显示了更快峰值定位的可能性。这项工作由 Princen 等人（1989a，b）和 Davies（1992g）进一步发展。一个重要的发展是由 Xu 和 Oja（1993）开创的随机霍夫变换，它涉及投票，直到参数空间中的特定峰值变得明显，从而节省了不必要的计算。

准确的峰值定位仍然是霍夫变换方法的重要方面。恰当地说，这是健壮统计的领域，它可以消除异常值（见附录 A）。Davies（1992f）已经展示了一种精确定位**霍夫变换**峰的计算有效方法，并且已经发现为什么峰值有时看起来比先验考虑所指示的更窄（Davies，1992b）。Kiryati 和 Bruckstein（1991）已经解决了**霍夫变换**可能产生的混叠效应（其具有降低精度的效应）。

随着时间的推移，通过几何散列、结构索引和其他方法扩展了广义霍夫变换方法（例如，Lamdan 和 Wolfson，1988；Gavrila 和 Groen，1992；Califano 和 Mohan，1994）。与此同时，对这一主题的概率论方法得到了发展（Stephens，1991），这使得它更加稳固。Grimson 和 Huttenlocher（1990）警告（可能过于悲观）和反对在复杂的物体识别任务中使用广义霍夫变换，因为在这种情况下会出现假峰。有关截至 1993 年的该主题状况的进一步评论，见 Leavers（1993）。

在第二部分的各章节中，已经声明霍夫变换执行搜索，得出在最终决定物体存在之前应该检测的假设（在图形匹配方法的情况下可以做出类似的陈述，如物体定位的最大团方法）。然而，Princen 等人（1994）表明，如果霍夫变换本身被视为假设检验框架，则可以提高霍夫变换的性能：这符合霍夫变换是基于模型的物体定位方法的概念。Kadyrov 和 Petrou（2001）已经开发了轨迹变换，它可以被视为 Radon 变换的一般形式——本身与霍夫变换密切相关。

其他工作人员使用霍夫变换进行仿射不变搜索。Montiel 等人（2001）在收集的数据中进行了改进以减少错误证据的发生率，而 Kimura 和 Watanabe（2002）对二维形状检测进行了扩展，它对于遮挡和破损边界的问题不太敏感。Kadyrov 和 Petrou（2002）已经调整了跟踪变换以应对仿射参数估计。

在对 Atherton 和 Kerbyson（1999）以及 Davies（1987a）关于梯度加权（参见 11.4 节）的工作的概括中，Anil Bharath 和他的同事研究了如何优化霍夫变换的灵敏度（2004）。他们的方法在解决限制许多霍夫变换技术的早期阈值设置问题方面特别有价值。类似的观点在 Kesidis 和 Papamarkos（2000）的工作中以不同的方式出现，它在整个变换过程中保持灰度信息，从而原始图像的表示更精确。

Olson（1999）已经表明，通过将局部错误信息传递到霍夫变换并严格处理，可以有效地提高定位精度。一个重要的发现是霍夫变换可以分成几个子问题而不会降低性能。这一发现在基于三维模型的视觉应用中进行了详细阐述，其中显示其导致假阳率降低（Olson，1998）。Wu 等人（2002）通过使用三维霍夫变换寻找眼镜来进一步扩展三维可能性：首先将一组特征定位在同一平面上，然后将其解释为眼镜边缘平面。该方法允许眼镜与面部分离，然后它们可以整体定位。

van Dijck 和 van der Heijden（2003）发展了 Lamdan 和 Wolfson（1988）的几何散列方法，以使用完整的三维散列进行三维对应匹配，并发现这具有一些优势，因为可以使用三维结构的知识来减少投票数和虚假匹配。Tuytelaars 等人（2003）描述了如何使用基于不变量的匹配和霍夫变换来识别在视觉（三维）场景中出现的平面中的常规重复，尽管存在透视偏斜：整个系统具有推理一致性并且能够应对周期性、镜像对称性和关于点的反射的能力。

图形匹配和团发现算法最初出现在 1970 年左右的文献中，对于图形同构问题的早期解决方案参见 Corneil 和 Gottlieb（1970）。Barrow 等人（1972）很快就解决了子图的同构问题，另见 Ullmann（1976）。双子图同构（或子图-子图同构）问题通常通过在匹配图中寻找最大团来解决，而实现这一点的算法已经由 Bron 和 Kerbosch（1973）、Osteen 和 Tou（1973）以及 Ambler 等人（1975）描述（注意，在 1989 年，Kehtarnavaz 和 Mohan 声明更喜欢以速度为基础的 Osteen 和 Tou 的算法）。使用最小匹配图概念（Davies，1991a）也已经实现了速度的提高。

Bolles（1979）将最大团技术应用于现实世界的问题（特别是发动机罩的定位），并通过考虑其他特征，展示了如何使操作更加稳健。到 1982 年，Bolles 和 Cain 制定了 LFF 方法，其中：（1）搜索物体上受限制的特征集；（2）考虑对称性以节省计算；（3）重新考虑原始图像数据，以便确认一个有效的匹配：文中提供了各种标准，以确保这种方法得到满意的解决方案。

对最大团方法的运行速度不满意，其他人倾向于使用深度优先搜索技术。Rummel 和 Beutel（1984）提出了在深度优先和广度优先搜索之间交替的想法，这是由数据决定的——一种强有力的方法，尽管他们用于此的启发式方法可能缺乏一般性。同时，Kasif 等人（1983）展示了如何将修改后的广义霍夫变换（关系霍夫变换）用于图匹配，尽管他们的论文提供的实用细节很少。在 11.9 节中描述了用于执行二维匹配的广义霍夫变换的稍微不同的应用，并且已经扩展以优化准确度（Davies，1992c）。几何散列也得到了发展以在具有复杂多边形形状的物体上执行类似的任务（Tsai，1996）。

在过去的几十年中，由于无处不在的噪声、失真、缺失或增加的特征点，以及特征属性的不准确性和不匹配性，不精确匹配算法的优势不断超过精确匹配方法。关于不精确（或"容错"）匹配的一类研究考虑了如何比较结构表征（Shapiro 和 Haralick，1985）；这个关于相似性度量的早期工作展示了如何将"字符串编辑距离"的概念应用于图形结构（Sanfeliu 和 Fu，1983）；Bunke 和 Shearer（1998）以及 Bunke（1999）后来扩展了编辑距离的形式化概念，他们考虑并合理化了图同构、子图同构和最大公共子图同构等方法的代价函数：虽然详细的分析显示了这种情况的重要微妙之处（Bunke，1999），但代价函数的选择对每个特定数据集的成功至关重要。

另一类工作是优化，包括模拟退火（Herault 等，1990）、遗传搜索（Cross 等，1997）和神经处理（Pelillo，1999）。Umeyama（1988）的工作使用矩阵特征分解方法开发最小二乘法，以恢复与匹配的两个图相关的置换矩阵。最近的一个发展是使用谱图理论来恢复置换结构。谱图理论涉及使用邻接矩阵的特征值和特征向量来分析图的结构特性。事实上，Umeyama（1988）的方法只匹配相同大小的图形。已经出现了其他相关方法（例如，Horaud 和 Sossa，1995），但是它们都无法应对不同大小的图形。然而，Luo 和 Hancock（2001）已经证明了如何克服这一特定问题——通过展示图形匹配任务如何使用 EM 算法逻辑作为最大似然估计。因此，奇异值分解被有效地用于解决对应问题。最终，该方法很重要，因为它有助于将图形匹配从存在组合搜索问题的离散过程转为系统地朝向最优解的连续优化问题。应该补充的是，该方法在相当大程度的结构损坏下工作——例如，当数据图邻接矩阵中 50% 的初始项出错时（Luo 和 Hancock，2001）。在后来的发展中，Robles-Kelly 和 Hancock（2002）设法达到了同样的目的，并在谱图形式本身实现了更好的性能。

与此同时，其他发展包括一种快速、分阶段的不精确图匹配方法（Hlaoui 和 Wang，2002）；一种可再现的内核希尔伯特空间（RKHS）基于内插器的图匹配算法，它能够在 PC 上有效地匹配超过 500 个顶点（例如，从空中场景中提取的那些顶点）的巨大图形（van Wyk 等，2002）。有关不精确匹配算法的更详细评估，请参阅 Llado 等人（2001）文献，注意后者出现在 IEEE 模式分析与机器智能汇刊的 *Graph Algorithms and Computer Vision* 部分（Dickinson 等，2001）。

**近期研究发展**

最近的发展包括以下内容。Aragon-Camarasa 和 Siebert（2010）考虑使用广义霍夫变换来聚类 SIFT 特征匹配。然而，事实证明，该应用需要连续而非离散的霍夫变换空间。这意味着每个匹配点必须以包含列表数据结构的霍夫空间中的整机精度存储。因此，峰值定位必须采用标准无监督聚类算法的形式。这是一个有趣的案例，预期的广义霍夫变换无法遵循标准的投票和累积过程。Assheton 和 Hunter（2011）在执行行人检测和跟踪时也与标准广义霍夫变换方法略有偏差，他们使用基于高斯混合模型的基于形状的投票算法。据称该算法基于轮廓形状检测行人非常有效。Chung 等人（2010）研究了从数据库中检索信息的问题，他们使用广义霍夫变换和自适应图像分割产生了基于区域的物体检索解决方案。整个方案的一个关键方面是在数据库和查询图像中仿射不变 MSER 的定位（参见第 6 章）。Roy 等人（2011）将广义霍夫变换应用于检测和验证包含字母和几何图案的印章。这是一个难题，因为可能存在噪声、干扰文本和签名，以及由于对印章施加不均匀压力而导致的不完整性。在实践中，必须使用尺度和旋转不变特征（特别是文本字符）来定位印章；然后，通过应用相邻连通分量对的空间特征描述符，将其检测为 GHT 峰值，即在本应用中，印章中的文本字符用作印章检测的基本特征，而不是单独的边缘或特征点。通过将 $R$ 表分成两个不同的查找表（字符对表和距离表）来限制内存需求。

Silletti 等人（2011）已经设计了一种谱图匹配的变体方法，其中应用了新的相似性度量。该方法允许应用于各种类型的图像并产生结果，据说这些结果显示出对某些之前存在的方法的显著改进。Gope 和 Kehtarnavaz（2007）已经展示了一种平面点集之间仿射匹配的新方法。该方法利用点集的凸包并在它们之间进行匹配，这是一种有用的方法，因为：（1）凸性是仿射不变的；（2）凸包的使用本质上是鲁棒的。属性 2 源于这样的事实，即凸包仅通过点扰动（包括插入和删除）局部改变。该方法利用增强的改进的 Haussdorff 距离，在存在噪声和遮挡的情况下比许多标准方法获得更好的结果。Aguilar 等人（2009）开发了一种新的"图形变换匹配"算法，以匹配图像对之间的点。它通过为每个图像构建 $k$ 最近邻图来通过点的空间配置验证每个匹配，迭代地消除在图之间引入结构不相似性的顶点，从而产生表示图像之间的正确点匹配集的共识图。

## 11.14　问题

1. a）描述应用霍夫变换在数字图像中定位物体的主要步骤。霍夫变换技术有哪些特殊优势？ 说明它们出现的原因。

   b）据说霍夫变换只会导致关于图像中物体存在的假设，并且在对任何图像的内容做出最终决定之前应该独立地检查它们。评论本声明的准确性。

2. 设计用于检测已知长度 $L$ 的直线的空间匹配滤波器的广义霍夫变换版本。说明当用于检测长度为 $L$ 的理想直线时，它给出了长度为 $2L$ 的分布式响应，其在直线的中心处达到峰值，但当用于检测直线的部分遮挡版本时，它给出了在包括直线的中心的范围内平顶的响应。

3. 说明如何设计广义霍夫变换版本的空间匹配滤波器来检测等边三角形，从而产生一个星形变换，该变换在三角形的中心处达到峰值。这种方法如何适用于一般三角形和正 $N$ 边形？

4. 找到以等腰三角形形式排列的一组特征的匹配图。通过考虑对称性和使用对称缩减匹配图，找出发生了多少简化。将结果扩展到风筝（两个等腰三角形从底部到底部对称排列）的情况。

5. 两个 Lino-Cutter 刀片（梯形）应从它们的角点定位。考虑其中一个刀片的两个角点被另一个刀片遮挡的图像。绘制可能的配置，计算每种情况下的角点数。如果角点被视为没有其他属性的点特征，说明匹配图将导致模糊解决方案。进一步表明，如果对角点方向进行适当考虑，通常可以消除歧义。指定需要确定角点方向的准确程度。

6. 在问题 11.5 中，如果使用广义霍夫变换，情况会好转吗？

7. a) 金属法兰应使用图形匹配（最大团）技术从其孔中定位。如图 11-P1 所示，每个杆在距离杆的窄端 1、2、3、5cm 处具有四个相同的孔。绘制给定法兰的四个孔中的一个被遮挡的四种不同情况的匹配图。在每种情况下确定该方法是否能够没有任何错误地定位金属法兰，以及是否出现任何歧义。

   b) 你的结果是否符合人类感知的结果？在实际情况下如何解决任何错误或歧义？

8. a) 描述物体定位的最大团方法。解释为什么最大的最大团通常代表任何物体定位任务的最可能的解决方案。

   b) 如果要定位具有 4 个特征点的对称物体，说明物体模板的合适标记将可使任务简化。对称类型是否重要？在矩形的情况下会发生什么？在平行四边形的情况下会发生什么？（在后一种情况下，见图 11-P2 中的点 A、B、C、D。）

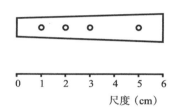

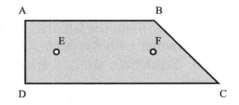

图 11-P1　使用广义霍夫变换定位的金属法兰　　　图 11-P2　具有 5 个特征点的物体

   c) 定位具有 5 个特征点的近似对称物体（参见图 11-P2）。这是通过最初查看特征点 A、B、C、D 并忽略第五点 E 来实现的。讨论如何使用最大团方法发挥第五点的作用以最终确定物体的方向。采用这种两阶段方法可能会有什么不利之处？

9. a) 什么是模板匹配？解释为什么物体通常利用其特征而不是使用整个物体模板来定位。通常用于此目的的特征有哪些？

   b) 描述可用于角点和孔洞检测的模板。

   c) 一种改进型的切割刀片（图 11-P3）将由机器人放入 6 个包装中。说明机器人视觉系统如何通过应用最大团方法通过角点或孔定位刀片（即两种方案都可行）。

   d) 一段时间后，当刀片重叠时，机器人似乎偶尔会混淆，于是决定通过它们的孔和角点定位刀片。说明为什么这有助于消除任何混淆。同时说明如何最终区分角点与洞穴有助于重叠的极端情况。

10. a) 某种类型的切割刀片有四个角和两个固定孔（图 11-P4）。使用最大团技术来定位这种类型的刀片。假设物体位于工作台上，并且在已知距离上以正交方式观察。

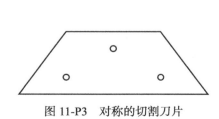

图 11-P3　对称的切割刀片　　　图 11-P4　非对称直线切割刀片

   b) 绘制以下情况的匹配图：

   i. 物体应通过它们的孔和角点来定位，将这些作为无法区分的点特征；

   ii. 物体仅由它们的角点定位（即图像中的角点与理想物体上的角点相匹配）；

iii. 物体只能通过它们的孔来定位；

iv. 物体应通过它们的孔和角点来定位，但这些被认为是可区分的特征。

c）讨论你的结果，特别是以下方面：

i. 可以实现的稳健性；

ii. 计算的速度。

d）在后一种情况下，将构建基本匹配图所花费的时间与查找其中所有最大团所花费的时间区分开来。声明你在 $n$ 个节点的匹配图中找到 $m$ 个节点的最大团所花费的时间的任何假设。

11. a）首先通过孔定位装饰饼干后进行检测。展示如何应用最大团图匹配技术来识别和定位图 11-P5A 所示的饼干，它们具有相同的尺寸和形状。

b）说明具有对称轴的饼干如何影响分析，如图 11-P5B 所示。同时说明如何修改该技术以简化这种情况的计算。

c）第一种类型饼干的更详细的模型显示它具有 3 种尺寸的孔，如图 11-P5C 所示。分析情况并说明可以从图像数据生成更简化的匹配图，从而成功定位物体。

d）设计进一步的匹配策略以利用孔尺寸信息：仅当匹配出现在不同尺寸的孔对之间时，才将匹配显示在匹配图中。确定该策略的成功概率，并讨论它是否可能通常有用，例如，对于特征数量增加的物体。

e）制定出最佳物体识别策略，该策略能够处理将孔和 / 或角点用作点特征的情况，其中孔可能具有不同的尺寸，角点可能具有不同的角度和方向，物体表面可能有不同的颜色或纹理，物体可能有更多的特征。明确在这种情况下采用"最佳"一词的含义。

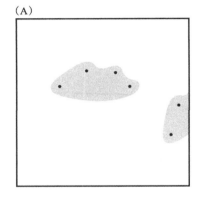

图 11-P5    装饰饼干检测

12. a）图 11-P6 显示了具有四个角点的小部件的二维视图。解释如何使用最大团技术来定位小部件，即使它们被包括其他小部件的各种类型的物体部分遮挡。

b）解释为什么基本算法不会区分正常呈现的小部件和颠倒放置的小部件。考虑如何扩展基本方法以确保机器人只选择那些正确放置的。

c）用于查看小部件的摄像机被意外震动，然后在工作台上方不同的未知高度重置。明确说明为

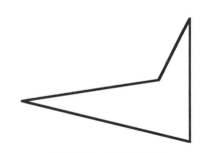

图 11-P6    小部件的图

什么通常的最大团技术现在无法识别小部件。讨论如何修改整个程序以理解数据并做出正确的解释（识别出所有小部件）。首先假设小部件是场景中出现的唯一物体，其次是可能出现各种其他物体。

d）摄像机再次受到震动，这次设置为与垂直方向呈小的未知角度。为了确保检测到这种情况并对其进行校正，将已知形状的平面校准物体粘在工作台上。确定合适的形状并解释如何使用它来进行必要的校正。

13. 证明平凸形状在仿射变换下保持凸性。

# 物体分割与形状模型

物体分割可以使用原始的阈值或边缘检测来进行，但是由于诸如噪声和阴影之类的干扰存在，很容易使结果不准确。使用形状模型的主要目的是控制整体情况，使所得到的分割更有意义。主动轮廓模型或 Snake 模型为解决这个问题提供了一种方法，基于主成分分析（PCA）的方法提供了另一种方法。

本章主要内容有：

- 分割过程中对形状模型的需求
- 主动轮廓模型（Snake 模型）用于分割物体边界
- 能量最小化原则
- 处理 Snake 模型进化的问题：模型约束
- 物体分割的"水平集"方法
- "快速前进"和"前沿传播"方法
- 使用 PCA 学习形状模型
- 特征值列表是如何被限制的
- 如何使用界标点对系统进行训练
- 通过在不同的尺度上实现它来加速搜索，以改善匹配
- 使用灰度边界轮廓改进马氏距离模型

Snake 方法是有困难的，因为所有必要的规则都必须被纳入主动轮廓（Snake）的分析中，而不确切地知道它将会是什么形状：基于 PCA 的方法在训练系统时更强大，因为它们了解正在寻找的是什么类型的形状。然而，它们涉及大量的复杂性和计算，尽管它们可以从有很大噪声的区域提取物体。

## 12.1　导言

本章继续第 5 章关于边缘检测的内容。它的基础思想是，在图像中已经找到了边缘，需要以一种系统的方式将它们连接起来以形成物体。事实上，并不一定要先找到边缘点，只需在形状模型生成的过程中找到它们。确实，Snake "主动轮廓"方法可以采用后一种策略——在这种情况下，主动轮廓模型以一种系统的方式生长，直到它被发现与图片中出现的边缘相匹配。正如我们将在下一节中看到的，主动轮廓模型被要求服从规则，这些规则迫使它们在能量最小化和其他约束的影响下发展。这种方法和随后的水平集方法是由一般的分割原则指导的，但不包括要找到的形状的精确模型。另一方面，PCA 等替代方法可以用于生成形状模型——这些方法更像是识别算法，而不是分割算法。此外，它们的应用非常广泛，值得深入探讨。下面我们从主动轮廓法的基本描述开始。

## 12.2　主动轮廓

主动轮廓模型（也称为"变形轮廓"或" Snake "）被广泛用于系统性地细化物体轮廓。

基本的概念是获得一个"病态"场景下物体的完整和准确的轮廓,这个场景可能缺乏对比度、有噪声或边缘模糊。一种初步的方法是建立一个可以缩小的大轮廓,或者建立一个可以适当扩展的小轮廓,直到它的形状与物体的形状相匹配。原则上,初始边界可以是任意的,不管是在问题物体的外面还是里面。然后,它的形状以能量最小化过程进化。一方面,它希望将与不完美程度相对应的外部能量最小化;另一方面,我们希望将内部能量最小化,这样Snake 的形状就不会变得不必要的复杂,如呈现图像噪声的任何特征。同时模型约束被表示为对外部能量的贡献,这种约束的典型特征是阻止主动轮廓模型进入被禁止的区域,比如图像边界之外或者远离道路的区域(对于移动的车辆而言)。

主动轮廓模型的内部能量包括可能需要伸展或压缩它的弹性能量,以及弯曲能量。如果没有包含弯曲能量项,轮廓的锋利的角和尖刺就可以不受限制地自由产生。同样,如果没有包含弹性能量项,主动轮廓可以不受惩罚地生长或收缩。

图像数据通常通过三种主要类型的图像特征——直线、边缘和端点(后者可以是线端点或角点)与主动轮廓交互。根据主动轮廓模型的行为要求,可以给这些特征赋予不同的权重。例如,可能需要紧绕边缘并绕过角,且只在没有边缘的情况下遵循直线,因此,直线的权值要比边缘和角的权值低得多。

这些考虑可以推导出主动轮廓模型能量的下列分解:

$$
\begin{aligned}
E_{\text{snake}} &= E_{\text{internal}} + E_{\text{external}} \\
&= E_{\text{internal}} + E_{\text{image}} + E_{\text{constraints}} \\
&= E_{\text{stretch}} + E_{\text{bend}} + E_{\text{line}} + E_{\text{edge}} + E_{\text{term}} + E_{\text{repel}}
\end{aligned}
\tag{12.1}
$$

能量是根据主动轮廓模型上每个点的位置 $\boldsymbol{x}(s)=(x(s), y(s))$ 的小变化写下来的,参数 $s$ 是沿着主动轮廓边界线的弧长距离。因此,我们有:

$$
E_{\text{stretch}} = \int \kappa(s) \| \boldsymbol{x}_s(s) \|^2 \, \mathrm{d}s
\tag{12.2}
$$

和

$$
E_{\text{bend}} = \int \lambda(s) \| \boldsymbol{x}_{ss}(s) \|^2 \, \mathrm{d}s
\tag{12.3}
$$

其中 $s$、$ss$ 分别表示一阶和二阶微分。类似地,$E_{\text{edge}}$ 是根据强度梯度幅度 $|\text{grad } I|$ 计算的,得到:

$$
E_{\text{edge}} = -\int \mu(s) \| \text{grad } I \|^2 \, \mathrm{d}s
\tag{12.4}
$$

其中 $\mu(s)$ 表示边缘权重因子。

总主动轮廓模型能量是通过将主动轮廓的所有位置的能量相加得到的,然后设置一组联立的微分方程来最小化总能量。篇幅太大导致在这里对这个过程无法进行充分讨论。可以说,这些方程不能解析求解,必须采用迭代数值解法,在此过程中,主动轮廓的形状从一些高能量初始化状态演化为最终的低能量平衡态,定义了图像的兴趣轮廓。

在一般情况下,有几个可能的复杂问题需要解决,如下所示:

1)可能需要几个主动轮廓模型来定位初始数量未知的相关图像轮廓;

2)不同类型的主动轮廓模型需要不同的初始化条件;

3)当主动轮廓模型接近轮廓时,有时需要将其分开,变成碎块。

程序问题也是存在的。主动轮廓概念的本质是其良好的可微性。然而,直线、边缘和端点通常是高度局部化的,所以没有办法让一个主动轮廓即使在几像素之外也可以被期望知道它们并因此向它们移动。在这种情况下,主动轮廓会"东奔西跑",无法系统性地划分轮廓区域以达到全局能量最小化。为了克服这个问题，需要对图像进行平滑处理，以便边缘能够与主动轮廓相隔一定距离进行交互，并且在主动轮廓接近其目标位置时平滑度必须逐渐减小。最终，问题在于该算法对整体情况没有高层次的评价，而仅仅反映了图像中局部信息的集合，这使得使用主动轮廓的分割有点冒险，尽管该概念具有直观的吸引力。

尽管存在这些潜在的问题，主动轮廓概念的一个有价值的特征是：如果设置正确，主动轮廓模型可以对边界中小的不连续性变得不敏感。这很重要，因为这使得它能够协调实际情况，如模糊或低对比度的边缘，或小的障碍（这可能发生于电阻引线）；这种能力是可能的，因为主动轮廓能量是全局设置的——与边界跟踪的情况完全不同，在后一种情况下，错误传播可能导致所需路径的偏离。读者可以参阅关于这个主题的大量文献，不仅要澄清基本理论（Kass 和 Witkin，1987；Kass 等人，1988），而且还要找出如何在实际情况下产生良好的效果。

## 12.3　使用主动轮廓获得的实际结果

在本节中，我们简要探讨主动轮廓概念的简单实现。可以说所选择的实现方法是最简单的，它将在实际情况下工作，同时仍然坚持主动轮廓概念。为了使其没有过多的复杂性或高难度的计算，我们使用"贪心"算法——局部最优（能量最小化）的预期会最终达到全局优化。当然，它可能会得到与能量函数的绝对最小值不相对应的解，尽管这绝不是仅由使用贪心算法引起的问题，因为几乎所有形式的迭代能量最小化方法都可能落入此陷阱。

设计这样的算法时要做的第一件事就是根据实际术语解释理论。因此，我们用离散形式重写主动轮廓模型拉伸函数［公式（12.2）］：

$$E_{\text{stretch}} = \sum_{i=1}^{N} \kappa \parallel \boldsymbol{x}_i - \boldsymbol{x}_{i+1} \parallel^2 \tag{12.5}$$

其中有 $N$ 个主动轮廓点 $\boldsymbol{x}_i$，$i = 1,\cdots,N$。请注意，必须循环访问此集合。另外，当使用贪心算法并更新第 $i$ 个主动轮廓点的位置时，必须使用方程（12.5）的局部形式：

$$\varepsilon_{\text{stretch}}, i = \kappa(\parallel \boldsymbol{x}_i - \boldsymbol{x}_{i-1} \parallel^2 + \parallel \boldsymbol{x}_i - \boldsymbol{x}_{i+1} \parallel^2) \tag{12.6}$$

不幸的是，虽然这个函数会导致主动轮廓被拉紧，但它也会导致主动轮廓点的聚集。为了避免这种情况，可以使用以下替代形式：

$$\varepsilon_{\text{stretch}}, i = \kappa[(d - \parallel \boldsymbol{x}_i - \boldsymbol{x}_{i-1} \parallel)^2 + (d - \parallel \boldsymbol{x}_i - \boldsymbol{x}_{i+1} \parallel)^2] \tag{12.7}$$

其中 $d$ 是一个固定数字，表示对于给定类型的物体，相邻 Snake 点之间平均距离的最小可能值。在图 12-1 中使用的实现中，$d$ 具有 8 像素的非关键值；有趣的是，这也导致了向主动轮廓的最终形式更快地收敛，因为鼓励进一步移动以最小化圆括号中项的大小。

图 12-1 所示的轮廓填充了右上方的凹面，但由于阴影边缘对比度较低，几乎不会移动到底部的凹面中。请注意，通过调整等式（12.4）中的 grad² 系数 $\mu$ 可以轻松获得或多或少的弱边缘影响。在其他地方，主动轮廓以几乎完全遵守物体边界的方式结束。图中显示的主动轮廓使用 $p=40$ 个点，需要 $r=60$ 次迭代才能使其达到最终位置。在每次迭代中，每个主动轮廓点的贪心优化在 $n=11$ 的 $n \times n$ 像素区域上进行。总的来说，计算时间由数量 $prn^2$ 控制并且基本上与其成比例。

图 12-1D 中的最终轮廓显示了使用更多数量的初始化点并连接最终位置以获得连接边界的结果：通过使用样条线或其他方法而不是简单地加入点拟合，可以减少一些剩余的缺陷。

如前所述，这是一个简单的实现——尽可能避免考虑角和弯曲，尽管在图 12-1 所示的情况下，除了图 D，没有看到任何缺点或偏差。显然，为了处理更复杂的图像数据，必须包含涉及附加能量项的适当重新设计。有趣的是，只需两个项就可以实现这么多，即等式（12.1）中的拉伸和边缘项。然而，使贪心算法达到最佳效果的一个重要因素是，一次一个的主动轮廓点需要包括两个相邻链接的能量［如公式（12.6）和（12.7）］，以限制偏差和其他复杂情况。

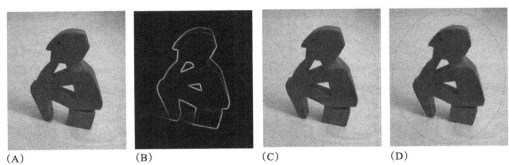

（A）　　　　　　　　（B）　　　　　　　　（C）　　　　　　　　（D）

图 12-1　生成主动轮廓模型（Snake）。（A）在图像边界附近具有 Snake 初始化点（蓝色）的原始图像；最终的 Snake 位置（红色）紧贴物体的外部，但很难进入底部的大凹面，它们实际上大致位于弱阴影边缘。（B）对图 A 应用 Sobel 算子的平滑结果，Snake 算法使用这个图像作为它的输入。Snake 的输出在图 B 上以红色叠加，因此很容易看到边缘最大值的高度切合。（C）中间结果，在迭代次数（60）的半数（30）后，这表明在捕获了一个边缘点之后，其他这样的点被捕获变得更容易。（D）使用增加数量的初始化点（蓝色）并加入（绿色）最终位置（红色）来给出一个相连的边界，一些剩余的缺陷是显而易见的

## 12.4　用于物体分割的水平集方法

尽管前两节描述的主动轮廓方法在许多情况下可能有效，但它仍然有几个缺点（Cremers 等，2007），如下：

1）有主动轮廓自交的可能性。

2）拓扑变化的分裂和合并是不被允许的。

3）该算法高度依赖于初始化，这可能导致主动轮廓出现偏差或陷入局部最小值。

4）主动轮廓缺乏有意义的概率解释，所以推广它们的概念来覆盖颜色、纹理或运动的动作并不简单。

水平集方法旨在弥补这些缺陷。基本的方法是考虑整个区域而非边缘，这样就得到一种"嵌入函数"，其中的轮廓是隐含地而非直接地表示。实际上，嵌入函数是一个函数 $\varphi(\boldsymbol{x}, t)$，轮廓被定义为这个函数的零水平：

$$C(t)=\{\boldsymbol{x}|\varphi(\boldsymbol{x},t)=0\} \tag{12.8}$$

对于一个以速度 $F$ 沿每个局部法线 $\boldsymbol{n}$ 演化（梯度下降）的轮廓，我们有：

$$\varphi(C(t),t)=0 \tag{12.9}$$

则得到

$$\frac{\mathrm{d}}{\mathrm{d}t}\varphi(C(t),t) = \nabla\varphi\frac{\partial C}{\partial t} + \frac{\partial\varphi}{\partial t} = F\nabla\varphi\cdot\boldsymbol{n} + \frac{\partial\varphi}{\partial t} = 0 \tag{12.10}$$

代换 $\boldsymbol{n}$：

$$\boldsymbol{n} = \frac{\nabla\varphi}{|\nabla\varphi|} \tag{12.11}$$

我们得到：

$$\frac{\partial \varphi}{\partial t} = -|\nabla \varphi| F \tag{12.12}$$

接下来，我们需要代换 $F$。根据 Caselles 等人（1997），我们有：

$$\frac{\partial \varphi}{\partial t} = |\nabla \varphi| \operatorname{div}\left( g(I) \frac{\nabla \varphi}{|\nabla \varphi|} \right) \tag{12.13}$$

其中 $g(I)$ 是主动轮廓可能性下 $|\nabla \varphi|$ 的广义形式。

请注意，因为没有明确提到轮廓 $C$，所以更新发生在所有像素上，因此涉及许多无用的计算。因此，设计"窄带"方法来克服该问题，并且仅在当前轮廓的窄带周围进行更新。但是，持续更新此条带的需求意味着计算负载仍然相当大。另一种方法是"快速前进"方法，该方法基本上沿着主动波快速传播解决方案，而像素值则保留在其后面。因此，这种方法涉及维持速度值 $F$ 的符号。Paragios 和 Deriche（2000）的 Hermes 算法试图将这两种方法结合起来。它旨在达成一个满足所有必要约束条件的最终解决方案，同时仅在中间阶段松散地维持这些约束。整体前沿传播算法克服了上述四个问题。特别是，它能够跟踪非刚性物体，应对分裂和合并，并且计算成本低。该论文通过展示车辆和行人成功追踪的交通场景来证实这些说法。

这里不再进一步介绍这种方法，我们继续描述一种相当不同并且使用非常广泛的方法——它使用 PCA 明确地训练形状模型。

## 12.5　形状模型

为了对形状进行建模，必须以特定的表示形式工作。在第 9 章中用于边界模式分析的表示包括 $(r, \theta)$、$(s, \psi)$ 和 $(s, \kappa)$ 边界图。虽然这样的图可以通过傅里叶方法进一步建模，但是这可能很麻烦，并且由平移、旋转和形状扭曲所带来的复杂性使得它最好放弃连续边界的表示，转向以用一组离散边界点表示。当从低分辨率移动到高分辨率时，这带来了优势，因为边界仍然可以由相同相对位置上相同数量的点表示。此外，如果表示是离散的，则像 PCA 这样的方法可以以用来处理数据。如我们将在下面看到的那样，当使用训练方法来学习形状并获得它们的最小描述符时，这是特别有价值的。这与 PCA 涉及相当多的计算也是相关的，但现在这是一个远不如 15 ~ 20 年前那么重要的想法；因此，如果一种方法是准确的、稳健的、可训练的，并且提供有价值的信息作为其正常运行的一部分，那么它应该被认为可以充分使用。实际上，作为提供的"有价值信息"的一部分，我们需要记住的是消除序列中较后的（较小的）项的能力，即消除主要与噪声对应的低能量特征值，从而减少随后的冗余和计算负担。

为了实现基于离散边界点的形状模型，我们需要从模型本身的确定性信息开始。为了达到这个目的，通常借助鼠标在感兴趣的形状周围标记"界标"点。虽然这种方法在人力方面有明显的局限性，但当需要少量点来定义形状时，它仍然是高度准确和可靠的。此外，当要分析医学图像时，它具有特殊的价值，因为这些图像往往比较模糊，需要专家的解释，所以在使用计算机算法分析它们时，一致性至关重要。在任何情况下，一旦几个非常具体的界标点已经被准确识别出来，通常可以在几乎不需要额外的人类交互的情况下推导出更多的界标点。接下来我们将使用一系列从短视频中获得的手部图像来说明这一点。

图 12-2A 显示了人手的图片，图 12-2B 显示了使用鼠标在其上标记的 9 个界标点。这

些点包括 5 个指尖点（$t_1 \sim t_5$）和 4 个指根点（$b_1 \sim b_4$）。图 12-2C 显示了如何使用白色构造线导出另一组 5 个指中点（$m_1 \sim m_5$）。对从顶部开始的三组点进行编号，我们可以写出以下向量关系，给出 $m_1 \sim m_5$ 的位置为

$$m_1 = b_1 + c(b_1 - b_4) \tag{12.14}$$

$$m_2 = b_2 + \frac{1}{2}(b_2 - b_3) \tag{12.15}$$

$$m_3 = \frac{1}{2}(b_2 + b_3) \tag{12.16}$$

$$m_4 = \frac{1}{2}(b_3 + b_4) \tag{12.17}$$

$$m_5 = b_4 + \frac{1}{2}(b_4 - b_3) \tag{12.18}$$

其中，$m_3$ 和 $m_4$ 的公式显然是合适的，$m_2$ 和 $m_5$ 的公式也是合理的：虽然原则上最后这些可以针对小指宽度进行调整，但这似乎在实践中并不必要。$m_1$ 的公式有更多问题，但如果参数 $c$ 取 1/6，那么它的效果很好。应该指出，这种向量方法是基于这样的假设：手的形状将保持近似平面，从而使仿射拉伸成为可接受的；另一方面，如果发生错综复杂的三维拉伸或紧握，就会产生不好的结果，还需要更多的界标点。

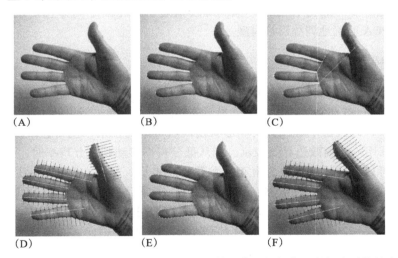

图 12-2  为 PCA 分析生成边界特征：（A）手的原始图像；（B）使用鼠标在手指的尖端和根部生成界标点的结果；（C）用于生成手指基点位置的几何结构；（D）通过将指尖连接到基点而产生的白线；暗线垂直于用于定位边界点的白线；（E）找到边界点插值和等距边界点；（F）导致错误放置边界点的闪亮光点，PCA 必须能够应对。阅读正文以了解各个阶段的更多详情

下一阶段是构建从 $t_i$ 到 $m_i$（$i=1 \sim 5$）的 5 根中指线，根据需要生成用于覆盖手指 1、2 和 5 的伸出部分。这些线被划分成相等的部分，并且垂线从它们中离开足够远以进入背景区域。这允许定位许多大致等距的手指边界点，如图 12-2D 所示。最后，通过合适的算法对这些边界点进行插值和平滑处理，并在手指边界上找到等距点集（图 12-2E）。这样做的目的是确保边界点尽可能精确地重现，从而使它们与类似手形的对应点相匹配。一般而言，没有一个点的位置比原来的 9 个界标点更准确，但至少获得的边界点（集合中每只手 114 个）是精确定位的，无

须进一步的人工干预。请注意，在某些情况下，缺少边界对比度，尤其是在拇指内部闪烁的光斑，会导致边界点出现一些不希望的偏差（图 12-2F）。但是，正如我们将看到的那样，PCA能够平衡这样的效果：在将边界点传递给 PCA 算法之前，在这些测试中没有努力消除这些影响，尽管这样做会相当简单（例如，可以使用基于中值的异常值检测器以及合适的内插方案）。

在应用 PCA 之前，有必要消除平移和旋转参数。首先，通过减去所有边界点的平均位置来消除平移。然后，找到所有边界点的平均方位，并从所有方位中减去它，并确定边界点的新坐标。这些动作是通过使用 arctan 函数（特别是 C++ 或 Matlab 中 atan2 函数），然后使用余弦和正弦函数来重建新的物体坐标来实现的。重要的是要记住，由于平均角度的周期性，直接求平均角度可能会导致无意义的结果（这一结论也适用于旋转对称色调域中的中值滤波以及其他许多此类情况）。最严格的方法是将所有点转换为单位圆，然后平均它们的正弦和余弦，然后推导出平均方向。最后，通过最小化模型和新图像点之间的平方距离之和来归一化物体大小也是有用的。这些归一化和对齐旨在消除传入数据的变化，并使 PCA 算法更高效，且最终模型不依赖于物体的位置、方向和大小。换句话说，它使得得到的点分布更接近高斯——在理想的 PCA 实现中就是这种情况。

回到关于手的问题，并将 PCA 应用于 114 个边界点中的 17 个集合，得到表 12-1 所示的结果。当累积和 csum 比最大值大 $\eta$ 倍时，通常缩减特征值列表，$\eta$ 通常在 90% ～ 99.5% 的范围内，具体取决于图像数据的类型。最初开发主动形状模型（ASM）方法的 Cootes 和 Taylor（1996）通常使用 98% 的值。将此应用于表 12-1 中列出的 csum 值，我们发现应保留前五个特征值。事实上，看图 12-3 所示的手模型模式，5 是一个合理的数字，因为较小模式产生的图像变化几乎无法察觉。通过检查图 12-4 我们可以进一步了解情况。这里，模式不乘以特征值权重（它是 $\pm\sqrt{\lambda}$ 而不是 $\pm\lambda$），而是乘以固定值 100，以便可以看到它们的基本性质。当然，最大的特征值代表了手指的有趣的相干运动，但是在第 5 个特征值之后，这样的相干性很少是可辨别的，其余的运动可以主要归因于边界噪声。在某些情况下，这些几乎肯定是由于前面提到的闪亮光斑造成的不确定性（有趣的是，称特征向量为"模式"的原因源于分子振动的物理学，其中特征向量对应于振动模式。这并不完全不相关，因为我们可以想象每个手模式将整个手设置为振动模式，这对于拍摄 17 幅手图像的视频来说更加相关）。

表 12-1　17 幅手图像的特征值

| 顺序 | $\lambda$ | csum | $\sqrt{\lambda}$ | $\sqrt{\lambda/n}$ |
|---|---|---|---|---|
| 1 | 36,590.6 | 36,590.6 | 191.3 | 17.9 |
| 2 | 8400.7 | 44,991.3 | 91.7 | 8.6 |
| 3 | 4572.9 | 49,564.2 | 67.6 | 6.3 |
| 4 | 868.1 | 50,432.3 | 29.5 | 2.8 |
| 5 | 687.0 | 51,119.3 | 26.2 | 2.5 |
| 6 | 388.3 | 51,507.6 | 19.7 | 1.8 |
| 7 | 156.9 | 51,664.5 | 12.5 | 1.2 |
| 8 | 103.8 | 51,768.3 | 10.2 | 1.0 |
| 9 | 81.0 | 51,849.3 | 9.0 | 0.8 |
| 10 | 44.9 | 51,894.2 | 6.7 | 0.6 |
| 11 | 32.2 | 51,926.4 | 5.7 | 0.5 |
| 12 | 23.2 | 51,949.6 | 4.8 | 0.5 |
| 13 | 16.7 | 51,966.2 | 4.1 | 0.4 |
| 14 | 10.4 | 51,976.6 | 3.2 | 0.3 |

（续）

| 顺序 | $\lambda$ | csum | $\sqrt{\lambda}$ | $\sqrt{\lambda/n}$ |
|---|---|---|---|---|
| 15 | 7.0 | 51,983.6 | 2.6 | 0.2 |
| 16 | 5.5 | 51,989.1 | 2.4 | 0.2 |

注：图 12-2A 所示类型的 17 幅手图像的特征值 $\lambda$ 与累加和 csum 一起以大小递减的顺序列出。同时列出了特征值的平方根，它们代表标准差。请参阅正文以了解累加和的重要性。最后一列给出了边界点的平均变化的近似值，显示了它在哪里取得子像素水平。一般来说，边界噪声预计会导致 1 像素标准差或更少，而强模式（由特征值确定）则会使得标准差反映多个像素的一致性。

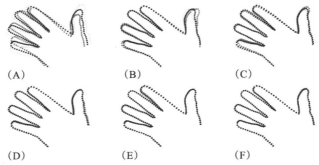

图 12-3　由各种特征向量产生的效果。在这里，图 12-2 所示类型的 17 只手训练后，对 6 个最大特征值的影响按顺序显示。黑色圆点表示平均手位置，红色和绿色圆点表示通过相关特征值的平方根（代表特征向量的真实强度）从平均位置移动的效果。显然，第 6或更高特征值产生的变化很小

PCA 特征值通常被解释为"能量"的事实并不特别有用。事实上，从较小的特征值出发的边界变化如图 12-4 所示，噪声及其效果被更好地描述，并且在图像中以标准差（s.ds.）表示。这让我们更好地了解哪些特征值会削减。为了理解这一点，有必要考虑变化如何影响各个边界点。具体来说，表 12-1 给出的特征值是由 $n=114$ 个边界点的运动产生的。我们可以通过将均方变化 $\lambda/n$ 和相应的标准差如 $\sqrt{\lambda/n}$ 来近似平均边界变化（后者列于表 12-1）。在我们的手问题中，模式的边界变化从大约 20 像素到子像素值约 0.2 像素变化，由于边界插值算法显著地平滑了边界噪声，所以后一个像素值较低。

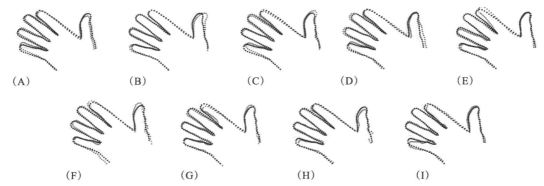

图 12-4　展示了最小特征值产生的影响。此处，按顺序显示 9 个最大的特征值的影响。这幅图与图 12-3 不同，因为在特征向量上有一个固定的乘数 100，现在不再由相关特征值的平方根加权。放大结果显示，较小的特征值反映的不是手指的相干运动，而是随机的边界噪声。图 F～I 的右侧清晰可见由闪亮光斑（例如参见图 12-2F）引起的特定边界不确定性的结果

通常用来减小特征值使用的比例是边界点变化标准差下降到接近预测像素噪声水平时的比例。

## 使用形状模型定位物体

在研究如何使用经过训练的 PCA 系统在图像中定位测试物体之前，总结迄今取得的进展是有益的。首先，我们已经看到有必要应用相似变换来使训练集示例对齐，具体地说，通过对平移、旋转和参数大小进行归一化处理，从而最小化相应界标点之间距离的平方和。在这个初始阶段，一致性是使 PCA 特征向量更准确的关键。当然，测试模式必须以与训练集模式相同的方式处理，并进行类似的转换，以便它们的平移、旋转和大小也被预先标准化（见下文）。

在将训练集样本对齐后，它们的形状可以堆积成覆盖 $N$ 个界标点 $[(x_{ij}, y_{ij}), j=1,\cdots, N]$ 的 $s$ 个长形向量：

$$x_i=(x_{i1}, y_{i1}, x_{i2}, y_{i2}, \cdots, x_{iN}, y_{iN})^{\mathrm{T}}, \ i=1, \cdots, s \tag{12.19}$$

现在我们可以定义训练集物体的平均形状：

$$\bar{x} = \frac{1}{s}\sum_{i=1}^{s} x_i \tag{12.20}$$

（找到 $N$ 个独立界标位置的方法也是明智的，使用 $\bar{\xi} = \frac{1}{N}\sum_{j=1}^{N} \xi_j$，其中 $\xi_j = (x_{1j}, y_{1j}, x_{2j}, y_{2j}, \cdots, x_{sj}, y_{sj})^{\mathrm{T}} (j=1,\cdots,N)$。确实，初看上去，公式（12.20）可能会令人困惑，看起来更像是一个点平均方程而不是一个平均形状的平均方程。）

我们也要计算形状协方差：

$$S = \frac{1}{s-1}\sum_{i=1}^{s}(x_i - \bar{x})(x_i - \bar{x})^{\mathrm{T}} \tag{12.21}$$

为了进行 PCA 拟合，我们首先通过其分量特征向量的加权和来近似归一化测试模式：

$$x = \bar{x} + \Phi b \tag{12.22}$$

这里，$b$ 是加权向量，其包含与被选择为最大和最显著特征值的 $t$ 特征值相对应的 $t$ 个模型参数值（参见前面的章节），并且 $\Phi$ 是相应特征向量的堆叠矩阵 $\Phi = (\phi_1, \phi_2, \cdots, \phi_t)$。变换方程（12.22）得到加权向量 $b$：

$$b = \Phi^{\mathrm{T}}(x - \bar{x}) \tag{12.23}$$

（注意 $\Phi$ 是对称的，所以它的逆等于它的转置。）

该任务的下一部分更加困难，因为它涉及将由原始像素值表示的测试数据与以界标点表示的训练数据相匹配。此外，试图为多于一个或两个测试图像手动生成界标点将是无稽之谈。相反，我们需要找到在测试图像和训练图像之间直接匹配灰度点的方法。实际上，可以通过在每个界标点处沿边缘法线生成局部灰度外观轮廓来启动该过程（简单起见，可以通过取相邻两个界标点的垂直平分线来找到每个界标点处的局部法线）。然后可以将该轮廓在同一条直线上与归一化测试模式轮廓相匹配，并且将最佳拟合位置点确定为合适边界点。如果对每个界标点执行此过程，我们将最终为测试物体创建一个新的形状模型。拟合过程可以在几个（通常是两个或三个）尺度迭代地进行，直到产生收敛。

局部灰度外观模型最初被视为归一化一阶导数（$g_i$）轮廓（Cootes 和 Taylor，1996）。

事实上，Cootes 等人通过使从训练集轮廓（$g_i$，$i=1,\cdots,s$）的均值 $\overline{g}$ 到每个未知测试样本 $g_u$ 的马氏距离 $M$ 最小化来执行匹配，$M$ 由下式算出

$$M^2 = (g_u - \overline{g})^{\mathrm{T}} S_g^{-1}(g_u - \overline{g}) \tag{12.24}$$

在这个等式中，$S_g^{-1}$ 是梯度协方差矩阵的倒数。注意，当 $S_g$ 是单位矩阵时，$M$ 减小到欧氏距离。最小化马氏距离的原因是为了最大化从相同多元高斯分布得出 $g_u$ 的概率。很显然，逆是适当的，因为一维高斯分布 $S_g^{-1}$ 正确地降低到方差的倒数（因子 $1/2\sigma^2$ 必须出现在高斯指数中）。

将此程序应用于我们从 17 幅手部图像（见图 12-2～图 12-4）中得到的 PCA 模型中，结果如图 12-5 所示。连续图像 A～D 在约 120 次迭代后显示收敛，但准确性被认为是有限的。最终，这个问题是由于手部区域的一些相对较大的强度变化引起的，具体而言，就是前面提到拇指上的那些闪光区域，以及手指下缘周围的较深阴影区域。事实上，马氏匹配的边界上的各个点（见图 12-6）通常距离其理想位置有几像素远；虽然匹配的顺序略有改善，但在这种情况下，它们仍然存在偏差和嘈杂。

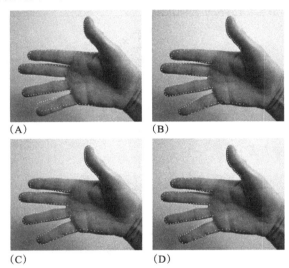

（A）　　　　　　　　　　　（B）

（C）　　　　　　　　　　　（D）

图 12-5　拟合手图片到 PCA 模型的结果：（A）初始近似；（B）～（D）40、80 和 120 次迭代后，拟合马氏距离方法的收敛性。请注意使用这种方法产生的限制——最终由于手部区域的强度变化较大

如果图像是非理想的，则不能通过线性马氏距离模型很好地匹配，对此许多研究人员已经提出了改进的方法来进行灰度轮廓匹配。例如，van Ginneken 等人（2002）指出了物体的背景可能是几种可能类型之一的情况，并且可以使用 kNN 分类器来识别最佳匹配。同样，Kroon（2011）引用了在物体边界附近出现包括阴影和 / 或镜面高光实例在内的大型灰度变化的情况。Kroon 基于将 PCA 应用于局部灰度级外观轮廓来识别最常见的变化模式，开发了一种严格的方法来解决这个问题：PCA 的这种应用（即灰度强度轮廓）不同于已经应用于边界形状轮廓的应用。在训练和找到特征向量之后，为未知测试轮廓确定模型参数。每个参数除以在训练中获得的相应标准差，然后将匹配距离计算为归一化模型值的二次和：该匹配距离被最小化以优化拟合。图 12-7 和图 12-8 表明这种方法对于这个特定的手位置问题是非常成功的。特别是，由此产生的拟合是精确的，并且在迭代次数少于马氏距离法的情况下出

现；显然，最终的原因是提供整体拟合的匹配位置本身更加可靠和准确。

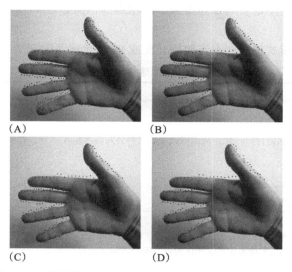

图 12-6　马氏距离方法产生的局部预测。图 A ～ D 显示了 1、41、81 和 121 次迭代后的相应
　　　　预测。请注意，虽然这些序列有所改善，但它们仍然存在偏差和噪声

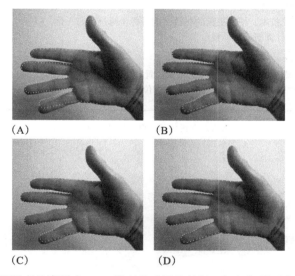

图 12-7　使用改进的强度轮廓拟合 PCA 模型的手图的结果。（A）初始近似。（B）～（D）在 8
　　　　次、16 次和 24 次迭代后，用 PCA 强度轮廓方法拟合的收敛性。在这里，由于手上强
　　　　度变化引起的限制在很大程度上被消除，即使显著减少迭代次数，也能达到几乎完美
　　　　的效果

　　最后，我们给出了用于训练系统和拟合测试物体的整体算法的总结（表 12-2）。例如，
由于在计算的不同阶段参考帧的重复变化，这存在一些复杂性。该算法还有其他几个方面，
如果把它们列在表中可能会使人感到困惑，但仍应突出显示如下：

　　1）变换因子 $\boldsymbol{T}$ 涉及使姿势参数（平移、旋转和大小）标准化。

　　2）在匹配期间，以每个界标点为中心的总共 $2k+1$ 个采样点被用于匹配，并且允许 $\pm l$
的移动范围，其中 $l \approx k$。

3）参数的典型值如下：$k=6$，$l=6$，$m=3$。

4）通过在几个尺度上的实现加速搜索，从粗到细，例如以 4、2 和最终 1 像素的步长进行搜索。

5）该算法以通用形式编写，允许使用马氏或 PCA 轮廓匹配距离。

表 12-2　PCA 物体建模和拟合算法总结

| | 参考帧 |
|---|---|
| **训练** | |
| 在训练形状上生成界标点 | $I$ |
| 使用适当的变换对界标坐标进行归一化，从而将训练形状与公共参考帧 $N$ 对齐。$T_0$ 作为所有训练集变换的平均值 | $I \to N$ |
| 执行 PCA | $N$ |
| 将特征值的数量限制为 $t$ 个最大、最重要的特征值 | $N$ |
| 获得每个界标点的（训练的）强度轮廓 | $I$ |
| **测试** | |
| 将模型形状参数初始化为平均（训练）形状的参数（即，设置 $b = 0$） | $N$ |
| 将平均物体形状（包括界标点）放置在测试物体附近，手动或使用转置变换 $T_0^{-1}$ | $N \to I$ |
| 循环 { | |
| 通过沿轮廓法线采样灰色轮廓来创建测试物体的外观图，包括每个界标点每侧的 $k$ 个采样点 | $I$ |
| 沿着每个轮廓法线搜索长度为 $2k+1$ 的截面，其最接近于模型法线上的外观轮廓 | $I$ |
| 将每个部分中心作为新的界标位置 | $I$ |
| 使用与训练相同的归一化技术，使用更新的变换 $T$ 对界标坐标进行归一化 | $I \to N$ |
| 使用等式 $b = \boldsymbol{\Phi}^{\mathrm{T}}(x - \bar{x})$ 计算新模型参数 | $N$ |
| 将模型参数限制在 $\pm m\sqrt{\lambda}$ 范围内 | $N$ |
| 使用等式 $x = \bar{x} + \boldsymbol{\Phi}b$ 将模型参数转换回标准化轮廓位置 | $N$ |
| 使用转置归一化变换 $T^{-1}$ 将轮廓位置转换回实际图像位置 | $N \to I$ |
| } 直到充分收敛或达到最大迭代次数 | |

注：右边的列表示动作的位置——无论是在图像帧 $I$ 中，还是在标准化帧 $N$ 中，或者在它们之间移动。

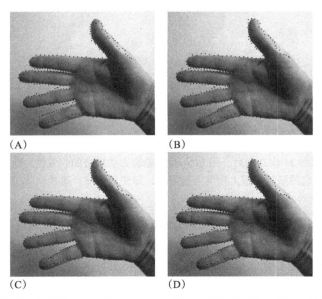

（A）　　　　　（B）

（C）　　　　　（D）

图 12-8　由 PCA 强度轮廓方法产生的局部预测。（A）～（D）在 1 次、9 次、17 次和 25 次迭代之后的相应预测。请注意，这些序列有所改善，并且明显比马氏距离方法更受控制

## 12.6 结束语

本章介绍了用于物体分割的形状模型概念。多年来，我们已经发现原始阈值和边缘检测不能提供直接分割图像的手段，因为它们很容易大幅度偏离真实情况。特别是随机图像伪影的影响，如噪声和阴影，更不用说背景中非物体的混乱。使用形状模型的想法是控制形势，使得获得的分割变得更有意义。主动轮廓（Snake）模型和水平集模型提供了解决这个问题的方法（基于 PCA 的方法提供了另一种方法）。主动轮廓模型和水平集方法会遇到困难，因为必须将所有必要的规则以分析方式并入分割算法中，而无法确切地确认它将具有何种类型的形状。基于 PCA 的方法在训练系统时更加强大，因为它们知道究竟正在寻找什么类型的形状。显然，它们涉及更复杂的内容，因为在真实数据上训练系统经常需要付出巨大的努力。因此，它们涉及的复杂度和计算量要大得多，但从积极的方面来看，它们可以从具有相当大的噪声的区域中提取所需的（学习的）物体。

> 多年来，基于阈值的方法和区域生长形成了物体分割的基础。随后，主动轮廓（Snake）模型和水平集方法旨在解决同样的问题，但主动轮廓模型使用更微妙的基于分析的方法进行迭代。然而，只有当基于 PCA 的方法应用于搜索物体时，已经在特定物体上训练的模型的实例才能够使得可靠性显著增加——结果是可以从相当大噪声的区域中恢复物体。

## 12.7 书目和历史注释

主动轮廓模型和 Snake 模型的基本理论多年前由 Kass、Witkin 和 Terzopoulos（Kass 和 Witkin，1987；Kass 等，1988）推导出来。随后，许多研究人员的目标是研究出具有相同目的的方法，但可以克服普通主动轮廓模型的明显缺点。其中包括那些推动水平集方法的研究人员——Cremers 等人（2007）、Caselles 等人（1997）、Paragios 和 Deriche（2000）。Cootes 和 Taylor（1996）作为基于 PCA 的 ASM 方法的主要贡献者，后来又开发了更一般的主动外观模型方法（Cootes 等人，2001）。

Cosío 等人（2010）在 ASM 中使用单纯形搜索来改善边界分割。这需要快速的数值优化来找到最合适的非线性函数值，而无须计算函数的导数。他们的方法通常采用 4 个姿态参数和 10 个形状参数来定义诸如前列腺的形状。该方法显著增加了物体姿态的范围，从而获得更精确的边界分割。Chiverton 等人（2008）描述了一种与主动轮廓概念密切相关的方法：它使用与前景相似性和背景不相似性相关的参数来区分物体，并采用新的变分逻辑最大后验上下文建模模式。在这种情况下，（实现的）目标是允许通过迭代自适应匹配来跟踪移动物体。Mishra 等人（2011）确定了先前存在的主动轮廓方法的 5 个基本局限性，他们的解决方案是解耦内部和外部的主动轮廓能量，并对它们分别进行更新。该方法显示速度更快，并且具有与至少 5 种较早方法相当的分割准确性。

# 机器学习和深度学习网络

第三部分讨论如何理解和使用机器学习，包括最近的深度学习网络的课题。本部分从第 13 章开始，引入抽象模式分类的主题——最初被称为"模式识别"。"抽象"一词旨在传达这样一种思想，即无论输入数据的性质如何，输出都将是对输入数据更为简洁的描述。最简单的例子如光学字符识别生成的 ASCII 码字符，以及人脸识别提供被观察者的名字。

多年来，模式分类主题已经成熟，其更现代的形式——机器学习——旨在为解释模式提供一个概率框架，给出所有可能解释的确切概率（从而表明可靠性以及最可能的解释）。机器学习在第 14 章介绍，主要涉及两个方面：一是严谨的"期望最大化"方法；二是 Boosting 方法，其将多个弱分类器的输出结合起来，生成强大的高精度组合分类器，以实现快速和高效。

第 15 章继续研究"深度学习"概念是如何从第 13 章中概述的早期人工神经网络中产生的。特别是，它遵循了深度学习架构在准确性和速度上取得的巨大进步，并展示了自 2012 年左右的爆炸性进展以来，该领域已经取得了多大的进展。

最后，请注意第 21 章（第五部分）将继续研究深度学习，描述了它是如何应用于人脸检测与识别这个重要领域的。

# 基本分类概念

模式识别（PR）是一项人类能够相当轻松完成的任务，几乎不需要什么努力。大部分模式识别都是结构性的，主要通过分析形状来实现。相比之下，统计 PR（SPR）将提取的特征集视为抽象实体，通常通过与具有已知类别的物体的特征集的数学相似性，在统计基础上对物体进行分类。本章探讨了这个主题，在适当的时候提出了相关的理论，并展示了人工神经网络（ANN）是如何帮助完成识别任务的。

本章主要内容有：
- 最近邻（NN）算法——可能是所有 SPR 技术中最直观的
- 贝叶斯理论形成了理想的最小误差分类系统
- NN 算法与贝叶斯理论的关系
- 最佳特征数量总是有限的原因
- 监督学习和无监督学习之间的区别
- 无监督学习的聚类分析方法
- 支持向量机（SVM）方法用于监督学习
- 如何训练人工神经网络，避免训练不足和对训练数据过拟合的问题

SPR 是设计实用视觉系统的核心方法。因此，它必须与结构性 PR 方法和许多其他相关技术结合使用。在第 14 章中，我们将看到这些基础理论是如何扩展到概率 PR（PPR）和现代机器学习主题（ML）中的。

## 13.1 导言

本书的第一部分和第二部分讨论了解释图像的任务，其基础是当找到合适的线索时，各种物体的身份和位置将以自然和直接的方式显现出来。当图像中出现的物体形状简单时，可能只需要一个处理阶段——就像传送带上的圆形垫圈一样。对于更复杂的物体，如扁平支架和铰链，定位至少需要两个阶段，就像使用图形匹配方法一样。对于三维复杂性出现的情况，通常需要更精细的程序，如第四部分所示。事实上，在解释来自一组三维物体的二维图像时，所涉及的歧义性通常要求在对任务进行认真尝试之前寻找线索并提出假设。因此，线索对于许多图像的复杂数据结构至关重要。然而，对于更简单的情况来说，集中在小的特征上是有价值的，这样可以高效、快速地进行图像解释；也不要忘记，在计算机视觉的许多应用中，由于主要兴趣在于特定类型的物体，如检查小部件或者在高速公路上看到的车辆，所以任务变得更简单。事实上还有许多更受约束的情况，在达到最终解释之前，可以仔细评估各种可能的解决方案。这些情况实际上出现在图像的组成部分可以被分割和独立解释的时候。一个类似例子是光学字符识别（OCR），解决这一问题的常用方法是 SPR。

### 从"统计模式识别"到"机器学习"

在实际情况下，显著特征的检测允许大多数物体被直接分类。事实上，这通常是以

不同程度的确定性来实现的，但是通过比较物体特征和许多其他已知物体的特征，我们得出了统计上最有可能的分类。因此，这种分类过程称为 SPR。

许多早期的 PR 技术和算法都遵循了这种统计方法，没有进入下一阶段——确定数学上最可能的解决方案。因此，一个重要的目标是将主题从统计 PR 转移到 PPR，即从不仅仅是统计良好的解决方案转移到已知的概率最优的解决方案。事实上，ML 的一个关键目标是朝着测量和识别的概率优化方向发展。在第 14 章中，我们将看到 ML 如何在一些重要的情况下实现这一目标。本章的目的是为 ML 的核心奠定坚实的基础。

以下部分研究 SPR 的原理。对这一领域已经开展的所有工作的描述需要几卷才能涵盖，这里不赘述。幸运的是，SPR 已经研究了 40 多年，在本书的早期阶段有一章概述将会很有用。我们从描述 SPR 的 NN 方法开始，然后考虑贝叶斯决策理论，该理论提供了底层过程的更一般的模型。

## 13.2　最近邻算法

NN（最近邻）算法的原理是将输入图像模式与许多范例进行比较，然后给出最接近匹配的范例类别，对它们进行分类（图 13-1）。图 1-1 显示了一个有启发性但相当琐碎的例子。在这里，在算法的训练阶段，许多二进制模式被呈现给计算机：一次呈现一个测试模式，并一点一点地与每个训练模式进行比较。很明显，这给出了一个总体上合理的结果，当：（1）不同类别的训练模式在汉明距离上接近时（它们相差的太少，难以区分）；（2）微小的平移、旋转或噪声导致的变化阻碍了准确识别时，就会出现主要问题。更一般地，问题 2 意味着训练模式不能充分代表测试阶段出现的情况。后一种说法概括了一个非常重要的原则，它意味着训练集中必须有足够的模式，算法才能泛化每一类的所有可能模式。然而问题 1 表明，两个不同类别的模式在某些情况下可能非常相似，以至于任何算法都无法区分，因此不可避免地会出现错误的类别划分。从下面可以看出，这是因为特征空间中的基本分布重叠（请注意，本章讨论的许多方法，如上文概述的 NN 算法，非常通用，可以应用于不同数据集的识别，包括语音和心电图波形）。

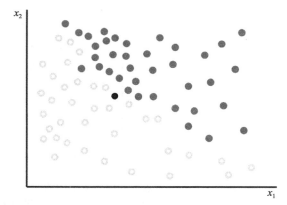

图 13-1　二分类问题的最近邻算法原理：● 表示第一类训练集模式，○ 表示第二类训练集模式，● 表示单一测试模式

图 1-1 的例子非常简单，但仍然带有重要的含义。注意，一般图像比图 1-1 中的像素多得多，而且不仅仅是二元的。然而，为了尽可能简化数据以节省计算，通常会将注意力集中在典型图像的各种特征上，并在此基础上进行分类。OCR 问题的一个更现实的版本提供了一个例子，其中字符具有至少 32 像素的线性尺寸（尽管我们继续假设字符已经被合理准确地定位，因此只剩下对包含它们的子图像进行分类）。我们可以从将字符细化为它们的骨骼开始，并对骨骼节点和支干进行测量（另见第 1 章和第 8 章）。这给出了：（1）各种类型的节点和支干的数量；（2）支干的长度和相关方向；（3）支

干曲率的信息。因此，我们得到了一组描述子图像中字符的数值特征。

目前，常用的方法是在多维特征空间中绘制训练集中的字符，并用分类索引标记这些图。然后，测试模式被依次放置在特征空间中，并根据最近的训练集模式分类。显然，这概括了图13-1中采用的方法。在一般情况下，特征空间中的距离不再是汉明距离，而是一些更一般的度量，如马氏距离（Duda 和 Hart，1973）。事实上出现了一个问题，因为没有理由让特征空间中不同维度对距离做出同样的贡献；相反，它们应该各有不同的权重，以便更紧密地匹配物理问题。权重的问题在这里无法详细讨论，读者可以参考其他文献，如 Duda 和 Hart（1973）的文献。只需指出，通过适当的距离定义，上述方法的推广足以解决各种问题。

为了达到适当的低错误率，通常需要大量的训练集模式，这会导致严重的存储和计算问题。通过一些重要的策略，找到了减少这些问题的方法。其中值得注意的是，通过消除特征空间中不靠近类区域边界的模式来修剪训练集，因为这些模式在很大程度上无助于降低误分类率。

另一种以较低的代价获得等价性能的替代策略是使用分段线性或其他函数分类器代替原始训练集。显然，NN 方法本身可以被一组平面决策表面代替，而性能没有变化，这些平面决策表面是连接不同类别的训练模式对的直线的垂直平分线（或多维空间中的类似物），这些训练模式对位于类别区域的边界上。如果这个平面表面系统通过任何方便的方式得到简化，那么计算负荷可能会进一步减少（图 13-2）。这可以通过如上所暗示的某种平滑过程间接实现，或者直接通过找到训练程序来实现（这些训练程序用于在接收到每个新的训练集模式时立即更新决策表面的位置）。后一种方法在许多方面更具吸引力，因为它大大降低了存储需求——尽管必须确认选择的训练程序的收敛速度足够快。同样，对这个经过充分研究的主题的讨论留给了其他文献（Nilsson，1965；Duda 和 Hart，1973；Devijver 和 Kittler，1982）。

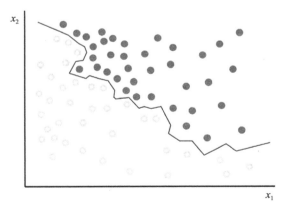

图 13-2　平面决策表面在模式分类中的应用：在这个例子中，"平面决策表面"在二维上简化　　　为分段线性决策边界，一旦知道了决策边界，训练集模式本身就不再需要存储

我们现在转向一种更一般化的方法——贝叶斯决策理论，因为它支撑了 NN 方法及其衍生物所带来的所有可能性。

## 13.3　贝叶斯决策理论

现在将检验贝叶斯决策理论基础。如果我们试图让计算机对物体进行分类，一个合理的方法是让它测量每个物体的一些显著特征，比如它的长度，并用这个特征来辅助分类。有时，这种特征可能很少显示模式类别——可能是因为制造差异的影响。例如，手写字符的形式可能非常糟糕，以至于它的特征对解释它没有多大帮助；利用已知的字母相对频率或调用上下文将使它变得更加可靠。事实上，这些策略中的任何一种都可以大大增加正确解释的概率。换句话说，当发现特征测量给出高于某个阈值的错误率时，采用给定模式出现的先验概率更可靠。

提高识别性能的下一步是将来自特征测量和先验概率的信息结合起来；这是通过应用贝叶斯规则来实现的。对于单个特征 $x$，采用以下形式：

$$P(C_i \mid x) = p(x \mid C_i)P(C_i) / p(x) \tag{13.1}$$

其中：

$$p(x) = \sum_j p(x \mid C_j)P(C_j) \tag{13.2}$$

数学上，这里的变量是：（1）类 $C_i$ 的先验概率 $P(C_i)$；（2）特征 $x$ 的概率密度 $p(x)$；（3）类别 $C_i$ 中特征 $x$ 的类别条件概率密度 $P(x|C_i)$，即已知在类别 $C_i$ 中的物体出现特征 $x$ 的概率；（4）当观察 $x$ 时，$C_i$ 类的后验概率 $P(C_i|x)$。

$P(C_i|x)$ 是一个标准符号，被定义为当已知特征具有值 $x$ 时，该类是 $C_i$ 的概率。贝叶斯规则表示，为了找到一个物体的类，我们需要知道关于可能被查看的物体的两组信息。第一组是特定类可能出现的基本概率 $P(C_i)$；第二是每个类别的特征 $x$ 的值的分布。幸运的是，每组信息都可以通过观察一系列物体直接找到。例如，当它们沿着传送带移动时。如前所述，这种物体序列称为训练集。

许多常见的图像分析技术给出了可用于帮助识别或分类物体的特征，包括物体的面积、周长、它拥有的洞的数量等。重要的是要注意，分类性能不仅可以通过利用先验概率来提高，还可以通过同时使用多个特征来提高。通常，增加特征的数量有助于解决物体类别并减少分类错误（图 13-3）；然而，仅仅通过增加越来越多的特征，错误率很少降到零，事实上，基于 13.5 节中解释的原因，情况最终会恶化。

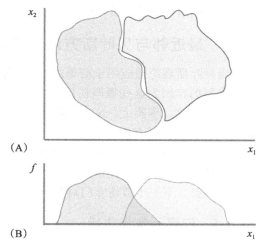

图 13-3　使用几个特征来减少分类误差：（A）二维 $(x_1, x_2)$ 特征空间中分离的两个区域；（B）当模式向量投影到 $x_1$ 轴上时，这两类的出现频率。显然，当单独使用任一特征时，错误率会很高，但是两个特征一起使用时，错误率会降低到很低的水平

通过使用修改后的公式，可以将贝叶斯规则推广到多维特征空间中的广义特征 $\boldsymbol{x}$ 的情况：

$$P(C_i \mid \boldsymbol{x}) = p(\boldsymbol{x} \mid C_i)P(C_i) / p(\boldsymbol{x}) \tag{13.3}$$

其中 $P(C_i)$ 是 $C_i$ 类的先验概率，$p(\boldsymbol{x})$ 是特征向量 $\boldsymbol{x}$ 的总概率密度：

$$p(\boldsymbol{x}) = \sum_j p(\boldsymbol{x} \mid C_j) p(C_j) \tag{13.4}$$

然后，分类过程是比较所有 $P(C_j|\boldsymbol{x})$ 的值，并且分类为 $C_i$，如果

$$P(C_i \,|\, \boldsymbol{x}) > P(C_j \,|\, \boldsymbol{x}), j \neq i \qquad\qquad (13.5)$$

### 朴素贝叶斯分类器

对于许多分类方法，包括 NN 算法和贝叶斯分类器，如果训练量足以实现低错误率，可能会涉及大量的存储和计算。因此，采用在保持足够分类精度的同时最大限度减少计算的方法有相当大的价值。事实上，朴素贝叶斯分类器能够在许多应用中实现这一点——尤其是那些可以选择相互独立特征的应用。这一类别的特征包括如橙子的圆度、尺寸和红色。

要理解这一点，请使用式（13.4）的表达式 $P(\boldsymbol{x}\,|\,C_i)P(C_i) = p(x_1, x_2, \cdots, x_N \,|\, C_i)P(C_i)$，并针对独立（不相关）特征 $x_1, x_2, \cdots, x_N$ 重新描述：

$$p(\boldsymbol{x}\,|\,C_i)P(C_i) = p(x_1\,|\,C_i)p(x_2\,|\,C_i)\cdots p(x_N\,|\,C_i)\cdot P(C_i) = \prod_j p(x_j\,|\,C_i)\cdot P(C_i) \qquad (13.6)$$

这是有效的，因为一组自变量的总概率是单个概率的乘积。首先，请注意，这是对原始一般表达式的显著简化。其次，它的计算只涉及 $N$ 个单个变量的均值和方差，而不涉及整个 $N \times N$ 协方差矩阵。显然，减少参数的数量会降低朴素贝叶斯分类器的能力。然而，如果使用相同的训练集，剩余的参数将被更精确地确定，这一事实抵消了这一点。结果是，给定特征的正确组合，朴素贝叶斯分类器在实践中确实可以非常高效。

## 13.4　最近邻与贝叶斯方法的关系

当贝叶斯理论被应用于简单的 PR 任务时，很明显先验概率在确定任何模式的最终分类中是重要的，因为这些概率在计算中显而易见地出现。然而，对于 NN 类型的分类器来说，情况并非如此。事实上，NN 分类器的整个想法似乎是为了摆脱这些考虑；相反，它基于特征空间附近的训练集模式对模式进行分类。在这方面，NN 类型的分类器似乎很容易落入 SPR 阵营。然而，对于 NN 公式中是否隐含考虑先验概率的问题，以及因此是否需要对 NN 分类器进行调整以最小化错误率的问题，必须有明确的答案。由于对情况有一个明确的陈述显然很重要，下一小节将专门对其进行陈述并进行必要的分析。

### 13.4.1　问题的数学陈述

本小节详细考虑了 NN 算法和贝叶斯理论之间的关系。简单起见（并且不失一般性），我们在此将特征空间中的所有维度都视为同等权重，这样特征空间中距离的度量就不会成为一个复杂的因子。

为了分类的最大准确性，将使用许多训练集模式，并且可以为特征空间中的位置 $x$ 和类别 $C_i$ 定义特征空间中的训练集模式密度 $D_i(x)$。显然，如果 $D_k(x)$ 在 $C_k$ 类中的位置 $x$ 很大，那么训练集模式就很接近，$x$ 处的测试模式可能会落在 $C_k$ 类中。更具体地说，如果

$$D_k(\boldsymbol{x}) = \max_i D_i(\boldsymbol{x}) \qquad\qquad (13.7)$$

那么我们对 NN 规则的基本陈述意味着测试模式 $x$ 的类将是 $C_k$。

然而，根据上面给出的大纲，这种分析是有缺陷的，因为它没有明确显示分类如何依赖于类别 $C_k$ 的先验概率。要继续，请注意 $D_i(x)$ 与条件概率密度 $p(\boldsymbol{x}\,|\,C_i)$ 密切相关，如果训练集模式属于 $C_i$ 类，它将出现在特征空间的位置 $\boldsymbol{x}$。事实上，$D_i(x)$ 仅仅是 $p(\boldsymbol{x}|C_i)$ 的非归一化值：

$$p(\boldsymbol{x}\,|\,C_i) = \frac{D_i(\boldsymbol{x})}{\int D_i(\boldsymbol{x})\mathrm{d}\boldsymbol{x}} \qquad\qquad (13.8)$$

现在可以用标准贝叶斯公式 [方程式（13.3）和（13.4）] 来计算 $C_i$ 类的后验概率。

到目前为止已经看到，在使用 NN 规则进行有效分类之前，先验概率应该与训练集密度数据相结合；结果，仅仅将特征空间中最近的训练集模式作为模式类的指示符似乎是无效的。然而请注意，当训练集模式的簇和基本的类内分布几乎不重叠时，重叠区域中的错误概率还是相当低的，并且使用 $p(x|C_i)$ 而不是 $P(x|C_i)$ 来指示类的结果通常只会在决策表面引入非常小的偏差。因此，尽管数学上无效，但引入的误差不一定是灾难性的。

我们现在更详细地考虑这种情况，发现乘以先验概率的需求如何影响 NN 方法。事实上，乘以先验概率既可以通过将每个类别的密度乘以适当的 $P(x|C_i)$ 来直接实现，也可以通过为具有高先验概率的类别提供适当数量的额外训练来间接实现。现在可以看出，所需的额外训练量正好是如果允许训练集模式以其固有频率出现将获得的量（见下面的等式）。例如，如果不同类别的物体沿着传送带移动，我们不应该先将它们分开，然后用相同数量的模式从每个类别中进行训练；相反，我们应该允许它们正常进行，并在训练流中以它们正常的出现频率对它们进行训练。显然，如果训练集模式在一段时间内没有以其适当的固有频率出现，这将会给分类器的属性带来偏差。因此，我们必须尽一切努力让训练集不仅代表每个类别的模式类型，还代表训练期间它们呈现给分类器的频率。

> 以下是基于密度的决策规则 [方程（13.3）~（13.4）] 的证明，第一次学习时可略过。

上述间接包含先验概率的想法可以表达为：

$$P(C_i) = \frac{\int D_i(x)dx}{\sum_j \int D_j(x)dx} \tag{13.9}$$

因此

$$P(C_i \mid x) = \frac{D_i(x)}{\left(\sum_j \int D_j(x)dx\right) p(x)} \tag{13.10}$$

其中

$$p(x) = \frac{\sum_k D_k(x)}{\sum_j \int D_j(x)dx} \tag{13.11}$$

替换 $p(x)$ 给出

$$P(C_i \mid x) = \frac{D_i(x)}{\sum_k D_k(x)} \tag{13.12}$$

所以要应用的决策规则是：若下式成立则将物体分类为类 $C_i$。

$$D_i(x) > D_j(x), j \neq i \tag{13.13}$$

现已得出以下结论：

1）NN 分类器很可能不包括先验概率，因此可能会给出分类偏差；

2）以这样的方式训练 NN 分类器通常是错误的，即应用了每个类的相等数量的训练集模式；

3）训练 NN 分类器的正确方法是以原始训练集数据中出现的自然速率应用训练集模式。

第三个结论可能是最令人惊讶和最令人满意的。从本质上来说，这进一步强化了训练集模式应该代表它们所来自的类别分布的原则，尽管我们现在看到它应该被推广到以下方面：训练集应该完全代表它们所来自的群体，其中"完全代表"包括确保不同类别的出现频率代表整个模式群体中的那些类别。用这种方式表述，这个原则成为一个通用原则，其与许多类型的可训练分类器相关。

### 13.4.2　最近邻算法的重要性

NN 算法可能是在计算机上实现的所有分类器中最简单的，这一点很重要；此外，它的优点是保证给出的错误率在理想错误率（可通过贝叶斯分类器获得）的两倍以内。通过修改该方法，将任何测试模式的分类基于 $k$ 个最近的训练集模式中最常见的类别（给出 kNN 方法），错误率可以进一步降低，直到达到任意接近贝叶斯分类器的错误率［注意式（13.12）也可以被认为涵盖了这种情况］。然而，NN 和（更确切地说）kNN 方法都有缺点，它们经常需要大量的存储来记录足够的训练集模式向量，并且相应地需要大量的计算来搜索它们以找到每个测试模式的最佳匹配。因此，需要修剪和前面提到的其他方法来减少负载。

最后，我们可以得出结论，将先验概率隐含地结合到 NN 和 kNN 类型的分类器中，实质上是把它们从 SPR 类别移出，并进入 PPR 领域（见 13.1 节中的栏目内容）。

## 13.5　最佳特征数量

13.3 节指出，可以通过增加分类器使用的特征数量来降低错误率，但这是有限制的，且之后性能实际上会下降。我们在这里讨论为什么会发生这种情况。基本上，原因类似于使用许多参数将曲线拟合到一组 $D$ 数据点集的情况。随着参数 $P$ 的数量增加，曲线的拟合变得越来越好，一般来说，当 $P=D$ 时，曲线拟合一般趋于完美。然而，到那个阶段，拟合的意义就很差了，因为这些参数不再是超定的，也没有对它们的值进行平均。基本上，原始输入数据中的所有噪声都被传递给参数。特征空间中的训练集模式也是如此。最终，训练集模式在特征空间中的分布非常稀疏，以至于测试模式与同一类模式最接近的概率降低，因此错误率变得非常高。这种情况也可以被认为是由于一部分特征具有可忽略的统计意义，即它们几乎不增加额外的信息，而只是增加了系统的不确定性。

然而一个重要的因素是，特征的最佳数量取决于分类器接受的训练量。如果训练集模式的数量增加，有更多的证据支持更多特征的确定，从而提供更准确的测试模式分类。事实上，在大量训练集模式的限制下，随着特征数量的增加，性能会持续提高。Hughes（1968）首先澄清了这种情况，Ullmann（1969）在 $n$ 元组 PR（由 Bledsoe 和 Browning 1959 年提出的 NN 分类器的一种变体）的情况下对此进行了验证。两位研究人员都绘制了清晰的曲线，显示了随着特征数量的增加，分类器性能最初获得改善，之后大量特征下的性能会下降。

在结束本主题之前，请注意上述争论与应该使用的特征数量相关，但与它们的选择无关。显然，有些特征比其他特征更重要，这种情况非常依赖于数据。这被留下作为实验测试的主题，以确定在任何情况下哪个特征子集将最小化分类误差（另见 Chittineni，1980）。

## 13.6　代价函数和错误 – 拒绝权衡

在前面的章节中，暗示了正确分类的主要标准是最大后验概率。然而，尽管概率总是相关的，但在实际工程环境中，将代价降至最低可能更重要。因此，有必要比较做出正确或错

误决定的代价。这种考虑可以通过调用损失函数 $L(C_i | C_j)$ 来数学地表达，该损失函数 $L$ 表示当特征 $\boldsymbol{x}$ 的真实类别为 $C_j$ 时做出决策 $C_i$ 所涉及的代价。

为了找到基于最小化代价的修正决策规则，我们首先定义了一个称为条件风险的函数：

$$R(C_i | \boldsymbol{x}) = \sum_j L(C_i | C_j) P(C_j | \boldsymbol{x}) \tag{13.14}$$

当 $x$ 被观察，此函数表示决定类别 $C_i$ 的预期代价。由于希望最小化此函数，我们仅在以下情况下才决定 $C_i$ 类：

$$R(C_i | \boldsymbol{x}) < R(C_j | \boldsymbol{x}), j \neq i \tag{13.15}$$

如果我们选择一个特别简单的代价函数，形式如下：

$$L(C_i | C_j) = \begin{cases} 0, & i = j \\ 1, & i \neq j \end{cases} \tag{13.16}$$

则结果将证明与先前基于概率的决策规则 [ 关系（13.5）] 相同。显然，只有当某些错误导致相对较大（或较小）的代价时，偏离正常的决策规则才是值得的。这种情况发生在我们处于敌对环境中，例如，必须优先考虑敌方坦克的声音，而不是其他车辆的声音——与其容忍很小的注意不到敌对分子的机会，宁愿过于敏感，冒虚惊一场的风险。同样，在生产线上，在某些情况下，拒绝少量好产品可能比冒险销售有缺陷的产品更好。因此，代价函数允许分类偏向于严格的、预先确定的和可控的安全决策，以及从分类器获得的期望的性能平衡。

另一种最小化代价的方法是如何安排当分类器对特定分类有"怀疑"时，因为两个或更多的分类几乎存在一样的可能。一种解决方案是做出安全决策，特征空间中的决策平面偏离其位置，以进行最大概率分类。另一种选择是拒绝这种模式，即将其置于"未知"类别；在这种情况下，可以采用一些其他手段来进行适当的分类。这种分类可以通过以下方式进行，回到原始数据并测量更多的特征，但是在许多情况下，由人工操作员做出最终决定更合适。显然，后一种方法更昂贵，因此引入"拒绝"分类会导致相对较大的代价因素。另一个问题是错误率只降低了拒绝率增加量的一小部分（这里，所有错误和拒绝率都被假定为要分类的测试模式总数的比例）。事实上，在简单的二分类系统中，错误率的初始下降仅为拒绝率初始上升的一半（即错误率下降 1% 只是以拒绝率上升 2% 为代价），并且随着尝试逐步降低错误率，情况会迅速恶化（图 13-4）。因此，在开发最佳方案之前，必须对错误 – 拒绝权衡曲线进行非常仔细的代价分析。最后，请注意，分类系统的总错误率取决于检查拒绝的分类器（例如人工操作员）的错误率，在确定要使用的确切折中时需要考虑这一点。

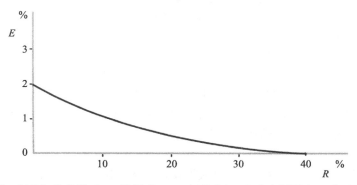

图 13-4  错误 – 拒绝权衡曲线（$E$，错误率；$R$，拒绝率）。在这个例子中，对于 40% 的拒绝率 $R$，错误率 $E$ 基本下降到零。更常见的情况是，在 $R$ 为 100% 之前，$E$ 不能降至零

## 13.7 监督和无监督学习

在本章的前面部分,我们假设所有训练集模式的类别都是已知的,另外,它们应该用于训练分类器。事实上,这个假设可能被认为是不可避免的。然而,分类器实际上可以使用两种学习方法——监督学习(其中类是已知的,并用于训练)和无监督学习(其中类是未知的,或者是已知的,并不用于训练)。无监督学习通常在实际情况下是有利的。例如,不需要人工操作者给传送带上的所有产品贴标签,因为计算机可以自己找出产品的种类和它们属于哪个类别;通过这种方式,消除了操作者的大量努力。此外,有可能因此出现许多错误。相反,无监督学习涉及许多困难,这将在下面的章节中看到。

在继续之前,我们给出了无监督学习有用的另外两个原因。首先,当物体的特征随时间变化时(例如,随着季节的发展,豆子的大小和颜色会发生变化),有必要在分类器中跟踪这些特征,无监督学习为完成这项任务提供了有价值的手段。其次,当建立识别系统时,物体的特征,特别是它们最重要的参数(例如,从质量控制的角度来看)可能是未知的,了解这些数据的性质将是有用的。因此,需要记录故障类型,并且需要注意物体上允许的变体。例如,许多 OCR 字体(如 Times Roman)都有一个字母“a”,笔画从右向左上方弯曲,尽管其他字体(如 Monaco)没有这一特征。无监督分类器将能够通过在特征空间的完全独立的部分中定位一组训练集模式来标记这一点(见图 13-5)。通常,无监督学习是关于聚类中心在特征空间中的定位。

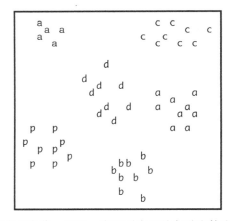

图 13-5 聚类在特征空间中的定位。这里,字母对应于从各种字体中提取的字符样本。笔画从右向左上方弯曲的小 a 簇出现在特征空间中的单独位置;这种类型的偏差应该可以通过聚类分析检测出来

## 13.8 聚类分析

如上所述,执行聚类分析的一个重要原因是输入数据的特征化。然而,基本动机通常是可靠地对测试数据模式进行分类。为了实现这些目标,有必要将特征空间划分为与重要聚类相对应的区域,并根据所涉及的数据类型标记每个区域(和聚类)。实际上,这可以通过以下两种方式发生:

1)通过执行聚类分析,然后通过对人类操作员的特定查询来标记少数单个训练集模式的类别。

2）通过对少量训练集模式执行监督学习，然后执行无监督学习，将训练集扩展到实际数量的示例。

无论哪种情况，最终都无法摆脱对监督类的需求。然而，通过把重点放在无监督的学习上，我们限制了冗长的分析，并且限制对可能的类别产生先入为主的想法，以免影响最终的识别性能。

在继续之前请注意，在某些情况下，我们可能完全不知道特征空间中的集群数量；这发生在对卫星图像中的各个区域进行分类时。这种情况与 OCR 或识别放在巧克力盒中的巧克力的应用形成了直接对比。

聚类分析涉及许多非常重要的问题，而不仅仅是可视化问题。首先，在一个、两个甚至三个维度上，我们可以很容易地观察和决定任何集群的数量和位置，但是这种能力是误导性的；我们不能将这种能力扩展到许多维度的特征空间。第二，计算机不像我们想象的那样可视化，需要特殊的算法来实现这一点。虽然计算机可以模拟我们在低维特征空间中的能力，但是如果我们在高维空间中尝试这样做，就会发生组合爆炸。这意味着，如果我们要产生集群定位的自动过程，我们将不得不开发对特征向量列表进行操作的算法。

用于聚类分析的现有算法分为两大类——聚合和分割。聚合算法从获取各个特征点（训练集模式，不包括类）开始，并根据某种相似性函数逐步将它们组合在一起，直到达到合适的目标标准。分割算法首先将整组特征点作为单个大的聚类，然后逐步分割，直到达到某个合适的目标标准。让我们假设有 $P$ 个特征点。然后在最坏的情况下，决定是否在聚合算法中组合一对聚类所需的各特征点位置对之间的比较次数将为

$$^{P}C_2 = \frac{1}{2}P(P-1) \tag{13-17}$$

而完成该过程所需的迭代次数大约为 $P\text{-}K$（这里我们假设要找到的集群的最终数量是 $K$，其中 $K \leqslant P$）。另一方面，对于分割算法，成对的单个特征点位置之间的比较次数将减少到：

$$^{K}C_2 = \frac{1}{2}K(K-1) \tag{13.18}$$

完成该过程所需的迭代次数大约为 $K$ 阶。

尽管分割算法看似比聚合算法需要少得多的计算，但事实并非如此。这是因为任何包含 $p$ 个特征点的聚类都必须检查是否有大量潜在的子聚类，实际数量的阶数是：

$$\sum_{q=1}^{p} {}^{p}C_q = \sum_{q=1}^{p} \frac{p!(p-q)!}{q!} \tag{13.19}$$

这意味着总的来说，必须采用聚合方法。事实上，上面概述的聚合方法是详尽和严格的，可以使用不太严格的迭代方法。首先，设置合适数量的 $K$ 个聚类中心（这些可以根据先验考虑或者通过任意选择来决定）。其次，每个特征向量被分配给最近的聚类中心。第三，重新计算聚类中心。如果在迭代过程中有任何特征点从一个集群移动到另一个集群，这个过程会重复；如果集群的质量不再提高，也可以终止该过程。Forgy（1965）提出的算法的基本形式见表 13-1。

显然，该算法的有效性将高度依赖于数

**表 13-1 Forgy 聚类分析算法的基本形式**

选择目标簇数 K；
设置初始聚类中心；
计算聚类质量；
do{
　　将每个数据点分配给最近的聚类中心；
　　重新计算聚类中心；
　　重新计算聚类质量；
} 直到集群或集群的质量没有进一步变化；

据，特别是数据点的呈现顺序。此外，结果可能是振荡的或非最优的（意思是没有达到最佳解决方案）。如果在任何阶段，一个聚类中心出现在一对小聚类的中心附近，就会发生这种情况。此外，该方法没有给出最合适数量的簇。因此，已经设计了许多变体和替代算法。其中一个算法是 ISODATA 算法（Ball 和 Hall，1966）；这类似于 Forgy 的方法，但是能够合并紧密的集群，并分割细长的集群。

迭代算法的另一个缺点是它们何时应该终止可能不明显；因此，它们可能计算量太大。因此，一些人支持非迭代算法。MacQueen 的 K 均值算法（MacQueen，1967）是最著名的非迭代聚类算法之一。它涉及数据点上的两次运行，一次需要找到聚类中心，另一次需要最终对模式进行分类（见表 13-2）。同样，选择哪些数据点作为初始聚类中心可以是任意的，也可以是基于更充分的信息。

如前所述，非迭代算法非常依赖于数据点的呈现顺序。对于图像数据，这尤其成问题，因为前几个数据点很可能是相似的（例如，全部来自天空或其他背景像素）。克服这个问题的一个有用的方法是随机选择数据点，这样它们就可以从图像中的任何地方出现。一般来说，非迭代聚类算法不如迭代算法有效，因为它们受到数据呈现顺序的过度影响。

**表 13-2　MacQueen 的 K 均值算法的基本形式**

| |
| --- |
| 选择目标簇数 K； |
| 将 K 个初始聚类中心设置在 K 个数据点； |
| 计算聚类质量； |
| 对于所有其他数据点 { // 第一遍 |
| 　将数据点分配给最近聚类中心； |
| 　重新计算相关聚类中心； |
| } |
| 对于所有数据点 // 第二遍 |
| 　将数据点重新分配给最近聚类中心； |

总的来说，上述算法的主要问题之一是缺乏给出最合适的 K 值的指示。然而，如果 K 的一系列可能值是已知的，所有这些算法都可以尝试，并且在一些合适的目标标准方面给出最佳性能的算法可以被视为提供最佳结果。在这种情况下，我们将会发现聚类集，在某种特定的意义上，它给出了数据的最佳总体描述。或者，在最终聚类分析之前，可以使用一些分析数据以确定 K 的方法，Zhang 和 Modestino（1990）的方法属于这一类。

最后请注意，以上关于聚类分析的讨论都不涉及任何概率公式，因此本节中涵盖的方法纯粹是 SPR 方法。然而，第 14 章提出了新的理论和方法，展示了如何克服这个问题。

## 13.9　支持向量机

SVM（支持向量机）是 SPR 的一个新范例，并在 20 世纪 90 年代作为实际应用的重要竞争者出现。其基本概念与线性可分离的特征空间相关，如图 13-6A 所示。其想法是找到这一对平行超平面，导致两类特征之间的最大分离，从而提供最大的防差错保护。在图 13-6A 中，超平面的虚线组具有较低的间隔，因此代表了不太理想的选择，减少了对防差错的保护。每对平行超平面的特征在于特定的特征点集合——所谓的支持向量。在图 13-6A 所示的特征空间中，平面完全由 3 个支持向量定义，尽管很明显这个特定值仅适用于二维特征空间。在 N 维中，所需的支持向量数量为 N+1。这为防止过度拟合提供了重要的保障，然而，由于特征空间中存在许多数据点，描述它所需的最大向量数为 N+1。

为了进行比较，图 13-6B 显示了如果采用 NN 算法将会存在的情况。在这种情况下，由于分离表面上的每个位置都被优化到最高的局部分离距离，因此对防差错的保护会更高。然而，这种精度的提高在大量定义示例模式中付出了相当高的代价。事实上，如上所述，SVM 的大部分增益来自它使用尽可能少的定义示例模式（支持向量）。缺点是，基本方法仅在数据集可线性分离时有效。

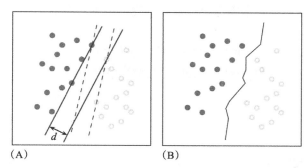

图 13-6  支持向量机的原理：（A）两组线性可分离的特征点，两个平行超平面具有最大可能的
分离度 $d$，应该与备选方案（如虚线所示）进行比较；（B）最近邻法可以找到的最优
分段线性解决方案

为了克服这个问题，通常会将训练和测试数据转换到高维特征空间，在该空间中数据变得可以线性分离。事实上，这种方法会降低甚至消除 SVM 的主要优势，导致数据过度拟合和泛化能力差。然而，如果所采用的变换是非线性的，最终（线性可分离的）特征空间可能具有可管理的维数，SVM 的优势可能不会被削弱。然而，有一点就是必须质疑线性可分离性的限制。在这一点上，已经发现将"松弛"变量 $s_i$ 构建到优化方程中以表示可分离性约束被违反的量是有用的。这是通过将代价项 $C\sum_i s_i$ 添加到正常误差函数中来设计的，$C$ 是可调整的，并作为正则化参数，通过监控分类器在一系列训练数据上的性能来优化。

关于这一主题的进一步信息，读者应该查阅 Vapnik 的原始论文，包括 Vapnik（1998），或 Cristianini 和 Shawe-Taylor（2000）的专题论文，或 SPR 的其他文献，如 Webb（2002）。

## 13.10  人工神经网络

可用于模式识别的人工神经网络概念始于 20 世纪 50 年代，并一直持续到 20 世纪 60 年代。例如，Bledsoe 和 Browning（1959）开发了" $n$ 元组"类型的分类器，其涉及二进制特征数据的逐位记录和查找，从而导致人工神经网络的"失重"或"逻辑"类型。虽然后一种类型的分类器在几年内保持了一定的追随者，但可以毫不夸张地说，Rosenblatt 的"感知器"（1958，1962）对这一主题产生了更大的影响。

简单感知器是一种线性分类器，可将模式分为两类。它采用特征向量 $\boldsymbol{x}(x_1, x_2, \cdots, x_N)$ 作为其输入，并产生一个标量输出 $\sum_{i=1}^{N} w_i x_i$，分类过程由在 $\theta$ 处应用阈值（海维赛德阶跃）函数完成（见图 13-7）。通过将 $-\theta$ 写为 $w_0$，并使其对应于保持恒定值为 1 的输入 $x_0$ 来简化数学表示。然后，分类器的线性部分的输出以下列形式给出：

$$d = \sum_{i=1}^{N} w_i x_i - \theta = \sum_{i=1}^{N} w_i x_i + w_0 = \sum_{i=0}^{N} w_i x_i \qquad (13.20)$$

分类器的最终输出由以下形式给出：

$$y = f(d) = f\left(\sum_{i=0}^{N} w_i x_i\right) \qquad (13.21)$$

可以使用各种程序训练这种类型的神经元，例如表 13-3 中给出的固定增量规则（原始固定增量规则使用学习速率系数 $\eta$ 等于1）。该算法的基本概念是通过将线性判别平面向不会发生错误分类的位置移动一个固定距离来尝试改善整体错误率——但只有在发生分类错误时才这样做：

$$w_i(k+1) = w_i(k) \qquad y(k) = \omega(k) \tag{13.22}$$

$$w_i(k+1) = w_i(k) + \eta[\omega(k) - y(k)]x_i(k) \qquad y(k) \neq \omega(k) \tag{13.23}$$

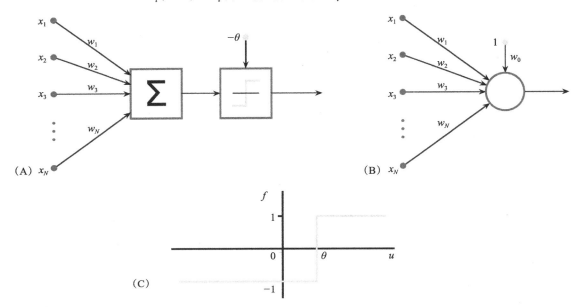

图 13-7　简单的感知器：（A）简单感知器的基本形式，输入特征值被加权求和，并且结果通过
　　　　　阈值单元馈送到输出连接；（B）感知器的方便的简写符号；（C）阈值单元的激活函数

在这些等式中，参数 $k$ 表示分类器的第 $k$ 次迭代，并且 $\omega(k)$ 是第 $k$ 个训练模式的类。了解这种训练框架在实践中是否有效显然非常重要。实际上，可以证明如果修改算法以使其主循环被充分应用多次，并且如果特征向量是线性可分的，则算法将收敛到正确的无错解决方案。

相反，大多数特征向量集不是线性可分的；因此，有必要找到一种调整权

**表 13-3　感知器固定增量算法**

用小随机数初始化权重；
在 0 到 1 的范围内选择合适的学习率系数 $\eta$ 值；
do{
　　对于训练集中的所有模式 {
　　获得特征向量 $x$ 和类 $\omega$；
　　计算感知器输出 $y$；
　　if($y! = \omega$) 根据 $w_i = w_i + \eta(\omega - y)x_i$ 调整权重
　　}
} 直到没有进一步的变化；

重的替代程序。这是通过 Widrow-Hoff delta 规则实现的，该规则涉及与分类器产生的误差 $\delta = \omega - d$ 成比例地改变权重（注意，在阈值处理之前计算误差以确定实际类别，即使用 $d$ 而不是 $f(d)$ 来计算 $\delta$）。因此，我们以以下形式获得 Widrow-Hoff delta 规则：

$$w_i(k+1) = w_i(k) + \eta\delta x_i(k) = w_i(k) + \eta[\omega(k) - d(k)]x_i(k) \tag{13.24}$$

Widrow-Hoff 规则相比固定增量规则有两种不同的重要方式：

1）无论分类器是否产生实际的分类错误，都对权重进行调整。

2）用于训练的输出函数 $d$ 不同于用于测试的函数 $y = f(d)$。

这些差异强调了能够处理非线性可分离特征数据的修订目标。图 13-8 通过一个二维案例来澄清情况。图 13-8A 显示了可由固定增量规则直接拟合的可分离数据。但是，固定增量规则并非旨在处理图 13-8B 所示类型的不可分离数据，导致训练期间不稳定，无法达到最佳解决方案。而 Widrow-Hoff 规则可以很好地处理这类数据。对图 13-8A 的情况有一个有趣的补充，尽管固定增量规则显然达到了最优解，但是一旦出现零误差情况，该规则就变得"自满"，而理想的分类器将达到一个解决方案（它最小化错误的概率）。显然，Widrow-Hoff 规则在某种程度上解决了这个问题。

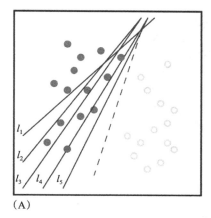 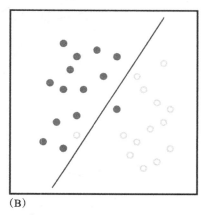

图 13-8　可分离和不可分离的数据。（A）两组模式数据；线 $l_1 \sim l_5$ 表示由固定增量规则产生的线性决策表面的可能连续位置。注意，后者由最终位置 $l_5$ 满足。虚线显示了 Widrow-Hoff delta 规则产生的最终位置。（B）Widrow-Hoff 规则在不可分离数据的情况下产生的稳定位置；在这种情况下，固定增量规则将在训练期间在一系列位置上振荡

到目前为止，我们已经考虑过简单的感知器可以实现什么。显然，尽管它只能对特征数据进行二分法，但是经过适当训练的简单感知器阵列——图 13-9 的"单层感知器"——应该能够通过超平面将特征空间划分为大量有界的子区域（在多维空间中）。但是，在多类别应用中，这种方法需要非常大量的简单感知器——高达 $^cC_2 = c(c-1)/2$（对于一个 $c$ 个类的系统）。因此，需要通过其他方式概括该方法。尤其是多层感知器（MLP）网络（参见图 13-10，它将模拟大脑中的神经网络）似乎准备提供解决方案，因为它们应该能够重新编码简单感知器第一层的输出。

Rosenblatt 本人提出了这样的网络，但无法找到一种系统地训练它们的一般手段。1969 年，Minsky 和 Papert 出版了他们著名的专著，并在讨论 MLP 时提出了

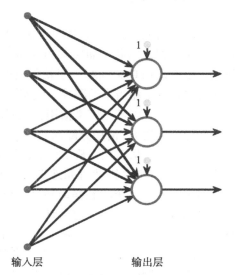

输入层　　　　　输出层

图 13-9　单层感知器。单层感知器在单层中使用许多简单的感知器。每个输出指示不同的类（或特征空间的区域）。在更复杂的图中，为清楚起见，通常省略偏置单元（标记为"1"）

"空洞普遍性的怪物"的幽灵的问题，从而引起了对使用 MLP 显然永远无法解决的某些问题的关注。例如，直径受限的感知器（仅考虑于受限直径内的图像的小区域）将无法测量图像内的大规模连通性。这些考虑因素阻碍了这一领域的努力，多年来，人们的注意力被转移到专家系统等其他领域。Rumelhart 等人直到 1986 年才开始成功地提出了一种系统的方法来训练 MLP。他们的解决方案称为反向传播算法。

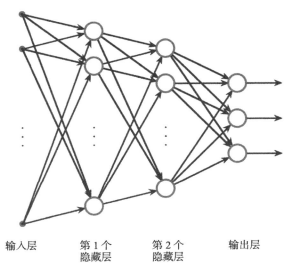

输入层　　　第 1 个　　　第 2 个　　　输出层
　　　　　　隐藏层　　　隐藏层

图 13-10　多层感知器。多层感知器采用多层次的感知器。原则上，该拓扑允许网络定义更复杂的特征空间区域，从而执行更精确的模式识别任务。找到训练单独层的系统方法成为至关重要的问题。为清楚起见，偏差单元已从此图和后面的图中省略

## 13.11　反向传播算法

可以简单地说明训练 MLP 的问题：MLP 的一般层从较低层获得其特征数据并从较高层接收其类别数据。因此，如果 MLP 中的所有权重都可能是可变的，则不能依赖到达特定层的信息。没有理由单独训练一层就能使得 MLP 向理想分类器（无论怎么定义）收敛。虽然可能认为这是一个相当小的困难，但实际上并非如此；实际上，这只是所谓的信用分配问题的一个例子。这可能不是定义信用分配问题的第一个好例子（在这种情况下，它似乎更像是一个赤字分配问题）。信用分配问题包括正确确定全局特征的局部来源并正确进行奖励、惩罚、更正等问题，从而允许整个系统进行系统优化。

预测 MLP 特性并因此可靠地训练它们的主要困难之一是随着它们的输入变化无穷小，神经元输出突然从一个状态摆动到另一个状态。因此，我们可以考虑从 MLP 网络的较低层移除阈值函数，以使它们更容易训练。相反，这将导致这些层一起作为较大的线性分类器，与原始分类器相比具有更小的辨别力（在极限中我们将使用单个线性分类器与单个阈值输出连接，因此整体 MLP 将作为单层感知器起作用）。

解决这些问题的关键是通过给予它们相比 Heaviside 函数不是那么"硬"的激活函数来修改构成 MLP 的感知器。正如我们所看到的，线性激活函数几乎没有用，但是"S 形"形状激活函数如 tanh 函数（图 13-11）是有效的，并且实际上几乎肯定是可用函数中使用最广泛的函数。[我们这里没有明确区分对称激活函数和通过轴的移动与它们相关的替代方案，

尽管对称公式似乎更好，因为它强调双向功能。事实上，tanh 函数（范围从 −1 到 1）可以表示为 $\tanh u = (e^u - e^{-u})/(e^u + e^{-u}) = 1-2/(1 + e^{2u})$，因此其与通常使用的函数 $(1 + e^{-v})^{-1}$ 密切相关。现在可以推断出后者的函数是对称的，但当 $v$ 从 $-\infty$ 变为 $+\infty$ 时，它的范围从 0 到 1。]

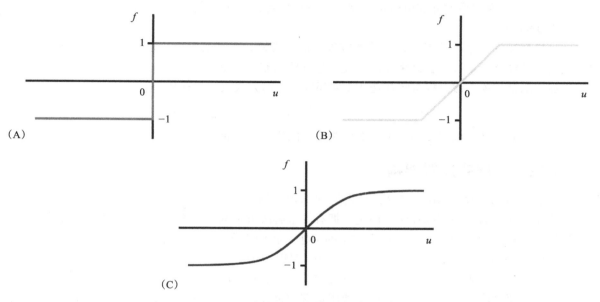

图 13-11　对称激活函数。该图显示了一系列对称激活函数：（A）简单感知器中使用的 Heaviside 激活函数；（B）线性激活函数，但是它受饱和机制的限制；（C）S 形激活函数，近似于双曲正切函数

一旦使用这些较"软"的激活函数，MLP 的每一层都可以更准确地"感知"数据，从而可以系统地建立训练程序。特别是，每个神经元的数据变化率可以传递给其他层，然后可以适当地进行训练——尽管只是逐步增加。除了声明它等同于（广义）能量表面上的能量最小化和梯度下降之外，我们不会经历详细的数学过程或收敛的证明。相反，我们给出了反向传播算法的概述（见表 13-4）。然而，关于算法的一些注释如下：

1）一个节点的输出是下一个节点的输入，并且可以选择将所有变量标记为输出 ($y$) 参数而不是输入 ($x$) 变量；所有输出参数都在 0 到 1 的范围内。

2）类参数 $\omega$ 已被推广为输出变量 $y$ 的目标值 $t$。

3）对于除最终输出之外的所有输出，必须使用公式 $\delta_j = y_j(1-y_j)\left(\sum_m \delta_m w_{jm}\right)$ 计算质量 $\delta_j$，其中总和涉及节点 $j$ 上方的层中的所有节点。

4）用于计算节点权重的序列涉及从输出节点开始，然后一次向下一层。

5）如果没有隐藏节点，则公式将恢

**表 13-4　反向传播算法**

用小随机数初始化权重；
在 0 到 1 的范围内选择合适的学习率系数 $\eta$ 值；
do{
　对于训练集中的所有模式
　　对于 MLP 中所有节点 $j${
　　　获得特征向量 $x$ 和目标输出值 $t$；
　　　计算 MLP 输出 $y$；
　　　if（节点在输出层）
　　　　$\delta_j = y_j(1-y_j)(t_j-y_j)$；
　　　否则
　　　　$\delta_j = y_j(1-y_j)\left(\sum_m \delta_m w_{jm}\right)$；
　　　根据 $w_{ij} = w_{ij} + \eta\delta_j y_i$ 调整节点 $j$ 的权重 $i$；
　　}
} 直到变化减少到某个预定水平；

复为 Widrow-Hoff delta 规则，但输入参数现在标记为 $y_i$，如上所示。

6）使用随机数初始化权重非常重要，以便最大限度地降低系统陷入某些对称状态的可能性，从而可能难以恢复。

7）学习速率系数 $\eta$ 的值的选择将是实现高学习速率和避免过冲之间的平衡：通常选择大约 0.8 的值。

当存在许多隐藏节点时，权重的收敛可能非常慢，并且实际上，这是 MLP 网络的一个缺点。已经进行了许多尝试来加速收敛，并且已经非常广泛地使用的方法是向权重更新公式添加"动量"项，假设权重将在迭代 $k$ 期间以类似的方式改变到迭代 $k-1$ 期间的变化：

$$w_{ij}(k+1) = w_{ij}(k) + \eta\delta_j y_i + \alpha\left[w_{ij}(k) - w_{ij}(k-1)\right] \tag{13.25}$$

其中 $\alpha$ 是动量因子。该技术主要用于防止网络卡在能量表面的局部最小值。

## 13.12  多层感知器架构

前面给出了设计 MLP 和寻找合适的训练程序的动机，然后概述了一般的 MLP 架构和广泛使用的反向传播训练算法。但是，拥有一般解决方案只是答案的一部分。接下来的问题是如何最好地使一般架构适应特定类型的问题。我们不会在这里完整回答这个问题。然而，Lippmann 在 1987 年试图回答这个问题。他表明，两层（单个隐藏层）MLP 可以实现任意凸决策边界，并表明需要一个三层（双隐藏层）网络来实现更复杂的决策边界。随后发现它永远不必超过两个隐藏层，因为如果使用足够的神经元，三层网络可以解决相当普遍的情况（Cybenko，1988）。随后，Cybenko（1989）和 Hornik 等人（1989 年）表明两层 MLP 可以近似任何连续函数，即便有时使用两层以上可能更有优势。

尽管反向传播算法可以训练包含任意数量层的 MLP，但实际上，通过几个其他层"训练"一层引入了一个不确定因素，这通常反映在增加的训练时间中（见图 13-12）。因此，使用最少数量的神经元层可以获得一些优势。在这种情况下，上述关于必要数量隐藏层的发现已被证明是有价值的。

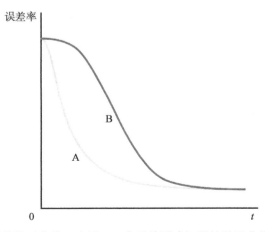

图 13-12  多层感知器的学习曲线。这里，A 表示单层感知器的学习曲线，B 表示多层感知器的学习曲线。请注意，多层感知器需要相当长的时间才能开始，因为最初每层从其他层接收相对较少的有用训练信息。还要注意，图的下半部分已经理想化为相同渐近误差率的情况，尽管这种情况在实践中很少发生

## 13.13 训练数据过拟合

在训练 MLP 和许多其他类型的 ANN 时，存在使网络过度拟合训练数据的问题。SPR 的一个基本目标是使学习机器能够从它所训练的特定数据集推广到它在测试期间可能遇到的其他类型的数据。特别是，机器应该能够处理数据中的噪声、扭曲和模糊，虽然显然没有发展到能够正确回应与受训练数据类型不同的数据类型。这里要做的要点是：（1）机器应该学会对从中提取训练数据的基础群体做出反应；（2）它必须不能很好地适应特定的训练数据，否则对来自同一群体的其他数据的反应较差。图 13-13 在二维情况下示出了相当理想的拟合度，以及已经拟合了该组数据的每个细微差别，从而实现了过度拟合的情况。

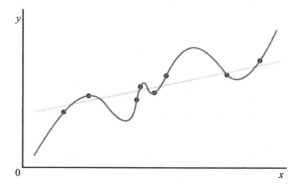

图 13-13 过度拟合数据。图中的深灰色曲线非常好地拟合了数据点，恰好匹配每个细微差别。除非有充分的理论原因说明应该使用该曲线，否则浅灰色直线将给出更高的置信水平

通常，如果学习机器具有比对训练数据建模严格必需的参数更多的可调参数，则可能出现过度拟合（如果参数太少则不应出现这种情况）。但是，如果学习机器具有足够的参数以确保拟合基本群体的相关细节，则可能存在部分训练集的过度建模；这样，整体识别性能将恶化。最终，原因在于识别是区分能力和概括能力之间的微妙平衡，任何复杂的学习机器都不可能为其必须考虑的所有特征获得合适的平衡。

尽管如此，我们显然需要有一些方法来防止过度适应训练数据，实现这一目标的一种方法是在过度适应之前减少训练过程（人们经常说这个程序旨在防止过度训练。但是，"过度训练"一词含糊不清。一方面，它可能意味着循环使用同一套训练数据，直到最终学习机器被过度适应。另一方面，它可能意味着使用越来越多的全新数据——一个不可能过度适应数据的过程，相反它几乎肯定会提高性能。鉴于这种歧义性，最好不要使用这个术语）。事实上，裁减训练过程并不难以管理：我们只需要在训练期间定期测试系统，以确保没有达到过度适应的程度。图 13-14 显示了在单独的数据集上同时进行测试时会发生什么。首先，测试数据的性能与训练数据的性能非常接近，后者稍微优越，因为已经发生了一定程度的过度适应。但过了一段时间，测试数据的性能开始恶化，而训练数据的性能似乎还在不断提高。这是严重过度拟合的发生点，训练过程需要缩减。因此，目标是通过将原始训练集分成两部分来使整个训练过程更加严格——第一部分保留为正常训练集，第二部分称为验证集。请注意，后者实际上是训练集的一部分，因为它不是最终测试集的一部分。

使用验证集检查训练程度的过程称为交叉验证，对于正确使用 ANN 非常重要。训练算法应该包括交叉验证，作为整个训练计划的完全集成部分：它不应被视为可选择的附加项。

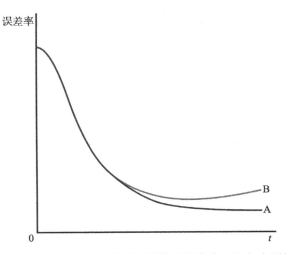

图 13-14　交叉验证测试。该图显示了多层感知器的学习曲线：（A）在训练数据上进行测试；
　　　　　（B）在特殊验证集上进行测试。即使在过度拟合发生时，A 也可持续改善，然而 B
　　　　　则开始恶化。为了抵消噪声的影响（在曲线 A 和 B 上未显示），通常相对于 B 中的
　　　　　最小值允许 5% ～ 10% 的劣化

当训练过程完全由反向传播（或其他）可证明的正确算法确定时，推测如何过度适应发生是有用的。事实上，有一些特定的机制会导致过拟合。例如，当训练数据不能使一些参数足够收敛时，这些参数会在大的正值和负值之间漂移，这样，取消这些权重参数，训练数据不会出现问题。然而，当使用测试或验证数据时，问题变得非常清晰。S 形函数的形式将允许某些节点变得"饱和"，这一事实无助于这种情况，因为它使参数失活并隐藏输入数据的某些方面。然而，对于 MLP 架构及其训练方式而言，一些节点旨在被饱和以便忽略训练集的不相关特征是固有的。问题在于失活是无意还是设计的。答案可能取决于训练集的质量以及它覆盖可用或潜在特征空间的程度。

最后，让我们假设正在建立一个 MLP，并且最初未知需要多少隐藏层或每层中必须有多少个节点，也不知道将需要多少训练集模式或需要多少训练迭代——或者动量或学习参数的哪些值是合适的。需要相当多的测试来确定所有相关参数。因此，最终系统不仅会过度适应训练集，而且会过度适应验证集合，从而存在明确的风险。在这种情况下，我们需要的是第二个验证集，它可以在整个网络完成并正在进行最终训练之后使用。

## 13.14　结束语

本章的方法令人惊讶的是在不参考先验概率的情况下，可以进行如此多的图像处理和分析。这种情况似乎可能是由于算法是由具有输入数据类型知识的人设计和实现的，因此隐含地结合了先验概率，如通过应用合适的阈值。尽管如此，SPR 在其自身的实用范围内非常有价值。这包括识别传送带上的物体并对其质量进行判断、阅读标签和代码、验证签名、检查指纹等。实际上，SPR 的不同应用的数量是巨大的，它与本书中描述的其他方法形成了重要的对应。

本章主要集中在 SPR 的监督学习方法上。然而，无监督学习也是非常重要的，特别是当涉及大量样本的训练（例如在工厂环境中）时。因此，关于这一主题的部分不应被视为次要的、微不足道的。

总之，本章中超越 SPR 并包括概率分析的唯一方法是基于 NN 的方法（虽然只有经过适当的训练时），当然还有贝叶斯理论。在第 14 章中将看到如何开发新方法，其将概率作为其设计的内在部分。

视觉在很大程度上是一个结构和统计方面的识别过程。本章回顾了 SPR，强调了基本的分类误差限制，并展示了贝叶斯理论、NN 算法和人工神经网络所扮演的角色。请注意，其中最后一个受到与其他 SPR 方法相同的限制，特别是在训练的充分性和过度拟合的可能性方面。将概率作为其公式的一部分的其他方法留给后面的章节，特别是第 14 章。

## 13.15 书目和历史注释

虽然 SPR 的主题往往不是图像分析工作的焦点，但它提供了一个重要的背景，特别是在自动视觉检查领域，其中必须不断地对产品的充分性作出决定［请注意，SPR 对于分析来自卫星图像的多光谱数据至关重要，如参见 Landgrebe（1981）］关于这一主题的大部分相关工作已于 20 世纪 70 年代早期实施，包括 Hughes（1968）和 Ullmann（1969）的研究，其涉及在分类器中使用的最佳特征数。在那个阶段，出现了许多重要的卷——例如 Duda 和 Hart（1973）和 Ullmann（1973），稍后如 Devijver 和 Kittler（1982）。

实际上，SPR 用于图像解释的历史可以追溯到 20 世纪 50 年代。例如，在 1959 年，Bledsoe 和 Browning 开发了 PR 的 n 元组方法，结果证明（Ullmann，1973）是一种 NN 分类器。然而，它在导致基于 RAM（n 元组）查找的一系列简单硬件机器（参见例如 Aleksander 等人，1984）中是有用的，从而证明了结合算法和易于实现的体系结构的重要性。

该领域中许多最重要的发展可能是将一个分类器的详细性能与另一个分类器的详细性能进行比较，特别是在减少存储量和计算量方面。这些类别的论文包括 Hart（1968）、Devijver 和 Kittler（1980）的论文。奇怪的是，文献中似乎没有明确提及如何将先验概率与 NN 算法一起使用，直到作者发表关于该主题的论文（Davies，1988e），见 13.4 节。

在无监督的 SPR 方法中，继 Forgy（1965）的聚类数据方法之后很快就出现了著名的 ISODATA 方法（Ball 和 Hall，1966），然后是 MacQueen（1967）的 K 均值算法。随后进行了大量相关工作，Jain 和 Dubes（1988）总结了这一点，后者成为经典文本。然而，聚类分析是一个严格的过程，各研究者都认为需要进一步推动这一主题。例如，Postaire 和 Touzani（1989）需要更准确的聚类边界；Jolion 和 Rosenfeld（1989）希望更好地检测噪声中的簇；Chauduri（1994）需要应对时变数据；Juan 和 Vidal（1994）需要更快的 K 均值聚类。请注意，所有这些工作都可以描述为常规工作，并且不涉及使用健壮的统计数据本身。但是，消除异常值是可靠聚类分析问题的核心，有关这一方面问题的讨论，可参见附录 A 及其中列出的参考文献。

尽管 PR 领域自 1990 年以来已大幅向前发展，但幸运的是，最近几篇文章相对轻松地涵盖了这一主题（Duda 等，2001；Webb，2002；Theodoridis 和 Koutroumbas，2009）。

SVM 在 20 世纪 90 年代也变得突出，并且已经发现了越来越多的应用。这个概念是由 Vapnik 发明的，历史观点在 Vapnik（1998）中有所涉及。Cristianini 和 Shawe-Taylor（2000）提供了关于这一主题的以学生为中心的文本。

接下来，我们将注意力转向人工神经网络的历史。在 20 世纪 50 年代和 60 年代开启一个充满希望的开端后，它们在 Minsky 和 Papert 于 1969 年宣布之后声名狼藉（或者至少是被无视）；在 Rumelhart 等人宣布反向传播算法之后，它们在 20 世纪 80 年代初再次获得了关注。在 1986 年，并在 20 世纪 90 年代中期成为视觉和其他应用的正常工具。注意，反向传播算法在其重要性最终得到认可之前经过多次创造（Werbos，1974；Parker，1985）。在这些 MLP 发展的同时，Oja（1982）开发了他的 Hebbian 主成分网络。关于人工神经网络的有用的早期参考文献包括 Haykin（1999）和 Bishop（1995）的卷，以及关于它们应用于分割和物体定位的论文，如 Toulson 和 Boyce（1992）、Vaillant 等人（1994）；有关上下文图像标记的工作，请参阅 Mackeown 等人（1994）。

在 20 世纪 90 年代早期的兴奋之后，人工神经网络应用于视觉的论文无处不在，人们看到人工神经网络的主要价值在于它们统一的特征提取和选择方法（即使这必然带有统计数据对用户隐藏的缺点），以及它们相对容易找到中等非线性解决方案的内在能力。后来的论文包括 Rowley 等人（1998）的 ANN 面部检测工作，还包括（Fasel，2002；Garcia 和 Delakis，2002）。有关人工神经网络的更多一般信息，请参阅 Bishop（2006）的书。

### 近期研究发展

回到主流 SPR，Jain（2010）提出了一个关于聚类主题的评论，题为"数据聚类：超越 K 均值 50 年"。他指出："尽管 K 均值是在 50 多年前提出的，并且从那时起已经发布了数千种聚类算法，但 K 均值仍被广泛使用。"——这反映了设计通用聚类算法的难度，以及问题的不适定性；新兴和有用的研究方向包括半监督聚类和集合聚类。该评论介绍了截至 2010 年该主题面临的主要挑战和问题：首先是需要一套具有真实标记的基准数据来测试和评估聚类方法。

Youn 和 Jeong（2009）描述了一种使用朴素贝叶斯分类器进行文本数据挖掘的类相关特征缩放方法，包括文本分类和搜索等功能。虽然在很多情况下朴素贝叶斯独立假设运作良好的原因直到最近还没有得到很好的解释或理解，但该论文证实它通常是文本分析的一个很好的选择，因为使用的数据量很大（例如，蛋白质序列数据的特征数量约为 100 000）。特别是，朴素贝叶斯分类器的简单性和有效性很好地映射到文本分类的特点。Rish（2001）提供了对朴素贝叶斯的实证研究，其中包含了许多有用的信息。

## 13.16　问题

1. 试证明如果选择式（13.16）所示的代价函数，决策规则（13.15）能够以关系式（13.5）的形式表示。
2. 试证明在一个简单的两类别系统中，假设 $R$ 很小，引入拒绝分类以减少 $R$ 个错误实际上需要拒绝 $2R$ 个测试模式。随着 $R$ 增加，可能会发生什么？
3. 在一维特征空间中，证明 $a$ 后验概率曲线交叉的特征值对应于给出最小可能分类误差的决策边界。

# 机器学习：概率方法

本章介绍两种主要的概率方法——期望最大化（EM）算法（主要与混合模型一起应用）和多分类器，尤其是增强分类器，探讨发展基础概率论的方法，并指出如何严格遵守这种方法以产生更准确的实际结果。本章还包括主成分分析（PCA）和性能分析等主题。

本章主要内容有：
- EM 算法和高斯混合模型
- 使用 K 均值初始化 EM 算法
- 使用混合模型进行基于直方图的图像分割
- PCA 及其价值
- 多分类器和 Boosting
- Boosting 损失函数之间的比较
- 通过多分类器实现 Boosting 的方法
- 概率优化的各种方式
- 接受者操作特性（ROC）曲线，允许实现假阳性和假阴性之间的最佳平衡

概率方法是机器学习的关键，也使我们避免为每个应用程序单调乏味地编写传统代码。EM 算法和 Boosting 方法是其中的范例，它们将帮助我们理解概率方法在实践中的应用。后面的章节将介绍进一步的理论、高级应用以及深度学习（这是一个发展异常迅速的主题）。

## 14.1 导言

在第 13 章学习了模式识别的基础上，本章我们进入机器学习这一更现代的主题。这并不意味着我们必须忘掉在第 13 章获得的知识，而是站在更高的视角研究一个更规则化的场景。我们首先以 13.8 节的 K 均值聚类算法为例。虽然它功能强大，但这种方法具有很大的局限性，特别是计算中关于正确性、计算方向和接近理想模型的程度方面并没有绝对准确的标准。在这里，我们转向基于概率优化的强大方法——EM 算法。在许多方面，我们将使用 EM 算法作为学习概率优化的工具。这可能具有挑战性，尤其是因为我们要处理大量的数学推导。另一方面，实验结果（例如通过混合高斯模型）将高度可视化，并将证实我们正在不断进步。

也许关于概率优化的主要观点是我们总是处于这样一种情况：有一个绝对的数学目标，确保我们所寻求的解决方案的概率不断增加。这一点非常重要，因为在分析涉及大量随机性的数据时，我们永远无法确定是否有任何真正的改进。但是，如果能够在数学上证明变化过程只会增加正确解释的可能性，那么我们将掌握着一个至关重要的工具。实际上，概率通常是我们唯一的价值仲裁者——使用任何其他标准代替概率或与概率同时使用都只是在欺骗自

己，让我们误认为正在取得进展。

这些想法和动机无疑是好的，但究竟如何以这种方式进行概率论证，以达到我们的目的？原则上，我们甚至对于实现任何事情的概率和概率方法都知之甚少。最重要的是，我们将通过什么途径实现这些目标？这些问题的答案在于，21世纪前十年开发了许多工具来实现这一目标，并且在这个阶段这一领域的进展加速，因此持久性的研究将带来增加的回报——事实上它在计算机视觉中的应用相当广泛。

为了预示这一切，并指出我们的概率方法论有具体的基础，首先引用一些基本的方法和技术：最强大的是贝叶斯理论。接下来，存在重要的数学约束，如Jensen不等式，以及Kulback-Leibler散度公式，其给出了距离度量来说明两个概率分布的不同。然后是牛顿的近似方法，这也是非常基本的，但在一些相关情况下，EM算法可以使其更好。在所有这些理论中，我们不能忘记像竖杠（"已知"）符号这样的基本概率思想，它允许使用乘积规则重新表达概率 $p(A, B) = p(A|B) \, p(B)$。

最后，我们在概率公式化中要做的大多数事情就是建立输入数据的模型，尤其是EM算法，它旨在生成准确的数据统计模型。但是要使用什么类型的模型？在这里，高斯分布是关键。这是因为它准确地模拟了由随机噪声引起的测量误差。我在某种程度上重复地说高斯随机噪声，是因为存在其他种类的随机噪声，例如，瑞利噪声出现在整流器输出的电信号上，并且必然总是正的，从而权衡叠加在信号上的噪声类型。然而，由于中心极限定理，高斯噪声变得异常重要——这表明当噪声是由许多不同的独立扰动引起时，整体扰动将采用高斯分布的形式。举例来说，从图14-1中注意到，当将方形脉冲分布与相同分布组合（卷积）两次时，方形脉冲分布变为类似于高斯分布的形状的速度有多快，并且在三四个这样的卷积操作后至少表面上与高斯分布相同。更正式地说，一组 $N$ 个独立随机变量的总和本身就是一个随机变量，当 $N$ 增加时，其分布倾向于高斯分布。这一事实使得高斯分布具有高度的实际重要性，其形式的简单性进一步增强了其重要性，尤其它对多维情况的基本扩展是微不足道的。在这里，"基本"一词表示一维情况的均值和标准差必须明显地推广到二维的两个均值和两个标准差（对于更高维度，以此类推）；然而，完全广义的二维高斯分布实际上将具有包含总共四个参数的 $2 \times 2$ 协方差矩阵（$n$ 维高斯分布具有 $n \times n$ 协方差矩阵，它总共有 $n^2$ 个参数，但只有 $(n^2 + n) / 2$ 个是不同的）。当然，在单一逻辑中包含更多参数是一个能力与价值的标志；另一方面，它也可以被认为是一个问题，因为计算更多的参数需要增加计算。然而，缺乏可用于制作可行的概率模型的函数，高斯分布几乎总是第一个考虑，无论是一维还是多变量形式。其他候选方法包括 $t$ 分布和其他基于指数的分布等，如 beta 和 gamma 分布。有趣的是，正如我们将要看到的，在概率计算中应用对数函数通常是有用的，并且它是指数函数的倒数这一事实意味着通常对基于指数的分布更易进行数学优化。

图14-1　动态的中心极限定理。左边的方形脉冲连续卷积之后获得形状序列，最后一个形状是真正的高斯分布形状。注意这些形状是如何快速变为高斯分布的形状的

总的来说，上面给出的各种因素产生了一个强大的主题领域，尽管有时可能看起来证明是以数学技巧而不是直接计算为中心。然而，证明通常依赖于先前的结果和定理：只有熟悉这些技术才能让人们完全理解这种情况，尽管理解的捷径是对理论适用于包括计算机视觉在内的实际应用的实际演示，正如我们将要介绍的 EM 算法和一些其他方法一样。

## 14.2 高斯混合和 EM 算法

在继续描述 EM 算法及其证明之前，来看一下它能够解决的问题。特别是，假设我们有一个希望拟合的数据点的一维分布：也许最明显的建模方法是使用一组单独的高斯分布，每个分布对应一个输入分布的峰值。在数学上，我们可以将其建模为高斯混合，其中每个高斯分布都有自己的混合系数 $m$。此外，如果要遵循概率策略，需要将输入分布和结果都表达为概率分布。

首先要做的是将高斯分布表示为积分为 1 的概率分布：

$$\mathcal{N}(x\,|\,\mu,\sigma) = \frac{1}{(2\pi\sigma^2)^{1/2}} \exp\left[-\frac{(x-\mu)^2}{2\sigma^2}\right] \tag{14.1}$$

$\mu$ 和 $\sigma$ 分别是分布的均值和标准差。此外，我们遵循标准用法，用其替代名称正态分布表示高斯分布，并用符号 $\mathcal{N}$ 表示它。现在可以写出问题的联合（概率）分布：

$$p(x) = \sum_{k=1}^{K} m_k \mathcal{N}(x\,|\,\mu_k,\sigma_k) \tag{14.2}$$

其中 $k$ 是混合系数集的索引。为了确保联合分布 $p(x)$ 是一个真实的概率，我们将方程（14.2）的两边求积分并得到条件

$$\sum_{k=1}^{K} m_k = 1 \tag{14.3}$$

注意，混合系数 $m_k$ 可以被视为混合值的先验概率。有许多可能的方法可以最佳拟合数据点 $x_i(i = 1, \cdots, N)$ 的 $m_k, \mu_k, \sigma_k$，包括某种形式的非线性优化，如 Gauss-Newton 方法。但是可以将问题分成两个子问题，每个子问题都涉及降低的复杂性和减少的计算。这种方法称为 EM（期望最大化）算法。在 E 步骤中，我们将高斯参数固定，仅求解混合参数 $m_k$（或者更确切地说是它们的"响应度" $\rho_k$，见下文）；在 M 步骤中，我们将混合参数固定，求解高斯参数 $\mu_k, \sigma_k$。根据需要将这两个步骤循环多次，从最初的近似到最终的更准确。

接下来，将混合系数 $m_k$ 重新表达为"隐藏"变量 $z_k$，这将是有用的，因为这将允许我们应用贝叶斯定理并获得重要结果（术语"隐藏"或"潜在"变量长期以来一直是该领域的标准，但一些研究人员将其视为一种技巧。毕竟，为什么要对高斯振幅及其均值和标准差进行任意区分？然而，值得注意的是，EM 算法至少使得分别考虑两组变量并依次优化它们是有用的）。实际上，向量 $z = (z_1, \cdots, z_K)$ 将是 1-of-K 变量，其中各 $z_k$ 满足 $z_k \in \{0,1\}$ 和 $\sum_k z_k = 1$。$z_k$ 和 $m_k$ 之间的关系是

$$\left.\begin{aligned} p(z_k = 1) &= m_k \\ p(z_{j \neq k} = 0) &= 1 \end{aligned}\right\} \tag{14.4}$$

因此，

$$p(z) = \prod_{j=1}^{K} m_j^{z_j} \tag{14.5}$$

同样，

$$p(x \mid z_k = 1) = \mathcal{N}(x \mid \mu_k, \sigma_k) \tag{14.6}$$

$$\therefore \quad p(x \mid z) = \prod_{j=1}^{K} \mathcal{N}(x \mid \mu_j, \sigma_j)^{z_j} \tag{14.7}$$

对联合分布 $p(x, z) = p(x \mid z) p(z)$ 求和以包括 $z$ 的所有状态，我们发现

$$p(x) = \sum_{z} p(x \mid z) p(z) = \sum_{k=1}^{K} m_k \mathcal{N}(x \mid \mu_k, \sigma_k) \tag{14.8}$$

这个结果与方程（14.2）相符并表明我们现在有两种不同的方法来制定数据点的一维分布。重要的是，我们现在可以使用贝叶斯定理来确定 $z_k$（已知 $x$）的后验概率，即 $p(z_k = 1 \mid x)$：

$$\rho(z_k) \equiv p(z_k = 1 \mid x) = \frac{p(x \mid z_k = 1) p(z_k = 1)}{\sum_{j=1}^{K} p(x \mid z_j = 1) p(z_j = 1)} = \frac{p(x \mid z) p(z)}{\sum_{z} p(x \mid z) p(z)} \tag{14.9}$$

我们将这个量称为第 $k$ 个混合成分的响应度 $\rho(z_k)$ 来解释观察 $x$，并使用方程（14.4）和（14.6）进行评估：

$$\rho(z_k) = \frac{m_k \mathcal{N}(x \mid \mu_k, \sigma_k)}{\sum_{j=1}^{K} m_j \mathcal{N}(x \mid \mu_j, \sigma_j)} \tag{14.10}$$

最后，我们估计不同高斯分布的响应度，用于解释各个数据点 $x_i (i = 1, \cdots, N)$：

$$\rho(z_{ik}) = \frac{m_k \mathcal{N}(x_i \mid \mu_k, \sigma_k)}{\sum_{j=1}^{K} m_j \mathcal{N}(x_i \mid \mu_j, \sigma_j)} \tag{14.11}$$

这里，$m_k$ 可以被认为是先验概率而 $\rho(z_{ik})$ 被认为是后验概率。

这完成了 EM 算法的 E 步骤的理论。因此，我们现在已经采用了 EM 算法的很大一部分方法，这是我们优化联合分布 $p(x)$ 与数据点拟合的方法。在我们的例子中，只需要优化上面从贝叶斯定理的应用中获得的似然函数（概率）。然而，通常的做法是优化对数似然函数，因为当使用高斯函数或其他基于指数的函数来对数据建模时，这可以带来相当可观的简化。特别是，当将数据拟合到单个高斯分布时，我们继续将 PDF 的乘积用于所有单个数据点（假设是独立测量的，并且具有相同的高斯形式）：

$$p(x_1, \cdots, x_I \mid \mu, \sigma) = \prod_{i=1}^{N} p(x_i \mid \mu, \sigma) = \prod_{i=1}^{N} \mathcal{N}(x_i \mid \mu, \sigma) \tag{14.12}$$

虽然可以通过找到该分布的峰值来获得最大似然解，但是我们选择使用对数似然函数 $\mathcal{L}$，因为对数是单调递增函数，其将在完全相同的位置具有最大值。继续下去，则有

$$\begin{aligned} \mathcal{L} &= \ln \prod_{i=1}^{N} \mathcal{N}(x_i \mid \mu, \sigma) = \sum_{i=1}^{N} \ln[\mathcal{N}(x_i \mid \mu, \sigma)] \\ &= \sum_{i=1}^{N} \left[ -\frac{1}{2} \ln(2\pi\sigma^2) - \frac{(x_i - \mu)^2}{2\sigma^2} \right] \end{aligned} \tag{14.13}$$

这立即显示了所需的简化，并且确实证实了 $x$ 的均值为 $\mu$：标准差的公式可以通过更多次计算获得。

显然，当需要高斯混合来拟合数据时，找到最大值实现起来有点复杂：这是 EM 算法的必要条件。

### 期望最大化算法的细节

> 在第一次阅读时，可以跳过式（14.15）～（14.20）中的计算细节，而关注计算中的 E 步骤和 M 步骤，这些步骤由式（14.22）和式（14.23）给出。

我们现在继续查看高斯混合情形的对数似然函数。这采用以下形式：

$$\mathcal{L} = \sum_{i=1}^{N} \ln \sum_{k=1}^{K} m_k \mathcal{N}(x_i \,|\, \mu_k, \sigma_k) \tag{14.14}$$

对方程（14.14）求关于 $\mu_k$ 的微分：

$$\frac{\mathrm{d}\mathcal{L}}{\mathrm{d}\mu_k} = \sum_{i=1}^{N} \frac{m_k}{\sum\limits_{j=1}^{K} m_j \mathcal{N}(x_i \,|\, \mu_j, \sigma_j)} \times \frac{\mathrm{d}\mathcal{N}(x_i \,|\, \mu_k, \sigma_k)}{\mathrm{d}\mu_k}$$

$$= \sum_{i=1}^{N} \frac{m_k \mathcal{N}(x_i \,|\, \mu_k, \sigma_k)}{\sum\limits_{j=1}^{K} m_j \mathcal{N}(x_i \,|\, \mu_j, \sigma_j)} \times \frac{(x_i - \mu_k)}{\sigma_k^{\,2}} \tag{14.15}$$

$$= \sum_{i=1}^{N} \rho(z_{ik}) \times \frac{(x_i - \mu_k)}{\sigma_k^{\,2}}$$

我们已经将求和中的第一个因子确定为响应度 $\rho(z_{ik})$，它已在方程（14.11）中定义。当下式成立时，满足最大值条件 $\mathrm{d}\mathcal{L}/\mathrm{d}\mu_k = 0$：

$$\mu_k = \frac{\sum\limits_{i=1}^{N} \rho(z_{ik}) x_i}{\sum\limits_{i=1}^{N} \rho(z_{ik})} \tag{14.16}$$

类似的计算表明 $\mathrm{d}\mathcal{L}/\mathrm{d}\sigma_k = 0$ 时

$$\sigma_k^{\,2} = \frac{\sum\limits_{i=1}^{N} \rho(z_{ik})(x_i - \mu_k)^2}{\sum\limits_{i=1}^{N} \rho(z_{ik})} \tag{14.17}$$

然而，当优化以确定 $m_k$ 的更新值时会出现一个微妙之处，这是因为需确保 $\sum\limits_{k=1}^{K} m_k = 1$［见方程（14.3）］。我们可以通过使用拉格朗日乘子 $\lambda$ 来有条件地实现这一点——在这种情况下，最大化 $\mathcal{L} + \lambda\left[\left(\sum\limits_{k=1}^{K} m_k\right) - 1\right]$ 而不是 $\mathcal{L}$ 本身。对 $m_k$ 求微分并将结果设置为 0，我们发现

$$\sum_{i=1}^{N} \frac{\mathcal{N}(x_i \,|\, \mu_k, \sigma_k)}{\sum\limits_{j=1}^{K} m_j \mathcal{N}(x_i \,|\, \mu_j, \sigma_j)} + \lambda = 0 \tag{14.18}$$

为了确定 $\lambda$，如果我们将式（14.18）的两边同时乘以 $m_k$，对 $k$ 求和，并应用约束条件［方程（14.3）］，立即得到结果 $\lambda = \sum\limits_{i=1}^{N} -1 = -N$。接下来，在两边乘以 $m_k$ 并确定响应度公式 $\rho(z_{ik})$——如公式（14.11）所定义，我们发现

$$\sum_{i=1}^{N} \rho(z_{ik}) = -\lambda m_k = N m_k \tag{14.19}$$

$$\therefore \quad m_k = \frac{1}{N}\sum_{i=1}^{n}\rho(z_{ik}) \qquad (14.20)$$

（注意，将该结果对 $k$ 求和表示 $\sum_{i=1}^{N}\sum_{k=1}^{K}\rho(z_{ik})=N$，这意味着 $N$ 个数据点的响应度的总和必然为 $N$ 并且在 $K$ 个高斯分布之间以某种方式共享。）

最大似然计算的总体结果是给出由相关数据点的响应度加权的高斯均值和方差的更新值，并将混合系数调整为平均值，以用于拟合数据点。

最后，请注意通过采用高斯分布的一维形式简化了上述处理。但是，可直接将其推广到 $n$ 维情况：

$$\mathcal{N}(\boldsymbol{x}\,|\,\boldsymbol{\mu},\boldsymbol{\Sigma})=\frac{1}{(2\pi)^{n/2}\,|\,\boldsymbol{\Sigma}\,|^{1/2}}\exp\left[-\frac{1}{2}(\boldsymbol{x}-\boldsymbol{\mu})^{\mathrm{T}}\boldsymbol{\Sigma}^{-1}(\boldsymbol{x}-\boldsymbol{\mu})\right] \qquad (14.21)$$

其中 $\boldsymbol{\mu}$ 和 $\boldsymbol{\Sigma}$ 分别是分布的均值和 $n\times n$ 协方差矩阵。因此，最大似然解（通过对证明进行相当小的改变而获得）变为：

E 步骤：对响应度进行初步评估

$$\rho(z_{ik})=\frac{m_k\mathcal{N}(\boldsymbol{x}_i\,|\,\boldsymbol{\mu}_k,\boldsymbol{\Sigma}_k)}{\sum_{j=1}^{K}m_j\mathcal{N}(\boldsymbol{x}_i\,|\,\boldsymbol{\mu}_j,\boldsymbol{\Sigma}_j)} \qquad (14.22)$$

M 步骤：更新高斯参数和混合系数

$$\boldsymbol{\mu}'_k=\frac{\sum_{i=1}^{N}\rho(z_{ik})\boldsymbol{x}_i}{\sum_{i=1}^{N}\rho(z_{ik})}$$

$$\boldsymbol{\Sigma}'_k=\frac{\sum_{i=1}^{N}\rho(z_{ik})(\boldsymbol{x}_i-\boldsymbol{\mu}_k)(\boldsymbol{x}_i-\boldsymbol{\mu}_k)^{\mathrm{T}}}{\sum_{i=1}^{N}\rho(z_{ik})} \qquad (14.23)$$

$$m'_k=\frac{1}{N}\sum_{i=1}^{n}\rho(z_{ik})$$

其中每个撇号表示相关参数正在更新（注意，$\boldsymbol{\Sigma}_k$ 更新的计算使用未更新的 $\boldsymbol{\mu}_k$，因为假定 $\boldsymbol{\mu}_k$ 和 $\boldsymbol{\Sigma}_k$ 更新同时发生）。

完整的 EM 算法还剩下一个阶段，那就是对数似然的估计，这主要是收敛需要的：

$$\mathcal{L}'=\sum_{i=1}^{N}\ln\sum_{k=1}^{K}m'_k\mathcal{N}(\boldsymbol{x}_i\,|\,\boldsymbol{\mu}'_k,\boldsymbol{\Sigma}'_k) \qquad (14.24)$$

现在，非常简单地总结一下用于生成高斯混合模型的整体 EM 算法，如表 14-1 所示。注意，虽然原则上可以根据对数似然的大小来判断收敛，但是从其变化的小的角度判断它是很常见的，即 $\Delta\mathcal{L}=\mathcal{L}'-\mathcal{L}$ 是否小于预设阈值。我们稍后会详细说明。

重申一下到目前为止所取得的成就。具体来说，不是通过调整所有参数来优化似然函数（这需要烦琐的搜索操作），我们设法将任务分为两个——首先优化响应度，然后更新高斯参数。后一种过程可以通过遵循分析定义的程序来实现，

**表 14-1 EM 算法摘要**

获得解决方案的初始近似值
do{
　　应用 M 步骤去估计响应度
　　应用 E 步骤去更新高斯参数和混合系数
} 直到对数似然显示收敛充足

这些程序比一般搜索要简单得多。不可否认的是，这两个过程都不是直接趋向最优解的，整个过程本身也是不完整的，因为整个过程必须迭代，直到达到令人满意的收敛程度。整个过程的一个有趣类比是游艇在乘风航行中曲折前进（虽然类比并没有精准对应改变方向时，在交替方向上执行完全相同的过程）。

应该强调的另一点是我们还没有证明 EM 算法必然会改进对数似然。虽然这似乎可能是 M 步骤，但实际上，$\mathcal{L}$ 趋于固定值，但不一定是最大值。接下来我们通过更一般地考察 EM 算法来研究这个问题和其他问题。

## 14.3 更一般的 EM 算法视图

　　本节中的大部分理论在第一次阅读时都可以跳过，尤其是式（14.25）～（14.29）和式（14.31）～（14.33）。但应该注意图 14-2，它阐明了 EM 算法的整个过程。

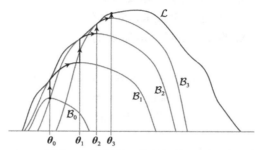

图 14-2　EM 算法中的 E 和 M 步骤。$\mathcal{B}_0$ 是似然函数的初始下界，并且隐藏（$z$）参数的调整导致一个垂直 "E" 步骤以满足最佳对数似然曲线 $\mathcal{L}$（标记为蓝色）。此后，调整 $\theta$ 参数导致沿红色 $\mathcal{B}_1$ 曲线的 "M" 步骤，直到达到局部最大值。随后继续 E 和 M 步骤（均由黑色箭头指示），直到达到 $\mathcal{L}$ 曲线上的最高位置。为清楚起见，仅显示了前几个步骤

为了解决这个问题，我们离开高斯公式并用一般参数集 $\theta$ 替换高斯参数 $\boldsymbol{\mu}_k$ 和 $\boldsymbol{\Sigma}_k$。因此，我们用 $P(\boldsymbol{x}|z, \theta)$ 代替 $\mathcal{N}(\boldsymbol{x}|\mu,\Sigma)$，其中 $z$ 是表示混合或其他系数的隐藏变量。进一步，我们将 $z$ 作为一组隐藏变量，并获得对数似然函数：

$$\mathcal{L} = \ln p(\boldsymbol{x}|\theta) = \sum_z p(\boldsymbol{x},\boldsymbol{z}|\theta) \tag{14.25}$$

问题是如何系统地最大化这个函数并考察其最优性。为了达到这个目的，我们利用了 Kullback-Leibler（KL）散度函数 KL($q\|p$)，它是两个概率分布（此处为 $q$ 和 $p$）之间差异的度量，已知 KL($q\|p$) $\geqslant 0$，仅在 $q(z) = p(z|\boldsymbol{x}, \theta)$ 时才等于 0。KL 散度公式为

$$\text{KL}(q \| p) = -\sum_z q(z) \ln \frac{p(z|\boldsymbol{x},\theta)}{q(z)} \tag{14.26}$$

为了利用这个公式及其不等式，我们需要巧妙地选择起始函数，即适当匹配 $\mathcal{L}$ 的形式。因此，我们定义

$$\mathcal{B}(q,\theta) = \sum_z q(z) \ln \frac{p(\boldsymbol{x},\boldsymbol{z}|\theta)}{q(z)} \tag{14.27}$$

使用乘积法则，有

$$\begin{aligned}\mathcal{B}(q,\theta) &= \sum_z q(z)\ln \frac{p(z|\boldsymbol{x},\theta)p(\boldsymbol{x}|\theta)}{q(z)} \\ &= \sum_z q(z)\ln \frac{p(z|\boldsymbol{x},\theta)}{q(z)} + \sum_z q(z)\ln p(\boldsymbol{x}|\theta)\end{aligned} \tag{14.28}$$

我们现在明白为什么这个 $\mathcal{B}(q, \theta)$ 的选择是合理的。因为当加入 KL 散度时，会发生约简，得到

$$\mathcal{B}(q,\theta)+\text{KL}(q\parallel p)=\sum_z q(z)\ln p(x|\theta) \tag{14.29}$$
$$=\ln p(x|\theta)$$

最后一行是因为 $\sum_z q(z)=1$，只剩下对数似然 $\mathcal{L}$。

应用 KL 散度不等式 $\text{KL}(q\|p)\geqslant 0$，我们最终得到了重要的结果：

$$\mathcal{B}\leqslant\mathcal{L} \tag{14.30}$$

这意味着 $\mathcal{L}(x|\theta)$ 是 $\mathcal{B}(q, \theta)$ 的上界。另外，当 $q(z)=p(z|x, \theta)$ 时可以实现等式的事实意味着 $\mathcal{B}$ 具有等于 $\mathcal{L}$ 的最大值，其可以通过调整 $z$ 来定位。一般来说，会有一个最大值，因此在最优值附近固定 $z$，任何 $\theta$ 变化都会使 $\mathcal{B}$ 曲线远离 $\mathcal{L}$ 曲线，这表明两条曲线接近 $z$ 的最优值（图14-2）。它还意味着保持 $z$ 固定，调整 $\theta$ 将导致更高的 $\mathcal{L}$ 最大值。注意，$\mathcal{B}$ 曲线在 M 步骤期间远离 $\mathcal{L}$ 曲线（当 $\theta$ 进行了调整后），因此 KL 散度不再为零，这并不妨碍 $\mathcal{L}$ 在 M 步骤期间获得更高的值。实际上，EM 的每一步只会增加 $\mathcal{L}$ 的值，在最坏情况下也是保持不变（即在已经达到最大值的情况下）。

不幸的是，在某些情况下，无法以这种方式达到最佳状态——事实上，一切都取决于 KL 散度的可靠性。有趣的是，后者是通过将 Jensen 不等式应用于凸函数或凹函数而得到的。凸函数是诸如 $y = x^2$ 之类的函数，其中任何弦上的点位于函数上方。对于这种情况，Jensen 不等式如下：

$$\int F(x)p(x)\mathrm{d}x\geqslant F\left[\int xp(x)\mathrm{d}x\right] \tag{14.31}$$

将此公式应用于 KL 散度有

$$\text{KL}(q\parallel p)=-\int q(x)\ln\frac{p(x)}{q(x)}\mathrm{d}x\geqslant-\ln\left[\int\frac{p(x)}{q(x)}q(x)\mathrm{d}x\right] \tag{14.32}$$

（注意对数是一个凹函数，所以原则上应该颠倒不等式。但是，方程（14.32）中的负号可以解决这个问题。）

在消去 $q(x)$ 并将 $p(x)$ 归一化为 1 之后，我们得到了所需的不等式：

$$\text{KL}(q\|p)\geqslant 0 \tag{14.33}$$

（请注意，这种关系在 $q$ 和 $p$ 之间不对称。）

我们现在可以看到当 $\mathcal{L}$ 不是凸的时，EM 算法可能找不到最大值的一个主要原因，这显然意味着 EM 可能困在局部最大值上。因此，通常用各种起始位置和状态来初始化 EM 算法。在任何情况下，许多类型的问题都需要许多解决方案，每个解决方案都与局部最大值相对应。因此，为了确保获得所有相关解决方案，至少需要使用相同数量的起始位置。事实上，通常需要使用比必需的更多的起始点。此外，为了确保找到所有解决方案，需要：（1）随机化起始位置；（2）以随机顺序呈现它们；（3）重复该过程若干次。最后，有必要确定所有解决方案——即使找到所有解决方案，它们的身份也是未知的。特别是，如果找到 $\kappa$ 个解决方案，可能会有 $\sim\kappa!$ 种可能的分配（在理想情况下，例如，对于使用 $K$ 个高斯分布的模型，将会有 $K!$ 种分配）。这尤其适用于随时间变化的情况，其中解决方案的顺序将随着时间的推移而变化，因此正在进行的测试将需要匹配各种解决方案的身份。例如，在监控应用中，这将使得难以在不估计和匹配行进速度的情况下跟踪帧之间的物体。

最后，K 均值算法通常用于初始化 EM 算法。这是因为 K 均值的计算密集程度明显低

于 EM。另一方面，这对确定任一方法的 $K$ 的最佳值没有帮助。在这两种情况下，反复试验是必要的，尽管可以使用诸如变分混合建模和相关向量机 EM（Vetrov 等，2010）等更先进的方法来系统地解决问题。

## 14.4　一些实际例子

我们现在将在一些实际案例中演示如何应用 EM 算法。首先，我们采用由 3 个高斯引起的二维点分布。在所采用的实例中，高斯有平均位置（1, 1.5）、（2, 5）、（-2, 5）和协方差矩阵

$$\begin{bmatrix} 2 & 0 \\ 0 & 0.4 \end{bmatrix}, \quad \begin{bmatrix} 0.5 & 0 \\ 0 & 1.5 \end{bmatrix}, \quad \begin{bmatrix} 1 & -0.5 \\ -0.5 & 1 \end{bmatrix}$$

从图 14-3A 中可以看出，从上述每一个高斯中随机提取的 200 个点以非平凡的方式重叠，从而为 EM 算法提供了相当复杂的任务（从预先指定的分布中提取样本点的系统方法在附录 D 中描述）。图 14-3 B ～ F 显示了 25 次以内迭代的性能，在最后阶段，对数似然的连续变化已经低于合适的阈值。图 14-4 显示了 $\mathcal{L}$ 的收敛，注意，$\mathcal{L}$ 总是负的，因为它是必然位于 0 ～ 1 范围内的概率的对数。

使用相同的起始数据进行另一项测试，但是以不同的随机顺序处理 6 组数据点（图 14-5）。在每种情况下（A ～ F），10 次迭代后的结果非常不同，但是在 25 次迭代后，结果基本上与图 14-3F 中的结果相同。

我们现在转向更直接的情况，如图 14-6A 所示。这里的任务是将图像分割成多个子区域，与 4.7 节中的多级阈值算法完全相同。在这种情况下，EM 算法使用一系列高斯（红色迹线）直接模拟图 14-6C 的强度直方图（绿色迹线）。从数据来看，很明显 6 个高斯将是最优的，实际上蓝色求和轨迹非常接近未处理的绿色数据。在 10 ～ 20 次迭代之后获得最佳拟合，这取决于初始化（图 14-6D 中的典型情况）。最终分割如图 14-6B 所示，除云彩区域外，与图 4-7 非常相似。在这种情况下，相邻高斯交叉点之间的像素分配了中间（intervening）高斯的平均强度并重新插入图像中。这是最佳的，因为相等的后验概率必然表明决策边界导致最小的总误差。

这个例子也用来准确地分析迭代应该在什么时候结束。事实证明，采用预设值为 $\Delta \mathcal{L}$ 来实现这一点并不理想。然而，仔细思考表明，当 $\Delta \mathcal{L}=0$ 时，$\mathcal{L}$ 是最大值，图 14-6D 清晰地呈现了这种情况。另一方面，为什么 $\mathcal{L}$ 在最大值后开始减小？唯一合理的解释是，在模型过度适应数据的意义上，过度训练正在发生。在具有理想数据的情况下（如图 14-3 所示），这可能不会发生。但在强度直方图上有大量噪声和杂乱值的情况下，算法很容易陷入局部最优但当然不是全局最大值的陷阱。因此，当 $\Delta \mathcal{L}=0$ 时，最好终止算法。

回到初始化问题，通常认为 K 均值算法提供了获得起始近似的有用方法。在图 14-6A 的情况下，测试显示 K 均值比 EM 更稳健，它具有一个明显更宽的捕获区域并且能更快收敛。K 均值如图 14-7 的曲线图所示，其给出了在所有数据点上取得的最终平均值的最近距离的平方和。初步（和高度一致）的 K 均值分析结果由图 14-6C 中图表横轴上的 6 个青色标记显示。

请注意，这些非常接近最终的 EM 高斯峰值位置，因此它们为 EM 算法提供了良好的初始化，正如一系列测试所证实的那样。然而，K 均值估计与 EM 算法之间的差异是真实存在的。这是因为这两种方法衡量的是不同的东西。在直方图的例子中，K 均值找到其特定域的平均值，而 EM 计算正确建模的峰值。此外，通过隐藏参数，EM 严格估计其高斯交叉区域中发生了什么。最后，EM 基于严格的概率优化，而不是简单的某个规则。令人惊讶的是，与 EM 范例相比 K 均值的表现。另外，我们不能忽视这样一个事实：EM 算法的这个版本是针对

高斯分布非常适合构建模型的情况——这似乎是这里提出的直方图示例的情况。

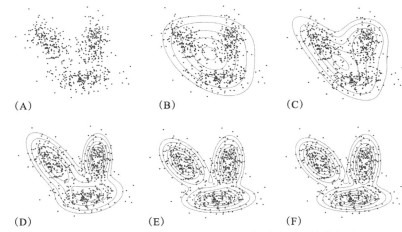

图 14-3 通过 EM 算法拟合三个混合高斯分布。图 A ～ F 分别显示原始数据和 5、10、15、20 和 25 次
　　　　迭代的结果。该算法恰好需要 25 次迭代以将对数似然性的变化减少到小于 0.01。除了最低轮廓
　　　　之外，所示的是相等的间隔，高度为 0.005、0.01、0.02、0.03、0.04 和 0.05。在所有情况下都
　　　　使用了完全相同的数据点（详见正文）。类似地，在所有 5 种情况下，算法被同等初始化

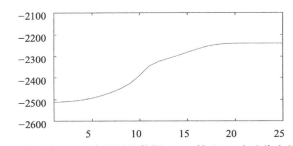

图 14-4　对于图 14-3A 中所示的数据，EM 算法 25 次迭代内的收敛图

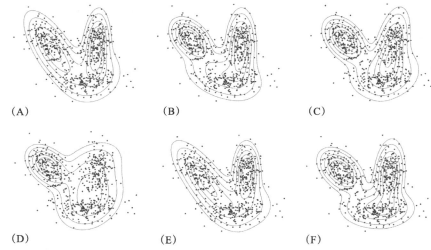

图 14-5　不同数据排序对 EM 算法进展的影响。这些结果来自与图 14-3 完全相同的数据点。但是，对于
　　　　这 6 种情况中的每一种，数据的重新划分都不同。所有案例都显示了 10 次迭代后的进展，如
　　　　图 14-3C 所示。然而，在 25 次迭代之后，基本上与图 14-3F 中的结果相同

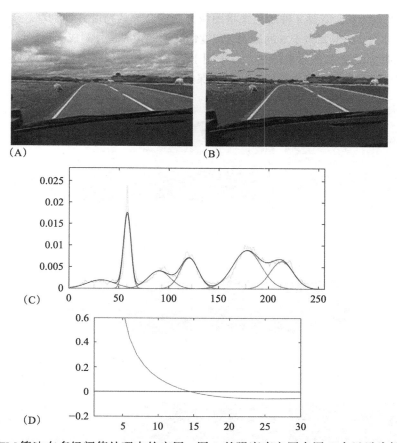

图 14-6 EM 算法在多级阈值处理中的应用。图 A 的强度直方图在图 C 中显示为绿色轨迹。
EM 算法用于获得 GMM，如图 C 中红色的 6 个高斯分布所示。图 C 中蓝色求和轨迹
完美拟合绿色轨迹，没有系统的变化，表明在这种情况下 6 个高斯分布的拟合是最佳
的。所有有助于绿色轨迹的相邻高斯分布交叉点之间的像素被分配中间高斯分布的平
均强度并重新插入图像，如图 B 所示。对云强度的拟合相对较差，但其他强度匹配合
理。图 D 显示算法中 30 次迭代的 $\Delta \mathcal{L}$ 的变化。在图 C 中，横轴上的 6 个青色标记表
示通过 K 均值算法定位的平均值

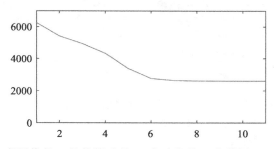

图 14-7 图 14-6 中灰度图像的 K 均值算法的 11 次迭代的 $\mathcal{D}$ 收敛图。$\mathcal{D}$ 是所有数据点上的最
终平均值的最近距离的平方和

考虑到这些因素，进一步研究 K 均值算法是有价值的，特别是研究它如何处理彩色图像。
有趣的是，这对于它来说几乎是微不足道的。图 14-8 显示了这种测试的结果（基于小范围的

$K$ 值）。在这种情况下，需要 8 种颜色来将图像分割成合理的精度并识别草、道路、汽车的两个部分、蓝天和云。$K$ 需要大于 6 的原因（灰度情况下的值）是分割成颜色区域需要更多信息，即更复杂的数据需要更多参数来描述。对于图 14-9 所示的图像也有类似的发现：在这种情况下，脸上的绿色斑块表明 $K = 8$ 仍然不足以确保提供图像重要区域的准确描述。

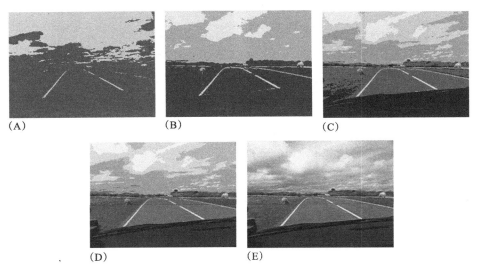

图 14-8　使用 K 均值进行分割。使用 K 均值算法将原始图像 E 分割成均匀颜色的 K 个区域。图 A ～ D 中的 K 值分别为 2、3、5 和 8。除了云，图 D 中的图像是图 E 的合理再现

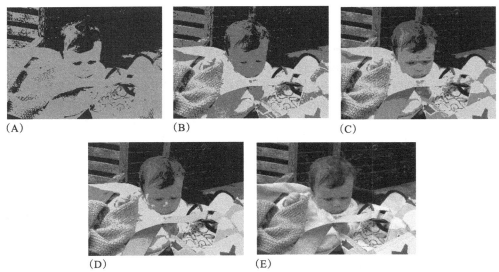

图 14-9　使用 K 均值进行分割。使用 K 均值算法将原始图像 E 分割为颜色均匀的 K 区域。在图 A ～ D 中，K 的值分别为 2、3、4 和 8。除了脸部的一些细节之外，图 D 中的图像是图 E 的合理再现

如何将 K 均值方法 "平凡" 地推广至彩色图像的分割。原理在于 K 均值用于实现其基本功能的方法，即将数据点分配给最近的集群中心（表 13-2）。这简单地要求对于每个像素在所有 $k$ 个颜色通道上最小化 $(I - \mu_k)^2$，并使结果平均值为 $\mu_k$ 的新值。我们对颜色进行泛化所需要做的就是在所有 $k$ 上最小化 $(I_{\text{red}} - \mu_{\text{red},k})^2 + (I_{\text{green}} - \mu_{\text{green},k})^2 + (I_{\text{blue}} - \mu_{\text{blue},k})^2$（事实上，这

有点过于简单，因为它对所有颜色成分平等地进行加权，下文会再讨论这一点）。但是，实际上事情并不那么简单。请注意，在灰度情况下，大部分工作都是在强度直方图上完成的，其索引通常在 0 到 255 之间。在颜色域中，三维直方图空间将具有 $256^3$ 单元。这意味着使用全色域将是计算的噩梦。围绕这个问题的常规方法是通过量化为更大的桶来减小空间（例如，每桶 $8^3$ 单元），从而产生大小为 $32^3$（$\approx 32K$）的颜色空间，这很实用。但是，在我们正在考虑的例子中，最好扫描该图像空间（$\approx 64K$ 像素）而不是颜色空间，而这不会导致任何分辨率的损失。

以另一种方式看待该问题，可以使用两种可能的表示：一种是（通用的）直方图空间，另一种是图像空间。对于灰度图像，使用前者是值得的，而对于彩色图像，使用后者是值得的。另一种可能性仍然存在，即当颜色空间被稀疏地填充时——在这种情况下可以使用活动元素的列表。忽略这种极小的可能性，将 K 均值应用于彩色图像必然会导致相对较高的计算量，因为必须在每次迭代时对所有像素进行比较。然而，K 均值仍具优势，因为它趋于快速收敛，此外，它没有复杂的函数，如高斯计算。

最后，将 EM 算法应用于彩色图像远没有那么简单，因为计算负荷往往过大，特别是当我们要保留这种算法的完整概率逻辑时。另外，颜色是一种更复杂的实体，我们经常使用色调、饱和度、强度（HSI）和类似的表示，由于存在循环边界条件，色调的使用是有问题的；最后，还必须处理颜色恒定性问题（对变化照明的不变性的需要），这进一步使情况复杂化（参见附录 C 以详细了解这些内容）。

不要只关注这种复杂性，而是要引起人们对 EM 最关键问题的关注，即必须拟合的参数数量。这很重要，因为它增加了参数的数量对收敛速度和可靠性的影响。对于必须拟合的每个一维高斯，将有一个混合参数加上一个均值参数和一个方差参数。然而，对于 $n$ 维多元高斯，将存在一个混合参数加上 $n$ 个均值参数（即每个维度一个）和 $n \times n$ 协方差矩阵。事实上，情况略微简化，因为协方差矩阵必须是对称的。这意味着单个 $n$ 维高斯将具有一个混合参数，$n$ 个均值参数和 $1/2$（$n^2 + n$）个协方差参数。有时可以通过将协方差矩阵设为对角矩阵（总共 $n$ 个参数）甚至各向同性矩阵（只有一个独立参数）来进一步简化，如下面的相应情况：

$$\begin{bmatrix} a & f & e \\ f & b & d \\ e & d & c \end{bmatrix}, \quad \begin{bmatrix} a & 0 & 0 \\ 0 & b & 0 \\ 0 & 0 & c \end{bmatrix}, \quad \begin{bmatrix} a & 0 & 0 \\ 0 & a & 0 \\ 0 & 0 & a \end{bmatrix}$$

表 14-2 总结了与前面讨论相关的案例的参数数量。有趣的是，对于图 14-3 和图 14-6 中的问题，它们具有相同数量的可调参数（均为 18）并且能可靠收敛，而对于颜色分割问题（80 个可调参数），必然计算会更加密集并且可能受到收敛问题的影响。显然，这是关乎是否可以将使用实际数据获得的协方差矩阵近似为对角矩阵或各向同性矩阵的测试和实验。然而，EM 算法更复杂并且更可能受益于使用一般协方差矩阵，而 K 均值算法可能最适合于各向同性矩阵——如用于生成图 14-8 和图 14-9 中的图像。有趣的是，通常的做法是为 EM 算法提供对角线或各向同性的第一近似值。在图 14-3 的情况下，采用了后者。

表 14-2  正文中讨论的案例的高斯参数数量

| 高斯的配置 | 参数数量 | | | | 相关的图 |
| --- | --- | --- | --- | --- | --- |
| | 混合 | 均值 | 协方差 | 总数 | |
| 3：一般 2D | 3 | $3 \times 2$ | $3 \times 3$ | 18 | 图 14-3 |
| 6：1D（灰度） | 6 | $6 \times 1$ | $6 \times 1$ | 18 | 图 14-6 |

（续）

| 高斯的配置 | 参数数量 | | | | 相关的图 |
|---|---|---|---|---|---|
| | 混合 | 均值 | 协方差 | 总数 | |
| 8：3D（彩色） | 8 | $8 \times 3$ | $8 \times 6$ | 80 | 图 14-8：理想 |
| 8：3D（颜色） | 8 | $8 \times 3$ | $8 \times 1$ | 40 | 图 14-8：K 均值 |

注：在最后一行中，K 均值仅仅意味着有效参数数量，因为在算法中没有明确地使用高斯分布，尽管等效复杂
度确实适用于任务本身。

## 14.5  主成分分析

与聚类分析密切相关的是数据表示的概念。处理这项任务的一种有效方式是主成分分析（PCA）。这包括在特征空间中查找点集群的平均值，然后按以下方式查找集群的主轴。首先，找到一个通过平均位置的轴，当数据被投影到该轴上时，该轴给出最大的方差。然后，找到第二个这样的轴，其在垂直于第一个的方向上最大化方差。执行该过程直到已经为 $N$ 维特征空间找到总共 $N$ 个主轴。该过程如图 14-10 所示。实际上，该过程完全是数学意义上的，不需要按照上面指出的严格顺序进行：仅涉及找到一组正交轴，这些正交轴使协方差矩阵对角化。

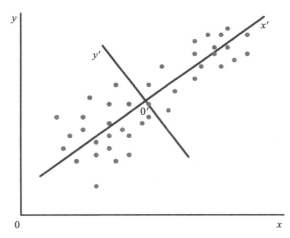

图 14-10  主成分分析的说明。这里，点表示特征空间中的模式，并且最初是相对于 $x$ 轴和 $y$ 轴测量的。然后，样本均值位于 0′，并且第一主成分的方向 0′$x$′ 被找到以作为方差最大化的方向。第二主成分的方向 0′$y$′ 垂直于 0′$x$′，在更高维空间中，它将被作为 0′$x$′ 的法线方向（方差最大化）

输入总体的协方差矩阵定义为

$$\Sigma = \mathbb{E}\left((\boldsymbol{x}_{(p)} - \boldsymbol{\mu})(\boldsymbol{x}_{(p)} - \boldsymbol{\mu})^{\mathrm{T}}\right) \tag{14.34}$$

其中 $\boldsymbol{x}(p)$ 是第 $p$ 个数据点的位置，$\boldsymbol{\mu}$ 是 $P$ 个数据点的平均值；$\mathbb{E}(\cdot)$ 表示基础总体的期望值。我们可以从方程中估算出：

$$\Sigma = \frac{1}{P}\sum_{p=1}^{P} \boldsymbol{x}_{(p)}\boldsymbol{x}_{(p)}^{\mathrm{T}} - \boldsymbol{\mu}\boldsymbol{\mu}^{\mathrm{T}} \tag{14.35}$$

$$\boldsymbol{\mu} = \frac{1}{P}\sum_{p=1}^{P} \boldsymbol{x}_{(p)} \tag{14.36}$$

$\Sigma$ 是实对称的，可以使用合适的正交变换矩阵 $\boldsymbol{A}$ 对其进行对角化，得到一组 $N$ 个标准

正交特征向量 $\boldsymbol{u}_i$（特征值 $\lambda_i$）。

$$\boldsymbol{\Sigma} \boldsymbol{u}_i = \lambda_i \boldsymbol{u}_i \, (i = 1, 2 \cdots, N) \tag{14.37}$$

向量 $\boldsymbol{u}_i$ 是从原始向量 $\boldsymbol{x}_i$ 导出的：

$$\boldsymbol{u}_i = A(\boldsymbol{x}_i - \boldsymbol{\mu}) \tag{14.38}$$

并且恢复原始数据向量所需的逆变换是

$$\boldsymbol{x}_i = \boldsymbol{\mu} + A^{\mathrm{T}} \boldsymbol{u}_i \tag{14.39}$$

在这里，我们复习一下正交矩阵的性质：

$$A^{-1} = A^{\mathrm{T}} \tag{14.40}$$

事实上，可以证明 $A$ 是如下矩阵，即其行由 $\boldsymbol{\Sigma}$ 的特征向量形成，并且对角化的协方差矩阵 $\boldsymbol{\Sigma}'$ 由下式给出：

$$\boldsymbol{\Sigma}' = A\boldsymbol{\Sigma}A^{\mathrm{T}} \tag{14.41}$$

从而

$$\boldsymbol{\Sigma}' = \begin{bmatrix} \lambda_1 & \cdots & 0 \\ 0 & & 0 \\ \vdots & & \vdots \\ 0 & \cdots & \lambda_N \end{bmatrix} \tag{14.42}$$

注意，在正交变换中，矩阵的迹保持不变。因此，输入数据的迹由下式给出

$$\mathrm{trace}\,\boldsymbol{\Sigma} = \mathrm{trace}\,\boldsymbol{\Sigma}' = \sum_{i=1}^{N} \lambda_i = \sum_{i=1}^{N} s_i^2 \tag{14.43}$$

我们在这里解释了 $\lambda_i$ 作为主成分轴方向上数据的方差（注意，对于实对称矩阵，特征值都是实数和正数）。

在下文中，我们将假设特征值已经放置在有序序列中，从最大值开始。在这种情况下，$\lambda_1$ 表示数据点集的最重要特征，后面的特征值表示相继不太重要的特征。我们甚至可以这样说，在某种意义上说，$\lambda_1$ 代表最感兴趣的数据特征，而对 $\lambda_N$ 基本上没有"兴趣"。更实际的是，即便我们忽略 $\lambda_N$，也不会失去很多有用的信息，实际上最后几个特征值经常代表在统计上不显著且基本上是噪声的特征。由于这些原因，PCA 通常用于将特征空间的维度从 $N$ 减小到某个较低值 $N'$。在某些应用程序中，这将被视为有益的数据压缩。在其他应用中，它将被视为减少输入数据中存在的巨大冗余。

我们可以通过在减少维数的空间中写入数据的方差来量化这些结果

$$\mathrm{trace}(\boldsymbol{\Sigma}')_{\mathrm{reduced}} = \sum_{i=1}^{N'} \lambda_i = \sum_{i=1}^{N'} s_i^2 \tag{14.44}$$

现在不仅清楚为什么这会使得数据的方差减小，而且我们可以看到通过逆变换［方程（14.39）］得到的均方差将是

$$\overline{e^2} = \sum_{i=1}^{N} s_i^2 - \sum_{i=1}^{N'} s_i^2 = \sum_{i=N'+1}^{N} s_i^2 \tag{14.45}$$

PCA 变得特别重要的一个应用是分析多光谱图像，如来自地球轨道卫星的图像。通常将有 6 个单独的输入通道（例如，3 种颜色和 3 种红外线），每个通道提供相同地面区域的图像。如果这些图像的大小为 $512 \times 512$ 像素，那么将有大约 25 万个数据点，这些数据点必须插入六维特征空间中。在得到这些数据点的均值和协方差矩阵之后，后者被对角化并且可以形成总共 6 个主成分图像。通常，其中只有两个或三个将包含直接有用的信息，其余的可

以忽略（例如，6 个主成分图像中的前三个可能已经占输入图像方差的 95%）。理想情况下，在这种情况下前几个主成分图像将突出显示诸如运动场、道路和河流，这正是地图制作或其他目的所需的数据。通常，通过仅关注前几个主成分的输入图像数据，可以辅助重大模式识别任务，节省相当大的存储空间。

最后，还要注意 PCA 确实提供了一种特定形式的数据表示。就其本身而言，它并不涉及模式分类，而对后一类任务有用的方法必须同时具有判别性。因此，仅仅因为具有最高可变性而选择某种特征并不意味着它们在模式分类器中必然表现良好。与特征空间中数据分析的整个研究相关的另一个重要因素是各种特征的尺度。通常，这些将是一个非常多样化的集合，包括长度、重量、颜色、孔的数量等。显然，这样一组特征将没有特殊的可比性，甚至不可能在同一单元中进行测量。这意味着将它们置于相同的特征中并假设各轴上的尺度应具有相同的加权因子必然无效。解决这个问题的一种方法是通过测量方差来将各个特征标准化为某个标准尺度。这样的程序自然会从根本上改变主成分计算的结果，并进一步阻止人们不加思索地使用主成分方法。另一方面，在某些情况下，不同的特征可以兼容，并且可以在不必担心所有特征都是同一窗口中的像素强度（这种情况在 7.5 节中讨论）的情况下执行 PCA。

## 14.6  多分类器

近年来，多分类器协同工作的应用使得分类过程更加可靠。它的基本概念很像三位法官聚在一起做出比任何人单独做出的判断更可靠的判断。每个人都擅长各种各样的事情，但不是所有的事情，所以将他们的知识以适当的方式汇集在一起应该可以做出更可靠的判断。类似的概念也适用于专家 AI 系统：多个专家系统应该能够弥补彼此的不足。在所有这些情况下，应该存在一些方法来最大限度地利用单个分类器而不会造成混乱。

请注意，这个想法不仅仅是采用分类器使用的所有特征检测器，以及用一个更复杂的决策单元替换它们的输出决策设备。实际上，这样的策略很可能会遇到 14.5 节中讨论的超出最佳特征数量的问题。最好的情况是这种策略只会带来微小的改进，而在最坏的情况下，系统会直接失败。相反，我们的想法是对一些完整但完全独立的分类器进行最终分类，并将它们的输出结合起来以获得显著改进的输出。此外，可能会发生单独的分类器使用完全不同的策略来做出决策的情况：一个可能是最近邻分类器，另一个可能是贝叶斯分类器，还有一个可能是神经网络分类器（参见 13.10 ~ 13.13 节）。同样，可以采用结构化模式识别，可以使用统计模式识别，也可以使用句法模式识别。每一个都有其自身的优点和缺点。这个想法部分是为了方便：利用任何可用的合理的分类器，并通过将其与其他合理的分类器结合使用来提高效率。

接下来的任务是了解如何在实践中实现这一目标。也许，最明显的方法是让各个分类器为每个输入模式的类投票。虽然这是一个好主意，但往往会失败，因为单个分类器的弱点可能比它们的优势影响更大。因此，必须使概念更加全面。

另一种策略是再次允许各个分类器进行投票，但这次是以独占方式进行投票，以便为每个输入模式消除尽可能多的类。这可以通过简单的交集规则来实现：只有当所有分类器都表明它是可能的时候才接受该类。通过以特殊方式对每个分类器应用阈值来实现该策略，下面将对其进行描述。

该策略工作的先决条件是每个分类器不仅必须为每个输入模式提供类决策，还必须为每个模式提供所有可能类的排名。换句话说，它必须为任何模式提供其首选类、第二选择……然后，分类器被标记为它分配给该模式的真实类的排名。事实上，我们将每个分类器应用于整个训练集并得到一个排名表（表 14-3）。最后，我们找到每个分类器的最坏情况（最大排名），并将其作为将在最终多分类器中使用的阈值（在日常用语中，最坏的情况对应于最低排名，这里是最大的数字排名；同样，最高排名是最小的数字排名。显然有必要解释清楚这个术语）。当使用这种方法测试输入模式时，只有未被阈值排除的那些分类器的输出相交，才能给出输入模式的最终类列表。

**表 14-3　确定交集策略的一组分类器**

| | 分类器排名 | | | | |
|---|---|---|---|---|---|
| | $C_1$ | $C_2$ | $C_3$ | $C_4$ | $C_5$ |
| $D_1$ | 5 | 3 | 7 | 1 | 8 |
| $D_2$ | 4 | 9 | 6 | 4 | 2 |
| $D_3$ | 5 | 6 | 7 | 1 | 4 |
| $D_4$ | 4 | 7 | 5 | 3 | 5 |
| $D_5$ | 3 | 5 | 6 | 5 | 4 |
| $D_6$ | 6 | 5 | 4 | 3 | 2 |
| $D_7$ | 2 | 6 | 1 | 3 | 8 |
| thr | 6 | 9 | 7 | 5 | 8 |

注：该表的上半部分显示了每个输入模式的原始分类器排名；在表格的最后一行，只保留最差的排名情况。当稍后应用于测试模式时，这可以用作阈值（标记为"thr"）以确定应该使用哪些分类器。

**表 14-4　确定联合策略的一组分类器**

| | 分类器排名 | | | | | 最佳分类器 | | | | |
|---|---|---|---|---|---|---|---|---|---|---|
| | $C_1$ | $C_2$ | $C_3$ | $C_4$ | $C_5$ | $C_1$ | $C_2$ | $C_3$ | $C_4$ | $C_5$ |
| $D_1$ | 5 | 3 | 7 | 1 | 8 | 0 | 0 | 0 | 1 | 0 |
| $D_2$ | 4 | 9 | 6 | 4 | 2 | 0 | 0 | 0 | 0 | 2 |
| $D_3$ | 5 | 6 | 7 | 1 | 4 | 0 | 0 | 0 | 1 | 0 |
| $D_4$ | 4 | 7 | 5 | 3 | 5 | 0 | 0 | 0 | 3 | 0 |
| $D_5$ | 3 | 5 | 6 | 5 | 4 | 3 | 0 | 0 | 0 | 0 |
| $D_6$ | 6 | 5 | 4 | 3 | 2 | 0 | 0 | 0 | 0 | 2 |
| $D_7$ | 2 | 6 | 1 | 3 | 8 | 0 | 0 | 1 | 0 | 0 |
| 最小 - 最大阈值 | | | | | | 3 | 0 | 1 | 3 | 2 |

注：该表的左侧显示了每个输入模式的原始分类器排名。在表的右侧仅保留一个排名，即获得最适合识别该模式的分类器。注意，为了便于下一项分析——在表中找到分类器排名的阈值，表中剩余位置用零填充。最终阈值为零表示在分析输入数据时没有任何帮助的分类器。

上述"交集策略"侧重于各个分类器的最坏情况行为，结果是许多分类器几乎不会减少输入模式的可能类列表。这种趋势可以通过另一种"联合策略"来解决，该策略侧重于单个分类器的特殊性：目的是找到一种能够很好地识别每种特定模式的分类器。为了实现这一点，对于每个单独的模式，我们寻找具有最小排名的分类器（分类器排名与上面针对交集策略定义的完全相同）（表 14-4）。在确定了各个输入模式的最小排名后，我们确定每个分类器中所有输入模式产生的最大排名。现在，将此值应用为阈值可确定是否应使用分类器的输出来帮助确定模式的类别。请注意，阈值是使用训练集以这种方式确定的，并稍后用于确定应用于各个测试模式的分类器。因此，对于任何模式，可识别出一组有限的最适合判断其类别的分类器。

为了阐明联合策略的原理，让我们来看看它对训练集的作用。事实上，它保留足够的分类器以确保不排除任何模式的真实类（尽管不能保证测试集的任何成员都如此）。因此，使用一个能够很好地识别每个特定模式的分类器的目标是肯定能够实现的。

不幸的是，这种保证不是在没有代价的情况下获得的。具体而言，如果训练集的成员实际上是异常值，则保证仍将适用，但整体性能可能会受到影响。这个问题可以通过多种方式解决，但一个简单的方法是从训练集中剔除过于糟糕的范例。另一种方法是完全放弃联合策略，并采取更复杂的投票策略。其他方法涉及重新排序数据以提高正确类别的排名（Ho 等人，1994）。

## 14.7　Boosting 方法

Boosting 的概念起源于 20 世纪 80 年代。它是基于这样一种想法，即通过与其他弱学习者结合，有可能提高一个弱学习者的表现（每个弱学习者的表现要比随机表现好一些）。的确，Schapire（1990）表明，如果以严格定义的方式训练，一组三个弱学习者 $C_1 \sim C_3$ 将保证有更好的表现：$C_1$ 将首先接受 $N$ 点训练；然后，$C_2$ 将由一组不同的 $N$ 点进行训练，其中一半被 $C_1$ 错误分类；然后，$C_3$ 将在另一组 $N$ 点上进行训练，对于所有这些点，$C_1$ 和 $C_2$ 会得到不同结果。最后，通过 $C_1$、$C_2$ 和 $C_3$ 的多数投票得到改进的（"boosted"）分类器。

遵循这一定理，该方向进展很快，广泛使用的离散 AdaBoost 算法由 Freund 和 Schapire 在 1996 年发表。它首先定义了一组弱二元分类器 $f_m(x): m = 1, \cdots, M$。然后，它基于训练点的加权版本训练它们，增加错误分类点的权重并减少被正确分类的点的权重。训练之后，获得最终分类器作为 $M$ 个单独分类器输出的总和。完整的算法如表 14-5 所示。注意，它使得设置指示器函数 $I(A)$ 具有重要意义——这里将其视为逻辑函数：当 $A$ 为真时取值 1，否则为 0。因此，在算法中，$\mathcal{I}(f_m(x) \neq y_i) = 1$ 表示错误分类的实例。在算法中建立的事实是，在算法的每个 $M$ 阶段中，识别最好的（保留）弱分类器并用于更新权重；这揭示了在运算中，算法将弱分类器分类为最佳优先顺序——推迟使用最差弱分类器的策略，同时允许通过权重更新来改善性能。

**表 14-5　离散 AdaBoost 算法**

---

输入 $N$ 个训练样本 $x_i$ 和它们的二分类 $y_i \in \{-1, 1\}$

初始化权重 $w_i$ 为 $1/N$：这也将进行归一化，使得 $\sum\limits_{i=1}^{N} w_i = 1$。

for $m = 1, \cdots, M$, do{

　通过最小化加权分类误差找到最合适的分类器

$$e_m = \sum_{i=1}^{N} w_{i,m} \mathcal{I}(f_m(x_i) \neq y_i)$$

　评估 $c_m = \ln[(1 - e_m)/e_m]$。

　更新权重：$W_i = w_i \exp[c_m \mathcal{I}(f_m(x_i) \neq y_i)]$，$i = 1, \cdots, N$。

　将权重 $w_i$ 重新归一化，使得 $\sum\limits_{i=1}^{N} w_i = 1$。

}

最终分类器的输出为 $S(x) = \text{sign}\left[\sum\limits_{m=1}^{M} C_m f_m(x)\right]$。

---

虽然一组超平面的总和将导致单个超平面决策表面，但这对于 AdaBoost 算法来说并非

如此，因为组件函数 $f_m(x)$ 是高度非线性的。

重要的是要理解为什么在每个训练阶段之前调整数据点的权重：首先，不用特别强调已经由前 $m$ 个阶段正确分类的点，因为它们提供的信息已经嵌入前 $m$ 个弱分类器的系数中；因此，后者已经达到了目的。然而，对于错误分类的点，情况并非如此，因此在训练后续弱分类器时需要更加强调后者。这种方法在实践中的工作原理如图 14-11 所示。

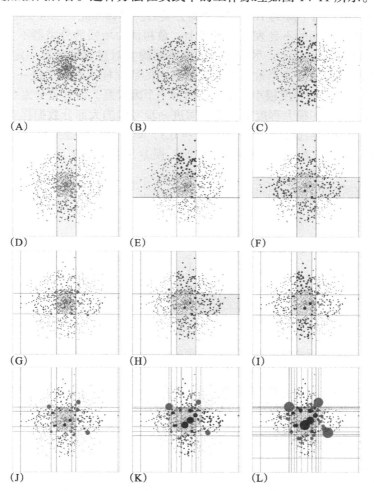

图 14-11　在一系列弱分类器上训练 AdaBoost 的结果。图 A 显示了初始训练集的分布，包括 500 个红色和 500 个蓝色数据点。图 B ～ L 分别显示了对 1、2、3、4、5、6、7、8、12、20 和 30 个弱分类器的训练结果，每个弱分类器由单个直线决策面组成。在应用每个最佳拟合弱分类器之后，调整数据点的权重——对于正确分类的点使其更小，而对于错误分类的点使其更大。在图 J ～ L 中，可以识别出有几个点（大的红色或蓝色斑点）是过度训练的

图 14-11A 显示了训练数据，随后的图片显示了应用弱分类器的各种数据的结果；后者具有简单的直线决策表面。总的来说，我们看到组合分类器能够实现任何单独的弱分类器本身没有希望实现的目标。注意，数据点的权重似乎在前几个阶段以相当合理的方式进行了调整；然而稍后，我们开始看到少量的点获得了相当大的权重，并且在 20 个阶段之后，会过度集中到一小部分弱分类器。后一种情况意味着过度训练的可能性。为了进一步研究，我们

需要查看训练和测试期间的误差。

图 14-12 显示了训练和测试的错误分类图。很明显，训练分类错误最初会迅速改善，但是在训练了大约 18 个弱分类器后变得平稳。类似地，当整个分类器在以前未见过的来自同一来源的样本上进行测试时，最初的改进几乎是相同的，但是在训练了大约 18 个弱分类器后再次平稳，最终误差大约高出 30%。此外，随着进一步的弱分类器的训练，两条曲线似乎都略有上升，全局最小值下降到 18 ~ 20 个弱分类器。尽管如此，当分类器过度训练时，几乎没有迹象表明通常预期的不良表现。事实上，最初认为增强的分类器不会受到过度训练。后来的工作表明情况并非如此，尽管增强的分类器确实对过度训练有一定的抵抗力。这是因为，随着越来越多的弱分类器被引入，越来越少的数据样本被用于进一步训练（见图 14-11），因此过度训练的总体程度很小。要记住的另一个因素是，带有完全独立弱分类器的每个阶段的训练正确识别并在很大程度上消除了需进一步考虑的大部分数据样本 $\eta$，因此只有一小部分 $(1-\eta)^m$ 在 $m$ 阶段后保持不变。如果 $\eta \approx 0.3$，剩余部分将按照数列 1.00、0.70、0.49、0.34、0.24 下降，这意味着 $m$ 一直到接近 20 时，误差几乎呈指数下降（见图 14-12）。

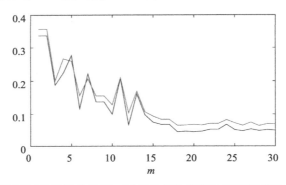

图 14-12　用于训练和测试的错误分类图。下面的蓝色折线显示了训练的错误分类图，上面的红色折线显示了测试的错误分类图。最初，两种情况下的误差都在迅速下降，但测试集的误差稍高一些（在训练集上进行测试总是有望带来更好的性能）。在应用了 18 ~ 20 个弱分类器后，再没有进一步的改善了，一些过度训练变得明显

## 14.8　AdaBoost 建模

到目前为止，我们已经有效地定义了 AdaBoost 算法来实现改进的分类方法。下一步是对其进行理论分析。Friedman 等人（2000 年）提出的理论模型是指数损失函数：

$$E = \sum_{i=1}^{N} \exp(-y_i F(x)) \tag{14.46}$$

其中

$$F(x) = \sum_{m=1}^{M} c_m f_m(x) \tag{14.47}$$

$y_i$ 是训练集类，$y_i \in \{-1,1\}$。

为了使用这个模型来最小化函数，有必要知道什么已最小化，什么没有最小化。首先，我们注意到只需要对阶段 $m$ 的弱分类器进行训练，因为所有其他的弱分类器在算法的其他阶段都将遵循相同的模式。这意味着，我们只需要对 $c_m$ 和 $f_m(x)$ 来最小化 $E_m$。虽然原则上简单明了，但是需要对指示函数 $\mathcal{I}(\cdot)$ 和计算的其他方面非常小心，因此在第一次阅读时可

以省略证明的细节。然而，应该注意的是，式（14.52）是 AdaBoost 算法中使用的主要结果（表 14-5）。$E_m$ 可以写作

$$E_m = \sum_{i=1}^{N} w_{i,m} \exp(-y_i c_m f_m(x_i)) \tag{14.48}$$

其中权重 $w_{i,k}(k=1,\cdots,m)$ 主要关注之前阶段弱分类 $1,\cdots,m-1$ 的指数因子，只剩下对 $c_m$ 和 $f_m(x)$ 进行最小化。这样，$w_{i,k}(k=1,\cdots,m)$ 可以被视为常数，而忽略这些最小值。接下来，必须将正确分类点（$y$ 和 $f$ 具有相同符号）的 $c_m$ 变化与错误分类点（$y$ 和 $f$ 具有相反符号）的 $c_m$ 变化分开：

$$\begin{aligned}
E_m &= \mathrm{e}^{-c_m} \sum_{i:\text{correct}} w_{i,m} + \mathrm{e}^{c_m} \sum_{i:\text{incorrect}} w_{i,m} \\
&= \mathrm{e}^{-c_m} \sum_{i=1}^{N} w_{i,m} - \mathrm{e}^{-c_m} \sum_{i:\text{incorrect}} w_{i,m} + \mathrm{e}^{c_m} \sum_{i:\text{incorrect}} w_{i,m} \\
&= \mathrm{e}^{-c_m} \sum_{i=1}^{N} w_{i,m} + (\mathrm{e}^{c_m} - \mathrm{e}^{-c_m}) \sum_{i:\text{incorrect}} w_{i,m} \\
&= \mathrm{e}^{-c_m} \sum_{i=1}^{N} w_{i,m} + (\mathrm{e}^{c_m} - \mathrm{e}^{-c_m}) \sum_{i=1}^{N} w_{i,m} \mathcal{I}(f_m(x) \neq y_i)
\end{aligned} \tag{14.49}$$

由于这个公式中的第一项和 $f_m(x)$ 是互相独立的，最小化关于 $f_m(x)$ 的 $E_m$ 等价于最小化在 AdaBoost 算法中的项 $e_m = \sum_{i=1}^{N} w_{i,m}(f_m(x_i) \neq y_i)$。为了最小化关于 $c_m$ 的 $E_m$，求微分后得到

$$\frac{\partial E}{\partial c_m} = (\mathrm{e}^{c_m} + \mathrm{e}^{-c_m}) \sum_{i=1}^{N} w_{i,m} \mathcal{I}(f_m(x_i) \neq y_i) - \mathrm{e}^{-c_m} \sum_{i=1}^{N} w_{i,m} \tag{14.50}$$

设 $\dfrac{\partial E}{\partial c_m}$ 为 0，可以得到

$$e_m = \frac{\sum_{i=1}^{N} w_{i,m} \mathcal{I}(f_m(x_i) \neq y_i)}{\sum_{i=1}^{N} w_{i,m}} = \frac{\mathrm{e}^{-c_m}}{\mathrm{e}^{c_m} + \mathrm{e}^{-c_m}} = \frac{2}{\mathrm{e}^{2c_m} + 1} \tag{14.51}$$

（这里定义的 $e_m$ 和依据等式（14.49）定义的 $e_m$ 之所以有差异，是因为 AdaBoost 在每次迭代后对权重 $w_i$ 进行归一化，见表 14-5。）

经过了几个简单的步骤，我们发现

$$c_m = \frac{1}{2} \ln \left[ \frac{1 - e_m}{e_m} \right] \tag{14.52}$$

这证明了 AdaBoost 算法中最后几个优化步骤的有效性——所有弱分类器系数均在 1/2 的常数因子范围内。重要的一点是，整个算法的特性和最小化特性是在单一假设——存在指数损失函数 $E$ 的情况下确定的。

## Real AdaBoost

> 这个版本的 AdaBoost 算法及其证明［公式（14.53）～（14.56）］在第一次阅读时可以省略。在此讨论它的主要意义是根据机器学习的原理，为更严格的概率理论做好铺垫。

Real AdaBoost 是 AdaBoost 算法的一个版本，它是根据概率而不是误差来表示的，并且仍然可以使用指数损失函数来推导。为此，我们将第 $m$ 个弱分类器的期望损失表示为：

$$\mathbb{E}(E_m) = \mathbb{E}(\exp[-yf_m(x)]\,|\,x) = P_m(y=1\,|\,x)\mathrm{e}^{-f_m(x)} + P_m(y=-1\,|\,x)\mathrm{e}^{f_m(x)} \qquad (14.53)$$

$$\therefore \quad \frac{\partial\mathbb{E}(E_m)}{\partial f_m(x)} = -P_m(y=1\,|\,x)\mathrm{e}^{-f_m(x)} + P_m(y=-1\,|\,x)\mathrm{e}^{f_m(x)} \qquad (14.54)$$

将 $\partial\mathbb{E}(E_m)/\partial f_m(x)$ 设为 0 以最小化期望损失，或者说，最大化类概率估计，给出如下公式

$$\mathrm{e}^{2f_m(x)} = \frac{P_m(y=1\,|\,x)}{P_m(y=-1\,|\,x)} = \frac{P_m(y=1\,|\,x)}{1-P_m(y=1\,|\,x)} \qquad (14.55)$$

$$\therefore \quad f_m(x) = \frac{1}{2}\ln\left[\frac{P_m(y=1\,|\,x)}{1-P_m(y=1\,|\,x)}\right] \qquad (14.56)$$

在算法中，我们将使用 $\dfrac{1}{N}\displaystyle\sum_{i=1}^{N}\mathcal{I}(y_i=1)$ 来估计 $P_m(y=1\,|\,x)$，并继续寻找数据的最佳拟合，以 $p_m(x) = \hat{P}_m(y=1\,|\,x)$ 的形式表达最终结果。为了获得最佳拟合，将使用 argmin 函数。因此，我们得到了 Real AdaBoost 算法（表 14-6）。

表 14-6　Real Adaboost 算法

---

输入 $N$ 个训练样本点 $x_i$ 及其二分类 $y_i \in \{-1,1\}$。

将权重 $w_j$ 初始化为 $1/N$：这也同时将它们进行了归一化，以保证 $\displaystyle\sum_{i=1}^{N}w_i=1$。

对 $m = 1, \cdots, M$，do{

　通过优化类概率估计 $p_m(x)$，找到最合适的分类器。

　将权重 $w_i$ 用在训练集上。

　评估函数 $f_m(x_i) = \dfrac{1}{2}\ln[p_m(x_i)/(1-p_m(x_i))]$。

　更新权重：$w_i = w_i\exp[-y_i f_m(x_i)]$，$i=1, \cdots, N$。

　将权重 $w_i$ 再次进行归一化来保证 $\displaystyle\sum_{i=1}^{n}w_i=1$。

}

输出最终的分类器，形式为 $S(x) = \mathrm{sign}\left[\displaystyle\sum_{m=1}^{M}f_m(x)\right]$。

---

## 14.9　Boosting 方法的损失函数

事实证明，有一系列可行的损失函数。其中，$E$ 很容易处理，但有一个问题，它给错误筛选的点赋予了太多的权重——至少，这可能导致明显的鲁棒性损失。然而，克服这个问题的简单方法是使用"对数损失"函数

$$L = \ln[1+\exp(-yF(x))] \qquad (14.57)$$

为了清楚起见，我们在这里去掉了 $N$ 个训练样本点上的 $i$ 后缀和总和。为了比较 $E$ 和 $L$，最好将 $L$ 归一化，这样，像 $E$ 一样，它在 $yF=0$ 时等于 1。此外，调整它以使其在 $yF=0$ 处具有相同的梯度是有用的。因此得到修正的函数

$$\tilde{L} = \ln[1+\exp(-2yF(x))]+1-\ln 2 \qquad (14.58)$$

它的梯度是

$$\frac{\mathrm{d}\tilde{L}}{\mathrm{d}(yF)} = \frac{-2}{1+\exp(2yF(x))} \qquad (14.59)$$

此外有

$$\frac{\mathrm{d}^2 \tilde{L}}{\mathrm{d}(yF)^2} = \frac{4\exp(2yF(x))}{[1+\exp(2yF(x))]^2} \tag{14.60}$$

它在 $yF=0$ 处的值为 1。这与指数损失函数 $E$ 相同。图 14-13 确认 $E$ 和 $\tilde{L}$ 在 $yF=0$ 时具有相同的值、梯度和曲率。此外，对于 $yF$ 的负值，$\tilde{L}$ 趋向于梯度为 $-2$ 的线性渐近线 $A$，而对于 $yF$ 的正值，$\tilde{L}$ 趋向于水平渐近线。其中两个渐近线都通过点 $(0,1-\ln2)$，也就是 $(0,0.31)$，如图 14-13 所示。

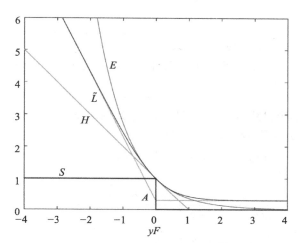

图 14-13 用于增强的损失函数的比较。$E$ 和 $\tilde{L}$ 是指数（红色）和对数损失（蓝色）函数，$H$ 是 SVM 分类器中使用的枢纽函数（绿色）。$S$ 是二元误分类阶跃函数（黑色），其中损失函数必须以平滑、单调变化的方式模拟。$\tilde{L}$ 的两条线性渐近线（青色）在 $yF=0$ 交点附近标记为 $A$。注意，$E$ 和 $\tilde{L}$ 在它们满足 $S$ 的点处具有相等的值、梯度和曲率；重要的是 $\tilde{L}$ 保持该特性但是对于 $yF$ 的大的负值转向线性变化

总的来说，$\tilde{L}$ 似乎具有 $E$ 的优点，没有负 $yF$ 的指数爆炸，而是在该区域具有受控的近线性响应。在同一区域（见图 14-13），它类似于"枢纽"（hinge）函数 $H$，构成支持向量机（SVM）分类方法的基础，这个在 $E$ 和 $\tilde{L}$ 曲线接触的点 $(0,1)$ 也有梯度 1。

二元误分类（阶跃）函数 $S$ 也显示在图 14-13 中，1 表示错误分类，0 表示正确解释。事实上，损失函数的概念是模拟 $S$，从而用数学方法来表示 $S$。请注意，它应该是可微的，并且单调变化（即它的梯度永远不应该改变符号）。此外，理想情况下，它应该是向上凸起的，因为这有助于保证直接优化。所有这些条件都适用于 $E$ 和 $L$，但它们不仅排除了 $S$，还排除了 $H$ 和 $A$ 作为合适的损失函数（即使后者与正 $yF$ 轴或水平渐近线结合，因为分段线性函数是不可微的）。

到目前为止，我们相信对数损失函数 $L$（或 $\tilde{L}$），认为它有正确的变体，但没有提供任何可行性证明。然而，如果使用式（14.56）中导出的函数 $f_m(x)$ 并求解它以确定 $p_m(x)$，我们发现

$$p_m(x) = \frac{\mathrm{e}^{f_m(x)}}{\mathrm{e}^{-f_m(x)}+\mathrm{e}^{f_m(x)}} = \frac{1}{1+\mathrm{e}^{-2f_m(x)}} \tag{14.61}$$

或者，写出联合概率展开式

$$P(y=1\,|\,x) = \frac{1}{1+\mathrm{e}^{-2F(x)}} \tag{14.62}$$

因此，根据定义，对数似然为

$$\mathcal{L} = -\ln[1+\exp(-2yF(x))] \tag{14.63}$$

这个结果的价值在于，它为我们提供了对数损失函数的概率基础，具体来说，我们将能够从训练好的对数损失函数中提取概率。指数损失函数 $E$ 的主要问题之一是没有提供这个机会：事实上，$E$ 不是一个合适的对数似然函数，因为它不等于作用于二进制变量的任何概率质量函数的对数，取对数 $E$ 也无助于此。因此，AdaBoost 不能用于从 $f(x)$ 中获得概率估计。

> 对数损失函数及其最小化的细节 [式（14.64）~（14.68）] 可在第一次阅读时略过。只要理解它为开发一个合适的基于概率的算法（特别是 14.10 节的 LogitBoost 算法）提供了实质性的一步就足够了。

接下来，我们需要找到最小化对数损失函数平均值的函数，写作

$$\begin{aligned}
\mathbb{E}(L) &= \mathbb{E}(\ln[1+\exp(-2yF(x))]) \\
&= P(y=1|x)\ln(1+e^{-2F(x)}) + P(y=-1|x)\ln(1+e^{2F(x)})
\end{aligned} \tag{14.64}$$

然后关于 $F(x)$ 求微分，得到

$$\frac{\partial \mathbb{E}(L)}{\partial F(x)} = \frac{-2P(y=1|x)e^{-2F(x)}}{1+e^{-2F(x)}} + \frac{2P(y=-1|x)e^{2F(x)}}{1+e^{2F(x)}} \tag{14.65}$$

为了得到最小值，设 $\frac{\partial \mathbb{E}(L)}{\partial F(x)}=0$。消去之后得到

$$\frac{P(y=1|x)}{P(y=-1|x)} = e^{2F(x)} \tag{14.66}$$

记 $P(y=1|x)+P(y=-1|x)=1$，对这两个概率分布，有

$$P(y=1|x) = \frac{1}{1+e^{-2F(x)}} \tag{14.67}$$

以及

$$P(y=-1|x) = \frac{1}{1+e^{2F(x)}} \tag{14.68}$$

因为 $y$ 完全包含在集合 $\{-1,+1\}$ 中，我们可以将这些结果合并为

$$P(y|x) = \frac{1}{1+e^{-2yF(x)}} \tag{14.69}$$

（在二项式计算中，通过单个参数以这种方式重新组合结果是一个需要记住的有用技巧。）

我们还以稍微简化的形式获得了众所周知的"群体极小值"，如下所示：

$$F(x) = \frac{1}{2}\ln\left[\frac{p(x)}{1-p(x)}\right] \tag{14.70}$$

我们可以通过观察中值滤波器在图像的每个窗口中执行这一函数——中值回归，也就是所谓的 $L_1$ 回归——来阐明群体极小值的概念（有时被描述为风险最小化）。

奇怪的是，这与我们在式（14.56）中获得的指数损失函数的群体极小值基本相同。值得怀疑的是，这种不同的损失函数如何有效地具有相同的最小值。事实上，简单的计算（比上面给出的 $L$ 更简单）表明，任何形式为 $g(e^{-yF(x)})$ 的损失函数都具有式（14.70）中给出的群体极小值（对于学生来说，证明这一点并确定对函数 $g(\cdot)$ 的限制是一种有益的练习）。

有趣的是，式（14.69）是我们在 13.11 节中遇到的 sigmoid 激活函数的一个特例，它被用来正则化人工神经网络的训练。形式上，逻辑 sigmoid 函数（图 14-14）定义为

$$\sigma(v) = \frac{1}{1+e^{-v}} \tag{14.71}$$

（这个函数被称为逻辑 sigmoid 函数，以区别于其他 sigmoid（S 形）函数，如 arctan 函数和 probit 函数，后者是从 $-\infty$ 开始的累积高斯分布。）它的逆［在式中（14.70）中使用］被称为 logit 函数：

$$v = \ln\left[\frac{\sigma}{1-\sigma}\right] \tag{14.72}$$

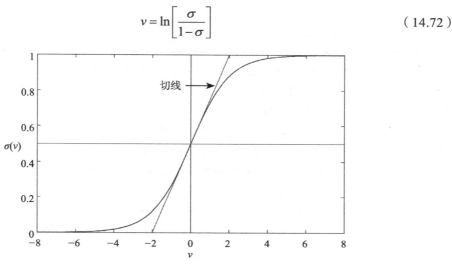

图 14-14　逻辑 sigmoid 函数。该对称曲线是图 13-11C 所示的位移版本，其以原点为中心。注意中心的切线：这里 0.25 的梯度是通过轴缩放来得到的

## 14.10　LogitBoost 算法

关于对数损失函数 $L$ 的值，上面已经说了很多。不幸的是，它比指数损失函数 $E$ 稍微复杂一些，这导致在设计合适的优化算法时需要对策略做出实质性改变。Friedman（2000）等人设计的 LogitBoost 算法（表 14-7）反映了这一点。第一，它被迫使用最小二乘法进行优化。第二，乍一看，它的策略似乎没有使用损失函数，但实际上使用了它的衍生品。第三，它并不直接旨在最小化分类误差，而是从使用一个方程开始，在该方程中，损失函数与由函数 $2uF(x)$ 给出的分段线性数据驱动模型相匹配。这里，为了与概率兼容，该类由 $u \in \{0, 1\}$ 表示，而不是由 $y \in \{-1, 1\}$ 表示，这两个参数由公式关联：

$$u = (y+1)/2 \tag{14.73}$$
$$y = 2u - 1 \tag{14.74}$$

因此，函数 $2uF(x)$ 具有两个线性部分：当 $u = 0$ 时沿着 $F(x)$ 轴，当 $u = 1$ 时沿直线 $2F(x)$。有了这个表示，我们应该会发现优化的结果是：$u$ 的期望值将等于 $u = 1$ 类发生的概率 $p$。

表 14-7　LogitBoost 算法

输入 $N$ 个训练样本点 $x_i$ 及其二分类 $u_i = (y_i+1)/2$，其中 $u_i \in \{0, 1\}$。
初始化权重 $w_i$ 为 $1/N$。
初始化概率估计 $p(x_i)$ 为 $1/2$。
对 $m=1,\cdots, M$, do{

（续）

---

计算工作响应 $r_i = \dfrac{u_i - p(x_i)}{p(x_i)[1 - p(x_i)]}$。

计算权重 $w_i = p(x_i)[1 - p(x_i)]$。

使用权重 $w_i$ 通过 $r_i$ 的最小二乘回归找到最适合的分类器。

更新 $F(x) = F(x) + \dfrac{1}{2} f_m(x)$。

更新 $p(x_i) = 1/[1 + \exp(-2F(x_i))]$。

}

输出最终的分类器，形式为 $S(x) = \text{sign}\left[\displaystyle\sum_{m=1}^{M} f_m(x)\right]$。

---

我们现在将更详细地遵循上述推理。表 14-7 中出现的工作响应 $r_i$ 和权重 $w_i$ 的方程由 Friedman 等人（2000 年）推导出。具体来说，Friedman 等人将更新 $F(x) + f(x)$ 和期望的对数似然相结合，并从以下等式开始：

$$\mathbb{E}(L) = \mathbb{E}(2u[F(x) + f(x)] - \ln(1 + e^{2[F(x)+f(x)]})) \tag{14.75}$$

其中 $F(x)$ 是 $m$ 之前阶段的提取结果，$f(x)$ 是 $m$ 阶段的期望增量。注意指数中的减号［参见等式（14.57）］已经通过将其包含在 $F(x)$ 中而被删除，而 $y$ 已经在等式前面的函数 $2uF(x)$ 中被 $u$ 所取代。但是总的来说，等式始终包含优化的所有必要成分。计算的要点是通过加权最小二乘回归最小化期望的对数损失。该计算找到相对于 $f(x)$ 的 $\mathbb{E}(L)$ 的一阶和二阶导数，并在 $f(x) = 0$ 处计算结果。这里，我们通过忽略 $f(x)$ 项并相对直接地求导来简化证明：

$$L' = \frac{\partial \mathbb{E}(L)}{\partial F(x)} = \mathbb{E}\left(2u - \frac{2e^{2F(x)}}{1 + e^{2F(x)}} \middle| x\right)$$
$$= 2\mathbb{E}\left(u - \frac{1}{1 + e^{-2F(x)}} \middle| x\right) = 2\mathbb{E}(u - p(x) \mid x) \tag{14.76}$$

$$L'' = \frac{\partial^2 \mathbb{E}(L)}{\partial F(x)^2} = -2\mathbb{E}\left(\frac{2e^{-2F(x)}}{[1 + e^{-2F(x)}]^2} \middle| x\right)$$
$$= -4\mathbb{E}\left(\frac{1}{1 + e^{-2F(x)}} \times \frac{1}{1 + e^{2F(x)}} \middle| x\right) = -4\mathbb{E}(p(x)[1 - p(x)] \mid x) \tag{14.77}$$

接下来，使用适合优化函数的牛顿迭代，我们有

$$F(x) = F(x) - \frac{L'}{L''} = F(x) + \frac{1}{2}\mathbb{E}\left(\frac{u - p(x)}{p(x)[1 - p(x)]} \middle| x\right) \tag{14.78}$$

（牛顿法通常被用来通过逐次逼近来寻找方程的根，根据 $x_{i+1} = x_i - g(x)/g'(x)$。然而，当应用于优化时，它需要定位最大值或最小值，因此需要找到导数函数的根。因此，一阶和二阶导数变得相关。）

表 14-7 中 $F(x)$ 的表达式中出现了相同的因子 1/2。argmin 函数用于执行加权最小平方回归——在这种情况下，最小化 $\displaystyle\sum_{i=1}^{N} w_i[r_i - f_m(x_i)]^2$。

图 14-15 显示了 LogitBoost 算法的一些性能。虽然该结果与 AdaBoost 的结果（图 14-11）不具有直接可比性，但是由于在创建弱分类器时使用了更精细的角度增量，它们实际上令人印象深刻，因为它们显示了用相对较少的弱分类器可以实现什么。

总的来说，LogitBoost 所依赖的损失函数比 AdaBoost 所呈现的指数函数能更有效地应对

异常值。然而，LogitBoost 的主要问题是优化变得更加困难，结果必须使用梯度下降或基于牛顿法的方案进行优化。这些方法属于迭代重加权最小二乘的类别，显著增加了该技术的计算负荷。还应该提到的是，当 $p(x_i)$ 接近 0 或 1 时，LogitBoost 中的 $r_i$ 项变得非常大，在数值上可能变得不稳定。出于这个原因，有必要对 $r_i$ 的绝对值和 $w_i$ 的最小值设置上限。

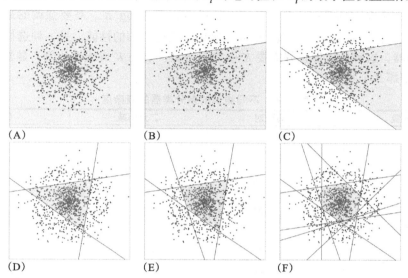

图 14-15　在一系列弱分类器上训练 LogitBoost 的结果。（A）初始训练集的配置，包括 500 个红色和 500 个蓝色数据点。（B）～（F）分别对 1、2、3、4 和 10 个弱分类器的训练结果，每个弱分类器由单个直线决策表面组成

## 14.11　Boosting 方法的有效性

我们现在需要回顾一下，探究为什么 Boosting 方法如此有效。通过考虑 Hughes（1968）效应，可以找到一个简单的答案：为了获得高度准确的分类而使用大量特征时，这个方法适用。事实上，在这种情况下，"维数灾难"悄然降临，由于训练数据有限，无法充分准确地估计额外的特征以提高性能，因此性能下降。另一方面，在 Boosting 方法中，尝试使用大量的弱分类器不会产生相应数量的特征，因为在每个阶段中只有最优的弱分类器存留下来，并且幸存的只有那些能够提高模型预测能力的分类器。然而，由于特定的训练集被更紧密地映射到增强分类器中，最终会出现过度训练。Viola-Jones（2001）通过 Boosting 在物体检测方面的成功证实了这一分析，这将在第 21 章中描述。

## 14.12　多类别的 Boosting 方法

> 由于所需的补充知识较多，第一次阅读时可以忽略这一节。这里包括这一节内容是为了展示所涉及的理论类型，也是为了证明这是容易处理的。特别注意对称多重逻辑变换的必要性［式（14.79）］以及式（14.98）之前和式（14.99）之后的有益提示。

到目前为止，当只有两个类别需要区分时，我们一直专注于 Boosting。在一个需要区分和识别很多物体的世界里，这似乎是一个微不足道的成就。然而，这种情况本身就很重要，因为它代表了需要在各种背景下检测特定物体（如人脸）的情况。在某些情况下，也有像米老鼠和硕鼠这样需要相互区分的情况。事实上，一旦我们实现了二元识别，就克服了主要问

题。这是因为 $K$ 类识别可以通过获取每对物体类型并生成一个二元分类器，从而立即实现。这样，问题就变成了管理这一策略下所需的相当数量的二元分类器（或者称之为二分器）。这个数字是 $^K C_2 = K(K-1)/2$。请注意，对于高达 5 的 $K$ 值，这个数字为 10 或更小，这是可以控制的。另一种策略是针对一系列二元削减，在这种情况下，我们应该只需 10 次削减就能分离出 1000 个左右的类——需要的二分器的数量仅为 $\log_2 K$。需要强调的是，这是一个理想的解决方案，因此需要一些额外的冗余来确保获得合理的性能。另一种选择是"一对多"（OVR）分类器，这种分类器正好需要 $K-1$ 个二分器。这与 $K$ 成线性比例，显然它不像在二元削减策略中那么小（表 14-8）。

**表 14-8    不同类别的多分类器的复杂度**

| 类别数量 | 所有配对 | 二元削减 | OVR |
|---|---|---|---|
| 2 | 1 | 1 | 1 |
| 3 | 3 | 2 | 2 |
| 4 | 6 | 2 | 3 |
| 5 | 10 | 3 | 4 |
| 6 | 15 | 3 | 5 |
| 7 | 21 | 3 | 6 |
| 8 | 28 | 3 | 7 |
| 9 | 36 | 4 | 8 |
| 10 | 45 | 4 | 9 |
| 100 | ～5 000 | 7 | 99 |
| 1 000 | ～500 000 | 10 | 999 |

注：该表显示了使用各种策略区分 $K$ 类时所需的二分器数量，OVR 是"一对多"分类器。

回到 Boosting 的情况，OVR 分类器是目前普遍采用的分类器。为了使它有效工作，我们需要一个合适的逻辑变换，如以下对称的多重逻辑变换：

$$F_j(x) = \ln p_j(x) - \frac{1}{K}\sum_{k=1}^{K}\ln p_k(x) \tag{14.79}$$

当 $K=2$ 时，变为

$$F_j(x) = \ln p_j(x) - \frac{1}{2}\sum_{k=1}^{2}\ln p_k(x)$$

$$= \frac{1}{2}[\ln p_1(x) - \ln p_2(x)] = \frac{1}{2}\ln\left[\frac{p(x)}{1-p(x)}\right] \tag{14.80}$$

我们已经连续取 $j=1$ 和 $K=1,2$，最后在 $p(x)$ 上删除了足够的值。式（14.80）给出与式（14.70）完全相同的结果，这证实了式（14.79）是式（14.70）可接受的对称泛化形式。请注意，此类型有 $K$ 个函数，因此 $F_j(x)$ 充分体现了 OVR 分类策略。

接下来，我们需要找到 $F_j(x)$ 定义所产生的概率。将式（14.79）写成如下形式：

$$\ln\left[\frac{p_j(x)}{e^{F_j(x)}}\right] = \frac{1}{K}\sum_{k=1}^{K}\ln p_k(x) \tag{14.81}$$

我们看到右边的表达式必须是 $x$ 的常数函数 $\beta(x)$。我们现在可以很容易地求解 $p_j(x)$：

$$p_j(x) = e^{\beta(x)}e^{F_j(x)} \tag{14.82}$$

由于概率之和必须为 1，可得

$$e^{\beta(x)}\sum_{k=1}^{K}e^{F_k(x)} = 1 \tag{14.83}$$

因此

$$p_j(x) = \frac{e^{F_j(x)}}{\sum_{k=1}^{K} e^{F_k(x)}} \qquad (14.84)$$

将式（14.79）从 $k = 1$ 到 $K$ 进行求和得到

$$\sum_{k=1}^{K} F_k(x) = 0 \qquad (14.85)$$

应该指出的是，式（14.85）有助于确保计算过程中的数值稳定性。它对概率没有影响［从式（14.82）和（14.84）中可以看出，在每个 $F_j(x)$ 上加上一个常数会改变 $\beta(x)$，但 $p_j(x)$ 保持不变］。

式（14.79）、（14.84）和（14.85）是 Friedman 等人（2000）提出的，并构成了多分类增强算法的基础。AdaBoost. MH 算法——多类 AdaBoost 变体中比较成功的算法之一——就是基于这一总体思想。然而，这相当于在 $K$ 个二分器上运行单独的增强算法，每个二分器都有 $N$ 个样本数据集（从总共 $KN$ 个样本开始），并且"不能保证隐含的概率总和为 1"（Friedman 等人，2000）。Friedman 等人试图在新的 LogitBoost 多类版本中（表 14-9）通过严格遵守对称多重逻辑变换［式（14.79）］来克服这个问题。还请注意，如果使用概率来表述问题及其解决方案，分类器之间不应该出现不匹配，因为概率提供了类之间一致性的绝对度量。有趣的是，LogitBoost 的多类版本及其有效性的证明与二元情况非常接近，只是稍微增加了一些复杂性。这证明了在二元情况中从一个特别强大的公式开始的价值。

**表 14-9　多类 LogitBoost 算法**

输入 $NK$ 个训练样本点 $x_{ij}$ 和它们的类别 $u_{ij}$，$i = 1,\cdots,N$，$j = 1,\cdots,K$。
初始化权重 $w_{ij}$ 为 $1/N$。
初始化概率估计 $p_j(x_{ij})$ 为 $1/K$，并且把函数 $F_j(x_{ij})$ 置为零。
对于 $m = 1,\cdots,M$, do{
　　对于 $j = 1,\cdots,K$, do{

　　　　计算工作响应 $r_{ij} = \dfrac{u_{ij} - p_j(x_{ij})}{p_j(x_{ij})[1 - p_j(x_{ij})]}$。
　　　　计算权重 $w_{ij} = p_j(x_{ij})[1 - p_j(x_{ij})]$。
　　　　用 $r_{ij}$ 的加权 $w_{ij}$ 最小二乘回归拟合函数 $f_{mj}(x)$。
　　}

　　应用对称函数 $f_{mj}(x) = \dfrac{K-1}{K}[f_{mj}(x) - \dfrac{1}{K}\sum_{k=1}^{K} f_{mk}(x)]$。

　　更新 $F_j(x) = F_j(x) + f_{mj}(x)$。

　　更新 $p_j(x) = e^{F_j(x)} / \sum_{k=1}^{K} e^{F_k(x)}$。

}
输出最终的分类器，形式为 $Q(x) = \mathrm{argmax}_j[F_j(x)]$。

为了开始推导，我们从 $K$ 类中取任意一个基类 $J$，并将所有其他类与这个类进行比较。然而，如果我们重新排序类，使得第 $J$ 类成为第 $K$ 类，在数学上证明会更简洁（这可以在不失一般性的情况下完成）。我们再次将期望更新和对数似然相结合，推广到涵盖所有 $K-1$ 个非基类：

$$\mathbb{E}(L) = \mathbb{E}\left( u_j[F_j(x) + f_j(x)] - \ln\left(1 + \sum_{k=1}^{K-1} e^{[F_k(x) + f_k(x)]}\right) \right) \qquad (14.86)$$

我们首先找到 $\mathbb{E}(L)$ 相对于 $f_j(x)$ 的一阶和二阶导数，并在 $f_j(x)=0$ 处计算结果。我们通过忽略 $f_j(x)$ 项并直接求导 $F_j(x)$，再次简化了证明：

$$G_j = \frac{\partial \mathbb{E}(L)}{\partial F_j(x)} = \mathbb{E}\left(u_j - \frac{e^{F_j(x)}}{1+\sum_{l=1}^{K-1} e^{F_l(x)}} \Bigg| x\right) \tag{14.87}$$

$$H_{jj} = \frac{\partial^2 \mathbb{E}(L)}{\partial F_j(x)^2} = -\mathbb{E}\left(\frac{e^{F_j(x)}}{1+\sum_{l=1}^{K-1} e^{F_l(x)}} \times \frac{\left[1+\sum_{l=1}^{K-1} e^{F_l(x)}\right] - e^{F_j(x)}}{1+\sum_{l=1}^{K-1} e^{F_l(x)}} \Bigg| x\right) \tag{14.88}$$

$$H_{jk:k\neq j} = \frac{\partial^2 \mathbb{E}(L)}{\partial F_j(x)\partial F_k(x)} = \mathbb{E}\left(\frac{e^{F_j(x)}}{1+\sum_{l=1}^{K-1} e^{F_l(x)}} \times \frac{e^{F_k(x)}}{1+\sum_{l=1}^{K-1} e^{F_l(x)}} \Bigg| x\right) \tag{14.89}$$

为了进一步推导，我们需要用到式（14.72）的多元 logit 版本：

$$F_j(x) = \ln\left[\frac{P(u_j=1\,|\,x)}{P(u_K=1\,|\,x)}\right] \qquad j=1,\cdots,K-1 \tag{14.90}$$

这现在是函数的适当形式——为了清晰起见，去掉对数前面的因子 1/2（根据 Friedman 等人 2000 年的研究）。我们省略了式（14.75）更新中的因子 2 和等式中的指数。概率的相应公式是：

$$p_j(x) = \frac{e^{F_j(x)}}{1+\sum_{k=l}^{K-1} e^{F_l(x)}} \qquad j=1,\cdots,k-1 \tag{14.91}$$

$$p_K(x) = \frac{1}{1+\sum_{k=l}^{K-1} e^{F_l(x)}} \tag{14.92}$$

代入式（14.87）～（14.89），我们得到

$$G_j = \mathbb{E}(u_j - p_j(x)\,|\,x) \qquad j=1,\cdots,K-1 \tag{14.93}$$

$$H_{jj} = -\mathbb{E}(p_j(x)[1-p_j(x)]\,|\,x) \qquad j=1,\cdots,K-1 \tag{14.94}$$

$$H_{jk:k\neq j} = \mathbb{E}(p_j(x)p_k(x)) \qquad j,k=1,\cdots,K-1 \tag{14.95}$$

事实上，后两个公式可以写得更加简练，形式如下

$$H_{jk} = -\mathbb{E}(p_j(x)[\delta_{jk} - p_k(x)]\,|\,x) \qquad j,k=1,\cdots,K-1 \tag{14.96}$$

多类 LogitBoost 算法（表 14-9）采用最小二乘拟合，拟牛顿修正用来进行 Hessian 矩阵 $\boldsymbol{H}_{jk}$ 的对角近似。方程的更新可以表示为：

$$F_j(x) = F_j(x) - \frac{G_j}{H_{jj}} = F_j(x) + \mathbb{E}\left(\frac{u_j - p_j(x)}{p_j(x)[1-p_j(x)]} \Bigg| x\right) \tag{14.97}$$

最后，我们需要通过应用式（14.79）转换成对称参数化。如上所述，这是必要的，以便在所有二分器上严格和一致地保持概率。此外，我们需要对基类的所有可能选择进行平均（这相当于在 $K$ 个类之间划分最初的 $K-1$ 贡献）：

$$F_i(x) = F_j(x) + f_i(x) \tag{14.98}$$

其中

$$f_j(x) = \frac{K-1}{K}\left[\mathbb{E}\left(\left.\frac{u_j - p_j(x)}{p_j(x)[1-p_j(x)]}\right|x\right) - \frac{1}{K}\sum_{k=1}^{K}\mathbb{E}\left(\left.\frac{u_k - p_k(x)}{p_k(x)[1-p_k(x)]}\right|x\right)\right] \qquad (14.99)$$

请注意，由于对称化，多类 LogitBoost 算法（表 14-9）中 $p_j(x)$ 的最终更新公式为式（14.84）而不是式（14.91）。

## 14.13　接受者操作特性

在本章的前几节中，有一种隐含的理解，即分类错误率必须尽可能降低，尽管在 13.6 节中，人们承认代价而不是误差是实际上重要的参数；还发现错误率和拒绝率之间的权衡允许对分析进行进一步的细化。

在这里，我们考虑在许多实际情况下需要进行的另一种改进，在这些情况下，必须做出二元决策。雷达很好地说明了这一点，表明有两种基本类型的错误分类：第一，当没有飞机或导弹时，雷达可能会显示它们存在——在这种情况下，错误被称为假阳性（或者通俗地说，是假警报）；第二，当实际上有飞机或导弹时，它们可能表明没有飞机或导弹存在——在这种情况下，错误被称为假阴性。类似地，在自动化工业检查中，当搜索缺陷产品时，假阳性对应于找到不存在缺陷的产品，而假阴性对应于漏检存在缺陷的产品。

事实上，有 4 个相关类别：（1）真阳性（正确分类的阳性）；（2）真阴性（正确分类的阴性）；（3）假阳性（错误分类的阳性）；（4）假阴性（错误分类的阴性）。如果在给定的应用中进行许多实验来确定这 4 个类别的比例，我们就可以获得 4 种情况发生的概率。使用明显的符号，它们将通过以下公式联系起来：

$$P_{\text{TP}} + P_{\text{FN}} = 1 \qquad (14.100)$$
$$P_{\text{TN}} + P_{\text{FP}} = 1 \qquad (14.101)$$

（如果读者发现这些公式中的联合概率令人困惑，请注意，实际上是有缺陷的物体要么被正确检测到，要么被错误地归类为可接受的——在这种情况下即假阴性。）

显然，误差 $P_{\text{E}}$ 的概率是对两种错误的求和：

$$P_{\text{E}} = P_{\text{FP}} + P_{\text{FN}} \qquad (14.102)$$

一般来说，假阳性和假阴性的代价是不同的。因此，损失函数 $L(C_1|C_2)$ 将与损失函数 $L(C_2|C_1)$ 不同。例如，错过敌人的导弹或在婴儿食品中找不到玻璃碎片，可能比几次误报的代价要高得多（在食品检验中，误报仅仅意味着拒绝一些好的产品）。事实上，在很多应用中，最需要尽可能减少假阴性的数量（即检测所需物体失败的数量）。

但是我们应该在多大程度上减少假阴性的数量呢？这是一个重要的问题，应该通过系统分析而不是临时手段来回答。实现这一点的关键是要注意假阳性和假阴性的比例将随着系统设置参数而独立变化，尽管通常只需要详细考虑单个阈值参数。在这种情况下，我们可以消除这个参数，并确定假阳性和假阴性的数量是如何相互依赖的。结果是接受者操作特性或 ROC 曲线（图 14-16）（虽然本书以 $P_{\text{TP}}$ 和 $P_{\text{FN}}$ 来定义 ROC 曲线，但许多其他书籍使用替代定义，如基于 $P_{\text{TP}}$ 和 $P_{\text{FP}}$——在这种情况下，图将显示为倒置的）。

ROC 曲线通常是近似对称的，如果用概率而不是项目数来表示，它将通过点（1，0）和（0，1），如图 14-16 所示。它通常是高度凹入的，因此除了在两端以外，它将远远低于线 $P_{\text{FP}} + P_{\text{FN}} = 1$。最靠近原点的点通常会靠近线 $P_{\text{FP}} = P_{\text{FN}}$。这意味着如果假阳性和假阴性被分配相等的代价，分类器可以简单地通过用约束 $P_{FP} = P_{FN}$ 最小化 $P_E$ 来优化。但是请注意，通常最接近原点的点不是最小值点 $P_E$：使总误差最小的点实际上是 ROC 曲线上梯度为 $-1$ 的点（图 14-16）。

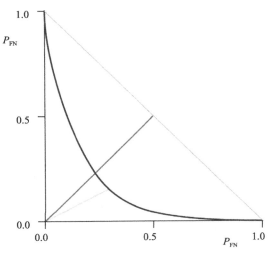

图 14-16    理想化的 ROC 曲线（以蓝色显示）。梯度为 +1 的红线表示先验可能导致最小误差的位置。实际上，最佳工作点是由绿线表示的，其中曲线上的梯度为 $-1$。梯度为 $-1$ 的橙线表示极限最坏情况，所有实际 ROC 曲线将位于该线下方

不幸的是，目前还没有通用理论可以预测 ROC 曲线的形状。此外，训练集中的样本数量可能有限（特别是在寻找罕见污染物的检查中），因此可能无法对形状进行准确评估——尤其是在曲线的极端翼部。在某些情况下，这个问题可以通过建模来解决，例如，使用指数函数或其他函数——如图 14-17 所示，其中指数函数可提供相当准确的描述。然而，潜在的形状很难精确成指数，因为这表明 ROC 曲线趋向于无穷远，而不是点（1，0）和（0，1）。此外，原则上在两个指数的连接处会存在连续性问题。然而，如果该模型在一个很好的阈值范围内相当准确，则可以适当调整假阳性和假阴性的相对代价因素，并系统地确定理想的工作点。当然，可能还有其他考虑因素。例如，不允许假阴性率上升到某一临界水平以上。有关 ROC 分析的使用示例，请参见 Keagy 等人（1995，1996）和 Davies 等人（2003）的文献。

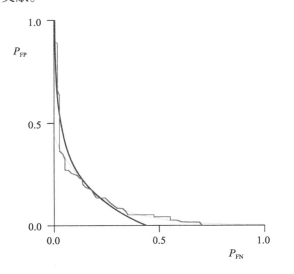

图 14-17    使用指数函数拟合 ROC 曲线。这里，给定的（红色）ROC 曲线（参见 Davies 等人，2003c）具有由有限的数据点集产生的独特路线。一对指数曲线（以绿色和蓝色显示）沿着两个轴很好地拟合 ROC 曲线，每个轴都有一个明显的区域（最佳模型）。在这种情况下，交叉区域相当平滑，但没有实际的理论原因。此外，指数函数不会通过限制点（0,1）和（1,0）

### 与错误率相关的性能度量

在信号检测理论中（以雷达类应用为代表），通常使用错误率，而不是上面章节中使用的概率。因此，我们定义如下：

$$\text{真阳率：} \ \text{tpr} = \frac{\text{TP}}{\text{P}} = \frac{\text{TP}}{\text{TP}+\text{FN}} \tag{14.103}$$

$$\text{真阴率：} \ \text{tnr} = \frac{\text{TN}}{\text{N}} = \frac{\text{TN}}{\text{TN}+\text{FP}} \tag{14.104}$$

$$\text{假阳率：} \ \text{fpr} = \frac{\text{FP}}{\text{N}} = \frac{\text{FP}}{\text{TN}+\text{FP}} \tag{14.105}$$

$$\text{假阴率：} \ \text{fnr} = \frac{\text{FN}}{\text{P}} = \frac{\text{FN}}{\text{TP}+\text{FN}} \tag{14.106}$$

其中 $P$ 和 $N$ 分别是类别 $P$ 和 $N$ 中物体的实际数量。遵循式（14.100）和（14.101）我们有

$$\text{tpr} + \text{fnr} = 1 \tag{14.107}$$

和

$$\text{tnr} + \text{fpr} = 1 \tag{14.108}$$

这两个方程显示了上面所给出的 4 个定义的一致性。

不幸的是，在模式识别的各个领域中出现了大量的关于这些参数和相关参数的名称。下表列出了这些名称并对其进行定义。

| | |
|---|---|
| 敏感性 | 描述成功找到特定类型物体的参数。它也是命中率的同义词。因此，它等于 tpr |
| 召回率 | 描述在数据库中成功找到物体时使用的术语。因此，它也等于 tpr |
| 特异性 | 一个在医学上很重要的术语，涉及在测试后被准确告知他们没有生病的健康患者的比例。因此，它等于 tnr = 1−fpr |
| 可辨别性 | 描述成功区分特定类型物体和相似类型物体时使用的术语。因此，它等于 TP/(TP+FP) |
| 精度 | 描述从任何干扰物中挑选特定类型物体的准确性，包括噪声和杂波。它也等于 TP/(TP+FP) |
| 准确率 | 描述区分前景和背景时的总体成功率的术语。我们可以推断它必须等于 (TP+TN)/(P+N) |
| 虚警概率 | fpr 的同义词 |
| 正预测值 | 精度的同义词 |
| F 度量 | 一种用作整体性能指标的度量，结合了召回率和精度度量（或者敏感性和可辨别性度量）。因为是必须组合的错误的数量 (FP+FN)，而不是错误率本身，所以 F 度量的公式最初可能显得过于复杂：$$\frac{2}{(1/\text{召回率})+(1/\text{精度})}$$ |

一个更加普适的 F 度量公式如下：

$$F_\gamma\text{ - measure} = \frac{1}{\gamma/\text{召回率}+(1-\gamma)/\text{精度}} \tag{14.109}$$

其中，可以调整 $\gamma$，以在召回率和精度之间给出最合适的权重，它通常取接近 0.5 的值。

召回率和精度经常一起用来形成类似 ROC 的图表，尽管它们不同于 ROC 曲线——ROC 曲线通常显示 tpr 和 fpr（注意，尽管召回率 = tpr，精度 ≠ fpr）。

最后，通过找到 tpr 与 fpr ROC 曲线的曲线下面积（AUC），获得了一个有价值的二元分类器性能指标。当 ROC 曲线靠近 tpr =1、fpr= 0 轴时，它是最大的。使用这种方法，最好的分类器是 AUC 最大的分类器。

## 14.14 结束语

本章已经涵盖了在概率机器学习领域中的两个主要主题——EM 算法和通过 Boosting 进行分类。这些都是属于概率方法这一大类的不同方式，甚至在 Boosting 方法下，也有几种实现这一点的策略。因此，虽然原则上概率论提供了一种绝对和独特的做事方式，但在实践中，理论创新只会允许一些想法被推进，并转化为可行的概率论方法，最终，一些可能的方法会比其他方法更接近现实。事实上，考虑到其他标准（如稳健性）也很重要，不同的数据集必须在不同程度上考虑不同的标准，不同的应用可能需要不同的概率近似值。一个很好的例子是，当混合模型中使用学生 $t$ 分布代替高斯分布时，由于可以调整它以增加分布尾部的权重，因此这允许对包含异常值的数据进行更鲁棒的处理（Sfikas 等人，2007）。另一种情况是，LogitBoost 算法的理论起点与 AdaBoost 不同。一般来说，我们发现这个问题的数学理论只允许其中一个以特定的方式包含概率。所有这些都是自然的，因为在许多甚至大多数应用中，相关的自然概率分布是不确定的，但是它们仍然必须被建模以近似合适的概率论方法。

在这一章中，还必须包括其他重要的方法。其中之一是 PCA，它在各种视觉主题中都有应用。这些方法多种多样，如优化多光谱图像的表示、构建形状模型，以及匹配不同的面部表情，如使用"特征面部"方法（见第 12 章和第 21 章）。

最后，由于 ROC 和性能分析在大多数视觉应用中都很重要，因此本章对此进行了较为详细的讨论。它们都有相关的理论支撑算法，并且可使用学习方法来实现，但是也有必要分析它们的性能。有趣的是，尽管这通常是根据成功率和失败率（如 tpr、fnr 等）来进行的，但这些数值与我们在本章大部分时间所讨论的概率相差无几。

> 本章介绍了 EM 算法及其在混合建模中的应用。它在基于直方图的分割中的成功已经很明显了。K 均值为混合建模提供了一个有用的初始近似，然而，尽管相关，它仍不是一个概率方法，因此可能不太准确。增强的分类器系统地使用弱分类器，并且令人惊讶地擅长于此，甚至能在相当程度上抵抗过度训练。

## 14.15 书目和历史注释

相对于本章涵盖的许多其他主题，EM 算法相当古老，源于 Dempster 等人（1977）的一篇论文。尽管如此，它经受住了时间的考验，在视觉上的应用也没有减少。混合模型在视觉领域的出现要晚得多，重要的应用包括背景减除（Stauffer 和 Grimson, 1999）和皮肤检测（Jones 和 Rehg, 2002）。之后使用混合模型进行分割的工作包括 Ma 等人（2007）和 Sfikas 等人（2007）的工作。在后一种情况下，Student-$t$ 分布被用来代替高斯分布，因为它的两翼可以延伸得更远：这被转化为有利条件，允许对包含异常值的数据进行稳健处理。具体来说，Student-$t$ 分布包含比高斯分布更多的参数，因此可以对其进行调整，以增加分布尾部的权重。

PCA 是 Karl Pearson 在 1901 年发明的一种古老的数学技术。随着数字计算机的出现，它在 20 世纪 60 年代经历了一次大的飞跃，在所有科学领域都被广泛用于数据拟合。其在应用中的特点是根据应用领域的不同而有不同的名称，如 Hotelling 变换、Karhunen-Loeve 变换和奇异值分解。最近，它以多种方式发展起来，例如，核方法 PCA（Scholkopf 等人，1997）和概率 PCA（Tipping 和 Bishop, 1999）。

多分类器方法相对较新，Duin（2002）对此进行了很好的评论。Ho 等人（1994）在这个话题还比较"年轻"的时候就开始了研究，并列出了一组有趣的选项。

"Bagging"和"Boosting"是多分类器主题的进一步变体，它们是由 Breiman（1996）以及 Freund 和 Schapire（1996）开发的。Bagging（bootstrap aggregate 的缩写）意味着对训练集进行 $n$ 次采样、替换、生成 $b$ 个 Bootstrap 集来训练 $b$ 个子分类器，并将任何测试模式分配给子分类器最常预测的类。该方法对于不稳定的情况特别有用（例如当使用分类树时），但是当使用稳定的分类算法（如最近邻算法）时，该方法几乎没有价值。Boosting 有助于提高弱分类器的性能。与并行程序 Bagging 不同，Boosting 是一个顺序确定性程序。它根据不同训练集模式的内在（估计的）准确性来给它们分配不同的权重。有关这些技术的进一步进展，请参见 Rätsch 等人（2002）、Fischer 和 Buhmann（2003）、Lockton 和 Fitzgibbon（2002）的工作。最后，Beiden 等人（2003）讨论竞争分类器的训练和测试中涉及的各种因素；此外，大部分讨论与多元 ROC 分析有关。

Li 和 Zhang（2004）描述了一种新的 Boosting 算法"FloatBoost"，介绍其如何被应用于实时多视角人脸检测系统。该方法在 AdaBoost 学习的每次迭代后使用回溯机制来直接最小化错误率；它还使用一种新的统计模型来学习最佳弱分类器，并逐步逼近后验概率，从而比 AdaBoost 需要更少的弱分类器。Gao 等人（2010）发表了关于 AdaBoost 修改版本的报告，以解决如何选择最具判别力的弱学习者，以及如何完美合并所选弱学习者的关键问题。实验证实了该算法的实用性，包括解决这两个关键问题的能力；对合成和真实场景数据（汽车和非汽车模式）都进行了测试。Fumera 等人（2008）提出了作为分类器线性组合的 Bagging 的理论分析，从而给出了 Bagging 错误分类概率作为集合大小的函数的分析模型。

决策树为模式识别提供了一种便捷的快速操作方法，近年来，该方法发展非常迅速。Chandra 等人（2010）描述了一种新的节点分裂过程，称为决策树构造的基于差异类的分裂度量（DCSM）。节点分裂度量非常重要，因为它们有助于生成具有改进泛化能力的紧凑决策树。Chandra 等人已经表明 DCSM 表现良好，其生成的决策树比使用其他常用的节点分裂方法构建的决策树更紧凑，可提供更好的分类精度。DCSM 也有助于修剪（这产生了分类精度更高的紧凑树）。Köktas 等人（2010）描述了一种使用步态分析对膝骨关节炎进行分级的多分类器。它采用了一个在叶子上有多层感知器（MLP）的决策树。事实上，三种不同的具有二元分类的 MLP（不同的"专家"）被用在树的不同叶子上。他们的研究显示，对于这类数据，这比单个多类分类器产生了更好的结果。Rodríguez 等人（2010）描述了使用集成方法在大量数据集上进行的测试，以生成更准确的分类器。他们表明，对于多类问题，决策树的集合（"森林"）可以成功地与嵌套的二分器结合。直接方法利用基于森林方法的嵌套二分法的集合作为基分类器，改进了以决策树的嵌套二分器作为基分类器的集合方法。

Fawcett（2006 年）对 ROC 分析进行了出色的、主要是指导性的总结，其中使用了许多采用真、假阳性和阴性的描述符；这篇论文的一个有价值的特点是统一了一个主题，其中根据研究人员的不同背景，出现了许多明显不同的描述符和不同的名字。特别是，最近被广泛使用的术语"精度"和"召回率"与"敏感性""特异性""准确性"等相关（关于这些性能度量的定义和进一步讨论，见 14.13 节）。此外，定义了诸如"F 度量"之类的度量，并指出了使用 ROC 图的问题和缺陷。Ooms 等人（2010 年）强调 Fawcett 总结的价值，但表明 ROC 概念是有局限的，与错误分类代价是主要问题的情况不同，它不是分类的最佳度量。他们提出了一种排序优化曲线（SOC）来处理排序问题，并帮助确定在这种情况下最佳的操作点选择。与绘制 FP 率 – FN 率或 TP 率 – FP 率的 ROC 曲线相反，SOC 曲线绘制成品率（$Y$）– 相对质量改进率（$Q$），其中 $Y = (TP + FP)/(P + N)$，这个公式的出现是因为在销售产品时没有区分真假阳性。质量 $Q$ 是根据精度 $Pr = TP/(TP + FP)$ 来定义的，即 $Q = f(Pr)$，并在分类特定商品（如苹果）时使用任何需要的函数 $f$ 来实现这一点。通常，优化包括沿 $Y$-$Q$ 曲线向上移动，直到达到可接受或合法的最低质量水平。

在过去的十年左右，评估 ROC 曲线的质量变得越来越重要，AUC 度量是这方面的主要绩效指标（Fawcett，2006）。例如，Hu 等人（2008）利用它来优化特征评估和选择。

## 14.16 问题

1. 给出式（14.17）的完整证明。

2. 给出式（14.23）中的三个方程的完整证明。

3. 证明式（14.70）中的陈述，即这种最小化器适用于形式为 $g(e^{-yF(x)})$ 的任何损失函数，并确定对函数 $g(\cdot)$ 的任何限制，包括其值和梯度范围。

4. 按照式（14.75）重新计算并确定该等式中是否确实需要包含两个 2，即它们是否影响最终结果。

5. 为什么 ROC 曲线上最接近原点的点不是总误差最小的点？证明总误差最小的点实际上是 ROC 曲线上梯度为 −1 的点（见 14.13 节）。

6. 考虑 14.13 节中定义的四个量（TP、TN、FP、FN）。在阳性很少且识别错误可能很少的情况下，按大小顺序排列它们。如果 tpr、tnr、fpr、fnr 也按大小顺序排列，顺序是否与 TP、TN、FP、FN 相同？

7. 比较相同分类器的 ROC 曲线和精度 – 召回率曲线的形状。什么数学关系可把它们的形状联系起来？确定两个分类器的 ROC 曲线是否会与精度 – 召回率曲线交叉相同的次数。

8. 证明式（14.109）提供了一种数学上合理的方法，将精度和召回率结合成单一的度量。需要考虑的数学标准是什么？

# 深度学习网络

本章介绍深度学习网络。首先，我们观察到卷积神经网络（CNN）已经逐渐取代了第 13 章中描述的更通用的人工神经网络（ANN），CNN 体系结构的思想也得到了发展。本章通过分析大量关键案例，揭示了 CNN 在分类和分割应用中突飞猛进的原因，并指出了在自动生成图像标题等领域正在取得的有价值的进展。

本章主要内容有：

- CNN 比早期类型的人工神经网络性能更高的原因
- 典型 CNN 架构的设计
- 技术特性，如深度、步幅、零填充、感受野和池化
- AlexNet 相较 LeNet 的改进方式
- Zeiler 和 Fergus 如何进一步改进 AlexNet
- VGGNet 如何取得更好的性能
- 反卷积网络（DNN）对 CNN 操作可视化的价值
- CNN-DNN（编码器 – 解码器）网络中的池化和上池化的作用
- CNN-DNN 网络如何执行语义分割
- 循环神经网络（RNN）如何用于图像注释等任务

对早期人工神经网络的兴趣减弱的原因之一是缺乏对其内部操作的了解，并且担心由于训练不当或不充分而容易失败。最终，使用 DNN 帮助可视化 CNN 的内部工作，消除了这种担心。与此同时，越来越多的数据集逐渐变得可用。今天，似乎深度学习网络的未来是有保证的。当前的问题是，找出更合适的方式使用它，就像我们使用那些更传统的方法一样。

## 15.1 导言

设计 ANN 的最初目的是模拟已知的在人脑中发生的事情，当信息从眼睛首先传递到外侧膝状体核，然后传递到视觉皮层，由 V1、V2、V4、IT（颞下皮层）等区域依次处理，直到获得识别并采取行动。所有这些似乎都直接发生在人脑中——整个场景被"一目了然"地分析，似乎值得在计算机系统中尝试。显然，人工神经网络应该模拟人类视觉系统，并且应该由多个层组成，每个层首先局部地修改数据，然后由越来越大的神经元集合来修改数据，直到完成诸如识别和场景分析之类的任务。然而，在早期，对人工神经网络的完全控制往往局限于非常少的层：实际上，最大工作深度由一个输入层、三个隐藏层和一个输出层组成——尽管后来发现，不必使用多于两个的隐藏层，许多基本任务可以使用具有单个隐藏层的三层网络来处理（参见 13.12 节）。

限制层数的原因之一是信用分配问题，这意味着通过其他层来训练多层变得更加困难，同时，更多的层意味着需要训练更多的神经元，并且需要更多的计算来完成任务。因此，人

工神经网络往往只被要求进行经典的识别过程，并由早期非学习层中应用的标准特征检测器提供信息。因此，标准范例是图像预处理程序后连接训练好的分类器（图 15-1）。由于手工可以设计出很好的特征检测器，这在当时没有造成明显的问题。然而，随着时间的推移，需要对真实场景进行全面的场景分析，其中可能包含多种位置和姿态的多种物体类型的图像。因此，人们越来越需要转向更复杂的多层识别系统，而早期的人工神经网络并不适合这些系统。同时，需要对预处理系统本身进行训练，使其与后续物体分析系统的要求紧密匹配；显然，实现集成的多层神经网络变得越来越有必要。

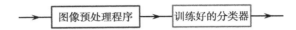

图 15.1　分类系统的经典范例。经典图像预处理程序的主要功能是使用手动编码的非学习过程来执行特征检测。训练好的分类器通常使用通过反向传播训练的 ANN

与此同时，一些研究人员尝试了其他类型的分类器，人工神经网络逐渐被淘汰，支持向量机（SVM）提供了一种有价值的选择——旧的人工神经网络因不再胜任任务而被回避。这发生在 20 世纪 90 年代末。事实上，ANN 还有另一个问题，那就是在把它们应用到任何新任务中时，都需要一种"试试看"的方法，也就是说，没有科学依据来确定需要多少神经元或层，需要多少训练，或者实际上训练集要多复杂（从另一个角度来看，网络的理想轮廓是未知的，实际上轮廓各不相同——有些网络中间窄，有些网络中间宽）。我们既不知道 ANN 是如何在内部运作的，也很少有（如果有的话）方法能够对其运作进行真正的科学分析。这意味着，工业界和其他应用它们的人不知道 ANN 有多可靠，也没有信心在实际应用中使用它们。综上所述，传统 ANN 失宠，主要原因如下：

1）训练的有效性受限于层数和节点数量。

2）必须在精心挑选的样本集上训练，限制了训练量。

3）其中的运算没有科学的分析支持。

4）可靠性不确定，训练容易收敛于局部极小值点。

5）已被支持向量机和其他技术超越。

6）虽然试图模仿生物系统，但无法直接有效地扩展到大型图像。

7）其架构在图像的空间不变性上表现不佳。

对于最后一点，出现较差的不变性的原因是隐藏层中的神经元都是单独训练的：每个神经元从其层中的其他神经元看到不同的训练数据，并且无论如何权重需要随机初始化。这是一个重大的缺点，因为对图像中出现的任何物体做出同样的决定是很重要的。尺度问题（第 6 点）也特别严重，因为在大图像中找到物体之间的相关性（例如，通过定位四个轮子来找到车辆）需要使用尺寸和复杂性与（至少）图像尺寸平方成比例的网络：将 ANN 应用于盒子中数字化的 $20 \times 20$ 像素图像是一回事，将 ANN 应用于 $400 \times 400$ 像素的图像（可能需要更多的隐藏层）是另一回事。

总而言之，处理这类图像问题很明显需要一种不同类型的架构。这种架构需要具有空间不变性，并且能够关联多尺度的数据。原则上，这种方案最好从与输入图像相同大小的宽网络开始，将其输出交给更小的网络，直到最后一层（甚至可能是单个连接）。举例来说，最后一层的输出可以指示场景中是否发生火灾，或是通过小型输出接口指示场景中所有相关物体的位置并识别，例如人脸或车轮。

实际上，20 世纪 90 年代后期基本人工神经网络思路有几种变体，但当时很少有人认真对待，其中大多数与其他人工神经网络一起消亡。（人们不应该从字面上理解它们的"消亡"，这仅仅意味着它们已经失效，或者说变得无用）。然而，一些爱好者继续致力于替代架构，其中之一就是 CNN。它将在 21 世纪前十年的后期走到前沿，特别是在 2011 年和 2012 年，正如我们将在下面看到的。"深度"学习网络的时代终于到来了——深度网络被定义为一个具有超过 3 个非线性隐藏层的网络，这超出了常规 ANN 的范围（在扩展网络中，非常深的网络被定义为具有超过 10 个隐藏层的网络）。

## 15.2 卷积神经网络

CNN 在以下几个关键方面与常规 ANN 有所不同：

1）CNN 神经元具有局部连接性，因此不必连接到前一层神经元的所有输出。

2）输入区域可以重叠。

3）在任何层中，神经元在整个层中具有相同的权重参数。

4）CNN 放弃原有的 sigmoid 输出函数，而是使用线性整流单元（ReLU）非线性函数（尽管每个卷积层不必直接馈送到 ReLU 层）。

5）将卷积层与子采样层或"池化"层穿插。

6）可以具有标准化层，以将来自每个层的信号保持在适当的水平。

然而，它们仍然使用监督学习，并且仍然通过反向传播来训练网络。

现在让我们更详细地考虑一下上面的差别。首先，我们注意到一般 ANN 类型的网络将每个输入乘以已经确定的权重，并将它们加在一起。接下来，如果神经元和权重在整个层上是相同的（见第 3 项），所产生的数学运算就定义为卷积——术语 CNN 的由来。关于重叠条件（第 2 项），如果给定层具有与前一层相同的尺寸，则每个像素处的输入场将几乎完全重叠（参见图 15-2）。有趣的是，在本书中，我们已经看到了许多卷积的例子，特别是对于特征检测——突出的例子是边缘、角点和兴趣点检测——尽管在这些例子中，卷积之后都是非线性检测器。第 4 项涉及必要的非线性。ReLU 是指整流的线性单元，是由 $\max(0, x)$ 定义的非线性函数（见图 15-3），其中 $x$ 是紧接前面的卷积层的输出值（实际上，ReLU 遮蔽每个输出连接，并且是 1 对 1 滤波器）。

池化（第 5 项）涉及从一个坐标点获取所有输

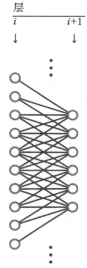

图 15-2　卷积神经网络的一部分。注意，从层 $i$ 前进时，层 $i+1$ 中的神经元的输入场几乎完全重叠：这里，对层 $i+1$ 中的相邻神经元的输入最多在 1 个连接中不同（在二维中差异会稍大）。在这种情况下，输出神经元的输入场值均为 5

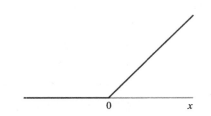

图 15-3　ReLU 非线性函数 $\max(0, x)$。该函数在紧接前面的 CNN 层的所有输出连接上独立运行

出，并从这些输出中导出单个输出：通常，这采取对所有输入进行求和或最大值操作的形式。一般在 $2 \times 2$ 或 $3 \times 3$ 窗口中执行，前者更常见，最大值池化操作比求和（或平均）操作更常见。在后一对选项中的每一对中，目的是最小程度地修改数据，以便在保留最有用数据的同时，去除网络特定层中的大量冗余（使用最大值运算似乎有些令人意外，因为找到一组数字的最大值比求平均值更有可能加重脉冲噪声。另一方面，许多卷积包含少量平滑 / 低通滤波，因此最大值运算不需要显著降低最终输出）。

请注意，对原始 ANN 格式所列的所有更改都属于同一线性数学 $\left( \sum_i w_i x_i \right)$ 规范，但执行 ReLU 或池化操作的情况除外。然而，后者仍然允许信号梯度通过系统，因此反向传播可以以与 ANN 完全相同的方式应用。

应该补充的是，几个卷积层可以一个接一个地放置。事实上，这相当于一个较大的卷积。尽管这种安排可能看起来毫无意义，但它会对整体计算负荷产生很大影响。例如，三个 $3 \times 3$ 卷积相当于单个 $7 \times 7$ 卷积，这意味着应用 27 个运算而不是 49 个运算，所以前一种实现方式似乎更合适。另一方面，当 CNN 计算在图形处理单元（GPU，见下文）上实现时，情况并不一定如此。

总的来说，我们可以看到 CNN 提供了 ANN 的合理替代方案。此外，它们似乎更好地适应了 15.1 节中提出的模型，即在图像上从局部操作平稳地移动到全局操作，并在过程中寻找越来越大的特征或物体。还值得强调的是，CNN 所实现的空间不变性特别有价值，并且用 ANN 是无法实现的。

尽管通过网络进行操作会使我们从局部操作转向更全局的操作，但 CNN 的前几层也通常会寻找特定的低级特征，因此，这些特征通常具有与图像匹配的大小。此外，在网络中，通常要应用池化操作，从而减小后续层的大小。经过几个阶段的卷积和池化，网络将大大缩小，因此有可能使最后几层完全连通——在任何一层，每个神经元都连接到前一层的所有输出。在那个阶段，很可能只有很少的输出，剩下的将由网络最终必须提供的任何参数决定，这些参数可能包括分类和相关参数，如绝对或相对位置。

从 ANN 到 CNN 的另一个主要进展是通过引入空间不变性，大大减少了网络中的权重数量。这使得训练更加直接，并且大大降低了给定规模网络的计算量。对于 $R$ 的感受野宽度，每层只有 $R$ 个参数，而在 ANN 的情况下总共有 $W$ 个参数。在处理二维图像时，对应的数字是平方的，我们必须将 $R^2$ 与 $W^2$ 进行比较（或者严格地说，与 WH 进行比较，见下一节）。因此，我们看到 ANN 的计算量随着图像大小而快速增加，但是 CNN 的计算量保持在相同的低值。此外，ReLU 函数比 ANN sigmoid 函数简单，这也加快了处理速度。实际上，很难想象比 ReLU 更简单的计算——从实现它所需的一行例程中可以看出，如果 $x < 0$ 则输出 0，否则输出 $x$。相比之下，sigmoid 函数也可以用一行输出 $\tanh x$，尽管这是误导的，因为 $\tanh$ 函数需要更多的计算。最后，ReLU 避免了神经网络受制于的饱和问题，即 ANN 受到"一个输出接近 $\tanh$ 函数极限（ $\pm 1$ ）的神经元由于没有梯度来引导反向传播算法远离它，而倾向于停留在相同的值上"的影响。实际上，ReLU 梯度在输入范围 $x \geq 0$ 上是恒定的，并且基于在该范围的一部分上没有衰减的事实而易于加速学习。

## 15.3　用于定义 CNN 架构的参数

在分析 CNN 架构时，有许多点值得注意。具体而言，需要定义若干量和术语——宽度

$W$、高度 $H$、深度 $D$、步幅 $S$、零填充宽度 $P$ 和感受野 $r$。实际上，宽度和高度仅仅是输入图像的尺寸，或者是神经网络特定层的尺寸。网络或其中特定块的深度 $D$ 是它包含的层数。

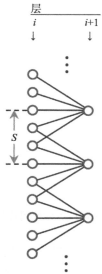

层的宽度 $W$ 和高度 $H$ 是它在每个维度上的神经元数量。步幅 $S$ 是输出场中相邻神经元之间的距离的单位测量，以与输入场中相邻神经元之间的距离相对应（见图 15-4）。步幅 $S$ 可以沿宽度和高度维度定义，但通常每个步长相同。如果 $S = 1$，相邻层具有相同的尺寸（但感受野 $R$ 的尺寸会改变这一点）。请注意，增加步幅 $S$ 可能是有用的，因为这节省了内存和计算。原则上，它达到了与池化类似的效果。然而，池化涉及一些平均化，而增加步幅仅仅减少了采样的数量。

$R_1$ 是级 $i$ 中每个神经元的感受野宽度，即该级中所有神经元的输入数。零填充是在宽度维度的每一端添加提供静态输入的 $P$ 个"虚拟"神经元（这里我们通过只考虑每个层的宽度 $W$ 以及神经元在其中的位置来简化分析，忽略高度维度并不意味着丧失一般性）。零填充神经元被赋予固定权重零，其思想是确保同一层中的所有神经元具有相等数量的输入，从而便于编程。然而，它也保证了连续的卷积不会导致越来越小的有效宽度；特别是当 $S = 1$ 时，允许我们使相邻层的宽度完全相等（即 $W_{i+1}=W_i$）。零填充实际上与关于图像处理的 2.4 节中使用的概念相同。

图 15-4　步幅距离 $S$。$S$ 的图示定义为输出场中相邻神经元之间的距离的单位测量，以与输入场中相邻神经元之间的距离相对应。这里，它由双箭头的长度表示。在这种情况下，输出神经元的输入场值均为 5，步幅值为 3

一个简单的公式连接了其中的几个量，参见等式（15.1）（这里留给读者来证明这个公式，一旦充分理解了每个参数的意义，这将是一项简单的任务）。

$$W_{i+1} = (W_i + 2P_i - R_i) / S_i + 1 \qquad (15.1)$$

该公式涉及层 $i$ 的输入并输出给层 $i+1$。值得强调的是，$W_{i+1}=W_i$ 适用于 $S_i=1, R_i=1, P_i=0$（这些值可以作为架构设计的基础值，尽管下一步通常是将 $R_i$ 增加到更高的值）。

举例来说，如果 $W_i = 7$，$P_i=1$，$R_i=3$，$S_i=1$，我们得到 $W_{i+1} = 7$，这证明了先前所做的声明是正确的——如果 $S_i = 1$，则 $W_{i+1} = W_i$。接下来考虑当 $S_i = 1$ 改变为 2 而不改变其他参数时会发生什么。在这种情况下，我们发现 $W_{i+1} = (7+2-3)/2+1=4$（图 15-5）。现在考虑一下当 $W_i$ 变为 9 时会发生什么，然后我们发现步幅为 3 不能工作（结果不是整数），因为它不适合下一层的宽度：$W_{i+1} = (9+2-3)/3+1=3.67$。结果，图像边缘周围的数据将丢失。这种情况可以通过不同的填充值（例如，图像右侧较大的填充值）来解决，但是当 $R_i$ 具有低值时，两个填充值中较大的填充值可能不能很好地工作（相应感受野增加的零数量将消除过多的信息）。这种情况由最后一个例子说明，但是现在用 $P_{iL} = 1$ 和 $P_{iR} = 2$ 代替 $P_i = 1$，导致宽度 $W_{i+1} = (9+1+2-3)/3+1=4$。在这里，我们使用了式（15.1）的更通用一些的版本：

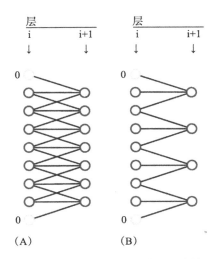

图 15-5    小型 CNN 使用步幅和零填充的细节。图 A 给出了在输入层的两端施加单个"虚拟"
神经元（标记为浅色）以确保所有输出神经元具有相同数量的输入连接 $r$ 的情况下，7
个神经元层如何连接到随后的 7 个神经元层。图 B 给出了当步幅增加到 2 时会发生什
么。在每种情况下，填充参数 $p = 1$，$R = 3$（另见表 15-1 第 2 行和第 3 行）

$$W_{i+1} = (W_i + P_{iL} + P_{iR} - R_i)/S_i + 1 \qquad (15.2)$$

总体而言，填充的目的是（系统地）通过确保调整零的数量以适应期望的步幅和感受野
值，来允许在每一层的极端处产生最终效果。表 15-1 汇总了上述所有情况。

表 15-1    CNN 参数的一致性

| $W_i$ | $S_i$ | $R_i$ | $P_{iL}$ | $P_{iR}$ | $W_{i+1}$ | 说明 |
|---|---|---|---|---|---|---|
| 7 | 1 | 1 | 0 | 0 | 7 | 空 |
| 7 | 1 | 3 | 1 | 1 | 7 | |
| 7 | 2 | 3 | 1 | 1 | 4 | |
| 9 | 3 | 3 | 1 | 1 | 3.67 | 映射不正确 |
| 9 | 3 | 3 | 1 | 2 | 4 | $P_{iL} \neq P_{iR}$ |
| 9 | 3 | 3 | 0 | 0 | 3 | |

注：此表显示各种参数的值，以及它们如何影响馈送到下一层神经元的输出数量。下文给出了大多数例子的参
数定义和讨论（另见图 15-5）。计算结果使用方程（15.2），这允许在宽度维度相对的两端有不同的填充值。
该公式的目的是允许对架构参数的一致性进行严格检查。具体地说，$W_{i+1}$ 的非整数值表示架构映射不正确。

最后，关于 CNN 多层深度的定义，必须强调一点。先前的讨论隐含了一个前提，CNN
的多个相邻层通常是依次访问的——如果为了检测越来越大的特征甚至物体而一个接一个地
实现越来越大的卷积，情况确实如此。然而，还有另一种可能性——从网络中的给定起始点
（如输入图像）并行馈送各层。图 15-6 对比了这两种可能性。第二种可能性通常出现在要搜
索图像的各种不同特征时，如线、边或角，并且结果并行地馈送到更全面的检测器。我们将
在下面看到，这一策略是在 LeNet 架构中采用的，LeCun 等人开发了 LeNet 架构来识别手写
数字和邮政编码。

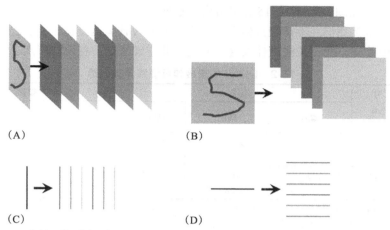

图 15-6　CNN 中的可视化深度。图 A 显示了如何将输入图像应用到 CNN 的第一层，可见图像由网络的六层依次处理。图 B 示出了如何将图像信息并行地馈送到所有六层，在这种情况下，它们将独立处理以在输入图像中定位六组不同的特征。两种方式都是有效的，并且可以分别由图 C 和 D 中的线图表示。为简单起见，这些图中没有显示高度维度，以便可视化宽度和深度。在本例中，两种深度类型值均为 6

## 15.4　LeCun 等人提出的 LeNet 架构

1998 年，LeCun 等人发表了具有里程碑意义的 CNN 案例，该案例采用了上述许多阶段（图 15-7）。输入图像与执行卷积运算的 6 层堆叠并行馈送，每个层紧接着其自身的子采样（池化）层；6 个池化层之后是 16 个卷积层的另一个堆叠，每个卷积层之后是它自己的池化层；随后是两个完全连接的卷积层的序列，它们依次完全连接到包含径向基函数（RBF）分类器的最终输出网络。

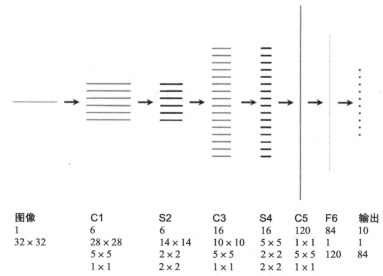

| | 图像 | C1 | S2 | C3 | S4 | C5 | F6 | 输出 |
|---|---|---|---|---|---|---|---|---|
| $N$ | 1 | 6 | 6 | 16 | 16 | 120 | 84 | 10 |
| $n \times n$ | $32 \times 32$ | $28 \times 28$ | $14 \times 14$ | $10 \times 10$ | $5 \times 5$ | $1 \times 1$ | 1 | 1 |
| $r \times r$ | | $5 \times 5$ | $2 \times 2$ | $5 \times 5$ | $2 \times 2$ | $5 \times 5$ | 120 | 84 |
| $s \times s$ | | $1 \times 1$ | $2 \times 2$ | $1 \times 1$ | $2 \times 2$ | $1 \times 1$ | | |

图 15-7　LeNet 架构示意图。该示意图包含与表 15-2 基本相同的信息，两者都是为了帮助理解整个 LeNet 架构的细节。$N$ 表示每种类型的层数，$n \times n$ 表示二维图像格式的尺寸，$r \times r$ 是二维神经元输入场的大小（单个数字表示输入是抽象的一维数据）。层 C5、F6 和输出完全相互连接

该架构的细节在图 15-7 和表 15-2 中给出，这两种形式是为了帮助我们理解整个 LeNet 架构的复杂性，虽然我们并不清楚具体在做什么。然而为什么这样做也是我们要了解的另一个重要问题。但首先，我们关注做什么这一问题，并详细考虑一些设计特点。

表 15-2　LeNet 的连接和可训练参数汇总

| 层 | 层尺寸<br>$N:n \times n$<br>$r \times r$ | 连接 | | | 参数 | | |
|---|---|---|---|---|---|---|---|
| | | 输入 | 输出 | 总计 | 输入 | 输出 | 总计 |
| 图像 | $1: 32 \times 32$ | | $1\,024$<br>$(32^2)$ | $1\,024$ | | | |
| C1 | $6: 28 \times 28$<br>$5 \times 5$ | $117\,600$<br>$(6 \times 28^2 \times 5^2)$ | $4\,704$<br>$(6 \times 28^2 \times 1)$ | $122\,304$ | $150$<br>$(6 \times 5^2)$ | $6$<br>$(6 \times 1)$ | $156$ |
| S2 | $6: 14 \times 14$<br>$2 \times 2$ | $4\,704$<br>$(6 \times 14^2 \times 2^2)$ | $1\,176$<br>$(6 \times 14^2 \times 1)$ | $5\,880$ | | $12$<br>$(6 \times 2)$ | $12$ |
| C3 | $16:10 \times 10$<br>$5 \times 5$ | $150\,000$<br>$(60 \times 10^2 \times 5^2)$ | $1\,600$<br>$(16 \times 10^2 \times 1)$ | $151\,600$ | $1\,500$<br>$(60 \times 5^2)$ | $16$<br>$(16 \times 1)$ | $1\,516$ |
| S4 | $16: 5 \times 5$<br>$2 \times 2$ | $1\,600$<br>$(16 \times 5^2 \times 2^2)$ | $400$<br>$(16 \times 5^2 \times 1)$ | $2\,000$ | | $32$<br>$(60 \times 2)$ | $32$ |
| C5<br>(f.c.) | $120: 1 \times 1$<br>$5 \times 5$ | $48\,000$<br>$(120 \times 16 \times 5^2)$ | $120$<br>$(120 \times 1)$ | $48\,120$ | $48\,000$<br>$(120 \times 16 \times 5^2)$ | $120$<br>$(120 \times 1)$ | $48\,120$ |
| F6<br>(f.c.) | $84: 1$<br>$120$ | $10\,080$<br>$(84 \times 120)$ | $84$<br>$(84 \times 1)$ | $10\,164$ | $10\,080$<br>$(84 \times 120)$ | $84$<br>$(84 \times 1)$ | $10\,164$ |
| 输出<br>(f.c.) | $10: 1$<br>$84$ | $840$<br>$(10 \times 84)$ | $10$<br>$(10)$ | $850$ | （不包括 RBF 参数） | | — |
| 总计<br>(C,F,S) | | $331\,984$ | $8\,084$ | $340\,068$ | | | $60\,000$ |

注：在图像层和输出层之间有六个隐藏层。此表详细说明了每个连接的细节和可训练参数的数量。列 1 给出了每个层的名称——"C""S"和"F"，分别指代卷积、子采样（池化）和完全连接的卷积。以下几层彼此完全连接（f.c.）：S4-C5、C5-F6 和 F6-输出。在每种情况下，第 2 列表示层数 $N$ 及其尺寸，$n \times n$ 表示二维图像格式的层的尺寸，空的"1"表示层具有抽象（一维）格式；$r \times r$ 表示卷积或子采样窗口大小。第 3～5 列和第 6～8 列给出了数值，并在括号中显示了它们的计算方式。有关某些计算中出现的数字 60、120 和 84 的合理性，请参见正文。对于卷积 C1、C3 和 C5，填充参数 $P=2$。

1）LeNet 中的六个隐藏层标记为 C1、S2、C3、S4、C5、F6，其中"C"、"S"和"F"分别表示卷积、子采样（池化）和全连接卷积。因此，卷积层和子采样层交替直到达到 C5。在该点（即从层 S4 开始）网络变得完全连接，并且不需要进一步的子采样层，因为每个输入连接都被训练（这解释了为什么表 15-2 中"参数"列中的数字与"连接"列中的数字相同。）S4 不能被描述为完全连接，因为这仅适用于其输出。

2）在表 15-2 中，第 2 列表示每种类型的层数 $N$ 及其尺寸：$n \times n$ 表示该层具有二维图像格式；单独的"1"表示层具有抽象（一维）格式；$r \times r$ 表示每个神经元的输入场。表 15-2 的目的是给出各层的连接细节和可训练参数的数量。第 3～5 列和第 6～8 列给出了数值，并在括号中显示了它们的计算方式。

3）原则上，卷积输入和输出应该匹配，即输入的数量应该是输出数量的 $r \times r$ 倍。事实上，这种情况只发生在 C1。在其他三种情况下，我们也要考虑到以下几点：

a. 对于 C3，一种尝试是不仅查看前一层，而且查看所有前一层。然而，这将需要过多的计算量，因此使用特征图，其中所选特征的实际数量限制在 60，如表 15-3 中所示。

表 15-3　如何将 S2 中的 6 个特征映射馈送到 16 个 C3 输入

| | 1 | 2 | 3 | 4 | 5 | 6 | 7 | 8 | 9 | 10 | 11 | 12 | 13 | 14 | 15 | 16 |
|---|---|---|---|---|---|---|---|---|---|---|---|---|---|---|---|---|
| 1 | + | | | | + | + | + | | | + | + | + | + | | + | + |
| 2 | + | + | | | | + | + | + | | | + | + | + | + | | + |
| 3 | + | + | + | | | | + | + | + | | | + | | + | + | + |
| 4 | | + | + | + | | | + | + | + | + | | | + | | + | + |
| 5 | | | + | + | + | | | + | + | + | + | | + | + | | + |
| 6 | | | | + | + | + | | | + | + | + | + | | + | + | + |

注：此表指示如何选择 S2 层的输出作为 C3 层的输入（用＋号表示）。这是通过组合以下选择来实现的，这些选择分别包含从 S2 到 C3 携带的 18、24、12 和 6 个值，总共为 60。这远远超过了 S2 层，但远远低于完全连接的 96 层。采用这种采样技术的原因不仅是为了减少内存和计算，而且是为了通过破坏对称性来包含随机性元素（过于规则的排列可能会增加遗漏重要特征组合的机会）。

b. 对于 C5，存在为什么使用 120 层的问题。Le Cun 等人（1998）的论文并没有说明这一点（注意，这些层位于深度维度上，但是可以被认为是神经元）。但 C5 是完全连接的，似乎 120 层是最大的合理连接层数（在表 15-2 的连接和训练参数列表中，120 乘以 485，总共得出 58 200 个连接和参数）。

c. 对于 F6，主要考虑的是使卷积完全连接，输入的数量不再被描述为 $r×r$，而是具有一维值 120。数字 84 的出现是因为 F6 层的输出返回到图像格式，具有 7×12 图像阵列，给出输入图像中数字的风格化再现。事实证明，这是有用的，因为通常的 1-of-N 字符分类代码没有足够的冗余来区分数十种可能性：这使得转换成风格化的字符格式变得更好，尽管 LeNet 主要是在数字上测试。

4）最终输出将风格化的 7×12 图像阵列解释为 10 个数字之一，使用 RBF 算子进行分类。

5）子采样层 S2 和 S4 具有 2×2 输入，并执行平均操作。它们还包括仅具有两个参数的学习函数，这两个参数分别应用可训练乘法因子和可训练偏差值。

6）S4 的 5×5 输出导致 C5 每层具有单个（1×1）神经元。不过，如果以后网络规模增大，最好采用 C5 作为二维输出。然而，给定如图 15-7 和表 15-2 所示架构，C5 是完全连接的，并且在表中被标记为这样。

7）"全连接"是指任何层在其输入端完全连接。（按照惯例，全连接层不使用填充输入，而仅连接包含实际信号的所有相关输入和输出）。我们现在可以把输入和输出之间的简单关系写下来：

$$\text{inputs}_{i+1} = \text{outputs}_i × \text{outputs}_{i+1} \tag{15.3}$$

这可用于确认 CNN 架构的全连接部分的自洽性，并给出 C5、F6 和输出的输入连接数量的正确值。然而，当应用于 C3 时，忽略填充输入，它给出以下输入值：$\text{inputs}_{C3}=96×10^4$，这远远大于表 15-2 中给出的值（$15×10^4$）。这说明 C3 远未完全连接。

8）作为对架构的自洽性的进一步检查，我们可以检查以下规则是否适用于层 S$i$，其中 $i=2$ 或 4，

$$\text{inputs}_i = \text{outputs}_{i-1} \tag{15.4}$$

在处理了架构的细节之后，现在可以看出为什么这个特定的架构被选择用于给定的数字识别任务。

在手写邮政编码和数字识别场景中，数字显示为不精确定位的符号，同时也是不精确缩放的；此外，它们还会受到各种风格变化和扭曲的影响，后者包括局部畸形、不正确放置的

点、交叉、连接，以及可能已经在纸上或在绘画后无意中以污迹、斑点或食物斑点的形式添加的少量噪声。所有这些因素使得人类很难正确阅读字符，机器也同样困难。要解决这些问题，首先需要确保阅读算法具有空间、尺度和失真不变性。

幸运的是，CNN 通过使用卷积而具有内置的空间不变性——相同的小内核被复制并直接应用于任何特定的 CNN 层。类似地，由于尺度、样式和失真变化引起的许多变化可以通过消除小特征位置之间精确对应的需要来减轻。具体而言，每个检测不同子特征（例如各种取向的线段、端点、交叉点和角点）的卷积层堆叠可以以对位置的微小变化不敏感的方式组合。这是通过在卷积层之间引入子采样（池化）层来实现的。因此，我们可以看到，LeNet 架构通过使用卷积层和池化层的堆叠体现了最重要的不变性。事实上，上面提到的很多问题都是随机的，解决这些问题的最简单的方法就是对网络进行大量的数据训练。然而，还有一种技术可以帮助实现这一点，那就是通过确保在将数据通过 sigmoid 函数之前，池化层采用可训练乘法系数和可训练偏差来标准化输入数据。注意，如果 sigmoid 函数做得太宽，它将变成线性的，倾向于使整个网络线性，从而不能做出强有力的决策；而如果太窄，则会失去线性，反向传播训练会变得缓慢而低效。显然，这两个极端之间必须取得平衡，网络最好能够通过学习相关参数来自行决定最佳工作点。

接下来，尽管每个池化层对来自先前卷积层的输入进行平均，并紧接着乘以可训练参数以及添加可训练偏差，但是输入的相对权重仍必须训练——需要这种机制来确保输入的精细平衡以获得最佳性能。这是通过在每个卷积层的输出处包括另一个可训练乘法权重来实现的，如表 15-2 中标记为"输出参数"的列所示。

在 LeNet 中，我们现在可以将层 C1 ～ S4 解释为图像空间（或图像空间的缩小比例版本）中的多个特征检测阶段；此外，我们可以将随后的层解释为执行更抽象的特征检测过程——不再绑定到图像空间——并对输入图像中呈现的数字进行分类。除了最终的 RBF 层，这个相当复杂的网络是使用标准的反向传播算法来训练的——不考虑它的整体深度，训练并没有被证明是难以处理的（就像使用这样大小尺寸的 ANN 一样）。事实上，正如我们现在看到的，设计是手工制作的，各种层数和尺寸都经过调整，以最佳地处理邮政编码和数字识别。尽管详细的权重是通过大量训练获得的，但是架构本身是利用逻辑和专业知识来理解潜在问题的。

也许设计中最有趣的一点是，网络被有意地制造成寻找具有降低的定位精度的大特征，如果任何更大的网络被设计成沿着相同的思路，则这个原理可能需要进一步扩展。

## 15.5　Krizhevsky 等人提出的 AlexNet 架构

AlexNet 是专门针对 2012 年的 ImageNet 挑战而设计的（这句话并不是要贬低设计者的实验室中正在开展的项目。然而，这样的挑战需要在一段时间内投入大量的精力来解决具体的问题——在此，我们所指的就是 2012 年的 ImageNet 大规模视觉识别挑战赛（ILSVRC））。一般来说，这些挑战非常有价值，因为它们迫使参赛者深入现有知识和技术的内部，并提出新的方法和新的想法，从而有机会取得巨大进步。的确，这些挑战的极端性质导致了对基础科学进行彻底发展的可能性，以及在技术上取得突破的可能性。尽管如此，最好还是小心谨慎，因为获胜解决方案的一两个特点可能仍然是临时性的，因此不值得在未来的系统中盲目复制。

在这种情况下，AlexNet 设计人员（Krizhevsky 等人，2012）似乎在各个层面都取得了不错的成绩。首先，他们发现有必要摒弃使用一个当时非常陈旧的基于 CNN 的模式，这种模式显然没有处于分类研究的前沿。他们努力改进这种模式，使其成为一种能够获胜的方法。为此，他们不得不从根本上改进 CNN 架构，这必然导致一台非常大的软件机器；然后他们不得不借助 GPU 大大加快速度——这绝不是一项小任务，因为这意味着重新优化软件以匹配硬件。最后，他们不得不解决如何给软件系统提供非常大的训练集——这也不是一项普通的任务，因为前所未有的大量参数必须经过严格的训练，为此需要进行一些创新。

首先，我们将关注软件系统的架构。稍后将返回到开发合适的训练集，以及管理这些训练集和确保 CNN 软件系统得到充分训练的必要创新。

CNN 架构如图 15-8 所示，各层的细节见表 15-4。隐藏层数为 10 层，仅比 LeNet 多 4 层。然而，这些数字会令人误解，因为 AlexNet 中各层的深度总和为 11 176，而 LeNet 为 258。同样，AlexNet 包含 650 000 个神经元，而 LeNet 包含 6 508 个；AlexNet 中可训练参数的数量约为 6 000 万个，而 LeNet 包含 60000 个。当我们观察输入图像的大小时，发现 AlexNet 采用的是大小为 224×224 的彩色图像，而 LeNet 只能管理两级 32×32 输入图像。所以总的来说，AlexNet 比 LeNet 大 100 到 1000 倍，这取决于哪些因素应该被认为是最相关的。AlexNet 带来的真正变化是可以处理大量的层，并管理信用分配问题。同时仍然使用反向传播算法进行训练。当时，这是前所未有的，但部分原因是 CNN 要求的参数数量已经减少，因为我们已经看到，任何给定神经元层中的所有神经元都被迫使用相同的参数；这也是由于采用了特别大的训练集，以及下面将要描述的其他方法。

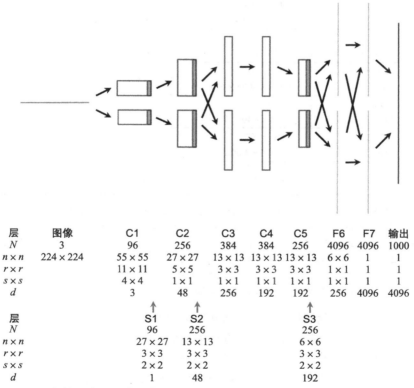

| 层 | 图像 | | C1 | C2 | C3 | C4 | C5 | F6 | F7 | 输出 |
|---|---|---|---|---|---|---|---|---|---|---|
| $N$ | 3 | | 96 | 256 | 384 | 384 | 256 | 4096 | 4096 | 1000 |
| $n \times n$ | 224×224 | | 55×55 | 27×27 | 13×13 | 13×13 | 13×13 | 6×6 | 1 | 1 |
| $r \times r$ | | | 11×11 | 5×5 | 3×3 | 3×3 | 3×3 | 1×1 | 1 | 1 |
| $s \times s$ | | | 4×4 | 1×1 | 1×1 | 1×1 | 1×1 | 1×1 | 1 | 1 |
| $d$ | | | 3 | 48 | 256 | 192 | 192 | 256 | 4096 | 4096 |

| 层 | | | S1 | S2 | | | S3 | | | |
|---|---|---|---|---|---|---|---|---|---|---|
| $N$ | | | 96 | 256 | | | 256 | | | |
| $n \times n$ | | | 27×27 | 13×13 | | | 6×6 | | | |
| $r \times r$ | | | 3×3 | 3×3 | | | 3×3 | | | |
| $s \times s$ | | | 2×2 | 2×2 | | | 2×2 | | | |
| $d$ | | | 1 | 48 | | | 192 | | | |

图 15-8　AlexNet 架构示意图。该示意图包含与表 15-4 非常相似的信息，两者都是为了帮助我们理解整个 AlexNet 架构的细节。$N$ 表示每种类型的层数；$n \times n$ 表示二维图像格式的尺寸；$r \times r$ 是二维神经元输入场的大小（单个数字表示输入是抽象的一维数据）；$s \times s$ 是二维步幅；$d$ 表示由前一层的深度产生的连接数，在三种情况下，它是实际深度（$N$）的一半，因为架构在两个 GPU 之间划分。为清楚起见，子采样层使用阴影，并且显示靠近前面的卷积层。F6、F7 和输出层完全连接

表 15-4　AlexNet 的连接和可训练参数汇总

| 层 | 层尺寸<br>$N{:}n \times n$<br>$r \times r{:}d$ | 连接 | | 参数 |
| --- | --- | --- | --- | --- |
| | | 输入 | 输出 | |
| 图像 | $3{:}224 \times 224$ | | $150\ 528$<br>$(3 \times 224^2)$ | — |
| C1 | $96{:}55 \times 55$<br>$11 \times 11{:}3$ | $105.42 \times 10^6$<br>$(3 \times 96 \times 55^2 \times 11^2)$ | $290\ 400$<br>$(96 \times 55^2 \times 1)$ | $0.03 \times 10^6$<br>$(3 \times 96 \times 11^2)$ |
| S1 | $96{:}27 \times 27$<br>$3 \times 3{:}48$ | $0.63 \times 10^6$<br>$(96 \times 27^2 \times 3^2)$ | $69\ 984$<br>$(96 \times 27^2 \times 1)$ | $192$<br>$(96 \times 2)$ |
| C2 | $256{:}27 \times 27$<br>$5 \times 5{:}48$ | $223.95 \times 10^6$<br>$(48 \times 256 \times 27^2 \times 5^2)$ | $186\ 624$<br>$(256 \times 27^2 \times 1)$ | $0.61 \times 10^6$<br>$(96 \times 256 \times 5^2)$ |
| S2 | $256{:}13 \times 13$<br>$3 \times 3{:}192$ | $0.39 \times 10^6$<br>$(256 \times 13^2 \times 3^2)$ | $43\ 264$<br>$(256 \times 13^2 \times 1)$ | $512$<br>$(256 \times 2)$ |
| C3 | $384{:}13 \times 13$<br>$3 \times 3{:}256$ | $149.52 \times 10^6$<br>$(256 \times 384 \times 13^2 \times 3^2)$ | $64\ 896$<br>$(384 \times 13^2 \times 1)$ | $0.89 \times 10^6$<br>$(256 \times 384 \times 3^2)$ |
| C4 | $384{:}13 \times 13$<br>$3 \times 3{:}192$ | $112.14 \times 10^6$<br>$(192 \times 384 \times 13^2 \times 3^2)$ | $64\ 896$<br>$(384 \times 13^2 \times 1)$ | $1.33 \times 10^6$<br>$(384 \times 384 \times 3^2)$ |
| C5 | $256{:}13 \times 13$<br>$3 \times 3{:}192$ | $74.76 \times 10^6$<br>$(192 \times 256 \times 13^2 \times 3^2)$ | $43\ 264$<br>$(256 \times 13^2 \times 1)$ | $0.89 \times 10^6$<br>$(384 \times 256 \times 3^2)$ |
| S3 | $256{:}6 \times 6$<br>$3 \times 3{:}192$ | $0.08 \times 10^6$<br>$(256 \times 6^2 \times 3^2)$ | $9\ 216$<br>$(256 \times 6^2 \times 1)$ | $512$<br>$(256 \times 2)$ |
| F6<br>(f.c.) | $4096{:}6 \times 6$<br>$256$ | $37.75 \times 10^6$<br>$(256 \times 4096 \times 6^2)$ | $4\ 096$ | $37.75 \times 10^6$<br>$(256 \times 4096 \times 6^2)$ |
| F7<br>(f.c.) | $4096{:}1$<br>$4096$ | $16.78 \times 10^6$<br>$(4096 \times 4096)$ | $4\ 096$ | $16.78 \times 10^6$<br>$(4096 \times 4096)$ |
| 输出<br>(f.c.) | $1000{:}1$<br>$4096$ | $4.10 \times 10^6$<br>$(1\ 000 \times 4\ 096)$ | $1\ 000$ | —<br>(softmax) |
| 总计<br>(C,F) | | $720.32 \times 10^6$ | $658\ 272$ | $58.28 \times 10^6$ |

注：AlexNet 在图像层和输出层之间有 10 个隐藏层。此表详细说明了各层中的连接和可训练参数的数量。第 1 列给出了每个层的名称——"C""S"和"F"分别指代卷积、子采样（池化）和完全连接的卷积。在每种情况下，第 2 列表示层数 $N$ 及其尺寸：$n \times n$ 表示二维图像格式的层的尺寸，空的"1"表示层具有抽象（一维）格式；$r \times r$ 表示卷积或子采样窗口大小。C1 具有 $4 \times 4$ 步幅；三个子采样窗口具有 $2 \times 2$ 步幅。第 3 ~ 5 列给出了数值，并在括号中显示了它们的计算方式。对于卷积层（C，F），偏置参数被假定为每个神经元输出 1，对于子采样层（S），偏置参数被假定为每个输出 2，如 LeNet。

　　在进一步讨论之前，我们将研究 AlexNet 架构的各种细节。该架构的一个突出特征是整个网络的水平分割，在该分割的上方和下方使用单个 GPU 来实现（图 15-8）。原则上，这应该会对架构造成严重的限制，但实际上，这并不是一个无法解决的问题（事实上，这也许可以说是该系统最巧妙的创新之一）。这是因为每个 GPU 寄存器存放图像及其特征的一半是合理的，并且因为在一个接合点（在层 C2 和 C3 之间），来自数据的另一半的数据被再次带回；作为一项附加措施，对于最后两个完全连接的层（F6 和 F7），以及体现 softmax 计算的完全连接的输出层，所有数据再次融合在一起。接下来，请注意，对于来自前一层的所有可用深度输出，都采用神经元 $r \times r$ 的卷积操作。但是，在层 C2、C4 和 C5 中，可用深度输出的 $d$ 仅为前一层的一半，因为跨 GPU 间划分传输数据是不可能的，即在这三种情况下，$d$ 仅为

前一层 $N$ 值的一半。

　　在系统的早期阶段，也确实需要减少冗余。这是相当粗暴地通过在层 C1 中施加 $4 \times 4$ 步幅来实现的，尽管通过施加 $11 \times 11$ 像素窗口帮助同时收集足够的信息可防止过度损坏。事实上，这是整个系统中唯一使用大于 1 的步幅的地方——除了三个子采样层 S1、S2、S3。有趣的是，后几种情况通过使用 $3 \times 3$ 而不是更常见的 $2 \times 2$ 池化窗口来防止过度损坏。这三个子采样层被称为"重叠池化"，并且特别容易可视化（图 15-9），实际上，它们使用最大池化而不是平均池化。

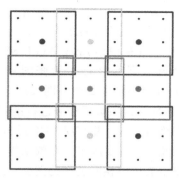

图 15-9　重叠池化的简单情况。此图显示了一小块 $7 \times 7$ 像素图像（小点），其中采样的输出点（大点）表示 $2 \times 2$ 步幅映射。正方形显示了每个输出点是如何从 $3 \times 3$ 池化窗口馈送的。为避免混淆，正方形窗口彼此略有偏移，但仍包含 9 个像素中心

　　请注意，这些层的尺寸（$n \times n$）首先从 $224 \times 224$ 快速下降到 $55 \times 55$，然后依次下降到 $27 \times 27$、$13 \times 13$（三次）、$6 \times 6$，最后下降到 $1 \times 1$。论文（Krizhevsky 等人，2012）没有提到填充细节，这可能是因为需要在 2012 年匆忙完成机器（当然，论文必须报告实际做了什么，而不是过于理想化）。但是在任何情况下，快速收敛到尺寸 $1 \times 1$ 进而至完全抽象的模式分类过程对于最小化存储和最大化速度都是有价值的。有趣的是，几乎所有的可训练参数都在 F6 层和 F7 层，只剩下 1000 个输入留给最终的 softmax（非神经元）分类器。

　　AlexNet 与 LeNet 不同的一个特点是使用了当时新近开发的 ReLU 非线性传递函数。Krizhevsky 等人发现相对于惯用的 tanh 函数，这可以将训练速度提高约 6 倍。由于 AlexNet 需要大量的训练，这是一项有价值的创新。事实上，ReLU 不需要输入归一化来防止饱和（显然线性响应永远不会饱和）。不过，Krizhevsky 等人发现包含一种他们称之为"亮度归一化"的元素仍然是有用的，他们认为这种元素在人类视觉系统中执行类似于侧向抑制的功能。他们发现，包含它在内，错误率改善了 1% 到 2%。

　　就在 AlexNet 完成前不久，Hinton 等人（2012）引进了一种新技术——"dropout"。该技术的目的是限制过度训练的发生率，这是通过针对每个训练模式将权重的比例（通常高达 50%）随机设置为零来实现的。这种相当惊人的技术看起来很有效：通过防止隐藏层过分依赖提供给它们的特定数据来做到这一点（另一种看待它的方式是，从 $2^{WH}$ 种不同架构中进行随机采样，因此其中任何一种过度训练的可能性应该可以忽略。实际上，网络是通过许多独立的路径进行训练的，因此任何单独的过度训练路径都不应该影响整体性能）。

　　Krizhevsky 等人（2012）在 AlexNet 中包括了这一特征。应用这一技术时，每个神经元输出都是以 0.5 的概率随机设置为 0。这是在输入数据的前向过程之前完成的，而受到影响的神经元不会进行错误后向传播。在下一个前向过程中，不同集合的神经元的输出以 0.5 的概率被设置为 0，同样，受影响的神经元不会参与错误的后向传播；后面的过程与此类似。在测试阶段，会有一个替代的过程，所有神经元的输出被乘以 0.5。事实上，将所有的神经元乘以 0.5，是一种对所有局部神经元输出的概率分布的统计几何均值的近似，与算术均值的差异不大。dropout 应用于 AlexNet 的前两层，极大地减小了过拟合（因为太少的训练数

据造成的欠训练）的程度。包含这个功能的主要缺点是使得收敛的迭代次数增加了一倍。从有效性上看，虽然训练时间翻倍了，但是训练的有效性却大大改进了——远远好于通常因为过度训练导致的更差性能。

AlexNet 是使用 ImageNet ILSVRC 挑战赛提供的 120 万张图片进行训练的，这个数字是 ImageNet 数据库中 1500 万张图片的子集。事实上，ILSVRC-2010 是唯一有测试标记的子集，1000 个类别中每个类别大约有 1000 张图片。然而，人们发现，这些图片太少，不足以说明 CNN 对这项艰巨任务进行准确分类所需的复杂性。因此需要有足够的手段来扩展数据集，训练 AlexNet 并实现 10% 到 20% 的分类错误率。

因此考虑并实施了扩充数据集的两种主要方法。一种是将逼真的变换和翻转应用到图像上，以生成更多相同类型的图像。这些转换甚至扩展到从最初的 $256 \times 256$ ImageNet 图像中提取 5 个 $224 \times 224$ 子图并做水平翻转，每个图像总共给出 10 个子图。另一种是改变输入图像的强度和颜色。为了使这一练习更加严格，首先使用主成分分析（PCA）来识别 ImageNet 数据集的颜色主成分，然后生成随机幅值，用它乘以特征值，从而生成原始图像的可行变体。这两种方法合在一起，能够有效地将原始数据集的大小扩大约 2000 倍，其原理是在位置、强度和颜色上产生自然变化（后者将随周围光照的颜色自然变化）。

在这一阶段，应该强调的是，挑战的目的是找到能够识别跳蚤、狗、汽车或其他常见物体在图像中任何位置和任何合理（即自然出现的）姿势的示例的最佳视觉机器（给出最低的分类错误率）。此外，机器应该对其分类进行优先排序，以给出至少前五种最可能的解释。然后，每台机器不仅可以根据其最高分类的准确性进行评级，还可以根据分类的物体是否出现在机器的前五个分类中进行评级。AlexeNet 赢得了 15.3% 的前 5 名错误率，而亚军为 26.2%。另一个原因是，这种练习的错误率大幅下降到 20% 以下，为深度神经网络带来了新的生机，并使它们重新引人注目。

请注意，这一切不仅仅是通过设计一个成功的架构，然后生成正确的数据集并充分训练它来实现的，也有必要将训练时间降低到可实现的水平。在这方面，GPU 的实施是至关重要的。即使有一对 GPU，训练时间也需要大约一周每天 24 小时的工作来管理任务。没有 GPU，将花费大约 50 倍的时间——最可能是大约一年——所以机器将不得不接受下一年的挑战！一个公认的数字是，GPU 相对于典型的主机 CPU 具有大约 50 倍的速度优势。

最后应该注意的是，GPU 提供了非常好的实现，因为它们具有内在的并行性，从而能够在更少的周期内处理大型数据集。请注意，CNN 的每一层都是完全同质的，因此非常适合并行处理。还要注意，GPU 非常适合并行工作，因为它们能够直接读取和写入彼此的存储器，避免了通过主机 CPU 存储器移动数据的需要。

## 15.6    Zeiler 和 Fergus 对 CNN 架构的研究

在 AlexNet 相对于以前的 CNN 架构（如 LeNet）取得几乎空前的成功之后，许多研究者集中精力巩固这一进展并进一步扩大它。特别是，Zeiler 和 Fergus（2014）详细分析了它的最优性和改进方法。他们从包括以下内容的陈述开始："对于 CNN 为什么表现如此出色以及如何改进这些内容没有明确的理解""对这些复杂模型的内部操作和行为，或者它们如何取得如此好的成绩仍知之甚少""从科学的角度来看，这是非常令人不满的"。

他们最直接的任务是重新实现 AlexNet 并对其进行彻底测试，目的是找到其局限性并进一步开发它。他们采用了相同的 ImageNet 2012 训练数据，并以相同的方式对其进行了增强——

通过调整图像大小，裁剪 256 × 256 的图像得到 10 个不同的 224 × 224 的子图像，再次结合了水平翻转。新实现的 AlexNet 使用单个 GPU 代替原来的两个 GPU。这使得 Zeiler 和 Fergus 能够用一套完整的密集连接代替层 C3 和 C5 之间的稀疏连接。另外，他们使用了强大的可视化技术（详细介绍见下一节）进一步提高性能。这样的一种改进是重新归一化卷积层中的各种滤波器以防止它们中的任何一个占优势（主导层有效地防止其他层完全贡献于物体识别）。

可视化还有助于选择最佳架构。特别是，它表明 AlexNet 的第一层和第二层在中等空间频率范围内较弱——事后看来，这是一个相当明显的结果，即从大（4 × 4）步幅的 11 × 11 滤波器直接跳到 1 × 1 步幅的 5 × 5 滤波器。他们还表明，大步幅是造成混叠问题的原因，在此之前，人们并没有预料到这一点。他们通过在 C1 中放置 7 × 7 滤波器并将步幅减小到 2 × 2 来处理这些问题。然而，这些变化需要在后面的层中进行相应的修改，因为图像尺寸在前几个层中未被充分减小：这见于 ZFNet 架构原理图，见图 15-10；我们将其命名为 ZFNet 架构，以避免与 AlexNet 和其他架构混淆。由于所有这些变化，ZFNet 能够达到 top-5 的错误率为 14.8%，可以与 AlexNet 的 15.3% 的错误率相媲美。（事实证明，Clarifai 在 2013 年的 ImageNet 竞赛中表现更出色，达到了 11.7% 错误率，但由于篇幅有限，无法在此详细讨论。）

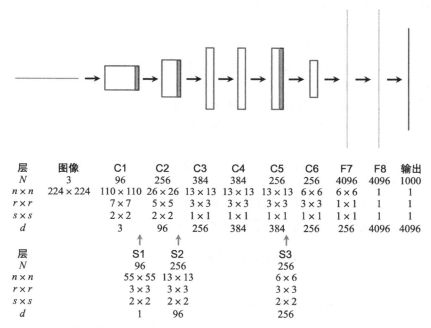

| 层 | 图像 | C1 | C2 | C3 | C4 | C5 | C6 | F7 | F8 | 输出 |
|---|---|---|---|---|---|---|---|---|---|---|
| $N$ | 3 | 96 | 256 | 384 | 384 | 256 | 256 | 4096 | 4096 | 1000 |
| $n \times n$ | $224 \times 224$ | $110 \times 110$ | $26 \times 26$ | $13 \times 13$ | $13 \times 13$ | $13 \times 13$ | $6 \times 6$ | $6 \times 6$ | 1 | 1 |
| $r \times r$ | | $7 \times 7$ | $5 \times 5$ | $3 \times 3$ | $3 \times 3$ | $3 \times 3$ | $3 \times 3$ | $1 \times 1$ | 1 | 1 |
| $s \times s$ | | $2 \times 2$ | $2 \times 2$ | $1 \times 1$ | $1 \times 1$ | $1 \times 1$ | $1 \times 1$ | $1 \times 1$ | 1 | 1 |
| $d$ | | 3 | 96 | 256 | 384 | 384 | 256 | 256 | 4096 | 4096 |

| 层 | S1 | S2 | S3 |
|---|---|---|---|
| $N$ | 96 | 256 | 256 |
| $n \times n$ | $55 \times 55$ | $13 \times 13$ | $6 \times 6$ |
| $r \times r$ | $3 \times 3$ | $3 \times 3$ | $3 \times 3$ |
| $s \times s$ | $2 \times 2$ | $2 \times 2$ | $2 \times 2$ |
| $d$ | 1 | 96 | 256 |

图 15-10 ZFNet 架构示意图。该示意图与 AlexNet 非常相似，如图 15-8 所示。事实上，它们非常接近，以至于所有术语的含义都应该从图 15-8 中清晰可见。请注意，AlexNet 包含 7 个隐藏层，而 ZFNet 包含 8 个隐藏层（不包括每个网络中的 3 个子采样层）。请注意，ZFNet 仅使用单个 GPU 来实现，其架构没有拆分。因此，现在 $d$ 等于前一层深度产生的连接数。这里要关注的主要特征是，在 AlexNet 和 ZFNet 之间 $n \times n$、$r \times r$ 和 $s \times s$ 的值是如何变化的

Zeiler 和 Fergus（2014）进行了进一步的实验，以探索 AlexeNet 架构成功的原因。他们尝试调整不同层的大小，甚至完全删除它们——每次都是在相同的数据上完全重新训练架构。这些变化对整体性能影响不大，只导致错误率略有增加。然而，一次去除几个层会导致性能更差，而增加中间卷积层的尺寸会显著提高性能。他们得出的结论是，保持架构模型的整体

深度，而进行细节的更改对于获得良好的性能非常重要。可以说，网络的"智能"本质上是随着深度的增加而增加的，但是要利用这种智能，需要更多的训练，从而大大增加计算量。

这种方法有时被称为"消融研究"，"消融"是一个常用的医学术语，意思是一层一层地切除病变的肌肉。应用于 CNN 等分类系统，逐层移除旨在揭示哪些层对架构至关重要。有趣的是，在这种情况下，它揭示了一些不同的内容——最小深度比任何单独的层更关键。

更进一步，Zeiler 和 Fergus 指出，使用 Caltech-101、Caltech-256 和 Pascal VOC 2012 数据集，可以使用先前训练的 CNN 层来执行完全不同的任务，这些数据集的主要特征我们现在简要描述如下：

- Caltech-101：该数据集包含 101 个类别的物体图片，每个类别大约有 50 张图片，尽管有些类别最多有 800 张图片。图片尺寸约为 $300 \times 200$ 像素。该数据集是李飞飞等人于 2003 年收集的。图片有些杂乱，大致集中。
- Caltech-256：该数据集包含 256 个类别的物体图片，总共包含 30607 图片，即每个类别大约 120 张，每个类别的最小图片数在 30 到 80 之间。数据集具有两个有价值的特征，即避免了图像旋转引起的伪影，引入了大量杂波类别来测试背景抑制。Griffin 等人于 2006 年发布了该数据集。
- Pascal VOC 2012：此数据集包含 20 个类。请注意，图片可以包含多个物体，训练/验证数据具有包含 27 450 个 ROI 注释物体和 5 034 个分段的 11 530 张图片。但是注释不完整，只有部分人被注释，有些人没有被注释。见 van de Sande 等人（2012）了解更详尽的细节。

为此，他们只是对 softmax 输出分类器进行了适当的重新训练——由于该分类器包含的参数相对较少，因此可以很快地进行训练。重新训练的 ZFNet 系统在两个 Caltech 数据集上的性能优于先前报告的最佳性能，而在 Pascal 数据集上，它的性能要差得多。这是因为 Pascal 数据集图片可以包含多个物体，而 ZFNet 系统只为每张图片提供单个预测。集中在两个 Caltech 数据集上，其取得的相当大的成功可能是由于 CNN 核心的广泛训练，这是以前的领先系统无法比拟的，因为它们可用于训练的数据很少。另一方面，当 ZFNet 在这些数据上重新训练时，它在每种情况下的表现都很差，这反映了对如此强大的神经分类器训练数据的极大渴望。

## 15.7　Zeiler 和 Fergus 的可视化实验

我们现在继续进行 Zeiler 和 Fergus 的可视化实验。这些实验被设计用来揭示 CNN 的内部工作机制。它们主要试图分析一个经过适当训练的 CNN 是如何处理输入数据的。对整个网络进行可视化是非常困难的，事实上，一次只能可视化一层。他们需要做的是把一个新的图像输入系统中，观察第 $i$ 层的输出，并试图找出信号通过该层时发生了什么（图 15-11）。假设此时数据刚刚通过子采样层，例如最大池化层。此时，不知道 $r \times r$ 输入中的哪一个（通常总共 4 或 9 个输入）产生最大信号。然而，对于特定的输入图像，我们需要通过下一层来确定它是哪一个像素。然后我们需要更进一步，到更低一层继续追踪最大值信号。在每一层执行回溯的单元被称为"上池化"层（回溯，英文为 backward recursion，在原始的拉丁文中，意为"返回"，而非调用自身的递归过程）。它的操作就像一个"开关"，定位最大值的来源。

更仔细地观察回溯的过程，整个向下定向的系统实际上被颠倒了——而不仅仅是池化操作。即使是 ReLU 也指向下方，因为它们必须确保向下移动的信号保持相互兼容且为正值（尽管反演过程的某些方面可能看起来有些奇怪和武断，但通过在下一节中采用的修正方法，这将会变得很清楚）。最后，卷积滤波器本身必须通过使用滤波器的"转置"版本来反转（实际上，这大约是通过将它们旋转 180° 来实现的：Zeiler 和 Fergus，2014）。解释结果图片可能相当困难。然而，在 AlexeNet 的中等空间频率范围内的信号微弱的观察可能是这种方法的典型。类似地，可以分析遮挡敏感度，以发现在训练好的网络中，由于（部分）遮挡而导致的关键活动损失发生在哪里。

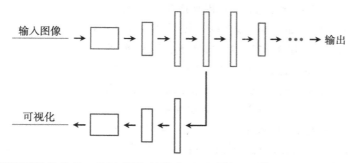

图 15-11　反卷积网络的构想。此示意图（顶部）显示从输入图像到输出的正常路径。这一途径
　　　　　通常通过反向传播来训练，然后学习参数被固定。接下来，将学习的参数应用到新的
　　　　　输入图像，并将数据传入可视化路径。目的是解构学习的参数，看看新的输入图像是
　　　　　如何激活网络的。然而，后一个过程比最初想象的要复杂得多，因为池化的最大值必
　　　　　须不被池化（即传递回正确的信道），必须包括反向 ReLU，卷积系数必须"反卷积"

　　尽管在可视化方面所做的工作对于回答像 CNN 运作这样的问题非常有用，但也相当有限。特别是，它在任何时候都只适用于特定的图像输入。也就是说，它只可视化一次激活，而不自动推广关于网络整体操作的经验。因此，只能从系统中恢复网络中当前位置下的层的卷积特征的近似版本。

　　最后，请注意，执行可视化的完整系统架构称为 DNN：这是因为它不仅包括原始卷积网络的组件，同时也包括反向使用的相同组件。因此，它既包含上池化组件也包含池化组件，并且还必须反转 ReLU 和卷积。在卷积的情况下，不可能实现精确的反转，其原因正如我们无法精确地去除图像中的模糊；不过，可参见 Zeiler 等人（2010）提出的使用正则化的新方法。总体而言，Zeiler 和 Fergus 所取得的成就是：（1）显著提高了我们对 CNN 操作及其有效性的信心；（2）确定了一些可行的方法来提高它们的性能。然而，CNN 在层数、图像大小轮廓（$n \times n$）和神经元输入场大小（$r \times r$）[更不用说最佳步幅大小（$s \times s$）] 方面的所有细节的高级设计似乎仍然遥不可及。

## 15.8　Simonyan 和 Zisserman 的 VGGNet 架构

　　在继续缺乏理想架构形式的知识的情况下，Simonyan 和 Zisserman（2015）着手确定进一步增加深度的效果。为此，他们通过将最大神经元输入字段限制为 $3 \times 3$ 来显著减少基本网络中的参数数量。实际上，他们分别限制卷积层的输入场和步幅为 $3 \times 3$ 和 $1 \times 1$，并设置每个子采样层的输入场和步幅都为 $2 \times 2$。此外，他们分 5 个阶段将连续层从 $224 \times 224$ 下降到 $7 \times 7$ 来实现系统且快速的收敛，然后过渡到 $1 \times 1$ 的全连接阶段；接着是两个全连接层，然后是最终的 softmax 输出层（图 15-12）。所有的隐藏层都包含一个 ReLU 非线性阶段（图中未显示）。局部响应归一化（曾被 Krizhevsky 等人在 AlexNet 中使用）目前已经不再使用，因为它不会提高性能。尽管这些层在图 15-12 中未标出，但除了 $N$ 个"通道"，5 个卷积层 C1 ～ C5

分别包含 2、2、3、3、3 个相同的子层。最后应该指出的是，出于实验的原因，Simonyan 和 Zisserman 在 VGGNet 架构上设计了 6 个变体，其中有 11 到 19 个加权隐藏层：在这里，我们只覆盖配置 D（具有 16 个加权隐藏层），其层 C1 ～ C5 中的相同子层的数量如上所列。配置 D 特别令人感兴趣，因为它被用于 Noh 等人（2015）的工作中，下一节将详细介绍。

如上所述，Simonyan 和 Zisserman 通过将卷积输入场限制为 3×3 来减少参数的基本数量。这意味着通过依次应用多个 3×3 卷积来产生更大的卷积。显然，一个 5×5 的输入场将需要应用两个 3×3 卷积，而一个 7×7 输入场需要三个 3×3 卷积。在后一种情况下，这会将参数总数从 $7^2 = 49$ 减少到 $3 \times 3^2 = 27$。事实上，这种实现 7×7 卷积的方式不仅减少了参数的数量，而且还迫使对卷积进行额外的正则化，因为 ReLU 非线性插入在每一个 3×3 分量卷积之间。同样相关的是，每个三层 3×3 卷积堆叠的输入和输出都可以有 $N$ 个通道，在这种情况下它将包含总共 $27N^2$ 个参数，并且这个数字应该与 $49N^2$ 个参数进行比较。VGGNet 各层（配置 D）中的参数数量在表 15-5 中给出，对于 $M$ 个 3×3 卷积的堆叠，C1 ～ C5 的基本公式为 $M \times 3^2 N^2$。但是注意，只有先前的卷积层具有相同的 $N$ 值（该值对 C5 有效，但不适用于 C1 ～ C4 的情况），此公式才适用。有关详细内容请参阅表 15-5。

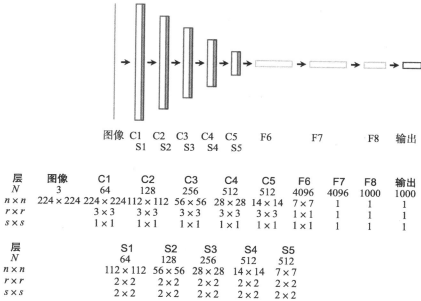

| 层 | 图像 | C1 | C2 | C3 | C4 | C5 | F6 | F7 | F8 | 输出 |
|---|---|---|---|---|---|---|---|---|---|---|
| $N$ | 3 | 64 | 128 | 256 | 512 | 512 | 4096 | 4096 | 1000 | 1000 |
| $n \times n$ | 224×224 | 224×224 | 112×112 | 56×56 | 28×28 | 14×14 | 7×7 | 1 | 1 | 1 |
| $r \times r$ | | 3×3 | 3×3 | 3×3 | 3×3 | 3×3 | 1×1 | 1 | 1 | 1 |
| $s \times s$ | | 1×1 | 1×1 | 1×1 | 1×1 | 1×1 | 1×1 | 1 | 1 | 1 |

| 层 | S1 | S2 | S3 | S4 | S5 |
|---|---|---|---|---|---|
| $N$ | 64 | 128 | 256 | 512 | 512 |
| $n \times n$ | 112×112 | 56×56 | 28×28 | 14×14 | 7×7 |
| $r \times r$ | 2×2 | 2×2 | 2×2 | 2×2 | 2×2 |
| $s \times s$ | 2×2 | 2×2 | 2×2 | 2×2 | 2×2 |

图 15-12　VGGNet 的架构。该架构显示了对标准 CNN 网络的更新优化。与图 15-7、图 15-8 和图 15-10 不同，这里展示卷积层的相对尺寸，其范围从图像尺寸下降到 1×1。注意，卷积层都有单位步幅，并且它们的输入场最大尺寸限制为 3×3，子采样层都具有 2×2 输入场和 2×2 步幅。VGGNet 有许多可能的配置，加权隐藏层的数量在 11 到 19 之间。配置 D（如上所示）具有 16 层，层 C1 ～ F8 分别包含 2、2、3、3、3、1、1、1 个加权子层。加权层的数量决定了参数的数量，见表 15-5

尽管深度有所增加，但 VGGNet 的参数仅约为 AlexNet 的参数的 2.4 倍，并且不会将架构拆分以适合 2-GPU 系统（参见图 15-8）。相反，当使用现成的 4-GPU 系统时，它立即在单个 GPU 上获得 3.75 倍的加速。

VGG 训练方法的细节与 AlexNet 类似，请参阅 Simonyan 和 Zisserman（2015）的原始文章。但是，这些作者做了一个有趣的创新，即在训练时使用"缩放抖动"，即使用广泛范围内的物体来增强训练集。事实上，在图像缩放因子为 2 时应用随机缩放。

结果是，VGGNet 使用单一网络以 7.0% 的误差率获得了测试结果的前 5 名，而 GoogLeNet 则为 7.9%（Szegedy 等人，2014）。实际上，GoogLeNet 实现了 6.7%，但是应用了 7 个网络。因此，VGGNet 在 ILSVRC-2014 挑战中获得了第二名。然而在提交之后，作者设法使用两个模型的集合将错误率降低到 6.8%——与 GoogLeNet 的性能基本相同，但网络数量明显减少。有趣的是，尽管 VGGNet 架构没有偏离 LeCun 等人（1989）的经典 LeNet 架构，但所有这一切都实现了，主要改进是网络的深度大大增加。

**表 15-5　VGGNet 参数**

| 配置 D | $N$ | 子层 | 公式 | 参数 |
|---|---|---|---|---|
| C1 | 64 | 1 | $(3 \times 3) \times 3 \times 64$ | $0.04 \times 10^6$ |
| | | 2 | $(3 \times 3) \times 64^2$ | |
| C2 | 128 | 1 | $(3 \times 3) \times 64 \times 128$ | $0.22 \times 10^6$ |
| | | 2 | $(3 \times 3) \times 128^2$ | |
| C3 | 256 | 1 | $(3 \times 3) \times 128 \times 256$ | $1.47 \times 10^6$ |
| | | 2 | $(3 \times 3) \times 256^2$ | |
| | | 3 | $(3 \times 3) \times 256^2$ | |
| C4 | 512 | 1 | $(3 \times 3) \times 256 \times 512$ | $5.90 \times 10^6$ |
| | | 2 | $(3 \times 3) \times 512^2$ | |
| | | 3 | $(3 \times 3) \times 512^2$ | |
| C5 | 512 | 1 | $(3 \times 3) \times 512^2$ | $7.08 \times 10^6$ |
| | | 2 | $(3 \times 3) \times 512^2$ | |
| | | 3 | $(3 \times 3) \times 512^2$ | |
| F6 | 4 096 | | $(3 \times 3) \times 512 \times 4096$ | $102.76 \times 10^6$ |
| F7 | 4 096 | | $4096 \times 4096$ | $16.78 \times 10^6$ |
| F8 | 1 000 | | $4096 \times 1000$ | $4.10 \times 10^6$ |
| 总计 | | | | $\mathbf{138.35 \times 10^6}$ |

注：该表总结了 VGGNet 各卷积层参数的数量（配置 D）。注意，大部分参数出现在早期全连接层，特别是 F6 中。

尽管在 ILSVRC-2014 的挑战中排名第二，但 VGGNet 已被证明具有更强的通用性和对不同数据集的适应性，是视觉研究领域图像特征提取的首选。这似乎是因为 VGGNet 实际上提供了更健壮的特征，即使它在特定数据集上的分类性能略差。正如我们将在下一节看到的，VGGNet 是 Noh 等人（2015）在 DNN 上工作所选择的网络。

## 15.9　Noh 等人的 DeconvNet 架构

受到 Zeiler 和 Fergus 工作的启发，如 15.6 节和 15.7 节所述，Noh 等人（2015）制作了一个"学习 DNN"（DeconvNet），从训练中学习如何对 CNN 每层卷积系数集进行反卷积。事实上，他们系统的总体架构似乎比 15.7 节中的解释所显示的更加灵活和简单。再一次，事后的看法从根本上阐明了其所取得的进展。它们的架构如图 15-13 所示。注意，它的初始 CNN 部分是从 VGGNet 的层 C1 ～ F7 借用的，但不包括层 F8 和输出 softmax 层。在这个架构中，我们没有看到向下流动的路径，但这是因为 Zeiler 和 Fergus 的反卷积（deconv）网络的部分向下流动路径已经翻转、扩展并且在向上流动部分之后被添加。事实上，也可以说这种架构是 Zeiler 和 Fergus 的反卷积网络的一种推广。为此提供一个理论基础将是有用的。

首先，需要向上流动的 CNN 来识别输入图像中的物体。然后，如果物体位于图像的特定部分，则需要另一个 CNN 指向这些位置，并且这必然要遵循识别过程（旨在实现所有这些的网络被称为语义分割网络）。在一个巨大的无约束 CNN 中承担这两项任务将会阻碍存储和训练，所以这两个网络必须紧密联系在一起。将它们连接在一起的手段是提供从池化单元到后面的上池化单元的前馈路径。因此 CNN 输出被广义化以消除样本变化影响的手段使得第二个 CNN 得到增强以产生所需的位置图。至关重要的是，我们也看到整个单一上行数据路径使得 ReLU 单元现在必须指向同一个方向的原因显而易见（请记住，现在它们已经再次全部面向前方了）。同样清楚的是，在这样庞大的网络中，训练必须小心进行，显然最初上行流（物体检测）部分在初始时应已单独预训练。

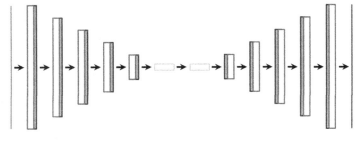

图像 C1 C2 C3 C4 C5 F6 F7 D5 D4 D3 D2 D1 映射
　　 S1 S2 S3 S4 S5 　　 　 U5 U4 U3 U2 U1

图 15-13　Noh 等人的学习反卷积网络的示意图。该网络包含两个背对背的网络。左边是一个标准的 CNN 网络，右边是相应的 DNN "反卷积" 网络（似乎为反向操作）。CNN 网络（左侧）没有输出（如 softmax）分类器，因为其最终目的不是分类物体，而是在整个图像区域以像素为单位呈现它们的位置。将反卷积层 D5 降低到 D1 层旨在渐进地取消层 C5 ～ C1。类似地，将上池化层 U5 展到 U1 旨在逐步取消池化层 S5 ～ S1。为了实现这一点，来自最大池化层的位置参数必须被馈送到对应的上池化层中的相应位置（即来自 Si 的位置应被馈送到 Ui）。该示意图用于显示卷积层的相对尺寸，其范围从图像大小下降到 1×1，然后再次提供输入图像的全尺寸分割图。总体而言，这种架构可以被视为单个 CNN，原则上可以进行相应的训练。但是，它的深度决定了需要采用不同的策略（请参阅正文以获取更多详细信息）。请注意，CNN 网络是从 VGGNet（图 15-12）借用的，但排除了 F8 层和输出 softmax 层。有关层 C1 ～ F7 和 S1 ～ S5 的详细信息，请参见图 15-12。$D_i$ 的细节与 $C_i$ 相同，而 $U_i$ 的细节与 $S_i$ 相同——只是 $D_i$ 和 $U_i$ 扩张而不是收缩数据流。在许多方面，将扩张过程视为反射原始收缩过程是有益的。尽管需要适当的组合规则来定义重叠输出窗口发生的情况，但是系统被训练来执行相关的反卷积

　　总体而言，该系统通过在输入 CNN 后面包含 DNN 来镜像输入 CNN。该操作可以总结如下：非线性的上池化层 $U_i$ 是重定向（上池化）$C_i$ 的最大信号；反卷积层 $D_i$ 对数据进行线性操作，因此必须对重叠输入进行求和，必要时进行加权。然而，反卷积层并不是通过构建合适的组合规则来定义每个 $D_i$ 层的重叠输出窗口会发生什么——而且是以某种非常近似的方式（如卷积滤波器的 "转置" 版本）进行——反卷积层就是作为整个正常网络的一部分来被训练的。虽然这是一种严格的方法，但确实增加了训练网络的负担。

　　有一个在 DNN 中发生的整个过程的理想模型也很有用。首先，每个上池化层从相应的池化层中恢复信息，并重新构建数据空间在池化之前的维度。然而，它只是在适当的位置用

局部最大值稀疏地填充它。反卷积层的目的是在其数据空间中重建密集映射。所以,尽管CNN 减小了激活区域的大小,但随后的 DNN 将激活区域放大并使它们再次变得密集。但是,这种情况并没有完全解决,因为只有最大值被重新插入。正如 Noh 等人(2015 年)在他们的论文中说:"上池化通过强激活反跟踪原始位置到图像空间来捕获样例层次的结构,而反卷积层中的学习滤波器倾向于捕获类层次的形状。"这意味着反卷积层重建样例形状以更准确地对应于特定类的物体的预期位置。

尽管有这种保证,网络必须进行适当的训练。但是,Noh 等人对上述关于两个阶段训练的观点进行了改进,如下:为了克服语义分割空间过大的问题,网络首先训练简单的例子,然后训练更具挑战性的例子——这相当于一种自举方法。更详细地说,第一个训练过程通过将它们放在边界框中并裁剪来限制物体大小和位置的变化;第二阶段涉及确保更具挑战性的物体与真实分割充分重叠:为了实现这一目标,广泛使用的联合测量交叉点被使用,并且仅当其至少为 0.5 时才被接受。

实际上,第一阶段使用"紧密"边界框,并将其扩展了 1.2 倍,并进一步扩展为正方形以便在每个物体周围包含足够的局部上下文。在第一阶段,边界框按照位于其中心的物体评分,其他像素标记为背景。但是,在第二阶段,这种简化不适用,所有相关的类标记都用于注释。

该方法被证明比 Long 等人(2015)早期的"完全卷积"网络(FCN)更准确:平均准确率分别为 70.5% 和 62.2%(在这里无法对 FCN 进行完整解释。然而,它可以被设想为由卷积层构成的简化网络,包括步幅和池化,但没有上池化,没有最终的池化层,并且没有最终分类层——所有全连接层已被转换为卷积)。然而,Noh 等人也表明这两种类型的网络在很大程度上是相辅相成的,并且将它们组合成一个集合会比单独采用获得更好的结果(72.5%)。具体来说,FCN 提取物体的整体形状的效果更好,而 DeconvNet 更擅长捕捉形状的细节。为了获得最佳结果,集合方法取两个方法的输出图的均值,然后应用条件随机场(CRF)来获得最终分割(考虑输出图的平均值是有道理的,因为 FCN 和 DeconvNet 的输出图是类条件概率图,每个图都独立于输入图像计算。还要注意,在计算机视觉中,CRF 通常用于物体识别和图像分割:CRF 通过使用先验概率能够考虑到上下文)。鉴于情况稍微混乱,我们不会在这里进一步介绍这些方法中的任何一个。相反,我们来看另一种 Badrinarayanan 等人(2015)提出的密切相关的方法,它使用的内存少得多,并且有其他几个优点。

## 15.10 Badrinarayanan 等人的 SegNet 架构

SegNet 结构与 DeconvNet 非常相似,也以语义分割为目标。但是,它的作者证明了为了使其更易于训练,需要返回到一个非常简单的体系结构(Badrinarayanan 等,2015)。基本上,除了 F6 和 F7,它们的架构与 DeconvNet(图 15-13)相同。此外,作者清楚地知道,使用最大池化和下采样会减少特征图分辨率,从而降低最终分割图像中的定位精度。然而,他们首先减去了 VGGNet 的全连接层,保留了 DeconvNet 的编码 – 解码(CNN-DNN)结构,并保留了最大池化和上池化。事实上,对 SegNet 帮助最大的是移除全连接层,因为这大大减少了要学习的参数数量(见表 15-5),从而大大降低了该方法的训练要求。因此,整个网络可以被认为是一个单一的网络,而不是一个双重网络,并且"端对端"的训练效率更高。此外,作者发现了一种更有效的存储物体位置信息的方式:他们通过只存储最大池化指数,即每个编码器特征映射中每个池化窗口中最大特征值的位置。因此,每个 $2 \times 2$ 池化窗口只需要 2 位信息(参见图 15-12)。这意味着即使对于最初的 CNN(编码器)层,也不需要存储特征映射本身——必须存储的是物体位置信息。通过这种方式，编码器的存储需求从134M（对应于表 15-5 中 VGGNet 的层 C1 ～ F7）降低到 14.7M，或者如果每个池化窗口将其重新编码为 2 位（而不是两个浮点数），则只占其中的一小部分。SegNet 的总存储量为其两倍，因为在解码器层中必须保存相同数量的信息。然而，这同样适用于其他解卷器，所以在所有情况下，相对于初始 CNN 编码器的内容，总数据量必须加倍。

　　SegNet 的较小尺寸使得端到端训练变得有可能，因此更适合于实时应用。作者承认，更大的网络可以更好地工作——尽管以更复杂的训练程序、更大的内存和大大增加的推理时间为代价。此外，很难评估它们的真实表现。基本上，解码器必须通过非常庞大和烦琐的编码器进行训练，而后者是通用的，并非针对特定应用（注意，训练这种编码器所需的工作量非常大，以至于不鼓励研究者对其进行再训练以适应他们自己的应用程序）。在大多数情况下，这种网络基于 VGGNet 前端，通常包含所有 C1 ～ C5 的 13 个子层，以及一个可变（非常小）数量的全连接层。

　　这些考虑使得 Badrinarayanan 等人的成功实践并不令人惊讶，他们通过端到端的优化适应训练将 SegNet 应用于 CamVid 数据集（Brostow 等人，2009 年）。他们发现它优于传统的（非神经）方法，包括局部标记描述符和超解析（Yang 等人，2012；Tighe 和 Lazebnik，2013），得分平均为 80.1%，分别与 51.2% 和 62.0% 进行对比；需要识别的 11 个类别分别是建筑物、树木、天空、车辆、标志、道路、行人、栅栏、杆、路面和骑自行车者，并且达到的准确度从 52.9%（骑自行车者）到 94.7%（路面）。可以根据在线演示结果（http://mi.eng.cam.ac.uk/projects/segnet/）判断他们是否成功完成这项任务，该演示被用来生成图 15-14 中的图片。这个演示实际上将像素放置在 12 个类别中，除了上面列出的 11 个类别，还包括道路标记，见图 15-14。

（A）

（B）

图 15-14　从前排乘客座位拍摄的三条道路场景。在每种情况下，左边的图像是原始图像，右
　　　　　边的图像是由 SegNet 生成的分割图像。关键字表示 SegNet 指定的 12 种可能的含
　　　　　义。尽管定位精度并不完美，但鉴于有限数量的可解释性以及视野内物体的多样性，
　　　　　所赋予的含义通常是合理的

(C)

| 天空 | 建筑物 | 杆 | 道路<br>标记 | 道路 | 路面 | 树木 | 标志 | 栅栏 | 车辆 | 行人 | 自行车 |

图 15-14 （续）

他们还仔细比较了 SegNet 与其他最新的语义分割网络，包括 FCN 和 DeconvNet。FCN 和 DeconvNet 具有相同的编码器尺寸（134M）；注意，FCN 将解码器的大小减小到 0.5M，但 DeconvNet 会继续使用 134M 解码器。三种方法的分类平均精度分别为 59.1%、62.2% 和 69.6%，SegNet 是三种方法中精度值最差的方法，尽管它的准确性仍然具有竞争力，并且由于受到端对端的训练而更具适应性优势。实际上，它也是最快的运行方式，比 FCN 快～ 2.2 倍，比 DeconvNet 快～ 3.3 倍 [虽然（由于结果的可用性）作用于不同大小的图像]。

总体而言，作者指出，"存储编码器网络特性映射的架构表现最好，但在执行时间内消耗更多内存"，这也意味着它们运行速度更慢。另一方面，SegNet 更高效，因为它只存储最大池化指数；此外，它具有极具竞争力的准确性，而对当前相关数据进行端到端训练的能力又使其具有更大的适应性。

## 15.11 循环神经网络

我们刚刚着手深度学习网络这一章时，就意识到传统人工神经网络最明显的升级途径就是使用卷积神经元元素。似乎没有其他修改或升级架构的可能性。回想起来，这在很大程度上是因为我们主要致力于识别——不管是单个物体，还是最终用于对整个图像进行语义分割。但是，虽然我们有一个分析静态图像的坚定思想，但在实践中，我们还需要着眼于视频解释。事实上，图像序列是任何视频最好、最紧凑的描述。下一步是找出管理时间元素的最佳方法。为了实现这一点，使用状态机方法是很自然的，一个简单的方法是将网络的输出反馈回自己的输入——从而产生一个 RNN。

应该记得，ANN 和 CNN 都是精心构建的，所以每个输出只能馈送到下一层的输入。我们现在将其推广，以便每个神经元输出可以被馈送到每个神经元上的至少一个输入。因此，不仅每个神经元都会查看正常的当前输入信号，还会发出反映网络历史的信号。还要注意的是，现在的反馈能够使神经元像包含记忆的触发器一样工作，因此整个网络将对强烈的时间依赖行为做出反应。此外，虽然这种类型的网络用于测试，但它会自动接受持续训练，结果也会变得过于顺序依赖。

实际上，上面对新 RNN 的描述过于无约束和普遍：最好将其结构沿时间维度展开（图 15-15），并将其运算解释为对每个图像序列的元素执行相同的任务。注意，正如每层中的 CNN 神经元在层中的每个神经元上执行完全相同的操作一样，现在 RNN 将在每个时间元素执行完全相同的操作。在实践中，这意味着输入的权值都等于 $u$，输出的权重都是 $v$，并且每个神经元的乘法权重都等于 $w$。

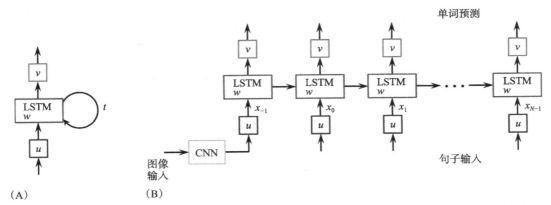

(A)                              (B)

图 15-15    循环神经网络及其应用。图 A 显示了在循环神经网络中如何使用神经元（此处标记
          为"LSTM"，见正文），在输出和输入之间连接单个反馈回路以允许神经元经历时间
          发展（如 $t$ 所示）。图 B 展示了反馈回路如何"展开"，以阐明网络在 $t = -1$ 初始化
          后的运行方式。注意，$u$、$v$ 和 $w$ 在每个时刻都适用，$u$ 和 $v$ 是在每个输入和输出处
          应用的乘性参数，而 $w$ 是内部应用的神经元的权重。事实上，图 B 显示的不仅仅是
          图 A 中神经元的时间发展，它实际上显示了 Vinyals 等人（2015）的字幕生成系统。
          具体来说，它展示了如何通过 CNN 将图像馈送到 RNN，CNN 提取并识别各种图像
          特征，然后这些图像被 RNN 分析以给出单词预测。为了实现这一点，$N$ 个句子输入
          ［基本上，系统使用伴随着单词输入的图像进行训练，尽管这些可以是由单词向量组
          成的"句子"输入（参见 Mikolov 等，2013）］也在 $t = -1$ 后（即对于 $t = 0, \cdots, N - 1$）
          被提供。实际上，在 $t = 0$ 处应用的单词是"start"信号，而在 $t = N$ 处应用的单词
          是"stop"信号

到目前为止，我们没有展示如何进行训练，但是这只是通过用基于时间的反向传播（BPTT）算法代替反向传播算法来实现的。现在可以将整体架构想象为同一网络的一组相同副本，每个阶段都将数据传递给其时间继承者。还有可能使网络成为双向的，以便数据可以从未来传回过去。这样说的话，这个概念没什么意义，但它在处理自然语言时实际上是一个有用的方法，因为句子必须具有全局意义，并且每个单词必须适合其在句子中的上下文语境。此外，如果图像序列要被正确解释，输出的句子描述也必须具有全局意义。尽管最近很受欢迎，但为清楚起见，我们在下面将忽略双向可能性。

RNN 存在一个 ANN 和 CNN 没有遇到过的特殊难题：可以将 ANN 或 CNN 中的运算想象为模拟信号，每组神经元的输入立即产生相应的输出，并快速传播到整个网络；而 RNN 中的这个过程会导致"竞争"条件，我们并不清楚旧的内存状态将如何在整个系统中传播，也不清楚它们是否会产生稳健可靠的存储内存和输出信号。这些考虑导致神经元不得不经过非常仔细的设计，每个神经元内包含三个逻辑门。由此产生的神经元被称为 LSTM 单元。这些保护措施包括使整个网络可靠运行的保障措施自 1997 年由 Hochreiter 和 Schmidhuber 发明以来，几乎得到普遍应用。应该补充的是，它们的部分功能是安排忘记旧的和现在不相关的数据、终止完整的句子，并在适当的时候开始新的句子。最后，注意在许多文本中，

RNN 的失效模式最初被描述为由于它们表示的模拟信号没有得到适当的控制而产生的梯度消失和梯度爆炸（这对于 BPTT 算法来说尤其严重）。使用长期短期记忆（LSTM）的原因是为了让网络参数在许多时间步骤中可靠和一致地学习。

目前已经使用 RNN 进行了相当多的工作。在这个领域最重要的主题是图像和视频的自动标注。最近值得注意的是 Vinyals 等人（2015）的论文描述了他们的自动图像标题生成系统。该系统仔细地将图像和单词映射到相同的空间，图像进入视觉 CNN 而所有单词作为一个嵌入 RNN 中的单词（图 15-15B）。有趣的是，图像只输入到第一个 LSTM 输入。事实上，Vinyals 等人发现，反复馈送图像（即在每个时间步骤）会造成更差的结果，因为图像噪声使网络更易于过度拟合。总的来说，网络的训练是尽量最小化在每个时间步骤使用正确单词的负对数似然，即确保为每个图像输出的句子（单词序列）是最可能是正确的那个。典型的标题包括"一群玩飞盘游戏的年轻人"和"一群走过干草地的大象"，在给出的例子中（Vinallys 等，2015），这些不仅是对实际视频行动的正确描述，也是颇具洞察力的评论。值得注意的是，在这项工作中，RNN 本质上是执行翻译功能——在本例中，是从 CNN 分类器输出的内部代码与 RNN 训练的真实（英文）单词之间执行翻译功能。

在其他工作中（Vondrick 等，2016），使用 AlexNet CNN 前端的相对简单的 RNN 被训练成在事件前 1 秒进行预测（例如，两个人是否拥抱、亲吻或击掌），该方法至少比以前的方法精确 19%（尽管绝对性能低于人类）。

## 15.12　结束语

这是一个不寻常的章节，因为大约 80% 的资料仅在过去的 4 ～ 5 年里发表，当然，这些资料很大程度上是建立在过去 25 年来不断发展的基础上的。在过去的几年里，这种巨大的进步是显而易见的，这对于计算机视觉这样的学科来说很不寻常，因为相当一部分的关键论文首先是在 arXiv 上可用（迄今为止，这个特性在粒子物理学和宇宙学中比在计算机视觉中更为常见）。所有这些都给收集重要信息并以有序的方式呈现信息带来了困难。事实上，有必要将其整理成一系列关键案例进行研究，而这些被选中的案例都是为了讲述计算机视觉这个主题的发展故事。然而，这种方法存在一个缺陷，因为它可能会堆积大量的事实、声明和反诉，但是没有就读者的基本科学问题或所有工作的内在逻辑提供足够的指导。因此，必须小心。虽然一些案例研究的描述比预期的要长，但最终这一切都很好，因为基本的解释是任何一本书都必须包含的部分——案例研究必须被视为科学细节的原理和解释的载体。接下来，在研究文献中会出现许多术语，但人们常常发现术语是不确定的。"每个人"都知道它们的意思，但在很多情况下，它们从来没有被明确地写下来，至少在可引用的地方是这样的。事实上，它们通常是在会议和私人论坛上口口相传的。为了尽可能地提供合理的描述，所有术语都在必要时才进行定义。

本章首先描述 CNN 及其构成，紧随其后的是 CNN 架构的解释和描述它们的相关技术术语，这些术语包括深度、步幅、零填充、感受野、池化和 ReLU。在这个早期阶段，最重要的问题是为什么卷积网络会胜出：简而言之，这是因为在每一层中都坚持位置不变性，这反过来限制了通过训练学习的网络参数数量。了解了这些因素后，我们继续研究 LeCun 等人的 LeNet 架构。该架构起源于 20 世纪 90 年代，并在 1998 年的关键论文中达到了高潮。虽然这种架构仍然是一种范例方法，但相比其他非神经方法，它并不是特别成功的。直到

2012 年，Krizhevsky 等人以各种关键方式进行了全面更新，提出 AlexNet 形式，这种方法真正起效，并且表现出优于以前的非神经方法。因此，AlexNet 构成了下一个案例研究的基础，该案例研究在 15.5 节进行了详细讨论。实际上，它不仅仅是原始的架构，而且是用于生成和增加训练集的方法。很清楚地看出，在训练包含～ 650 000 神经元，使用～ 6000 万可训练参数的庞大网络时，仅有几百万张图像（1000 个类中每类 1000 张）是远远不够的。因此：（1）通过水平反射提取大量的图像块（patch），扩大样本的数量；（2）通过对亮度和颜色进行变换，来进一步增加有效训练样本的数量，从而获得额外的图像——这两种策略均是成功的。

几乎在 AlexNet 论文完稿之前，Zeiler 和 Fergus（2014）就发现了如何进一步优化架构并制作可视化操作的方法——以理解网络的操作方式为基础会促进进一步改进。事实证明这是可能的，所谓的消融研究有助于进一步的研究（此时，消融是另一个技术术语，必须加以探讨和解释）。

Zeiler 和 Fergus 关于反卷积分析 CNN 内部操作的想法对于生成新的反卷积网络至关重要，这些反卷积网络不仅可以对物体进行分类，而且还可以反转该过程，从而允许将类转换为像素映射，从而实现原始图像的语义分割。在这方面，Noh 等人（2015）的研究和 Badrinarayanan 等人（2015）的研究是开创性的——尽管其他人也做出了宝贵的贡献。然而，不要忘记的是 Simonyan 和 Zisserman 的 VGGNet 架构（2015），后两篇论文非常依赖它：这是因为 Simonyan 和 Zisserman 发现了如何通过各种手段使 AlexNet 之类的 CNN 更深入（他们的架构是第一个合理地称为"非常深"），尤其包括将卷积核的感受野缩小到最多 $3 \times 3$。

所有这些都是一个漫长的过程，而未来的工作将表明它还远远没有完成。事实上，即使 VGGNet 架构接近于用原始图像馈送的多输出分类器可能达到的最佳值，仍然可以看出它在声学和地震学或三维应用等类似应用的实现效果如何；以及它在除分类和语义分割外更广泛的应用情况。例如，如 15.11 节所述，Google 发表了一篇论文（Vinyals 等人，2015），其中展示了通过自动图像描述生成系统描述的非平凡照片：当充分发展时，这将对于在网络上搜索特定类型的图片具有不同的价值。即使在这个阶段，这项工作也涉及句子生成和图像的深度神经分析，值得密切关注进一步的进展。这种工作显然对与机器人对话和控制机器人很有价值。然而在这里，我们避免了引入过多猜测的诱惑（我们的目的仅仅是展示迄今为止取得的成果，并暗示可能的事情）。无论如何，即使深度神经网络的基本理论在一段时间内没有进一步发展，通过广泛研究其潜在应用，依然能够有效提升当前工作的影响并推动该方法的进步。

最后，也许 VGGNet 等 CNN 最持久的影响是为其他分类器提供高效的预训练特征空间，因此 SVM 和其他网络可以随时添加以解决新任务。正如已经指出的那样，VGGNet 一直是视觉方向执行这一功能的首选，但应该强调的是它并不是唯一的。例如，GoogLeNet 也以这种方式应用。在一个例子中，Bejiga 等人（2017）描述了他们如何将预训练的 GoogLeNet 前端与线性 SVM 分类器相结合，通过分析无人机（UAV）图像序列来辅助雪崩搜索和救援行动。有趣的是，他们的 CNN-SVM 组合分类器在两个数据集上的性能优于传统的 HOG-SVM 分类器，并且几个视频的准确率超过了 90%。在另一个案例中，Ravanbakhsh 等人（2015 年）使用 AlexNet 前端和 SVM 分类器进行人体动作识别，当应用于运动和其他视频时，再次达到远高于传统方法的性能水平。

> 本章介绍了深度学习网络及其在分类和分割中的应用。它们在 21 世纪初的爆炸性发展令人惊讶，借助一些关键的案例研究，深度学习体系结构的基本规则得到了详细的解释。2012 年，人们突然意识到，在一些重要的应用领域，深度神经网络的性能甚至优于最好的传统（非神经）方法。它们似乎还在其他领域取得了有价值的进展，比如自动生成图片标题。

## 15.13　书目和历史注释

这个相当不寻常的章节反映了 ANN 的开发和使用方面的一个缓慢的系统性进展。在这个过程中，CNN 逐渐主导现场，随之而来的是从 2011 年开始的一连串爆炸性进展。引发后一种变化的关键事件是 Krizhevsky 等人在 2012 年尝试对 ILSVRC 做出回应。在增强了当时 LeCun 等人（1998）的标准 LeNet 架构，并且做了 2011 ～ 2012 年可能被归类为"大胆"的举动 [ 包括使用 ReLU，以及重叠（最大）池化、大量层数和使用 dropout] 他们实现了整体机器，其双 GPU 架构仅在有限数量的层上连接；最后，他们不仅为挑战提供的 120 万张图像进行了系统训练，而且最终还是以这个数字的～ 2000 倍为单位进行了训练。在一年内实现这一切是一项艰巨的任务，值得铭记的是，事先并不知道这些措施实际上将在实践中发挥作用。毋庸置疑，在接下来的一两年里，许多其他工作人员通过改进自己的工作来提高自己。尤其是 Simonyan 和 Zisserman（2015），他们发现了如何建立"非常深"的网络，特别是通过将卷积核的感受野缩小到最大值为 3×3。这种类型的工作的一个值得注意的应用是 Badrinarayanan 等人（2015）的研究（旨在语义分割）。

CNN 方法在理论上的发展似乎放缓了，并且将注意力转向寻找使用现有理论和实验方法可以处理哪些应用。这意味着大量的论文突然开始在各种应用领域中产生。值得注意的是，这些包括人脸检测和识别。第 21 章将更全面地介绍后者的发展。然而，Taigman 等人（2014）所做的工作值得回顾。他们用于面部识别的" Deepface "方法将性能水平提高到 97.35%，这非常接近人类识别度。有趣的是，他们使用最初的正面化（frontalization）技术实现了这一点，旨在将面部标准化为对称的正面视图。Sagonas 等人（2015）开发了自己的正面化技术，可以最好地描述为正面图像的训练本征集。几乎在同一时间，Yang 等人（2015，2017）开发了一种高性能的 Faceness-Net 人脸检测器，它使用 CNN 架构来查找人脸图像的属性。为了找到内在脸部特征并"反向"重新生成局部脸部部分响应图，这里他们遵循由 Zeiler 和 Fergus（2014）提出的编码 – 解码程序。最后，Bai 等人（2016）提出了一个非常简单和快速的设计。这是一个在多个尺度上工作的 FCN，其中有 5 个共享卷积层，接着分支到另外两个更深的卷积层，后者分别处理多个尺度以及执行最终匹配所需的滑动窗口效果。一个有趣且有力的结论是，一个简单的端到端训练系统更有可能获得比单独使用预训练部分组合的系统更好的性能。

# 三维视觉和运动

第四部分介绍与理解真实场景相关的发展成果，这些场景必须包含三维物体，其中许多物体可能是运动的。三维视觉比二维视觉要复杂得多，尤其是因为物体的自由度通常从 3 个增加到 6 个，同时需要考虑的场景配置数量也随之增加。

在讨论全透视投影的复杂性（第 17 章）之前，这一部分首先引出问题（第 16 章）。接下来，看看通过考虑不变量可以实现哪些捷径（第 18 章）。第 19 章不仅介绍了图像转换、摄像机校准以及处理摄像机校准，而且讲述了近期的研究是如何试图通过对相关联的多个场景进行缜密计算而避免显式校准需求的——这里的重点是绕开复杂度问题。最后，第 20 章讨论三维视觉环境中的动作检测问题。

Computer Vision: Principles, Algorithms, Applications, Learning, Fifth Edition

# 三 维 世 界

> 人类能够轻松使用 3D 视觉的成功关键，在于利用传统的智慧——双目视觉。不过细节会更复杂一些，本章阐述其复杂的缘由。
>
> 本章主要内容有：
> - 双目视觉可以用来做什么
> - 如何利用材质表面的阴影代替双目视觉达到类似的目的
> - 这些基本方法如何提供三维场景的空间信息，而不是立即对物体进行识别
> - 如何基于三维几何学解决三维物体识别问题
>
> 注意，本章是关于 3D 视觉的导论，目的是让读者了解学科特点和人类视觉的起源。本书的第四部分由本章和接下来的四章（第 17 ~ 20 章）组成。
>
> 在细节层面上，读者需注意极线方法在解决对应问题上的重要性——这个概念将在第 19 章中结合具体的数学公式，进行相当深入的研究。

## 16.1 导言

前面几章的内容通常假定物体是平面的，因此物体只有三个自由度，即与位置有关的两个，以及与方向有关的一个。虽然利用这种方法足以完成许多实用的视觉任务，但不足以解释户外或工厂场景，甚至无法帮助机器人完成相当简单的装配和检查任务。事实上，对于理解三维场景，在过去的几十年，已经有许多相当精细的理论发展，并得到了实验证明。

总的来说，此研究想对一个物体可能出现在任意位置和方向的场景做出解释（物体对应 6 个自由度）。解释这样的场景，以及推导任意物体集合的平移和方向参数，都需要大量的计算——部分原因在于从二维图像推断三维信息时固有的不确定性。

现在有很多方法可用于处理 3D 视觉。所有这些方法无法通过一个章节描述清楚，但本章的意图是提供一个概述，即讲述基本原则，并根据通用性、实用性等对各种方法进行分类。虽然计算机视觉不一定要模仿人类眼 – 脑系统的功能，但许多关于三维视觉的研究都是针对生物建模的。这类研究表明，人类视觉系统同时使用多种不同的方法，从输入数据中获取适当的线索，并对场景内容做出假设，再逐步增强这些假设，直到生成一个关于当前内容的有效模型。因此，孤立的单个方法不起作用，需要为模型生成器提供任何可用的数据。显然，在触发特定的刺激之前，各种类型的生物机制在大部分时间里处于闲置状态。目前的计算机视觉系统还没有这样精妙，往往建立在特定的处理模型上，因此它们只能有效地应用于场景受限的图像数据。在本章中，我们采用实用主义的观点，即因地制宜地解决问题——尽管我们要先阐明什么是适当的应用类型。

## 16.2 三维视觉方法

人类视觉系统最明显的一个特征是对双目的利用，并且外行人也知道，双目视觉（或

"立体"视觉）可以使景深在一个场景中被辨别出来。然而，当一只眼睛闭上时，所造成的视力损失相对来说是微不足道的，并不意味着丧失驾驶汽车甚至飞机的资格。相反，在单目视觉中，深度很容易从图像隐藏的大量线索中推断出来。本质上，眼－脑系统能够调用大量预先存储的关于物质世界和其中各类型的数据（无论是人造的还是自然的实体）达到这个目的。例如，所查看的任何汽车的大小都受到严格限制；同样，大多数物体都有高度受限的尺寸，无论是绝对的还是相对于其正面尺寸而言的深度。然而，在一个场景的单个视角中，通常不可能推测出绝对尺寸——所有的物体和景深都被随机放大或缩小，并且难以被单目视觉辨认出来。

虽然眼－脑系统利用了关于现实世界的巨大数据库，但即使从单目的角度来看，也有许多可以运用微小的先验知识学习到的东西。关键在于"阴影形状"（SFS）概念。如果要从阴影信息（比如一张图片的灰度图）推断出物体的 3D 形状，必须要知道场景的照明方式，最简单的例子是场景被确定位置的点状光源照亮。注意对于室内，钨丝顶灯仍然是最常用的照明方式，而在室外太阳也有类似照明作用。在这两种情况下，一个明显的结果是，单一光源将照亮物体的一部分，剩下部分在阴影下，并且各部分相对于光源和观察者以不同的方式定向，出现不同的亮度值，所以原则上可以推导出方向。事实上，正如下面将要看到的，方向和位置的推论一点也不简单，甚至可能是含糊不清的。然而，一些成功的方法已经能够完成这个任务。其中一个突出的问题在于光源的位置是未知的，但是光源信息可以从场景中挖掘出来（至少通过一只眼睛），因此 Bootstrapping 程序能逐步解锁图像数据，以进一步理解场景。

虽然这些方法能让眼睛解读真实的场景，但很难说它们的精确度到底有多高。尽管让机器准确地知道了光源的位置，使用计算机视觉所需的精度水平可能还有待提高，但是，有了计算机视觉，我们可以更进一步，比如安排自然界中不会出现的人工照明方案，这样计算机就可以获得相对于人类视觉系统的优势。特别是，一组光源可以按顺序应用到场景中——一种称为光度立体技术的方法——在某些情况下可以帮助计算机更严格和有效地解释场景。在其他情况下，可以应用结构光，这意味着将斑点或条纹模式甚至直线构成的网格投射到场景中，并测量它们在结果图像中的位置。通过这种方法，可以获得多对立体图像的深度信息。

最后，在易于识别的特征集的基础上，一些用于分析图像的方法得以开发。这些方法是第 11 章讲述的图匹配和广义霍夫变换方法的三维模拟。然而这些方法更复杂，因为它们通常涉及 6 个自由度而不是第 11 章中仅仅涉及的 3 个。同样需要注意的是，这些方法对场景中的特定物体做了很强的假设。在普遍情况下，这些假设不可能成立，因此图像的初始分析必须基于一个前提，即整个场景必须映射到 3D，并且建立的 3D 模型和推断必须在明白场景内局部与局部之间的关系后建立。注意如果一个场景由一系列全新的物体集合构成，那么所能做的事情就是描述当前的场景，以及找出该场景最相似的集合：识别本身不能被执行。注意场景分析是一个固有的模糊过程（至少从单个单目图像中），每个场景可以有好几个不同的理解，有证据表明眼睛会寻找最简单和最可能的解释而不是绝对的理解。事实上，眼－脑系统的许多错觉强调了这一点，即一直反复做出关于场景最有可能的解释的决定，并且其内部模型构建有可能会锁定一个次优的解释或部分解释（参见 Escher 的画）。

本节已经指出，三维视觉方法可以根据它们是否着手绘制三维空间中物体的形状，然后试图解释得到的形状，以及是否试图直接从物体的特征中识别物体来分类。无论哪种情况，最终都需要一个知识库。还应了解，在真实空间中映射物体的方法包括单目和双目方法，结构光有助于弥补使用单一"眼睛"的不足。激光扫描和测距技术也必须包括在三维映射的方法中，但篇幅限制了本书对这些技术的详细讨论。

## 16.3　三维视觉投影方案

在工程图中，通常提供要制造的物体的三个视图——平面图、侧视图和立面图。传统上，这些视图是物体的简单正交投影（非扭曲投影），也就是说，它们是通过从物体上的点到投影平面的一组平行线形成的。

然而，当用眼睛或摄像机观察物体时，光线会汇聚到镜头上，因此以这种方式形成的图像不仅会受到比例变化的影响，还会受到透视失真的影响（图 16-1）。这种类型的投影被称为透视投影，虽然它也包括从远处观看的特殊情况下的正交投影。然而，透视投影有一个缺点，即通过破坏物体特征之间的简单关系，使物体看起来比实际更复杂。因此，平行边看起来不再平行，中点不再看起来像这样（尽管许多有用的几何属性仍然有效。例如，切线仍然是切线，直线上点的顺序保持不变）。

在户外场景中，很常见的是看到已知平行的线明显地向地平线上的消失点汇聚（图 16-2）。事实上，水平线是地平面 $G$ 上无穷远处的线的图像平面上的投影：它是 $G$ 上平行线的所有可能消失点的集合。通常，平面 $P$ 的消失点被定义为对应于 $P$ 上给定方向无穷远处的点在图像平面上的投影。

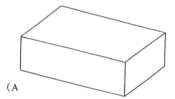 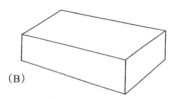

（A）　　　　　　　　　　　　　（B）

图 16-1　（A）使用正交投影拍摄的矩形框图像；（B）使用透视投影拍摄的同一盒子。在图 B 中，请注意平行线不再平行，尽管矛盾的是盒子看起来更加真实

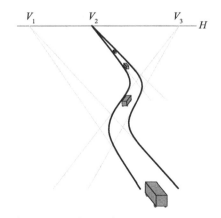

图 16-2　消失点和水平线。该图显示了在透视投影下，地面上的平行线如何在水平线 $H$ 上与消失点 $V_i$ 相遇（请注意，$V_i$ 和 $H$ 位于图像平面中）。如果两条平行线不在一个地平面上，它们的消失点将位于不同的消失线上。因此，应该可以通过计算场景的所有消失点来确定是否有道路倾斜

图 16-3A 说明了图像是如何通过位于原点的凸透镜（眼睛或摄像机）投影到图像平面中的。不得不考虑倒置的图像是不方便的，并且图像分析的惯例是将透镜的中心设置在原点（0，0，0），并且将图像平面想象成平面 Z=f，其中 f 是透镜的焦距。利用这种简化的几何形状（图 16-3B），图像平面中的图像看起来没有翻转。将场景中的一般点视为（X，Y，Z），在图像中显示为（$x_1$，$y_1$），现在给出透视投影：

$$(x_1, y_1)=(fX/Z, fY/Z) \tag{16.1}$$

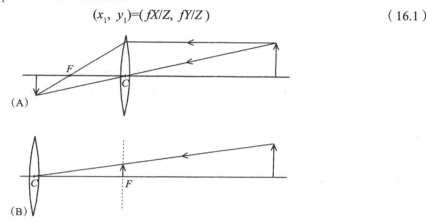

图 16-3  （A）通过凸透镜将图像投影到图像平面中，请注意，单个图像平面仅将处于单个距离的物体聚焦，但是对于较远的物体，图像平面可以被视为焦平面，即距离透镜的距离为 f；（B）一种通常使用的约定，该约定将投影图像想象成投影到透镜前面的焦平面 F 上不翻转。透镜的中心是成像的投影中心

### 16.3.1  双目图像

图 16-4 给出了使用两个透镜来获得立体图像对的情况。一般来说，这两个光学系统没有平行的光轴，但是表现出"聚散度"（对于人眼来说，聚散度是可变的），因此它们在场景中的某个点相交。场景中一个普通的点（X,Y,Z）在其两个图像中具有两对不同的坐标（$x_1$，$y_1$）和（$x_2$，$y_2$），这两个坐标不同是因为光轴之间的聚散度，也因为透镜之间的基线 b 导致两个图像中的点的相对位移或"视差"。

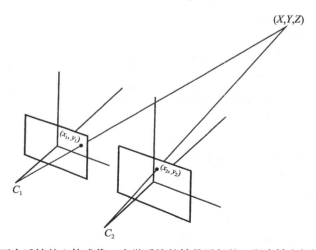

图 16-4  使用两个透镜的立体成像。光学系统的轴是平行的，即光轴之间没有"聚散度"

为简单起见，我们现在将聚散度取为零，即光轴平行。然后，通过在基线 $b$ 的垂直平分线上适当选择 $Z$ 轴，我们得到了两个方程：

$$x_1 = (X+b/2)f/Z \tag{16.2}$$

$$x_2 = (X-b/2)f/Z \tag{16.3}$$

所以视差为

$$D = x_1 - x_2 = bf/Z \tag{16.4}$$

这个方程可变形为

$$Z = bf/(x_1-x_2) \tag{16.5}$$

由此可计算深度 $Z$。事实上，$Z$ 的计算只需要找到立体图像点对的视差，并且知道光学系统的参数。然而，确认立体对中的两个点实际上对应于原始场景中的同一个点，一般来说并不简单，立体视觉中的大部分计算都用于这项任务。此外，为了在深度确定中获得良好的精度，需要大的基线 $b$。不幸的是，随着 $b$ 的增加，图像之间的对应性降低，因此找到匹配点变得更加困难。

### 16.3.2　对应问题

有两种重要的方法可以在两幅图像中找到匹配的点对。一种是"光条纹"（结构光的一种形式），它对两幅图像进行编码，这样就很容易看到对应的点对。如果使用单个垂直条纹，对于 $y$ 的每个值，原则上每个图像中只有一个光条纹点，因此匹配问题得以解决。我们将在后面的章节中回到这个问题。

第二个重要的方法是使用极线。为了理解这种方法，想象一下我们已经在第一幅图像中找到了一个独特的点，并且正在标记物场中所有可能会产生它的点。这将在场景的不同深度标出一行点，当在第二个图像平面中观察时，可以在该平面中构建一个点轨迹。该轨迹是另一个图像中对应于原始图像点的极线（图 16-5）。如果我们现在沿着极线搜索第二幅图像中的一个相似的独特点，找到正确匹配的机会就会大大增加。这种方法的优点是不仅减少了找到相应点所需的计算量，而且大大降低了误报警的概率。请注意，极线的概念适用于两幅图像——一幅图像中的一点给出了另一幅图像中的极线。还请注意，在图 16-4 的简单几何图形中，所有的极线都平行于 $x$ 轴，虽然一般情况下并非如此（事实上，一般情况下一个图像平面上的所有极线都要经过另一个图像平面上投影点的图像）。

由于场景中会有点在一幅图像中产生点，而在另一幅图像中不产生点，因此对应问题变得更加困难。这样的点要么在一幅图像中被遮挡，要么被扭曲，以至于不能在两幅图像中给出可识别的匹配（例如，不同的背景可能掩盖一幅图像中的角点，

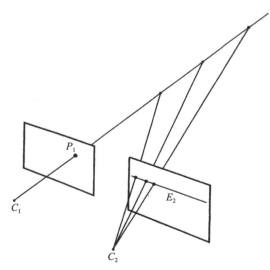

图 16-5　极线几何。一个图像平面上的一个点 $P_1$ 可能来自场景中的任意一条点线，也可能出现在另一个图像平面上所谓的极线 $E_2$ 上的任意一点

同时允许它在另一幅图像中突出）。任何匹配这些点的尝试只会导致错误的警报。因此，有必要在场景中以连续物体表面的形式搜索一致的解决方案集。从而，迭代"松弛"方案被广泛用于实现立体匹配。

　　一般来说，寻找对应的方法有两种：一种是两幅图像中的近垂直边缘点的匹配（近水平边缘点不提供所需的精度）；另一种是利用相关技术对局部强度模式进行匹配。相关性是一项昂贵的操作，在这种情况下相对不可靠——主要是因为强度模式在一幅或另一幅图像中经常出现明显缩短（即由于透视效果而失真），所以难以可靠匹配。在这种情况下，最实际的解决办法是降低基线，如前所述，这具有降低深度测量精度的效果。这些技术的更多细节可以在 Shirai（1987）中找到。

　　在结束这个话题之前，我们稍微详细地考虑一下上述可见性问题是如何产生的。图16-6示出了一种情况，其中一个物体被两个给出立体图像的摄像机观察到。显然，由于自遮挡，两幅图像中的大部分物体都不可见，而一些特征点只在一幅或另一幅图像中可见。现在考虑点在两幅图像中出现的顺序（图16-7）。可见点以与场景中相同的顺序出现，而即将消失的点是那些场景和图像之间的顺序即将改变的点。因此，提供物体前表面信息的点彼此之间只能有一个简单的几何关系，特别是，对于不被给定点 $P$ 遮挡的点，它们不能位于由 $P$ 和两个摄像机的投影中心 $C_1$、$C_2$ 限定的双端圆锥区域内（该区域在图16-7中以阴影显示）。穿过 $P$ 的表面必须完全位于非阴影区域内，对于该表面可以检索到完整的深度信息（当然，对于被观察表面上的每个点，必须考虑新的双端圆锥体）。请注意，不要忘记包含孔或具有透明部分的物体的可能性（这种情况可以从两个视图中特征点顺序的差异中检测出来，见图16-7）。也不能忽略的是，前面的附图表示物体的单个水平横截面，该物体在不同横截面中可以具有完全不同的形状和深度。

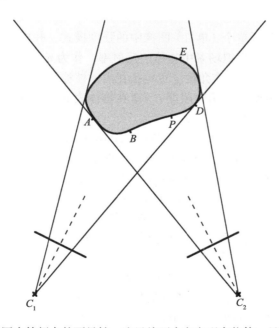

图16-6　两个立体视图中特征点的可见性。这里从两个方向观察物体。只有出现在两个视图中的特征点才有深度估计的价值。这排除了阴影区域中的所有点，如点 $E$

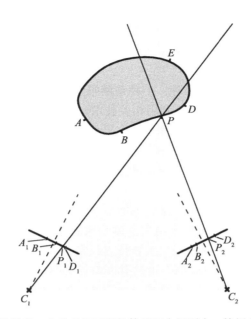

图 16-7 物体上特征点的排序。在此处显示的物体的两个视图中，特征点都以与物体表面相同的顺序 A、B、P、D 出现。对其无效的点（如 E）位于物体后面，在视图中模糊不清。相对于给定的可见特征 P，有一个双端圆锥体（阴影），如果特征点不想模糊所考虑的特征，就不能出现在这个圆锥体中。这些规则的一个例外可能是，如果物体有一个半透明窗口，则通过该窗口可以看到附加特征 T。在这种情况下，注意到在两种视图中所看到的特征的顺序不同（如 $A_1$、$T_1$、$B_1$、$P_1$、$D_1$ 和 $A_2$、$B_2$、$T_2$、$P_2$、$D_2$）将有助于理解

## 16.4　阴影形状

16.2 节提到，可以分析单个（单目）图像中的强度模式，并根据阴影信息推断物体的形状。这项技术的基本原理是模拟场景中物体的反射率，作为光线从其表面入射的角度 $i$ 和出射角度 $e$ 的函数。事实上，第三个角度 $g$ 也包括在内，被称为"相位"（图 16-8）。

这种情况的一般模型给出了用辐照度 $E$（落在物体表面的单位面积能量）和反射率 $R$ 表示辐射 $I$（图像中的光强度）的关系式：

$$I(x_1, y_1) = E(x, y, z)R(\boldsymbol{n}, \boldsymbol{s}, \boldsymbol{v}) \tag{16.6}$$

众所周知，许多马特面（matt surface）近似于理想的朗伯曲面（Lambertian surface），其反射率函数仅取决于入射角 $i$，即出射角和相位角是不相关的：

$$I = (1/\pi)E \cos i \tag{16.7}$$

就目前的目的而言，$E$ 被认为是一个常数，并与摄像机和光学系统的其他常数相结合（例如，包括 $f$ 数）。这样就得到了归一化的反射率，在本例中为

$$
\begin{aligned}
R = R_0 \cos i &= R_0 \boldsymbol{s} \cdot \boldsymbol{n} \\
&= \frac{R_0(1 + pp_s + qq_s)}{(1 + p^2 + q^2)^{1/2}(1 + p_s^2 + q_s^2)^{1/2}}
\end{aligned} \tag{16.8}
$$

我们使用了标准的三维书写方向惯例，用 $p$ 和 $q$ 值来表示。这些不是方向余弦，而是对应于点 $(p, q, l)$ 的坐标，在该点，来自原点的特定方向向量与平面 $z=1$ 相交，因此，它们需要适当的归一化，如上述等式所示。

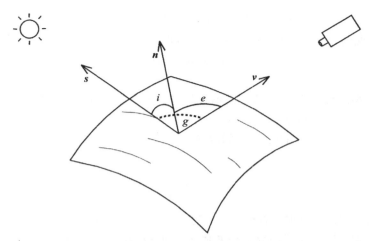

图 16-8　反射的几何构造。来自源方向 **s** 的入射光被局部法向为 **n** 的表面元素沿观察方向 **v** 反
　　　　射，$i$、$e$、$g$ 分别定义为入射角、出射角和相位角

上述方程给出了梯度 $(p, q)$ 空间中的反射率图。我们现在暂时将绝对反射率值 $R_0$ 设置为
1。反射率图可以绘制为一组亮度相等的轮廓，从一个点开始，在 **s=n** 处具有 $R=1$，在垂直
于 **s** 的 **n** 处下降到零。当 **s=v** 时，使得光源沿着观察方向（这里被认为是 $p=q=0$ 方向），零
亮度仅出现在反射率图上 $(p^2+q^2)^{1/2}$ 接近无穷大的无限距离处（图 16-9A）。在更一般的情况
下，当 $s \neq v$ 时，零亮度沿着梯度空间中的直线出现（图 16-9B）。为了找到轮廓的准确形
状，我们可以把 $R$ 设为常数 $a$，结果是

$$a(1+p^2+q^2)^{1/2}(1+p_s^2+q_s^2)^{1/2} = 1+pp_s+qq_s \qquad (16.9)$$

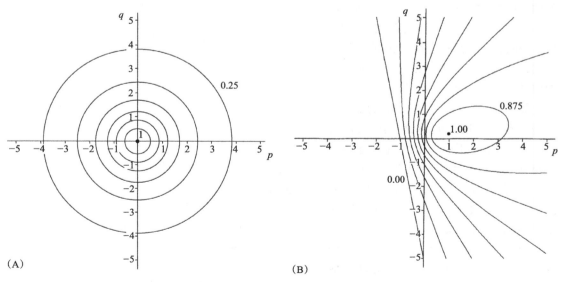

图 16-9　朗伯表面的反射率图：（A）在源方向 **s**（由黑点标记）沿着观察方向 **v**(0, 0) 的情况下，
　　　　在梯度 $(p, q)$ 空间中绘制的恒定强度轮廓（轮廓在所示值之间以 0.125 的步长绘制）；
　　　　（B）源方向 $(p_s, q_s)$ 位于 $(p, q)$ 空间正象限中的一点（由黑点标记）时出现的轮廓，请
　　　　注意，有一个符合定义的区域，由直线 $1+pp_s+qq_s= 0$ 界定，其强度为零（轮廓再次以
　　　　0.125 的步长绘制）

　　对这个方程求平方清楚地给出了 $p$ 和 $q$ 的平方，这可以通过适当改变轴来简化。因此，轮廓必须是圆锥曲线，即圆、椭圆、抛物线、双曲线、直线或点（点的情况仅在 $a=1$ 我们得到 $p=p_s$，$q=q_s$ 时出现，直线的情况仅在 $a=0$ 我们得到等式 $1+pp_s+qq_s=0$ 时出现，这两个解都隐含在上面）。

　　不幸的是，物体反射率并不都是朗伯反射率，一个明显的例外是接近纯镜面反射的表面。在这种情况下，$e=i$ 和 $g=i+e$（$s$、$n$、$v$ 共面）；梯度空间中唯一的非零反射位置是表示源方向 $s(p, q)$ 和观察方向 $v(0, 0)$ 之间的角度平分线的点，也就是说，$n$ 沿着 $s + v$，并且非常近似：

$$p \approx p_s/2 \qquad (16.10)$$
$$q \approx q_s/2 \qquad (16.11)$$

　　对于不太完美的镜面反射，在这个位置附近会获得一个峰值。通过将许多真实表面建模为大致的朗伯反射（但是在镜面反射位置附近有很强的附加反射），可以很好地逼近它们的反射率。对后一个分量使用 Phong（1975）模型给出：

$$R = R_0 \cos i + R_1 \cos^m \theta \qquad (16.12)$$

$\theta$ 是实际出射方向和理想镜面反射方向之间的角度。

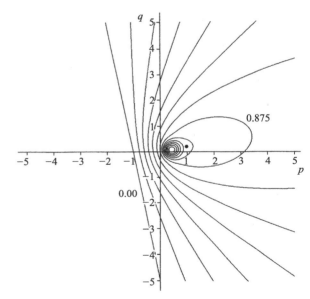

　　所得到的轮廓现在有两个峰值中心：第一个是理想的镜面反射方向（$p \approx p_s/2$，$q \approx q_s/2$），第二个是源方向（$p=p_s$，$q=q_s$）。当物体有光泽的时候，比如金属、塑料、液体甚至木头表面，镜面反射峰非常尖锐，非常强烈——由于朗伯反射非常发散，偶然的观察甚至可能不会显示出另一个峰的存在（图 16-10）。在其他情况下，镜面反射峰可能会变宽，变得更加扩散，因此它可能会与朗伯峰合并，并有效地消失。

　　简单总结一下上面使用的 Phong模型。首先，通过调整 $R_0$、$R_1$ 和 $m$ 的值，它可适用于不同的材料。注意，$R_1$ 通常在 10% 和 80% 之间，而 $m$ 在 1～10 范围内。然而，Rogers（1985）指出 $m$ 可能高达 50。请注意，这些数字没有物理意义——这个模型只是一个现象学模型。因此，当 $|\theta| > 90°$ 时，应注意防止 $\cos^m\theta$ 项对反射率估计有影响。Phong 模型相当精确，但

图 16-10　非朗伯表面的反射率图：图 16-9B 的修改形式，用于表面具有标记的镜面分量（$R_0=1.0$，$R_1=0.8$），注意镜面峰值可以具有非常高的强度（远大于朗伯分量的最大单位值）。在这种情况下，镜面反射分量用 $\cos^8\theta$ 变化来建模（轮廓再次以 0.125 的步长进行绘制）

Cook 和 Torrance（1982）仍对其进行了改进。这在计算机图形学应用中很重要，但由于缺乏有关给定表面的真实物体反射的数据以及当前状态（清洁度、抛光度等）的可变性，这种改进很难应用于计算机视觉。然而，光度立体视觉的方法为解决这些问题提供了一些可能性。

## 16.5　光度立体技术

　　光度立体技术是一种结构光的形式，它增加了从表面反射率变化中获得的信息。基本上，它不是拍摄从单个光源照射的场景的单个单目图像，而是从相同的有利位置拍摄若干图像，其中场景依次由单独的光源照明。这些光源是理想的点光源，在不同的方向上有一定的距离，所以在每一种情况下都有一个明确的光源方向来测量表面的方向。

　　光度立体技术的基本思想是减少物体表面某一给定点在梯度空间中可能出现的位置的数量。我们已经看到，对于已知的绝对反射率 $R_0$，一幅图像中一个恒定的亮度使得表面方向限制在梯度空间的圆锥截面的曲线上。对于第二幅这样的图像来说也是如此，如果照明源不同，则是新的曲线。一般来说，两条这样的圆锥曲线在两点相交，所以现在在图像的任何给定点，表面的梯度只有一个歧义性。为了解决这种歧义性，可以使用第三个照明源（不能在包含前两条曲线和被检查表面点的平面内），第三个图像给出了梯度空间中的另一条曲线，该曲线应该穿过前两条曲线的交叉点（图 16-11）。如果不能使用第三个照明源，有时可能会安排每个源的倾斜度达到一定高度，以至于对于每个源表面上的 $(p^2+q^2)^{1/2}$ 总是低于 $(p_s^2+q_s^2)^{1/2}$，因此只有一个数据解释是可能的。然而，这种方法很有可能遇到困难，因为这意味着表面的一些部分可能处于阴影中，从而阻碍测量表面这些部分的梯度。另一种可能性是假设表面相当光滑，因此 $p$ 和 $q$ 在其上连续变化。这本身就确保了歧义性在大部分表面上得到解决。

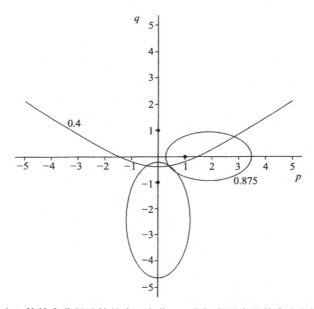

图 16-11　通过光度立体技术获得独特的表面方位。3 个恒定强度的轮廓由相同强度的不同光源
　　　　　产生，所有这三个轮廓通过 $(p, q)$ 空间的单个点，并得出局部梯度的唯一解

　　然而，使用两种以上的光源还有其他好处。一是可以获得绝对表面反射率的信息，二是可以检验朗伯曲面的假设。因此，三个照明源确保剩余的歧义性得到解决，并允许测量绝对反射率。这是显而易见的，就好像梯度空间中的三个轮廓没有穿过同一个点，那么绝对反射率不可能是统一的，因此应该寻找穿过同一个点的对应轮廓。实际上，通常通过定义一组 9 个辐照度矩阵分量来进行计算，$s_{ij}$ 是光源向量 $H_i$ 的第 $j$ 个分量。然后，用矩阵表示法：

$$E = R_0 Sn \qquad (16.13)$$

其中，

$$E = (E_1, E_2, E_3)^T \qquad (16.14)$$

以及

$$S = \begin{bmatrix} s_{11} & s_{12} & s_{13} \\ s_{21} & s_{22} & s_{23} \\ s_{31} & s_{32} & s_{33} \end{bmatrix} \qquad (16.15)$$

假设三个向量 $s_1$、$s_2$、$s_3$ 不共面，所以 $S$ 不是奇异矩阵，那么 $R_0$ 和 $n$ 现在可以由以下公式确定：

$$R_0 = |S^{-1}E| \qquad (16.16)$$

$$n = \frac{S^{-1}E}{R_0} \qquad (16.17)$$

如果三个源方向相互垂直，就会出现一个有趣的特例。令它们沿各自的主轴方向对齐，$S$ 为单位矩阵，则

$$R_0 = (E_1^2 + E_2^2 + E_3^2)^{1/2} \qquad (16.18)$$

以及

$$n = (E_1, E_2, E_3)^T / R_0 \qquad (16.19)$$

如果使用另外的照明源获得 4 个或更多图像，则可以获得更多信息，如镜面反射系数 $R_1$。实际上，这个系数随着表面的清洁度而随机变化，准确地确定它可能意义不大。更有可能的是，检查是否存在显著的镜面反射就足够了，这样在绝对反射率计算中可以忽略表面的对应区域。尽管如此，找到镜面反射峰本身就能给出重要的表面方位信息，从前面的章节中可以清楚地看出这一点。注意，虽然来自几个照明源的信息应该理想地使用最小二乘法进行整理，但是这种方法需要大量的计算。因此，似乎更好的做法是使用进一步光源产生的图像来确认——或者，选择三个表现最不明显的镜面反射，作为局部表面定向的最可靠信息。

## 16.6    表面光滑性的假设

上面暗示过，假设表面相当光滑，可以在有两个照明光源的情况下消除歧义性。事实上，即使在使用单一光源的情况下，这种方法也可以用来帮助分析亮度图。事实上，眼睛能够完成这种解释的事实表明，应该可以找到实现这一点的计算机方法。尽管这是一个复杂的、迭代的计算密集型过程，但是在这个主题上已经进行了大量的研究，并且有一套可用方法。出于这个原因，这里只给出简单描述，不对其进行深入研究，读者可以参考 Horn（1986）的书籍来获得关于这个主题的详细信息。

首先，考虑用于这种类型分析的表示。事实上，正常梯度（$p$, $q$）空间并不十分适合这个目的。特别地，图像内局部平均梯度（即 $n$ 值）是有必要的。然而，（$p$, $q$）空间不是"线性的"，因为简单地采用窗口内（$p$, $q$）值的平均值会给出有偏差的结果。事实证明，梯度的保形表示（即保持小形状的表示）更接近理想，因为在这种表示中点与点之间的距离提供了对表面法线相对方向的更好近似：这种表示中的平均给出了相当精确的结果。所需的表示是通过立体投影获得的，立体投影将单位（高斯）球体通过北极映射到平面（$z=1$）上，但这次不是将其中心而是其南极作为投影点。这种投影还有一个额外的优点，那就是它将一个表面的所有可能方位投影到平面上，而不仅仅是北半球的方位。因此，背光物体可以方便地在与

前照明物体相同的地图中表示。

其次，用于估计表面方向的松弛方法必须提供精确的边界条件。原则上，最初呈现给这种程序的方向越正确，迭代进行得越快、越准确。通常有两组边界条件可以应用于这些程序。一个是图像中表面法线垂直于观察方向的位置集。另一个是图像中表面法线垂直于照明方向的位置集：这组位置对应于阴影边缘组（图 16-12）。必须对图像进行仔细分析，以找到每一组位置，但是一旦它们被定位，就为解锁单目图像的信息内容和详细绘制表面提供了有价值的线索。

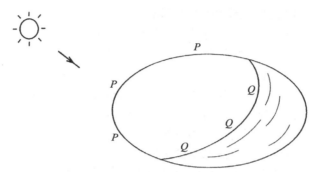

图 16-12　可用于曲面方向阴影形状计算的两种边界条件：（1）平面法线垂直于观察方向的位置 $P$；（2）平面法线垂直于光照方向的位置 $Q$（即影子边界）

最后，所有阴影形状技术都提供了信息，这些信息最初采用表面方向图的形式。尺寸不能直接获得，但是这些尺寸可以通过从已知的起点对图像进行积分来计算。实际上，这往往意味着绝对尺寸未知，并且只有在给定物体的尺寸或已知其在场景中的深度时，才能获得尺寸图。

## 16.7　纹理形状

纹理非常有助于人眼感知深度。虽然纹理图案可能非常复杂，但即使是最简单的纹理元素也可以携带深度信息。Ohta 等人（1981）展示了平面上的圆形斑块从远处越来越倾斜地看，首先变成椭圆形，然后逐渐变得越来越平坦。在无限远处，在水平线上（这里定义为给定平面中无限远处的线），它们显然会变成非常短的线段。为了充分解开这些纹理图像以推断场景中的深度，首先需要准确地找到水平线。这是通过获取所有纹理元素对，并从它们所在的区域推断水平线的位置来实现的。接下来，我们使用以下规则：

$$d_1^3 / d_2^3 = A_1 / A_2 \tag{16.20}$$

其应用于不同深度的圆上将得到平方定律，尽管渐进偏心率也成比例地依据深度线性减小面积。这个信息被累积在一个单独的图像空间中，然后一条直线被拟合到这些数据中：这个基于霍夫的过程自动消除了错误警报。在这个阶段，尽管需要平均才能获得准确的结果，但原始数据（即椭圆区域）提供了深度的直接信息。虽然在某些情况下这种方法已经得到证明，但实际上，除非进行大量计算，否则这种方法受到很大限制。因此，它是否能在机器视觉应用中得到普遍的实际应用是值得怀疑的。

## 16.8　结构光的使用

在 16.2 节中，结构光已经被简单地视为立体视觉的替代物，用于绘制场景的深度。基本上，光带模式或光点、栅格的其他排列被投射到物场。然后在单目图像中对这些模式进行增强，并进行分析以提取深度信息。为了获得最多信息，光模式必须紧密结合，并且接收的图像必须具有非常高的分辨率。当形状非常复杂时，线条在某些地方会显得非常接近，以至于无法解析。这样有必要将投影模式中的元素分开，用分辨率和准确率来换取解释的可靠性。即使如此，如果物体的一部分沿着视线，那么线条会融合在一起，甚至前后交叉，因此永远无法保证清晰的解释。事实上，这是一个更大的问题，因为物体的部分将由于遮挡物体或自遮挡而从投影模式中被混淆：该方法具有与阴影形状技术和立体视觉相同的特征，立体视觉依赖于两个摄像机，它们能够看到物体的不同部分同时出现。因此，结构光方法受到与其他三维视觉方法类似的限制，也不是灵丹妙药。然而，这是一种有用的技术，通过简单设置便可获取特定的三维信息，使计算机开始进入复杂图像的处理过程。

光点可能是结构光最明显的形式。然而，它们受到限制，因为对于每个点，必须进行分析以确定正在观察哪个点。相反，连通线携带了大量编码信息，因此不太可能出现歧义。线网格携带更多的编码信息，但不一定给出更多的深度信息。事实上，如果光带图案可以从如摄像机的左侧投射，使得它们平行于观察图像中的 $y$ 轴，那么投射另一组平行于 $x$ 轴的线是没有意义的，因为这些线仅仅复制图像中像素行已经可用的信息——所有深度信息都由图像中的垂直线及其水平位移携带。该分析假设摄像机和投影光束被仔细对准，并且不存在透视或其他失真。事实上，当前最实用的光结构系统采用的是光带模式，而不是点模式或全网格模式。

本节最后分析当单个条带入射到像矩形块这样简单的物体上时可能出现的情况。图 16-13 显示了观察到的条带中的三种类型的结构：（1）遇到锐角的影响；（2）光带同时水平和垂直跳跃的"跳跃边缘"效应；（3）不连续边缘的影响，在这些边缘处光带水平跳跃，但不垂直跳跃。从图 16-13 中可以明显看出出现这些情况的原因。基本上，跳跃和不连续边缘要解决的问题是找出给定的条带末端是标记为遮挡边缘还是被遮挡边缘。这种区别的重要性在于遮挡边缘标记为被观察物体的实际边缘，而被遮挡边缘可能仅仅是阴影区域的边缘，因此不重要（更准确地说，它们涉及光与两个物体而不是一个物体的相互作用，因此解释起来更复杂）。一个简单的规则是，如果条带从左侧投射，不连续边缘的左侧分量将是遮挡边缘，右侧分量将是被遮挡边缘。角度边缘通过应用拉普拉斯类型的算子来定位，该算子检测光带方向的变化。

上面概述的思想对应于可能的一维算子，这些算子解释光带信息以定位物体的非垂直边缘。该方法没有提供关于垂直边缘的直接信息。为了获得这样的信息，有必要分析来自光带组的信息。为此，需要二维边缘算子，它从至少两个或三个相邻的光带收集足够的数据。更多细节超出了本章的范围。

总的来说，光带提供了一种非常有用的识别平面的方法，这些平面形成多面体和其他类型的人造物体的表面。平行线的特征组可以相对容易地找到和标定，并且

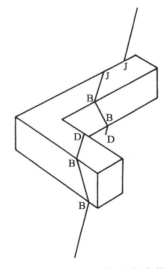

图 16-13    当光带入射到非常简单的形状上时观察到的三种结构：弯曲（B）、跳跃（J）和不连续（D）

线通常给出相当强的信号这一事实意味着可以应用线跟踪技术，并且算法可以相当快速地操作。然而，如下所述，整个场景的解释，包括推断不同物体的存在和相对位置，仍然是一项更复杂的任务。

## 16.9 三维物体识别方案

本章到目前为止使用了各种方法来寻找场景中所有位置的深度，因此能够以相当多的细节绘制三维表面。然而，这些方法并没有给出关于这些表面代表什么的任何线索。在某些情况下，很明显某些平面是背景的一部分，如房间的地板和墙壁，但是一般来说，单个物体本身是无所识别的。事实上，物体往往会与其他物体和背景融合，因此需要具体的方法来分割三维空间图，最终识别出物体，并给出它们的位置和方向的详细信息（三维空间地图可以被定义为一种想象的三维地图，不需要解释就可以显示场景中所有物体的表面，并包含来自深度或距离图像的所有信息。请注意，它通常只包括从摄像机的有利位置观察到的物体的前表面）。

在继续研究这个问题之前，请注意，可以执行进一步的一般处理来分析三维形状。Agin 和 Binford（1976）已经开发了将三维形状比作"广义圆柱体"的技术，这些圆柱体类似于普通圆柱体（正圆形），但具有额外的自由度，使得轴可以弯曲，横截面可以变化（无论是在尺寸还是细节上）——甚至像绵羊这样的动物也可以被比作扭曲的圆柱体。总的来说，这种方法很优雅，但可能不太适合描述许多工业物体，因此这里不再赘述。一种更简单的方法可能是将三维表面建模为平面以及二次、三次和四次表面，然后根据已知的现有物体来理解这些模型表面。Hall 等人（1982）采用了这种方法，并且发现是可行的，至少对于某些非常简单的物体，如杯子。Shirai（1987）采取了更进一步的方法，以便在相当复杂的室内场景中找到和识别一系列的物体。

接下来，我们考虑在识别方面正在努力实现的目标。首先，可以直接在绘制的三维表面上进行识别吗，就像前面章节中的二维图像那样？其次，如果我们可以绕过三维建模过程，并仍然能够识别物体，那么是否有可能节省更多的计算并省略绘制三维表面的阶段，而直接在二维图像中识别三维物体？甚至有可能从单个二维图像中定位三维物体。

考虑第一个问题。当我们研究二维识别时，发现许多使用霍夫变换方法有很大帮助的例子。事实证明，在更复杂的情况下它会带来麻烦，特别是当试图找到有两个或最多三个自由度的物体时。然而在这里，我们的物体通常有六个自由度——三个平移自由度和另外三个旋转自由度。从二维到三维的自由参数数量的加倍使得情况更加糟糕，因为搜索空间的大小不是与自由度的数量成比例，而是与其指数成比例。例如，如果平移或旋转的每个自由度可以具有 256 个值，则参数空间中可能位置的数量从二维的 $256^3$ 个变化到三维的 $256^6$ 个。这将被视为对物体定位方案具有非常深远的影响，并且使超线程技术难以实现。

## 16.10 Horaud 的汇聚定向技术

在本节中，我们将研究一种有趣的方法来解决三维识别问题，它使用了二维和三维技术的微妙结合。这种技术和相关技术有时被称为"从角度恢复形状"。

Horaud（1987）中提到的技术是特别的，因为它使用三维场景的二维图像作为起点，并将它们"反投影"到场景中，目的是在三维而不是二维参照系中进行解释。尽管最终会出现有用的、更精确的结果，但会出现增加数学复杂性的初始效果。

最初，物体平面的边界被反投影。因此，每条边界线被转换成由摄像机投影系统的中心和图像平面中的边界线定义的"解释平面"。显然，解释平面必须包含最初投影到图像边界线的线。类似地，图像中边界线之间的角度被反投影到两个解释平面中，这两个解释平面必须包含原始的两条物体线。最后，三条边界线之间的交叉（或汇聚）点被反投影到三个解释平面中，这三个解释平面必须在空间图中包含一个角点（图 16-14）。这里着重于交叉点的反投影，展示图像中角点的测量与原始角的测量之间的关系，还显示了如何计算角点的空间方向。事实上，有趣的是，一个物体在三维空间中的方向通常可以从它在单一图像中的一个角的外观推断出来。这是一个高价值的结果，原则上允许从极其稀疏的数据中识别和定位物体。

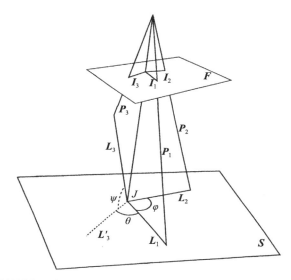

图 16-14　交叉点反投影的几何形状：图像中三条线的交叉点可以反投影到三个平面中，由此可以推导出原始角点 $J$ 在空间中的方向

为了理解这种方法，首先需要建立数学模型。假设线 $L_1$、$L_2$、$L_3$ 在一个物体上相交，并在图像中显示为线 $I_1$、$I_2$、$I_3$（图 16-14）。取包含三条线的相应解释平面，并沿其法线用单位向量 $P_1$、$P_2$、$P_3$ 标记它们，以便

$$P_1 \cdot L_1 = 0 \qquad (16.21)$$

$$P_2 \cdot L_2 = 0 \qquad (16.22)$$

$$P_3 \cdot L_3 = 0 \qquad (16.23)$$

此外，取包含 $L_1$ 和 $L_2$ 的空间平面，并沿其法线用单位向量 $S$ 标记它，以便

$$S \cdot L_1 = 0 \qquad (16.24)$$

$$S \cdot L_2 = 0 \qquad (16.25)$$

因为 $L_1$ 垂直于 $S$ 和 $P_1$，$L_2$ 垂直于 $S$ 和 $P_2$，可以发现

$$L_1 = S \times P_1 \qquad (16.26)$$

$$L_2 = S \times P_2 \qquad (16.27)$$

注意，$S$ 通常不垂直于 $P_1$ 和 $P_2$，所以 $L_1$ 和 $L_2$ 不是一般的单位向量。将 $\varphi$ 定义为 $L_1$ 和 $L_2$ 之间的角度，我们现在有了

$$L_1 \cdot L_2 = L_1 L_2 \cos \varphi \qquad (16.28)$$

可以用以下形式重新表达：

$$(\boldsymbol{S} \times \boldsymbol{P}_1) \cdot (\boldsymbol{S} \times \boldsymbol{P}_2) = |\boldsymbol{S} \times \boldsymbol{P}_1| \, |\boldsymbol{S} \times \boldsymbol{P}_2| \cos \varphi \qquad (16.29)$$

接下来，我们需要考虑 $L_1$、$L_2$、$L_3$ 之间的交叉点。有必要指定三条线在空间上的相对方向。$\theta$ 是 $L_3$ 在平面 $S$ 上的投影 $L'_3$ 和 $L_1$ 之间的角度，$\psi$ 是 $L'_3$ 和 $L_3$ 之间的夹角（图 16-14）。因此，交叉点 $\boldsymbol{J}$ 的结构完全由三个角度描述，即 $\varphi$、$\theta$ 和 $\psi$。$L_3$ 现在可以用其他量来表示：

$$\boldsymbol{L}_3 = \boldsymbol{S} \sin \psi + \boldsymbol{L}_1 \cos \theta \cos \psi + (\boldsymbol{S} \times \boldsymbol{L}_1) \sin \theta \cos \psi \qquad (16.30)$$

应用式（16.23），我们发现

$$\boldsymbol{S} \cdot \boldsymbol{P}_3 \sin \psi + \boldsymbol{L}_1 \cdot \boldsymbol{P}_3 \cos \theta \cos \psi + (\boldsymbol{S} \times \boldsymbol{L}_1) \cdot \boldsymbol{P}_3 \sin \theta \cos \psi = 0 \qquad (16.31)$$

用式（16.26）替换 $L_1$ 和简化，最终获得

$$(\boldsymbol{S} \cdot \boldsymbol{P}_3) |\boldsymbol{S} \times \boldsymbol{P}_1| \sin \psi + \boldsymbol{S} \cdot (\boldsymbol{P}_1 \times \boldsymbol{P}_3) \cos \theta \cos \psi + (\boldsymbol{S} \cdot \boldsymbol{P}_1)(\boldsymbol{S} \cdot \boldsymbol{P}_3) \sin \theta \cos \psi$$
$$= (\boldsymbol{P}_1 \cdot \boldsymbol{P}_3) \sin \theta \cos \psi \qquad (16.32)$$

现在式（16.31）和（16.34）排除了未知向量 $L_1$、$L_2$、$L_3$，但是保留了 $\boldsymbol{S}$、$\boldsymbol{P}_1$、$\boldsymbol{P}_2$、$\boldsymbol{P}_3$ 以及三个角度 $\varphi$、$\theta$ 和 $\psi$。$\boldsymbol{P}_1$、$\boldsymbol{P}_2$、$\boldsymbol{P}_3$ 从图像几何形状中已知；角度 $\varphi$、$\theta$ 和 $\psi$ 被认为从物体几何形状中已知；此外，只有单位向量 $\boldsymbol{S}$ 的两个分量 $(\alpha, \beta)$ 是独立的，所以这两个方程应该足以确定空间平面 $\boldsymbol{S}$ 的方向。不幸的是，这两个方程是高度非线性的，有必要对它们进行数值求解。Horaud（1987）通过以下列形式重新表达公式实现了这一点：

$$\cos \varphi = f(\alpha, \beta) \qquad (16.33)$$

$$\sin \theta \cos \psi = g_1(\alpha, \beta) \sin \psi + g_2(\alpha, \beta) \cos \theta \cos \psi + g_3(\alpha, \beta) \sin \theta \cos \psi \qquad (16.34)$$

对于每个图像交叉点，$\boldsymbol{P}_1$、$\boldsymbol{P}_2$、$\boldsymbol{P}_3$ 是已知的，并且可以求 $f$、$g_1$、$g_2$、$g_3$。然后，假设对交叉点有特定的解释，则将值分配给 $\varphi$、$\theta$ 和 $\psi$ 以及为每个方程绘制给出 $\alpha$ 和 $\beta$ 之间关系的曲线。空间平面 $\boldsymbol{S}$ 的可能方向由曲线交叉的空间 $(\alpha, \beta)$ 中的位置给出。Horaud 表明，一般来说，0、1 或 2 个解是可能的。没有解的情况对应于角度 $\varphi$、$\theta$ 和 $\psi$ 完全错误时，试图在角点和图像交叉点之间进行不可能的匹配假设。有一个解决办法是正常情况，当正交投影或近正交投影允许感知反转时，在有趣的特殊情况下会出现两种解决方案——凸角被解释为凹角，反之亦然。事实上，在正交投影下，单个角点的图像数据本身不足以给出独特的解释。在这种情况下，甚至人类视觉系统也会出错——就像众所周知的内克尔立方体错觉（参见第 17 章）。然而，当这种情况在实际中出现时，最好将凸角解释作为工作假设，而不是凹角解释，因为它有稍大的可能性是正确的。

Horaud 指出，如果通过在同一个 $(\alpha, \beta)$ 图上绘制所有这些交叉点的 $\alpha$ 和 $\beta$ 值，同时估计与所讨论的物体表面相邻的所有交叉点的空间平面方向，这种歧义性经常可以得到解决。例如，一个立方体表面上有 3 个这样的交叉点，9 条曲线在正确的解上重合，而只有两条曲线相交的 9 个点表示错误的解。另一方面，如果在非常接近正交投影的条件下观察同一个立方体，会出现两个有 9 条重合曲线的解，并且问题仍未解决，如前所述。

总的来说，这种技术很重要，因为它表明，尽管线条和角度各自导致三维场景的解释几乎是无限的，但交叉点分别指向最多两种解决方案，如果将同一表面上的交叉点放在一起考虑，通常可以消除任何剩余的歧义性。正如我们所看到的，当投影是精确的正投影时，这个规则会出现例外，尽管这种情况在实践中经常可以避免。

到目前为止，我们只考虑了如何检验场景的给定假设：关于 $\varphi$、$\theta$ 和 $\psi$ 的分配我们还没有讨论。Horaud 的论文对这方面的工作进行了较深入的讨论。一般来说，使用深度优先搜索技术，在这种技术中，匹配是从最初最有希望的交叉点分配开始"增长"的。事实上，在

深度优先搜索解释期间，对样本数据进行了大量预处理，以发现如何对图像特征的效用进行排序。这个想法是为了使用可能的替代方案，如直线或圆弧、凸或凹汇聚、短线或长线等。这样，树搜索在运行时变得更加有计划和高效。一般来说，为了提高搜索效率，应该降低频繁出现的特征类型的权重，以有利于较少出现的特征类型。此外，请记住假设生成相对昂贵，因为它需要一个反投影阶段，如上所述。理想情况下，每个物体只需要使用一次这个阶段（在最初只考虑一个角点的情况下）。随后的处理阶段包括假设验证，其中预测物体的其他特征，并在图像中寻找它们的存在：如果发现，则将它们用于改进现有的匹配；如果在任何阶段匹配变得更差，那么算法回溯并消除一个或多个特征，然后继续其他特征。这个过程是不可避免的，因为在被预测特征附近可能存在一个以上的图像特征。

已经发现使该方法快速收敛的原因之一是使用分组特征而不是单个特征，因为这有助于减小搜索规模的组合爆炸。在当前上下文中，这意味着首先应该尝试匹配与给定物体表面相邻的所有交叉点或角度，并且进一步选择在其周围具有最多可匹配特征的表面。

总之，这种方法是成功的，因为它从图像反投影，然后使用几何约束和启发式假设进行三维空间匹配。它适用于匹配具有平面和直线边界的物体，从而给出角度和交叉点特征。然而，将反投影技术扩展到物体表面是曲面并且具有弯曲边界的情况可能要困难得多。

## 16.11    一个重要的范例——工业零件的定位

在本节中，我们考虑一类常见工业零件的定位：这是一个必须以某种方式解决的重要例子。在这里，我们赞同 Bolles 和 Horaud（1986）的方法，因为其提出了合理的解决方案，并体现了许多有用的教学经验。该方法从场景的深度图开始（在本例中使用结构光获得）。

图 16-15 以简化形式示出了在图像中寻找的工业零件的类型。在典型的场景中，这些零件中的几个可能会杂乱地出现在工作台上，在某些地方又可能有三四个叠在一起。在这种情况下，如果要找到大部分零件，匹配方案必须非常稳健，因为即使零件未被遮挡，它也会出现背景非常混乱的情况。然而，零件本身具有相当简单的形状，并具有某些显著的特征。在本例中，每个都有一个带有同心圆柱形头的圆柱形底座，以及一个对称地附着在底座上的平面架。为了定位这样的物体，尝试搜索圆形和直的二面角边缘是很自然的。此外，由于所使用的数据类型，搜索直切边非常有用，直切边出现在弯曲柱面的侧面被倾斜观察到的位置。

一般情况下，圆二面形的边呈椭圆形，通过分析这些边可以确定零件六个自由度中的五个的参数。不能用这种方法确定的参数对应的是描述绕圆柱体对称轴旋转的参数。

直二面角边缘也允许确定五个自由参数，因为一个平面的定位消除了三个自由度，相邻平面的定位消除了另外两个自由度。仍未确定的参数是沿边缘方向的线性运动参数。然而，还有一个更模糊的地方，那就是零件可能出现在二面角的任意边。

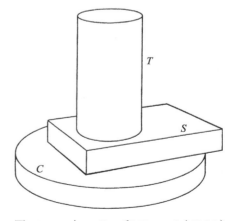

图 16-15　由 Bolles 和 Horaud（1986）的三维 PO 系统定位的工业零件的基本特征。S、C 和 T 分别表示直的和圆形二面角边缘，以及直的切线边缘，所有这些都由系统搜索获得

直切边仅决定四个自由参数，因为零件可以绕圆柱体的轴自由旋转，也可以沿切边移动。请注意，这些边缘最难精确定位，因为当曲面远离传感器时，距离数据会受到更大程度的噪声的影响。

所有这三种类型的边缘都是平面的。它们还提供了有用的附加信息，有助于识别它们在零件上的位置。例如，直的和弯曲的二面角边缘都提供了关于夹角大小的信息，而弯曲的边缘也给出了半径值。事实上，弯曲的二面角边缘提供的关于零件的参数信息明显多于其他两种类型的边缘，因此它们最常用于形成关于零件姿态（位置和方向）的初始假设。找到这样一条边缘后，有必要尝试关于它是哪类边缘的各种假设，例如，通过在特定的相对位置搜索其他圆形二面角边缘：这是一个重要的假设验证步骤。接下来，通过在零件上的平面架中搜索直线二面角的边缘特征，解决了如何确定剩余自由参数的问题。

这一阶段假设生成已经完成，基本找到了零件，但还需要进行假设验证：（1）确认零件是真实的，并不是图像中独立特征的意外分组；（2）细化姿态估计；（3）确定零件的"配置"，即在多大程度上它被"埋"在其他零件之下（使得机器人难以拾起它）。当获得了最精确的姿态时，可以考虑总体拟合度，如果不满足某些相关标准，则拒绝假设。

与其他研究者一样（Faugeras 和 Hebert，1983；Grimson 和 Lozano-Perez，1984），Bolles 和 Horaud 将深度优先树搜索作为基本匹配策略。他们的方案使用最少数量的特征作为输入数据，首先生成假设，然后验证假设 [ Bolles 和 Cain（1982）早些时候在二维零件定位问题中使用了这种技术 ]。这与许多工作（尤其是基于超线程（HT）的工作）形成对比，后者提出假设，但并不检验它们（请注意，形成初始假设是这项工作的困难和计算密集的部分。因此，研究人员将写下他们这一方面的工作，也许不会陈述用于确认物体确实已被定位的少量计算。也请注意，在许多二维工作中，图像可能非常简单，参数空间中的峰值大小可能非常大，以至于几乎可以确定物体已被定位，从而没有必要提供验证）。

## 16.12 结束语

对于外行人来说，3D视觉是由于人类视觉系统是双目的这一事实而产生的一个明显而自动的结果，它假定双目视觉是获得深度图的唯一途径，而且一旦获得了深度图，随后的识别过程就非常简单。然而，本章实际上证明了这两种普遍持有的观点都是没有根据的。首先，有很多种方法可以得到深度图，其中一些可以使用单目视觉。其次，即使在简单的情况下，包括物体具有明确的显著特征的情况下，定位物体所涉及的数学计算的复杂性和获得鲁棒解决方案所涉及的抽象推理的数量——加上确保后者不模糊的需求——也是很费力的。

尽管本章涵盖的方法多种多样，但仍有一些重要的主题：使用"触发"特征、将特征组合到一起分析的价值、在早期阶段生成工作假设的必要性、使用深度优先启发式搜索（在适当的情况下结合对可能解释更严格的广度优先评估）以及假设的详细验证。所有这些都可以作为当前方法的一部分，然而，细节因数据集而异。更具体地说，如果要考虑一种新型的工业零件，就必须对其最显著的特征进行一些研究。然后，这不仅会导致特征检测方案的变化，还会导致所采用的搜索启发法的变化，以及假设机制的数学变化。读者可以参考下一章进一步讨论透视投影下的物体识别。

虽然前两节集中讨论了物体识别，并且有可能倾向于避开范围测量和深度图的价值，但这可能会给人一种误导。事实上，在许多情况下，识别在很大程度上是无关紧要的，但是必须非常详细地绘制三维表面。涡轮叶片、汽车车身部件甚至水果等食品可能需要在三维空间中精确测量：在这些情况下，预先知道了什么物体在什么位置，但是必须执行一些检查或测量功能并进行诊断。在这些情况下，结构光、立体视觉或光度立体方法各有特色，是非常有效的方法。最后，如果机器人视觉系统想在不受约束的环境中具备与在特定的工作台上工作时同样的适应性和实用性，它就必须使用人类视觉系统的所有技巧。

这是一个关于三维视觉的初步章节，为第四部分和第五部分设置场景。特别是，第17章将致力于仔细分析弱透视投影和全透视投影之间的区别，以及它们如何影响物体识别过程；第18章旨在展示不变量的优雅和价值，为全透视投影的一些复杂性提供捷径；第19章将考虑摄像机校准，还将考虑最近对场景的相互关联的多个视图的研究是如何避免摄像机校准的一些烦琐事项的；第20章将介绍三维场景中的运动分析主题。

> 传统观点表明双目视觉是理解三维世界的关键。本章已经表明，对应问题使双目视觉的实践变得乏味，尽管它提供的解决方案只是深度图，并且需要进一步复杂的分析才能完全理解三维世界。

## 16.13  书目和历史注释

正如本章前面提到的，最明显的三维感知方法是使用双目摄像机系统。Burr 和 Chien（1977）、Arnold（1978）展示了如何通过使用边缘和边缘片段在两个输入图像之间建立对应关系。形成一个对应可能涉及相当多的计算，Barnea 和 Silverman（1972）展示了如何通过快速忽略不好的匹配来缓解这个问题。同样，Moravec（1980）设计了一个从粗到精的匹配过程，系统地达到图像之间的精确对应。Marr 和 Poggio（1979）提出了在选择全局对应时必须满足的两个约束条件——唯一性和连续性，这些约束条件对于获得最简单的可用表面解释非常重要。Ito 和 Ishii（1986）发现，三视立体在抵消歧义性和遮挡的影响方面有效。

三维视觉的结构光方法是由 Shirai（1972）、Agin 和 Binford（1973，1976）以单一光平面的形式独立引入的，而 Will 和 Pennington（1971）发展了网格编码技术。Nitzan 等人（1977）采用了另一种光探测和测距方案来绘制三维物体；在这种方法中，短光脉冲在往返物体表面时被计时。

与此同时，其他工作人员正在尝试用单目方法获得三维视觉。从阴影恢复形状的一些基本概念可以追溯到 1929 年 Fesenkov 对月球表面的研究［也见于 van Digellen（1951）］。然而，从理论和操作算法上都解决的第一个阴影形状问题似乎是 Rindfleisch（1966）提出的，也与月球景观有关。此后，Horn 从理论和计算机实验两方面系统地解决了这一问题，首先是一篇著名的评论（1975），并因此发表了著名的论文（例如 Horn，1977；Ikeuchi 和 Horn，1981；Horn 和 Brooks，1986）、一本重要的书籍（Horn，1986）和一部编辑作品（Horn 和 Brooks，1989）。该领域其他有趣论文的作者包括 Blake 等人（1985）、Bruckstein（1988）、Ferrie 和 Levine（1989）。Woodham（1978，1980，1981）的想法必须归功于光度立体。最后，我们不能忘记计算机图形学工作者在这一领域做出的重要贡献——例如，参见 Phong（1975）、Cook 和 Torrance（1982）。

从纹理恢复形状的概念源自 Gibson（1950）的工作，由 Bajcsy 和 Liebermann（1976）、Stevens（1980）以及 Kender（1980）发展而来，他们仔细探索了潜在的理论约束。

Barrow 和 Tenenbaum（1981）的论文对早期的许多工作进行了非常易读的回顾。1980年是一个转折点，当时三维视觉的重点从绘制表面转移到将图像解释为一组三维物体。由于诸如超线程这样的基本工具没有得到充分的发展，所以可能无法更早地处理这项分割任务。Koenderink 和 van Doorn（1979）、Chakravarty 和 Freeman（1982）的工作可能也对利用物体的潜在三维视图开发解释方案提供框架至关重要。Ballard 和 Sabbah（1983）的工作在三维分割真实物体方面是一个早期突破，随后是 Faugeras 和 Hebert（1983）、Silberberg 等人（1984），以及 Bolles 和 Horaud（1986）、Horaud（1987）、Pollard 等人（1987）和许多其他贡献者的进一步工作。

其他有趣的工作包括 Horaud 等人的工作（1989），即解决透视四点问题（找到摄像机相对于已知点的位置和方向）。关于此主题的更多参考资料，请参见 17.6 节。

虽然已经是一个研究得很好的课题，但是寻找消失点的研究在 20 世纪 90 年代继续进行（例如，Lutton 等人，1994；straforini 等人，1993；Shufelt，1999）。类似地，立体相关匹配技术仍在开发中，以保持实时应用的鲁棒性（Lane 等人，1994）。

自 2000 年以来，作为一个主线主题，立体视觉的研究有增无减（例如，Lee 等人，2002；Brown 等人，2003），但 Horn 的阴影形状方法已经被大大取代。一种新的技术是用 Green 的函数方法从阴影中塑造形状（Torreão，2001，2003），而从阴影中塑造局部形状已经被用来改进光度立体技术（Sakarya 和 Erkmen，2003）。光度立体本身在一种能够处理高光和阴影的新的四源技术中得到了进一步的发展（Barsky 和 Petrou，2003）。另一个发展是阴影形状到雷达数据的应用——一个需要重大新理论的转化（Frankot 和 Chellappa，1990；Bors 等人，2003）。最后，对三维视觉及其对光场依赖性的整体研究的全新方法被提出（Baker 等人，2003）。该论文首先比较了从立体视觉和轮廓法（在给定光场中从各个方向观察物体轮廓）中可以学到的东西。一个重要的结论是朗伯物体的形状可以用 $n$ 个摄像机立体来唯一确定，除非存在恒定强度的区域。事实上，恒定强度总是会导致歧义性。本质上，这是因为可能有一个凹度，其凹度壳外的光属性与壳本身的光属性无法区分（Laurentini，1994）。最后，我们注意到 Baker 等人的论文（2003）不仅在给出三维视觉问题的新观点，特别是阴影形状方面很重要，而且在展示某些未解决的问题方面也很重要。

## 近期研究发展

尽管光度立体成像所需的图像采集的复杂性也许使其仅在该主题的早期阶段才具有价值，但现在情况似乎正好相反。首先，Hernandez 等人（2011）指出为什么会这样：如果布置了一组不同颜色的灯，就没有必要切换它们，因为不同颜色的通道可以独立处理。然而，这意味着通常只能使用三盏灯，因此不能使用 Barsky 和 Petrou（2003）四灯技术，这使得很难确认使用（通常）三盏灯数量的最小值获得的解释——当阴影出现时，这是一个特别重要的因素。

然而，Hernandez 等人（2011）能够使用正则化方法处理少至两个光源。Wu 和 Tang（2010）采用了相反的方法，即使用密集图像集，并利用由此产生的数据冗余来确定观测值与朗伯模型的吻合程度。期望最大化方法用于分两个阶段解释数据，首先集中在表面法线上，然后集中在包括方向不连续性在内的表面属性上。该方法是稳健的，并产生良好的重建结果。Goldman 等人（2010）提及大多数物体仅由少量基本材料组成，因此，它们将像素表示限制在最多两种这样的材料上，从而不仅恢复形状，还恢复材料双向反射分布函数和权重图。McGunnigle 和 Dong（2011）提出了一种光度立体方法，在这种方法中，用同轴光来增强传统的四光方案。他们的研究表明，同轴光使光度立体对阴影和镜面反射更加稳健。

Chen 等人（2011）设计一种快速立体匹配算法，它使用全局图切割框架，但与一些局部方法一样有效。通过集中于区域边界并巧妙地限制候选视差的数量，构建图中的顶点数量显著减少。因此，有价值的视差很容易被选择，部分遮挡可以有效地处理，从而提高立体匹配速度。

## 16.14   问题

1. 证明一个图像平面中的所有极线都穿过一点，该点是另一个图像平面的投影点的图像。

2. 梯度空间中直线轮廓的物理意义是什么（见图 16-9B）？

3. 绘制函数 $\cos^m\theta$ 的曲线。估计 90% 的 $R_1$ 分量在纯镜面反射方向的 10° 内反射所需的 $m$ 值。

4. 外星人有三只眼睛，这是否允许它比人类更准确地感知或估计深度？讨论第三只眼睛的最佳位置。

5. 在正交投影的情况下观察立方体表明，尽管立方体是不透明的，但它在图像中的质心的理论位置很容易计算。证明立方体的方向可以通过考虑其表面的表观面积来推断。如果两个面之间的对比度变得非常低，以至于只能看到六边形轮廓，说明我们对立方体方向的认识将产生歧义。歧义是立方体特有的，还是其他形状也会出现？为什么？

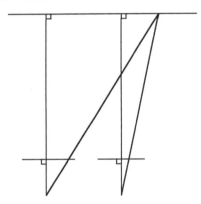

图 16-P1   双目成像系统的几何形状

6. a）$(X, Y, Z)$ 处的特征出现在双目成像系统的两幅图像中的位置 $(x_1, y_1)$ 和 $(x_2, y_2)$ 处。两个摄像机的图像平面位于同一平面，$f$ 是两个摄像机镜头的焦距，$b$ 是镜头光轴的间距。标注如图 16-P1 所示，通过考虑成对的相似三角形，证明

$$\frac{Z}{f} = \frac{X + b/2}{x_1} = \frac{X - b/2}{x_2}$$

b）因此，导出一个公式，该公式可用于根据观察到的视差确定深度 $Z$。

7. 给出一个完整的证明，可以计算场景中分数深度 $Z$ 的误差是：（1）与像素大小成正比；（2）与 $Z$ 成正比；（3）与立体摄像机之间的基线 $b$ 成反比。最终公式中还会出现什么参数？确定在何种条件下，通过纳米技术方法制造的两个非常小的摄像机仍然可以进行可行的深度测量。

8. a）画图证明在双目视觉系统看到的两幅图像中，可见点的顺序通常是相同的。

b）一个物体有一个半透明的前表面，通过这个表面可以看到内部特征 $F$。证明物体的两个视图中特征的顺序可能足以证明 $F$ 在物体内部或者在物体后面。

9. a）描述哑光表面被恰当描述为"朗伯"的条件。证明朗伯曲面上某一点的法线必须位于轴指向光点方向的圆锥上。证明至少需要三个独立的光源来确定哑光表面的准确方向。为什么四个光源有助于确定未知或非理想性质表面的表面取向？

b）如果希望获得场景中每个物体的深度图，请比较双目视觉和光度立体的效果。在每种情况下，都要考虑物体表面的属性和与观察者的距离。

10. a）将哑光表面的性质与那些表现出"正常"镜面反射的性质进行比较。哑光表面有时被描述为"朗伯"，描述表面亮度如何根据朗伯模型变化。

b）证明对于给定的表面亮度，朗伯表面上任何点的方向必须位于某个方向锥上。

c）通过三个独立的点光源依次照射表面，获得表面的三个图像。借助画图证明这是如何得出表面取向的明确估计的。这种方法不能估计表面上任何点的表面取向吗？对三个光源的允许位置有任何限制吗？如果使用四个独立的点光源而不是三个，会有帮助吗？

d）讨论通过阴影形状获得的表面图是否与通过立体（双目）视觉获得的表面图相同。这两种方法最适用于相同还是不同的应用？与这些基本方法相比，结构光的应用在多大程度上能够提供更好或更准确的信息？

e）考虑在用这些方法识别三维物体之前需要做什么进一步的处理。

# 解决 $n$ 点透视问题

即使在单一视图中进行观察，我们也能通过很少的点特征来识别 3D 物体。事实上，我们甚至可以仅通过单一视图来确定 3D 物体的姿势。但是，有时会出现识别模棱两可的情况，本章就讨论消除歧义的问题。

本章主要内容有：

- 全透视和弱透视投影的区别
- 弱透视投影下的"视角倒转"是如何产生的
- 为什么在全透视投影的情形下，会产生更严重的歧义性
- 全透视投影如何比弱透视投影提供更多的解释性信息
- 共面性如何给 3D 数据更多限制（这种限制有时是有利的，有时是有害的）
- 如何利用对称性来辅助 3D 图像识别

注意，虽然本章仅仅考虑了 3D 视觉的一个方面，但是它是 3D 识别中非常重要的一个主题。

## 17.1　导言

本章将继续前一章的介绍，聚焦 3D 场景图像分析，重点讲解其中涉及的关键问题和解决方案。首先，我们回顾第 16 章中已经多次提到的视角倒转现象。然后，我们根据透视进一步分析，利用图像中的显著特征来确定物体姿态，考虑需要多少显著特征才能无歧义地估计物体姿态。

## 17.2　视角倒转现象

在本节中，我们首先研究视角倒转（或透视逆向）现象。视角倒转是"Necker 立方体"幻象中的一个常见视觉效果。考虑一个由 12 根导线在拐角处焊接而成的线框正方体。从立方体的任意一角来看，很难说出立方体的方位姿势，也不能判断立方体的哪个角更近（图 17-1）。事实上，一旦观察立方体一段时间，人们逐渐会觉得自己知道它的姿势方位，但它突然出现倒转，而且这种视觉还会存在一段时间，直到它自己也反转了 [ 在心理学，这种注意力的转移被称为知觉反转，它与术语视角倒转非常相似，但实际上是一种更普遍的效应，导致了许多其他类型的视错觉，参见 Gregory（1971）和 M. C. Escher 制作的许多插图 ]。视角倒转错觉反映了这样一个事实，即大脑会对场景做出各种假设，甚至会基于不完全信息做出假设（Gregory，1971，1972）。

这种立方体视角倒转是人为产生的。但考虑一下从远处观看一架飞机（图 17-2A）在明亮的天空中飞行（图 17-2B）。物体的轮廓表明其表面细节是不明显的。在这种情况下，为了对场景进行描述就需要做出假设，即使会做出错误的假设。显然如图 17-2C 所示，飞机可能处于一个角度 $\alpha$（与 $P$ 相同），也可能处于角度 $\alpha$（与 $Q$ 相同）。关于物体方向的两种假设是相互

联系的，通过在垂直于观测方向 $D$ 的平面 $R$ 上的反射，可以从一种假设得到另一种假设。

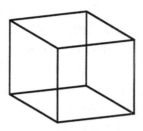

图 17-1　视角倒转现象。该图显示了从一个角落方向观察的线框立方体。视角倒转现象使得很
　　　　难看出立方体的相对角中的哪一个更接近。实际上，对立方体角度有两种可能的解
　　　　释，任何一个解释在任何时候都可以被接受

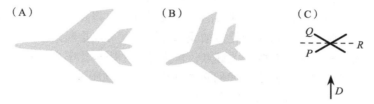

图 17-2　飞机的视角倒转。这里，一架飞机（A）在天空的映衬下，图 B 显示了观察到的飞机
　　　　视角。图 C 显示了飞机处于的两个平面 $P$ 和 $Q$，相对于观看方向 $D$：$R$ 是与平面 $P$ 和
　　　　$Q$ 相关的反射平面

　　然而，在远处，透视投影接近比例正交投影，并且通常难以检测到差异（在这种情况下，该物体被称为在弱透视投影下观测。对于弱透视，物体内的深度 $\Delta Z$ 必须远远小于场景中的深度 $Z$；另一方面，透视比例因子对于每个物体都是不相同的，并且取决于其在场景中的深度：因此透视可以局部弱化并且在全局上正常）。如果图 17-2 中的飞机非常接近观察者，显然轮廓的一部分会因为透视而变得扭曲。一般而言，透视投影将打破对称性，因此寻找已知存在于物体中的对称性可以揭示物体的相应轮廓；然而，如果物体处于远距离，如图 17-2B 所示，实际上不可能看到该问题。相反，如图 17-2B 所示，对飞机运动的短期研究将无助于图像解释。但是，最终飞机会变得越来越小或越来越大，这将提供解决问题所需的附加信息。

## 17.3　弱透视投影下的姿势歧义性

　　在弱透视投影下研究能在多大程度上推断出一个物体的姿态是有益的。我们可以把上述问题简化为一个仅需定位和识别三个点的最简单的情况。任何一组三点共面，公共平面对应于图 17-2A 所示的相应的轮廓（我们假设这三点不共线，所以它们实际上确定了一个平面）。接下来的问题就是将理想物体上的相应点（图 17-2A）与观察物体上的相应点（图 17-2B）相匹配。即使不考虑前面提到的反射操作，我们仍然不完全清楚这是否可能，或者解是否唯一。因此这就可能需要超过三个点（特别是如果物体的尺寸大小未知）或者可能有几个解，即使我们忽略反射歧义性。我们需要额外注意的就是在什么情况下可以推断出点对应于原始图中三个点的哪一个。

　　为了简化问题，我们仅仅考虑最简单的全透视投影。在这种情况下，任何一组三个非共线点可以映射到任何其他三个点。这意味着根据这些信息可能无法推断出原始物体：因为我们无法推断出哪个点映射到哪个点。但是，我们将看到，在弱透视投影下观察物体时，歧义性会降低。

也许，最简单的方法（Huang 等人于 1995 年提出）是想象通过原始点 $P_1$、$P_2$ 和 $P_3$（图 17-3A）绘制的一个圆。我们找到这组点的质心 $C$，并通过这些点画出更多的直线，这些线都通过圆心 $C$ 并与该圆相交于另外三个点 $Q_1$、$Q_2$ 和 $Q_3$（图 17-3A）。现在，与正交投影一样，比例正交投影可以保持在同一直线上的距离比率，我们可以近似认为弱透视投影也会保持这一比率。因此，投影后距离比 $P_iC : CQ_i$ 保持不变。因此，当我们投影整个图形时，如图 17-3B 所示，我们发现圆形变成了一个椭圆形，并且所有的线性距离比保持不变。这个的意义如下。当在图像中观察到点 $P_1'$、$P_2'$ 和 $P_3'$ 时，可以通过 $Q_1'$、$Q_2'$ 和 $Q_3'$ 的位置来计算质心 $C'$。因此，我们有 6 个点来推断椭圆的位置和参数（事实上，5 个就足够了）。一旦知道椭圆，其主轴的方向就会给出物体的旋转轴；而短轴与长轴的长度比可以得到 $\cos\alpha$ 的值（注意式中 $\alpha$ 角的正负号会引起歧义）。最后，椭圆长轴的长度可以推导出场景中物体的深度。

我们现在已经证明，通过计算所观察的三个投影点可以得到一个唯一的椭圆，并且当这个椭圆反投影到一个圆中时，物体的旋转轴线和旋转角度可以推断出来，但是无法确定旋转角度的符号。上述方法的实现有两个关键点，首先是三个距离比率必须存储在内存中，然后才能对所观察场景进行描述。其次，我们必须知道三点的顺序；否则，我们将不得不执行 6 次计算，并且可能要尝试所有可能的距离比率分配；此外，从较早的介绍中可以看出有几种解是可能的。

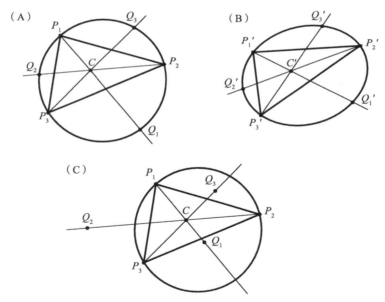

图 17-3　弱透视投影下观察的三点位置的确定。（A）位于已知类型的物体上的三个特征点 $P_1$、$P_2$、$P_3$。画出通过 $P_1$、$P_2$、$P_3$ 的圆，通过点及其质心 $C$ 的直线与圆上 $Q_1$、$Q_2$、$Q_3$ 相交。然后推导出比率 $P_iC : CQ_i$。（B）在弱透视下观察到的三个点 $P_1'$、$P_2'$、$P_3'$ 以及它们的质心 $C'$ 和使用原始距离比率定位的三个点 $Q_1'$、$Q_2'$、$Q_3'$。现在可以使用通过六个点 $P_1'$、$P_2'$、$P_3'$、$Q_1'$、$Q_2'$、$Q_3'$ 绘制的椭圆来确定 $P_1$、$P_2$、$P_3$ 所位于的平面的方位，以及观察距离（通过椭圆的长轴）。（C）对于三点的错误解释是如何不允许通过 $P_1$、$P_2$、$P_3$、$Q_1$、$Q_2$、$Q_3$ 而画出圆，因此无法发现通过观察点和对应派生点 $P_1'$、$P_2'$、$P_3'$、$Q_1'$、$Q_2'$、$Q_3'$ 得到椭圆

尽管在某些情况下，这些特征点是可区分的，但在大多数情况下（特别是在三维场景下，从不同位置观察到的角度特征变化很大），我们无法区分这些点。因此，研究不同方法带来的潜在歧义性非常重要。但是，如果我们尝试六种情况中的每一种，则通常会出现一些困难。如果我们推导出 $Q_1'$、$Q_2'$、$Q_3'$ 的位置，会发现不可能将六个点都拟合到椭圆上。回到原来的圆则很容易看出原因。在这种情况下，如果分配了错误的距离比率，则 $Q_i$ 将不会位于该圆上，只有被分配了正确的距离比，$Q_i$ 才会被定位到圆上（图 17-3C）。这意味着虽然测试不正确的分配浪费了计算时间，但可以避免获得歧义解。尽管如此，还有一种情况需要考虑。假设最初的一组点集 $\{P_1、P_2、P_3\}$ 形成等边三角形。那么，距离比将非常相似，并且考虑到数字误差，可能不清楚哪个椭圆提供了最佳和最可能的拟合。这就减少了采用几组特征点来构成近似等腰三角形或等边三角形的情况。实际上，我们通常会使用三个以上的共面点来优化拟合，降低错误位置分配情况出现的可能性。

总而言之，比较幸运的是，弱透视投影仅仅需要非常少的条件来得到唯一解（在反射中），尤其是当全透视投影时，要四个点才能找到唯一的解（见下文）。然而，在弱透视投影下，额外的点会提升确定性，但不会降低反射歧义性。这是因为从弱透视投影获得的信息内容缺乏深度线索，而原则上后者可以用来解决歧义性。为了理解这一点，在弱透视投影下缺少从除三点以处点获得的附加信息，请注意，一旦识别出三个点，同一平面上的每个附加特征点就会预先确定（这里，我们假设模型物体的距离正确比率可以参考）。

这些问题表明我们有两种可能的方法，从有限数量的特征点中确定物体的位置。第一种是依然使用在弱透视投影下所观察到的非共面点。第二种是使用全透视投影来观察共面或非共面特征点集合。我们将在下面看到，无论我们选择哪种方案，唯一解都要求任何物体上至少有四个特征点。

## 17.4 求姿势估计的唯一解

表 17-1 总结了所有情况。首先看一下弱透视投影，当有三个及以上点特征时，存在有限数量的解。一旦使用了三点，在共面情况下，解的数量不会再减少，因为（如前所述）可以从现有的点推导出任何附加点的位置。然而，当附加点是非共面时，情况会发生变化，因为它们能够提供正确的信息以消除任何歧义性（参见图 17-4）（虽然这看起来可能与前面关于视角倒转的内容相矛盾，但请注意，我们在这里假设整体是刚性的，并且它的所有特征都在三维空间内的已知固定点上；因此，这种特殊的歧义性不再适用，除了我们在这里忽略的具有特殊对称性的物体，见图 17-4D）。

**表 17-1　根据点特征估计姿势时的歧义性**

| 点的安排 | $n$ | WPP | FPP |
|---|---|---|---|
| 共面的 | $\leqslant 2$ | $\infty$ | $\infty$ |
| | 3 | 2 | 4 |
| | 4 | 2 | 1 |
| | 5 | 2 | 1 |
| | $\geqslant 6$ | 2 | 1 |
| 非共面的 | $\leqslant 2$ | $\infty$ | $\infty$ |

（续）

| 点的安排 | $n$ | WPP | FPP |
|---|---|---|---|
| | 3 | 2 | 4 |
| 非共面的 | 4 | 1 | 2 |
| | 5 | 1 | 2 |
| | $\geqslant 6$ | 1 | 1 |

注：本表总结了根据定位于单个图像中的点特征估算刚性物体的姿势时，可以得到的解的数量。假设 $n$ 个点特征被检测，并且点特征被正确识别且处于正确的位置。WPP 和 FPP 分别表示弱透视投影和全透视投影。当所有 $n$ 点共面时，适用表格的上半部分；当 $n$ 点不共面时，适用表格的下半部分。请注意，当 $n \leqslant 3$ 时，结果仅适用于共面情况。但是，为了便于比较，依旧保留了表格下半部分的前两行。

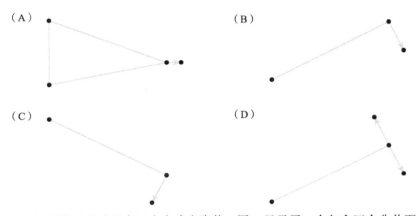

图 17-4　弱透视投影下通过观察四个点确定姿势。图 A 显示了一个包含四个非共面点的物体——在弱透视投影下所看到的。图 B 显示了该物体的侧视图。如果单独观察前三个点（由不带箭头的灰线连接），视角倒转会导致第二个识别结果（C）。但是，第四点提供了关于只允许一种全面解释的姿势的附加信息。图 D 中包含额外对称性的物体不是这种情况，因为其反射与原始视图（未显示）相同

接下来考虑全透视投影的情况，当有三个或更多特征点时，同样存在有限个解。由于三个点特征提供的信息有限，就意味着原则上有四种解是可能的（参见图 17-5 中的例子和17.4.1 节中的详细解释），当有四个共面点可用时，对应的解只有一个（通过在三个点的子集之间进行交叉检查并消除不一致的解，可以找到正确的解）；当点是非共面的时候，只有当六个或更多的点被采用时，才可以获得足够的信息来明确地确定姿势：由于所有 11 个摄像机校准参数可以从 12 个线性方程推导出来，所以六个或更多的点不会引起歧义（参见第 19章）。相应地，可以推断出五个非共面点通常不足以推导所有 11 个参数，因此在这种情况下仍然存在歧义。

接下来，我们应该考虑为什么共面情况起初（$n=3$）在弱透视投影下更好，后来（$n > 3$）在全透视投影下更好，而在弱透视投影下非共面情况总是更好（在这种情况下，"更好"意味着更少的歧义和解的数量）。原因显然是，全透视投影提供了更详细的内在信息，但当数据相对较少时由于缺乏数据而导致表现不佳——然而，对于在什么阶段附加信息变得可用，在共面和非共面情况下是不同的。在这方面，需要尤其注意的是，当在弱透视投影下观察共面点时，从来没有足够的信息可以消除歧义。

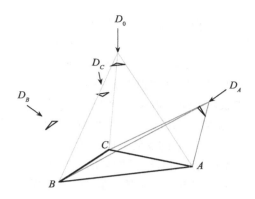

图 17-5 在全透视投影下观察三个点的歧义性。在全透视投影下，摄像机将三个点 $A$、$B$、$C$ 视为空间中的三个方向，这可能导致解释已知物体的四重歧义。该图显示了摄像机的四种可能的观察方向和投影中心（由粗箭头的方向和尖端表示）：在每种情况下，每个摄像机处的图像由小三角形表示。$D_A$、$D_B$、$D_C$ 分别大致对应于 $A$、$B$、$C$ 的一般方向的视图

应该强调的是，上面的讨论都是基于物体和图像特征间的对应关系已知的假设，即 $n$ 个点特征被正确地检测和识别并且顺序正确。如果不是这样，即使是对很少的点进行所有可能的排列，也会导致解的数量大大增加。所以研究者都尝试以数量最少的特征来确定最准确的匹配结果（Horaud 等，1989）。其他研究人员也使用启发式方法来帮助减少最终可能结果的数量。例如，Tan（1995）使用简单的紧度度量（见 8.7 节）来确定最可能的几何解：极端倾斜不太可能是有效结果，而最可能的解被认为是具有最高紧密度值的解。这个想法来自 Brady 和 Yuille（1984）的极值原理，其中最可能的解是那些最接近相关（例如旋转）参数极值的解［也许理解这个原理的最简单的方法是考虑一个钟摆，钟摆的极限位置是最有可能的！然而，在这种情况下，当角度 $\alpha$（见图 17-1）接近零时，极值出现］。请注意，在弱透视投影或全透视投影下观察到的共面点总是以相同的循环顺序出现：考虑到物体可能的变形，这不是微不足道的，虽然可以通过点绘制凸多边形，使围绕其边界的循环次序在投影时不会改变（其原因是平面凸面是投影的不变量）。但是，对于非共面点，感知点的模式几乎可以完全随机重新排列：这意味着非共面点要比共面点考虑更多的排列方式。

最后请注意，上述讨论集中于物体姿势问题解的存在和唯一性。目前尚未讨论解的稳定性。但是，稳定性的概念与表 17-1 中给出的数据完全不同。特别是，非共面点倾向于为姿势问题提供更稳定的解。例如，如果包含一组共面点的平面几乎可以直接正面观看（$\alpha \approx 0$），则关于平面的精确定向的信息将会非常少，因为点的横向位移的变化将随着 $\cos\alpha$（参见 17.2 节）而变化，在方向依赖的泰勒展开式中将不存在线性项。

### 17.4.1 三点情况下的解

图 17-5 显示了在全透视投影下观察三点特征时如何产生四个解。在这里，我们通过考虑相关方程来探讨这种情况。图 17-5 显示摄像机将这些点视为表示三个空间方向的三个图像点。这意味着我们可以计算这三个方向之间的角度 $\alpha$、$\beta$、$\gamma$。如果物体上的三个点 $A$、$B$、$C$ 之间的距离是已知的值 $D_{AB}$、$D_{BC}$、$D_{CA}$，我们现在可以应用余弦定理来确定特征点的投影中心距离 $R_A$、$R_B$、$R_c$：

$$D_{BC}^2 = R_B^2 + R_C^2 - 2R_B R_C \cos \alpha \qquad (17.1)$$

$$D_{CA}^2 = R_C^2 + R_A^2 - 2R_C R_A \cos \beta \qquad (17.2)$$

$$D_{AB}^2 = R_A^2 + R_B^2 - 2R_A R_B \cos \gamma \qquad (17.3)$$

消去 $R_A$、$R_B$、$R_C$ 中任意两个变量，都会使得在另一个变量中产生有 8 个自由度的方程，这表明方程组可以有 8 个解（Fischler 和 Bolles，1981）。然而，上述余弦定理方程仅包含常数和二次项。因此，对于每一个正解，都可以有另一种解，它仅仅在所有变量的符号上有所不同。这些解对应于图像中通过投影中心的反转，因此无法实现。因此，方程组最多有四个可实现的解。事实上，我们可以很快证明有时可能会出现少于四个解的情况：在某些情况下，对于图 17-5 中显示的一个或多个"翻转"位置，其中一个特征可能位于投影中心反面，因此将无法实现。

最后，请注意方程（17.1）～（17.3）的同质性意味着对角度 $\alpha$、$\beta$、$\gamma$ 的观察允许其使用独立于其尺度的任何知识来估计物体的取向。事实上，尺度的估计直接取决于范围估计，反之亦然。因此，只知道一个范围参数（例如，$R_A$）就可以推断物体的尺度。或者，知道其面积将允许推导剩余参数。这个概念是 17.2 节和 17.3 节的主要结论的略微概括，它是基于物体的所有尺寸都已知的假设。

### 17.4.2　利用对称梯形来预测姿势

现在考虑一种新的情况：四个点特征位于对称梯形的角（Tan，1995）。在弱透视投影下观察时，平行边的中点很容易测量，但在全透视投影下，中点不会依然在中间位置，因此无法通过这种方式获得对称轴。然而，产生偏斜的边在 $S'$ 处相交并且形成对角线的交点 $I'$，使得对称轴定位为 $I'S'$（图 17-6）。因此，我们现在不用四点而是用六点来描述梯形的透视图。更重要的是对称轴已经定位，并且已知这垂直于梯形的平行边。这让数学模型变得更加易于理解，同时帮助快速获得解，例如实时跟踪目标运动。再次强调，前提是物体的运动方向可以直接推断，甚至当它是强透视或物体的大小都是未知时。这个结果与 Haralick（1989）的结论是一致的，他指出一个未知大小的矩形单一视图足以确定其姿势。在任何一种情况下，如果其面积是已知的，则可以找到该物体的范围，或者如果可以从其他数据中找到单个范围值（参见 17.4.1 节），则可以推导出该物体的尺寸。

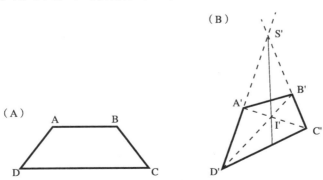

图 17-6　在全透视投影下观察梯形。图 A 显示对称梯形，图 B 显示在全透视投影下观察时的样子。尽管事实上中点无法投影到透视投影下的中点，对称轴上的两个点 $S'$ 和 $I'$ 可以明确地定位为两个非平行边和两个对角线的交点。这给出了六个点（如果需要，可以从中推导出对称轴上的两个中点），这足以计算物体的姿势，尽管结果会具有单一的歧义性（见正文）

## 17.5　结束语

本章介绍了上一章未深入研究的 3D 视觉问题。特别值得一提的是，我们有必要详细研究视角倒转的主题，并探讨它如何受到投影方法的影响。我们考虑了正交投影、比例正交投影、弱透视投影和全透视投影，并分析了可以得到正确或模棱两可的解释的物体点的数量。我们可以发现，当考虑四个或更多非共面点时，比例正交投影和与它非常近似的弱透视投影，可以直接得到最终的结果，尽管当所有点共面时，视角倒转的歧义性仍然存在。这些不确定性可以在随后的全透视投影下观察四个或更多点来得到解决。然而，在非共面情况下，仍然存在歧义，直到观察到六个点时歧义才被消除。我们需要明白在全透视投影下情况往往会更加复杂，即便它同时提供了更多的信息，而这些信息最终帮助我们解决了这种歧义。

当被观察的点不可区分时，会导致其他问题，因此为了降低歧义性可能需要尝试更多的解。当共面点出现的可能性变低时，计算复杂度也会变得更低：这里成功的关键是把可能出现在平面上的点进行自然排序。例如，当它们形成一个凸集，这个集合可以围绕一个外接多边形唯一排序。在这种情况下，Brady 和 Yuille（1984）的极值原则在降低可能解数量方面的作用是显著的（关于该主题的进一步见解，参见 Horaud 和 Brady，1988）。

设计在实时应用中进行快速物体描述的方法也非常重要。为了实现这一点，重要的是使用最小的点集合，并获得直接转向解的解析解，而不需要计算量大的迭代过程：例如 Horaud 等人（1989）发现了一个方法，可以解决一般非共面情况下和平面情况下的透视四点问题。其他低计算量方法仍在开发中，如对称梯形的姿势确定（Tan，1995）。还应该指出的是，这类研究正在推进，正如 Huang 等人（1995）在弱透视投影下观察三个点，所提出的姿势确定问题的简洁几何解。

本章介绍了一个 3D 识别问题。第 18 章涵盖了另一种不变量的问题，它提供了绕过全透视投影相关困难，最终快速方便解决问题的手段。第 19 章旨在通过展示如何实现摄像机校准或在一定程度上避开摄像机校准来完成三维视觉研究。

> 透视本质上使得对于 3D 图像的图像解释变得困难。然而，本章已经证明，远距离物体的"弱透视"视图被简化了很多，因此物体通常使用较少的特征来定位：对于平面物体，仍然存在姿势歧义，尽管它在全透视下可以被消除。

## 17.6　书目和历史注释

针对 *n* 点（PnP）问题的研究在最近 20 年取得了快速发展，许多学者都给出了不同的解（在不同的透视方法下，通过 *n* 个特征点确认物体的姿势）。Fischler 和 Bolles 在 1981 年总结了这种情况，他们描述了几种新算法。然而，他们并没有在弱透视情况下讨论如何解决姿势估计的问题，但由于复杂度的降低，这个问题随后成为许多学者研究的主题（例如，Alter，1994；Huang 等，1995）。Horaud 等人（1989）通过尽可能减小 *n* 来快速寻找 PnP 问题的解，他们还获得了 *n*=4 情况下的解，这对于实时实现应该有很大帮助。他们的解与 16.10 节介绍的 Horaud（1987）提出的角点解有关，而 Haralick 等人（1984）为匹配线框物体提供了有用的基本理论。

在后来的论文中，Liu 和 Wong（1999）提出了一种在全透视投影情况下根据四个不共面点估计物体姿势的算法。根据表 17-1，这将导致有歧义的结果。然而，Liu 和 Wong 提出

"在四点透视问题中出现多种解的可能性比在三点透视问题中小得多",这样"使用四点模型比使用三点模型更可靠"。此外,本论文的重点在于误差和可靠性。除此之外,Liu 和 Wong（1999）的工作涉及在有限的空间范围内追踪一个已知的物体:这必然会大大缩小误差的范围。因此,不清楚他们的工作是否符合表 17-1 中的相关约束,即 FPP；非共面;$n=4$（见 Fischler 和 Bolles,1981）,而不是仅仅使其不太可能出现歧义。

Faugeras（1993）、Hartley 和 Zisserman（2000）、Faugeras 和 Luong（2001）以及 Forsyth 和 Ponce（2003）对三维视觉问题进行了很好的概括。Sullivan（1992）针对这个问题提出了一个有趣的观点,强调对物体姿势估计的精细化。有关三维视觉问题的更多资料,请参见 16.13、18.12、19.16 节（20.10 节既提供了物体运动的参考资料,也涵盖了三维视觉的各个方面）。

### 近期研究发展

Xu 等人（2008）提出了解决 PnP 问题的新方法。针对四个共面点情况的线性方法被扩展到寻找一般 P3P 问题的大概解。一旦找到 P3P 问题的所有精确解,该算法就可以应用于普通 PnP 问题。他们已经研究了解的稳定性和可能的歧义,并且进行了相关实验以验证所提出的方法的有效性。重要的是,四个共面点的情况必须被分成两个互斥的情况,其中一个点位于或不位于其他三个点所呈现的三角形内。Lepetit 等人（2008）提出了一种 $O(n)$ 的 PnP 问题的非迭代化解,比以前的方法更快、更准确,也更稳定。中心思想是将三维点表示为四个虚拟控制点的加权和,并用坐标来解决这种情况［以前方法的计算量高达 $O(n^5)$ 甚至 $O(n^8)$］。

## 17.7    问题

1. 在弱透视投影情况下,绘制表格来描述图像中不同物体点的数量对应的可能解数量。你的回答应该包括共面点和非共面点,并且应该描述在每种情况下,在无数个物体上的点被看到的情况下会有多少个歧义解,并说明理由。

2. 区分全透视投影和弱透视投影,并分别解释以下实物的斜视图在两种投影下会怎么呈现:（1）直线;（2）几条并行线（即在一个点上会合的线）;（3）平行线;（4）线的中点;（5）曲线的切线;（6）中心用点标记的圆。请说明理由。

3. 解释以下各项内容:（1）如图 17-P1A 所示,为什么弱透视投影会导致观察物体时出现歧义?（2）为什么在图 17-P1B 的情况下歧义不会消失?（3）如果物体的属性是已知的,为什么在图 17-P1C 的情况下歧义消失了?（4）为什么在图 17-P1B 中,在全透视投影下观察物体时不会出现歧义?对于最后一种情况,请通过草图来说明你的答案。

（A）                （B）                （C）

图 17-P1    在该图中,灰色边缘是构造线,而不是物体的一部分。图 A 和 B 中是完全平面的物体,而图 C 不是平面的

# 不变量与透视

不变量对实现二维和三维识别都很重要。基本思想是识别某个或某些参数,这些参数在相同物体的不同实例之间没有变化。不幸的是,透视投影使得这个问题在一般的三维情况下更加困难。本章探讨了这个问题,并展示了一些有用的方法。同时探索透视投影的问题,并带来一些有趣的结果。

本章主要内容有:

- 在弱透视投影下同一直线上特征点之间的距离比如何作为一种不变量
- 在全透视投影下交比如何充当不变量
- 交比类型的不变量如何巧妙地被一般化以涵盖更广的范围
- 交比类型的不变量在很大程度上无法提供任何给定平面之外的不变性
- 消失点(VP)检测及其与图像解释的相关性
- 如何优化二维图片的视图以限制透视失真
- "拼接"照片涉及的问题

虽然本章只考虑三维视觉的一个方面,但它在为解释复杂图像提供信息(特别是图 18-4 的自我运动示例)和围绕三维几何的烦琐分析提供简便解决方法方面非常有用(参见如 18.8 节和 18.9 节)。

## 18.1 导言

正如第 1 章所述,模式识别是一项复杂的任务,它涉及判别和泛化的双重过程。事实上,后一个过程在很大程度上比第一个过程更重要,尤其是在识别的初始阶段,这是因为典型图像中往往有太多的冗余信息。因此,我们需要找到消除无效匹配的方法。这是不变量问题的研究思路。

不变量是一个物体或一类物体的属性,它不会随着视点或物体姿势的改变而改变,因此可以用来区分其他物体。该过程是搜索具有特定不变量的物体,因此不具有不变量的那些可以立即被排除在外。不变的属性可以被认为是一个物体在所选类别中的必要条件,尽管原则上,只有详细的后续分析才能证实这一点。此外,如果一个物体被发现具有确定的不变量,那么进一步分析将会更有利地估计它的姿势、大小或其他相关数据。理想情况下,不变量会唯一地将物体标识为特定类型或类。因此,不变量不应该仅仅是一种物体的假设属性,而是一种完全表征物体的属性。然而,这种差异是微妙的,与其说是绝对的标准,不如说是程度和目的的问题。我们将通过一些具体案例来了解差异的程度。

让我们首先考虑一个物体,它是由一个位于物体正上方且光轴垂直于物体所在平面的摄像机进行拍摄的。我们将假设物体是平的。获取物体上的两个点特征,如拐角或小孔。如果我们测量这些特征之间的图像距离,那么这是一个不变量,因为:

1)它的值独立于物体的平移和方向参数。

2）对于同一类型的不同物体，它将保持不变。

3）通常，它将不同于可能在物体平面上的其他物体的距离参数。

因此，距离的测量提供了一定的查找或索引质量，这将理想地唯一地识别物体，尽管需要进一步的分析来完全定位并确定它的方位。因此，距离可以满足不变量的所有要求，尽管也可以说它只是一种有助于对物体进行分类的特征。显然，我们在这里忽略了一个重要因素——由于空间量化（或空间分辨率不足）、噪声、镜头失真等原因，导致测量不精确的影响。此外，部分遮挡或破损的影响也被忽略。肯定的是，用单一的不变量度量可以达到的效果是有限的，尽管接下来我们将介绍使用哪种不变量属性可以有效解决这个问题，并展示采用面向不变量的方法的优势。

上述关于距离作为一种不变量度量的想法表明，它有助于去除二维物体平移和旋转的影响。因此，当考虑三维物体平移和旋转时，它几乎没有实际意义。此外，它甚至无法应对二维物体的比例变化。将摄像机移近物平面并重新聚焦完全改变了情况，保存在物体索引表中的距离不变量的所有值都必须改变，之前存储的距离值不再适用。然而，仔细思考就会发现，最后一个问题是可以克服的。我们所需要做的就是计算距离的比率。这需要在图像中识别至少三点特征，并测量特征间距离。如果我们称其中两个距离 $d_1$ 和 $d_2$，则比率 $d_1/d_2$ 将充当与尺度无关的不变量，即无论物体的二维平移、取向或表观尺寸或尺度如何，我们都能够使用单个索引操作来识别物体。还有一个可能的方案是测量距离向量对之间的角度 $\cos^{-1}(d_1 \cdot d_2/|d_1||d_2|)$，这也是尺度不变的。

当然，在我们早期的形状识别工作中已经提到了这一点。如果物体只受到二维平移和旋转的影响，而没有尺度的变化，那么可以通过它们的周长或面积以及它们的正常线性尺寸来表征；此外，在第 9 章中，采用无量纲图像测量比率的参数，如对比度和长宽比，以克服尺寸/尺度问题。

然而，使用不变量的主要动机是获得物体特征配置的数学度量，这些度量被精心设计成独立于所使用的视点或坐标系，并且实际上不需要图像采集系统的特定设置或校准。然而，必须强调的是，摄像机畸变被认为是不存在的，或者已经通过合适的摄像机后变换得到补偿（参见第 19 章）。

本章延续上述假设，并随后将其应用于消失点检测（18.8 节和 18.9 节），获得二维图片的最佳视图和数码照片的"拼接"（18.10 节）。值得注意的是，这章后面的应用部分并没有过多附加的说明和解释，然而大家也很容易理解，这说明了本章介绍的基本理论是非常重要和有价值的。

## 18.2　交比："比率的比率"的概念

如果我们能够扩展上述思想，允许在三维空间中索引进行一般变化，这将是非常有用的。事实上，一个明显的问题是，找到距离比的比率是否会提供合适的不变量，并导致这样的泛化。答案是，交比的确进一步提供了有用的不变量，尽管更多的不变量会导致相当大的复杂性，并且计算能力有限。此外，噪声最终会成为一个限制因素，因为计算复杂不变量涉及太多的参数，以至于该方法最终会失去动力（这只是提出假设的多种方法之一，因此必须以适合所研究的特定问题应用的方式与其他方法一起完成）。

我们现在考虑比率的比率方法。最初，我们只考查一个物体上四个共线点的集合。图 18-1 示出了这样一组四个点（$P_1$、$P_2$、$P_3$、$P_4$）以及它们的投影点（$Q_1$、$Q_2$、$Q_3$、$Q_4$），

如由具有光学中心 $C(c, d)$ 的成像系统产生的变换。选择合适的一对倾斜轴的坐标允许将单独集合中的点的坐标分别表示为

$$(x_1, 0),\ (x_2, 0),\ (x_3, 0),\ (x_4, 0)$$
$$(0, y_1),\ (0, y_2),\ (0, y_3),\ (0, y_4)$$

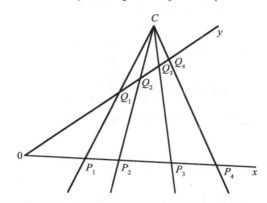

图 18-1　四个共线点的透视变换。该图显示了四个共线点（$P_1$、$P_2$、$P_3$、$P_4$）以及它们的变换
（$Q_1$、$Q_2$、$Q_3$、$Q_4$），类似于由具有光学中心 $C$ 的成像系统产生的变换。这种变换称为
透视变换

对于点 $P_i$ 和 $Q_i$，可以计算其比值 $CQ_i : PQ_i$，分别写作 $\dfrac{c}{-x_i}$ 以及 $\dfrac{d - y_i}{y_i}$。因此有

$$\frac{c}{x_i} + \frac{d}{y_i} = 1 \tag{18.1}$$

上式必须对所有 $i$ 都适用。第 $i$ 和第 $j$ 关系的减法现在给出了

$$\frac{c(x_j - x_i)}{x_i x_j} + \frac{-d(y_j - y_i)}{y_i y_j} \tag{18.2}$$

在两个这样的关系之间形成一个比率，现在将消除未知数 $c$ 和 $d$。例如，我们将有：

$$\frac{x_3(x_2 - x_1)}{x_2(x_3 - x_1)} = \frac{y_3(y_2 - y_1)}{y_2(y_3 - y_1)} \tag{18.3}$$

然而，结果仍然包含取决于绝对位置的因素，例如 $x_3/x_2$。因此，有必要形成这种结果的适当比例，抵消绝对位置的影响：

$$\frac{(x_2 - x_4)}{(x_3 - x_4)} \bigg/ \frac{(x_2 - x_1)}{(x_3 - x_1)} = \left(\frac{y_2 - y_4}{y_3 - y_4}\right) \bigg/ \left(\frac{y_2 - y_1}{y_3 - y_1}\right) \tag{18.4}$$

因此，我们最初的直觉是正确的，即用比率表示比率类型的不变量确实存在，这将抵消透视变换的影响。具体来说，从任何角度来看，四个共线点产生了与上述相同的交比。四个点的交比的值写为

$$C(P_1, P_2, P_3, P_4) = \frac{(x_3 - x_1)(x_2 - x_4)}{(x_2 - x_1)(x_3 - x_4)} \tag{18.5}$$

为了清楚起见，我们将在下面把这个特殊的交比记为 $\kappa$。注意，4 个共线点在直线上排列有 4!=24 种可能方式，因此，可能有 24 种交比。然而，它们中有的具有相同的交比值，事实上，只有 6 个不同的值。为了验证这一点，我们首先交换成对的点：

$$C(P_2, P_1, P_3, P_4) = \frac{(x_3 - x_2)(x_1 - x_4)}{(x_1 - x_2)(x_3 - x_4)} = 1 - \kappa \tag{18.6}$$

$$C(P_1, P_3, P_2, P_4) = \frac{(x_2 - x_1)(x_3 - x_4)}{(x_3 - x_1)(x_2 - x_4)} = \frac{1}{\kappa} \qquad (18.7)$$

$$C(P_1, P_2, P_4, P_3) = \frac{(x_4 - x_1)(x_2 - x_3)}{(x_2 - x_1)(x_4 - x_3)} = 1 - \kappa \qquad (18.8)$$

$$C(P_4, P_2, P_3, P_1) = \frac{(x_3 - x_4)(x_2 - x_1)}{(x_2 - x_4)(x_3 - x_1)} = \frac{1}{\kappa} \qquad (18.9)$$

$$C(P_3, P_2, P_1, P_4) = \frac{(x_1 - x_3)(x_2 - x_4)}{(x_2 - x_3)(x_1 - x_4)} = \frac{\kappa}{\kappa - 1} \qquad (18.10)$$

$$C(P_1, P_4, P_3, P_2) = \frac{(x_3 - x_1)(x_4 - x_2)}{(x_4 - x_1)(x_3 - x_2)} = \frac{\kappa}{\kappa - 1} \qquad (18.11)$$

这些情况提供了主要的可能性，但是交换更多的点当然会产生有限数量的更多值——特别是：

$$C(P_3, P_1, P_2, P_4) = 1 - C(P_1, P_3, P_2, P_4) = 1 - \frac{1}{\kappa} = \frac{\kappa - 1}{\kappa} \qquad (18.12)$$

$$C(P_2, P_3, P_1, P_4) = \frac{1}{C(P_2, P_1, P_3, P_4)} = \frac{1}{1 - \kappa} \qquad (18.13)$$

这涵盖了所有 6 种情况，尝试进一步交换点不会产生其他情况［我们只能重复 $\kappa$、$1-\kappa$、$\kappa/(\kappa-1)$ 以及它们的倒数］。特别令人感兴趣的是对点进行反向编号（这将对应于从另一侧观察直线）会保持交比不变。然而，同一个不变量具有 6 个可能的取值并不利于研究，因为这意味着在确定一个物体的类别之前，必须先查找 6 个不同的索引值。另一方面，如果沿着直线按顺序而不是随机地标记点，有可能避开这种情况。

到目前为止，我们只能产生一个投影不变量，这相当于四个共线点的简单情况。当注意到四个共线点与另一点结合时，定义了一个通过后一点的共面线束，这一测量值显著增加［投影几何的一个常见术语是将一组平行线称为束（例如 Tuckey 和 Armistead，1953］。很明显，我们可以给这一束线指定一个独特的交比，等于穿过它们的任何一条线上的共线点的交比。我们可以通过考虑各条线之间的角度来使情况更加清晰（图 18-2）。应用正弦定理 4 次来确定交比 $C(P_1, P_2, P_3, P_4)$ 中的 4 个距离：

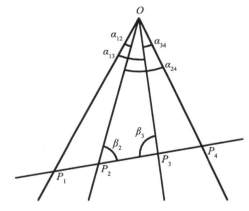

图 18-2    用于计算线束交比的几何图形。该图显示了计算一束线的交比所需的几何尺寸，以线之间的角度进行表示

$$\frac{x_3 - x_1}{\sin \alpha_{13}} = \frac{OP_1}{\sin \beta_3} \qquad (18.14)$$

$$\frac{x_2 - x_4}{\sin \alpha_{24}} = \frac{OP_4}{\sin \beta_2} \qquad (18.15)$$

$$\frac{x_2 - x_1}{\sin \alpha_{12}} = \frac{OP_1}{\sin \beta_2} \qquad (18.16)$$

$$\frac{x_3 - x_4}{\sin \alpha_{34}} = \frac{OP_4}{\sin \beta_3} \qquad (18.17)$$

用交比公式［方程式（18.5）］并消去因子 $OP_1$、$OP_4$、$\sin\beta_2$ 和 $\sin\beta_3$，现在给出：

$$C(P_1,P_2,P_3,P_4)=\frac{\sin\alpha_{13}\sin\alpha_{24}}{\sin\alpha_{12}\sin\alpha_{34}} \qquad (18.18)$$

因此，交比仅取决于线束的角度。令人感兴趣的是，角度正弦的适当并列给出了最终结果在透视投影下的公式不变性（使用角度本身不会给出所需程度的数学不变性）。的确，我们可以立即明白其中的一个原因：任何一条线的方向颠倒都必然保持现状不变；因此，该公式必须可以接受将 $\pi$ 加到连线的两个角度中的每一个角度上；如果没有合适的三角函数，这是无法实现的。

我们可以将这个概念扩展到四个共点平面，因为一旦定义了独立轴，共点线就可以投影到四个共点平面中。因为有无限多这样的轴，所以有无限多的方式来选择平面集合。因此，关于共线点的不变量性质可以扩展到更一般的情况。

> 最后，请注意，我们从尝试泛化四个共线点的情况开始，但是我们首先找到了一种用交比来描述点变成线的对偶情况，然后找到了一种扩展，在这种情况下，平面也可以用交比来描述。现在，我们回到四个共线点的情况，看看如何以其他方式扩展它。

## 18.3　非共线点的不变量

首先，想象并非所有的点都在同一直线上。具体来说，让我们假设一个点不在另外三个点的直线上。如果是这种情况，那么没有足够的信息来计算交比。然而，如果有另一个共面点可用，我们可以在非共线点之间画一条假想线，在一个唯一的点上与它们的公共线相交，这将允许计算一个交比（图 18-3A）。然而，这是通解延伸应用到非共线点的情况。我们可能会询问在一个平面上的一般位置需要多少点特征来计算不变量（平面上随机选择的点被描述为处于一般位置，而不是共线或任何特殊模式，如正多边形）。事实上，答案是 5，因为我们可以从四条线之间的角度形成交比，这意味着从 5 个点形成 4 条线束定义了交比不变性（图 18-3B）。

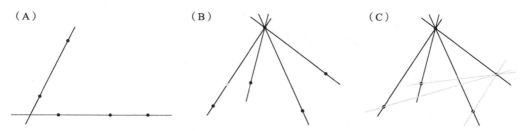

（A）　　　　　　　　（B）　　　　　　　　（C）

图 18-3　一组非共线点的不变量计算。图 A 显示如何将第 5 个点添加到一组 4 个点中（其中一个点与其余点不共线），从而计算交比。图 B 显示如何将计算扩展到任何一组非共线点；还显示了一个额外的（灰色）点，单个交比无法将其与同一条线上的其他点区分开来。图 C 显示如何通过计算从五个原始点生成的第二个线束的交比来克服任何无法唯一识别一个点的问题

虽然该交比的值为两组 5 个一般共面点之间的匹配提供了必要的条件，但它可能是偶然的匹配，因为该条件仅取决于各个点和参考点之间的相对方向，即任何非参考点仅被定义到其位于给定线上的情况。显然，通过取两个参考点形成的两个交比将唯一地定义所有剩余点的方向（图 18-3C）。

　　总结一下一般的不变量构造，它规定对于 5 个一般共面点，其中没有三点共线，并且有两个不同的交比来表征形状。这些交比对应于轮流取两个单独的点，并产生穿过它们的线束和（在每种情况下）剩余的 4 个点（图 18-3C）。虽然看起来至少有 5 个交比是由这个过程产生的，但实际上只有两个不同的交比——这是因为一旦知道了任何点相对于另外两个点的方向，它的位置就被定义了。

　　接下来，我们考虑在实际情况下找到地平面的问题——尤其是自我运动，包括车辆导航（图 18-4）。这里，从一帧到下一帧可以观察到一组共线的 4 个点。如果它们在一个平面上，那么交比将保持不变，但是如果一个被提升了，在地平面之上（如桥梁或其他交通工具），交比将随时间变化。如果采用较大数量的点，显然应该可以通过一个消除过程推断出哪些点在地面上，哪些点不在地面上（尽管大量的噪声和混乱程度将决定任务的计算复杂性）：请注意，所有这些都是可能的，尽管没有任何标定的摄像机，这可能是集中注意力在投影不变量的主要价值。请注意，对于不相关的平面存在一个潜在的问题，如建筑物的垂直面。交比测试对视点和姿态有很强的抵抗力，它只能确定被测点是否共面。只有使用足够多的独立点集，一个平面才能从另一个平面中识别出来（简单起见，我们在此忽略可能进行的姿态分析的任何后续阶段）。

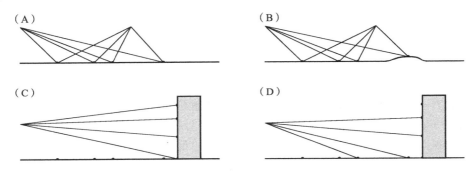

图 18-4　交比用于自我运动引导。图 A 显示如何跟踪四个共线点的交比，以确认这些点共线：这表明它们位于地平面上。图 B 显示了交比不恒定的情况。图 C 显示了交比恒定的情况，尽管它们实际上位于非地平面的平面上。图 D 显示所有四个点都位于平面上的情况，然而，交比将不是恒定的

## 关于 5 点配置的进一步说明

　　上面概述了 5 点不变量问题的原理，但是没有清楚地推导保证它正常工作的条件。事实上，这些很容易证明。首先，交比可以用角度 $\alpha_{13}$、$\alpha_{24}$、$\alpha_{12}$、$\alpha_{34}$ 的正弦来表示。接下来，这些可以用相关三角形的面积来重新表达，使用以下等式来表达面积：

$$\Delta_{513} = \frac{1}{2} a_{51} a_{53} \sin \alpha_{13} \tag{18.19}$$

最后，该面积可以用点坐标以下列方式重新表示：

$$\Delta_{513} = \frac{1}{2} \begin{vmatrix} p_{5x} & p_{1x} & p_{3x} \\ p_{5y} & p_{1y} & p_{3y} \\ p_{5z} & p_{1z} & p_{3z} \end{vmatrix} = \frac{1}{2} | P_5 \quad P_1 \quad P_3 | \tag{18.20}$$

使用这种符号，5 点配置的合适的最后一对交比不变量可以写为：

$$C_a = \frac{\Delta_{513}\Delta_{524}}{\Delta_{512}\Delta_{534}} \tag{18.21}$$

$$C_b = \frac{\Delta_{124}\Delta_{135}}{\Delta_{123}\Delta_{145}} \tag{18.22}$$

虽然另外三个这样的方程会被写下来，但是这些方程不会独立于另外两个，也不会携带任何有用的信息。

请注意，如果五个点中有三个点共线，则行列式将为零或无穷大，这与三角形面积为零的情况相对应。显然，当这种情况发生时，包含这一行列式的任何交比将不再传递任何有用的信息。另一方面，实际上没有进一步的信息可以传递，因为这构成了一个特殊的情况，可以用单一交比来描述；因此我们回到了图 18-3A 所示的情况。

最后，图 18-3 遗漏了另一种情况：两点和两条线的情况（图 18-5）。构建一条连接两个点的线，并延长它，直到它与两条线相交，此时我们在一条线上有四个点；因此，该配置的特征在于单一的交比。还要注意的是，这两条线可以一直延伸到它们相交为止，并且可以从相交位置构造更多的线来与这两点汇合：这给出了一束以单交比为特征的线（图 18-5C）；后者必须与为 4 个共线点计算的值相同。

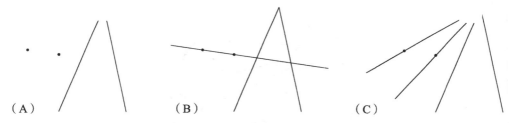

图 18-5　两条线两点的交比。（A）基本配置。（B）连接两个点的直线如何引入四个可应用交比的共线点。（C）如何将两个点连接到两条线的交叉点上，形成一个四条线的线束，可以对其应用交比

## 18.4　圆锥曲线上点的不变量

这些讨论显然有助于我们理解如何设计几何不变量以处理三维点、线和平面集合。相比之下，曲线和曲面的情况往往更加困难，尽管在理解二次曲线和某些其他曲面方面已经取得了很大进展（见 Mundy 和 Zisserman，1992a）。这里不深入讨论所有情况，仅考虑以椭圆为代表的圆锥曲线的情况，这种情况将十分有用。

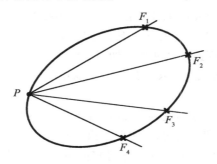

图 18-6　使用交比定义圆锥曲线。这里，$P$ 被限制移动，使得从 $P$ 到 $F_1$、$F_2$、$F_3$、$F_4$ 线束的交比保持恒定。根据 Chasles 定理，$P$ 描绘出一条圆锥曲线

首先，我们考虑 Chasles 定理，它可以追溯到 19 世纪（投影几何的历史相当丰富，最初完全独立于机器视觉而发展）。假设我们在圆锥曲线上有四个固定的共面点 $F_1$、$F_2$、$F_3$、$F_4$，在同一平面上有一个可变点 $P$（图 18-6）。然后，将 $P$ 连接到不动点的四条线形成了一个线束，其交比通常会随着 $P$ 的位置而变化。Chasles 定理指出，如果 $P$ 现在移动以保持交比不变，那么 $P$ 将描绘出圆锥曲线。这显然提供了一种检查一组点是否位于平面曲线（如椭圆）上的方法。请注意，这与前面提到的地平面检测问题非常相似。同样，如果图像中有大量噪声或杂波，计算量可能会变得过大。当图像包含需要检查的 $N$ 个边界特征时，问题的复杂性本质上是 $O(N_5)$，因为选择前四个点有 $O(N_4)$ 种方式，并且对于每种选择，必须检查 $N-4$ 点以确定它们是否位于同一圆锥线上。然而，选择合适的启发式算法可以减少计算量。请注意，确保前四个点在椭圆周围以相同的顺序进行测试的问题，这可能会很烦琐：（1）对于点特征；（2）对于断开的边界特征。

虽然 Chasles 定理为使用不变量定位图像中的圆锥曲线提供了很好的原理解释，但它是有偏的。这个定理适用于一般的圆锥曲线：因此，它不直接区分圆、椭圆、抛物线或双曲线，这是 Chasles 定理的一个不足。这是模式识别系统设计中更普遍问题的一个例子——准确决定一个物体与另一个物体的区别方式和顺序，这里不深入考虑这一问题。

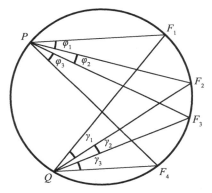

图 18-7　Chasles 定理的证明。该图显示了四个点 $F_1$、$F_2$、$F_3$、$F_4$ 在 $P$ 处对着的角与它们在固定点 $Q$ 处的相同。因此，对于圆上的所有点，交比是相同的。这意味着 Chasles 定理对圆是有效的

最后，我们没有证明圆锥曲线可以在透视投影下变换成其他类型的圆锥曲线，从而变换成椭圆；随后，它们可以被变换成圆。因此，任何圆锥曲线都可以投影变换成一个圆，而逆变换可以再次将其变换回来（Mundy 和 Zisserman，1992）。这意味着圆的简单属性可以推广到椭圆或其他圆锥曲线。在此背景下，需要记住的要点是，透视投影后，与曲线相交的线在相同数量的点上相交，因此切线变换成切线，弦变换成弦，三点接触（在非圆锥曲线的情况下）保持三点接触。回到 Chasles 定理，一个简单的圆证明会自动推广到更复杂的圆锥曲线。

我们实际上可以简单地推导出圆的 Chasles 定理。由图 18-7，我们看到角度 $\varphi_1$、$\varphi_2$、$\varphi_3$ 分别等于 $\gamma_1$、$\gamma_2$、$\gamma_3$（同一段圆上的角）。因此，束 $PF_1$、$PF_2$、$PF_3$、$PF_4$ 与 $QF_1$、$QF_2$、$QF_3$、$QF_4$ 的角度相等，相对方向可叠加。这意味着它们将具有相同的交比，由公式（18.18）定义。因此，当 $P$ 的轨迹为圆时，束的交比将保持不变。如上所述，该属性将自动推广到任何其他二次曲线。

## 18.5　微分和半微分不变量

已经有许多研究尝试用不变量来表征连续曲线。最直接的方法是用局部曲线导数来表示曲线上的点：如果能得到足够数量的导数，就能计算不变量。然而，曲线上始终存在的噪声（包括数字化噪声）限制了高阶导数的精度，因此很难以这种方式形成有用的不变量。通常，曲线函数的二阶导数是通常具有更高的参考价值，这对应于曲率，曲率对于欧几里得变换（平移和旋转而不改变比例）来说是不变量。

由于这个问题，半微分不变量经常被用来代替微分不变量。它们只考虑曲线上的几个"区别"点，并利用这些点生成不变量。以这种方式使用的最常见的区别点是（图 18-8）：

1）拐点。

2）曲线上的尖角。

3）曲线上的尖点（边界切线重合的拐角）。

4）双切线点（与曲线接触两次的线的接触点）。

5）位置可以通过几何构造从现有的区别点中产生的其他点。

切点不合适，因此不包括在此列表中，因为平滑曲线将沿其整个长度具有切线。这是因为它们的特征仅仅是极限弦和曲线之间的两点接触。然而，拐点代表三点接触，这意味着它将被合理地、很好地定位，并且它的切线将有一个明确的方向。另一方面，双切线点将会更加准确表示，因为切线方向将由曲线上的两个分离良好的点精确定义（图 18-8）。然而，双切线点仍然会产生一些纵向误差。

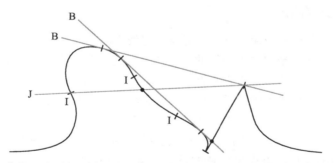

图 18-8　用于在曲线上找到区别点的方法。两条双切线共四个双切线点接触曲线。三个拐点
　　　　 I 提供了另外三个区别点。尖点和拐角提供了另外两个区别点（后者也是双切线点）。
　　　　 标记为 J 的直线在曲线上贡献了另一个区别点，一个双切线标记也是如此：这些标记
　　　　 为大圆点，而不是短线

双切线可以有几种类型：特别是，它们可以在同一侧接触相同的形状；它们也可以穿过物体并在两侧接触物体。后一种情况更复杂，因此在机器视觉应用中有时会被忽略。然而，它提供了一种在物体上寻找其他不变参考点的方法。请注意，这显然是直接发生的，因为双切线点已经是区别点。它也是间接发生的，因为双切线点可能会跨越其他参考线——从而进一步定义了区别点。图 18-9 显示了几个直接和间接区别点的情况，其中最精确的点来自双切线，而稍不精确的点来自拐点。

一旦找到足够的区别点和它们之间的参考线，就可以通过如下内容获得交比不变量：（1）从沿着合适参考线的区别点的发生率；（2）从区别点到线交叉点或其他区别点绘制的线束。

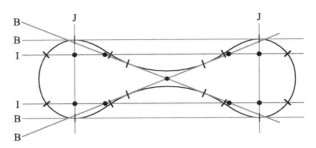

图 18-9    寻找物体的直接和间接区别点的方法。标记为 B 的四条线是构成六个双切线点的双
切线：其中两条双切线在物体边界的相对两侧与物体接触。标记为 I 的两条线来自拐
点。标记为 J 的两条线是双切线点的连接线。9 个大圆点是间接的区别点，它们不在
物体边界上。显然，可以产生更多的间接区别点，尽管不是所有的点都有精确定义的
位置

需要注意确认拐点可以作为合适的区别点，它在透视变换下是不变的。从透视变换保留
直线以及曲线与直线相交产生的点这一前提出发，我们注意到在透视投影下，三次相交曲线
的弦也将三次相交：即使三个交叉点合并成三点接触，这仍然适用（三点接触不同于两点接
触，因为切线在接触点与曲线相交）。因此，拐点是合适的区别点，并且是透视不变的。

这种方法只处理平面曲线，没有覆盖空间非平面曲线。后者是一个困难得多的领域，因为在
这个更广泛的领域中，像双切线和拐点这样的概念必须被赋予新的含义，所以我们不深入讨论。

## 18.6    对称交比函数

当对一条线上的一组点应用交比时，通常针对线上点的顺序已知的情况。例如，如果图
像的特征检测是在正向光栅扫描中进行的，这几乎肯定是上述情况。因此，排序中唯一的混
乱将是行被遍历的方向。然而，由于 $C(P_1, P_2, P_3, P_4) = C(P_4, P_3, P_2, P_1)$，交比与从哪一
端扫描无关。然而，在某些情况下，交比特征的顺序将无法确定。这可能发生在图 18-3 和
图 18-5 所示的情况下，其中特征本身并不都位于一条线上，或者特征是角度，或者点位于方
程未知的圆锥曲线上。在这种情况下，有一个包含所有可能的特征顺序的不变量将是有用的。

要导出这样的不变量，首先要注意的是，如果点的顺序混乱，使得值可以是 $\kappa$ 或 $1-\kappa$，
那么我们可以应用函数 $f(\kappa) = \kappa(1-\kappa)$，它具有 $f(\kappa) = f(1-\kappa)$ 的性质，这将解决问题。或者，
如果 $\kappa$ 和 $1/\kappa$ 之间存在混淆，那么我们可以应用函数 $g(\kappa) = \kappa+1/\kappa$，它具有 $g(\kappa) = g(1/\kappa)$ 的性
质，同样可以解决问题。

然而，如果值 $\kappa$、$(1-\kappa)$ 和 $1/\kappa$ 之间存在歧义，情况会变得更加复杂。很难写出满足双重
条件 $h(\kappa) = h(1-\kappa) = h(1/\kappa)$ 的函数，尽管我们可能有很好的直觉，认为它将涉及对称函数，
如 $f(\kappa)$ 和 $g(\kappa)$。事实上，最简单的答案似乎是：

$$j(\kappa) = \frac{(1-\kappa+\kappa^2)^3}{\kappa^2(1-\kappa)^2} \tag{18.23}$$

这遵循对称思想，因为它可以用两种形式表达：

$$j(\kappa) = \frac{[(1-\kappa(1-\kappa)]^3}{[\kappa(1-\kappa)]^2} = \frac{(\kappa+1/\kappa-1)^3}{\kappa+1/\kappa-2} \tag{18.24}$$

实际上，我们不需要进一步寻求满足 6 个条件来识别所有 6 个交比值 $\kappa$、$(1-\kappa)$、$1/\kappa$、
$1/(1-\kappa)$、$(\kappa-1)/\kappa$ 和 $\kappa/(\kappa-1)$。原因是，通过进一步应用初始否定和反演规则，它们都可以相

互推断（最终原因是将函数从一个转换到六种形式中的另一个的操作形成了一组六阶，其由取反和反转变换产生）。

虽然这是一个强大的结果，但它并非没有损失。原因是，现在解决方案中存在 6 倍的固有歧义，因此，一旦我们证明这组点满足对称交比函数，我们仍然需要进行测试来确定 6 种可能解中的哪一种是正确的。这反映在 $j$ 函数的复杂性上，它包含一个六次多项式，对于 $j$ 的每个值，都有 6 个可能的 $\kappa$ 值（图 18-10）。

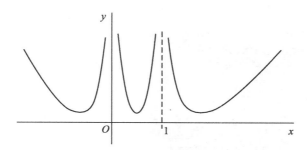

图 18-10　对称交比函数。这是等式（18.23）定义的函数

这种情况可以用"函数 $j(\kappa)$ 不'完整'"来描述，意思是仅仅使用这个函数不足以明确地识别特征集。为了强调这一点，观察初始的交比是完整的：一旦已知 $\kappa$ 的值，我们就可以从另外三个点中唯一地确定其中一个点的位置。从 $\kappa$ 作为 $x$ 函数的曲线图中可以明显看出这一点（其中 $x = x_{34}$ 给出了第四点的位置），根据等式（18.25），它是双曲线（在投影几何中，众所周知，一条直线上有三个自由度：如果没有关于这三个点的进一步信息，从这三个点的其他视图中无法预测直线上三个点的位置）。

$$\kappa = \frac{x_{31}x_{24}}{x_{21}x_{34}} = \frac{x_{31}(x_{23}+x)}{x_{21}x} = \frac{x_{31}x_{23}}{x_{21}}\left(\frac{1}{x}+\frac{1}{x_{23}}\right) \qquad (18.25)$$

## 18.7　消失点检测

在本节中，我们将考虑如何检测 VP（消失点）。通常分两个阶段进行：首先，我们定位图像中的所有直线；接下来，我们寻找哪条线穿过公共点——后者被解释为 VP。使用霍夫变换寻找直线应该很简单，尽管纹理边缘有时会妨碍线条的精确和一致定位。基本上，定位消失点需要第二次霍夫变换，其中整条线在参数空间中累积投票，导致多条线重叠的明确的峰值（消失点）。实际上，投票线必须扩大到包括所有可能的 VP 位置。当 VP 出现在原始图像空间中时，这个过程就足够了，但是它们经常在原始图像之外（图 18-11），甚至可能位于无穷远处。这意味着，即使一个普通的图像参数空间被扩展到原始图像空间之外，也无法成功使用。另一个问题是，对于遥远的消失点，参数空间中的峰值会分散在相当大的距离上；因此，检测灵敏度会很差，定位精度会很低。

幸运的是，Magee 和 Aggarwal（1984）发现了一种改进的定位 VP 的方法。他们围绕摄像机的投影中心构建了一个单位球面 $G$，称为高斯球面，并使用 $G$ 代替扩展图像平面作为参数空间。在这个表示中（图 18-12），VP 出现在有限的距离处，即使它们看起来是无限远的。要使这种方法有效，必须在以下两者之间建立一对一的对应关系：两个表示中的点，这显然是有效的（注意，没有使用高斯球的后半部分）。然而，高斯球面表示并非没有问题。特别是，许多不相关的投票将从真实三维空间中不平行的线中投出（通常只有图像中的一小部分线会通过 VP）。为了解决这个问题，考虑引入线对，并且只有当每对线被判断为可能源自 3D 空间中的平行线时，它们的交叉点才被累积为投票（例如，它们应该在图像中具有兼容的梯度）。这个过程极大地限制了参数空间中记录的投票数和不相关峰的数量。然而，总代价仍然很高，与线对的数量成比例。因此，如果有 $N$ 条线，线对的数量是 $^{N}C_2 = N(N-1)$，所以结果是 $O(N^2)$。

图 18-11   消失点的位置。在该图中，拱门上的平行线似乎收敛于图像外的消失点 $V$。一般来说，消失点可以位于任何距离，甚至可以位于无限远处

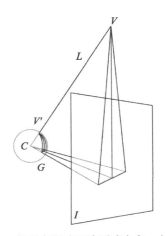

图 18-12   使用高斯球面检测消失点。空间中的平行线导致图像 $I$ 中的会聚线。虽然消失点 $V$ 在这里远高于图像，但是通过将线投影到高斯球面 $G$ 上，它很容易被定位。如正文中所讨论的，$G$ 通常被用作累积消失点投票的参数空间。$C$ 是摄像机镜头的投影中心

上面介绍的解决方法很重要，因为它提供了一种非常可靠的方法来搜索 VP，并在很大程度上区分孤立线和图像混乱。请注意，对于移动机器人或其他系统，在连续图像中看到的 VP 之间的对应关系将使得对每幅图像的解释具有更大的确定性。

## 18.8   更多关于消失点的内容

交比的一个优点是，它可以在许多情况下使用，并且在每种情况下都提供另一个清晰的结果。另一个例子是当一条道路或人行道上有石板时，石板的边界被很好地划定，并且容易测量。这样它们可以用来估计 VP 在地平面上的位置。想象一下从上方斜着看石板，同时摄像机或眼睛在水平方向对齐（例如，如图 23-12A 所示）。然后，我们有图 18-13 的几何图

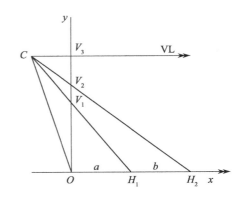

图 18-13   用于从已知的一对间距中找到消失线的几何图形。$C$ 是投影中心。VL 是消失线方向，它平行于地平面 $OH_1H_2$。尽管摄像机平面 $OV_1V_2$ 垂直于地平面绘制，但这对于算法的成功操作来说不是必需的（参见正文）

形，其中点 $O$、$H_1$、$H_2$ 位于地平面上，而 $O$、$V_1$、$V_2$、$V_3$ 位于像平面上（请注意，沿着不平行于石板边的线条略微倾斜地测量石板，仍然允许获得相同的交比值，因为相同的角度系数适用于沿该线的所有距离）。

如果我们将点 $C$ 视为投影中心，由点 $O$、$V_1$、$V_2$、$V_3$ 形成的交比必须与由点 $O$、$H_1$、$H_2$ 和水平方向的无穷远形成的交比具有相同的值。假设 $OH_1$ 和 $H_1H_2$ 具有已知的长度 $a$ 和 $b$，基于交比值相等得到：

$$\frac{y_1(y_3-y_2)}{y_2(y_3-y_1)} = \frac{x_1}{x_2} = \frac{a}{a+b} \quad (18.26)$$

注意，在图 18-13 的情况下，$y$ 值是从 $O$ 而不是 $V_3$ 测量的。这使得我们能估计 $y_3$：

$$(a+b)(y_1y_3-y_1y_2) = ay_2y_3-ay_2y_1 \quad (18.27)$$

$$\therefore y_3(ay_1+by_1-ay_2) = ay_1y_2+by_1y_2-ay_1y_2 \quad (18.28)$$

$$\therefore y_3 = by_1y_2/(ay_1+by_1-ay_2) \quad (18.29)$$

如果 $a=b$（就像石板的例子一样）：

$$y_3 = \frac{y_1y_2}{2y_1-y_2} \quad (18.30)$$

请注意，这一证明并没有实际假设点 $V_1$、$V_2$、$V_3$ 垂直于原点，或者线 $OH_1H_2$ 是水平的，只是这些点沿着两条共面直线，并且 $C$ 在同一平面内。此外，请注意，在此计算中，只有 $a$ 与 $b$ 的比率是相关的，而不是它们的绝对值。

找到 $y_3$ 后，我们已经计算出 VP 的方向，不管它所在的地平面实际上是否水平，也不管摄像机轴是否水平。

最后，请注意等式（18.30）可以用更简单的形式重写：

$$\frac{1}{y_3} = \frac{2}{y_2} - \frac{1}{y_1} \quad (18.31)$$

逆因子给相关过程带来了一些直觉——尤其考虑了沿着地平面的距离和离消失线的图像距离之间的逆关系 $Z = Hf/y$；类似的还有，如等式（16.4）所示的深度和视差之间的反比关系。

## 18.9　圆和椭圆的表观中心

众所周知，圆和椭圆投影成椭圆（或者偶尔投影成圆）。这种说法广泛适用，适用于正交投影、比例正交投影、弱透视投影和全透视投影。

另一个容易被忽略的因素是在这些变换下圆或椭圆的中心会发生什么变化。事实证明，在全透视投影下，椭圆（或圆）中心不会投影到椭圆（或圆）中心：通常会有一个小的偏移（图 18-14）。

这可能意味着椭圆在投影下会稍微变形。事实上没有这种扭曲，中心偏移的来源仅仅是全透视投影没有保持长度比——尤其是中点在投影变换后不再是中点。

如果可以在图像中识别平面中消失线的位置，则使用 18.8 节的理论计算圆的偏移量非常简单，该理论适用于圆的中心将其直径平分（图 18-15）。首先，用 $\varepsilon$ 表示中心的位移，用 $d$ 表示从消失线到椭圆中心之间的距离，用 $b$ 表示半短轴的长度。接下来，用 $y_1$ 识别 $b+\varepsilon$，用 $y_2$ 识别 $2b$，用 $y_3$ 识别 $b+d$。最后，在等式（18.30）中替代 $y_1$、$y_2$ 和 $y_3$，我们可以得到结果：

$$\varepsilon = b^2/d \quad (18.32)$$

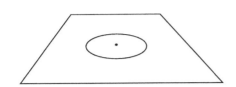

图 18-14　全透视投影下圆心的投影位置。请
　　　　　注意，投影中心不在图像平面中椭
　　　　　圆的中心

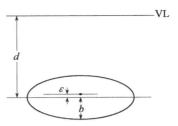

图 18-15　用于计算圆心偏移的几何图形。圆
　　　　　的投影中心显示为细长点，在图像
　　　　　平面中的椭圆中心在消失线 VL 下
　　　　　方距离 $d$ 处

请注意，与 18.8 节中的情况不同，我们在
这里假设 $y_3$ 是已知的，并且我们使用它的值来
计算 $y_1$，从而计算 $\varepsilon$。

如果消失线是未知的，但是圆所在平面的
方向以及图像平面的方向是已知的，那么可以
推导出消失线，并且可以使用上述方法计算。
然而，这种方法建立在摄像机已经被校准的假
设下（参见第 19 章）。

当椭圆投影到椭圆时，确定中心的问题有
点儿难解决：不仅中心的纵向位置未知，横向
位置也未知。然而，同样的基本投影思路也适
用。具体来说，我们考虑椭圆的一对平行切线，
在图像中，它变成了一对在消失线上相交的线

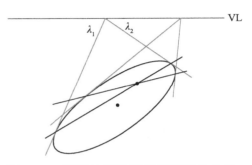

图 18-16　用于计算投影椭圆偏移的构造。
　　　　　从消失线 VL 上的一点开始的两条
　　　　　线 $\lambda_1$、$\lambda_2$ 接触椭圆，所有这种线对
　　　　　的接触点的连接线穿过投影中心
　　　　　（该图仅显示了两个接触弦）

$\lambda_1$、$\lambda_2$（图 18-16）。因为连接切线接触点的弦穿过原椭圆的中心，并且这个属性是投影不变
的；所以，投影中心必须位于连接线对 $\lambda_1$、$\lambda_2$ 的接触点的弦上。由于这同样适用于原始椭圆
的所有平行切线对，所以我们可以在图像平面中直接定位椭圆的投影中心（熟悉投影几何的
学生可以将此与圆锥曲线的"极点－极线"结构联系起来：在这种情况下，极线是消失线，
其极点是投影中心。一般来说，除非极线位于无限远的地方，否则极点不会在椭圆的中心。
的确，从这个角度来看，式（18.31）可以用"谐波范围"来理解，$y_2$ 是 $y_1$ 和 $y_3$ 的"谐波平
均值"）。关于该情况的另一种数值分析，见 Zhang 和 Wei（2003）。

在检查机械零件的场景中，圆的结果和椭圆的结果都是重要的，在这种情况下，不管可
能出现的任何透视变形，都必须得到精确的中心位置结果。事实上，圆也可以用于摄像机校
准目的，并且同样需要高精度（Heikkilä，2000）。

## 18.10　美术和摄影中的透视效果

一位艺术家正在乡下的某个地方画一幅画。他不时地从画架上抬起头来，观察他所在的
场景；然后，他的视线又回到他的画上，并在画板上画下新的内容。他仔细选择了自己的
位置，并把画架放在了正确的角度，以获得最佳效果。我们假设他不是印象派，而是希望呈
现他看到的场景。虽然他的画是二维的，但他能够展示其他人在三维空间中感知场景所需的
所有信息。然而，有一个问题：其他人需要从正确的角度和距离观看这幅画才能感知画的所

有信息，也就是艺术家画这幅画所处的原视角。当然，艺术家必须转动他的头，并在他观看和绘画的时刻之间在内心转动场景（他必须这样做，因为他画的画布是不透明的。其他艺术家，如 Canaletto，已经使用暗箱方法来克服这一困难）。然而，我们可以通过暂时假设画布是透明的来克服这个问题，这大大简化了几何形状（图 18-17）。

有趣的是，从艺术家的角度来看，他可以画一系列的场景图，基于将画架设置在不同的角度（图 18-17）。所有这些画将会非常紧密地联系在一起，事实上，它们将会通过单应性联系在一起。但是其中每一幅画都有一个正确的观看位置和方向，当从正确的观看位置观看时，观众会感觉到完全相同的 3D 再生效果。因此，各种视图之间存在单应性的事实并不改变画的每个版本都有某个最佳观看位置这个约束。

然而，在一种情况下这一点不再适用，也就是说，当场景包含一个平面（2D）表面 $F$，然后该平面 $F$ 将以 2D 形式呈现时。我们在原始场景和画布之间有一个单应性，并且我们也有所有可能的画布旋转版本的单应性。那如何确定观看位置呢？为了正确理解这种情况，我们需要考虑相对于画布 $C$ 的参照系的可能视点。并且我们现在必须将可能视点视为固定的，如在画廊墙 $W$ 上。我们可以发现，随着原始画布的旋转，与其在画廊墙上的位置相关的理想视点将会旋转，尽管保持在与艺术家的眼睛与画布的距离相对应的距离处。事实上，当一个人绕着画廊里的画走（沿着一个圆圈）时，艺术家从他原来的位置画出的所有可能的画都展现在我们面前（图 18-18）。它们都体现了有效的透视变形，因此，它们看起来都是完全自然的。请注意，圆形路径是合适的，因为它对应于艺术家视角的（恒定的）整体角度（同一段圆形中的角度相等）。

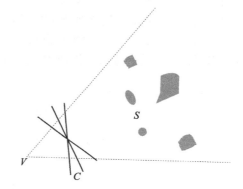

图 18-17  艺术家绘画的有效视角。艺术家从视点 $V$ 观看场景 $S$，并在 $C$ 处画布绘制他看到的内容。根据画布的方向，$C$ 处绘制的图片可能是许多图片之一

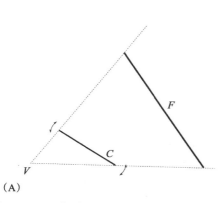

(A)

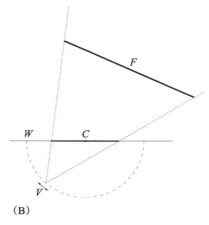

(B)

图 18-18  观看一幅画。图 A 和 B 分别为绘画和观看图片的过程。当画布的方向在图 A 中改变时，图 B 中适当的视点 $V$ 会沿着圆的路径移动。对于一个平面物体 $F$，圆形路径会扫出艺术家可能已经画过的所有可能的图片，并且所有的图片都将通过单应性相联系（参见正文）

　　但如果现在不是房子的墙，而是一张脸呢？事实上，面部的基本部分接近平面二维表面，如前额、眼睛、脸颊、嘴巴和下巴。仅考虑它们，相当多的视点是可以接受的。然后，人类倾向于把注意力集中在眼睛上，很大程度上忽略了脸部的其他部分。如果这样做了，我们通过从多个方向观看这幅画，可以获得可接受的视图。事实上，当人们只关注眼睛而忽略其余部分时，我们似乎完全可以理解为什么人们会在参观了一个庄严的住宅并看到一幅第17世伯爵的画后会说他的眼睛"跟着他们在房间里转"。

　　此分析还涉及另一个因素——绘画时脸部的方向。如果脸部最初是角度 $\alpha$，那么眼睛会出现一个比正面绘画更接近的因子 $\cos\alpha$。然而，如果画布旋转了一个角度 $\beta$，眼睛会放大一个因子 $\sec\beta$。因此，总放大率为 $\cos\alpha/\cos\beta$。当 $\beta=\alpha$ 时，也就是画布平行于脸部时，会发生抵消。然而，当 $\beta=-\alpha$ 时，抵消也会发生，也就是画布和脸部相对最终观看方向旋转相等和相反的角度 $\alpha$（图 18-19）。接下来，假设两眼之间的视距离有一定程度的增大或减小是可以接受的（特别要注意的是，如果一个人不认识这幅画中的第17世伯爵，那么一些增大是可以接受的）。结果是，最终观察方向的可接受取向范围将会增加，其中 $\beta$ 变形趋向于抵消 $\alpha$ 变形，给定 $\alpha$ 的最大变形发生在高或低 $|\beta|$（图 18-20）。通过使 $|\alpha| > 0$ 来均衡这些极端变形将给出可接受取向的最大允许范围（例如，$\alpha=20°$，$|\beta|=0°-40°$，其中 $|\beta|=\alpha$ 在该范围的中间）。

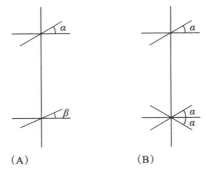

图 18-19　相对于观看方向的旋转效果。在图 A 中，$\alpha$ 代表人脸的原始方向，$\beta$ 代表画布的方向。图 B 显示了当 $\beta=\alpha$ 和 $\beta=-\alpha$ 时的情况。在这两种情况下，两种定向效果都取消了，眼睛似乎有了原来的间距

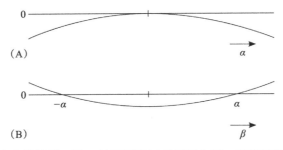

图 18-20　改变观看方向的效果。图 A 显示了当 $|\alpha|$ 从零增加时，眼睛间距是如何减少的。图 B 显示了对于固定值 $\alpha$，眼睛间距的变化是如何通过从零开始增加 $|\beta|$ 来抵消的，然后继续增加 $|\beta|$ 使得间距的变化变为正值。图 B 的间距变化的平均幅度明显低于图 A

　　在摄影中，也有正确的观看位置，但是在看家庭照片时，人们不会只看眼睛：人们会想看面部表情、发型等（他们也会对每个人的眼睛是否睁开非常敏感）。不幸的是，这组照片经

常在周围出现失真，这一因素有时可能部分是由于枕形失真或桶形失真（这些是透镜像差，参见第 19 章）。然而，这种效果也可能是由于不正确的观看位置造成的。摄像机并不会说谎，它只是根据按下按钮时的视角显示了真实的几何形状。事实上，照片通常是以一定的距离观看的——距离远远大于正确的观看距离（图 18-21）。如果照片是要在那个距离观看，那么照片应该从更远的地方拍摄，以确保摄像机不会无意中"说谎"。当然，有一个复杂的问题，人们通常不会盯着摄像机；因此，从不同的距离拍摄照片会影响场景本身的素材内容。

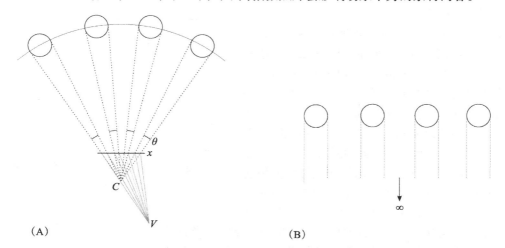

图 18-21　拍摄和观看照片的过程。图 A 显示了拍摄一组人的几何图形，这些人都面对着 $C$ 处的摄像机。还显示了照片的有效观看位置 $V$（显然，照片会在观看前放大，在这种情况下，图中 $V$ 以上的部分会被放大，但不会改变）。图 B 展示了一种可能更理想的远距离拍照方式。按照图 B，检查照片的人将从一个理想的视角观看；此外，图片中显示的所有人都可以被单独检查，没有失真

过去，由于胶片分辨率有限，照片最好是近距离拍摄。如今，数码摄像机有如此惊人的分辨率，以至于借助变焦镜头可在更远的地方，甚至在相当远的地方拍照都有一些优势（后者带来了额外的优势，即现实生活中的镜头可以在不使被拍摄者尴尬或者甚至没有意识到他们正在拍摄的情况下拍摄）。但是，从更远的地方拍摄照片有一个完全不同的优势。虽然从透视点的角度来看，正确的观看距离可能会比理想的更大，但是照片中所有位置的所有人都可以被单独观看，而不会出现透视变形。再次注意，通常的做法是将照片交给他人，并对照片中的每个人进行单独审查——因此，整体构图可能不如被描绘的个人重要（当一个人认识照片中的人时，这一点更加真实，这种情况比第 17 世伯爵的画更有可能发生）。既优化照片中的每个地方又优化全局视图显然是不可能的，但是从远处拍摄照片给出了一个非常好的折中方案（图 18-21B）。然而，从无穷远处拍摄会导致面部的零缩短，从而使它们看起来更平坦。这里，很大程度上取决于光线是否提供了关于深度的更有效信息。

数字摄影提供的另一种可能性是自动拼接一些帧，以创建一个广阔的场景或全景。在这里，如果摄像机被置于拼接模式，这样它可以在一系列帧中保持曝光恒定，或者至少记录它们是什么，那么那就可以获得最佳结果。然后，可以预期各帧的边缘会匹配，且在帧与帧之间没有任何突然的变化。为了实现适当的匹配，显然帧必须重叠，然后，我们可以使用特殊的软件找到最佳的线组以修剪和缝合。这包括以如下方式移动修剪线（通常是在平坦的背景区域）——以至于断裂将难以察觉。当然，沿着修剪的边缘进行一些平滑通常会有所帮助，只

要这个过程不侵犯完全不同强度的区域。不幸的是，拼接不能处理包含运动物体的情况，在这种情况下，作者对包含很多绵羊的最后一个乡村场景进行了有趣的分析。

用于图像拼接的精确算法非常复杂，这是因为需要耗时的搜索来确定最佳修剪线。要使用的标准很重要，但是这些标准显然涉及最小化沿边界的强度和颜色变化——并且在最小化沿边界的强度和颜色梯度方面也有优势。然后，在拼接完成后，有一些沿着边界平滑的规则。这里，最简单的规则是根本不做任何平滑，但是如果强度和强度梯度的变化被成功地最小化，可以放松这个规则。

拼接有一个主要问题：包含贯穿整个场景的直边的角度几乎不可能处理（图 18-22）。这是因为每个（平面）帧都将从不同的方向拍摄，以便获得更宽的整体视野。因此，一条直线，如一条路径，将在每一帧中显示为直线，但是方向通常必须在连接处改变（图 18-22）：这不仅限于理论，图 18-23 中的例子清楚地证明了这一点。克服这个问题的唯一方法是在球体或圆柱体上呈现场景，以防止在连接处出现弯曲。但是，最初的直线会变成曲线，特别是当最后一张图片呈现为

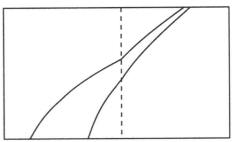

图 18-22    拼接描绘路径部分的两幅图片的效果。显然正确的拼接实际上会导致接合处的弯曲

平面场景时。同样的，每一张原始图片的单一视点的投影就可以展示出来。处理它的最佳方式似乎是将它呈现为一张从无穷远处拍摄的照片（就像之前拍摄一群人的例子一样），这样，至少在每个局部位置任何直线都会看起来是直的，即使沿着它放置的尺子会显示它在全局范围内不是直的。事实上，这是 20 世纪 60 年代和更早的时候特殊的旋转线扫描摄像机能够实现的，它们被用来拍摄学校照片——并且为收集足够光线所花费的时间通常足以让至少一个小男孩从一端跑到另一端并被拍摄两次！

（A）

（B）

图 18-23    拼接的实际例子。图 A 表明图 18-22 的推测是正确的。图 B 展示了使用（有效地）过度夸张的拼接包的结果，该包设法避免了弯曲，但最终以透视无意义告终。如果道路边界的下端是可见的，软件可能会避免后一个问题，但是会引入弯曲

## 18.11　结束语

本章旨在对不变量问题及其在图像识别中的应用进行讲解。当考虑到距离比率的比率时，自然会引出交比不变量。虽然它的直接表现在于它应用于识别一条直线上的点间距，但它立即推广到线束的角间距，也推广到平行平面的角间距。这个想法的进一步扩展是不变量的发展，它可以描述一组非共线点，以及两个交比足以表征一个平面上 5 个非共线点的集合。交比也可以应用于圆锥曲线。事实上，Chasles 定理将圆锥曲线描述为一个点的轨迹，该轨迹基于给定的四个点的集合保持恒定的交比。然而，这个定理无法区分一种圆锥曲线与另一种圆锥曲线类型。

存在许多其他定理和不变量类型，但是基于篇幅无法对它们进行更多介绍。作为本章中给出的直线和圆锥示例的扩展，不变量的应用覆盖一条圆锥曲线和两条共面非切线、一条圆锥曲线和两个共面点，以及两条共面圆锥曲线。设计不变量的分组方法十分重要（Mundy 和 Zisserman，1992）。然而，由于图像噪声，某些数学上可行的不变量，如那些描述曲线上局部形状参数的不变量，被证明太不稳定，无法充分发挥其通用性。尽管如此，半微分不变量已经被证明（18.5 节）能够完全实现基本相同的函数。

Åström（1995）在其研究中指出透视变换会产生很多意料之外的形状变化，以至于鸭子的侧影可以被任意地近似投射到看起来像兔子或圆的东西中，从而扰乱了基于不变量的识别（当然，可以说，所有识别方法都将受到透视变换的影响。然而，基于不变量的识别不会因为调用高度极端的变换而退缩——这些变换看起来会严重扭曲所讨论的物体，而更传统的方法很可能被设计来处理一系列合理的预期形状扭曲）。虽然以前的文献中似乎没有这样的报道，但 Åström 的研究表明，通过不变量来识别物体也有可能导致错误。

总的来说，不变量的意义在于通过计算有效地检查点或其他特征是否属于特定物体。此外，它们实现了这一点，不需要摄像机校准或者知道摄像机的视点——尽管存在一个隐含的假设，即摄像机是欧几里得的 [ 这里，我们假设目标是图像中特定物体的定位。如果物体随后要位于世界坐标中，则当然需要摄像机校准或参考点的使用。然而有许多应用，如检测、监控和识别（例如，人脸识别或签名认证），其中图像中物体的定位可能完全足够 ]。

虽然不变量在视觉界已经有 20 多年的历史了，但是直到最近 15 年，它们才被系统地开发并应用于机器视觉。这就是它们的力量，它们无疑将在未来承担更强大和更核心的角色。18.7 ～ 18.9 节中描述的 VP 检测应用最能说明这种能力。还要注意透视投影问题，这不仅导致对不变量的需求，也导致对观察和拼接二维图片问题的进一步深入了解（18.10 节）。

> 透视投影的问题在三维视觉中无处不在，甚至出现在简单情况下，如观察二维图片和拼接数码照片。然而，重要的解释信息是由投影不变量提供的，投影不变量可以准确地分析这种复杂性，并有助于如 VP 检测。

## 18.12　书目和历史注释

不变量的数学主题非常古老（参见 Chasles 于 1855 年的研究），但是它只是最近才为机器视觉系统地发展起来。在这方面值得注意的是 Rothwell、Zisserman 和他们同事的研究，如 Forsyth 等人（1991）、Mundy 和 Zisserman（1992a，b）、Rothwell 等人（1992a，b）和 Zisserman 等人（1990）。特别是 Forsyth 等人（1991）的论文展示了可用的不变量技术的范围，并讨论了在某些情况下出现的稳定性问题。机器视觉投影几何的附录（Mundy 和 Zisserman，1992b）——出现在 Mundy 和 Zisserman（1992a）中——特别有价值，为理解该卷中的其他论文提供了必要的背景。总的来说，后一卷偏理论，说明应用不变量识别物体是可能的。因此，我们需要先了解研究人员是否选择在实际应用中使用不变量。在这方面，Kamel 等人（1994）的论文关于人脸识别的研究引起了人们极大的兴趣，因为它展示了不变量如何帮助实现比之前使用其他方法更大的效果——特别是在人脸识别过程中纠正透视变形。

最近的研究成果发表在《图像和视觉计算》特刊上（Mohr 和 Wu，1998），特别是 Van Gool 等人（1998）的论文展示了如何在航空图像中允许阴影，以及 Boufama 等人（1998）的论文展示了不变量如何帮助物体定位。Startchik 等人（1998）提供了 18.5 节中涵盖的半微分不变量方法的有用演示。Maybank（1996）用不变量来处理精确度问题，指出即使对于交比（仅包含四个参数）也可能是严重的。另一项早期工作由完全不同的一组研究人员完成 [Barrett 等人（1991）]，并包含了一些有用的推导，连同一个飞机识别的实际例子，完成了精度评估。

Rothwell（1995）的书以深思熟虑的方式涵盖了早期关于不变量的工作，Hartley 和 Zisserman（2000）以及 Faugeras 和 Luong（2001）的后期 3D 书将这些想法融入他们的结构中，但是对于从事该领域研究的学生来说，并不是很容易理解。Semple 和 Kneebone（1952）是一部关于投影几何的标准作品，在后来的再版中仍被广泛使用。

VP 的确定经常被认为与移动机器人的自我运动有关（Lebègue 和 Aggarwal，1993；Shuster 等人，1993），一般与视觉方法有关（Magee 和 Aggarwal，1984；Shufelt，1999；Almansa 等人，2003），当在任何环境中使用真正的摄像机外数据时，容易发生错误。产生了关键的高斯球技术的论文是 Barnard（1983）发表的。有趣的是，Clark 和 Mirmehdi（2002，2003）使用 VP 来恢复被透视破坏的文本。这种方法允许他们恢复段落格式；除了行距，还可以识别和管理各种形式的文本对齐。

## 近期研究进展

最近，Shioyama 和 Uddin（2004）通过分析道路上具有交替模式的横向直线的多个交叉点，使用交比不变量来可靠地定位人行横道。Kelly 等人（2005）已经使用立体视图之间的单应性来定位阴影和低洼物体：为了实现这一点，他们使用直接线性变换（见 Hartley 和 Zisserman，2003）来识别四个或更多点的集合的单应性。一旦发现单应性，它们就被用来消除相应的物体，从而避免从立体视图中为这些物体计算昂贵的三维深度值。Rajashekhar 等人（2007）使用交比值来识别图像中的人造结构，以帮助图像检索。霍夫变换用于在图像中找到线结构；然后找到线条上的特征点，计算交比值集，并以直方图的形式呈现（在每种情况下，所有六个可能的交比值都包含在直方图中），发现 0 ~ 5 范围内的值最适合识别人造结构，因为直方图适当地密集。从直方图中可以很好地识别建筑物之类的结构，只要它们是用 200 个以上的矩形条量化的。Li 和 Tan（2010）使用了类似的方法，但是当跟踪字符或符号的轮廓时，它们的交比值出现在连续的流中。由此产生的"交比光谱"允许识别字符，即使有严重的透视变形。

在人脸识别领域，An 等人（2010）描述了一种新的照明归一化模型，该模型能够应对各种照明条件。它通过将脸部分解成高频部分和低频部分来进行：主要创新是用低频部分的平滑版本（尽管也进行了其他几个相等化和归一化处理）来划分原始强度模式。Hansen 和 Ji（2010）

针对眼睛检测和视线估计模型进行全面评述，并总结了这一领域仍然需要的发展。Fang 等人（2010）描述了一种新的多尺度图像拼接方法。该论文讨论了获得全局和局部对齐的问题。需要利用许多策略来克服各种问题，并且需要一个迭代处理流水线来集成不同的策略。

## 18.13　问题

1. 证明将交比 $\kappa$ 转换成一条直线上 4 个点的 6 个不同值所需的 6 个操作形成了一个 6 阶的组 $G$（见 18.2 和 18.6 节）。证明 $G$ 是非循环群，并分别有 2 阶和 3 阶两个子群。提示：证明所有可能的组合操作都在同一组六个操作中，并且该组包含该组所有元素的全同运算和逆。

2. 证明圆锥曲线和两点可以用来定义交比不变量。

3. 证明两个圆锥曲线可以用来定义交比不变量：（1）如果它们相交于四个点；（2）如果它们相交于两个点；（3）如果它们根本不相交，只要它们有共同的切线［注意，没有公共切线的不相交圆锥曲线需要复杂代数。例如，参见 Rothwell（1995）。Rothwell（1995）也讨论了情况 1 和 3 中歧义和不完整的可能性］。

4. a）根据正弦定理进行几何计算，该定理显示角度 $\alpha$、$\beta$ 和 $\gamma$ 与图 18-P1 中的距离 $a$、$b$ 和 $c$ 通过以下等式相关：

$$\frac{a}{\sin\alpha}\times\frac{c}{\sin\gamma}=\frac{a+b}{\sin(\alpha+\beta)}\times\frac{b+c}{\sin(\beta+\gamma)}$$

b）证明这导致了线上各种距离和各种角度的正弦间的交比关系。从而证明，这也导致穿过 $O$ 的四条线束的任何两条线上的交比的恒定性质。

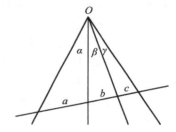

图 18-P1　用于交比计算的几何图形

5. a）解释在模式识别系统中使用不变量的价值。通过考虑细化算法在光学字符识别中的价值来说明你的答案。

b）一条线上四个点（$P_1$、$P_2$、$P_3$、$P_4$）的交比定义为：

$$C(P_1,P_2,P_3,P_4)=\frac{(x_3-x_1)(x_2-x_4)}{(x_2-x_1)(x_3-x_4)}$$

解释为什么这对于在全透视投影下观察的物体来说是一种有用的不变量。证明按相反顺序标记点不会改变交比值。

c）给出为什么交比概念对于弱透视投影也应该有效的论点。找出一个简单的不变量，它对弱透视投影下观察的直线有效。

d）一个扁平的圆形切割刀片有两个不同长度的平行边（在弱透视投影下观察）。通过测量其侧边的长度，讨论是否可以从三维的任意方向识别它。

6. a）在路面上观察石板，提供了大量共面特征点。通过检查两个交比值，证明两个图像中的 5 个共面特征点之间的对应关系——然而，摄像机已经在镜头之间移动了。

b）需要通过拍摄大量照片来构成一个场景的全景照片，并在进行适当的图像变换后将其"拼接"在一起。为了实现这一点，有必要在图像之间建立对应关系。证明平面不变量的两种交比类型可以用于此目的，即使所选场景特征不在同一平面上。说明在什么条件下这种情况是可能的。

7. 使用沿着观察到的椭圆轴对齐的 VP 重绘图 18-16。证明找到变换中心位置的问题现在简化为两个一维情况，等式（18.32）可用于获得变换后的中心坐标。

8. 一个机器人正沿着铺有矩形石板的道路行走。它能够旋转摄像机，使得一组石板线看起来平行，而另一组则向 VP 会聚。证明机器人可以用两种方法计算 VP 的位置：（1）通过测量单个石板的不同宽度；（2）通过测量相邻石板的长度，并按照等式（18.30）进行。在情况 1 中，获得可用于确定 VP 位置的公式。哪一种方法更普遍？如果石板以随机的位置和方向出现在花园里，哪一种会适用？

# 图像变换和摄像机校准

在建立测量系统时，很自然地要在使用前仔细校准（标定）。这个任务必须留到最后是因为：（1）它在数学上要求更高；（2）在某些情况下它可以被绕过；（3）并不总是能事先完全进行校准，而是必须在测量时进行一定程度的更新。本章概述了校准的一些问题以及最近研究的一些成果，这些成果至少绕过了部分校准过程。

本章主要内容有：

- 用于表示一般三维位置和变换的齐次坐标技术
- "外在"（外部世界）和"内在"（摄像机）参数
- 实现摄像机绝对校准的方法
- 校正摄像机镜头畸变的必要性
- 广义对极几何的概念
- "实"矩阵和"基础"矩阵公式，用于将两个摄像机参考系中观察到的任何点的位置联系起来
- 8 点算法的中心位置
- 图像"校正"的可能性
- 3D 重建的可能性

本章是构成本书第三部分的关键章节之一。它们不仅涉及不同的主题，也包括不同主题的不同方面，此外，考虑到从 2D 图像中提取 3D 信息和运动信息所涉及的数学比较复杂，本书的目标是尽可能以易于理解的顺序对此进行说明。所以，我们将这些章节放在一起。

## 19.1　导言

当从三维场景中获取图像时，摄像机感测设备的准确位置和方向往往是未知的，因此需要将其与某些全局参考系相关联。如果要根据物体的图像（如在检查应用中）对其进行精确测量，这一点尤其重要。另一方面，在某些情况下可能不需要如此详细的信息，如用于检测入侵者的安全系统，或高速公路的汽车计数系统。还有一些更复杂的情况，比如摄像机可以在摇臂上旋转或移动，或者被检查的物体可以在空间中自由移动。在这些情况下，摄像机校准成为一个中心问题。在考虑摄像机校准之前，我们需要详细了解原始世界点与最终图像形成之间可能发生的变换。我们将在下一节中处理这些图像变换，然后在接下来的两节中继续讨论摄像机参数和摄像机校准的细节。然后，在 19.5 节中，我们讨论如何纠正摄像机镜头引入的图像的任何径向畸变。

19.6 节说明先前研究的突破，并引入了"多视图"视觉。因为它使用了新的理论来绕过正式摄像机校准，并使得在实际使用中更新视觉系统参数成为可能，所以这个主题近年来变得非常重要。这项研究的基础是广义的对极几何，这使得 16.3.2 节的极线概念进一步发展。

新研究的核心是"实"矩阵和"基础"矩阵公式,这些公式将在两个摄像机参考系中观测到的任何点的位置联系起来。最后是图像"校正"(从理想的摄像机位置获取新的图像)和三维重建。

## 19.2　图像变换

首先,我们考虑物体点相对于全局坐标系的旋转和平移。关于 $Z$ 轴旋转 $\theta$ 角后(图 19-1),坐标为 $(X,Y)$ 的点变化如下:

$$X' = X\cos\theta - Y\sin\theta \tag{19.1}$$

$$Y' = X\sin\theta + Y\cos\theta \tag{19.2}$$

这个结果可以用矩阵简洁地表示:

$$\begin{bmatrix} X' \\ Y' \end{bmatrix} = \begin{bmatrix} \cos\theta & -\sin\theta \\ \sin\theta & \cos\theta \end{bmatrix} \begin{bmatrix} X \\ Y \end{bmatrix} \tag{19.3}$$

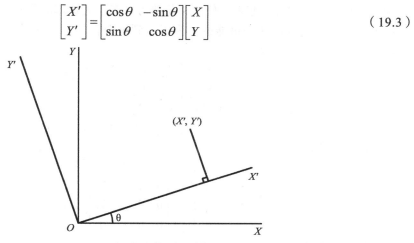

图 19-1　关于原点旋转 $\theta$ 的效果

显然,$X$ 轴和 $Y$ 轴也有可能发生类似的旋转。为了完美地表示三维旋转,我们需要一个使用 $3 \times 3$ 矩阵的更通用的记法。对 $Z$ 轴旋转 $\theta$ 的矩阵如下:

$$Z(\theta) = \begin{bmatrix} \cos\theta & -\sin\theta & 0 \\ \sin\theta & \cos\theta & 0 \\ 0 & 0 & 1 \end{bmatrix} \tag{19.4}$$

对 $X$ 轴旋转 $\psi$ 和对 $Y$ 轴旋转 $\varphi$ 的矩阵如下:

$$X(\psi) = \begin{bmatrix} 1 & 0 & 0 \\ 0 & \cos\psi & -\sin\psi \\ 0 & \sin\psi & \cos\psi \end{bmatrix} \tag{19.5}$$

$$Y(\varphi) = \begin{bmatrix} \cos\varphi & 0 & \sin\varphi \\ 0 & 1 & 0 \\ -\sin\varphi & 0 & \cos\varphi \end{bmatrix} \tag{19.6}$$

我们可以用这样的旋转序列来构造任意的三维旋转。同样,我们可以将任意旋转表示为关于坐标轴的旋转序列。因此,$R = X(\psi)Y(\varphi)Z(\theta)$ 是一种复合旋转,首先进行 $Z(\theta)$ 变换,然后是 $Y(\varphi)$ 变换,最后是 $X(\psi)$ 变换。相比于把这些矩阵相乘,我们在这里写下表示任意旋转 $R$ 的一般结果:

$$\begin{bmatrix} X' \\ Y' \\ Z' \end{bmatrix} = \begin{bmatrix} R_{11} & R_{12} & R_{13} \\ R_{21} & R_{22} & R_{23} \\ R_{31} & R_{32} & R_{33} \end{bmatrix} \begin{bmatrix} X \\ Y \\ Z \end{bmatrix} \qquad (19.7)$$

注意，旋转矩阵 $R$ 不是完全通用的：它是正交的，因此具有性质 $R^{-1} = R^{T}$。

与旋转相反，通过距离 $(T1, T2, T3)$ 进行平移的公式为：

$$X' = X + T_1 \qquad (19.8)$$
$$Y' = Y + T_2 \qquad (19.9)$$
$$Z' = Z + T_3 \qquad (19.10)$$

这不能用 $3 \times 3$ 的乘法矩阵表示。然而，正如一般的旋转可以表示为关于不同坐标轴的旋转一样，一般的平移和旋转也可以表示为相对于单个坐标轴的基本旋转和平移序列。因此，用一种记法将数学处理统一起来，使广义位移可以表示为矩阵的乘积，是最有用的。如果使用所谓的齐次坐标，这确实是可能的。为了达到这个目的，矩阵必须被扩充到 $4 \times 4$。一般的旋转可以用以下形式表示：

$$\begin{bmatrix} X' \\ Y' \\ Z' \\ 1 \end{bmatrix} = \begin{bmatrix} R_{11} & R_{12} & R_{13} & 0 \\ R_{21} & R_{22} & R_{23} & 0 \\ R_{31} & R_{32} & R_{33} & 0 \\ 0 & 0 & 0 & 1 \end{bmatrix} \begin{bmatrix} X \\ Y \\ Z \\ 1 \end{bmatrix} \qquad (19.11)$$

而一般的平移矩阵为：

$$\begin{bmatrix} X' \\ Y' \\ Z' \\ 1 \end{bmatrix} = \begin{bmatrix} 1 & 0 & 0 & T_1 \\ 0 & 1 & 0 & T_2 \\ 0 & 0 & 1 & T_3 \\ 0 & 0 & 0 & 1 \end{bmatrix} \begin{bmatrix} X \\ Y \\ Z \\ 1 \end{bmatrix} \qquad (19.12)$$

广义位移（即平移＋旋转）变换显然具有以下形式：

$$\begin{bmatrix} X' \\ Y' \\ Z' \\ 1 \end{bmatrix} = \begin{bmatrix} R_{11} & R_{12} & R_{13} & T_1 \\ R_{21} & R_{22} & R_{23} & T_2 \\ R_{31} & R_{32} & R_{33} & T_3 \\ 0 & 0 & 0 & 1 \end{bmatrix} \begin{bmatrix} X \\ Y \\ Z \\ 1 \end{bmatrix} \qquad (19.13)$$

我们现在有一个方便的记法来表示广义变换，包括平移和旋转以外的运算，这些运算可以解释刚体的正常运动。首先，我们对一个物体的大小进行缩放，这是最简单情况的矩阵：

$$\begin{bmatrix} S & 0 & 0 & 0 \\ 0 & S & 0 & 0 \\ 0 & 0 & S & 0 \\ 0 & 0 & 0 & 1 \end{bmatrix}$$

更一般情况下：

$$\begin{bmatrix} S_1 & 0 & 0 & 0 \\ 0 & S_2 & 0 & 0 \\ 0 & 0 & S_3 & 0 \\ 0 & 0 & 0 & 1 \end{bmatrix}$$

引入了一种错切，使得物体线 $\lambda$ 将被转换成一条一般不平行于 $\lambda$ 的线。倾斜是另一个有趣的线性变换，从比较简单的倾斜变换如下：

$$\begin{bmatrix} 1 & B & 0 & 0 \\ 0 & 1 & 0 & 0 \\ 0 & 0 & 1 & 0 \\ 0 & 0 & 0 & 1 \end{bmatrix}$$

到一般情况：

$$\begin{bmatrix} 1 & B & C & 0 \\ D & 1 & F & 0 \\ G & H & 1 & 0 \\ 0 & 0 & 0 & 1 \end{bmatrix}$$

旋转可以被看作伸缩和倾斜的组合，而有时确实是这样实现的（Weiman，1976）。

另一个简单但有趣的情况是反射，典型情况如下：

$$\begin{bmatrix} 0 & 1 & 0 & 0 \\ 1 & 0 & 0 & 0 \\ 0 & 0 & 1 & 0 \\ 0 & 0 & 0 & 1 \end{bmatrix}$$

这可以推广到其他反常旋转的情况，其中左上角的 $3 \times 3$ 矩阵的行列式是 $-1$。

在上面讨论的所有情况中，可以看到广义位移矩阵的底行是冗余的。实际上，我们可以在其他类型的变换中很好地使用这一行。透视投影在这种情况下特别有趣。根据 16.3 节中式 (16.1)，将物体点投影到图像点的方程如下：

$$x = fX / Z \tag{19.14}$$

$$y = fY / Z \tag{19.15}$$

$$z = f \tag{19.16}$$

接下来，我们通过定义齐次坐标为 $(X_h, Y_h, Z_h, h) = (hX, hY, hZ, h)$，充分利用变换矩阵的底行，其中 $h$ 是一个非零常数，我们可以取它为单位 1。接下来，我们检查齐次变换：

$$\begin{bmatrix} 1 & 0 & 0 & 0 \\ 0 & 1 & 0 & 0 \\ 0 & 0 & 1 & 0 \\ 0 & 0 & 1/f & 0 \end{bmatrix} \begin{bmatrix} X \\ Y \\ Z \\ 1 \end{bmatrix} = \begin{bmatrix} X \\ Y \\ Z \\ Z/f \end{bmatrix} \tag{19.17}$$

我们可以看到，除以第四个坐标就得到了转换后的笛卡儿坐标所需的值 $(fX/Z, fY/Z, f)$。

现在让我们来回顾一下这个结果。首先，我们找到了一个作用于 4D 齐次坐标的 $4 \times 4$ 矩阵变换。它并不直接对应于真实的坐标，但通过将前三个坐标除以第四个齐次坐标，就可以计算出真实的三维坐标。因此，在齐次坐标中存在一种任意性，即它们都可以乘以相同的常数因子，而不会对最终的解释产生任何改变。同样，当从真实的三维坐标推导齐次坐标时，我们可以使用任何常数乘因子 $h$，尽管我们通常将 $h$ 取为 1。

使用齐次坐标的好处是对任何变换都有一个乘法矩阵，尽管透视变换在本质上是非线性的。因此，一个相当复杂的非线性变换可以简化成一个更直接的线性变换。这简化了物体坐标转换的计算机计算，以及其他计算，如用于摄像机校准的计算（见下文）。我们还可以注意到，几乎所有的变换都可以通过相应的齐次变换矩阵的逆变换来逆转。唯一的例外是透视变换，$z$ 的固定值只会导致 $Z$ 未知，而 $X$、$Y$ 与 $Z$ 的值有关（因此需要双目视觉或其他手段来识别场景中的深度）。

## 19.3   摄像机校准

上面的讨论展示了如何使用齐次坐标系来为三维变换（包括刚体平移和旋转）以及非刚性操作（包括缩放、倾斜和透视投影）提供方便使用的 $4 \times 4$ 线性矩阵表示。在最后一个例子中，图像坐标在相同的参考系中表示，所以隐式地假设摄像机和世界坐标系统是相同的。然而，因为摄像机一般会安装在一个任意的位置，并可能指向任意一个方向。所以在一般情况下，摄像机所观察到的物体可能在世界坐标中已知的位置，但在摄像机坐标系中的坐标无法事先知道。实际上，它很可能安装在可调平衡环上，也可能是电机驱动的，没有精确的校准系统。如果摄像机安装在机器人手臂上，那么很可能会有位置传感器，可以在世界坐标系中告知控制系统摄像机的位置和方向，尽管其遗漏的数量可能会使信息对于实际目的（例如，引导机器人朝向物体）而言过于不精确。

这些因素意味着，摄像机系统必须经过非常仔细的校准，才能将这些图像用于实际应用，如机器人的拾取和放置。一种有用的方法是假设世界坐标与摄像机在透视投影下看到的图像之间进行一般变换，并在图像中定位已放置在场景中已知位置的各种校准点。如果有足够多这样的点，应该可以计算出变换参数，然后在需要重新校准之前准确地解释所有的图像点。

$G$ 的一般变换形式为：

$$\begin{bmatrix} X_H \\ Y_H \\ Z_H \\ H \end{bmatrix} = \begin{bmatrix} G_{11} & G_{12} & G_{13} & G_{14} \\ G_{21} & G_{22} & G_{23} & G_{24} \\ G_{31} & G_{32} & G_{33} & G_{34} \\ G_{41} & G_{42} & G_{43} & G_{44} \end{bmatrix} \begin{bmatrix} X \\ Y \\ Z \\ 1 \end{bmatrix} \tag{19.18}$$

图像中最终的笛卡儿坐标为 $(x, y, z) = (x, y, f)$，这些是由前三个齐次坐标除以第四个得到的：

$$x = X_H / H = (G_{11}X + G_{12}Y + G_{13}Z + G_{14}) / (G_{41}X + G_{42}Y + G_{43}Z + G_{44}) \tag{19.19}$$

$$y = Y_H / H = (G_{21}X + G_{22}Y + G_{23}Z + G_{24}) / (G_{41}X + G_{42}Y + G_{43}Z + G_{44}) \tag{19.20}$$

$$z = Z_H / H = (G_{31}X + G_{32}Y + G_{33}Z + G_{34}) / (G_{41}X + G_{42}Y + G_{43}Z + G_{44}) \tag{19.21}$$

但是，因为我们知道 $z$，所以没有必要确定参数 $G_{31}$、$G_{32}$、$G_{33}$、$G_{34}$。因此，我们着手研究寻找其他参数的方法。事实上，因为只有齐次坐标的比值是有意义的，所以只需要计算 $G_{ij}$ 值的比值，通常取 $G_{44}$ 为单位 1（只剩下 11 个参数需要确定）。将前两个方程展开并重新排列得到：

$$G_{11}X + G_{12}Y + G_{13}Z + G_{14} - x(G_{41}X + G_{42}Y + G_{43}Z) = x \tag{19.22}$$

$$G_{21}X + G_{22}Y + G_{23}Z + G_{24} - y(G_{41}X + G_{42}Y + G_{43}Z) = y \tag{19.23}$$

注意到已知的与图像点 $(X, Y, Z)$ 对应的一个世界点 $(x, y)$ 给出了上述形式的两个方程；需要至少 6 个这样的点才能为所有 11 个 $G_{ij}$ 参数提供值，图 19-2 显示了一个方便的接近最小值的例子。一个重要的因素是用于计算的世界点应该产生独立的方程，因此，重要的是它们应该是不共面的。更准确地说，必须至少有 6 点，其中没有 4 点是共面的。但是，更多的点是有用的，因为它们会使得参数过度确定，并提高计算参数的准确性。没有理由说额外的点不应该与现有的点共面。的确，一种常见的安排是设置一个立方体，使其三个面都可见，每个面都有一个具有 30 ～ 40 个易于识别的角特征的方形模式（如魔方）。

最小二乘分析可用于计算 11 个参数，如伪逆方法。首先，$2n$ 个方程必须以矩阵形式表示：

$$\boldsymbol{Ag} = \boldsymbol{\xi} \tag{19.24}$$

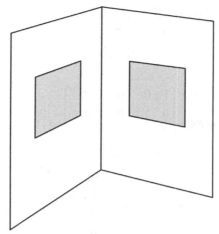

图 19-2　一种方便的接近最小值的摄像机校准案例。在这里有两组 4 个共面点，每组的 4 个点
　　　　在正方形的角上，提供了比摄像机校准所需的绝对最小点数目更多的点

其中 $A$ 是一个 $2n \times 11$ 系数矩阵，它乘以 $G$ 矩阵，现在的形式是：

$$g = (G_{11} G_{12} G_{13} G_{14} G_{21} G_{22} G_{23} G_{24} G_{41} G_{42} G_{43})^{\mathrm{T}} \tag{19.25}$$

$\xi$ 是图像坐标的 $2n$ 元列向量。伪逆解为

$$g = A^{\dagger} \xi \tag{19.26}$$

这里

$$A^{\dagger} = (A^{\mathrm{T}} A)^{-1} A^{\mathrm{T}} \tag{19.27}$$

这个解比预期的要复杂得多，因为一个矩阵的逆只在方阵上定义，而且只能对一个方阵进行计算。注意，只有当矩阵 $A^{\mathrm{T}} A$ 可逆时，这种方法才能得到解。有关此方法的详细信息，请参见 Golub 和 van Loan（1983）。

## 19.4　内部和外部参数

更详细地研究使摄像机校准的一般变换是有用的。当我们校准摄像机的时候，我们实际上是想让摄像机和世界坐标系重合。第一步是将世界坐标的原点移动到摄像机坐标系统的原点。第二步是旋转世界坐标系，直到它的轴与摄像机坐标系的轴重合。第三步是横向移动图像平面，直到两个坐标系完全一致。这一步是必需的，因为最初不知道世界坐标系中的哪个点对应于图像中的主点［主点是位于摄像机主轴上的图像点：它是离投影中心最近的图像点。相应地，摄像机的主轴（或光轴）就是垂直于图像平面的投影中心的直线］。

在这个过程中，有一点需要牢记。如果摄像机坐标是由 $C$ 给出的，那么第一步所需要的平移 $T$ 就会是 $C$。同样，所需要的旋转将是与实际摄像机方向相对应的反转。这些反转的原因是向前旋转一个物体（这里是摄像机）会产生与向后旋转坐标轴相同的效果。因此，所有的操作都必须按照上文 19.1 节所述的相反方式进行。故摄像机校准的完整变换是：

$$G = PLRT$$

$$= \begin{bmatrix} 1 & 0 & 0 & 0 \\ 0 & 1 & 0 & 0 \\ 0 & 0 & 1 & 0 \\ 0 & 0 & 1/f & 0 \end{bmatrix} \begin{bmatrix} 1 & 0 & 0 & t_1 \\ 0 & 1 & 0 & t_2 \\ 0 & 0 & 1 & t_3 \\ 0 & 0 & 0 & 1 \end{bmatrix} \begin{bmatrix} R_{11} & R_{12} & R_{13} & 0 \\ R_{21} & R_{22} & R_{23} & 0 \\ R_{31} & R_{32} & R_{33} & 0 \\ 0 & 0 & 0 & 1 \end{bmatrix} \begin{bmatrix} 1 & 0 & 0 & T_1 \\ 0 & 1 & 0 & T_2 \\ 0 & 0 & 1 & T_3 \\ 0 & 0 & 0 & 1 \end{bmatrix} \tag{19.28}$$

矩阵 $P$ 考虑了形成图像所需的透视变换。事实上，通常将变换 $P$ 和 $L$ 组合在一起，称其为包含摄像机内参数的摄像机内变换，而 $R$ 和 $T$ 组合为对应于摄像机外参数的摄像机外变换：

$$G = G_{\text{internal}} G_{\text{external}} \tag{19.29}$$

这里

$$G_{\text{internal}} = PL = \begin{bmatrix} 1 & 0 & 0 & t_1 \\ 0 & 1 & 0 & t_2 \\ 0 & 0 & 1 & t_3 \\ 0 & 0 & 1/f & t_3/f \end{bmatrix} \rightarrow \begin{bmatrix} 1 & 0 & t_1 \\ 0 & 1 & t_2 \\ 0 & 0 & 1/f \end{bmatrix} \tag{19.30}$$

$$G_{\text{external}} = RT = \begin{bmatrix} R_1 & R_1 \cdot T \\ R_2 & R_2 \cdot T \\ R_3 & R_3 \cdot T \\ 0 & 1 \end{bmatrix} \tag{19.31}$$

$G_{\text{internal}}$ 的矩阵中，我们假设初始平移矩阵 $T$ 将摄像机的投影中心移动到正确的位置，使得 $t_3$ 的值可以等于零：在这种情况下 $L$ 的影响确实是横向的，如上所示。在这一点上，我们可以用 $3 \times 3$ 齐次坐标矩阵表示结果（2D）。在 $G_{\text{external}}$ 的矩阵中，我们简洁地表达了 $R$ 的 $R_1$、$R_2$、$R_3$，并且用 $T$ 来做点积：结果（3D）是一个 $4 \times 4$ 齐次坐标矩阵。

尽管上述处理很好地表明了 $G$ 的潜在含义，但它并不通用，因为到目前为止，我们还没有在内部矩阵中包含缩放和倾斜数。事实上，$G_{\text{internal}}$ 的广义形式是：

$$G_{\text{internal}} = \begin{bmatrix} s_1 & b_1 & t_1 \\ b_2 & s_2 & t_2 \\ 0 & 0 & 1/f \end{bmatrix} \tag{19.32}$$

$G_{\text{internal}}$ 可能包括以下内容：

1）用于纠正缩放误差的变换。

2）用于纠正平移误差的变换（为此，图像的原点应该在摄像机的主轴上。传感器的偏移可能会使这个点偏离图像的中心）。

3）用于校正传感器倾斜误差的变换（由于传感器轴线的非正交性）。

4）用于校正传感器错切误差的变换（由于沿传感器轴线不均匀缩放）。

5）用于在图像平面内校正未知传感器方位的变换。

显然，通过调整 $t_1$ 和 $t_2$ 可以纠正平移错误（第 2 项）。所有其他调整都与以下 $2 \times 2$ 子矩阵的值有关：

$$\begin{bmatrix} s_1 & b_1 \\ b_2 & s_2 \end{bmatrix}$$

但是请注意，在由 $G_{\text{external}}$ 在世界坐标中进行旋转后，立即应用该矩阵在图像平面内进行旋转，实际上不可能将两个旋转分开。这就解释了为什么我们现在总共有 6 个外部参数和 6 个内部参数，共 12 个，而不是预期的 11 个参数（我们回到下面的因子 $1/f$）。因此，最好将上述内部变换列表中的第 5 项排除在外，并将其纳入外部参数（虽然这样做可能不太理想，但没有办法用纯粹的光学方法分离两个旋转分量：只有对摄像机系统内部尺寸的测量才能确定内部分量，但分离不太可能是一种令人信服的，甚至是有意义的事情。另一方面，内部分量很可能是稳定的，而外部分量则可能容易在摄像机没有安全安装的情况下发生变化）。由于排除了 $G_{\text{internal}}$ 中的旋转分量，此时 $b_1$ 和 $b_2$ 必须相等，且内部参数为 $s_1$、$s_2$、$b$、$t_1$、$t_2$。

注意，因子 $1/f$ 提供了一个在摄像机校准期间不能与其他缩放因子分离的缩放因子，没有特定的（即独立的）$f$ 的测量方法。因此，我们总共有来自 $G_{\text{external}}$ 的 6 个参数和来自 $G_{\text{internal}}$ 的 5 个参数：这一共是 11 个，等于上一节引用的数字。

我们接下来考虑的特殊情况是，传感器被认为是高精确度的欧几里得传感器。这意味着 $b = b_1 = b_2 = 0$ 和 $s_1 = s_2$，使得内部参数的数量减少到 3。此外，如果注意传感器对齐，并且不允许有其他偏移量，则可以知道 $t_1 = t_2 = 0$。这将使得内部参数的总数减少到 1，也就是 $s = s_1 = s_2$，或者如果我们适当地考虑焦距的话，是 $sf$。在这种情况下，整个摄像机系统将总共有 7 个校准参数，这可能允许通过观察一个具有 4 个明显特征的已知物体而不是通常需要的 6 个特征（见第 19.3 节）来明确地设置。

## 19.5　径向畸变纠正

照片通常看起来没有失真，所以人们倾向于认为摄像机的镜头实际上是完美的。然而，有时照片会显示出奇怪的直线弯曲，尤其是那些出现在照片外围的直线。这种结果通常以"枕形"或"桶形"畸变的形式出现，这些术语的出现是因为枕形倾向于在转角处过度伸展，而桶形通常在中间凸起。在铺路石或砖墙的图像中，变形量通常不超过 512 像素，也就是通常小于 2%，这解释了为什么在没有特定的直线标记时，可以忽略这种畸变（图 19-3）。然而，对于识别和图像间匹配的目的来说，消除任何失真都是很重要的。事实上，现在的图像解释把亚像素精确度作为目标。此外，立体图像之间的视差是一阶小量，单像素误差会导致深度测量的显著误差。因此，三维图像分析需要对桶形畸变或枕形畸变进行校正，这是一种规范，而非例外。

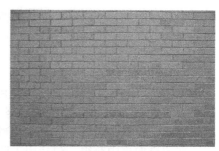

图 19-3　一幅砖墙显示径向（桶形）畸变的照片

由于对称的原因，图像中出现的畸变往往涉及相对于光轴的径向膨胀或收缩——分别对应枕形畸变和桶形畸变。对于多种类型的错误而言，一系列解决方案可能是有用的。因此，我们有必要对畸变进行如下建模：

$$r' = rf(r) = r(a_0 + a_2 r^2 + a_4 r^4 + a_6 r^6 + \cdots) \tag{19.33}$$

为了对称，括号内的奇数项被抵消为零。通常将 $a_0$ 设置为 1，因为该系数可以通过摄像机校准矩阵中的尺度参数得到。

为了充分定义这种效果，我们将 $x$ 和 $y$ 的畸变写成：

$$x' - x_e = (x - x_c)(x + a_2 r^2 + a_4 r^4 + a_6 r^6 + \cdots) \tag{19.34}$$

$$y' - y_c = (y - y_c)(1 + a_2 r^2 + a_4 r^4 + a_6 r^6 + \cdots) \tag{19.35}$$

在这里，$x$ 和 $y$ 是相对于透镜的光轴位置 $(x_c, y_c)$ 来测量的，所以 $r = (x - x_c, y - y_c)$，$r' = (x' - x_c, y' - y_c)$。

如上所述，预期误差在 2% 或以下。这意味着它通常是足够准确的，只取展开式中的第一个修正项，而忽略其余的。至少，这将在精度上带来极大的提高，以至于很难检测出任何差异，尤其是在图像尺寸为 $512 \times 512$ 像素或更小的情况下（这句话不适用于许多网络摄像机，它们以极低的价格在主要的非专业市场上销售。虽然摄像机芯片和电子产品通常都很有价值，但如果用低成本的镜头那么很可能需要广泛的校正才能确保测量不失真）。此外，矩阵求逆中的计算误差和三维算法的收敛会增加数字化误差，从而进一步隐藏较大的径向畸变影响。因此，在大多数情况下，后者可以用一个参数方程来建模：

$$r' = rf(r) = \mathbf{r}(1 + a_2 r^2) \tag{19.36}$$

注意，上述理论仅对畸变进行建模：显然，它必须通过相应的逆变换进行修正。

考虑一条如沿图像顶部出现的直线的外观形状是很有意义的（图 19-3）。取图像尺寸范围为 $-x_1 \leqslant x \leqslant x_1$，$-y_1 \leqslant y \leqslant y_1$，摄像机的光轴在图像的中心。这样，直线就有了近似方程：

$$y' = y_1[1 + a_2(x^2 + y_1^2)] = y_1 + a_2 y_1^3 + a_2 y_1 x^2 \tag{19.37}$$

这代表抛物线。抛物线中心的垂直误差为 $a_2 y_1^3$，两端的垂直误差为 $a_2 y_1 x^2$。如果图像是正方形 $(x_1 = y_1)$，则这两个误差是相等的（抛物线形状给人的错误印象是 $x = 0$ 处的误差为 0）。

最后请注意，数字扫描仪与单镜头摄像机有很大的不同，因为它们的镜头在获取过程中沿着物体空间移动。因此，尽管横向误差原则上可能存在问题，但纵向误差不太可能产生类似的程度。

## 19.6　多视图视觉

在 20 世纪 90 年代，通过对使用多视图的未校准摄像机的研究，3D 视觉取得了长足的进步。考虑到本章前几节所做的努力（准确理解摄像机应该如何校准），这似乎是荒谬的。尽管如此，检查多个视图还是有相当大的潜在优势的——尤其是成千上万的录像带可以从未经校准的摄像机中获得，包括用于监测和电影工业生产的摄像机。在这种情况下，无论是否对当初采集图像数据时没有提前校准而感到遗憾，都必须尽可能多地利用现有图像材料。然而，需要的远不止这些。在许多情况下，由于温度的变化，或者由于变焦或对焦设置的调整，摄像机的参数可能会发生变化：使用精确的测试物体来重新校准摄像机是不现实的。最后，如果使用多个（如立体）摄像机，则必须分别对每个摄像机进行校准，并将结果与之进行比较，以最小化合并误差。更好的办法是将系统作为一个整体进行检查，并在正在查看的真实场景中对其进行校准。

事实上，我们已经实现了这些构想的某些方面，它们以一架摄像机按顺序获得的不变量的形式存在。例如，如果观察一系列共线点并检查它们的交比，当摄像机向前移动、改变方向或越来越倾斜地观看这些点时，只要它们都在视场范围内，就会发现它们是恒定的。为了达到这个目的，以识别和保持对该物体（4 个点）的认知，我们只需要一架未校准但无畸变的摄像机。无畸变不是指能够正确地校正透视变形——毕竟这是交比不变量的函数——而是没有径向畸变，或者至少是在软件中消除它的能力（见 19.5 节）。

为了理解如何更广泛地执行图像解释，我们使用多视图——无论是同一台摄像机移动到不同的地方，还是多个具有重叠视角的摄像机，我们需要回归基础，重新开始对双目视觉和对极约束等概念进行更全面的检视。特别是两个重要的矩阵，它们被称为"实"矩阵和"基础"矩阵。我们从本征矩阵开始，然后把思想推广到基础矩阵。但首先，我们需要以一般世界视角观察两架摄像机的几何形状。

## 19.7　广义的对极几何

在 16.3 节中，我们考虑了立体对应问题，并通过选择两个成像平面不仅平行而且在同一平面内的摄像机来简化任务。这使得深度感知的几何结构变得特别简单，但在人类视觉系统（Human Visual System，HVS）中，允许在两个图像之间有一个非零朝向角的可能性很小。事实上，HVS 擅长调整朝向角，这样当前视场关注焦点在两幅图像之间的视差几乎为零，并且似乎 HVS 不仅通过测量视差来估计深度，还通过结合视差的微小变化来度量朝向角，从而估计深度。

在这里，我们概括了这种情况，以涵盖各种视差与对应的朝向角的可能性。图 19-4 为修改后的几何图形。注意，对场景中的一个实际点 $P$ 的观测会导致两个图像中的点 $P_1$ 和 $P_2$；$P_1$ 可以对应于图 2 中极线 $E_2$ 上的任意点；类似地，点 $P_2$ 可以对应于图 1 中极线 $E_1$ 上的任何点。实际上，所谓的 $P$ 的极坐标平面是包含 $P$、两个摄像机的投影点 $C_1$ 和 $C_2$ 的平面：极线（见 16.3 节）就是该平面切割两个图像平面的直线。此外，连接 $C_1$ 和 $C_2$ 的直线在所谓的极点 $e_1$ 和 $e_1$ 处切割了图像平面，这些可以视为备用摄像机投影点的图像。注意，所有的极平面都要经过点 $C_1$、$C_1$ 和 $e_1$、$e_2$，这意味着两个图像中的所有极线都要经过各自的极点。然而，如果朝向角为零（如图 16-5 所示），极点在任何一个方向上都是无穷大的，任意一幅图像中的所有极线都是平行的，并且从 $C_1$ 到 $C_2$ 确实与向量 $C$ 平行。

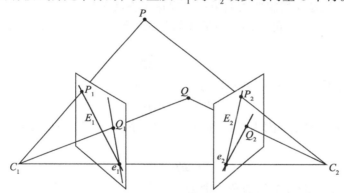

图 19-4　从两个视点对场景的广义成像。在这种情况下，有相应的朝向角。左图像中所有的极线都经过极点 $e_1$（其中，只有 $e_1$ 被显示）。类似的解释适用于右边的图像

## 19.8  本征矩阵

在本节，我们从向量 $P_1$、$P_2$（从 $C_1$、$C_2$ 到 $P$），还有向量 $C$（从 $C_1$ 到 $C_2$）开始。向量减法如下：

$$P_2 = P_1 - C \tag{19.38}$$

我们也知道，$P_1$、$P_2$ 和 $C$ 共面，共面的条件是：

$$P_2 \cdot C \times P_1 = 0 \tag{19.39}$$

（可以视为将由 $P_1$、$P_2$ 和 $C$ 边构成的平行六面体的体积归零。）

为了更进一步，我们需要将分别以它们自己的参照系表达的向量 $P_1$ 和 $P_2$ 关联起来。如果把这些向量定义在 $C_1$ 参考系中，我们现在将 $P_2$ 重新表示在它自己的 $C_2$ 坐标系中，通过应用平移 $C$ 和以正交矩阵 $R$ 表示的坐标旋转，这将使得：

$$P_2' = RP_2 = R(P_1 - C) \tag{19.40}$$

所以：

$$P_2 = R^{-1}P_2' = R^{\mathrm{T}}P_2' \tag{19.41}$$

代入共面条件公式:

$$(R^T P'_2) \cdot C \times P_1 = 0 \tag{19.42}$$

此时,用反对称矩阵 $C_\times$ 表示 $C \times$ 来代替向量叉乘是有用的,其中:

$$C_\times = \begin{bmatrix} 0 & -C_z & C_y \\ C_z & 0 & -C_x \\ -C_y & C_x & 0 \end{bmatrix} \tag{19.43}$$

同时,通过适当的变换,观察所有向量的正确矩阵形式。我们现在发现:

$$(R^T P'_2)^T C \times P_1 = 0 \tag{19.44}$$

$$\therefore \ P'^T_2 RC \times P_1 = 0 \tag{19.45}$$

最后得到"本征矩阵"公式:

$$P'^T_2 E P_1 = 0 \tag{19.46}$$

其中本征矩阵为:

$$E = RC_\times \tag{19.47}$$

式(19.46)实际上就是我们想要的结果:它表达了在两个摄像机参考系中同一点的观测位置之间的关系。此外,它还能立即导出极线的公式。要看到这一点,首先要注意在 $C_1$ 摄像机坐标系中:

$$p_1 = (f_1 / Z_1) P_1 \tag{19.48}$$

而在 $C_2$ 摄像机坐标系中(并以该参考系的形式表示):

$$p'_2 = (f_2 / Z_2) P'_2 \tag{19.49}$$

消除 $P_1$ 和 $P'_2$,并去掉素数(因为在各自的图像平面内,数字 1 和 2 足以明确地指定坐标),我们发现:

$$p^T_2 E p_1 = 0 \tag{19.50}$$

$Z_1$、$Z_2$ 和 $f_1$、$f_2$ 可以从这个矩阵方程中消去。

现在注意,$p^T_2 E = l^T_1$ 和 $l_2 = E p_1$ 会导致以下关系:

$$p^T_1 l_1 = 0 \tag{19.51}$$

$$p^T_2 l_2 = 0 \tag{19.52}$$

这意味着 $l_2 = E p_1$ 和 $l_1 = E^T p_2$ 分别是 $P_1$ 和 $P_2$ 对应的极线(要充分理解这一点,考虑直线 $l$ 和点 $p$:$p^T l = 0$ 意味着 $p$ 在直线 $l$ 上,当然也可以说 $l$ 穿过点 $p$)。

最后,我们可以从上面的公式中找到这些极点。事实上,在同一幅图像中,每一条极线上都有极点。因此,$e_2$ 满足(可以代替 $p_2$)式(19.52),因此:

$$e^T_2 l_2 = 0$$

$$\therefore \ e^T_2 E p_1 = 0 \ (\text{对于所有} \ p_1)$$

这意味着 $e^T_2 E = 0$,即 $E^T e_2 = 0$。类似地,$E^T e_1 = 0$。

## 19.9　基础矩阵

请注意,在本征矩阵计算的最后一部分,我们隐式地假设摄像机是正确校准的。具体地说,$p_1$ 和 $p_2$ 是经过校正(校准)的图像坐标。但是,由于 19.6 节给出的所有原因,需要使用原始像素测量来处理未校准的图像(还请注意,需要消除任何径向畸变,以便使摄像机理想化，但不应基于 19.3 节和 19.4 节的意义对其进行校准）。将摄像机固有矩阵 $G_1$、$G_2$ 应用于校准后的图像坐标（19.4 节），得到原始图像坐标：

$$q_1 = G_1 p_1 \tag{19.53}$$

$$q_2 = G_2 p_2 \tag{19.54}$$

实际上，我们需要往相反的方向走，所以我们用逆方程：

$$p_1 = G_1^{-1} q_1 \tag{19.55}$$

$$p_2 = G_2^{-1} q_2 \tag{19.56}$$

代入式（19.50）中的 $p_1$ 和 $p_2$，得到连接原始像素坐标的期望方程：

$$q_2^{\mathrm{T}} (G_2^{-1})^{\mathrm{T}} E G_1^{-1} q_1 = 0 \tag{19.57}$$

这可以表示为

$$q_2^{\mathrm{T}} F q_1 = 0 \tag{19.58}$$

这里

$$F = (G_2^{-1})^{\mathrm{T}} E G_1^{-1} \tag{19.59}$$

$F$ 被定义为"基础矩阵"。因为它包含了校准摄像机所需的所有信息，它包含了比本征矩阵更多的自由参数。然而在其他方面，这两个矩阵传达了相同的基本信息，这可以通过两个公式的相似程度得到证实——式（19.46）和式（19.58）。

最后，尽管这次是在原始图像的坐标 $f_1$ 和 $f_2$ 中，就像在本征矩阵的情况下一样，极点由 $F f_1 = 0$ 和 $F^{\mathrm{T}} f_2 = 0$ 给出。

## 19.10 本征矩阵和基础矩阵的性质

接下来，我们考虑本征矩阵和基础矩阵的组合。特别是，$C_{\times}$ 是 $E$ 的一个因子，也间接地是 $F$ 的一个因子。事实上，它们在 $C_{\times}$ 中是齐次的，所以 $C$ 的尺度对两个矩阵的公式 [式（19.46）和式（19.58）] 没有影响，只有 $C$ 的方向是重要的。实际上，$E$ 和 $F$ 的尺度都是无关紧要的，因此，只有它们的系数的相对值才是重要的。这意味着在 $E$ 和 $F$ 中最多只有 8 个独立的系数。事实上，$F$ 只有 7 个独立的系数，因为 $C_{\times}$ 是反对称的，这可以确保其秩为 2 而不是 3——该属性被传递到 $F$。同样的推断适用于 $E$，但 $E$ 的较低复杂性（由于其不包含图像校准信息）意味着它只有 5 个自由参数。在后一种情况下，很容易看出它们是什么：它们来自最初的 3 个平移（$C$）和 3 个旋转（$R$）参数，但是比例参数被排除在外。

在此背景下，请注意，如果 $C$ 是由单个摄像机的平移产生的，那么无论 $C$ 的尺度，都会产生同样的本征矩阵：只有 $C$ 的方向才是最重要的，而相同的极线也会由相同方向的持续运动产生。事实上，在这种情况下，我们可以把极点解释为膨胀或收缩的焦点。这强调了这个公式的强大，具体来说，它把运动和位移看成一个单一的实体。

最后，我们应该尝试理解为什么在基础矩阵中有 7 个自由参数。解决方法相对简单。每个极点都需要两个参数来指定它。此外，需要 3 个参数将任意 3 条极线从一个图像映射到另一个图像。但是为什么只有 3 条极线需要映射呢？这是因为极线族是一种线束，其方向与交比有关，所以一旦指定了 3 种极线，就可以推断出任何其他的映射（知道了交比的性质，可以看出少于 3 条极线是不行的，但超过 3 条也不会产生额外的信息）。这一事实有时以下形式表述：两个一维投影空间之间的单应性（投影变换）有三个自由度。

## 19.11　评估基础矩阵

在前一节中，我们证明了基础矩阵有 7 个自由参数。这就意味着，通过识别两幅图像中相同的 7 个特征来估计它应该是可能的。然而，这种使用最少点的方式需要特别注意一点，那就是点必须处于一般的位置。因为特殊的点会导致计算中的数值不稳定、完全不收敛，或者在结果中造成不必要的歧义。一般来说，共面点是要避免的。无论如何，虽然这在理论上是可行的，且 Faugeras 等人（1992）设计了一种合适的非线性算法来实现它，但是人们已经证明了计算会是数值不稳定的。从本质上讲，噪声是一个附加的变量，它将问题中的有效自由度增加到 8。然而，为了解决这一问题，我们设计了一种名为 8 点算法的线性算法。奇怪的是，这种算法早在许多年前就被 Longuet-Higgins（1981）提出，用以估计本征矩阵，但直到 Hartley（1995）展示如何通过对值进行首次归一化来控制误差时，这种算法才流行起来。此外，通过使用超过 8 个点，可以提高精度，但是必须找到一种合适的算法来处理现在的超定参数。主成分分析可用于此目的，它是一种合适的奇异值分解方法。

除了噪声外，在图像之间形成试点对应时的严重不匹配也是实际问题的根源之一。如果是这样，解的一般最小二乘类型可以被最小二乘稳健估计方法所代替（附录 A）。

## 19.12　8 点算法的更新

19.11 节概述了估计基础矩阵的 8 点算法的价值。在大约 8 年（1995—2003）的时间里，这基本上成为问题的标准解决方案。然而，Torr 和 Fitzgibbon（2003，2004）的一项重要贡献表明，8 点算法可能终究不是最好的方法，因为它得到的解依赖于用于计算的特定坐标系。这是因为通常使用的归一化，即 $\sum_i f_i^2 = 1$，对坐标系统的变化不是不变的。事实上，如何找到一个不变的归一化并不明显。例如，要注意，Tsai 和 Huang（1984）提出的简单归一化 $f_9 = 1$ 导致了偏置的解，排除了 $f_9 = 0$ 的解。然而，Torr 和 Fitzgibbon 对情况的逻辑分析，迫使他们忽视适合弱透视的仿射变换情况，导致如下 $F$ 的归一化：

$$f_1^2 + f_2^2 + f_4^2 + f_5^2 = K \tag{19.60}$$

其中 $K$ 是常数，并且：

$$F = \begin{bmatrix} f_1 & f_2 & f_3 \\ f_4 & f_5 & f_6 \\ f_7 & f_8 & f_9 \end{bmatrix} \tag{19.61}$$

最后，为了确定 $F$，式（19.60）可以作为拉格朗日乘子约束，这就得到了 $F$ 的一个特征向量解。总体上，用 8 点算法求解的 $8 \times 8$ 特征值问题被 $5 \times 5$ 特征值问题所代替。此外，这种方法不仅提供所需的不变属性，以确保更准确的解决方案，而且提供了更快的计算，使得在图像序列分析中丢失的轨迹显著减少。

## 19.13　图像校正

在 19.7 节中，我们煞费苦心地归纳了对极方法，然后对应于任意重叠的场景视图，得出了一般的解决办法。然而，从具有平行轴的摄像机获得的特殊视图有明显的优势——如图 16-5 所示，其收敛度为零。具体来说，通过这种方式更容易找到场景之间的对应关系。不幸的是，这些精心准备的图像对不符合 19.6 节所提倡的目标，即坚持使用精确对齐和校准的摄像机，且这当然不适用于单个移动摄像机拍摄的帧，除非它的运动受到特殊手段的严格限制。实际上，解决方案很简单，即用未校准的摄像机拍摄图像，估计基础矩阵，然后应用适当的线性变换来计算理想的摄像机位置的图像。后一种技术称为图像校正，以确保投影中心之间的极线都平行于基线 $C$。然后，通过在另一幅图像中沿着相同纵坐标的点搜索，可以找到对应的点：对于第一个图像中坐标为 $(x_1, y_1)$ 的点，在第二个图像中搜索匹配点 $(x_2, y_1)$。

在对图像进行校正时，通常会将其在 3D 中旋转，而实现这一目标的明显方法是将每个单独的像素转移到校正后的图像的新位置（当然，它也可以被平移和缩放，在这种情况下，这里描述的效果可能更为显著）。但是，旋转是非线性过程，在某些情况下会将多像素映射为单像素；此外，许多像素可能没有分配强度值。虽然第一个问题可以通过某种强度平均过程来解决，而后一个问题可以通过对变换后的图像应用中值或其他类型的滤波器来解决，但这些技术还不够彻底，无法提供准确、可靠的解决方案。克服这些内在困难的正确方法是将变换后的图像空间中的像素位置反投影到源图像中，使用插值法计算理想的像素强度，然后将这些强度转移到变换后的图像空间中。

双线性插值在变换过程中最常用。这是通过在 $x$ 方向和 $y$ 方向上进行插值来实现的。因此，如果要插值的位置为 $(x + a, y + b)$，其中 $x$ 和 $y$ 为整数像素点，$0 \leq a, b \leq 1$，则 $x$ 方向的插值强度为：

$$I(x + a, y) = (1 - a) I(x, y) + aI(x + 1, y) \tag{19.62}$$
$$I(x + a, y + 1) = (1 - a) I(x, y + 1) + aI(x + 1, y + 1) \tag{19.63}$$

在 $y$ 方向插值后的最终结果如下：

$$I(x + a, y + b) = (1 - a)(1 - b) I(x, y) + a(1 - b) I(x + 1, y)$$
$$+ (1 - a) bI(x, y + 1) + abI(x + 1, y + 1) \tag{19.64}$$

结果的对称性表明，对于第一对插值，选择哪个轴无关紧要，这限制了方法的随意性。注意，该方法不假设二维平面的局部强度变化。这很明显，因为 $I(x + 1, y+1)$ 强度的值和其他三个强度值都考虑在内。然而，双线性插值并不是一个完全理想的解，因为它不考虑采样定理。因此，有时采用双三次插值法（需要更多的计算）。此外，它们涉及局部强度值的平均，所以所有这些方法都引入了图像的局部模糊。总的来说，这样的变换过程会导致图像数据的轻微退化。

## 19.14 三维重建

在 19.10 节中强烈强调的事实是，$F$ 仅由一个未知的比例因子决定（或其系数的实际比例是任意的）。这反映了在这项工作中故意避免摄像机校准。在实践中，这意味着如果要将 $F$ 的计算结果与现实世界相关联，则必须恢复比例因子。原则上，这可以通过查看单个标尺来实现：对于 $F$ 的知识在现实世界中携带了大量关于相对维度的信息，所以不需要查看魔方这样的物体。当用真实的深度图重建真实场景时，这个

图 19-5　使用双目成像定位空间特征的误差。暗阴影区域表示在图像平面中出现小误差时的空间区域。交叉区域（黑色阴影），确认纵向误差将比横向误差大得多。完整的分析将包括应用高斯函数或其他误差函数（参见正文）

因子很重要。

图像重建的方法有很多，其中最明显的可能是三角剖分。首先，取两个包含归一化图像的摄像机位置，并将给定点 $P$ 的光线投射回现实世界，直到它们相遇。实际上，尝试这样做会遇到一个直接的问题：可用参数的不精确性，加上图像的像素化，导致在大多数情况下光线实际上不会相交，因为它们是歪斜的线。对于斜线，最好的办法是确定最接近的位置。一旦发现这一点，在这个模型中，最接近（垂直于每条射线）的线的平分线就是 $P$ 在空间中位置的最准确估计。

不幸的是，上述模型不能保证给予最准确的预测 $p$ 的位置。这是因为透视投影是一个高度非线性过程。特别是，哪怕对任一图像中点的方向有轻微的错误判断都会导致大量深度误差和一个重要横向误差（从图 19-5 可以明显看到）。既然如此，我们就得问哪里误差可能还是线性的，这样至少在那个位置，误差计算可以基于高斯分布（在这里，我们忽略了由于图像之间的不匹配而产生严重误差的可能性，这是 19.11 节和其他地方进一步讨论的主题）。事实上，在图像本身，误差可以被认为是近似高斯的。这意味着必须选择以表示对数据最准确的解释的空间中的点，即当重新投射到图像平面上时会导致最小误差（以最小均方意义）的点。通常，使用这种方法得到的误差比上面描述的三角部分方法要小 1/2（Hartley 和 Zisserman，2000）。

最后，值得一提的是另一种类型的误差，这种误差可能会出现在两个摄像机上。这适用于当它们都观察一个具有平滑变化边界的物体时。例如，如果两个摄像机都在观察一个具有圆形截面的花瓶的右边缘，每个都将看到边界上的一个不同点，并且在估计的边界位置上会出现不一致（图 19-6）。确定这些误差的准确程度将留作练习（19.17 节）。事实上，误差与 $a$（$a$ 是观测边界的局部曲率半径）和 $Z^{-2}$（$Z$ 是场景的深度）是成比例的。这意味着误差（和百分比误差）在很大的距离上趋向于零，而且对于尖锐的角，误差也适当地降到零。

## 19.15 结束语

本章讨论了摄像机校准所需的变换，并概述了如何实现校准。摄像机参数被划分为"内部"和"外部"参数，从而简化了概念性问题，并阐明了系统中误差的根源。结果表明，在涉及 11 个变换参数的一般情况下，至少需要 6 个点进行校准；但是，在特殊情况下，如传感器已知是欧几里得的情况下，所需点的数目可能有所减少。然而，通常更重要的是增加用于校准的点数，而不是试图减少点数，因为可以通过结果的平均过程获得较大的准确度提高。

19.5 节明显地打破了以前的研究，引入了多视图视觉。这个重要的主题被认为是基于广义的对极几何，并导出了本征矩阵和基础矩阵公式，这些公式将在两个摄

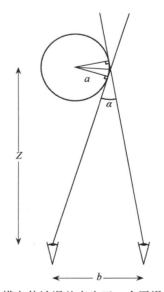

图 19-6 横向估计误差产生于一个平滑变化的边界。当两个视图的信息以标准方式融合时，在估计边界位置时产生误差。$a$ 是被观察花瓶的半径，$\alpha$ 是右边界方向的视差，$Z$ 是场景的深度，$b$ 是立体基线

像机参照系中观测到的任何点的位置联系起来。本章强调了 8 点算法对于估计这两个矩阵的重要性，特别是在摄像机未校准时很重要的基础矩阵。此外，对基础矩阵估计精度的需要仍然是一个研究问题。

> 　　解决视觉问题的最明显的方法是设置一个摄像机并校准它，然后"愤怒地"使用它。本章展示了如何在很大程度上避免校准或自适应地"即时"进行校准——通过执行多视图视觉并分析由广义对极几何问题产生的各种关键矩阵。

## 19.16　书目和历史注释

　　第一个使用本章描述的各种变换的是 Roberts（1965）。摄像机校准的重要早期参考文献是" Manual of Photogrammetry"（Slama，1980）、Tsai 和 Huang（1984）、Tsai（1986）。Tsai 的论文特别有用，因为他提供了一种延伸的、高效的方法，可以处理非线性透镜畸变。最近关于这个主题的论文包括 Haralick（1989）、Crowley 等人（1993）、Cumani 和 Guiducci（1995）以及 Robert（1996），也可参见 Zhang（1995）。注意，可以使用参数化的平面曲线代替点来进行摄像机校准（Haralick 和 Chu，1984）。

　　很明显，摄像机校准是一个老话题，每次用 3D 视觉进行测量时都要重新讨论，否则就需要对 3D 场景进行严格的分析。校准场景在 20 世纪 90 年代初开始发生变化，当时人们意识到，无须显式校准，而是通过比较从移动序列或多个视图中获取的图像，就可以学到很多东西（Faugeras，1992；Faugeras 等人，1992；Hartley，1992；Maybank 和 Faugeras，1992）。事实上，虽然人们认识到不进行显式的校准就可以学到很多东西，但在那个阶段，人们并不知道可以学到多少东西，随着尖端科学逐渐被推进，随之而来的是一系列快速的发展（例如，Hartley，1995；Hartley，1997；Luong 和 Faugeras，1997）。到 20 世纪 90 年代后期，快速进化阶段已经结束，权威（尽管相当复杂）文章涵盖了这些发展（Hartley 和 Zisserman，2000;Faugeras Luong，2001；Gruen 和 Huang，2001）。然而，许多标准方法的改进仍在进行（Faugeras 等人，2000；Heikkilä，2000；Sturm，2000；Roth 和 Whitehead，2002）。鉴于此，应该考虑 Torr 和 Fitzgibbon（2003，2004）、Chojnacki 等人（2003）关于 8 点算法表达的类似但不相同的观点。

　　回想起来，有趣的是，Longuet-Higgins（1981）的早期、精辟的论文预示了其中许多发展。尽管他的 8 点算法专门应用于本征矩阵，但它被应用于基础矩阵却是非常晚的事情了（Faugeras，1992；Hartley，1992），甚至后来，在一个关键步骤中，通过对图像数据进行预归一化，它的准确性得到极大提高（Hartley，1997）。如前所述，8 点算法仍然是新研究的重点。

### 近期研究发展

　　最近，Gallo 等人（2011）研究了平面如何更适用于从距离数据（即其真实世界 $(X, Y, Z)$ 坐标近似已知的数据点集）中获取的表面。尽管 RANSAC 应该提供有用的解决方案，但在寻找平面片对时，它有时会失败，并且将一个平面同时嵌入在两个平面上，其结果是，它包含的内点比正确的模型要多。为了解决这个问题，他们设计了随机样本一致性（RANSAC）的另一种形式，即连通分量 – RANSAC（CC-RANSAC），它只考虑给定平面假设下内点最大的连通分量。该方法需要设置一个内点阈值，并且必须针对特定的应用程序进行调整。一个相关的应用是自动停车，即识别一个靠近路边的水平面。

　　虽然 8 点算法已经成为求解基础矩阵的标准算法，但基础矩阵只包含 7 个独立参数，因此仅识别两幅图像中相同的 7 个特征就足够了。Bartoli 和 Sturm（2004）发现如果使用非线性估计，这是可实现的。该方法比其他方法收敛得更快，尽管它比基于冗余参数的方法更容易陷入局部最小值。Fathy 等人（2011）研究了基础矩阵估计的误差准则。他们表明对称的极距准则是有偏差的，并且发现在许多可用的准则中，最近开发的 Kanatani 距离准则（Kanatani 等人，2008）似乎是最准确的。Ansar 和 Daniilidis（2003）设计了一套基于 $n$ 个点或 $n$ 条线的线性姿态估计算法。这些方法将为一般位置点（$n \geqslant 4$）的情况找到解。虽然在从 $n$ 个点进行估计的情况下存在两种类似的现有的非迭代方法（新方法在这一情况下表现得更好），但是对于 $n$ 条线来说没有直接的竞争例子。

## 19.17　问题

1. 对于一个双摄像机立体系统，获得一个由给定的视差误差产生的深度误差的公式。由此可见，深度的百分比误差在数值上等于视差的百分比误差。这个结果在实际中意味着什么？图像的像素化如何影响结果？

2. 两个摄像机观察到一个具有圆形截面、局部半径为 $a$ 的圆柱形花瓶（图 19-6）。推得一个给出花瓶边界位置估计误差 $\delta$ 的公式。通过假设边界在与两个摄像机投影中心相连的直线的垂直平分线上来简化计算，因此发现用 $b$ 和 $Z$ 表示 $a$ 的公式（图 19-6）。用 $a$ 表示 $\delta$，并用前面的公式替换 $a$，从而证明在 19.14 节末尾所做的陈述。

3. 从 19.8 节的理论出发，探讨三目视觉的潜在优势。第 3 个摄像机的最佳位置是哪里？第 3 个摄像机不应该放在哪里？如果能将更多的场景纳入其中，会有收获吗？

# 运　　动

　　运动是 3D 视觉中人类能够轻松解读的另一个方面。本章研究基本理论概念，而第 22 章和第 23 章将其应用于重要的实际问题，包括交通流量监测和人员跟踪。

　　本章主要内容有：

- 光流的基本概念及其局限性
- 扩展焦点的想法，以及它如何导引出"从运动恢复结构"算法
- 如何通过运动建立立体感
- 卡尔曼滤波器（Kalman filter）在运动应用中的重要地位
- 不变特征可用于宽基线匹配的方式

　　请注意，关于三维运动的介绍性章节为执行重要的监控任务提供了重要的方法，这将在第 22 章和第 23 章中看到。

## 20.1　导言

　　本章关注数字图像中的运动分析。基于篇幅，不可能全面涵盖整个主题。相反，其目的将是赋予主题特色，传达一些在过去二三十年中证明是重要的原则。在大部分时间里，光流一直是一个热门话题。基于它对于监控和其他应用的重要性，所以将适当地详细研究它。本章后面将讨论使用卡尔曼滤波器跟踪移动物体，并将介绍如何使用 SIFT 等不变特征来进行宽基线匹配，它也与运动跟踪有关。

## 20.2　光流

　　当场景包含移动物体时，必然比分析一切静止的场景更为复杂，因为必须考虑强度的时间变化。然而直觉表明，我们可能可以通过它们的运动特性来分割运动物体：在连续帧上的图像差异将帮助实现这一点。仔细考虑后表明事情并不那么简单，如图 20-1 所示。原因在于恒定强度的区域没有运动的迹象，而与运动方向平行的边缘也表现为不运动。对于图像的边缘而言，只有与运动方向垂直的部分才携带与运动有关的信息。另外，速度向量的方向有一些不明确的地方。这部分是因为小孔径内的信息太少，无法计算全速度向量（图 20-2）：这就是所谓的孔径问题。

　　对这些基本思想进一步思考，可以得到光流的概念，其中应用在图像中所有像素上的局部算子将导致在整个图像上平滑变化的运动向量场。该算法的吸引力在于使用局部计算，其计算负担有限。理想情况下，在一般强度图像中，它的计算复杂度可与边缘检测器相媲美，前提是它必须应用于图像序列中的一对图像。

　　我们首先考虑强度函数 $I(x,y,t)$ 并用泰勒级数展开它：

$$I(x + \mathrm{d}x, y + \mathrm{d}y, t + \mathrm{d}t) = I(x, y, t) + I_x \mathrm{d}x + I_y \mathrm{d}y + I_t \mathrm{d}t + \cdots \tag{20.1}$$

此处忽略二阶项和更高阶项。在这个公式中，$I_x$、$I_y$、$I_t$ 表示相对于 $x$、$y$、$t$ 的各自的偏导数。

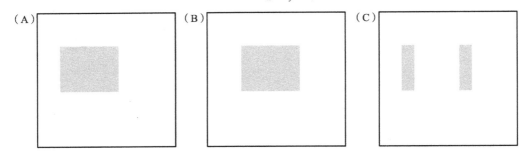

图 20-1    图像差异的影响。该图显示了在帧 A 和 B 之间移动的物体。图 C 展示出了执行图像差分操作的结果。请注意，与运动方向平行的边缘不会显示在差异图像中。而且，恒定强度的区域不会产生运动迹象

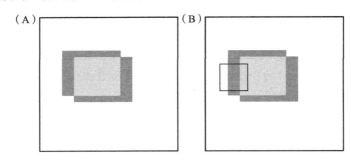

图 20-2    孔径问题。（A）显示一个物体的运动区域（深灰色），其中央均匀区域（浅灰色）没有运动的迹象；（B）在小孔径（黑色边框）中看不到多少信息，从而导致对物体运动方向的推导不准确

我们接下来设定局部条件，即图像在时间 d$t$ 上移动了距离 (d$x$,d$y$)，使得它在 $(x + \mathrm{d}x, y + \mathrm{d}y, t + \mathrm{d}t)$ 和 $(x, y, t)$ 处图像强度值相同：

$$I(x + \mathrm{d}x, y + \mathrm{d}y, t + \mathrm{d}t) = I(x, y, t) \tag{20.2}$$

因此，我们可以推断：

$$I_t = -(I_x \dot{x} + I_y \dot{y}) \tag{20.3}$$

以下面的形式写出局部速度 $v$：

$$v = (v_x, v_y) = (\dot{x}, \dot{y}) \tag{20.4}$$

我们发现：

$$I_t = -(I_x v_x + I_y v_y) = -\nabla I.v \tag{20.5}$$

$I_t$ 可以通过输入序列中的图像对相减得到，而 $\nabla I$ 可以通过 Sobel 或其他梯度算子进行估计。因此，可以用上面的等式推导出速度场 $v(x,y)$。不幸的是，这个方程是一个标量方程，并不足以根据我们的要求确定速度场的两个局部分量。这个方程还有另一个问题——速度值将取决于 $I_t$ 和 $\nabla I$ 的值，而这些量只是由各自的差分算子近似估计的。在这两种情况下，都会产生显著的噪声，并且用这个比率来计算 $v$ 会使情况更糟。

现在让我们回到计算完整速度场 $v(x,y)$ 的问题。我们对 $v$ 的所有了解是，它的分量位于 $(v_x, v_y)$ 空间中的一条直线上（图 20-3），见下式：

$$I_x v_x + I_y v_y + I_t = 0 \tag{20.6}$$

这条线与方向 $(I_x, I_y)$ 垂直，并与原点的距离为

$$|v| = -I_t / (I_x^2 + I_y^2)^{1/2} \tag{20.7}$$

显然，我们需要按照式（20.6）给出的直线推导出 $v$ 的分量。然而，在强度函数的一阶导数中没有纯粹的局部手段来实现这一点。公认的解决方案（Horn 和 Schunck，1981）将使用松弛标记（relaxation labeling）迭代地达到一个自洽的解，以最大限度地减少全局误差。原则上，这种方法也将使前面指出的噪声问题最小化。

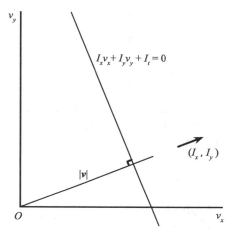

图 20-3　计算速度场。该图显示速度向量 $v$ 必须位于速度空间中的指定线上。该线与方向 $(I_x, I_y)$ 垂直，其与原点的距离已知为 $|v|$（见正文）

事实上，该方法仍然存在问题，基本原因是在图像中常常有较大区域的强度梯度很小。在这种情况下，关于与 $\nabla I$ 平行的速度分量，只有非常不准确的信息可用，并且整个问题变得病态。另一方面，在高度纹理化的图像中，不应出现这种情况（假设纹理具有足够大的粒度以提供良好的差分信号）。

最后，我们回到本节开头提到的想法——平行于运动方向的边缘不会提供有用的运动信息。这样的边缘将具有垂直于运动方向的边缘法线，所以 $\nabla I$ 将与 $v$ 垂直。根据式（20.5），它将为零。另外，在恒定强度的区域，将有 $\nabla I = 0$，所以 $I_t$ 将再次为零。这种简单的方程式是有趣而且非常有用的，因为式（20.5）囊括了早期根据直觉提出的所有情形。

在下文中，我们假定已经成功地计算了光流（速度场）图像，即没有不准确或病态的缺点。现在必须根据移动的物体以及在某些情况下移动的摄像机进行解释。事实上，我们将忽略摄像机的运动（通过留在其参照系内）。

## 20.3　光流场的理解

我们首先考虑一个运动不可见的情况。在这种情况下，速度场图像只包含长度为零的向量（图 20-4A）。接下来，我们考虑一个物体向右移动的情况，对速度场图像有一个简单的影响（图 20-4B）。接下来，我们考虑摄像机向前移动的情况。在这种情况下，视场中的所有静止物体似乎都从称为扩展焦点（FoE）的点开始发散（图 20-4C）；这张图片还显示了一个正在快速移动通过摄像机的物体，并且它有自己独立的 FoE。图 20-4D 显示了一个物体直接向摄像机移动的情况，在这种情况下，其 FoE 位于其轮廓内。同样，后退的物体似乎远离收缩的焦点。接下来，我们考虑物体是静止的，但是围绕视线旋转的情况，其向量场如

图 20-4E 所示。最后一种情况也非常简单，即一个静止的物体围绕垂直于视线的轴旋转。如
果轴是水平的，那么物体上的特征看起来会向上或向下移动，而自相矛盾的是，物体本身保
持静止（图 20-4F）——虽然轮廓在其旋转时可能会发生摆动。

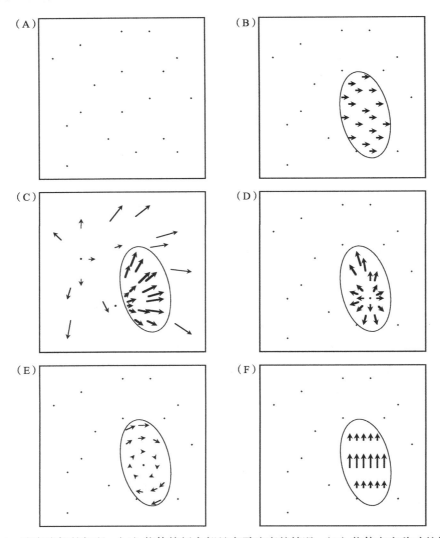

图 20-4　速度流场的解释：（A）物体特征全部具有零速度的情况；（B）物体向右移动的情况；
　　　　（C）摄像机正移动到场景中并且静止物体特征看起来与扩展焦点（FOE）分开的情况，
　　　　而单个大物体正移动经过摄像机并表现为单独的 FOE；（D）一个物体直接朝着静止的
　　　　摄像机移动，物体的 FOE 位于其轮廓内；（E）物体绕着摄像机的视线旋转；（F）物体
　　　　围绕垂直于视线的轴旋转。在所有情况下，箭头的长度都表示速度向量的大小

　　到目前为止，我们只处理了发生纯粹的平移或纯旋转运动的情况。如果旋转的流星正
在冲过去，或旋转的板球正在接近，那么这两种运动就会一起发生。在这种情况下，调整
运动将变得更加复杂。我们不会在这里解决这个问题，而是请读者阅读更专业的文章（例如
Maybank，1992）。然而，复杂性是由于深度（Z）渗透到计算中的缘故。首先，注意关于视
线旋转的纯旋转运动不依赖于 Z，我们必须测量的是角速度，这可以很简单地完成。

## 20.4　利用扩展焦点避免碰撞

我们现在举一个简单的例子，其中 FoE（扩展焦点）位于图像中，并显示如何可以推断摄像机最接近已知坐标的固定物体的距离。这种类型的信息对于引导机器人手臂或机器人车辆并帮助避免碰撞非常有用。

在第 16 章的注释中，我们有一个由世界点 $(X, Y, Z)$ 产生的图像点 $(x, y, z)$ 位置的公式：

$$x = f X/Z \tag{20.8}$$

$$y = f Y/Z \tag{20.9}$$

$$z = f \tag{20.10}$$

假设摄像机具有运动向量 $(-\dot{X}, -\dot{Y}, -\dot{Z}) = (-u, -v, -w)$，固定的世界点将具有相对于摄像机的速度 $(u, v, w)$。现在，在时间 $t$ 之后的点 $(X_0, Y_0, Z_0)$ 将以如下图像坐标移动到 $(X, Y, Z) = (X_0 + ut, Y_0 + vt, Z_0 + wt)$：

$$(x, y) = \left( \frac{f(X_0 + ut)}{Z_0 + wt}, \frac{f(Y_0 + vt)}{Z_0 + wt} \right) \tag{20.11}$$

当 $t$ 趋于无穷，它接近 FoE $\left[ F\left( \frac{fu}{w}, \frac{fv}{w} \right) \right]$。这一焦点在图像中，但更为准确的解释为，成像系统的投影中心的实际运动是朝向如下点：

$$\boldsymbol{p} = (fu/w, fv/w, f) \tag{20.12}$$

这当然与最初假设的运动向量 $(u, v, w)$ 一致。现在可以将在时间 $t$ 内移动的距离建模为

$$\boldsymbol{X}_c = (X_c, Y_c, Z_c) = \alpha t \boldsymbol{p} = f\alpha t(u/w, v/w, 1) \tag{20.13}$$

其中 $\alpha$ 是归一化常数。为了计算摄像机最接近世界点 $\boldsymbol{X} = (X, Y, Z)$ 的距离，我们仅指定向量 $\boldsymbol{X}_c - \boldsymbol{X}$ 与 $\boldsymbol{p}$ 垂直（图 20-5），从而

$$(\boldsymbol{X}_c - \boldsymbol{X}) \cdot \boldsymbol{p} = 0 \tag{20.14}$$

也就是：

$$(\alpha t \boldsymbol{p} - \boldsymbol{X}) \cdot \boldsymbol{p} = 0 \tag{20.15}$$

$$\therefore \quad \alpha t \boldsymbol{p} \cdot \boldsymbol{p} = \boldsymbol{X} \cdot \boldsymbol{p} \tag{20.16}$$

$$\therefore \quad t = (\boldsymbol{X} \cdot \boldsymbol{p})/\alpha(\boldsymbol{p} \cdot \boldsymbol{p}) \tag{20.17}$$

现在代入 $\boldsymbol{X}_c$ 的等式给出：

$$\boldsymbol{X}_c = \boldsymbol{p}(\boldsymbol{X} \cdot \boldsymbol{p})/(\boldsymbol{p} \cdot \boldsymbol{p}) \tag{20.18}$$

因此，路径的最小距离由下式给出

$$d_{\min}^2 = \left[ \frac{\boldsymbol{p}(\boldsymbol{X} \cdot \boldsymbol{p})}{\boldsymbol{p} \cdot \boldsymbol{p}} - \boldsymbol{X} \right]^2 = \frac{(\boldsymbol{X} \cdot \boldsymbol{p})^2}{(\boldsymbol{p} \cdot \boldsymbol{p})} - \frac{2(\boldsymbol{X} \cdot \boldsymbol{p})^2}{(\boldsymbol{p} \cdot \boldsymbol{p})} + (\boldsymbol{X} \cdot \boldsymbol{X})$$

$$= (\boldsymbol{X} \cdot \boldsymbol{X}) - \frac{(\boldsymbol{X} \cdot \boldsymbol{p})^2}{(\boldsymbol{p} \cdot \boldsymbol{p})} \tag{20.19}$$

当 $\boldsymbol{p}$ 沿着 $\boldsymbol{X}$ 对齐时，这自然是零。显然，避免碰撞需要估计连接到摄像机的机器（例如机器人或车辆）的尺寸以及与世界点特征 $\boldsymbol{X}$ 相关联的尺寸。最后请注意，尽管 $\boldsymbol{p}$ 是从图像数据中获得的，但只有当我们能从其他信息估计深度 $Z$ 时，才能从图像数据推导出 $\boldsymbol{X}$。事实上，如果摄像机在空间中的速度（特别是 $w$）是已知的，则应该能从时间相关性分析（见下文）中获得这些信息。

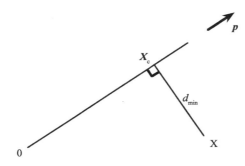

图 20-5　计算最接近的距离。这里，摄像机在方向 $\boldsymbol{p}$ 上从 0 移动到 $\boldsymbol{X}_c$，而不是直接对着 $\boldsymbol{X}$ 处的物体。$d_{min}$ 是最靠近的距离

## 20.5　时间邻近度分析

接下来，我们考虑能够从光流中推出物体深度的程度。首先，请注意同一物体上的特征共享相同的 FoE，这可以帮助我们识别它们。但是，我们如何从光流中获得关于物体深度的信息呢？基本方法是从一般图像点 $(x,y)$ 的坐标开始，推导出其光流大小，然后找到一个将其与深度 $Z$ 相联系的等式。

基于公式（20.11）给出的一般图像点 $(x,y)$，我们发现：

$$\dot{x} = f[(Z_0 + wt)u - (X_0 + ut)w] / (Z_0 + wt)^2 \tag{20.20}$$
$$= f(Zu - Xw) / Z^2$$

与

$$\dot{y} = f(Zv - Yw) / Z^2 \tag{20.21}$$

因此：

$$\dot{x} / \dot{y} = (Zu - Xw) / (Zv - Yw) \tag{20.22}$$
$$= (u/w - X/Z) / (v/w - Y/Z)$$
$$= (x - \boldsymbol{x}_F) / (y - \boldsymbol{y}_F)$$

这个结果是可以预料的，因为图像点的运动必须直接远离 FoE$(x_F, y_F)$。在不失一般性的情况下，我们现在取一组轴，使得所考虑的图像点沿着 $x$ 轴移动。然后，我们有：

$$\dot{y} = 0 \tag{20.23}$$
$$\boldsymbol{y}_F = y = fY/Z \tag{20.24}$$

将 FoE 的距离定义为 $\Delta r$（见图 20-6），我们发现：

$$\Delta r = \Delta x = x - \boldsymbol{x}_F = fX/Z - fu/w = f(Xw - Zu)/Zw \tag{20.25}$$
$$\therefore \quad \Delta r / \dot{r} = \Delta x / \dot{x} = -Z/w \tag{20.26}$$

这个方程表征了时间邻近度，即当摄像机坐标系的原点到达目标点时，在实际坐标中看到的是相同的变化距离 $Z/w$，也就是在图像坐标中看到的 $-\Delta r / \dot{r}$。因此，有可能将场景中不同深度的物体点的光流向量联系起来。这很重要，因为现在根据 $w$ 值相同的假设，允许我们仅仅根据它们明显的运动参数来确定物体点的相对深度：

$$\frac{Z_1}{Z_2} = \frac{\Delta r_1 / \Delta r_2}{\dot{r}_1 / \dot{r}_2} \tag{20.27}$$

这是从运动确定结构的第一步。在这种情况下，请注意包含观察物体是否为刚性的隐含假设，即同一物体上的所有点都由相同的 $w$ 值表征。刚性的假设是图像中运动解释的大部

分工作的基础。

图 20-6 计算时间邻近度。这里，物体特征正在以速度 $\dot{r}$ 直接从扩展焦点 $F$ 移开。在观察时，特征距 $F$ 的距离为 $\Delta r$。这些测量允许计算时间邻近度以及特征的相对深度

## 20.6 基于光流模型的基本问题

当上面介绍的光流思想用于实际图像时会出现某些问题，而这些问题在上述模型中并不明显。首先，并非所有出现在运动图像中的边缘点实际上都存在。这是由于运动物体和背景的对比度差异将在局部运动过程中下降，从而导致无法分辨运动物体的边缘。这种情况与非运动图像中由边缘检测算子定位的边缘完全相同：在某些地方，对比度会降低到一个较低的值，并且边缘会逐渐消失。这表明边缘模型以及现在的速度流模型是有局限性的，并且这样的局部过程是特设的，对于在没有其他帮助情况下无法执行适当的分割。

在这里，我们认为简单的模型可能是有用的，但在某些场合它们变得不适用，并且需要稳健的方法来克服随后出现的问题。早在 1986 年，Horn 就注意到了一些问题。首先，光滑的球体可能在旋转，但该运动不会出现在光流（差分）图像中。我们可以希望这是一个简单的光学幻象，因为球体的旋转也可能对眼睛不可见。其次，当光线绕着静止的球体旋转时，它可能显现旋转：该物体仅受朗伯光学法则的制约，我们也可以将这种效应视为光学错觉（错觉与通常正确的光流模型提供的基线相关）。

接下来我们回到光流模型，看看它可能产生错误或误导的位置。答案很明显：在式（20.2）中我们假设图像正在移动。然而，并不是图像在移动，而是其中的物体。因此，我们应该考虑在固定背景下移动物体的图像（或者如果摄像机正在移动，则需要可变背景）。这将使我们能够看到运动边缘的各个部分如何从高对比度变为低对比度，然后再以相当易变的方式转变回来，这在我们的算法中仍然是必须考虑的。考虑到这一点，应该允许继续使用光流和差分图像，尽管这些概念明显限制了理论的有效性［有关基础理论的更全面的分析，请参见 Faugeras（1993）］。

## 20.7 运动中的立体视觉

摄像机运动的一个有趣方面是，随着时间的推移，摄像机会以类似于双目（立体）图像的方式看到横跨基线的连续图像。因此，应该有可能通过拍摄两个这样的图像并跟踪它们之间的物体特征来获得深度信息。该技术原则上比普通立体成像更直接，因为可以进行特征跟

踪，所以特征点对应问题应该是不存在的。然而有一个问题，在连续的图像中从几乎相同的方向看物场的话，无法获得可用基线的全部好处（图 20-7）。我们分析效果如下。

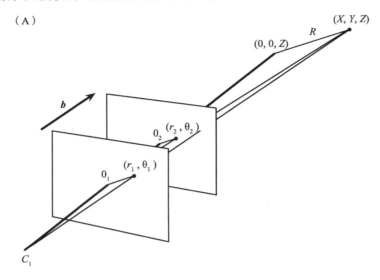

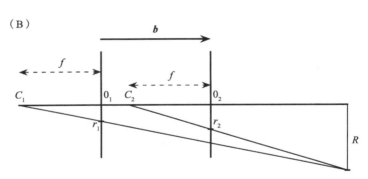

图 20-7   从摄像机运动获得立体感的计算。图 A 显示了摄像机运动如何产生立体成像，向量 **b** 表示基线。图 B 显示了计算视差所需的简化平面几何（假设运动直接沿着摄像机的光轴）

首先，在摄像机运动的情况下，图像中横向位移的方程不仅取决于 $X$，而且取决于 $Y$，尽管我们可以通过使用 $R$（从摄像机的光轴到物理点的径向距离）来简化理论，其中

$$R = (X^2 + Y^2)^{1/2} \tag{20.28}$$

我们现在获得两幅图像中的径向距离

$$r_1 = Rf/Z_1 \tag{20.29}$$

$$r_2 = Rf/Z_2 \tag{20.30}$$

所以，视差是

$$D = r_2 - r_1 = Rf(1/Z_2 - 1/Z_1) \tag{20.31}$$

将基线写为

$$b = Z_1 - Z_2 \tag{20.32}$$

并假设 $b \ll Z_1, Z_2$，然后去掉多余项，给出

$$D = Rbf/Z^2 \tag{20.33}$$

虽然这似乎可以减轻在不知道 $R$ 的情况下找到 $Z$ 的难度，但我们可以通过观察如下式子来克服这个问题。

$$R/Z = r/f \qquad (20.34)$$

其中 $r$ 近似为平均值 $\frac{r_1 + r_2}{2}$。现在替换 $R$ 给出

$$D = br/Z \qquad (20.35)$$

因此，我们可以推导出物体点的深度

$$Z = br/D = br/(r_2 - r_1) \qquad (20.36)$$

这个方程应该与方程（15.5）（代表普通立体情况）进行比较。要注意的是，对于运动立体成像，视差取决于图像点距摄像机光轴的径向距离 $r$，而对于普通立体成像，视差与 $r$ 无关。结果，运动立体成像不给出光轴上点的深度信息，深度信息的精度取决于 $r$ 的大小。

## 20.8　卡尔曼滤波器

在跟踪移动物体时，最好能够预测它们在未来帧中的位置，因为这将最大限度地利用先前存在的信息并允许在后续帧中进行最少量的搜索。它还可以用来抵消暂时遮挡的问题，如当一辆车经过另一辆车后，或者一个人从另一个人身前经过时，甚至当一个人的一条腿从另一辆车后面经过时（追踪预测的军事需求也很多，运动领域也是如此）。显然，为达到此目的，我们将使用的公式包括顺序更新被追踪物体上点的位置和速度：

$$x_i = x_{i-1} + v_{i-1} \qquad (20.37)$$
$$v_i = x_i - x_{i-1} \qquad (20.38)$$

为了方便，假设每对样本之间为单位时间间隔。

事实上，这种方法太粗糙，无法产生最佳结果。首先，有必要明确三个量：（1）原始测量值（如 $x$）；（2）观测前相应变量值的最佳估计值（用"−"表示）；（3）在观察之后对这些相同模型参数的最佳估计（由"+"表示）。此外，有必要包含明确的噪声条件，以便可以通过严格的优化过程来获得最好的估计。

在上述特定情况下，速度及其可能的变化（为简单起见，我们将忽略它）构成最佳估计模型参数。我们通过加入参数 $u$ 来表征位置测量噪声，以及参数 $w$ 来表征速度（模型）估计噪声。上面的等式现在变成了

$$x_i^- = x_{i-1}^+ + v_{i-1} + u_{i-1} \qquad (20.39)$$
$$v_i^- = v_{i-1}^+ + w_{i-1} \qquad (20.40)$$

在速度恒定且噪声为高斯的情况下，我们可以发现这个问题的最佳解决方案：

$$x_i^- = x_{i-1}^+ \qquad (20.41)$$
$$\sigma_i^- = \sigma_{i-1}^+ \qquad (20.42)$$

这些被称为预测方程。还可以得到

$$x_i^+ = \frac{x_i/\sigma_i^2 + (x_i^-)/(\sigma_i^-)^2}{1/\sigma_i^2 + 1/(\sigma_i^-)^2} \qquad (20.43)$$

$$\sigma_i^+ = \left[ \frac{1}{1/\sigma_i^2 + 1/(\sigma_i^-)^2} \right]^{1/2} \qquad (20.44)$$

这些被称为修正方程。这些只不过是众所周知的加权平均方程（Cowan，1998）。在这些方

程中，$\sigma^{\pm}$ 是相应模型估计值 $x^{\pm}$ 的标准差，$\sigma$ 是原始测量值 $x$ 的标准差。

这些方程式显示的是重复测量如何改善位置参数的估计以及每次迭代时的误差。注意这个特别重要的特征——建模噪声以及位置本身。这样就可以忽略所有早于 $i-1$ 的位置。事实上，通过对很多这样位置的值求平均就可以提高最新估计的准确性，当然，这些位置被汇总为 $x_i^-$ 和 $\sigma_i^-$ 的值，并最终成为 $x_i^+$ 和 $\sigma_i^+$ 的值。

接下来的问题是如何将这个结果推广到多个变量以及可能的变化速度和加速度。这是广泛使用的卡尔曼滤波器的功能。它通过继续进行线性逼近并使用包含位置、速度和加速度（或其他相关参数）的状态向量（所有这些都在一个状态向量 $s$ 中）来实现此目的。这构成了动态模型。原始测量值 $x$ 必须单独考虑。

在一般情况下，状态向量不会简单地通过写入下式来更新：

$$s_i^- = s_{i-1}^+ \tag{20.45}$$

但由于位置、速度和加速度的相互依赖性，需要更全面的阐述；因此，我们有：

$$s_i^- = K_i s_{i-1}^+ \tag{20.46}$$

有些作者在这个等式中使用 $K_{i-1}$，但它仅仅是定义该标记是匹配前一个状态还是新状态的问题。同样，式（20.42）~（20.44）标准方程中的偏差 $\sigma_i$ 和 $\sigma_i^{\pm}$（或更确切地说，相应的变量）必须用协方差矩阵 $\Sigma_i$ 和 $\Sigma_i^{\pm}$ 代替，并且方程变得更为复杂。我们在这里不会进行充分的计算，因为它们不重要，需要几页来重申。简单来说，目标是通过最小二乘计算产生最佳的线性滤波器（参见如 Maybeck，1979）。

总体而言，卡尔曼滤波器是噪声为零均值、白噪声和高斯噪声的线性系统的最优估计器，但即使噪声不是高斯的，它通常也能提供良好的估计。

最后将会注意到，卡尔曼滤波器本身通过平均过程起作用，如果出现任何异常值，这将导致错误的结果。这在大多数运动应用中都会出现。因此，需要测试每个预测值来确定它是否离现实太远。如果是这种情况，所讨论的物体可能部分或完全被遮挡：一个简单的选择是假定物体继续保持相同的运动（尽管随着时间的推移具有较大的不确定性），并且等待它从另一个物体后面出现。最起码，明智的做法是将这些可能性保留一段时间，但这种可能性的范围自然会因情况而异，不同应用也会有所不同。

## 20.9    宽基线匹配

第 6 章提到了对宽基线匹配的需求，其中对检测适当不变特征进行了大量讨论（参见 6.7 节及其各小节）。该主题一直延续到本章，因为它与 3D 视觉和运动分析都相关，后面的主题仅在本章中介绍。宽基线情景来自从广泛不同的方向观察同一物体的情况，其结果是其外观可能发生剧烈变化，从而可能变得非常难以识别。尽管窄基线立体匹配是使用两台摄像机进行深度估计的标准，但是在监控应用中宽基线很常见——例如，如第 22 章中所述，几个独立的被广泛分开的摄像机对行人区域进行查看。当在图像数据库中寻找物体时，它们也是常态。然而，它们发生的最可能的情况之一是运动中的物体。虽然这在监控或驾驶辅助系统中可能看起来并不重要，但由于每一对帧都会给出窄基线立体视觉的实例，因此很容易发生物体暂时被遮挡，并以不同的方向或背景重新回到视野中。另外，软件的注意力（如人类操作员的注意力）可能只存在于部分时间的部分场景。因此，宽基线观察肯定会是运动的共同结果。那么总的来说，在各种 3D 观察和运动跟踪的实例中将需要宽基线匹配技术。

第 6 章展示了如何设计特征以涵盖达到 50° 的各种宽基线视图。在这些情况下，设计合适的特征检测器的一个重要因素就是使它们对缩放和仿射失真具有不变性。然而，这还远远不够。特征检测器还必须提供每个特征的描述符，这些描述符具有足够丰富的信息，使视图之间的匹配尽可能地清楚。这样，宽基线匹配就有可能成为高度可靠的方法。Lowe（2004）发现可靠识别物体可能只用三个特征就够了。实际上，当图像通常包含来自许多不同物体的数千个特征以及混乱的背景时，实现这一点非常重要。以这种方式，误报的数量可以减少到最低水平，并且在输入图像中检测出所选类型的所有物体的机会会很高。这可以通过描述符包含 128 个参数的 Lowe 的 SIFT 特征的丰富性来加以说明（如第 6 章所讨论，其他研究人员设计的特征可能包含的参数较少，但最终因为不适用于所有可能的情况而存在风险）。

假设宽基线匹配是可取的，并且 SIFT 和其他特征具有丰富的描述符集合，那么实际匹配应该如何实现？理想情况下，所有必要的是比较每对图像的特征描述符，并找出哪些匹配得很好，哪些导致两个视图中物体的共同识别。显然，第一个要求是对特征对进行相似性测试。Lowe（2004）在他的 128 维描述符空间中使用最近邻（欧几里得）距离度量来实现这一点。然后，他使用霍夫变换来识别特征簇，给出两幅图像中出现的物体姿态的相同解释。由于在这种情况下可能出现的内点数量相对较少，他发现霍夫变换方法比 RANSAC 执行得更好。Mikolajczyk 和 Schmid（2004）使用 Mahalanobis 距离度量来选择最相似的描述符以获得一组初始匹配，然后使用互相关来拒绝低分匹配，最后他们使用 RANSAC 对两幅图像之间的转换进行了稳健估计。Tuytelaars 和 Van Gool（2004）进一步发展了这一点，利用涉及几何一致性和光度限制的半局部约束来优化匹配的选择，之后依赖 RANSAC 来执行最终的姿态稳健估计。与上述方法相比，Bay 等人（2008）将描述符信息作为一个使用"词袋"表示（Dance 等人，2004）的朴素贝叶斯分类器的输入，以进行物体识别。Bay 等人（2008）没有提到在这个应用中确定物体姿态的问题，该应用的目标更多的是识别图像数据库中的物体——虽然它同样可以用于重复识别道路上的汽车，但姿态并不是很重要。

总的来说，很显然，利用具有丰富局部图像内容描述符的不变特征检测器的新机制形成了一种强大的方法来实现宽基线物体匹配，并将很大程度上导引出后续算法。

## 20.10  结束语

在本章的开头，我们描述了光流场的形成，并展示了移动物体或移动摄像机如何导致 FoE。在物体移动的情况下，FoE 可以用来确定是否发生碰撞。另外，考虑到 FoE 位置的运动分析使得从运动中确定结构成为可能。具体而言，这可以通过时间邻近度分析来实现，该分析可直接从图像测量的运动参数产生相对深度。然后，我们继续说明光流模型的一些基本困难，这是因为运动边缘可以具有大范围的对比度值，使得难以准确地测量运动。实际上，这意味着可能不得不采用更大的时间间隔来增加运动信号。否则，可以使用与第 11 章相关的基于特征的处理。边角是最常用的特征，因为它们无处不在，并且它们在 3D 中高度局部化。受篇幅所限，这种方法的细节将不在这里描述，可参见 Barnard 和 Thompson（1980）、Scott（1988）、Shah 和 Jain（1984）、Ullman（1979）。然而，卡尔曼滤波器用于缓解暂时遮挡困难的价值已被发现，并且已经涵盖了宽基线匹配（其包括运动跟踪应用）的不变特征的使用。

在实际应用中运动的进一步研究将在第 22 章和第 23 章中讨论，这些章节解决了监控和车载视觉系统的问题。

> 理解运动的明显方法是通过图像差分和光流的确定。本章已经表明，"孔径问题"是一个可以通过使用边角跟踪来避免的难题。进一步的困难是由暂时性遮挡造成的，因此需要诸如遮挡推理和卡尔曼滤波之类的技术。

## 20.11　书目和历史注释

许多研究人员在很多年以来一直研究光流：参见如 Horn 和 Schunck（1981）、Heikkonen（1995）。1980 年出现了与 FoE 有关的数学的明确说明（Longuet-Higgins 和 Prazdny，1980）。事实上，扩展焦点可以从光流场或直接获得（Jain，1983）。20.5 节关于时间相关性分析的结果最初来自 Longuet-Higgins 和 Prazdny（1980）的工作，它对光流的整个问题以及使用其错切分量的可能性提供了一些深刻的见解。请注意，速度场的数值解问题是重要的。通常情况下，需要进行最小二乘分析以克服测量不准确性和噪声的影响，并最终获得所需的位置测量和运动参数（Maybank，1986）。总的来说，解决解释的歧义性是图像序列分析的主要问题和挑战之一［见 Longuet-Higgins（1984）对移动平面情况下的歧义性的有趣分析］。

不幸的是，由于篇幅原因，在这里无法详细讨论关于运动、图像序列分析和光流的重要文献，这些文献对 3D 视觉影响很大。有关这些主题的开创性工作，请参阅如 Huang（1983）、Jain（1983）、Nagel（1983，1986）和 Hildreth（1984）。

有关使用卡尔曼滤波器进行跟踪的早期研究，请参见 Marslin 等人（1991）。对于跟踪和监控移动物体的大量近期研究，包括跟踪人员和车辆，请参见第 22 章和第 23 章（实际上，应特别关注第 23 章从汽车内部监控移动目标）。有关跟踪、粒子滤波器和运动目标检测的最新参考资料，请参见第 22 章和第 23 章中的参考书目。

有关宽基线匹配的不变特征的更多参考资料，请参见第 6 章。

## 20.12　问题

1. 解释在方程（20.44）中，方差为什么以这种特殊方式进行组合？（在大多数统计应用中，方差通过加法合并。）

# 计算机视觉的应用

第五部分包含本书前四部分涵盖的所有技术，考虑当计算机视觉应用到关键的实际问题时这些技术的使用。显然，第五部分不可能涵盖所有可能的应用，因此选择了三个关键领域进行特殊处理，反映了全球压力、社会需求，以及目前计算机视觉在其实际应用中的固有能力（即考虑到前四部分中涉及的所有技术和方法）。

第21章介绍了过去二十年在人脸检测和识别的重要领域所取得的进步。包括关于深度学习对面部分析影响的重要讨论，并表明面部分析为自2011～2012年以来深度学习取得的爆炸性进展提供了一个主要载体。

第五部分中涉及的其他两个主题是监控和车载视觉系统，这两个主题在过去15～20年中的发展越来越强劲，随着无人驾驶汽车的出现，车载视觉系统目前尤其流行（这里"无人驾驶"这个词不得不被草率对待，因为大多数汽车仍然保留驾驶员，而且，无论未来会怎样，让汽车真正成为"无人"驾驶，往往会导致它们被认为不那么可靠）。

# 人脸检测与识别：深度学习带来的影响

人脸识别在现代社会中具有重要的地位，并在安全应用中起着至关重要的作用。同时，场景中人脸的检测也是许多实际应用的基础。本章涵盖了这两个领域，使用对比方法如主成分分析（PCA）等获得"特征脸"（eigenfaces）和"增强"（boosting）来快速定位脸部位置。但是，这些早期的方法正在变得边缘化，取而代之的如正面化方法和深度学习，从而计算机可以达到人类成功识别的水平。

本章主要内容有：

- 使用简单技术可以实现的高效人脸检测
- 检测面部特征，如眼睛、鼻子和嘴巴
- Viola-Jones 增强人脸检测器
- 人脸识别的特征脸方法
- 使用正面化将人脸转换为标准正脸形式
- 如何将深度学习应用于人脸检测和识别（Face Detection and Recognition，FDR）
- 面部如何被视为三维物体的一部分
- 利用不变性来初始化人脸识别

虽然本章主要针对 FDR，但它被迫考虑使用现代深度学习架构。虽然后者主要在第15 章中讨论，但本章进一步发展了这些想法，可以被视为突出实际问题。事实上，本章结束后，深度学习的影响会凸显。

## 21.1 导言

从人流控制到监控进入大楼的行人，人脸检测在许多实际生活场景中已经变得非常重要。在许多情况下，仅人脸检测并不足以完成任务，人脸需要被识别或者在一些场景需要被验证，如进入银行金库或者登录一台计算机。人脸检测可以说是最基本的需要，因为这不仅可以统计人数，也是人脸识别的前提。也可以说识别这一动作本身必然包含检测，而验证身份是人脸识别中只有一人需要被识别的例子。在事情的总体方案中，人脸检测是这些任务中最简单的。从原理上说，人脸检测通过使用一个基于"平均"脸的合适的滤波器就可以自动做到，"平均"脸可以通过"平均"数据库中的大量人脸获得。但是，在达到实际效果时，有大量错综复杂的情况需要考虑，因为人脸图像极大可能是在很广泛的不同照明条件下采集的，而且面部不太可能被正面拍摄。事实上，头也会有不同的位置和姿态，所以即便是完全正面的视角，头也可能有不同程度的平面内旋转和平面外旋转。翻滚角、俯仰角、偏航角对于人脸检测或识别（类似船舶）来说，是三个需要被控制或者说会存在的重要角度。当然，也有一些情况下人脸的姿态是被控制限制的，比如拍护照上的照片和驾驶证上的照片时，但是这些情况要被当成是例外。最后，不能忘记的一点是人脸是灵活的物体：不仅下巴可以移动，嘴和眼睛可以张开或者闭上，而且可以做出极其丰富的面部表情（也可以体现情绪）。

所有这些内部和外部的因素都使得人脸分析和识别是一项非常复杂的任务，而且这个任务会因为脸部和头发的多样性，眼镜、帽子和其他服饰变得更加复杂。不用说，所有这些因素在识别恐怖分子时都是必须努力解决的。

在这种情况下，查看从互联网图片中提取的许多真实人脸照片是有益的——接下来会检测其中的一些图片（图 21-1）。我们现在继续看怎么将肤色作为基本的处理手段来实现人脸检测。

## 21.2　一种人脸检测的简单方法

广泛使用的 LFW（Labeled Faces in the Wild）数据集包含从互联网上收集的人脸大致居中、大小尺寸相同的图片。大多数情况下，它们显示的正面人脸具有相对较小的三维滚动、俯仰和偏航方向范围——所有这些特征一般都在 ±30° 范围内（参见图 21-1）。在本节中，我们考虑如何以合理的速度和效率进行人脸检测。一个直观的方法是使用颜色和强度控制来检测肤色。在图 21-1 中，我们用简单的色调和强度范围测试来尝试使用这种方法：色调 +180° 必须在 180° ± 20° 范围内，强度必须在 140 ± 50 的范围内（整体强度范围为 0～255）。这个范围是依靠经验得出的：在实际操作时这将由严格的训练过程决定。在这里，用这种简单的模式来展示可能的情况。

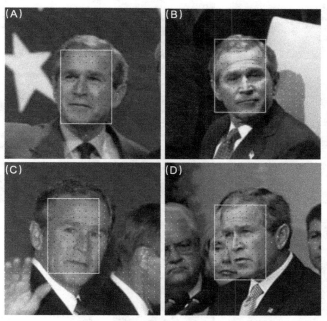

图 21-1　使用简单的采样方法进行人脸检测。此处，使用简单的采样方法检测 LFW 数据库中的四张布什的人脸。首先，肤色被检测并记录为白点。然后，使用最适合的 2：3 纵横比框来找到最可能的脸部位置。在每一个最合适的框内，白点变成（内点）黑点，剩下的白点表示外点。在图 B 和 C 的例子中大量的白点仍然存在，在图 C 中它们超过了黑点。注意，该方法实际上表明了最适合的肤色区域，而不是人脸区域。因为该方法不包含任何人脸特征检测功能

在图 21-1 中，通过对每个方向每 10 像素进行采样来加速处理。通过上述范围测试，带有肤色信号的所有像素都用白点标记出来。接下来，使用一个长宽比约为 2:3 的长方形（相

对应大致 LFW 面部尺寸），这样包含最多的肤色信号的位置就被找到了：在这个阶段，内点被重新标记为黑色，其余白色点被视为外点（异常值）。在所有四张图片中，真正的面孔被正确地找到并贴上标签，而且判别结果不会被剩余的外点所干扰——即使它们与脸的一些部分相对应，或与背景中的其他明亮小块对应。显然，这种方法是鲁棒而合理准确的，它的运行速度也非常快，因为只有每 100 像素使用一次。肤色检测器相对简陋而且并不对应到个人的脸，但是这似乎并没有关系。事实上，最重要的参数应该是长方形的尺寸。奇怪的是，这个参数实际上并非关键，它适用于相当数量的 LFW 人脸，不会发生任何遗漏。总的来说，主要问题是这个人脸检测器总是会找到最类似一张脸的物体（即使没有）。在这种情况下，最显而易见的方法似乎是找到合适的面部特征检测器，如眼睛、耳朵、鼻子或嘴巴，以验证发现的任何脸部确实是一张脸。有趣的是，尽管眼睛可能是最广泛用于此目的的特征，但它们在照片中相对模糊不清，如图 21-2 所示（除了最后三张图）。所以决定应该寻找哪些特征，以及它们应该以什么准确度被检测到依然是个问题。

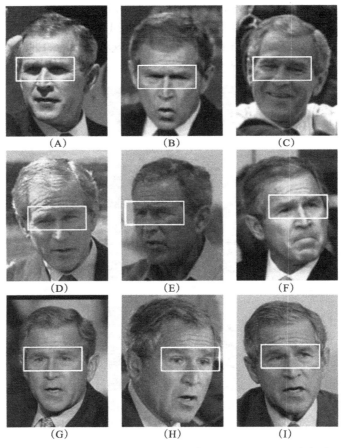

图 21-2  LFW 数据集中布什人脸图像眼睛区域的变化。在图 A ～ E 中都有很强的阴影；因此，不可能使用基于虹膜检测的人眼检测器，比如霍夫变换。然而，这在图 F ～ I 中是可能的。尽管如此，需要注意的是，这些情况下虹膜的可见边界都很低（明显小于50%）：在如此低的分辨率下，这就成为一个问题。此外，眼睛周围众所周知的阴影区域几乎完全不存在于图 G ～ I 的例子中，这使得眼睛很难可靠地定位，在这种情况下，鼻子、嘴部或其他特征的特征检测器也必须使用

## 21.3　人脸特征检测

通过肤色检测脸部可能是不可靠的，因为：（1）手和身体的其他区域可以模仿脸部；（2）衣服可以具有相似的色调和颜色；（3）甚至由沙子或其他材料构成的背景区域都可以有相似的色调和颜色。因此，基于面部特征或面部形状的人脸检测方法可以用来代替那些简单依赖肤色的检测方法。此外，它们还可以用于肤色区域检测，以确保整体方法足够鲁棒。

在相关的面部特征中突出的是眼睛、鼻子、嘴巴和耳朵及其子特征，如角点。这些可以用训练好的模板通过相关运算来检测，如图 21-3 所示的眼睛检测。为了可靠性，这样的模板需要非常小，以弥补困扰人脸检测的泛化性的问题。如图 21-3 所示，如果它们看起来在足够精确度的范围内相符，可以分别检测眼睛，结果自适应地组合。显然，结合几个特征检测，不仅仅检测眼睛，而且检测多种特征，尽管可能不知道如何足够鲁棒地得到先验信息，特别是在一些图片中，滚动角度、俯仰角度和偏航角度都很大而且未知。总体而言，多特征方法最糟糕的方面是需要设计和训练多个检测器，并且特征数据的融合甚至可能更难以处理和训练。还要注意，处理所有这些因素和各种复杂场景可能涉及大量计算。因此，不出意料，近几年来这种相当复杂的方法在学术界已经变得不那么常用了。在这种情况下，Viola 和 Jones（VJ）研究并提出了他们具有创新性的基于哈尔（Haar）过滤器的方法，下面将会对其进行概述。

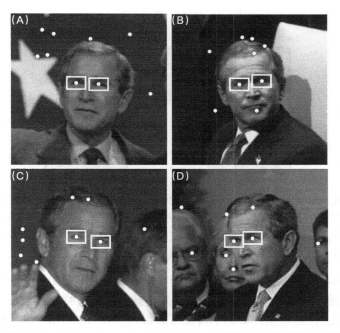

图 21-3　人眼特征检测。在图 A ～ D 中，通过使用一个训练好的眼睛模板与眼部的相关性来定位潜在的人眼特征点。特征点数目限制在 9 个最有可能的特征的位置，在每个图像中都用白点标记。然后，基于预计的一定水平距离和垂直距离（分别为 29 ～ 42 像素，±6 ～ 8 像素）搜索一对眼睛特征，结果标记为白色的框。框的大小由用于检测人眼特征模板的大小所决定。注意，许多外点来自头发和背景中隐藏的相似点，尽管在图 D 中，它们也表示其他人的眼睛。有趣的是，这种方法可以很好地处理 20° 偏转和 30° 偏斜的情况

## 21.4 用于快速人脸检测的 Viola-Jones 方法

Viola 和 Jones（2001）深入分析了上一节概述的人脸检测问题，他们决定采取一种全新的方法。首先，他们避开了关注于上述"明显"特征，即眼睛、耳朵、鼻子和嘴巴；此外，他们避开了肤色特征和肤色检测，而转向根据强度分布特征来分析人脸（最后，他们没有直接分析形状）。他们首先寻求的是一系列在实践中发挥作用的特征，这是因为对已知数据集进行了仔细的训练。出于这个原因，他们决定使用类 Haar 基函数作为通用目的特征来训练软件系统。使用这些特征有可能找到相对较暗的脸部区域。的确，通常情况下眉毛正下方包含眼睛的部分相对较暗，并且比前额或含鼻子和脸颊的区域明显更暗。同样，眼睛之间的部分往往是显著的比鼻子区域更亮。如果当这种强度变化实际存在时，类 Haar 滤波器将会把它们显示出来。

首先应该解释一个典型的 Haar 滤波器由两个相邻且紧靠着的大小相等的矩形组成，但是具有相反的权重（通常为 ±1），因此权重的总和将为零，使得滤波器对背景照明度不敏感。这样的滤波器将接近差分边缘检测器。其他 Haar 过滤器将由三个相邻的紧挨着的矩形组成，如果面积相等，它们的权重必须是 −1：2：−1 的比例。还有其他的 Haar 过滤器由四个相邻的紧挨着的矩形组成，其权重在各行之间交替排列：−1、1 和 1、−1。这些基本过滤器如图 21-4 所示。使用这种简单过滤器的原因是：它们可以很容易构建和应用；它们的使用涉及最少的计算。

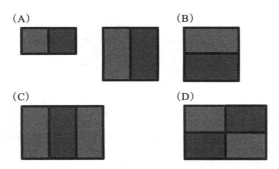

图 21-4　典型的 Haar 滤波器。（A）基本二元微分边缘检测器类型滤波器。（B）在垂直方向上工作的二元差分边缘检测器。（C）三元一维拉普拉斯滤波器。（D）四元 Roberts 交叉型滤波器。如果浅色区域和深色区域的权重分别为 +1 和 −1，那么滤波器的和为 0，尽管在图 C 中，深色区域必须被赋予双倍的权重

在 Viola 和 Jones（2001）的研究中，用于训练的人脸图像的大小为 24×24 像素，并且假设相关特征可能出现在每个图像中的任何位置。此外，相关特征可能在此区域内具有任何大小。他们提出了这样的想法，即每个特征可以以任何尺寸大小出现在图像中的任何位置，并且它们的区分能力应该在训练时确定。

考虑由一个封闭矩形定义的一般的 Haar 滤波器，计算这些滤波器的总数很简单。首先，滤波器的垂直边界可以以 $^{25}C_2 = 300$ 种方式选择，水平边界类似，这使得所考虑的特征总数为 $300^2 = 90\,000$。然而，如果这些特征是内部不对称的，如包含两个相反权重的水平相邻矩形，则原则上特征总数会是这个数字的两倍，即 180 000。实际上，内部结构也会限制可能性的数量，因为矩形的总宽度（如最后一种情况）必须包含偶数个像素，从而导致这种类型的特征的总数为 6 × 24 × 300 = 43 200，或者，包括水平和垂直相邻的矩形，总共 86 400 个

特征。显然，如果我们添加三重和四重矩形特征的数量以及所有其他可能的组合，总数将接近 Viola 和 Jones（2001）引用的总数 180 000。这是一个非常大的数字，远远超过大小为 24×24 的图像的完整基本函数所需的数量（$24^2 = 576$），即它是多次"过度完成"。然而，我们所需要的是一组特征，它们很容易足以准确而简洁地描述实际中可能出现的所有人脸。当然，在实际的人脸检测器中不可能包含如此大量的特征。尽管如此，在训练期间还需要对其中很大一部分进行测试，以便制作出精确，快速操作的人脸检测器。

VJ 采用的方法是使用基于 Adaboost 的增强分类器（见第 14 章），其中每个特征将作为弱分类器。这些弱分类器（特征）中的大部分将被证明是无效的并且将被遗弃，而那些被保留的将被分配最优阈值和给出滤波器符号的等价值（即应该用哪种方式应用滤波器）。在每个阶段，方法所选择的弱分类器都将是针对有人脸区域或非人脸区域最具区分性的那个。请注意，与上述的训练集由面部图像组成相反，它还必须包含许多不包含人脸的图片。在 VJ 情况下，共有 4916 张人脸图像，以及它们的垂直镜像图像，总共 9832 张图像和 10 000 张相同大小的非人脸图像。正确使用后者对于训练分类器以消除误检是必不可少的。

使 VJ 检测器快速运行的因素之一是，它在每个阶段消除很多负子窗口，同时保留几乎所有的正例。这意味着假阴性率保持接近于零。事实上，这种情况会逐渐发生，更简单的操作更快的分类器消除了大部分子窗口，将其留给稍后更复杂的分类器以逐渐降低误报率。整体过程可以被描述为分类器的级联（图 21-5）：序列中的每个分类器消除负子窗口，但实际上是保证保留并传递所有正子窗口。这样的顺序处理存在风险，因为一旦正的子窗口被遗弃，它就不能被恢复，并且错误率必然上升。由 VJ 检测器获得的整个分类器包含 38 层，总共包含 6061 个特征。实际上，前五层分别包含 1、10、25、25 和 50 个特征，这反映了级联阶段日益复杂的情况。

图 21-5　Viola-Jones 级联探测器。这张图只显示了前四个阶段 S1 ~ S4。所有的子窗口流进输入端，非类脸子窗口被过滤，其余的进行进一步处理。完整的检测器包含 38 个阶段。到最后，所有的窗口看起来都很像人脸，尽管实际上精确有多少假阳性和假阴性取决于训练的质量

使 VJ 检测器更加快速高效的另一个因素是使用积分图像方法（见 6.7.5 节和图 6-15）来处理每个特征。Haar 滤波器全部由矩形组成，这使得积分图像方法成为一种特别自然的方式。事实上，矩形 Haar 滤波器并不是特别理想的特征检测器。但是，当使用积分图像方法时，该过程非常快，以至于许多类似的特征可以高效地添加，并且它们的输出最优地组合在一起，轻松地克服单个过滤器最优性的任何损失。无论如何，应该记住的是，Haar 特征形成了一个（完整的）基础集合，保证能够生成所有可能的形状。

总体而言，VJ 检测器比之前最好的检测器快了约 15 倍（Rowley 等，1998），并且有所突破，而之前从未想到有这种可能性。事实上，它为更多的不依赖于传统视觉算法设计的基于学习的系统设定了场景，虽然它更依赖于构建专门用于训练的数据集。有趣的是，在设计的早期就避免了形状、颜色和肤色分析，只利用纯灰度处理和强度分布分析是有益的，尽管最终它肯定是局限性的，特别是如果涉及识别而不仅仅是检测时。

最后，我们将 VJ 检测器与前一节中介绍的简单采样检测器进行比较。两种方法都可以找到图 21-6 图像中的所有脸，但是采样检测器有两个 VJ 检测器没有的缺陷：一个是它更容易误检，因为它没有关于眼睛区域相对较暗的附加信息；另一个是，出于同样的原因，它有时会将框偏向脸上有较大肤色斑点的位置，而不是确保眼睛都出现在最后的方框中——事实上，这个问题只发生在脸在平面内旋转（即偏头）的情况下。

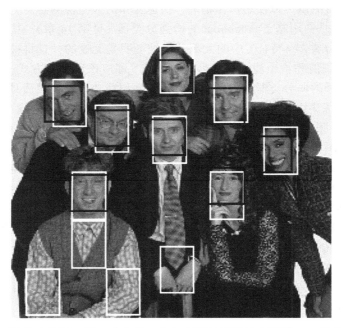

图 21-6　使用两种方法检测人脸。在这里，白色边框显示结果采用图 21-1 的简单采样方法得到，黑色边框表示 Viola-Jones 人脸检测器找到的大概位置。正如预期的那样，后者发现的脸部更准确，没有通过采样的方法对肤色区域的偏差——尽管当与人眼检测器适当结合时，后者应该能够克服这个限制。还要注意采样方法有时会被亮的区域所迷惑（在图中包括手和或亮色衣服）。事实上，在这种情况下，可以通过忽略低可能性的区域来消除误检，即不太可能出现人脸的地方。注意，要做这个测试，必须对简单采样算法进行修改，以顺序搜索多个不重叠的人脸

## 21.5　人脸识别的特征脸方法

人脸识别的特征脸方法由 Sirovich 和 Kirby（1987）发明，并由 Turk 和 Pentland 发展成为一种成功的实用技术（1991）。其基本思想是将一组人脸图像作为脸部空间中的向量，并执行 PCA 以形成标准脸部向量的基础集合。然后可以将面孔表示为该基础集合的线性组合，因此每个面孔可以由其自身线性组合中的数字权重表示。以这种方式表示面部的优点是每个面部将由有限的一组系数表示，而不是由大量的像素组成的原始图像。这意味着任何测试人脸图像都可以与训练集图像进行比较，并通过应用最近邻算法进行分类以确定最接近的匹配。

迄今为止，这种方法存在严重的缺陷，即训练集可能非常大，以至于测试时要比较的系数数量可能会超过每个图像中的像素数量——在这种情况下，识别问题会变得更糟而不是更好。然而，PCA 的主要优点之一是每个特征向量也被赋予一个特征值，有效地表达了它的相

对重要性——至少在已经使用的特定训练集方面。通过将特征值按数字大小降序排列，可以在某处截取特征值列表（和相应的特征向量），此处特征值很小，特征向量代表噪声而不是有用的特征，并且对识别过程几乎没有贡献：例如，为了保留有 16 128 张图像的扩展 Yale 人脸数据库 B 中面部图像总变化的 95%，必须保留前 43 个特征脸。这是在 14.5 节已被接受的一般观点。因此，我们从 $M$ 个训练向量开始，将其减少到 $N$ 的基本集合。现在，数字 $N$ 必须与在每个人脸图像的像素数目 $P$ 进行比较。请注意，训练集中使用的所有人脸图像必须具有相同的尺寸，我们将采用 $r \times c$ 或通常的 $100 \times 100$。幸运的是，为了涵盖 $M$ 张人脸的空间，很多都可以用大小为 $N$ 的相对较小的基本集合来实现，并且假定 $N \ll P = rc$。事实上，$N$ 通常是 50，而 $P$ 通常是 ～ 10 000，所以以假设或多或少得到了保证。

要使用特征脸系统，必须首先设置训练集。请注意，确保训练集中的所有脸在形式上尽可能相似是非常重要的：照片必须在相同的照明条件下拍摄；必须将它们归一化并根据需要裁剪，以便眼睛和嘴巴在所有图像中对齐，它们必须重新采样到相同的像素分辨率；它们必须从其最初的 2D（像素）格式转换为标准长度为 $P$ 的一维向量；最后，它们必须连接成宽度为 $M$ 的单个训练矩阵 $T$。另一个重要的因素是，为了进行 PCA，每个输入图像（即 $T$ 的每列）必须通过减去其平均值而被转换为零均值。

此时，执行 PCA 以确定协方差矩阵 $S$ 的特征值和特征向量（在人脸识别中，情景特征向量通常被称为"特征脸"）。在此之后，$M$ 个特征值按降序排列，最小的特征值被丢弃，留下基础集合 $N$，就像上面讨论的一样。

不幸的是，PCA 是高度计算密集型的，并且必须记住它涉及对角化协方差矩阵 $S$，该矩阵是为成对的图像定义的，每个图像包含 $P$ 个元素：这意味着 $S$ 通常是 10 000 × 10 000 个元素矩阵。这使得 PCA 计算如此密集。然而，当训练图像的数量 $M$ 小于每个图像的像素数目 $P$ 时，将会更容易计算主成分，就像下面演示的一样。首先我们考虑一种计算主成分的常规方法，即根据下面的等式：

$$Sv_i = \lambda_i v_i \tag{21.1}$$

接下来，我们用 $T$ 表示协方差矩阵：

$$S = TT^{\mathrm{T}} \tag{21.2}$$

替换掉 $S$，我们得到

$$TT^{\mathrm{T}}v_i = \lambda_i v_i \tag{21.3}$$

由于 $TT^{\mathrm{T}}$ 是一个大矩阵，我们考虑如果换一个更小的矩阵 $T^{\mathrm{T}}T$ 会发生什么：

$$T^{\mathrm{T}}Tu_j = \lambda_j u_j \tag{21.4}$$

预乘 $T$，我们得到：

$$TT^{\mathrm{T}}Tu_j = \lambda_j Tu_j \tag{21.5}$$

这说明，如果 $u_j$ 是 $TT^{\mathrm{T}}$ 的一个特征向量，则 $v_j = Tu_j$ 是 $S$ 的一个特征向量。

由于 $TT^{\mathrm{T}}$ 是一个大矩阵（通常 ～ 10 000 × 10 000），而且 $T^{\mathrm{T}}T$ 是一个相对更小的矩阵（如 200 × 200），从较小的矩阵计算特征值和特征向量以获得较大矩阵的结果是非常有意义的。这种方法的主要问题是产生的向量 $v_i$ 未归一化，必要时必须稍后进行归一化。

请注意，用于记录任何人脸图像投影到特征脸的系数针对的是特定图像，而不是出现在图像中的主体。这是该方法的一个严重的限制因素，因为在两种照明下看到的主体的权重（例如左和右照明）即使对于同一主体也可能会有很大差异。

有趣的是，尽管给予关于如何准备训练集图像的警告，通常情况下，数据集中的前三个特征脸必须被丢弃。这是因为它们通常是由光照变化引起的，而不是面孔本身引起的差异。因此，消除它们会倾向于提高识别准确性（Belhumeur 等，1997）。但是，我们应该考虑为什么应该消除前三个特征脸。首先请注意，平均图像强度已经从 PCA 分析中消除，所以我们必须寻找更多的可能原因。第一个是对比度，另外两个可能原因是两个互相垂直方向上的线性强度变化。请注意，一旦这些已被消除，所有可能的线性强度变化将被涵盖。由于对计算机来说照明和面部特征造成的变化难以区分，所以可能总是保留更高阶的变化。

还值得指出的是，特征脸本身几乎与真实面孔没有实际关系。实际上，它们可以被看作已经存在的特征脸的加权和的可能的增量，以达到更好地建模真实面部的目的：最好只对模型添加较小的细节。另一点是 PCA 更多是基于数学的高效表征，而不是为最佳分类而设计的过程，即它提供了描述符而不是理想的决策表面。但是，它在人脸识别领域里对减少维度是有用的。

特征脸方法的另一个有用领域是确定变化模式，如眼睛或嘴巴的张开程度，甚至是表示不同的脸部表情。但是，对于面向人脸识别的方法来说，这似乎太不现实了。对于面部表情分析，主动形状和外观模型（其在内部使用 PCA）是更明显适用于该任务的工具。

最后，FisherFace 是另一个在这方面取得成功的方法，由 Belhumeur 等人于 1997 年发明。它基于线性判别分析，并包括标记数据以在降维过程中保留更多的类信息。结果，它比特征脸方法更为成功：特别是它对照明变化不太敏感，从而获得更高的识别准确度。事实上，它的分类错误率约为 7.3%，而特征脸方法为 24.4%，排除前三个主成分的特征脸方法为 15.3%（Belhumeur 等人，1997）。

## 21.6    人脸识别的其他难点

到现在为止，人们已经清楚地知道人脸是可变的物体。在这里，我们为此澄清。首先，人脸涉及许多大小、形状、颜色、反照率和表情，更不用说部分遮挡的可能性，以及眼镜、头发、帽子遮挡甚至伪装的可能性。在考虑给定个体的脸部变化时，年龄也是一个严重的因素。此外，原始的三维形状在很大程度上决定了二维图像的外观。这意味着在分析二维图像时可能必须考虑原始形状的完整姿态。事实上，三种通常未知的方向——翻滚角、俯仰角和偏航角——构成了令人脸识别困难的重要部分。然而，另一个因素也是至关重要的，即环境照明，特别是面部照明的方向。事实上，这个因素在导致人脸识别困难的因素里几乎占了一半比重。这并不惊奇，由于上面提到的所有变化，早期的面部识别工作集中在控制视角和照明上，坚持从正面观看面部。然而，以这种方式产生的系统必然会在应用和准确性上受到严重限制。尽管如此，通过安排在训练期间从几个方向观察面部，可以改善与测试脸的比较，每个训练图像只需要处理～ 20° 范围内的角度，而不是整个范围内的。事实上设计了许多跨姿态人脸识别的方案，特别是基于统计的 2D 算法和 3D 算法已经被用于生成每个人头部的3D 模型（例如，Blanz 和 Vetter，2003；Gross 等人，2004；Yan 等人，2007）。在这些情况下，每个测试图像必须与源自三维模型的重新渲染的图像进行比较。事实上，基于 3D 的算法计算密集得多，并且很难为了合成完善的三维模型对每个人采集高达 10 幅图像。总体而言，到 2007 ～ 2008 年，这些方法的性能精确度高达 87%，尽管依然受限于高达～ 30° 的整体姿势变化：在某些情况下，结果显示超过了人类表现，尽管逐渐发现由于照片拍摄的人为条件，此类结论具有误导性。

在那个阶段，一个从受控制的环境转到不受控制的环境的转变发生了，并引入了 LFW

数据库（Huang 等人，2007），因此研究人员可以利用现实的图像集进行训练。在这一点上，当时的可用算法实现的性能直线下降——尽管在几年内，性能再次显著上升（例如 Wolf 等人，2009——声称分类准确率为 89.5%）。

2014 年，Taigman 等人发表了一篇关于 DeepFace 面部识别方法的论文。它使用了深度学习架构（图 21-7），表现水平高达 97.35%。他们将其与人类获得的表现相比较，人类的表现水平为 97.53%，几乎不用怀疑，至少在 LFW 数据集中，它与人类的表现非常接近。在某种程度上，深度学习能达到这种效果并不令人惊讶。然而，仔细观察这个架构可以发现：（1）它采用了最初的非神经"正面化"程序（见 21.7 节）；（2）深度学习网络采用双层卷积网络（这些网络由最大池化层分开），接着是三层局部连接，然后是两层全连接层（图 21-7）。两个卷积层分别包含 32 个尺寸为 $11 \times 11 \times 3$ 的滤波器和 16 个尺寸为 $9 \times 9 \times 16$ 的滤波器；最大池化层的输入场为 $3 \times 3$，步幅为 2；三个局部连接层各自具有 16 个滤波器，其尺寸分别为 $9 \times 9 \times 16$、$7 \times 7 \times 16$ 和 $5 \times 5 \times 16$（注意，在图 21-7 中，尺寸中的前两个数字列在标有 $r \times r$ 的行中，而最后一个数字列在标有 $N$ 的行中）。

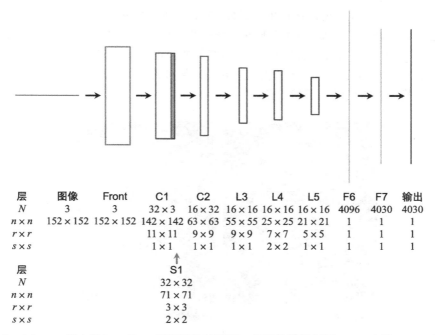

| 层 | 图像 | Front | C1 | C2 | L3 | L4 | L5 | F6 | F7 | 输出 |
|---|---|---|---|---|---|---|---|---|---|---|
| $N$ | 3 | 3 | $32 \times 3$ | $16 \times 32$ | $16 \times 16$ | $16 \times 16$ | $16 \times 16$ | 4096 | 4030 | 4030 |
| $n \times n$ | $152 \times 152$ | $152 \times 152$ | $142 \times 142$ | $63 \times 63$ | $55 \times 55$ | $25 \times 25$ | $21 \times 21$ | 1 | 1 | 1 |
| $r \times r$ | | | $11 \times 11$ | $9 \times 9$ | $9 \times 9$ | $7 \times 7$ | $5 \times 5$ | 1 | 1 | 1 |
| $s \times s$ | | | $1 \times 1$ | $1 \times 1$ | $1 \times 1$ | $2 \times 2$ | $1 \times 1$ | 1 | 1 | 1 |

| 层 | S1 |
|---|---|
| $N$ | $32 \times 32$ |
| $n \times n$ | $71 \times 71$ |
| $r \times r$ | $3 \times 3$ |
| $s \times s$ | $2 \times 2$ |

图 21-7　Taigman 等人的 DeepFace 网络结构示意图。前面的结构与图 15-10 中的 ZFNet 非常相似。然而，它的不同之处在于包括"Front"中的非神经正面化模块（参见 21.7 节），并将 6 个卷积层减少到两个，将三个采样层（max-pool）减少到一层，添加三个局部连接层 L3 ～ L5，在连接到全连接层之前保证维度为（$n \times n$）。有局部连接层的原因是为了保存输入图像的局部信息，记住，每张图片中脸部特征，如眼睛、鼻子和嘴的位置很可能是相似的，并且需要大量的个体特征

具有局部连接层的原因是为了保留来自输入图像的数据的定位。在脸部分析中，我们很少在图像中的任何位置都必须检测一遍是否有任何物体：实际上，眼睛将主要位于一个位置，而嘴和鼻子主要位于其他位置，另外，它们通常会处于相似的相对位置。尽管如此，只有在有大型标记的数据集可用于训练时才能提供定位所需的额外参数数量。最后，将第

二个全连接层连接到对所有类别结果产生概率分布的 $K$ 路 softmax 层。对于 Facebook 社会脸分类数据集（Facebook Social Face Classificaton dataset），$K=4030$；对于 LFW 数据集，$K=5749$；对于 YouTube 视频脸数据集（YouTube Faces video dataset），$K=1595$；这三个数据集都被用来测试 DeepFace 系统（事实上，最后两个数据集的 $K$ 值需要好好解释一下，因为图像和视频被用来比较成对的人脸）。

## 21.7　人脸正面化

正面化的想法需要更加详细的考虑。其基本理念是，如果所有人脸图像都可以转换为标准化的正面视图，则测试和训练图像之间的比较将变得更容易和更准确。问题在于如何实现这一目标：在过去的几年中，为此目的设计了几种方法——我们将在下面看到。首先，尽管 3D 模型已经"失宠"，但 Taigman 等人（2014）决定采用基准点来指导建模过程。他们确定了六个基准点——眼睛的中心、鼻尖、嘴巴两端和下唇的中心（图 21-8A）；从这些位置开始，他们进行二维相似变换以将它们移动到一组定位点。实际上，这种操作不允许平面外旋转，所以也必须进行 3D 建模。在这里，另外 67 个基准点被手动放置在 3D 模型上，并通过最小二乘法程序拟合——涉及从 67 个基准点导出的德洛内三角剖分（Delaunay triangulation）的过程。一旦实现了这一点，获得脸部的正面图像变得很简单。请注意，计算中使用了仿射摄像机模型，因此未考虑完整的透视投影，并且结果被称为"仅仅是一个近似"。但是如上所述，使用该模型获得的结果仍然出色。

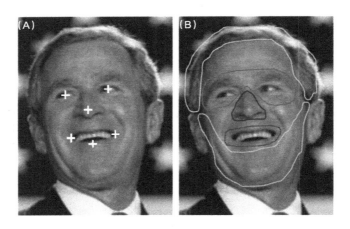

图 21-8　人脸特征获取的几种有效方法：（A）使用 Taigman 等人的 DeepFace 检测方法找到的六个标志点——眼睛中心、鼻尖、嘴的两端、下唇的中心；（B）使用 Yang 等人的 Faceness-Net 检测方法检测到的 5 块人脸区域。注意 Sun 等人的 DeepID 人脸检测方法是通过检测出图 A 中下唇中心点以外的所有标志点进行检测的。最后，注意图 A 中用白色的十字标记的眼睛中心与虹膜中心不一致，这在实践中可能对结果有影响

Sagonas 等人（2015）提出了一种完全不同的方法来实现正面化。他们最初的想法是，通过收集正面图像集合，所需要做的就是根据这些来重新表达任何新图像，即我们使用正面图像集合作为一个涵盖大多数正面人脸子空间的基本集合，然后将任何新的非正面图像变形以用基本集合中图像的最佳线性组合来表达它。事实上很明显，当一个人脸在摄像机前旋转时，会出现一个与合适的正面图像进行最佳匹配的点，此时已达到"核范数"（nuclear norm）。完整的计算表达了这个想法。但是，它还必须表达另一个事实：当不是正面观察脸部时，从摄像机中可能无法看到脸部的某部分。这是因为即使在相当小的角度上，鼻子也会部分遮挡脸颊后面的一小部分（图 21-9），而对于较大的旋转，整个脸颊和耳朵都可能被遮挡；此外，下巴正下方的大部分区域通常会被遮挡。这些因素对迄今为止所描述的优化问题造成严重破坏，因为没有可能覆盖这种情况的单值变形。事实上，非正面图像的一部分必须被删除。这直接意味着最小二乘拟合本身不起作用，相反，它必须由 $L_1$ 范数分析取代或与其组合。Sagonas 等人开发了一个系统迭代实现这个过程，它以大量稀疏错误的形式自动消除遮挡。算法通常采用～ 100 次迭代实现这一点，这意味着它可以成功地渐进地处理更大程度的遮挡——这种类型的头部旋转最多可以达到～ 30°。作者比较了他们的 FAR 技术与 Taigman 等人的三维建模方法的有效性，发现 FAR 和 DeepFace 的均方根误差分别为 0.082 和 0.103。他们解释了他们改进的性能，因为他们的分析中没有使用任何种类的 3D 建模。总体而言，FAR 方法优于许多以前用于生成图像统计模型的方法：这是因为它只使用几百个正面图像，而不是数千个许多方向的标记面。

图 21-9　人脸正面化遮挡问题。此处，作者的脸是正面的，但是照明主要来自于右侧 40° 方向光源。鼻子左边的阴影表示放置在光源位置的摄像机所不能看到的区域。因此，如果对这样的摄像机进行正面化，被遮挡的区域将被替换成变换或映射的人脸或者从一组正面看的脸的训练集中取出。后者被 Sagonas 等人（2015）设计的 FAR 技术所采用

记住，这是一个快速发展的主题，值得注意的还有哈斯纳等人（2015 年）提出的另一种人脸正面化的方法。这种方法回到了三维建模方法。但是，它使用标准的 3D 表面，并使所有图像都与它准确贴合，它还通过投影从它的图像提取正面。在每种情况下，它不尝试使用全透视投影，而是用一个 3×4 的投影矩阵。可以说，该方法通过标准的 3D 表面来移动人脸图像。为了实现这一切，作者总共使用了 49 种面部特征，避免沿着下颚的点，因为这些点不像许多其他点那样明显或被准确定义。实际上，它所使用的特征都是位于脸部正面的三维平面附近的点。正因为如此，它对 3D 表面的确切形状的依赖较少。

不可避免的是，鼻子和头部作为一个整体会遮挡面部的一部分，这是用三维模型表面来分析的。当这种情况发生时，它很快就会变得清晰起来，在这种情形下将使用一个明确定义的公式来确定正面图片中每个像素的可见性。不可见像素的强度可以被面部另一侧的相应像素的强度所代替，也可以被两个强度的适当加权平均值所代替。接下来继续描述这种策略不起作用的情况，例如，遮挡是由于除面部本身之外的其他物体（例如手或麦克风）、面部具有不对称表达，或者一只眼睛被遮挡。对于最后一种情况，可能会导致斗鸡眼效果。当一个人的脸部一侧有绷带或眼罩，或者戴着单片眼镜时，也会出现问题。

这种方法的优点（与其他 3D 方法相比）是它保留了清晰的细节和锋利的边缘，最重要

的是，它实现了"积极对齐"和高精度。即使稍微有些人为地依赖于 3D 模型表面，并且可能导致绝对误差（例如，可能是面部变窄或变宽），它也依然实现了非凡的一致性。基本上，正面化只损失可以忽略的细节并保持高度对齐。值得注意的是，从一张衍生的正面图像对齐到另一张图像时，上述图中人物脸上的纹路依然保持得那么好，说明这些图像在每种情况下都能够得到准确保留和识别。

作者使用由 Huang 和 Learned Miller［原始 LFW 数据集（Huang 等人，2007）的两位作者］于 2014 年提出的 IRLFOD（Image-Restricted，Label-Free）协议测试了该方法。IRLFOD 是为了对算法性能进行更严格的测试而提出的。事实上，作者的方法给出了在 IRLFOD 中报告的"迄今为止"（即 2015 年）达到的最高分数（91.7%），证明其作为高性能方法的质量——在数字上，其以 2% 的性能优势超过了 Cao 等人（2013）提出的方法。

在上面列出的三种方法中，最后一种可能是需要最少的计算并且给出最高对齐精度的方法，尽管该方法必须进行各种检查以克服可能由对称操作引入的问题，这似乎会显著增加开销。有趣的是，Sagonas 等人的方法不会有任何这样的问题，因为当由于自遮挡而出现故障时，它采用标准的正面视图作为基础集并自动回归到这些视图（通过 $l_1$ 范数）。但是，其优化算法可能具有较高的计算负担。Tigaman 等人提出的正面化方法似乎需要过多的人力来建立（它涉及手动放置 67 个定位点或锚点），并且依赖于使用 Delaunay 三角剖分的模型可能会降低可实现的精度——正如 Sagonas 等人和 Hassner 等人指出的那样，这必须与他们整个系统所达到的贴近人类的表现做出权衡。随着 LFW 等数据集的推出，以及更严格的协议规定如何使用它们进行公平的比较，哪些方案将最终获胜仍有待观察。在这方面，Huang 和 Learned-Miller（2014）指出需要关心"外部数据"，即不属于所讨论数据集的一部分。向给定数据集添加额外的外部数据可以为分类器提供关于正确结果的线索，从而不能与其他分类器进行公平比较。

## 21.8　Sun 等人提出的 DeepID 人脸表征系统

在 21.6 节中，我们仔细研究了 Taigman 等人提出的人脸识别的方法。这里，值得将它与最近另一种声称是优越的，但是沿着一个非常不同的路线实现的方法进行比较。这个方法即 Sun 等人（2014a，b）的方法。事实上，他们的 DeepID 人脸识别方案十分依赖于他们在前一年（2013 年）发布的人脸检测器。我们首先考虑后者。

图 21-10 显示了用于检测眼睛、鼻子和嘴的 F1 全脸网络。为此目的，寻找的具体特征是眼睛中心、鼻尖和嘴角（图 21-8A）。类似的网络被用来检测眼睛和鼻子（EN1）、鼻子和嘴（NM1）——对三个网络的预测值求平均值提高了定位精度。这三个网络构成了级联的第 1 级，接下来的两级非常相似，目的在于完善五个特征的位置：精心构建的原则是用于确保级联的最后两层不会把点的位置定得太远。在所有层中，步幅 $s$ 保持在 1。参数 $p$ 和 $q$ 表示卷积层被分成 $p \times q$ 大小相同的小块，每个卷积权重都被共享。请注意，对于 EN1 和 NM1，$p$ 和 $q$ 的值与上面为 F1 列出的值不同。对于级联的第 2 级和第 3 级，$p=q=1$，所以卷积层保持未分割，这最适合于精确定位低级特征。还要注意级联的第 2 级和第 3 级只有两个卷积层和两个最大池化层，尽管它们都保留了两个全连接层。总的来说，级联第 1 级有 3 个网络，第 2 级有 10 个网络，第 3 级有 10 个网络，其中所有 23 个网络与图 21-10 所示的相似，并且在许多情况下比图 21-10 所示的简单，详见 Sun 等人（2013）。

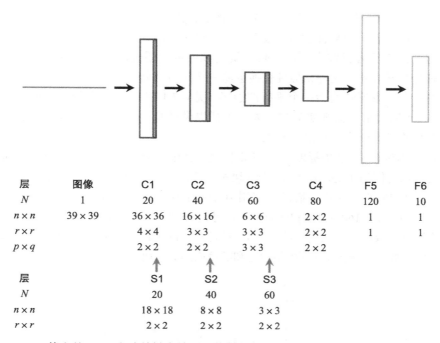

| 层 | 图像 | C1 | C2 | C3 | C4 | F5 | F6 |
|---|---|---|---|---|---|---|---|
| $N$ | 1 | 20 | 40 | 60 | 80 | 120 | 10 |
| $n \times n$ | $39 \times 39$ | $36 \times 36$ | $16 \times 16$ | $6 \times 6$ | $2 \times 2$ | 1 | 1 |
| $r \times r$ | | $4 \times 4$ | $3 \times 3$ | $3 \times 3$ | $2 \times 2$ | 1 | 1 |
| $p \times q$ | | $2 \times 2$ | $2 \times 2$ | $3 \times 3$ | $2 \times 2$ | | |

| 层 | | S1 | S2 | S3 |
|---|---|---|---|---|
| $N$ | | 20 | 40 | 60 |
| $n \times n$ | | $18 \times 18$ | $8 \times 8$ | $3 \times 3$ |
| $r \times r$ | | $2 \times 2$ | $2 \times 2$ | $2 \times 2$ |

图 21-10　Sun 等人的 CNN 人脸关键点检测网络结构示意图。这张图显示了 F1 全脸网络检测眼睛、鼻子和嘴巴。类似的网络也被用来检测眼睛和鼻子（EN1）以及鼻子和嘴巴（NM1）。这三个网络组成了级联的第 1 级，接下来的类似的两级是用来优化五个特征的位置。在所有层中，步幅 $s$ 都保持为 1。参数 $p$ 和 $q$ 表示卷积层分为 $p \times q$ 等大小的小块。每个卷积的权重都是共享的。注意，对于 EN1 和 NM1，$p$ 和 $q$ 的值与上面为 F1 列出的值不同。对于级联的第 2 和第 3 级，$p=q=1$。所以，卷积层是不可分的，这对低级特征的准确定位最有帮助。注意，级联的第 2 和第 3 级只有两个卷积层和一个池化层。总的来说，级联第 1 级有三层网络，第 2 级有 10 层，第 3 级有 10 层。更多网络细节见 Sun（2013）的文章

　　使用卷积网络的初衷是为了节省计算并确保定位物体时的位置不变性。在这里，使用内部共享参数区块的原因是专门将诸如眼睛、NM1 等物体的位置分配给各个子区域。这也可在 Taigman 等人的 DeepFace 架构中看到，其中层 L3 ～ L5 被标记为局部。在 Sun 提出的面 – 点（face-point）检测器中，在五种类型特征的可靠检测和定位的精确度之间存在着紧密联系，他们的体系结构通过以下几种方式实现了这一目标：使用小块来共享权重，并尽可能将五种特征类型分开，并逐步改进其位置（通过级联级别）。使用的非线性类型是 tanh 函数，紧跟其后是 abs 函数（一项实证研究表明后者促进了性能的提高）。

　　奇怪的是，这篇论文几乎没有提到从万维网或 LFW 数据集获得的、用于训练和测试的 10 000 张图像上的五个关键点是如何标记的。然而，在 LFPW 上（在自然实际场景中标记出脸部数据）进行测试时，这种方法比之前的面 – 点检测器，包括 Belhumeur 等人（2011）和 Cao 等人（2012）提出的那些方法，检测更可靠，定位精度也更高。在 BioID 测试集中，新方法使检测失败率接近零——比早期的五种方法更好。有趣的是，该方法在姿态、照明和面部表情发生大变化的情况下都给出了可靠的检测，并且还在近遮挡下给出了准确的预测，如眼睛闭合或头部旋转至眼睛几乎不可见时。

　　我们现在可以转向使用上述面 – 点检测器的 DeepID 人脸识别方案（Sun 等人，2014a，b）。事实上，它从检测五个面部标志点（眼睛中心、鼻尖和嘴角）开始，并使用相似性变换来全局对齐脸部。因为后者只涉及面内平移、旋转和缩放，通过跟随两个眼睛中心和嘴角的中点，脸部只是微弱对齐。这种相似性变换会将一个正方形转换为一个正方形，相比之下，仿射变换会将一个正方形转换为一个平行四边形（见 6.7.1 节），但需要透视变换来将正方形扭曲成一个（凸）四边形：为现实的二维人脸表征提供经验。然而，正如我们将看到的，作者设法让识别系统以这个为基础出色地工作。

　　在对齐人脸图像后，从中提取 10 个矩形区块：其中 5 个是全局区域，5 个是局部区域，后者以 5 个关键点特征为中心。所有 10 个区块按三个因子～ 0.75、1.0 和～ 1.2 缩放，并以灰度和彩色表示，总共 60 个区块。最后，使用 10 000 个原始脸图片训练 60 个 DeepID 卷积网络（图 21-11）来提取两个 160 维 DeepID 向量，并得到 10 000 个身份类别（该过程可以称为身份认证、验证或识别，取决于个人的思维方式）。请注意，DeepID 向量的总长度为 $160 \times 2 \times 60$，因子 2 表示脸部已被水平翻转（尽管眼睛中心和嘴角周围的区块通过翻转来处理！）。

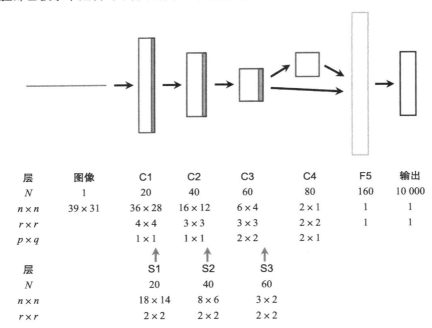

| 层 | 图像 | C1 | C2 | C3 | C4 | F5 | 输出 |
|---|---|---|---|---|---|---|---|
| $N$ | 1 | 20 | 40 | 60 | 80 | 160 | 10 000 |
| $n \times n$ | $39 \times 31$ | $36 \times 28$ | $16 \times 12$ | $6 \times 4$ | $2 \times 1$ | 1 | 1 |
| $r \times r$ | | $4 \times 4$ | $3 \times 3$ | $3 \times 3$ | $2 \times 2$ | 1 | 1 |
| $p \times q$ | | $1 \times 1$ | $1 \times 1$ | $2 \times 2$ | $2 \times 1$ | | |

| 层 | | S1 | S2 | S3 | | | |
|---|---|---|---|---|---|---|---|
| $N$ | | 20 | 40 | 60 | | | |
| $n \times n$ | | $18 \times 14$ | $8 \times 6$ | $3 \times 2$ | | | |
| $r \times r$ | | $2 \times 2$ | $2 \times 2$ | $2 \times 2$ | | | |

图 21-11　Sun 等人的 DeepID 人脸识别网络结构示意图。此结构与图 21-10 的开始形式差不多，但在一个关键的细节上它是不同的，即 F5 层由 C3 直接和通过 C4 间接提供。这防止因 C4 过小限制了到 F5 的信息流——C4 对于捕获多尺度特性也是十分重要的。在所有网络层中，步幅都是 1。参数 $p$ 和 $q$ 表示卷积层分为 $p \times q$ 等大小的块，每一块的卷积权值都是共享的，尽管它们主要在更高级别的网络进行操作：更高卷积层的权重是局部共享的，以确保它们能够在不同的区域学习不同的高层特征

　　接下来应该强调的是，五个关键点的位置仅通过以它们为中心的区块被带入学习系统。系统必须自己学习单个区块的意义，其中一半是全局区块，一半是以关键点为中心的局部区块。更重要的一点是，当网络已经学会在相当可变的条件下识别 10 000 个人脸身份时，它对于位于最顶层的简洁的身份相关特征有高度准确的提取方式——主要是 60 个 F5 层。事实上，经过这么多的训练之后，系统可以被描述为具有"过度学习"的人脸特征。我们可以

说 60 个 F5 层包含了互补的向量集，并形成了一个超完备的表征。此外，由于 DeepID 输出向量非常大，所学习的特征远不会过拟合数据，反而会很好地泛化到训练期间没有的人脸数据。最重要的是，最后一个隐藏层中的神经元数量远小于输出层中的数量：这迫使最后一个隐藏层面向不同的人脸学习"共享隐藏表征"（Sun 等人，2014a，b），并且要使其既有区分性又简洁。

尽管很容易说这种方法可以很好地泛化到训练集中没有出现的人脸上，该文也没有对此进行扩展，但有一种方法可以很明显地表明它确实已经实现了这一点。首先注意每个人脸图像是在 CelebFaces+ 和 LFW 数据集上进行训练，因此可用的人脸图像数量为 ~ 200 000，身份（人）数量是 ~ 10 000，即每个身份有 ~ 20 个人脸图像。即使是这个数字，该方法也能够处理大量可能的三维姿态，这意味着已经成功在它们之间插值，并且最重要的是，它没有做任何明显的 3D 模型。纯粹的训练过程和这个方法的内在泛化能力就是为了达成这个目的。这与 Taigman 等人的 DeepFace 方法形成了鲜明的对比。事实上，DeepID 被证明比 DeepFace 更精确，其分类性能为 97.45%，DeepFace 为 97.25%，人类性能为 97.53%。其中对性能最有价值的贡献来自每张人脸图像使用的区块数量，即 60 个，改善了约 5.27%。

所有这些都指向了一个强有力的结论——尽管面部固定在具有明显变化（包括关节咬合和不同程度的眼睛和嘴巴张开）的三维头部上，高性能人脸识别方法通过没有内置 3D 和 3D 姿势知识的系统也可以实现接近人类的识别表现。人们可能问，架构本身是否是使用人类对 3D 的知识来构建的。查看图 21-10 和图 21-11 中的架构，似乎并非如此。无可否认，它们已经发展到足够复杂以实现这一目标，但基本上，复杂性更多是与提升从低级到高级的面部特征有关，而不是与 3D 相关的事物有关。人们甚至可以争辩说，人脸识别系统的整个演变是忽略 3D 方面并释放基于 CNN 的学习系统的潜能来以自己的方式学习而实现的。

## 21.9 再议快速人脸检测

人脸分类已经取得了相当大的成功，而人脸分类取决于人脸特征检测和人脸检测本身（只存在于脸部区域的脸部特征），现在似乎值得重新探讨快速脸部检测的问题。继 Viola 和 Jones（2001）的开创性工作以及他们在不久之后（2004 年）所取得的进展，Felzenszwalb 等人（2010）通过提出可变形部件模型（Deformable Parts Model，DPM）的概念向前迈进了一大步。这些都基于人脸可以被视为部件集合的想法。因此，为了检测脸部，定位各部件并探索它们之间的相互关系是必要的。这可以通过识别部件及其边界框，然后将它们组合成表征（在 Felzenszwalb 等人的案例）物体或我们实例中的脸的更大边界框来实现。基本上，一旦找到了物体或面部边界框，这些区域就被非最大抑制的进一步分析保护起来。在实践中，这意味着给每个潜在的边界框一个分数，保持最高得分并跳过与现有边界框重叠比为一个临界百分比（如 50%）的任何边界框。该方法非常成功地在 PASCAL VOC2006、2007 和 2008 基准测试（Everingham 等，2006，2007，2008）中取得了最先进的成果，并且"确立了它作为通用物体检测的事实标准"（Mathias 等，2014）。

Mathias 等人（2014）对 DPM 方法进行了非常全面的测试，结果表明 DPM 方法在人脸检测方面可以达到最佳性能。然后，他们开发了自己的 HeadHunter 检测器，并表明即使这种检测器是基于刚性模板的，也可以实现接近最佳性能的效果。例如，两种方法在 AFW 测试集上分别有 97.21% 和 97.14% 的响应［该测试集的细节请参阅 Zhu 和 Ramanan（2012）］。他们得出的结论是"部件是有用的，但不是达到最佳性能的关键"。刚性模板方法的主要问题是需要大量的训练数据。

Yang 等人（2015a，b）称 HeadHunter 为"最先进的方法"，他们接着证明他们自己的新方法在 FDDB（人脸检测数据集和基准测试）基准测试（由 Jain 和 Learned-Miller 定义，2013）中超过了当时最佳方法 2.91%。事实上，Yang 等人的 Faceness-Net 是第一批沿 CNN 路线开发的人脸检测器之一。首先，Yang 等人设计了一个 CNN 架构来查找人脸图像的属性（图 21-12）。为了找到内在的脸部特征和"反向"（通过上采样）来重新生成局部的脸部部件响应图。这里，他们遵循由 Zeiler 和 Fergus（2014）、Simonyan 等人（2014 年）和 Noh 等人（2015 年）提出的反卷积网络的方法，详见第 15 章。然后，在 Pipeline（管道）的帮助下生成面部候选集，使用面部评分来对得到的边界框进行排序。最后，使用非最大抑制来确定最可靠的边界框集。

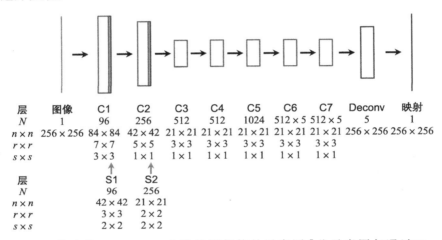

| 层 | 图像 | C1 | C2 | C3 | C4 | C5 | C6 | C7 | Deconv | 映射 |
|---|---|---|---|---|---|---|---|---|---|---|
| $N$ | 1 | 96 | 256 | 512 | 512 | 1024 | 512×5 | 512×5 | 5 | 1 |
| $n \times n$ | 256×256 | 84×84 | 42×42 | 21×21 | 21×21 | 21×21 | 21×21 | 21×21 | 256×256 | 256×256 |
| $r \times r$ | | 7×7 | 5×5 | 3×3 | 3×3 | 3×3 | 3×3 | 3×3 | | |
| $s \times s$ | | 3×3 | 1×1 | 1×1 | 1×1 | 1×1 | 1×1 | 1×1 | | |

| 层 | S1 | S2 |
|---|---|---|
| $N$ | 96 | 256 |
| $n \times n$ | 42×42 | 21×21 |
| $r \times r$ | 3×3 | 2×2 |
| $s \times s$ | 2×2 | 2×2 |

图 21-12　Yang 等人的 Faceness-Net 人脸检测架构的示意图［此示意图与通过 Yang 等人（2015a，b）在论文中给出的细节可以实现的 Faceness-Net 架构非常接近。略有不完整，如步幅、填充、卷积尺寸和图像大小。另外，为使底层结构更清晰地呈现给读者，我们将整个体系结构压缩成一个图，这本身也有可能导致引入不准确性］。基本结构是一个标准卷积网络，具有 7 个卷积层 C1～C7 和两个最大池化层 S1、S2。接下来是一个反卷积网络，它应用上池化和上采样单元有效地反转了之前的卷积网络：这可以解释为在 C7 中采取最强烈的激活函数并将它们跟踪到全尺寸的脸部－部件图（请参阅标题为"Deconv"的列）。请注意，层 C1～C5 是共享参数的，并且 C6 和 C7 分布在五倍多的通道上，以便产生 5 个不同的面部属性：参见行标题为"$N$"的"×5"（两次）。这些也导致由 Deconv 操作产生的 5 个脸部－部件结果。最后，通过对脸部－部件边界框进行最优组合，这些边框被组合在一起以生成单个面部图（有关详细信息，请参阅正文）

这种方法的成功大部分是由于充分定义了 5 个脸部部件的类别，并指示它们可能的相对位置。5 个集体类别标注如下（从脸的顶部向下移动，如图 21-8B 所示）：

1）"头发"：包括可能的颜色、卷发、直发、秃头、发际线和刘海。

2）"眼睛"：包括眉毛和眼睛特征，眼袋和眼镜。

3）"鼻子"：包括大小和形状。

4）"嘴巴"：包括嘴唇的大小、嘴巴的张开度和口红的使用。

5）"胡须"：包括有胡子、络腮胡子、山羊胡、小胡子和胡须茬。

请注意，毛发在脸的顶部、中部和下半部分的分类是不同的。至于它们可能的空间布局，各种属性应该以上面给出的从上到下的顺序出现——虽然允许丢失、隐藏或遮挡任何项。如有任何不一致之处，将被扣分。然后，这些分数将被用来对整个人脸的潜在物体建议进行排序。在每个阶段都会生成一个边界框，并使用（训练）边界框回归来预测每个最终人脸建议的最佳位置。

上述方法很大程度上归功于在 Pipeline 中使用的最初的 VJ 方法、Zeiler 和 Fergus 等人的反卷积网络方法，以及 Felzenszwalb 等人（2010）的包括使用非最大抑制方法的 DPM 方法论。

在这种情况下，应该指出的是 Bai 等人（2016）已经提出了一个更简单、更快速的设计。这是一个全卷积网络，在多个尺度上工作，具有 5 个共享卷积层，接着分支到另外两个卷积层［后者分别应对：（1）多尺度；（2）执行最终匹配所需的滑动窗口效果］。网络没有使用池化，尽管在前三层中的每一层之后使用了步幅为 2 的卷积层。Bai 等人将他们的方法与他们认为的先前的领先方法——FacenessNet（Yang 等，2015a，b）、HeadHunter（Mathias 等，2014）、DenseBox（Huang 等，2015）等进行对比。他们的结论是，除了两种最先进的方法（见下文），他们的方法比其他所有方法都更优越，同时（因为它更简单和更高效）保持实时性能。尤其是在 AFW 数据集上的平均精确度为 97.7%，而 Yang 等人的 Faceness-Net 检测器的平均精度为 97.2%，比其他所有检测器的平均精度都更高。可以说，这是因为它端到端的简单有序的训练，而不是必须通过反卷积并引入进一步的不确定性或不准确性。此外，在 PASCAL 人脸数据集（Yan 等，2014）上，其表现（91.8%）略低于 Faceness-Net（92.1%），但表现优于所有其他方法。而且，在 FDDB 数据集上，它击败了除 DenseBox 以外的所有已测试的基于 CNN 的检测器。在这种情况下，请注意 DenseBox 使用的训练数据是 Bai 等人的方法的三倍。总体而言，似乎更简单的端对端训练系统有更好的实现卓越性能的潜能。

### 更有效的物体检测方案

在上文中，我们看到了 Felzenszwalb 等人（2010）DPM 物体检测方法的强大威力。有趣的是，这种方法已经处于被替代方法淘汰的过程，其中一种方法是"具有 CNN 特征的区域"（R-CNN）方法（Girshick 等，2014）。后者涉及使用区域提议方法来生成潜在边界框，然后在消除重复检测和将剩余的边界框进行重新评分之前对它们进行分类和提炼。总的来说，这是一个缓慢而复杂的过程，尽管它在后来的版本中已经加速（Girshick，2015；Ren 等，2015；Lenc 和 Vedaldi，2015）。但是，所有这些版本都通过 YOLO 方法得到了根本性改进（Redmon 等，2015）。YOLO 代表"你只看一次"，这意味着前面提到的方法中的所有多管道进程只经过一次卷积网络处理：在这一次处理期间，它记录了所有边界框的可能性，并逐渐细化对每种可能性做出的判断，直到单次结束时已经得到一组相互一致的决定。虽然这最初看起来似乎是不可能的，但这仅仅表明这种方法是超前的，因此没有任何不可能的事情。同时，并不是说这个方法没有问题和错误。事实上，它在处理多个小的物体时遇到一些困难，其主要缺点是物体定位不准确。但另一方面，与其他方法相比，它的背景错误少得多。具体地说，它使背景区域中物体的虚假预测少得多。

另一个重要因素是单次方法速度更快，并且能够以每秒～ 45 帧的速率立即获得实时性能。该体系结构的主要特征在于它包含 24 个卷积层，随后是两个全连接层，并且非常灵巧地得到包含五个参数 $x$、$y$、$w$、$h$ 和置信度（允许两次访问物体）+20 个条件类别概率 $\Pr(\text{Class}_i\mid \text{Object})$ 的 $7\times 7$ 图像网格组成的 $7\times 7\times 30$ 张量。应该补充的是，这种方法的一个更出色的版本已经出版（Redmon 和 Farhadi，2016）。这可以检测超过 9000 个不同物体类别的 200 个类中的物体，并且仍然足够快以实时运行。这里无法将所有改进都详细讲解，但有趣的是，最终的架构（称为 Darknet-19）具有 19 个卷积层和 5 个最大池化层，并且可以联合执行分类和检测。

## 21.10　三维人脸检测

尽管人的头部是一个三维物体，但正如在 21.6 ～ 21.8 节中多次提到的，二维相似变换（或者至多仿射变换）可应用于人脸面部特征建模。之所以如此，一方面是为了简化此问题，另一方面是为了将计算量控制在合理范围内。然而，有时为了有效提高分类性能，采用精确的方法是有用的，因此，下面我们将说明如何进行这种分析与建模。

注意，为了进行三维建模，我们可以定义一个包含外眼角和嘴巴的平面 $\Pi$。为了更好地进行近似，我们假设内眼角也在相同的平面（如图 21-13A ～ C）。下一步是估计这三对特征点产生的三条直线 $\lambda_1$、$\lambda_2$、$\lambda_3$ 的交点，也就是消失点 $V$ 的位置（如图 21-13D）。在这项工作的基础上，可以使用相关的交比不变量（见第 18 章）来确定每一对特征中间值的点的三维位置，进而可以得到脸部的对称线 $\lambda_s$ 的位置。此处也可能可以进一步确定脸部 $\Pi$ 的水平方位角 $\theta$，也就是从正面的视角看过去脸部绕垂直轴旋转的（偏航）角度。这些计算的几何分析如图 21-13E 所示。最后，通过考虑正确的透视关系，可以将沿着 $\lambda_1$、$\lambda_2$、$\lambda_3$ 的内特征距离转换为相关的完整正面特征值。当然，这里尚未考虑人脸 $\Pi$ 的垂直方位角 $\varphi$，这是一个未知值。需要注意的是，这一过程背后的理论和 18.8 节紧密相关，见图 18-13。

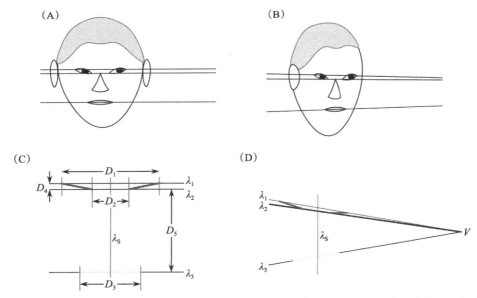

图 21-13　面部参数的三维分析：（A）正面视图；（B）脸的斜视图，显示眼角和嘴角的透视线；（C）眼、嘴特征的标注和 5 个特征间距离参数的定义；（D）斜视图下消失点 $V$ 的位置；（E）面部 $\Pi$ 上的一对特征及其中点的位置。注意，在透视投影下观察时，中点不再是图像平面 I 中的中点。还要注意消失点 $V$ 给出了脸部 $\Pi$ 的水平方向

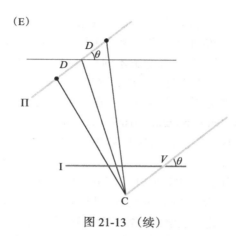

图 21-13　（续）

事实上，如果不做进一步的假设，则没有足够的信息来估计垂直方位角 $\varphi$（俯仰角），这是因为人脸在垂直方向上没有对称的水平轴。如果我们假定 $\varphi$ 为零（即头部既不上扬也不低头，摄像机也在同一水平上），然后，我们可以得到脸部相对垂直距离的一些信息，从 $\lambda_1$、$\lambda_2$、$\lambda_3$ 的对称线 $\lambda_s$ 截断处获得原始测量数据。或者，我们可以假设特征间距离的平均值，并推导出人脸的垂直方向。另一种选择是根据下巴、鼻子、耳朵或发际线做出其他估计。但这些部位不一定在脸部平面 $\Pi$ 上，此时面部姿势估计可能不准确，并且无法使结果是不受透视效果影响的。

总体来说，我们正在朝着面部姿势测量或者面部特征点测量的方向发展，甚至可能两种信息都能得到，即使存在透视变形（Kamel 等，1994；Wang 等，2003）的情况。当人脸从一定距离看过去，或者从正面看过去不存在透视变形时，分析过程将会大大简化。事实上到目前为止，大部分关于人脸识别和姿势估计的研究都是在弱透视的背景下进行的，使得分析更加简单。即便如此，面部表达的多样性也给这个问题带来了很大的复杂性。显然，人脸不仅仅是一个可以轻易扭曲的橡胶面具（或变形模板），嘴巴和眼睛的开启和闭合的能力会产生额外的非线性效应，这些都不是仅仅通过拉伸橡胶面具就可以模拟的。

## 21.11　结束语

多年来，人脸识别一直是计算机视觉从业者不断追求的目标。在很多场景下人们宣称这个问题已经被解决了，只有犯罪学家否认这一点，并认为在实际场景中将人脸识别作为可靠的身份认证还有很长一段路要走。尤其是，帽子、眼镜、发型、胡子、胡子茬的程度、各种各样的面部表情，以及光线和阴影的变化（甚至没有涉及刻意伪装的问题）都会产生很多问题。此外，还有一个非常明显的问题，脸不是扁平的，而是固定的（尽管是易变化的）三维物体（头）的一部分，它也可以在空间中以各种各样的方向和位置出现。有趣的是，这一问题有关人类的一个心理和思维定式，那就是人脸就像一张扁平的照片。人类是如此善于理解意象，以至于他们无法感知他们真正看到的，也就是说，看的过程是非被动的，人会将人脸二维输入与它的实际三维解释相混淆。

当然，犯罪学家并不是唯一需要面部识别算法和方法的人。毕竟，我们需要测量面部表情的原因有很多，比如判断一个人是否在说谎，如何尽可能准确地在电影中模仿真实的人（在未来的几年里，可能大量的电影将不会有人类演员，因为这可以更快、成本更低地制作电影）。此外，人脸测量也能在很大程度上帮助医学诊断或人脸重建。然而，对计算机、银行和其他行业的安全应用来说，人员验证是至关重要的，而且需要快速地执行，且几乎不允许犯错。对于后者，为了更精确地识别，逐渐采用高度精确的虹膜识别（例如 Daugman，1993，2003），甚至通过使用视网膜血管造影术的视网膜血管更精确地识别。当然，这里提到的识别方式主要是商业上的，而不是学术的，尽管一个重要的信息是，只有在需要最高安全性的情况下，处理技术困难才具有成本效益：在这种情况下，"正确安装的视网膜扫描系统的误接受率低于 0.0001%"（ru.computers.toshiba-europe.com 网站 2004 年 5 月 19 日发布）。虽然视网膜识别方法的实施成本很高，但是虹膜法的实施成本并不高，而且在这方面已经取得了很大的进展。

在本章中，我们只讨论了这一主题的开头部分，但是已经成功地提出了 FDR 和面部特征定位的多个话题。注意，后者是 FDR 的关键，但同时它本身也很有用，如用于唇读，并分析眼球运动和注意力模式。这一主题以独特的阶段跳跃方式前进，没有什么比超高速度但高效的 Viola-Jones（2001）面部检测器更具有突破性的了。随后，Mathias 等人（2014）在 Felzenszwalb 等人（2010）的工作基础上，使用基于已训练部件的模型对物体进行检测，并取得了巨大的进展。然而，这些进展很快迎来了使用深度神经网络的突破，参阅 Yang 等人（2015a,b）。

同样，人脸识别也遵循着类似的路径，分类性能从 2007 年的 87% 提高到如今的 97%，特别是 Taigman 等人（2014）、Sun 等人（2014a,b）、Sagonas 等人（2015, 2016）、Bai 等人（2016）的巨大贡献。所有这些都实现了接近人的性能水平，随后，这一领域通过卷积网络获得了进一步的成功。正如在第 15 章中概述的那样，CNN 在 2012 年才开始腾飞（被认为能够超越标准方法，比如 SVM）——这一方法已经对 FDR 造成了巨大的影响。它已经允许对现实数据库（如 LFW）进行训练和测试，并有必要改进使用这些数据集的协议。显然，深层网络将留存，但正如内燃机在喷气发动机问世后幸存下来一样，2012 年之前的标准视觉算法也将继续存在，或许下一波震荡后的新算法也将如此。与此同时，与不到 10 年前相比，人脸识别的现状已有了很大提高。

---

特征脸法是最早的人脸分析系统方法，虽然很快就被 FisherFace 所取代，但仍能够解决大量的人脸变化问题。人脸检测也非常重要，当 VJ 的基于 Boosting 的方法出现时，它比以前的方法快 15 倍。与此同时，人们发现，其户外识别人脸的能力远不如人类。最终，当使用成千上万的人脸，甚至更多的人脸分块，以及允许"过度学习"发生时，将深度学习应用到此任务中取得了真正的巨大突破。到 2016 年，深度学习也进一步拓展了人脸检测。

---

## 21.12 书目和历史注释

最早的系统的人脸分析和识别方法是特征脸方法，由 Sirovich 和 Kirby(1987) 发明并由 Turk 和 Pentland（1991）发展为一种成功的实用技术。其基本思路是将一组人脸图像作为人脸空间中的向量，并执行 PCA，形成一组标准人脸向量的基础集合。在此方法基础上，人们进行了大量的研究，使其具有分析人脸类型，以及变化模式——人与人之间不同的面部和面内特征（后者包括面部表情），甚至包括不同的面部姿势和光照条件的能力。然而，所有这一切对于某一单一的方法来说还是太复杂了，Belhumeur 等人（1997）提出的 FisherFace 方法就是在此基础上进行的，尤其它对光照条件不那么敏感，并且不需要任意地消除前三个主要成分。事实上，人们发现，FisherFace 能够将分类错误率从约 24% 降低到约 7%，取得了显著的成效。

人脸分析问题的另一个方面是快速检测。在 2001 年，VJ 在现有方法的基础上，通过 Boosting 技术开发出一种非常新颖的方法，以达到所需的速度和能力。他们还将特征集简化为基本的矩形 Haar 过滤器，并比之前最好的检测器（Rowley 等人，1998）提高了 15 倍的速度，这一惊人的突破迄今从未发生过。

到 2007 年，基于 2D 和 3D 的人脸识别算法之间出现了争论，识别成功率停滞在约 87%。很明显，这一点说明人脸识别远不是一个成熟的领域，因为在户外真实图像上，人脸识别算法的表现远远落后于人类。因此，人们的注意力开始从受控环境转移到非受控环境，进而 LFW 数据库（Huang 等人，2007）被提出来。尽管这导致了现有算法在性能上的直接下降，但是到 2009 年，性能再次显著提高。例如，Wolf 等人（2009）声称达到了 89.5% 的分类准确率。然而，2014 年 Taigman 等人发表了他们的 DeepFace（深度学习）方法来进行人脸识别时，形势发生了显著转变，性能水平高达 97.35%，而人类的性能水平为 97.53%。他们成功的关键是旨在将脸标准化成对称的正面视图的初始 "正面化" 技术。Sagonas 等人（2015，2016）开发了自己的正面化技术，获得了一组已训练的正面图像特征集。与此同时，Yang 等人（2015a，b）利用卷积神经网络架构开发了一个高性能的 Facenet-Net 人脸检测器，用于寻找人脸图像的属性（参见 Yang 等，2017）。这种方法是为了寻找内在的面部特征进而反过来重新生成局部的脸部 – 部件响应图，此处，他们遵循了 Zeiler 和 Fergus（2014）等人制定的编码解码过程。最后，Bai 等人（2016）提出了一个更简单和更快速的设计。这是一个多尺度的全卷积网络，具有 5 个共享卷积层，之后进一步拓展为两个卷积层，后者分别处理：（1）多尺度；（2）滑动窗口的效果进而进行最后的匹配工作。一个有趣而又非常有力的结论是，一个经过训练的更简单的端到端的系统比一个由单独预先训练过的部分组合在一起的系统更有可能获得更好的性能。

总的来说，尽管人脸识别比十年前要准确得多，但很难说它已经非常稳定和可靠了。在很大程度上，除了原则性强的方法（如基于正面化方法），我们现在处于一个算法完全是训练出来的阶段，我们对计算机识别系统实际上是做什么、它实际上是多么接近最优知之甚少。但至少基于 CNN 系统的引入给这一问题的解决带来了明显的改变，并将其从低估转移到了广阔的、阳光普照的高地上（借用 1940 年 6 月温斯顿·丘吉尔发表的演讲中的一句话："……世界可能会走向广阔的、阳光普照的高地。"）。

# 监　　控

在公共交通和行人众多的公共场所使用监控系统已经非常广泛，并越来越多地依赖计算机来实现。监控的目的主要是找出不良行为，如盗窃、故意拖延、超速等情况，特殊之处在于其依赖图像信息传输的速率以及被监视目标的运动情况。为了应对这一难点，我们主要考虑目标识别、消除背景干扰以及有效跟踪运动目标。同时，尽管可以借助快速专用硬件系统获得一些速度的提升，但是算法的优化加速依然很重要。

本章主要内容有：

- 监控的几何学
- 前景与背景分离
- 粒子滤波器的基本原理及其在跟踪中的应用
- 颜色直方图在跟踪中的应用
- 倒角匹配及其在识别和跟踪中的应用
- 如何使用多个摄像机系统获得广域覆盖
- 交通流量监测系统
- 在多种运动场景的分析的早期阶段对地平面进行识别
- 当目标反复被遮挡后重新出现时，需要"遮挡推理"
- 卡尔曼滤波器在运动应用中的重要性
- 车牌定位
- 研究复杂目标的运动可能需要考虑链接部分的三维铰接模型
- 人类步态分析的基本概念
- 动物追踪

本章主要介绍使用静态摄像机来监测运动目标的情况，下一章将介绍车辆视觉系统中更复杂的情况，即使用移动摄像机来监测固定和移动的目标。

## 22.1　导言

视觉监控是计算机视觉中一个长期存在的领域，其早期的主要用途之一是获取关于军事活动的信息——无论是来自高空飞行的飞机还是来自卫星。然而，随着摄像机越来越便宜，后来它被广泛用于道路交通监控中；最近，行人监控也广泛出现在大众视野中。事实上，视觉监控的应用远不止这些，其目的是定位犯罪分子或可疑的人，如在停车场闲逛，有潜在的盗窃目的。然而，迄今为止，大多数视觉监控摄像机都与录像机相连，并收集了数英里长的录像带，而其中大部分都不会被查看（尽管在发生犯罪或其他活动之后，我们可能会通过扫描数个小时的录像来寻找相关事件）。监控的其他应用包括可以将摄像机安装在闭路电视监视器上，这样操作员就可以通过观察监控来提取显示的事件片段。但是同时监测十几块屏幕，人类的注意力和可靠性不会很高。因此，如果可以将摄像机连接到自动计算机视觉监控系统，这样就会更好地提醒人类操作员注意各种类型的潜在危险或犯罪。尽管在特定的应用中可能达不到实时计算，但如果能用所选择的录像带作为输入就可以高速地计算，这将非常有意义，使得在寻找和识别罪犯方面节省大量的警力和时间。

监控也可以覆盖其他有用的活动，包括防暴控制、监视足球场上的人群、检查地铁站是否过度拥挤，以及其他安防和犯罪监测场景。在某种程度上，当监控被要求发挥作用时，人类的隐私必然受到损害，显然隐私和安全之间存在权衡。许多人更愿意提高安全级别，为了实现这一点，牺牲一点隐私是值得付出的代价。

事实上，在"人的跟踪监视方面的问题"得到充分解决之前，还有许多困难需要解决。首先，与汽车相比，人是更加灵活的目标，人在移动时外形会发生明显的变化。他们的运动通常是周期性的，这有助于视觉分析，但是人体运动的不规则性可能是值得考虑的，特别是当躲避障碍物的时候。其次，人体运动会出现部分遮挡情况，一条腿经常消失在另一条腿后面，而手臂也同样可能暂时从视野中消失。第三，不同人的外形明显不同，且各种各样的衣服可以掩盖他们的轮廓。第四，当行人在人行道或地面行走过程中经过另一个人时，有可能导致跟踪失败，因为这两个轮廓往往在重叠之后组合成其他目标形状。

可以说，以上提到的这些问题现在已经基本解决了。然而，许多已经应用于这些任务的算法的智能性还是有限的。实际上，因为实时且连续地执行运算通常超过了对绝对精度的需要，所以有些算法采用了简化的方法。在任何情况下，考虑到计算机实际接收到的视觉数据，人类操作员能否保证对这些视觉数据总是做出正确的解释也是有疑问的。例如，有时，人们因为忘记了某件事而转来转去，这可能导致追踪复杂场景中的多个人时会发生混乱。跟踪中还有许多更复杂的场景，如光照剧烈变化、建筑物的固定阴影、云层或车辆下的移动阴影等。

在下面的章节中，我们主要涵盖了监控的两个重要领域，其中一个主要目标是人或行人，另一个主要目标是车辆。当然，有许多交通场景也都会涉及这两个主要领域。此外，在这两种情况下很多技术都是通用的。在下一节中，我们讨论关于摄像机定位的几何学，这里主要讨论行人：这是出于确定性的考虑，尽管在以车辆为主要目标（例如在高速公路上）的情况下，大多数注意事项同样适用。

## 22.2　监控：基本几何

图 22-1A 或许是最明显的监视行人的方式。正如我们在第 16 章中看到的，它引入真实世界坐标 $(x, y, z)$ 和图像坐标 $(x, y)$ 之间的以下关系：

$$x = fX / Z \tag{22.1}$$

$$y = fY / Z \tag{22.2}$$

其中，$Z$ 代表场景中的（水平）深度，$X$ 代表横向位置，$Y$ 代表垂直位置（从摄像机轴向下），$f$ 是摄像机镜头的焦距。这种观察方法可用于提供行人的无失真轮廓，从而可识别行人。然而，所提供的场景中没有深度信息，只能从行人的尺寸中推断出来一些深度信息。因为尺寸可能是视觉系统所确定的关键参数之一，所以这是一个令人不满意的情况。还要注意的是，这个场景中要跟踪的行人可能被其他行人严重遮挡。

为了克服这些问题，或许使用俯视图会更好。然而，直接从头顶上方获得视图是很困难的；在任何情况下，任何一个视图都会给出高度受限的范围，并且无法再次测量行人高度。另一种方法是将图 22-1A 中的摄像机放置在更高的位置，如图 22-1B 所示，从而可以看到地面上任何行人的脚的位置，这样使得我们能够获得场景中深度的合理估计。事实上，如果摄像机位于地面之上的高度 $H_c$，可以由等式（22.2）得到深度 $Z$：

$$Z = f H_c / y \tag{22.3}$$

此时行人的头部位置 $y$ 修正为：

$$y_t = f Y_t / Z = y Y_t / H_c \tag{22.4}$$

行人的高度 $H_t$ 现在可以从以下等式估计：

$$H_t = H_c - Y_t = H_c(1 - y_t/y) \tag{22.5}$$

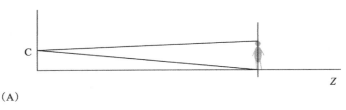

（A）

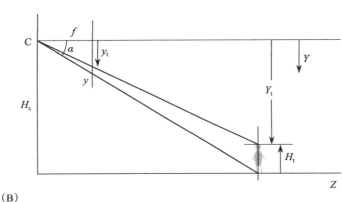

（B）

图 22-1　3D 监控：摄像机在水平轴。（A）摄像机安装在与眼睛水平的高度。（B）摄像机安装在高处以获得较少限制的视图

　　注意，为了实现这一点，$H_c$ 必须从先前的现场测量中获取，或者可以通过使用测试物体的摄像机校准来获得。

　　在实践中，最好通过将摄像机的光轴稍微向下倾斜（参见图 22-2）来修改上述方案，因为这样可以增加观察范围，特别是使得附近的行人保持在视野中。然而这样的话，几何形状将变得更加复杂，从而得到以下基本公式：

$$\tan\alpha = H_c/Z \tag{22.6}$$

$$\tan(\alpha - \delta) = y/f \tag{22.7}$$

其中 $\delta$ 是摄像机的偏角。用以下公式代替 $\tan(\alpha - \delta)$：

$$\tan(\alpha - \delta) = (\tan\alpha - \tan\delta)/(1 + \tan\alpha \tan\delta) \tag{22.8}$$

利用上述方程消除 $\alpha$，得到以下公式：

$$Z = H_c(f - y\tan\delta)/(y + f\tan\delta) \tag{22.9}$$

　　到目前为止，我们还没考虑目标的高度，只考虑了地平面上的点。为了估计行人的高度，我们需要引入另外一个方程：

$$Z = Y_t(f - y_t\tan\delta)/(y_t + f\tan\delta) \tag{22.10}$$

这是通过在式（22.9）中用 $Y_t$ 代替 $H_c$ 和用 $y_t$ 代替 $y$ 而得到的。消除这两个方程之间的 $Z$，现在我们得到 $Y_t$：

$$Y_t = H_c(f - y \tan \delta)(y_t + f \tan \delta)/(y + f \tan \delta)(f - y_t \tan \delta) \qquad (22.11)$$

从而能够在这种情况下也用 $H_t = H_c - Y_t$ 计算。

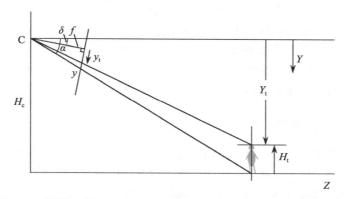

图 22-2　摄像机的 3D 监控：向下倾斜。$\delta$ 是摄像机光轴偏斜的角度

其次，我们考虑摄像机光轴倾角 $\delta$ 的最佳值。我们假设摄像机的观察范围必须从由 $Z_n$ 给出的近点到由 $Z_f$ 给出的远点变化，对应于 $a$、$a_n$ 和 $a_f$ 的相对值（图 22-3）。我们还假设摄像机的垂直视场（FOV）为 $2\gamma$。这样即可得到如下公式：

$$H_c/Z_n = \tan \alpha_n = \tan(\delta + \gamma) \qquad (22.12)$$

$$H_c/Z_f = \tan \alpha_f = \tan(\delta - \gamma) \qquad (22.13)$$

现在我们考虑这两个方程的比：

$$\eta = Z_n/Z_f = \tan(\delta - \gamma)/\tan(\delta + \gamma) \qquad (22.14)$$

这样指定 $Z_n$ 或 $Z_f$ 可立即给出替代值。在 $Z_f$ 被认为是无穷大的情况下，公式（22.13）表明 $\delta$ 必须等于 $\gamma$。在这种情况下，公式（22.12）可以得到这样的关系 $Z_n = H_c \cot 2\gamma$。注意 $\delta = \gamma = 45°$ 时是能覆盖地平面上所有点的情况，即 $Z_n = 0$ 和 $Z_f = \infty$。对于较小的 $\gamma$ 值，$Z_n$ 和 $Z_f$ 的值由 $\delta$ 确定，例如，对于 $\gamma = 30°$，$\eta$ 的最优值（即 0）出现在 $\delta = 30°$ 和 $\delta = 60°$，最坏的情况下（即 $\eta \approx 0.072$）发生在 $\delta = 45°$。

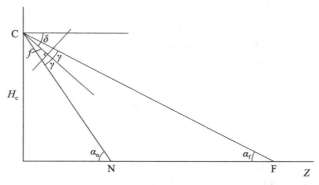

图 22-3　考虑摄像机倾斜的几何优化。$\delta$ 是摄像机光轴偏斜的角度，$2\gamma$ 是摄像机的整体垂直视场

最后，如果行人之间不相互遮挡，那么考虑他们之前需要的最小间隔 $Z_s$ 是有指导意义的。通过将 $\tan \alpha$ 与 $H_t/Z_s$ 和 $H_c/Z$［见公式（22.6）］等同处理，我们发现：

$$Z_s = H_t Z / H_c \qquad\qquad (22.15)$$

正如预期的那样，这与摄像机高度成反比，但注意它也与 $Z$ 成正比。

总的来说，如我们已经看到的，将摄像机放置在较高的位置可以估算深度和高度，遮挡的发生率也会大大降低。此外，向下倾斜摄像机允许实现最大范围。重要的是，放置在庭院远端的两个摄像机应该能够覆盖整个院子。一开始，行人可以被识别为在地面上具有特定的位置，尽管随后可以根据他们的大小、形状和颜色进行更形象化的识别。所涉及的公式反映了透视投影的所有情况，其中有些是非常复杂的。注意，即使在如图 22-1B 的简单情况下，$y$ 和 $Z$ 之间的逆关系是高度非线性的［参见公式（22.3）］，另外 $Z$ 方向上的等间隔并不等同于图像平面中相等的垂直间隔，18.8 节给出了可更好地支持这一点的理论。

## 22.3 前景－背景分离

监控的首要问题之一是定位待观察的目标。原则上，我们可以遵循前面章节的所有识别方法，然后逐个识别目标。然而，有两个原因导致我们应该采取不同的方式。首先，在道路上行驶的汽车或小区内的行人，是高度多样化的，不像生产线上的产品。其次，在实际情况中往往存在一个严重的实时问题，尤其是当车辆在高速公路上以每小时 160 千米的速度移动，摄像机通常在高度可变的条件下每秒提供 30 帧图像时。因此，利用目标的运动并执行基于运动的分割是值得的。

在这种情况下，考虑帧差分和光流是很自然的。事实上，帧差分已经应用到这一任务中，但它容易出现噪声问题，从而导致不可靠。在任何情况下，当在相邻帧之间应用它时，它只根据第 20 章的 $-\nabla I \cdot v$ 公式定位目标轮廓的有限部分。解决这个问题最简单的方法是背景建模。

### 22.3.1 背景建模

背景建模的思想是创建一个理想化的背景图像，该图像可以从任何帧中减去以获得目标或前景图像。为了实现这一点，最简单的策略是使用一个已知没有目标的帧，并将其用作背景模型。此外，为了消除噪声，在对目标进行观测之前对若干帧进行平均。这个策略存在的问题是：（1）如何知道何时不存在目标，以使帧代表真实的背景；（2）如何应对通常的户外照明情况，这种情况随天气和一天中的时间而变化。

为了解决第二个问题，我们需要合理地使用最新的帧，而如果考虑这种方式的话，就很难处理第一个问题（在任何情况下，在交通繁忙的高速公路上，或者在有连续混乱人群的地区，往往很难获得清晰的背景帧）。一个折中的解决方案是不管目标是否存在都在最近的周期 $\Delta t$ 上取许多背景帧的平均值。如果目标是非常罕见的，则大部分的帧将是清晰的，并且可以很好地逼近一个理想的背景模型。当然，任何目标都不会像平均值那样被消除，结果有时在模型中出现可见的"尾巴"。为了优化模型，可以增加 $\Delta t$，从而最小化第一个问题；或减小 $\Delta t$，从而最小化第二个问题。显然，这两者之间存在一个折中：虽然可以调整 $\Delta t$ 以适应一天的时间、当时的天气和照明水平，但是这种方法还是有限的。

部分问题是由于上面提到的"平均"，这可以通过使用时域中值滤波器来部分消除。注意，这意味着将中值滤波器应用到每个像素的 $I$（强度和颜色）值上，而不是在最近的周期 $\Delta t$ 中出现的帧序列。这是一个计算量非常大的过程，但比采用上述原始平均值要好得多。取中值是有效的，因为它消除了异常值，但最终仍然会导致偏颇的估计。特别是，如果我们假设车辆总体上比道路更暗，那么时域中值也会趋向于比道路更暗。为了克服这个问题，可以使用时域模式滤波器，并且理想化强度分布具有单独的模式，一个来自道路，另一个来自车辆。因此前者可以使用，并且即使在有很多车辆而变为次要模式时它也可以识别。然而，不能保证车辆只有一种模式，甚至任何这样的模式都会明显地与道路对应的模式区分开，并且结果可能会再次发生偏离。22.3.2 节中的图 22-4 ～图 22-6 描绘了一些这样的问题。

事实上，背景建模还存在更多的问题。在许多情况下，背景本身都是运动的。背景中的阴影会随着时间的变化而移动，它们的大小也会随着天气的变化而变化；树叶、树枝和旗帜会在风中摇摆，频率变化很大。甚至摄像机可能摇摆，特别是如果把摄像机安装在一根杆子上时。但是我们目前先不考虑这些类型的问题。在第 23 章中我们会考虑小动物和鸟类的运动。在这一章中，我们主要考虑的背景包括飘动的植物，这种情况往往存在于户外，甚至在城市。

植物的摆动比我们想象的要严重得多，它可以导致在叶子、树枝、天空（或地面、建筑物等）之间发生振荡的像素的 $I$ 值。因此，像素的强度和颜色的分布最好被视为对应于两个或三个分量源的几个分布的叠加。这里，重要的是每个分量分布可以是非常狭窄和明确定义的。这意味着，如果每一个都从正在进行的训练中得知，那么任何 $I$ 都可以检查以确定它是否可能对应于背景。如果不是，则必须对应于一个新的前景物体。

由多个分量分布组成的模型通常被称为混合模型。在实际中，分量分布由高斯分布来近似，因为整体分布的不规则形状在很大程度上取决于分离的分量分布。因此，我们得到术语：高斯混合模型（GMM）和高斯混合。请注意，任何像素的分量的数量最初都是未知的。实际上，大多数像素只有一个分量，而且在实际操作中，这个数量看起来不太可能比 3 大太多。然而事实上，必须对每个像素进行分析，以确定其 GMM 计算量大，而如果分量分布不像上面建议的那样整洁，则分析可能是不稳定的。这些因素意味着必须使用计算密集型算法——期望最大化（EM）算法来分析这种情况。事实上，虽然通常使用这种严格的方法来初始化背景生成过程，但是许多研究人员使用更简单、更有效的技术来更新它，以便该过程能够实时进行。GMM 方法自行确定要使用的分量分布的数量，该判断基于给定的背景模型总权重的一部分的阈值。

不幸的是，当背景的变化频率非常高时，GMM 方法会失败。本质上，这是因为算法必须处理快速变化的分布，这些分布在非常短的时间内会发生剧烈的变化，因此统计信息的定义就变得非常糟糕。为了解决这一问题，Elgammal 等人（2000）摒弃了 GMM 的参数化方法（GMM 本质上是找到分量分布的权值和方差，因此是参数化的）。他们提出的非参数方法是对每个像素使用内核平滑函数（通常是一个高斯分布），将其作用于在当前时间 $t$ 之前的 $\Delta t$ 时间内多帧中 $I$ 的 $N$ 个样本上。这种方法能够快速地适应从一个强度值跳到另一个强度值，同时获得每个像素的局部方差。因此，它的价值在于能够迅速忘记旧的强度，并反映局部方差，而不是随机的强度跳变。并且它是一种概率方法，却不需要 EM 算法，这使得它能够高效地实时运行。此外，该系统还能对前景目标进行敏感检测，同时具有较低的误报率。为了实现这一切，它合并了两个进一步的特点。

1）这种方法假设三个不同的颜色通道之间是独立的，每个通道都有自己的内核带宽（方差）。再加上采用高斯核函数，这就得到：

$$P(\boldsymbol{I}) = \frac{1}{N} \sum_{i=1}^{N} \prod_{j=1}^{C} \frac{1}{(2\pi\sigma_j^2)^{1/2}} \, e^{-(I_j - I_{j,i})^2 / 2\sigma_j^2} \tag{22.16}$$

其中 $i$ 运行在时间段 $\Delta t$ 上的 $N$ 个样本，而 $j$ 在 $C$ 个颜色通道上运行；这个函数很容易计算，但是通过使用预先计算的内核函数查找表可以进一步加快计算速度。

2）它使用色度坐标来抑制阴影。由于这些坐标与光照水平无关，阴影可以认为是光线不佳的背景，这意味着它们在很大程度上应该合并到背景中。因此，在减去背景之后，前景不太可能有阴影伴随。色度坐标 $r$、$g$、$b$ 是由通常的 $R$、$G$、$B$ 坐标通过公式 $r=R/(R + G + B)$ 等得到的，其中 $r+g+b=1$。

事实上，阴影可能会产生特定的问题。它不仅扭曲了进行背景减法后前景物体的外观形状，而且会连接不同的前景物体，从而导致分割不足。Prati 等人（2003）总结了这个问题，Xu 等人（2005）提出了一种利用形态学的混合阴影去除方法，参见 Guan（2010）。

无论采用何种方法进行背景建模，从而做背景减法，并最后使前景检测更容易进行，都需要使用连通分量分析对各种斑点（blob）进行汇集和标记。帧对帧的跟踪是通过在不同帧的斑点之间进行对应来实现的。就像 Xu 等人（2005）的例子一样，形态学可以用来帮助实现这个过程。然而，由于阴影和光照效果，假阳性往往会出现，而假阴性则可能出现在前景和背景之间的颜色相似处。

总的来说，失败的情况有两种：静止背景问题，前景物体的形状定义不够准确；动态背景问题，其中发现前景目标的开始和停止的速度不够快。如果背景模型的准确性或响应性不充分，背景减法将导致检测到错误目标［Cucchiara 等人（2003）将其称为"幽灵"］。此外，如上所示，阴影往往使这些问题更加复杂化。

## 22.3.2 背景建模的实例

为了使上述讨论更加具体，我们拍摄了一段交通监控视频，并将其提交到上面提到的一些算法中。为了便于说明，算法会尽可能简单。原始数据由来自数码摄像机（Canon Ixus 850 IS）的 AVI 视频组成，该视频被分解为单独的 JPG 帧，尽管 JPG 伪影相当严重，但我们并没有做出任何具体的尝试来消除它们。帧大小为 320×240 像素（RGB 颜色），主要测试仅使用 8 位的亮度分量。虽然视频的拍摄速度是每秒 15 帧，但每秒拍摄的 15 帧只有其中的第 10 帧用于测试，这样组成 113 帧的测试集。其中，前 10 个可以看作初始化训练数据，以后便不再考虑它们。测试期间，一辆公共汽车来了，在车站停了一段时间，总体序列如图 22-5 所示。但是，由于空间的原因，图中所包含的只是那些能够很好地说明问题的帧。请注意，这段视频是在一个阳光灿烂的日子拍摄的，而且有很多阴影，其在视频的一分钟左右没有明显变化。另一方面，可能是由于支架运动导致有些摄像机会运动。所以原始数据有很多不理想的地方，因此对算法的成功都施加了严格的条件。

图 22-4 显示了应用时域中值得到的一些结果。图 A 和 B 显示了公交车在公交站的静止位置，当公交车开始与背景融合时，它逐渐消失。图 C 显示了公交车离开车站，身后留下一个巨大的"幽灵"。图 D 显示了"幽灵"存在的一段时间，它是任何前景解释过程都要考虑的重要因素。

为了克服这些问题，我们必须限制中值，因此只能在当前中值的灰度范围内考虑像素强度。这样，它就具有了模式过滤器的某些特性（时域模式过滤器本身会过于灵活地锁定当前值，而不能很好地适应变化的强度分布）。结果如图 22-5 所示。很明显，受到限制的中值在很大程度上消除了上述两个问题（即，观察到的车辆在静止时被吞噬，在行驶中留下一个"幽灵"）。基于这个原因，其余的测试只使用受限制的中值。图 22-5 所示的问题包括：

1）前景目标消失，留下奇怪的形状（例如 D 和 I）。

2）前景目标的碎片（例如 B 和 F）。

3）伴随移动前景目标出现的阴影（例如 C、G 和 J）。

4）应该分离的前景目标的融合（例如 I 和 J）。

5）来自飘动植物的信号（例如 A 和 K）。

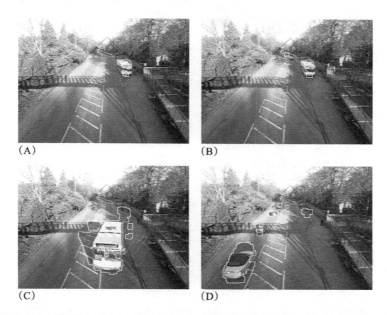

图 22-4　使用时域中值滤波器进行背景减除。黑色图形点的线划定了相关的道路区域：几乎所有的飘动的植物都位于这个区域之外（它是由比前景目标更模糊的边界指示的，参见图 B）。注意在背景减法过程中过多的静止阴影完全消除。公交车逐渐在图 A 和 B 中消失，而在图 C 和 D 中，公交车"幽灵"出现，然后开始合并到背景中。在图 22-5 中，这些问题在很大程度上都得到消除，其中包括相同的四帧

图 22-5　背景减法使用约束时域中值滤波器。这个图显示了比图 22-4 更全面的帧集，因为该方法更准确。特别是它对图 22-4 的公交车问题的响应（图 D、E、G、H）得到了极大的改善。飘动的植物问题用较弱的边界表示，但完全不存在于道路区域。在所有帧中，背景减法完全消除了静止阴影，甚至忽略了突出的桥形阴影；它对前景目标的完整性也没有多大影响。请注意，汽车的假阴性率很低，而且它们往往只在距离较远的地方连接在一起。总的来说，前景目标碎片和假形状（包括移动阴影的影响）是最严重的问题

图 22-5 （续）

第 2 项可以看作第 1 项的极端情况。第 3 项当车辆和阴影以相同的速度移动时阴影是一直存在的，并且使用简单的背景抑制或单独的运动目标检测无法消除这些阴影。一般来说，除非颜色解释有效（我们将在下文中继续讨论这种可能性），否则需要进行更高级的解释来实现满意的阴影消除。第 4 项是由于车辆阴影的影响产生的车辆连接，特别是远处的车辆更容易出现这种情况。应用的形态学操作（见下文）也会使车辆连接起来。第 5 项从未在道路区域出现，也就是在帧中显示的黑色图形点之间。这是因为在这种情况下植物很高，所以远离道路区域。此外，基本上可以通过形态学运算消除它。实际上，图 22-6 显示了背景减法之后立即得到的结果。很明显，有严重的噪声问题，主要是以下几个原因导致的：摄像机的噪声，JPG 伪影的影响，飘动的植物，轻微的摄像机运动的影响。

(A)　　　　　　　　　　(B)

图 22-6　背景减法之后立即出现的问题。这两帧清晰地显示了背景减法中出现的噪声问题：白色像素表示当前图像与背景模型不匹配的地方。大部分的噪声影响发生在道路区域以外的飘动的植物上。形态学操作（参见正文）主要用于消除噪声，以及尽可能地整合车辆形状，如图 22-4 和图 22-5 所示

有趣的是，对一个像素进行腐蚀操作的两个应用几乎完全消除了噪声，接下来是一个单一膨胀操作的四个应用，以帮助恢复车辆形状（总的来说，这相当于一个 2 像素的开运算，紧接着 2 像素的膨胀运算）。我们选择这些形态学操作来得到大致最优的结果——特别是，在单独的帧中未能捕获到前景目标的低概率结果，再加上我们必须保持目标形状尽可能在合理的范围内，以及不可避免地不将车辆连接在一起。重点是背景减法的目的是传递足够有用的信息给前景目标识别、跟踪和解释阶段。

显然，该结果完全消除了静止阴影，并且没有带来由此产生的问题。另外两种类型的阴影是很明显的，包括那些由移动目标产生的阴影，以及那些落在移动目标上的阴影（后者在视频中来自桥的阴影，以及由其他原因导致的地面阴影）。这两种类型的阴影都没有被消除。除此之外还有反射的问题，特别是从公交车的窗户上反射（参见图 22-5G 中的帧）和来自移动车辆的二次光照。

最后，我们认为有必要使用原始的彩图，并使用前面所述的色度坐标来扩展背景模型。事实上，虽然在某些方面发生了改善，但这些都被前景目标的假阴性和碎片形状的增加所抵消。这里没有显示结果，但是 Elgammal 等人（2000）以这种方式获得了出色的结果，而在此使用的视频使用这种方法时似乎没有任何改进，这需要一些解释。其中最重要的原因是许多不同车辆颜色和强度的差异。特别是，一些车辆的车身强度接近阴影的强度，而其他车辆具有类似强度的窗户或透明车顶。这些方法具有消除大量车辆及阴影的效果，从而增加假阴性和假形状信息的发生率。然而，即使 Elgammal 等人（2000）指出强度必须被小心地使用，以增强色度信息的阴影去除能力，这里似乎也无法实现这一点。总的来说，所有的颜色和灰度信息必须以一种更为谨慎和战略性方式加以考虑。这需要一种彻底的统计模式识别方法，其中目标在高层模式中被逐个识别，而不是由相对偶然的特设方法识别的。后者当然有

自己的位置，但它们的使用不能超出合理的范围。一个使用逐个目标识别的例子是道路标记的识别，无论车辆阴影是否覆盖了这些标记，它们都需要被识别，而且也很容易被识别。这可以推动识别、跟踪和消除车辆阴影的更可行的策略。同时，在道路几乎没有颜色内容的情况下，如上文讲述的交通监控试验，仅使用色度信息很难有效地去除阴影。

### 22.3.3　前景的直接检测

在前面的小节中，我们已经看到，背景建模后的背景减法是图像序列中运动目标定位的一种强有力的策略。然而，由于各种各样的原因，它所能达到的目标是有限的。虽然这些原因变成了问题，如环境光照的变化、阴影的影响、无关紧要的动作（如飞舞的树叶），以及前景和背景之间颜色的相似之处，但有一整部分信息是缺失的：具体地说，完全缺乏关于目标性质的信息，包括大小、形状、位置、方向、颜色、速度和发生概率。如果能够获得这类信息，就有可能将其整合到一个完整的目标检测系统中，并实现接近完美的检测能力。实际上，在某些情况下，忽略背景和尝试直接检测前景可能是更好的近似。例如，对于人脸检测来说，这样的程序可能既有效又快速。在接下来的内容中，我们考虑如何实现直接前景检测。

只有当一个合适的前景模型可用或可以构造时，才能进行直接的前景检测。这似乎需要对每个特定应用程序进行专门化，如行人检测或车辆检测。然而，一些研究人员（如 Khan 和 Shah，2000）通过自举过程成功地实现了更一般化的目标。它们从背景模型和背景减法开始，通过“背景异常”过程定位前景物体，从而创建初始的前景模型。在后续帧中，这些都得到了增强，且主要使用基于高斯的模型——GMM 和非参数模型被应用于此。然而，与背景建模相比，后者对同一台摄像机持续应用（并进行更新），而每个前景目标必须有自己的单独模型，这些模型将为该目标重新学习。因此，背景建模只用于初始定位前景目标。然后，构建并跟踪前景模型，尽管其方式与背景建模类似。

最近，在一种新的算法中，Yu 等人（2007）使用 GMM 同时对前景和背景进行建模。通过这种方式在前景和背景之间建立了一种张力，这种张力可能会在处理精度方面更有效，且这在实践中已经实现了。在此基础上，对算法进行初始化，首先对确定的前景和背景区域进行标记，然后继续自主跟踪。然而，似乎没有理由不借助背景建模的初始阶段来自动进行初始化。

## 22.4　粒子滤波

当跟踪视频中的前景目标时，有一种方法是在每个帧中进行独立检测，然后进行适当的链接，然而这样并不能充分利用可用的信息，也没有达到最佳的灵敏度。当注意到在多个帧上平均缓慢移动的目标可以提高信噪比时，这一点就显而易见了。此外，随着时间的推移，有时在非常少的帧中目标的外观会发生根本性变化，因此需要跟踪来确保能够捕获到这种变化。例如，当导弹以几英里的距离接近目标，在飞行过程中，导弹的大小、规模和分辨率都会显著增加。在跟踪一个人的情况下，头部的旋转也会展现外观的剧烈变化。由于目标移动和旋转导致背景的剧烈变化，因此敏感和鲁棒的跟踪是重要的。为此，我们需要优化算法。特别是面对根本性变化，我们应该知道被跟踪的目标最可能的位置。对似然的最优估计意味着我们需要使用贝叶斯滤波。

为了实现这一目标，我们首先考虑在连续帧中的观测 $z_1 \sim z_K$，以及相应的目标推导状态 $x_0 \sim x_K$（不包含 $z_0$，因为估计速度 $v_k$ 至少需要两帧，这构成了状态信息的一部分）。在每个阶段，我们需要估计目标的最可能状态，并且贝叶斯规则给我们提供后验概率密度，如等式（22.17）中所示（请注意，如果消除条件依赖 $z_{1:k}$，则更容易看到与贝叶斯规则的关系。这样的话，所有剩余的下标等于 $k+1$，消除它们，等式（22.17）和（22.18）变为标准贝叶斯规则。当处理超过 $k+1$ 帧的跟踪的涉及以前的观测 $z_{1:k}$，当然需要恢复 $z_{1:k}$ 的依赖性）。

$$p(x_{k+1} \mid z_{1:k+1}) = \frac{p(z_{k+1} \mid x_{k+1}) p(x_{k+1} \mid z_{1:k})}{p(z_{k+1} \mid z_{1:k})} \qquad (22.17)$$

其中归一化常量为：

$$p(z_{k+1} \mid z_{1:k}) = \int p(z_{k+1} \mid x_{k+1}) p(x_{k+1} \mid z_{1:k}) \mathrm{d}x_{k+1} \qquad (22.18)$$

而先验概率密度是从先前的时间步长获得的：

$$p(x_{k+1} \mid z_{1:k}) = \int p(x_{k+1} \mid x_k) p(x_k \mid z_{1:k}) \mathrm{d}x_k \qquad (22.19)$$

但请注意，这只是因为通常用来简化贝叶斯分析的马尔可夫过程（一阶）假设才有效，这样的话：

$$p(x_{k+1} \mid x_k, z_{1:k}) = p(x_{k+1} \mid x_k) \qquad (22.20)$$

换句话说，更新 $x_k \to x_{k+1}$ 的转换概率仅间接地依赖于 $z_{1:k}$。

这个方程组的一般解是不存在的，特别是公式（22.17）和（22.19）。但是有近似的解，如在卡尔曼滤波器示例中（参见第 20 章），假定所有后验概率都是高斯的。此外，当高斯约束不适用时，粒子滤波器可用于逼近最优贝叶斯解。

粒子滤波也称为序贯重要性采样（SIS）、序贯蒙特卡洛方法、自举滤波和缩合，是一种递归（迭代应用）贝叶斯方法，在每个阶段采用一组后验密度函数的样本（见附录 D 从分布中采样的基本概念）。这是一个有吸引力的概念，因为在大量样本（或"粒子"）的限制下，该滤波器被用来逼近最优贝叶斯估计（Arulampalam 等人，2002）。

为了应用这种方法，后验密度被重新表述为 $\delta$ 函数样本的和：

$$p(x_k \mid z_{1:k}) \approx \sum_{i=1}^{N} w_k^i \delta(x_k - x_k^i) \qquad (22.21)$$

在此权重归一化为：

$$\sum_{i=1}^{N} w_k^i = 1 \qquad (22.22)$$

代入公式（22.17）～（22.19），我们得到：

$$p(x_{k+1} \mid z_{1:k+1}) \propto p(z_{k+1} \mid x_{k+1}) \sum_{i=1}^{N} w_k^i p(x_{k+1} \mid x_k^i) \qquad (22.23)$$

其中先验采取 $N$ 个分量混合的形式。

原则上，这给了我们真正的后验密度的离散加权近似。事实上，通常难以从后验密度直接采样，这个问题通常用 SIS 从合适的"提议"（proposal）密度函数 $q(x_{0:k} \mid z_{1:k})$ 来解决。取一个可分解的重要性密度函数：

$$q(x_{0:k+1} \mid z_{1:k+1}) = q(x_{k+1} \mid x_{0:k} z_{1:k+1}) q(x_{0:k} \mid z_{1:k}) \qquad (22.24)$$

接着，可以获得权重更新方程（Arulampalam 等人，2002）：

$$w_{k+1}^i = w_k^i \frac{p(\boldsymbol{z}_{k+1} \mid \boldsymbol{x}_{k+1}^i) p(\boldsymbol{x}_{k+1}^i \mid \boldsymbol{x}_k^i)}{q(\boldsymbol{x}_{k+1}^i \mid \boldsymbol{x}_{0:k}^i, z_{1:k+1})}$$

$$= w_k^i \frac{p(\boldsymbol{z}_{k+1} \mid \boldsymbol{x}_{k+1}^i) p(\boldsymbol{x}_{k+1}^i \mid \boldsymbol{x}_k^i)}{q(\boldsymbol{x}_{k+1}^i \mid \boldsymbol{x}_k^i, z_{k+1})} \tag{22.25}$$

其中路径 $\boldsymbol{x}_{0:K}^i$ 和历史观测 $z_{1:K}$ 已经被消掉了——如果粒子滤波器能够可控递归地跟踪，这一步是必要的。

事实上，纯 SIS 在很大程度上存在不可避免的问题，即在若干次迭代之后，除了一个粒子之外，所有的粒子的权重都是可忽略的。更确切地说，重要性权重的方差只能随着时间的增长而增加，这不可避免地导致了这种退化问题。然而，一个简单的限制问题的方法是重采样粒子，以消除那些具有小权重的粒子，而那些大的权重可以通过复制增强。复制可以相对容易地实现，但也会导致所谓的样本贫乏，即它仍然会导致粒子之间多样性的丧失，这本身就是退化的一种形式。然而，如果有足够的过程噪声，会更强有力地证明结果。

执行重采样的一个基本算法是"系统重采样"，包括采取累积离散概率分布（其中原始 $\delta$ 函数样本被集成到一系列步骤中），并使其在 0 到 1 范围内可以均匀切割以便为新样本找到合适的索引。如图 22-7 所示，这导致小样本被消除，强样本被复制，可能会重复几次。该结果被称为采样重要性重采样（SIR），并且是产生稳定样本集的方法的有用的第一步。通过这种特殊的方法，重要性密度被选择为先验密度：

$$q(\boldsymbol{x}_{k+1} \mid \boldsymbol{x}_k^i, z_{k+1}) = p(\boldsymbol{x}_{k+1} \mid \boldsymbol{x}_k^i) \tag{22.26}$$

式（22.25）表明权重更新方程大大简化为

$$w_{k+1}^i = w_k^i p(\boldsymbol{z}_{k+1} \mid \boldsymbol{x}_{k+1}^i) \tag{22.27}$$

此外，在每个时间索引上应用重采样，以前的权重 $w_k^i$。都给出了值 $1/N$，因此我们可以简化这个方程：

$$w_{k+1}^i \propto p(\boldsymbol{z}_{k+1} \mid \boldsymbol{x}_{k+1}^i) \tag{22.28}$$

如在式（22.26）中所看到的，重要性密度被认为独立于测量 $z_{k+1}$，因此该算法在观测证据方面受到限制，这是前面提到的粒子多样性丢失的一个原因。

Isard 和 Blake（1996 年）的 Condensation（缩合）方法通过以下方式来消除这些问题：重采样之后有一个预测阶段，在预测期间，扩散过程分离任何重复的样本，从而有助于保持样本的多样性。这是通过应用一个随机动力学模型来实现的，该模型已经训练了样本目标的运动。图 22-8 给出了该方法的整体透视图，包括上面讨论的所有采样和其他过程。

通过在 ICondensation 方法（Isard 和 Blake，1998）中使用混合样本，该概念得到进一步发展，其中一些使用标准 SIR，一些使用基于最近测量 $z_{k+1}$ 的重要性函数但忽略动态。因此，这种复杂的方法反映了确保连续样本多样性的必要性。它还旨在结合低层次和高层次跟踪方法，指出在处理诸如跟踪人类手的真实世界任务时，模型切换可能是必要的。

Pitt 和 Shephard（1999）在辅助粒子滤波器（APF）中采用了类似的思想。他们根据最近的观测结果从重要性分布生成粒子，然后使用该重要密度对后验进行采样。该算法包括对每个粒子进行额外的似然计算，但由于总体上需要较少的粒子，计算效率得到提高。然而，Nait-Charif 和 McKenna（2004）发现该方法仅相对于 SIR 给出了很小的改进。他们继续与迭代似然加权（ILW）方案进行比较。在这种方法中，在 SIR 的初始迭代之后，样本集被随机分裂成两个大小相等的集合，其中一个被迁移到高似然区域，另一个被正常处理。其目的之一是应对先验合理的情况，另一方面是应对先验不合理的情况，并且可能需要探索高似然区域。当跟踪人类头部时，该方法被证明是比 SIR 或 APF 更鲁棒的跟踪器。也许奇怪的是，ILW 的目的是减少近似误差，而不是给出无偏估计的后验。这意味着它不是完全基于概率方法。另一方面，对于上面提到的 Isard 和 Blake 的 ICondensation 方法，它旨在匹配在真实世界条件下跟踪时出现的各种场景，其中很难准确地模拟所有概率。

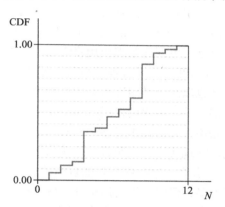

图 22-7　使用累积分布函数（CDF）来执行系统重采样。应用规则间隔的水平采样线表示为新样本找到合适的索引（$N$）所需的切割。切割往往忽略了 CDF 中的小阶跃，并通过复制样本来强调大阶跃

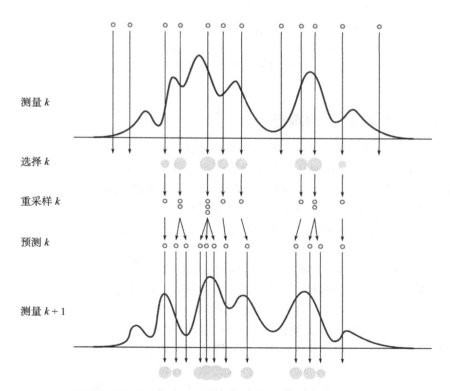

图 22-8　透视粒子滤波的过程。注意该过滤器如何重复循环通过相同的基本序列

在过去的数十年间，许多粒子滤波方法得到发展。一些合并卡尔曼滤波器及其扩展和

"无损"的方法，试图当样本分集不够时优化似然性。最近提出的"正则化"和"核"粒子滤波器（Schmidt 等人，2006）解决了样本匮乏问题。它们执行重采样时使用后验密度的连续近似，通常使用 Epanechnikov 核（Comaniciu 和 Meer，2002）。均值漂移法也属于这一类。本质上，均值漂移算法是一种密度梯度上升的方法，以识别稀疏分布中的基本模式，并包括在所搜索的空间周围移动采样球。这使之成为一个很好的迭代搜索技术，虽然它只适用于一次定位一个模式。它很好地补充了粒子滤波器形式，因为它可以用来改进识别精确目标，即使只采用有限数量的粒子。最近 Chang 和 Lin（2010）将它应用于跟踪运动人体的各个部分。

在这个阶段，明显的变化是，不同的跟踪应用将需要不同类型的粒子滤波器。这将取决于各种因素，包括运动的剧烈程度、是否会涉及旋转、是否会发生遮挡，以及如果发生遮挡，则持续多长时间——当然也取决于被跟踪目标的外观和可变性。应该注意的是，上面提到的所有理论和大多数想法都反映了抽象的情况，并且集中在相对小的局部化目标上，这些目标被认为是局部的，也就是说，过滤器本身将不具有对情况的全局理解。因此，它们必须被归类为低或中等水平视觉。在现实中，人眼是一个优秀的跟踪器，因为它能够思考什么目标存在、哪些目标已经移动到哪里，包括移至其他目标的后面，甚至暂时离开场景。显然，我们不能对粒子滤波器期望太多，仅仅因为它们是基于概率模型的。

粒子滤波器的一个重要优点是它们可以用于跟踪图像序列中的多个目标。这是因为没有记录哪个目标被哪个粒子跟踪。然而，这种可能性的产生仅仅是因为在后验密度上没有任何限制：特别是在卡尔曼滤波的情况下，它们不被假定为高斯分布。事实上，如果卡尔曼滤波器用于跟踪，每个目标必须由它自己的卡尔曼滤波器跟踪。

一旦找到了一种合适的粒子滤波方法，就必须确定如何实现它。实现这一点的基本方法是通过外观模型。特别是，颜色和形状模型经常用于此目的。然而，在深入研究这个主题之前，讨论使用一种非常古老的方法通过使用颜色直方图匹配来进行颜色索引的颜色分析是非常有用的。

## 22.5 基于颜色直方图的跟踪

Swain 和 Ballard（1991）在一篇名为"颜色索引"的论文中最早提出了一种可用于目标跟踪的工具，这项工作的目的是从彩色图像索引到模型的大数据库中。在某种意义上，这种想法是跟踪问题的逆问题，因为它的目的是搜索与给定图像最佳匹配的模型，而不是从图像序列帧中搜索给定模型的实例。事实上，数据库搜索属于分类领域，而跟踪过程隐含地假定所涉及的目标已经被识别。然而，除了下面将要讨论的一个重要差异之外，这是一个相当小的问题。

颜色索引方法背后的主要思想是匹配颜色直方图而不是图像本身。在这种方法中有一个明显的有效性，即如果图像匹配，它们的颜色直方图也会匹配。更重要的是，由于直方图在图像中没有特定颜色的来源，直方图对于观察轴的平移和旋转是不变的（所谓的"面内旋转"）。同样相关的事实是，平面物体的平面外旋转仍然具有相同的颜色直方图，尽管它将涉及不同数量的像素，因此需要规范化。这同样适用于场景中不同深度的目标：直方图轮廓不变，但必须对其进行规范化，以允许所涉及的像素数目不同。最后，在其表面上具有相同的颜色分布的球形或圆柱形物体将再次具有相同的直方图。虽然这种情况相对少见，但它几乎完全适用于毛线球或足球，并且对于剃光的人的头部或躯干有不同的精确度。事实上，使用直方图来识别的主要问题是它可能带来的歧义性，但是当跟踪已知的仅在帧之间移动很小距离的目标时，这个问题应该是次要的。

上面的解释说明了直方图方法的潜在力量，但提出了一个重要的问题：当物体以比模型更大或更小的方式移动时，无论是通过深度缩放还是通过平面外旋转，会发生什么？特别是，如果它变小，这将意味着该模型将部分地匹配物体背景。Swain 和 Ballard 试图通过采取以下交集度量来最小化这种影响，而不是图像 $I$ 和模型 $M$ 直方图之间的任何类型的相关性：

$$\sum_{i=1}^{n} \min(I_i, M_i) \tag{22.29}$$

这将对削弱在模型直方图中超过了期望值的给定颜色的像素起作用（包括那些在模型中没有表达的颜色和那些欠表达的颜色）。然后通过模型直方图中的像素数对上述表达式进行归一化。然而在这里，我们遵循 Birchfield（1998）并用图像直方图中的像素数进行归一化，以反映较早的观点。我们旨在寻找最佳图像匹配，而不是最佳模型匹配：

$$H_N(I, M) = \frac{\sum_{i=1}^{n} \min(I_i, M_i)}{\sum_{i=1}^{n} I_i} \tag{22.30}$$

乍一看，这个公式可能是错误的，因为匹配的像素越少，就会被归一化，仍然表示完全符合，并给出统一的归一化交集。注意，例如在形状匹配中，通常使用公式 $(A \cap B)/(A \cup B)$，其中 $A$ 和 $B$ 是代表目标领域的集合，这将给一个值小于 $A \supset B$ 的集合。但是，公式（22.30）的设计是为了很好地处理图像中的部分遮挡，这将导致与 $M$ 的交集减少，产生 $I$ 值，然后与分母抵消，得到 1。

使用公式（22.30）的归一化交集的总体效果是，该方法具有最小化背景效应和消除遮挡效应的双重优势，同时也能很好地（在某些情况下准确地）处理不同视角的问题。变尺度的问题仍然存在，但可以通过对目标进行初步分割并将其直方图缩放到模型直方图的大小来解决。

在将图像与模型进行匹配时，还有一个更重要的考虑因素——在不同的光照水平下，模型可能已经过时了。在很大程度上，照度的变化可以被认为是不同的亮度级别，其中色度参数或多或少保持不变。这个问题可以通过改变颜色表示来解决。例如，我们可以从 RGB 表示转移到 HSI（色调、饱和度、强度）表示（参见附录 C），然后使用色调（$H$）和饱和度（$S$）参数。然而，通过颜色归一化（除以 $I$）可以获得更多的保护——尽管直接归一化 RGB 参数要容易得多，计算量也更少：

$$r = R/(R + G + B) \tag{22.31}$$
$$g = G/(R + G + B) \tag{22.32}$$
$$b = B/(R + G + B) \tag{22.33}$$

但是因为 $r+g+b=1$，我们应该忽略其中一个参数，如 $b$。

虽然上面的讨论建议应该完全忽略亮度，但这是不可取的，因为颜色空间（饱和度 $S \approx 0$）中接近黑白色线的颜色是无法区分的。正如 Birchfield（1998）引用了一个"危险"的例子，如果忽略亮度，深棕色的头发看起来就像一堵白色的墙。由于这些原因，大多数研究者使用不同大小和数量的直方图来获取亮度和色度信息。在此我们必须记住，一个全尺寸的颜色直方图（每个颜色维度都有 256 个 bin）不仅很大且难用，而且不容易实时搜索——这是跟踪应用程序的一个特别重要的因素。此外，这样的直方图不会得到很好的填充，会导致非常杂乱的统计数据。基于这个原因，每个颜色维度 16 ～ 40 个 bin 更加典型。特别是 $16 \times 16 \times 8$ bin 被广泛使用，8 是亮度通道中的数字。注意这些数字分别对应水平每通道为 16、16 和 32，一个 $512 \times 512$ 的图像平均每个 bin 占 128 个空间。然而，$256 \times 256$ 的图像则是平均每个 bin 为 32，这明显很低，容易产生不准确结果（尽管这在很大程度上取决于数据的类型）。

Birchfield（1998）提出当用于头部跟踪时，颜色直方图方法能够可靠地跟踪头部，尽管当头部在一块颜色与皮肤相当接近的白板前时，它变得"不稳定"。这种行为是可以理解的，因为已经注意到直方图方法对平移是不变的（因此，只要头部在图像中，直方图跟踪器不太可能丢失它）。这些点表明，直方图跟踪器的方法最终是有限的，需要通过其他手段，特别是某些检测目标轮廓的方法进行增强。为了实现这一目标，Fieguth 和 Terzopoulos（1997）使用：（1）简单的前一个位置附近位置的 $M$ 元假设检验，位移仅仅是在 $3 \times 3$ 窗口的 $M=9$ 点处；（2）一种高度非线性速度预测方案，包括加速、减速和阻尼的阶跃增量修正，以避免振荡；（3）完全基于色度的彩色直方图 bin。这种简化的原因是为了在每秒 30 帧的情况下实现全帧（$640 \times 480$ 像素）的实时操作，在这种情况下，目标的位移会变得更小，更容易跟踪。

Birchfield（1998）开发了一种更复杂的方法，它是基于用一个固定的纵横比为 1：2 的垂直椭圆来近似人头的形状。然后与先前的轮廓追踪器相同，通过计算沿椭圆边界的梯度幅度值的归一化和来测量匹配优度。但他累计边界上所有点的梯度值，而不只是指定点（事实上，这是不寻常的，大多数的研究人员在边界上 100 个左右点的集合中采样）；并且，他采用沿着垂直于边界的梯度分量。这导致了形状模型 $s(x, y, \sigma)$（三个参数中 $x$、$y$ 表示椭圆位置和 $\sigma$ 表示其短半轴）和如下拟合参数优度：

$$\psi(s) = \frac{1}{N_\sigma} \sum_{i=1}^{N_\sigma} |\, \boldsymbol{n}_\sigma(i) \cdot \boldsymbol{g}_s(i) | \qquad (22.34)$$

$N_\sigma$ 是半短轴为 $\sigma$ 的椭圆边界上的像素数量，$\boldsymbol{n}_\sigma(i)$ 是在像素 $i$ 处的椭圆单位法向量，$\boldsymbol{g}_s(i)$ 是局部的强度梯度向量。加入边界形状（$\psi_b$）和颜色（$\psi_c$）的归一化拟合参数优度，并获得一个最佳的拟合：

$$\boldsymbol{s}_{\text{opt}} = \arg \max_{s_i} \{\psi_b(s_i) + \psi_c(s_i)\} \qquad (22.35)$$

如前所述，当颜色模块进行单独测试时，它表现较优，但是当背景颜色与皮肤颜色接近时，效果不稳定。所有这些都通过添加梯度模块来修正。但是，梯度模块本身的性能不如颜色模块本身。随着时间的推移，梯度模型往往会被背景干扰，没有任何内置的设计特性来抵消这一点。此外，在杂乱的背景下，它的表现甚至更差；它不能很好地处理大的加速度，因为它探测高梯度区域的能力有限，因此它倾向于依附于错误的区域。幸运的是，这两个模块能够互相补充，尤其是颜色模块，它可以忽略背景杂波，并提供更大的特征区域，从而帮助梯度模块。最后，当受试者转过身，只看到他的头发时，梯度模块能够在他移动时接管并正确地处理缩放；它还能防止颜色跟踪器从受试者的脖子上滑落，因为颈部有类似的颜色直方图。所有这些都表明，两种或两种以上的跟踪策略在现实世界中是有用的，在这种情况下需要携带足够的信息，以便在持续发展的基础上提供正确的跟踪解释。它还表明，颜色直方图类型的跟踪模块是非常强大的，往往只需要很小的调整就可以使它正确地锁定。但是，总的来说，需要进一步详细关注和发展的突出因素是遮挡的处理：这需要通过设计而不是通过调整来安排，我们将在后文看到。

## 22.6 粒子滤波的应用

粒子滤波形式非常强大，它通过基于一般概率的优化来实现，但要实现它的承诺，还需要采取进一步的措施。为了做到这一点，它需要被应用到真实的目标上，因此外观模型必须被考虑在内——尽管在目前的情况下，将它们称为观测模型会更准确和普遍。我们的粒子滤波形式已经以条件密度 $p(z_k|x_k)$ 的形式体现了这些，参见公式（22.28）。

在这个阶段，我们需要对观察进行专门处理，在这里，我们通过考虑人类头部的颜色和假定的椭圆形状来说明这个过程：这些可以被认为是基于区域（r）和基于边界（b）的属性，每个属性都具有各自的可能性。假设后者是条件独立的，我们可以因式分解 $p(z_k|x_k)$ 如下：

$$p(z_k \mid x_k) = p(z_k^r \mid x_k)p(z_k^b \mid x_k) \tag{22.36}$$

显然，基于区域的可能性不仅取决于颜色，还取决于它所在区域的形状。不过，条件独立假设是有效的，因为我们对边界内的颜色和沿边界的梯度值很感兴趣。

为了更进一步，我们假设在当前区域 r 内，图像和目标模型已经获得了颜色直方图 $I$ 和 $M$。在 Nummiaro 等人（2003）和许多其他研究人员之后的研究——在这一点上，放弃 Swain 和 Ballard（1991）归一化交集形式——我们分别将其归一化为 $p^I$、$p^M$。为了比较这些分布，使用 Bhattacharyya 系数（这里表示为一个和而不是一个积分）表示分布之间的相似性：

$$\rho(p^I, p^M) = \sum_{i=1}^{m} \sqrt{p_i^I p_i^M} \tag{22.37}$$

为了显示分布之间的距离，我们简单地应用该度量：

$$d = \sqrt{1 - \rho(p^I, p^M)} \tag{22.38}$$

理想情况下，颜色分布将接近目标分布，因此这些应该仅作为高斯误差函数而不同。记住 $p^I$ 实际上是 $x_k$ 的函数，我们现在得到区域（和颜色）条件似然：

$$p(z_k^r \mid x_k) = \frac{1}{(2\pi\sigma_r^2)^{1/2}} e^{\frac{d^2}{2\sigma_r^2}} = \frac{1}{(2\pi\sigma_r^2)^{1/2}} e^{\frac{1-\rho(p^I(x_k), p^M)}{2\sigma_r^2}} \tag{22.39}$$

基于类似的假设，通过高斯误差函数使得图像 $I$ 中的估计梯度位置将不同于目标模型 $M$ 中的估计梯度位置，我们发现边界条件似然如下：

$$p(z_k^b \mid x_k) = \frac{1}{(2\pi\sigma_b^2)^{1/2}} e^{-\frac{G^2}{2\sigma_b^2}} \tag{22.40}$$

其中 $G$ 表示垂直于局部边界位置的梯度幅度值之和。

结合最后两个方程，如公式（22.36）所规定的，现在提供了 $p(z_k|x_k)$ 的估计，这又通过粒子滤波器形式引导到 $p(x_k|z_{1:k})$ 的估计。这基本上完成了包括粒子滤波器场景的长串参数和计算。

事实上，还有几个方面需要考虑。首先，将不同像素对颜色直方图的贡献进行加权是自然的。特别是，最靠近椭圆中心的像素的权重应该高于其边界附近的像素，使得中心位置中的任何不精确性将被最小化。例如，Nummiaro 等人（2003）使用的加权函数如下：

$$k(r) = \begin{cases} 1 - \dfrac{r^2}{r_0^2}, & r < r_0 \\ 0, & r \geq r_0 \end{cases} \tag{22.41}$$

其中 $r_0 = \sqrt{a^2 + b^2}$，$a$ 和 $b$ 表示椭圆的长半轴和短半轴。事实上，Nummiaro 等人（2003）将

这种依赖性放在这一加权上，即它们的粒子滤波器不使用一个单独的边界似然 $p(z_k^b|x_k)$。相比之下，Zhang 等人（2006）使用这两种方法，几乎与上述完全相同，尽管 APF 包含均值偏移滤波。

至今还未提到的另一个重要方面是需要适应目标模型 $M$ 以保持它的最新状态。例如，关于真实世界目标的大小和方向等方面。Nummiaro 等人（2003）使用常用的"学习 / 遗忘"操作来实现这一点：

$$p_{k+1,i}^M = \alpha p_{k,i}^M + (1-\alpha) p_{k,i}^I \quad i=1,2,\cdots,m \qquad (22.42)$$

这种方法混合了一些最近的图像数据，而相应地忘记了少量旧模型数据。在此过程中，注意避免混入异常值数据，如当目标被部分遮挡时。即使有了这种预防措施，也应该记住，使用自适应模型是有潜在危险的：虽然它有助于有效地适应外观变化，但它增加了对扩展遮挡和目标丢失的敏感性。

头部跟踪通常使用 2D 位置（$x$，$y$）和椭圆形状参数（$a$，$b$），通常可以假定椭圆是垂直对齐的。然而，当俯瞰时，平面内方向（$\theta$）也是一个重要的参数。有时，类似的模型也用于人类的肢体，尽管也使用了矩形。然而，椭圆提供了一种简单的、易于参数化的形状，并且可以用很少的三个参数（$x$，$y$，$b$）来指定；它们甚至可以用于使用三个或四个参数来跟踪整个人像（Nummiaro 等人，2003）。另一方面，当跟踪躯干或手时，闭合曲线可能不合适，而使用参数样条曲线是常见的。

根据上面概述的粒子滤波器设计类型，在遮挡情形下的性能是一个棘手的问题。事实上，在这个领域，许多关于跟踪和遮挡处理能力的相对有效性的声明和反声明已经在不同的论文中发表。由于这些声明基于不同的数据集，很难知道真正的位置。然而，粒子滤波器具有相当高的内在鲁棒性。这是因为"目标状态不太可能有机会暂时存在于跟踪过程中，所以粒子滤波器可以处理短暂的遮挡"（Nummiaro 等人，2003）。因此，谨慎地使用其他模块进行少量支持通常可以显著提高性能。原则上，如果发生显著的变化，如强局部遮挡，简单的技巧是将跟踪器保持在原来位置做短暂停留就可以恢复并继续跟踪。然而，为了更好地恢复，跟踪器可能必须等待背景减法程序来指示该目标再次出现（Nait-Charif 和 McKenna，2006）。在任何情况下，背景减法模块对于一个新的目标进入场景时是有用的。最后，当目标离开场景时，对于它们短时间内在相同或其他位置重新进入场景，它们的外观和位置的一些记忆是有用的（当人出现在室内时，通常有有限数量的入口和出口点，并且很大可能是通过同一个点再次进入）。然而，当需要一个更加严格的目标识别模块来进行准确识别，或者最低限度地搜索最有可能的目标（连同给出一组概率集）时，建立一套特定的算法来解决这些问题是有危险的。这种情况的一个具体例子是当两个行人在相反的方向上行走时：（1）彼此不交互，而是一个瞬间遮挡另一个；（2）停止，握手，然后继续走；（3）停止，握手，然后原路折回。场景 3 涉及组合情况，并且像遮挡一样难以处理。在任何情况下，部分遮挡涉及图形的合并，很少出现完全遮挡和一个图形的完全消失。值得强调的是，通过使用卡尔曼滤波器模块来处理场景 1，该模块使用速度的连续性来辅助解释。但根据这样的模块，场景 2 会处理得很差，而场景 3 根本不用这样的模块来处理（关于卡尔曼滤波器的使用，Nummiaro 等人于 2003 年在关于一个截然不同的跳跃球的实例中已很好地说明）。一般来说，人类的相互作用必须尽量使用卡尔曼滤波器，以突出关于运动的可能假设。因此，可以将卡尔曼滤波器有效地结合到粒子滤波器中（van der Merwe 等人，2000）；同样，它们可以被纳入监督程序以监督整个跟踪过程（参见 Comaniciu 等人，2003）。

## 22.7 倒角匹配、跟踪和遮挡

正如我们所观察到的，匹配和跟踪的一个长期问题是 FOV 内目标的遮挡。我们可以采取多种措施使单摄像机系统尽可能鲁棒地应对重叠。Leibe 等人（2005）设计了基于倒角匹配和分割的方法，并给出了最小描述长度的假设验证方法。在这里，我们只关注倒角匹配的概念，因为它已经实现了许多的行人匹配，特别是由 Gavrila 分别在 1998 年和 2000 年提出的方法。

倒角匹配背后的基本思想是通过其边界将目标与模板进行匹配的过程，这一策略的计算密集度应该比通过整个目标区域的匹配要少得多。然而，由于这种方法在不到非常接近匹配位置时不会给出非常匹配的指示，所以需要某种手段使匹配方法变得更平滑。这也应该使用分层的由粗到细的搜索来大幅加速该过程。为了实现平滑过渡，首先定位图像中的边缘点，然后从边缘点开始生成距离函数图像，这些边缘点被初始化为零距离值。模板的应用（也是以边缘点的形式）理想地沿着模板点产生一个零和（图像距离函数值）。当模板错位或目标的形状发生扭曲时，对应于每个图像点与理想位置的距离之和，这个值会变得很大。对于距离函数 $DF_I(i)$，我们可以通过平均的"倒角"距离来表示匹配度，即从每个边缘点到模板 T 中最近的边缘点的平均距离：

$$D_{chamfer}(T,I) = \frac{1}{N_T}\sum_{i=1}^{N_T}DF_I(i)$$ （22.43）

其中 $N_T$ 是模板内边缘点的数量。$D_{chamfer}(T, I)$ 实际上是一个不同的度量，对于一个完美的匹配，它的值是零。

事实上，没有必要采取图像和模板的边缘点，因为我们可以利用角点或其他特征点，并且这种方法是非常普遍的。然而，该方法在点集稀疏的情况下效果最好，不仅实现了精确定位，而且减少了计算量。另一方面，由于部分图像和模板无法充分表示，因此过多减少点数将会使得缺乏灵敏度和鲁棒性。

事实上，这种方法是有限的，因为任何异常值（例如由遮挡或分割错误引起）将会导致大量匹配问题。为了限制这个问题，Leibe 等人（2005）提出使用一个适当的经验值截断距离 $d$ 进行匹配：

$$D_{chamfer}(T,I) = \frac{1}{N_T}\sum_{i=1}^{N_T}\min(DF_I(i),d)$$ （22.44）

另一方面，Gavrila 在 1998 年提出应用了一种基于顺序的方法来限制干扰距离函数值的数目，以第 $k$ 个有序值（1 到 $N_T$）作为求解值：

$$D_{chamfer}(T,I) = \arg order_k^{i=1:N_T}DF_I(i)$$ （22.45）

这个公式中使用中值 $k = \frac{1}{2}(N_T+1)$ 更合适。然而，这样很容易发生很大比例的模板区域遮挡，所以我们需要取一个较小的 $k$ 值（如 $0.25N_T$）来反映这一点。事实上，当模板没有被遮挡时，会降低精度。因此，最后公式（22.44）可能给出更有用的结果。我们不再讨论这个问题，因为这很大程度上取决于所涉及的数据类型。值得注意的是，当 $k=N_T$ 时，公式（22.45）给出了我们熟悉的 Hausdorff 距离（Huttnuter 等人，1993）：

$$D_{chamfer}(T, I) = \max_{i=1:N_T}DF_I(i)$$ （22.46）

对于 Hausdorff 距离这个公式可能与通常的不同，这涉及一个极大极小运算。然而，当距离函数的计算涉及可能距离的局部极小值（见第 8 章）时，在这两个公式中是一致的。

注意，在前面的讨论中，使用的是图像的距离函数而不是模板的距离函数。这是因为在实际情况下，为了覆盖被检测目标的预期变化，必须应用许多模板。例如，如果该方法应用于行人检测，则必须考虑到各种尺寸、姿态、四肢位置和服装类型，以及背景和可能重叠的变化。在这种情况下，使用 $DF_I$ 比 $DF_T$ 更有效。Gavrila（1998）提出如何处理上面列出的变化，以及如何使该方法能够很好地检测行人，并取得了很大的成功。

最后，回到 Leibe 等人（2005）的工作中，他们利用分割信息对倒角匹配技术的局限性进行补偿。这意味着从倒角距离（即相似性度量）获得相似性函数，然后结合表示与假设分割 $Seg_I(i)$ 重叠的 Bhattacharyya 系数来产生整体相似性度量：

$$S = a\left[1 - \frac{1}{b}D_{\text{chamfer}}(T,I)\right] + (1-a)\sum_i \sqrt{Seg_I(i)R_T(i)} \qquad (22.47)$$

这里，$R_T(i)$ 是 T 内的区域，并且其总和覆盖该区域中的所有像素。此外，应用一对有点任意但仍然合理的权重以平衡两个相似性度量：$a$ 表示分配给倒角匹配的总体相似性的比例，$b$ 表示倒角匹配应用在显著边界距离上的权重。在 Leibe 等人（2005）的工作中，$a$、$b$ 分别为 0.45 和 50。相比于放置在其自身上的倒角距离法（公式（22.44）），总体效果在放置精度和消除假阳性方面产生了许多改进的解决方案。

## 22.8　多个摄像机的组合视角

在过去的数十年时间里，人们对多摄像机监控系统的兴趣越来越大。如果要长距离监视高速公路，或者在城市或购物区周围跟踪行人，显然需要多台摄像机。单个摄像机的视角是非常有限的，并且可用于远距离观看的分辨率不足以进行详细的观察。使用多个摄像机的一个原因是在立体视觉中观看并获得足够的深度信息。另一个原因是，一个街区内的行人往往会被雕像、建筑或其他行人等部分或全部遮挡，但如果场景由多个摄像机拍摄，那么错失行人的概率会更小。这种情况也非常适用于道路，因为道路上存在许多其他可能发生遮挡的情况。

在道路上，摄像机通常安装在龙门架上，需要许多摄像机才能进行长距离的观察，这就提出了观测是否应该是不间断的问题，即摄像机是否具有重叠的、连续的或不重叠的视图。在高速公路上，摄像机可以分隔几千米，并且可以有效地设置在路口处，因此可以在花费较少的情况下跟踪所有车辆，但是在中间位置的故障可能就观察不到。此外，在购物区，如果要密切监视行人，以便检测到袭击或恐怖活动，则连续或重叠的视图是必需的。事实上，在确保所有行人在从一个到下一个 FOV 前进的过程中会有一个问题：为了方便这一点且为了便于建立系统，通常需要重叠的视图。

接下来，我们考虑多摄像机系统的布局。要做到这一点，我们必须检查在摄像机 FOV 内的地平面的面积。首先，注意摄像机的光轴穿过图像平面的中心，而后者具有由 $x$ 和 $y$ 的最小值和最大值，$\pm x_m$ 和 $\pm y_m$ 给出的矩形形状。因此，FOV 被四个平面限制（在水平和垂直角度 $\pm\alpha$ 和 $\pm\beta$，其中 $\tan\alpha = x_m/f$ 和 $\tan\beta = y_m/f$，$f$ 是摄像机镜头的焦距）。每一平面与地平面相交成一条直线，而对于具有水平 $x$ 轴的摄像机，在地平面上的观察区域将是对称的梯形（图 22-9）。然而，根据 22.2 节的讨论，如果摄像机没有稍微向下倾斜，梯形的远侧将不可见。由于这将不能充分利用摄像机 FOV，所以我们假设它已经被安排为远侧落在地平面上。

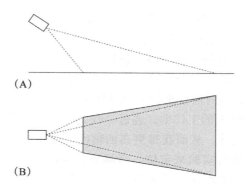

图 22-9 用摄像机观察的地面区域。（A）摄像机略微向下倾斜的侧视图。（B）地平面上的摄像机所看到的对称梯形的平面图

当相邻的摄像机观察地平面的相邻区段时，有两种可能性：（1）它会以相同的方向观察下一段延伸，如在高速公路上；（2）它不会被限制在同一方向，而只是以某种方便的方式重叠。例如，在一些管辖区或公园中，典型的布局为图 22-10A 中所示，其中共同监视的区域的两个相对侧由第一摄像机的视场（FOV）产生，而另两个由第二摄像机的 FOV 产生，从而形成一个四边形而不是梯形。然而也可能会出现其他情况，如图 22-10B 所示，其中两个摄像机所的梯形以更复杂的方式重叠，并且共同的观察区域不是四边形。

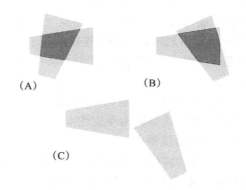

图 22-10 由多个摄像机观察的地面区域。（A）重叠梯形形成四边形。（B）重叠梯形形成另一种图形——这里是五边形。（C）不重叠的梯形，但在某些情况下，通过空间和时间的对应（见正文）可实现跨越间隙的跟踪

无论使用多摄像机系统的目的是什么，我们都需要将来自单独摄像机的视图联系起来，以便获得在它们之间通过的目标的一致标记。显然，如果想实现这一点可以通过外观，即应用识别算法，以确定各个摄像机视野中跟踪的相同的人或车辆。不幸的是，虽然这种对应问题通常可以在双目视觉中直观地解决，但是当两个摄像机靠近并指向相似的方向时，对于宽基线情况，如图 22-10 所示，这是很难做到的。这是因为：（1）在两个不同的视图中看到的人可能外观完全不同。例如，一个视图中看到人的脸部而另一个视图只看到头部的背面，或者穿的衬衫的正面和背面有不同的设计或颜色；（2）对于每个视图而言，照明可能是完全不同的，这将使得更难以从另一个摄像机确认人的身份。

这个问题的一个直观的解决方案是识别身份而不是外观，这可以通过位置和时间来确认。如果我们知道在时间 $t$ 时，一个人 $P$ 在该场景的位置 $X$ 处，那么在所有视图中都是如

此。因此，我们必须做的是将地平面的共同区域与摄像机之间唯一地联系起来。在广泛使用且通常足够精确的假设下，所有的目标都在同一平面上，所以我们只需要在两个摄像机之间建立一个单应性，这样可以从任何角度得到相同的正确解释。在透视投影下，尽管使用更多的点可提高精度，但最少只需要四个共同特征点便可建立单应性（如表 16-1 所示，由于平面约束，因此数量如此少），同时需要至少一个点来验证该单应性。

在 Calderara 等人（2008）的工作中，通过寻找共同的四边形的边界直线并用四边形的角作为高精度点来定义单应性，从而获得更高的精度。虽然这种方法看起来很普通，但事实上，共同的四边形必须通过实验来定位。当场景是空的（如夜晚）时，这可以很容易地实现。并且可以派一个人重复地在场景周围走动，直到在两个视图中测量足够数量的边界点（取决于这个人进入或离开其中一个视场）。值得注意的是，为了确保能够给出正确的结果，两个摄像机系统的时间同步是至关重要的。一旦完成了这一切，就可以应用霍夫变换或 RANSAC 等方法将边界点整理成包围四边形的直线。并且由于该过程中固有的求平均，我们就能准确确定直线。这样，角点位置也可以精确地知道，因此我们将不需要使用更多的点来建立精确的单应性。

有趣的是，Khan 和 Shah（2003）认为这种方法过度解决了一致性标记问题。他们断言，没有必要用这种数字方式来确定单应性。更确切地说，我们应该通过寻找 FOV 边界线来完成。然后我们需要注意当行人通过其中的一条线时，在那个时间点做出身份识别。也就是说，如果一个人在时间 $t$ 时穿过一条线，将在时间 $t$ 时检测每个摄像机，识别该人的身份并且在此时传递信息。这个过程通常被称为摄像机"切换"（虽然称之为"交接"看起来更自然。有一个微妙之处，即后一个术语意味着视场是连续的而不是重叠的）。然而，如果一组人全部越过界线，显然识别是很困难的。事实上，追踪群体中的个体是一个复杂的问题，在密集的人群中这几乎无法解决。

寻找 FOV 边界可以在没有人群的情况下进行，理想情况是只有一个人在周围走动，但经过训练的系统的性能受到了限制。这是因为单应性与平面有关，并且定义和使用平面的最简单方式是使用脚位置来提供平面接触点（原则上，这通过个人的最低点很容易完成）。然而，当使用校准系统时，一个人的脚往往会被另一个人遮住，这在人群中几乎是不可避免的。因此，很多研究关注从头部的顶端识别和定位个体（例如，Eshel 和 Moses，2008，2010）。显然，头顶部被遮盖的可能性比脚要小得多。因此，即使在拥挤的情况下，只要摄像机足够高，而且倾斜到一定的角度（比如说 40°），除了最矮的人之外，所有的人都应该可以识别。有趣的是，除了方向不同，头顶在不同的视图中看起来都是相似的。由于摄像机倾斜角度是已知的，改变头部方向可以通过交叉摄像机来识别。利用全标定摄像机（见第 19 章），可以将头顶部定位在 3D 空间中，并且可以推断个体的脚的位置和高度。不幸的是，全摄像机校准是一个烦琐的过程，可能需要频繁的更新，所以最好不要在"非正式"（和可变的）监视情况下依赖于这种方法，如购物中心。取而代之的是，摄像机视图可以使用基本矩阵公式（第 19 章）来关联，这样只需要知道极点就可以确定极线。然而，尽管这可以在实际使用之前离线进行，但是找到它们需要大量的计算（Calderara 等人，2008）。

有一个可以通过使用不同的单应性（使用不同参数 $H$ 表示离地板的距离）来确定头部位置的有趣方法。当发现单应性表示 $H$ 的相同值时，即使每个脚自身被遮挡，也可以为每个摄像机视图计算脚位置。然而，为了实现这一目标，需要一个复杂而微妙的过程（Eshel 和 Moses，2008，2010）。在每个观察四边形（或其他方便位置）的拐角处设置四个竖直杆，沿着每个杆具有三束明亮的光（例如，在杆的顶部、底部和中间）。然后，为每一个都建立标准单应性，这样在图像中的任何位置都可以推断出三个高度。最后，要测量的高度可以与该位置的三个已知的高度、沿着垂直线计算的交比和推断的实际高度有关；同时，可以明确地识别每个摄像机视图中的脚位置。

　　总的来说，最简单有效的方法是通过让一个人在场地周围走动，从而划定每个公共观察区域的边界来进行预训练。然后，将基本矩阵应用于成对的摄像机，建立关于地平面的所有相互可视区域的单应性。Calderara 等人的论文（2008）包含许多细节，但是篇幅所限，这里不再详细描述。最后，如果要从头顶位置找到人的高度和精确位置，必须使用一些优雅却相当复杂的单应性方法，但是在一些应用中，如观察人群，增加的复杂性也是合理的。然而，人群的分割和所有个人的识别仍然是一个研究课题，特别是当人们在地铁站和足球比赛中容易发生拥挤的情况下。

### 非重叠视场的情况

　　接下来，我们继续讨论非重叠的视场。在这里，似乎没有单应性或可靠的摄像机切换的基础。但是，某种程度上从外观仍然可以发现视图之间的相似性。此外，离开一个 FOV 和到达另一个 FOV 的时间之间有很强的相关性。如果有一些通道限制，例如如果有一个相邻的门，就会出现这种情况（在高速公路上，总会有这样的限制，而且时间相关性也很强）。Pflugfelder 和 Bischof（2008）在这种情况下取得了显著的成功，即对外观没有任何假设的情况下。特别是，他们发现了如何在没有重叠视图时关联摄像机校准矩阵。虽然本质上看这几乎是不可能的，由于无法找到相同的图像点，因此无法获得连接参数的方程（回想一下，8 点算法需要 8 个点才能建立足够数量的方程），但是现在已经发现，如果假设速度在干涉空间中是恒定的，那么这就保证了所需的连续性，从而能够找到足够的方程。因此，对于每个轨迹，每个视图至少有两个位置（在摄像机切换之前和之后）就足够了。此外还需要严格的时间对应关系，以及相对摄像机方向的数据，但没有假定有一个共同的接地面。在这些条件下，可以实现跨越 4 米的间隙进行跟踪（图 22-10C）。该方法之所以有效，是因为 Rother 和 Carlsson（2001）的 2 点技术显示了如何确定具有重叠视图的两个摄像机的相对位置，新方法通过在第二个不重叠视图中利用单独的 2 点来模拟这种情况，以便模拟和替换理想情况下应该在重叠视图中出现的 2 点。

　　有一个从不同动机来解决这个问题的概率策略，基于非重叠视图之间的转换概率，参见 Makris 等人（2004）。这种方法的特别之处在于它是完全无监督的，并且没有关于摄像机放置或摄像机特征的直接知识。

## 22.9　交通流量监测的应用

### 22.9.1　Bascle 等人的系统

　　监控的一个重要应用领域是对交通流进行视觉分析。早期的研究（Baskes 等人，1994）发现车辆在道路上行驶时，由于其运动通常是平滑的，所以分析的复杂性大大降低。然而，在很多复杂的场景中，仍然需要我们使用可靠和鲁棒的方法分析。

　　首先，我们使用基于运动的分割来初始化场景序列。运动图像用于获取目标的粗略形态，然后通过经典的边缘检测和连接来细化目标轮廓。B 样条用于获取轮廓的平滑版本，结果反馈到基于 Snake 模型的跟踪算法中。后者再对每个输入图像不断更新来拟合目标的轮廓。

然而，基于 Snake 模型的分割集中在目标边界的分割上，而忽略了目标的主要区域的运动信息。因此，对基于 Snake 模型的整个区域进行基于运动的分割是更可靠的，并使用该信息来细化运动的描述，进一步预测目标在下一个图像中的位置。因此，整个过程就是将蛇形边界估计器的输出输入基于运动的分割器和位置预测器中，从而为下一幅图像重新初始化 Snake 模型。因此，这两个组合算法执行各自最适合的操作。Snake 模型在每一帧中都有良好的起始近似，既有助于消除歧义，又节省计算量。基于运动的区域分割器主要通过光流的分析来操作，虽然在实践中，帧之间的增量不是特别小（这意味着虽然没有获得真正结果，但是不会像原本那样受到噪声干扰）。

我们在基本程序中加入了各种改进：

- B 样条用于平滑轮廓。
- 使用仿射运动模型进行运动预测。该模型是逐点工作的（仿射模型对此目的而言是足够精确的，如果是弱透视，那么运动可以通过一组线性方程局部近似）。
- 调用多分辨率过程来执行运动参数的更可靠分析。
- 在多个图像帧上执行运动的时域滤波。
- 利用卡尔曼滤波器平滑边界点的整体轨迹（卡尔曼滤波器的基本处理在 20.8 节中给出）。

在开始建立仿射运动模型之前，回顾仿射变换在所使用的坐标中是线性的。这种类型的变换包括以下几何变换：平移、旋转、缩放和倾斜（参见第 6 章和第 19 章）。因此，相关仿射运动模型涉及六个参数：

$$\begin{bmatrix} x(t+1) \\ y(t+1) \end{bmatrix} = \begin{bmatrix} a_{11}(t) & a_{12}(t) \\ a_{21}(t) & a_{22}(t) \end{bmatrix} \begin{bmatrix} x(t) \\ y(t) \end{bmatrix} + \begin{bmatrix} b_1(t) \\ b_2(t) \end{bmatrix} \tag{22.48}$$

这产生了一个图像速度的仿射模型，也有六个参数：

$$\begin{bmatrix} u(t+1) \\ v(t+1) \end{bmatrix} = \begin{bmatrix} m_{11}(t) & m_{12}(t) \\ m_{21}(t) & m_{22}(t) \end{bmatrix} \begin{bmatrix} u(t) \\ v(t) \end{bmatrix} + \begin{bmatrix} c_1(t) \\ c_2(t) \end{bmatrix} \tag{22.49}$$

一旦从光流场中找到运动参数，就可以直接估计下面的蛇形位置。

这类算法应用的一个重要因素是它允许的鲁棒性程度。在这种情况下，Snake 算法和基于运动的区域分割方案都被声称对部分遮挡具有相对鲁棒性：每个目标都有丰富的运动信息，坚持一致的运动，平滑过程的递归应用，包括卡尔曼滤波器，这些都有助于实现这一目标。然而，没有具体的非线性异常值抑制过程被提及，这可能有助于两个车辆合并在一起，后来分离或完全遮挡发生的情况。

最后，初始运动分割方案将车辆定位为具有阴影的车辆，因为它们也在移动（参见图 22-11）；随后的分析似乎能够消除阴影并到达平滑的车辆边界。

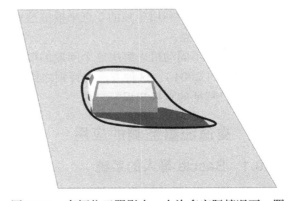

图 22-11　车辆位于阴影中。在许多实际情况下，阴影与引起阴影的目标一起移动，并且简单的运动分割程序将产生包含阴影的复合对象。在这里，一个蛇形跟踪器包住了汽车和它的影子

## 22.9.2　Koller 等人的系统

Koller 等人（1994）描述了另一种自动交通场景分析方案。这与上面描述的通过使用信念网络而严重依赖高层次场景解释的系统形成对比。基本系统采用低级视觉系统，并采用光流、强度梯度和时域导数。这些提供特征提取并导致对轮廓的 Snake 逼近；因为凸多边形很难从图像跟踪到图像（因为控制点会倾向于随机移动），所以边界是由具有 12 个控制点的闭三次样条平滑的，然后利用卡尔曼滤波器实现跟踪。该运动再次由仿射模型近似，虽然在这种情况下仅使用三个参数，一个是尺度参数，另两个是速度参数：

$$\Delta x = s(x - x_{\mathrm{m}}) + \Delta x_{\mathrm{m}} \tag{22.50}$$

式中，第二项给出了车辆区域中心的基本速度分量，第一项给出了该区域中其他点的相对速度，$s$ 是车辆尺度的变化（如果没有尺度变化则 $s=0$）。其理由是车辆被限制在道路上移动，而旋转将很小。此外，朝向摄像机的部件的运动将导致目标尺寸的增大及其明显的运动速度的增加。

遮挡推理是基于假设车辆沿着道路以一定的顺序前进，这样后面的车辆（当从后面看时）会部分或完全遮挡前面的车辆。这种深度排序定义了车辆能够相互遮挡的顺序，并且似乎是严格克服遮挡问题所必需的最低限度。

如上所述，该系统采用信念网络来区分图像序列的各种可能的解释。信念网络是有向无环图，其中节点表示随机变量，它们之间的弧表示因果连接。事实上，每个节点都有对应于其父母节点（即定向网络上的先前节点）的假设状态的各种状态的条件概率的关联列表。因此，节点子集的观测状态允许对其他节点的状态概率进行推断。使用这样的网络的原因是在一个有限可用知识量的系统中允许不同结果概率的严格分析。同样，一旦确定了各种结果（例如，特定的车辆已经通过桥下），部分网络将变得多余并且可以移除。然而，在移除之前，须通过更新其余部分的概率来"收起"它们的影响。显然，当应用于交通时，信念网络必须以适合于当前正在观察的车辆的方式更新。事实上，每辆车都有自己的信念网络将有助于对整个交通场景的完整描述。然而，一辆车会对其他车辆产生影响，并必须对失速车辆或车道变更进行特殊说明。另外，一辆车减速会对随后车辆驾驶员的决策产生一定的影响。所有这些因素都可以被编码到信念网络中，并有助于获得全局正确的解释，一般道路和天气条件也可以考虑在内。

进一步的目标是使系统的视觉部分能够处理阴影、刹车灯和其他信号，以及各种各样的天气条件。总的来说，该系统的设计与 Baskes 等人（1994）的设计非常类似。尽管它使用了信念网络，看上去似乎更复杂。

在之后版本的系统中（Coifman 等人，1998），确定了对于局部遮挡需要更大程度的鲁棒性。因此，研究者放弃了将跟踪目标作为整体的想法，并使用角点特征进行检测。这产生了一个不同的问题，即分组角点来推断车辆的存在——通过使用共同的运动约束简化的一个过程，使得被视为一起刚性运动的特征被分为一组。新版本的系统也应用了图像平面与地平面之间的单应性。这样做的原因是产生全局参数，从而可以建立基于地面的位置、轨迹、速度和密度。例如，当在图像中观看时，在道路上以恒定速度行驶的车辆将具有可变速度。此外，当正在跟踪的目标出现部分或完全遮挡的问题时，可以更容易地得到正确的信息。

在设计较新的系统时，Magee（2004）做了一些有趣的观察：（1）由于感兴趣的目标尺寸小，角点特征是不可靠的；（2）连通分量分析对于组合车辆部分来说不是一个良好的工具，这由于某些目标前景点与背景之间的碎片化和相似性；（3）粒子滤波跟踪器具有高计算成本，与当前目标的数量不成线性关系——当接近 30 或更多车辆同时被跟踪时，这是一个严重的问题。他发现，跟踪车辆的一种很好的方法是动态地模拟车辆的大小、颜色和速度等不变量；换句话说，目标的外观和识别对于系统和精确地跟踪非常重要，而唯一的实现方法是在图像和地平面之间建立单应性。以这种方式，车辆参数适当地变为所需的不变量。单应性可表示为非线性透视变换（或"逆透视映射"），并且在设置它时需要注意（请注意，这种映射在数学上只适用于已知位于地平面上的点。当不在地平面上的点被反向投影时，它们会产生奇怪的、无意义的效果，如向后倾斜的建筑物）。事实上，如果摄像机 $x$ 轴是水平的，单应性只需要围绕图像 $x$ 轴的角度 $\theta$ 进行旋转，以及缩放，以便将图像坐标与地平面坐标联系起来。忽略缩放，只有一个参数（$\theta$）要确定。Magee 采用了一种简单的估计 $\theta$（作为使道路出现恒定宽度所需的角度）的策略，这一过程在他的具体应用中被证明是足够的（图 22-12）。通过三个多项式逼近道路中心线和轮廓，并通过反复调整 $\theta$ 形成拟合，使得计算充分准确。采用这种方法的原因是道路没有绝对的预定义形状，因此启发式方法似乎是合适的。然而，理想的是，道路中心线和轮廓的真实标注是已知的，并且可以调整 $\theta$ 值以适应真实标注，而不必假定道路具有恒定宽度。

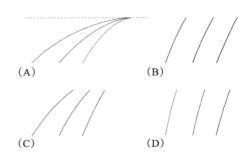

图 22-12　调整道路的逆透视映射：图 A 展示了由摄像机观察到的道路；图 B 展示了恒定宽度调整的道路的逆透视映射，图 C 和图 D 展示了映射的不正确调整的情况

## 22.10　车牌定位

在过去的数十年中，人们一直为通过车牌自动识别车辆努力着。虽然多年前车牌的引入是为了检查车辆所有权与检测被盗车辆，但发展到今天，自动识别车辆又有了另外两个重要意义：在收费区内收费；在违章停车时进行严格罚款，这样大量的罚款可以通过很少的人为干预获得。此外，计算机视觉在监控中又有许多可能的应用，而车牌识别代表了当前技术的一个直接应用。然而，目前仍然存在许多问题，尤其是不同国家的车牌样式不同。

车牌识别的发展经历了三个主要阶段：车牌的定位和分割；单个字符的分割；对单个字符的识别。在这里，我们集中考虑这些阶段中的第一个阶段，因为其他两个更专业化，不是很通用，如考虑到不同国家使用的不同样式、字体和字符集。在任何情况下，第一阶段可能是最困难的工程。

在经验上，人们或许认为定位车牌最好的方法是利用它们的颜色，对这些颜色通常每个国家都有很好的规范。然而，在实际中存在许多问题，如环境照明的变化，特别是季节变化、天气变化以及一天中不同时间内，都会引起不同的阴影变化，这是一大挑战。在这种环境中，已有的最好方法是使用简单的 Sobel 算子或其他垂直边缘检测算子，并结合水平非最大抑制和阈值化。如今已经发现这种方法不仅可以定位数字牌端部的垂直线，而且可以定位字符边缘的垂直线（Zheng 等人，2005）。使用这种方法通常给出了在车牌区域内的相对密集的垂直边缘集。接下来，消除长背景边缘和短噪声边缘。最后，在图像上移动一个矩形的车牌尺寸并对其内的边缘像素进行计数，从而形成一种高度可靠的定位车牌的方法（实际上，这个过程是一种相关性的形式）。整个过程如图 22-13 所示，与图示不同的地方是，最后阶段仅使用形态学操作（水平闭运算之后进行水平开运算，每种情况下均为 16 像素）来执行。

Abolghasemi 和 Ahmadyfard（2009）已经通过使用颜色和纹理线索对这种方法做了进一步研究。他们发现，颜色目标分析的一个特殊优点是对视点变化具有鲁棒性。他们还使用形态学闭合来连接所有垂直边缘点，然后通过开运算来消除孤立噪声点的影响。

在进行车牌字符分割和识别之前，需要进行车牌畸变矫正处理。这是因为从最理想的视点可能看不到牌照，这个是需要特别注意的。如果车辆离摄像机太远，分辨率太低，则无法找到垂直边缘；同样，字符就无法得到准确识别。如果车牌斜看，它会出现错误取向，甚至不会出现矩形。然而，如果总是在特定的距离和位置观看车牌，则可以应用标准透视变换来纠正这种失真。虽然在文献（例如，Chang 等人，2004）中提出，添加这样的步骤将提高车牌号码识别的性能，但很少有系统包含这样的步骤。原因可能是 OCR（光学字符识别）系统已经非常准确，即使字符稍微错切和旋转也可以准确识别。

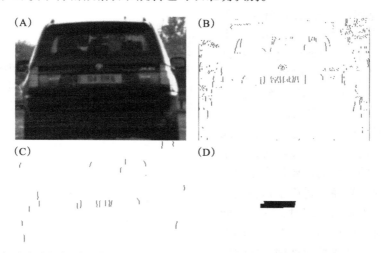

图 22-13　车牌定位的简单程序：（A）原始图像用车牌像素化来防止识别；（B）原始图像的垂直边缘；（C）基于长度选择的垂直边缘；（D）通过水平闭运算然后水平开运算定位的牌照区域，每个区域都有相当大的距离（这种情况下是 16 像素）

## 22.11　跟踪遮挡分类

从前面章节中许多关于遮挡的描述中可以清楚地看出，遮挡是一个非常严重的问题，特别是关于人的跟踪，需要我们深入地分析和设计算法。为此，Vezzanit 和 Cucchiara（2008）、Vezzani 等人（2011）对遮挡产生的方式进行了仔细的分析。首先将不可见区域定义为目标在当前帧中不可见的部分，将这些遮挡划分为"动态的""场景的"或"外观的"遮挡：

1）动态遮挡是由于容易识别的目标移动造成的。

2）场景遮挡是由于静态目标是背景的一部分，但它有时候出现在移动目标的前面。

3）外观遮挡是由正在跟踪的目标的形状变化引起的。

在此我们需要特别注意的是前景和背景之间的区别。对于外行来说，"背景"仅仅是指舞台上演员表演的背景，它被认为是静态的，而前景被认为是由更有趣的移动目标组成的。然而，在计算机视觉中，我们必须考虑到背景作为静态的，而移动的"前景"目标与摄像机

的距离不同，有时会在背景目标后面移动（图 22-14）。需要注意的是背景建模算法所识别的
背景是场景中的静态部分。当然，一个复杂的情况是，背景可能由静止或暂时静止的目标组成，这将取决于视觉算法对场景的观察分析以及多种可能情况的判断。

　　另一个要考虑的因素是：遮挡是完全遮挡还是局部遮挡？对于许多静态场景和静态情况来说，完全遮挡是通常被忽略的事件；因此，所有遮挡被认为是局部遮挡，并且它们被简单地称为"遮挡"。然而，在跟踪目标时，完全遮挡是不可忽略的情况。我们必须持续考虑（尽管在实际情况下，必须设定时间限制）。

　　因此，当观察包含运动的图像序列时，跟踪目标可能暂时面临完全遮挡，也可能面临部分遮挡。在这种情况下，被遮挡的目标可以被分成多个部分。当过了一会儿目标重新出现时，这些部分需要重新组装成整个目标。例如，当一个人走过一张桌子时，就会出现这个场景。此外，当一个人通过一个低的栅栏时，下半身是暂时不可见的。我们需要让模型记住完整的人，因为如果模型适应了这种变化的情况，当整个人重新出现时，它就可能无法正确地处理，而会继续跟踪身体的上半部分。显然，为了成功地处理这些情况（图 22-15），计算机需要有整体处理它们的方法。类似情况，当两个人在一起行走合并成一个更大的圆点时，我们要求计算机可以有能力记忆两个人是合并来的，这

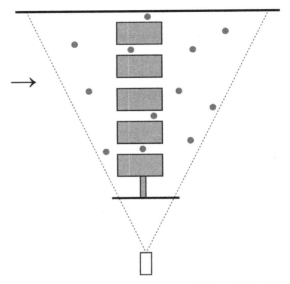

图 22-14　遮挡的典型情况。本图描绘了从侧面看的地铁闸机。其中小圆点代表了人，且按箭头方向移动的人在距离摄像机不同的位置

图 22-15　遮挡情况的其他例子：（A）人们在栅栏后面行走，此时导致跟踪目标可能变为头和肩膀；（B）在桌子后面行走的人，可能导致身体的两个部分独立跟踪

样当他们再次分开时，他们的身份就能保存和恢复。因此，跟踪算法需要很大的智能。

　　因此可以看出跟踪算法必须具备以下能力：（1）一般的背景提取能力；（2）一般的前景（圆点）跟踪能力；（3）完整的外观和身份记忆；（4）合并能力；（5）拆分能力；（6）解释的概率分析。事实上，第 6 个能力可能是驱动整个算法的源动力。

　　这些方面体现在 Vezzani 和 Cucchiara（2008），以及 Vezzani 等人（2011）提出的工作中。特别是这些算法采用基于外观模型的形式，集成了每个目标的可能形状变化，并通过概率映射来表示它们。这意味着当目标的一部分遭遇遮挡时，由于模型已经保存了目标应该有的形状特征概率，这样当它再次出现时，实际上会自动地重新整合成它的自然形态。

　　到目前为止，我们还没有解决本节开头部分遮挡分类中的第 3 项遮挡，其中提到了由于目标形状变化引起的明显的部分遮挡，这种情况是由于当身体旋转、轻微弯曲或变形时，目

标新的部分可见，而另一部分将变得不可见。虽然这些可以认为是由目标自身遮挡产生的，但也不是唯一的可能性，如身体拉伸的时候就不是因为自我遮挡而出现的形变。这里我们不深入研究这一点，只强调这不是由其他目标引起的明显的部分遮挡。这是一个关于遮挡的相当有创新性的观察，正是由于这个发现使得过去多年来对遮挡的研究有了进展。可以说，Vezzani 等人的工作通过对追踪场景中多种类型的遮挡进行分类而有了非常大的进展。

该工作提出的跟踪算法非常鲁棒，速度也非常快，并且能够很好地应对视频中超过 40 人的 PETS2006 数据集。但它也依然存在一些缺点，这些缺点分为以下几类：（1）一个人的身份改变；（2）分开头 / 脚；（3）包含两个或三个人的组的不正确分开；（4）行人行李的身份改变。事实上，这些问题不是整个系统的问题（包括目标和遮挡的处理），而是系统处理外观模型部分的问题，这可以说是一个相对设计较少的部分。此外，从这两篇论文中看不出来在使用相同的视频输入情况下人类观察者是否可以更好地进行。然而，在今后的研究中，包括处理以上提到的问题 2 和 3，可以增强利用人类的基于线图法的模型的系统，可以适当地考虑肢体关节的约束（后面部分会提到）。因为将全身视为整体并将其建模为整体概率形状轮廓的系统的性能最终必然会受到限制，而不是适当地增强。

## 22.12　通过步态区分行人

本节概述一种通过步态区分行人的方法。显然，与许多移动目标（像车辆）不同，行人具有周期性运动，并且实际上可以通过步态识别个体。在这里我们只讨论在图像序列中定位行人的方法论。

该方法的基础是执行时空差分运算，其中平均时空随着时间差变化。这种"运动蒸馏"方法（Sugrue 和 Davies，2008）由 Haar 小波实现，并根据下列公式产生视频的每个时间步长的非二进制运动映射：

$$W = \sum_{t=t_0}^{t} \sum_i \sum_j x_{tij} - \sum_{t=t_1}^{t} \sum_i \sum_j x_{tij} \qquad (22.51)$$

其中 $x_{tij}$ 代表在时空空间中的点 $(t, i, j)$ 处的视频像素数据。

在该方法中，通过对检测目标的 $W$ 值进行归一化来去除不希望出现的对比度依赖性，该处理包括获得正（$W_+$）和负（$W_-$）滤波器输出的比率 $R$：

$$R = \frac{\sum |W_+|}{\sum |W_-|} \qquad (22.52)$$

对于相对于摄像机保持其方向不变的刚性目标，$R$ 将随时间大致保持恒定。另一方面，行人在移动时产生形变，并可以通过测试变化来快速检测，特别是在"刚性参数" $R$ 中的振荡。

图 22-17A 比较了典型车辆和行人的运动信号 $R$（参见图 22-16 的原始视频的典型帧）。由于小车的转动、角度和噪声都只有轻微的变化，因此车辆信号值会逐渐发生变化，而行人信号由于步态运动变化剧烈，从而导致振荡剧烈。需要注意的是，在图 22-17A 所示的时间段内，车辆区域产生了约 10 倍的变化，而行人区域仅变化了几个百分点。由此可知，对于车辆而言 $R$ 是恒定的，是一个有用的运动常量。

检测之后，可以通过行人的运动域进一步分析各种行为模式。我们可以通过利用矩形框拟合检测者的运动域来模拟其正常行为。该矩形的高是整个图的高度，宽度一般设置为高度的一半（见下文）。总运动区域 $A$ 由下式计算：

$$A = \sum |W_+| + \sum |W_-| \qquad (22.53)$$

在对整个目标求和后，计算出框外的对应区域 $A_{\mathrm{ex}}$。然后定义框参数 $\eta$ 为两个区域的比率：

$$\eta = \frac{A_{\mathrm{ex}}}{A} \qquad (22.54)$$

图 22-16　通过运动检测器从视频序列中提取的部分帧。左：三帧移动车辆。右：步行者、跑步者和并行者

　　这个参数也应该是刚性运动和"紧凑"运动的不变量，其中 $A_{\mathrm{ex}}$ 很小，它给出了行为类型的度量。这是因为，$\eta$ 是无量纲的，但或多或少代表了两种运动的对比（即边界框外面的和整体的）。如果行人正常行走，那么 $\eta$ 值会一直很低（例如，图 22-17A 中的底部轨迹）。在图 22-17B 中，跑步者典型的高值被清楚地显示出来，另外，如挥舞和跳跃等个别的突然动作也会导致在 $\eta$ 中的尖峰。

　　此外还有第三种不变量 $R_{\mathrm{ex}}$ 来帮助区分其他更复杂的情况。这与 $R$ 的定义相同，只是它只适用于框外目标的一部分。它提供了帮助区分跑步者和步行者群体的额外有用信息（参见图 22-16）。现在我们已经发现这两类的 $\eta$ 值都是约为 0.5，因此 $R_{\mathrm{ex}}$ 有助于区分它们（具体地说，对于跑步者来说，$R_{\mathrm{ex}} \approx 1.5R$，对于步行者 $R_{\mathrm{ex}} \approx R$，虽然 $R$ 和 $R_{\mathrm{ex}}$ 只对跑步者有很好的同步性）。虽然 $R_{\mathrm{ex}}$ 信息不能被描述为特定于组的，但是它仍然是有价值的，尽管最终只有完成如人物的简图模型的详细分析才能提供特定应用程序中所需的信息（见下一节）。

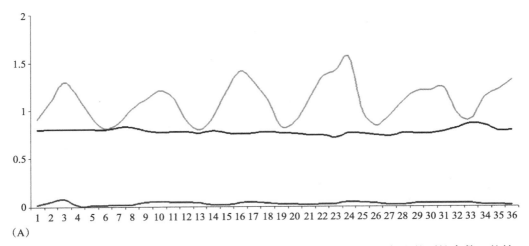

(A)

图 22-17　利用刚性和框参数进行运动分析。（A）自上而下：适用于行人的刚性参数 $R$ 的结果；以及对车辆施加 $R$ 的结果；对行人应用框参数 $\eta$ 的结果。水平标尺表示视频帧。（B）自上而下：将相应参数 $R_{\mathrm{ex}}$、$R$、$\eta$ 应用于跑步者的结果。在所有情况下，原始图都显示在图 22-16 中

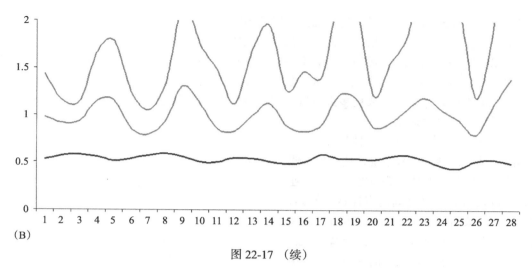

(B)

图 22-17 （续）

由于框的尺寸对确定的值 $\eta$ 和 $R_{ex}$ 具有重要性，我们需要仔细研究以优化单独步行者和跑步者之间的识别。这里给出的最佳框的宽度和高度比为约 0.5，其中步行者 – 跑步者阈值最好设置为约 0.1（见图 22-18）。

总的来说，这里所描述的方法已经对区分刚性和非刚性目标的运动具有近 97% 的精度。区分单独步行者具有 95% 准确率，区分跑步者和并行者有 87% 的准确率；此外，还给出了有用的"剧烈"活动的指示，如挥舞和跳跃。有趣的是，所有的这些都是通过使用专门设计的常量来实现的，这降低了模型的复杂性和计算量，同时易于建立和调整。

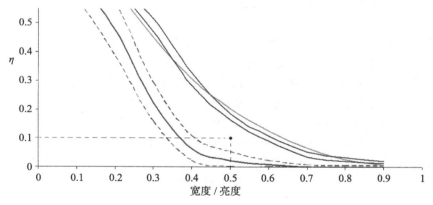

图 22-18　基于框参数 $\eta$ 的判别。较低的实线代表了步行者样本的平均值（虚线表示 $\pm\sigma$ 误差），
上面的实线记录了跑步者。为了区分步行者和跑步者，最佳操作点接近 (0.5,0.1)

## 22.13　人体步态分析

几十年来，人们利用传统的摄像技术研究人体运动。通常，这项研究的目的是分析在各种运动背景下人类的动作，特别是跟踪高尔夫的挥杆，从而帮助球员提升自己的动作。为了使动作更加清晰，频闪分析结合贴在身体上的明亮标记，产生了非常有效的动作显示。在 20 世纪 90 年代，机器视觉被应用到相同的任务中。关于这一点的研究变得更加火热，研究者对准确性也有了更大的关注。其原因是应用范围的扩大，不仅应用到其他体育运动领域，

也应用于医学诊断和含有人工序列的现代电影动画制作中。

　　由于许多应用需要更高精度，而不只是测量人体步态的跛行或其他缺陷，因此在正常照明的场景中对整个人体进行运动分析是不够的，并且身体标记仍然很重要。通常，每个肢体需要两副图，从而推断出每个肢体的 3D 方向。目前有一些工作是使用单个摄像机分析人体的运动，但大多数采用两个或更多摄像机。多个摄像机更有价值，因为当肢体通过另一肢体或身体后方时会发生遮挡。

　　为了更好地进行分析，我们需要了解人体的运动学模型。一般来说，这种模型假定四肢是有限数量的球窝关节之间的刚性连接，可以近似为棍杖之间的点连接。例如，类似模型（Ringer 和 Lazenby，2000）在髋关节连接到骨干的点上采用两个旋转参数，三个用于大腿骨连接髋关节的关节，一个用于膝关节，另一个用于踝关节。因此，每条腿具有七个自由度，其中两个是共同的（都在骨干上）：这形成了总共 12 个覆盖腿部运动的参数（图 22-19）。显然，这是骨骼本质的一部分，即关节基本上是旋转的，尽管在系统中有一些松弛，特别是在肩部，而膝盖有一些侧向自由。最后，由于如膝关节不能使小腿向前伸得太远等约束，整个情况变得更加复杂。

图 22-19　人下体骨骼骨架模型。该模型将骨架上的主要关节认为是通用的球窝关节，可以通过点连接来近似，尽管对可能的运动有额外的限制（见正文）。这里，通过关节的细线表示该关节的单个旋转轴

　　一旦建立了运动学模型，就可以进行跟踪。以合理的准确性识别身体上的标记相对简单。下一个问题是如何区分两个标记并标注它们。考虑到可能的标记组合具有巨大数量，以及腿或臂的部分遮挡必然发生的频率，为此需要特殊的关联算法。其中卡尔曼滤波器有助于预测看不见的标记在重新进入视野之前是如何移动的。这样的模型可以通过加速参数和位置及速度参数来改进（Dockstader 和 Tekalp，2002）。他们的模型不仅仅是理论推导出来的：它还必须经过训练，通常在 2500 个图像序列中，每一个图像间隔 1/30 秒。此外，每个人体目标的模型必须手动初始化。为了克服测量中的微小误差，需要进行大量的训练，并在测试时充分建立统计数据以供实际应用。当测量手和手臂的动作时，错误是最大的，因为它们经常被遮挡。

　　总体而言，关节运动分析涉及复杂的处理和大量的训练数据。它是计算机视觉的一个关键领域，并且正在不断发展。它已经达到了产生有用输出的阶段，但是在未来几年内，准确性需要得到提高，这将有益于实际的医疗监控和诊断、完全自然的动画以及以可接受的成本为体育活动提供支持，更不用说根据特有的步态识别罪犯了。此外还有某些需求（如多个摄像机）可能会保留，虽然无标记监测的趋势会持续下去。对于进一步的信息，读者可以参考 Nixon 等人（2006）的著作。

## 22.14　基于模型的动物跟踪

　　本节是关于农场动物的护理。一个好的饲养员应该能注意到动物行为的许多方面并且能

够对它们做出反应。好斗、欺凌、咬尾巴、活动、休息行为和姿势是健康、潜在跛行或热应激状态的有用指标，而群体行为可能表明存在食肉动物或人类入侵者。此外，进食行为也是重要的。在所有这些方面，构建一个自动观察动物的计算机视觉系统具有潜在作用。

有些动物（如猪和羊）比它们通常所在的背景（如土壤和草）更亮，因此原则上可以通过阈值来定位。然而，背景可能与其他杂乱物（如栅栏、围墙、饮水槽等）混在一起，这些都会使理解复杂化。因此，简单的阈值很少能在正常的农场场景中起作用。McFarlane 和 Schofield（1995）提出了通过背景减法来解决这个问题。他们使用了一张由时间中值滤波获得的背景图像，在这个过程中，小心地掩盖了已知的仔猪休息的区域。他们的算法将猪作为简单的椭圆建模，并在监测动物这个任务中取得了圆满成功。

接下来，我们将研究 Marchant 和 Onyango（1995）提出的，Onyango 和 Marchant（1996）以及 Tillett（1997）进一步发展的更严谨的建模方法。他们在不均匀的照明条件下从头顶观察它们，目的是追踪猪在一个区域内的运动。早期阶段工作的主要目的是跟踪动物，但是，如上所述，我们更大的目标是为了能在以后的工作中进行行为分析。为了找到动物，需要某种形式的模板匹配。形状匹配是一个很有吸引力的概念，但是像猪这样的活体动物，形状是高度可变的。具体来说，站立或走动的动物会从一侧向另一侧弯曲，也可能在它们进食时向上或向下弯曲颈部。因此使用少量模板用来匹配形状是不够的，因为有无数与前面提到的形状参数的不同值相关的形状。这些参数是明显的位置、方向和大小的附加参数。

详尽的实验表明，与这些参数的匹配是不够的，因为模型很可能通过照明变化而横向移动。如果猪的一侧更靠近照明源，那么它将更明亮，因此用于匹配的最终模板也将朝那个方向移动。由此产生的契合度可能很差，许多可能的"拟合优度"标准会否定猪的存在。这些因素意味着在拟合动物的强度分布时，必须考虑照明的可能变化。

一个严格的方法涉及主成分分析（PCA），将一系列精心选择的点上训练目标和模型之间的位置和强度偏差反馈给 PCA 系统。最高能量特征值指示期望的主要变化模式；然后，将任何特定的测试实例拟合到模型，并提取这些变量模式中的每一个的振幅，以及表示拟合优度的总体参数。不幸的是，这种方法由于有大量的自由参数，因此是高度计算密集型的。此外，位置和强度参数是不同的度量，需要使用不同的比例因子来诱导模式工作。这意味着需要一些手段对位置和强度信息去耦。实现方法则是依次执行两个独立的 PCA——首先是位置坐标，然后再在强度值上执行。

在实施这一过程时，我们发现了三个重要的形状参数，第一个是猪背部的侧向弯曲，占平均值方差的 78%；第二个是猪的点头（因为后者只对应总方差的 20%，所以在之后的分析中会忽略不计）。此外，灰度分布模型有三种方差模式，达强度方差的 77%。前两种模式对应于：（1）一个总的幅度变化，其中分布是骨架对称的；（2）更复杂的变化，其中强度分布相对于骨架横向移动（这主要来自动物的侧向照明），参见图 22-20。

虽然 PCA 产生了形状和强度变化的重要模式，但在任意给定的情况下，动物的外形仍然需要使用必要数量的参数来拟合——形状一个和强度两个。单纯

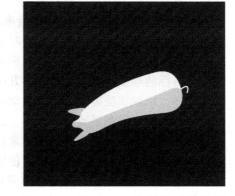

图 22-20 通过 PCA 发现的一种强度变化模式。这种模式明显来自这只猪的侧向照明

形算法（Press 等人，1992）被证明基于该目的有效。最小化以优化拟合的目标函数考虑了：（1）在模型区域上渲染的（灰度级）模型和图像之间的平均强度差；（2）在模型边界上垂直于模型边界的图像中的局部强度梯度的负性（如果正确匹配该模型，局部强度梯度将是动物周围的最大值）。

在前面的讨论中，我们避开了一个关键的因素：模型对动物的定位和对准必须是高度准确的（Cootes 等人，1992）。这既适用于初始 PCA，也适用于将个体动物拟合到模型的过程中。在这里，我们专注于 PCA 任务。当使用主成分分析时，应该记住它是一种表征偏差的方法。这意味着偏差必须已经通过引用所有的分布均值的变化而最小化。因此，在尝试 PCA 之前，重要的一点是设置数据以使所有目标都具有共同的位置、方向和尺度。在我们的讨论范围中，PCA 涉及形状分析，并且假定已经进行了位置、方向和尺度的先验归一化（注意，在更一般的情况下，如果需要，可以在 PCA 中包含缩放。然而，PCA 是一个计算密集的任务，最好尽可能少地用不必要的参数将其封装起来）。

总体而言，上述成果是显著的，特别是有效解耦形状和强度分析的方法。此外，这项工作在畜牧业具有重要的应用前景，表明动物监测和最终行为分析可以借助计算机视觉来实现。

## 22.15  结束语

本章展示了监控的目的，主要与监视道路和区域的人和车辆的行为模式有关。还描述了一些实现监控的原理和方法，包括背景的识别和消除、运动目标的检测和跟踪、地平面的识别、遮挡推理、卡尔曼和粒子滤波、用于模拟包括关节的目标的复杂运动，以及使用多个摄像机来扩大时间和空间的覆盖范围。

随着该项研究不断发展，逐渐出现了一些专门的应用领域，如车牌的定位和识别、车辆超速的识别、人类步态分析，甚至动物跟踪。本章的目的是描述如何实现这些应用。早期的方法包括卡尔曼滤波器和倒角匹配，后来的方法包括粒子滤波器，其依赖于概率方法来跟踪。粒子滤波还有很长的路要走，但是，如果仅仅基于概率评估，它们是否能走得更远还值得怀疑，因为很明显，人类在跟踪运动目标时携带了大量相关信息的数据库。

一个重要的经验是，检测和跟踪是不同但互补的功能，因此相同的算法可以同时优化二者。如在 22.3.3 节中所示，前景检测需要应用合适的前景模型，或者一个涉及"背景异常"过程的自举过程。但是一旦检测完成，跟踪原则上可以作为一个更简单、更模糊的过程来进行。未来的工作是否会找到简化检测加跟踪模型的方法还有待观察。最有可能的是会发现缺陷，因为有的目标（如人在行走时）外观会彻底改变。因此，更自然的情况是这两个过程一直并行地工作（不一定是恒定速率），而不是串行应用。这同样适用于当导弹接近坦克时，但由于目标的规模从根本上改变了几个数量级，它可能会误导而跟踪背景中的不同目标的情况。同样，跟踪算法需要通过连续动作检测算法来监测。这些都很费力，因为无论应用领域如何，检测和跟踪都是监控的核心，因此都是本章的一类问题。

虽然本章包含了静态摄像机用来监测运动目标的情况，但接下来的章节涵盖了更为复杂的车载视觉系统的情况，其中包括使用移动摄像机来监控静止和移动目标。这要求对视觉系统策略进行彻底反思，因为场景的所有部分都将是一直变化的，并且一般不可能依赖于相对平稳的初步的固定背景的识别。

> 本章表明，监控主要是关于运动目标的检测和跟踪，并且常常需要不同类型的算法

来实现每个功能。在大多数情况下，确定地面位置是分析必不可少的第一步，而为了达到分析发展的行为模式的最终目的，往往需要遮挡推理、卡尔曼滤波、复杂运动建模能力和多个摄像机。

## 22.16 书目和历史注释

正如我们所看到的，监控包含许多因素，从 3D 到运动都有涉及，但其中最重要的是跟踪移动目标，特别是车辆和人。多年来，说到跟踪，我们想到的就是使用卡尔曼滤波器，但是这种方法存在缺陷。直至 20 世纪 90 年代粒子滤波的发展，尤其是 Isard 和 Blake（1996, 1998）、Pitt 和 Shepherd（1999）、van der Merwe 等人（2000）、Nummiaro 等人（2003）、Nait-Charif 和 McKenna（2004，2006）、Schmidt 等人（2006）的研究。Arulampalam 等人（2002）将许多早期的工作总结在一篇指导论文中，尽管 Doucet 和 Johansen（2011）认为有必要再写一些。

与这些发展并行的大量工作是使用参数和非参数方法的背景建模，如 Elgammal 等人（2000）。Cucchiara 等人（2003）定义了静态和瞬态背景问题，并澄清了"重影"问题。阴影一直是问题的根源，不仅因为它们可以是静态的或移动的，而且因为它们可以落在静态或移动的目标上。Elgammal 等人（2000）和 Prati 等人（2003）对这一课题进行了开创性工作。

Khan 和 Shah（2000，2003，2009）提出使用单个和多个摄像机来跟踪人的一种全面的方法，Eshel 和 Moses（2008,2010）跟进并找到了如何充分利用从头顶跟踪人群场景的方法。Pflugfelder 和 Bischof (2008,2010) 开发了覆盖不重叠视图的方法——这项任务之前（makris 等，2004）已经在一定程度上解决了，但是没有通过学习视图之间目标传递的转移概率的场景几何知识。

Vezzani 和 Cucchiara（2008）以及 Vezzani 等人（2011）仔细分析了遮挡可能出现的方式，这使得他们能够设计出更好的处理暂时部分或完全遮挡或暂时合并的移动目标的算法（在不混淆的情况下，从这些事件中恢复得更快）。

交通监控工作已经持续了许多年（例如，Fathy 和 Siyal，1995；Kastrinaki 等人，2003）。早期的 Snake 模型跟踪相关工作由 Delagnes 等人（1995）进行。Marslin 等人（1991）将卡尔曼滤波器用于人的跟踪。Tan 等人（1994）对地面上车辆进行识别。关于信念网络的细节参见 Pearl（1988）。注意，角点检测器（第6章）也被广泛用于跟踪，可参考 Tissainayagam 和 Suter（2004）的性能评估。

Aggarwal 和 Cai（1999）、Gavrila（1999）、Collins 等人（2000）、Haritaoglu 等人（2000）、Siebel 和 Maybank（2002）、Maybank 和 Tan（2004）对人类运动分析进行了大量的研究。参见 Sugrue 和 Davies（2007），他们用一种简单的方法来区分行人。然而，需要注意的是，人类运动分析严格来说涉及关节运动的研究（Ringer 和 Lazenby，2000；DockStader 和 Tekalp，2001），最早启用的技术之一是 Wolfson（1991）提出的。因此，许多研究已经能够描述甚至识别人类步态模式（Foster 等人，2001；DockStader 和 Tekalp，2002；Vega 和 Sarkar，2003），参见 Nixon 等人（2006）最近一篇关于这个问题的专著。这种类型工作的一个特殊目的是从运动车辆中识别和避免行人（Brggi 等人，2000；GavriLa，2000）。这项工作的大部分来源于 Hogg（1983）早期的有远见的论文，后来被关于特征形状和可变形模型的关键工作（Cootes 等人，1992；Baumberg 和 Hogg，1995；Shen 和 Hogg，1995）跟进。Gavrila 的行人检测工作（GavriLa，1998，2000）使用倒角匹配，而 Lebe 等人（2005）对该方法进一步研究，尽管借助于最小距离长度自顶向下的分割方案能够处理多个假设。

在我们聚焦复杂主题，如关节运动和遮挡引起的复杂性时，有一个重点——不能忽视简洁优雅的算法，如方向梯度直方图（HOG），这种方法出现相对晚（Dalal 和 Triggs，2005）。这些方法用来设计用于人类形状的检测，并且非常匹配。基本上，它们集中在人体的直肢上，它们有许多沿同一方向排列的边缘点，尽管后者会随着步行或其他运动自然地改变。该方法的基础是将图像分割成"单元"（像素集），并为每一个单元生成方向直方图。对方向直方图 bin 投票与加权（与梯度幅度成比例）。为了增强光照不变性，使用了鲁棒的归一化方法。每个单元以多种方式组合成更大的重叠块，从而产生一些块以更大的信号结束，表示人类肢体的存在。然而，结果奇怪的是，HOG 检测器主要检测轮廓，并强调头部、肩膀和脚。在后来的一篇论文中，Dalal、Triggs 和 Schmid（2006）将 HOG 检测器与运动检测器结合起来，并且能够获得更好的结果（相对于基于最佳外观的检测器，运动检测降低了 10 倍的错误率）。HOG 方法的一个有趣的特征是它优于小波分析，因为后者通过过早地模糊图像数据来消除重要的突变边缘信息。

总的来说，监控研究已经持续了很多年，但自从 20 世纪 90 年代中期以来，研究者有了更强大的计算机，使得实验和道路系统的实时实现变得非常现实。值得注意的是，过去几年中已经看到了实时系统的发展，包括 FPGA（现场可编程门阵列，大约 2000 年已经出现）和 GPU（图形处理单元，这是最近的一种趋势，由于视频游戏产业和计算机视觉之间的相互作用而产生的）。

## 近期研究发展

在近期研究中，Kim 等人（2010）提出鲁棒的行人识别方法，他们利用了分层主动形状模型来识别行人步态。该方法是新颖的，因为它是在预测的基础上，通过提取一组模型参数而不是直接分析步态来克服现有方法的缺点。特征提取通过主动形状模型参数的运动检测、目标区域检测和卡尔曼预测进行。该方法能够减轻诸如背景生成、阴影去除和获得高识别率的任务。Ramanan（2006）通过一种新的迭代解析方法获得了很好的结果，用于分析从人玩游戏到马嬉戏和慢跑的关节体的运动。该方法具有通用性并且不依赖于皮肤或人脸的位置。当摄像机视图之间分离超过 20 米跟踪行人时，Lian 等人（2011）取得了非常好的性能，远远优于 Pflugfelder 和 Bischof（2008，2010）在 4 米时获得的。

Ulusoy 和 Yuruk（2011）分析了从视觉图像和热图像融合数据的问题，以充分利用它们的互补特性来提高整体性能。它们表明融合应该可以产生更好的召回率（更少的假阴性），但同时导致精确率的降低（更多的假阳性）；他们还注意到红外（热）域总是具有更高的精度（这些观察的根本原因是热图像能有效地提供包含目标像素的前景信息）。事实上，只有当需要一个改进的召回率时，才需要尝试融合。该论文提出了一种更有效的来自两个域的数据融合方法，同时获得的召回率比以前获得的更好。该方法对人类群体的户外图像进行了测试，包括那些来自著名数据库的图像。该论文的研究主要依赖于 Davis 和 Sharma（2007 年）的前期工作。这两篇论文都提到了热成像，尽管第一篇论文的标题是"红外"图像。

## 22.17　问题

1. 当对地平面进行逆透视映射时，在新的表征中能够很好地表示地平面上的点。解释为什么这种方法不适用于建筑物或人，以及在这种表征中为什么它们总是表现为向后倾斜。

# 车载视觉系统

本章考虑车载视觉系统作为驾驶员辅助系统的价值。要做到这一点，需要识别许多目标，不仅包括道路本身，还包括车道及车道上的其他标记、路标、其他车辆和行人。后者尤其重要，因为他们的行为相对来说是不可预测的，且行人在道路上徘徊很容易造成事故——除非驾驶辅助系统能帮助躲避他们。

设计车载视觉系统绝非易事，因为它们必须配置移动摄像机，这意味着场景中的所有目标都在移动；因此，消除背景变得相当困难。基于这些原因，有必要更多地依赖于对单个目标的识别，而不是基于动作的分割。

本章主要内容有：

- 如何确定道路、道路交通标志和标线的位置
- 几种不同的车辆定位方法的可用性
- 通过查看车牌和车轮可以获得什么信息
- 如何定位行人
- 如何使用消失点（VP）来提供对场景的基本理解
- 如何识别地面
- 如何获得地平面的平面图并用于导航
- 车辆如何使用视觉来补偿翻滚角、俯仰角和偏航角

虽然很容易制定策略来构建车载视觉系统，使其能够在正常条件下的道路上正常工作，但要将其设计成可以在农场或者田地等非结构化的环境中运行并非易事。的确，为此目的往往需要更多地依赖全球定位系统（GPS）和其他方法。

## 23.1 导言

本章介绍车载视觉系统。这一主题显然与前一章的许多观点重叠，特别是关于交通监控，但是在这里我们讨论的是来自车辆内部的视频流，而不是来自安装在高架龙门上（通常）的固定摄像机。然而，尽管环境可能相似，但情况却有本质上的不同，因为摄像机平台是在运动的，观测到的几乎没有什么是静止的（表 23-1），这意味着使用背景差分等方法非常困难。注意，虽然理论上是可以找到一般的透视变换来实现背景差分，但是这样做将会把一个理解图像的简单方法变得高度复杂，并且找到一个足够精确的透视变换本身需要大量的计算。因此，该方法不大可能为分析图像序列提供有用的策略。

对于从移动平台上分析包含移动目标的场景

**表 23-1 物体运动时的定位难度等级**

| | |
|---|---|
| 1. | 从静止的平台上定位静止的物体 |
| 2. | 从固定的平台上定位移动的物体 |
| 3. | 从移动的平台上定位静止的物体 |
| 4. | 从移动的平台上定位移动的物体 |

这一更为困难的问题，我们必须找到均衡处理这一任务的方法。幸运的是，对于在道路上的车辆，场景类型的范围是高度受限的。特别是道路始终存在于图像前景中，易于识别。同

样，它通常有一个典型的暗强度，因此它对距离的识别不是太大的问题：它相对于摄像机的运动是相对无关紧要的。事实上，通过向下看路面来做运动检测是相当困难的一件事。再就是，在车辆内部很可能可见一大堆标准类型的目标——建筑物、其他车辆、行人、道路变通标线和标志、电线杆、灯标、护柱等。它们出现的频率都很高，这表明该系统必须具备在任何范围和任何速度独立识别它们的能力。这意味着，作为分析的第一阶段，最好恢复到忽略运动速度，并专注于模式识别。事实上，在初步阶段，从目标的最低位置，也就是靠近道路的位置（这里假定作为一种重要的分析，道路已经从剩余的场景分割），通过考虑很容易推导出的范围可以对识别提供有效的帮助。请注意，根据分析的目的（我们将在下面返回这一点），识别道路区域内的目标可能更为重要，因此，作为第一阶段，对道路区域的分割更为重要。然后，这些目标——现在主要限制在子集中，如其他车辆、行人、道路交通标线和标志、交通灯——需要独立识别。稍后，需要确定移动平台的确切运动，以及随后它相对于所有其他目标的位置。

接下来我们考虑实现车载视觉系统的目标。广泛地说，有两个目标：（1）沿着道路导航，包括不偏离车道和根据道路标志和交通信号行驶、停止和其他此类信息（在这里，为了简化问题，我们忽略利用 GPS 和其他类型工具的帮助，即便来自各种来源的信息能够可靠地融合在一起）；（2）驾驶员协助，可包括多种事项，特别是将第 1 项所包括的各个方面告知驾驶员，并提醒其注意重要因素，如正在刹车的车辆或正在行驶在道路上的行人。事实上，视觉系统获取的大部分信息都需要以某种方式传递给驾驶员。然而，特别注意的是，司机有时无法足够迅速地避开行人、突然刹车和突然超车的车辆等。还有一个问题是，司机可能会昏昏欲睡，或者有各种各样的原因，比如，因为其他乘客或那些同时需要导航的人的干扰，司机反应太慢，导致事故迅速发生。在这种情况下，能够自动启动刹车或转向的驾驶员协助可能至关重要。我们还可以设想视觉系统成为全自动驾驶系统的一部分的各种情况。在这里，必然会有一个合法性问题，以及谁应该为事故负责（即驾驶员、汽车制造商、视觉系统设计者或任何人）。在这里我们不打算深究这些问题，而只是将视觉系统作为一种技术来考虑。然而，一旦视觉和驾驶员辅助系统变得足够强大，它们无疑将成为其他方案的一部分，例如在拥挤的车队中行驶——许多人认为这是实现高速公路上快速安全运输的最佳途径。此外，驾驶员辅助系统还有一些其他有价值的应用：从巡航控制到自动停车都可能需要该技术的帮助。

在本章中，我们主要关注于如何提供一个视觉系统的问题。该系统可以感知所有可能需要的车辆引导和驾驶员协助的事，其重点是定位道路和车道，识别其他车辆和定位行人接近或正在道路上。如上所述，整个过程将从定位道路开始，如下一节所述。

## 23.2　定位道路

第 4 章描述了一种能够使用多级阈值化方法定位道路的技术（见图 4-9B）。实际上，通过第三和第四阈值识别出的道路就是图像中灰度接近于 100 ～ 140 的那一部分。在其他情况下也得到了类似结果，例如图 23-1B，其中两个阈值划分了更大的灰度范围，大约 60 ～ 160。虽然这些可以被解释为合理的理想情况，但是阈值化是一种非常基本的技术，应该可以将其扩展到不太理想的情况。

例如，如果阴影出现在道路上，那么在很多情况下，后者会以两个相邻的区域集的形式出现，具有两个显著的强度级别，并且可以用相同的方法识别。还要注意的是，不同的光照水平可能会使一个强度平滑地过渡到另一个强度，如果考虑到阈值之间强度的适当范围（如图 4-9 和图 23-1 所示），分割问题可能仍然会以完全相同的方式解决。然而，最终的问题是模式识别，可以通过以下方法来解决：（1）消除其他目标，如道路标线；（2）识别道路的界限；（3）考虑其他特征，如颜色或纹理。请注意，由于道路的颜色通常是平淡的灰色，因此只有注意到其他环境的颜色，如草、树或建筑物上的砖，才能使其突出。显然，这将使整个系统更加复杂，但模式识别是一种众所周知且久经考验的方法，目前已经相当成熟。在某种程度上，将车辆的运动纳入画面可能有所帮助（到目前为止，我们一直反对这样做，以便尽可能简单地进行讨论）。在这种情况下，不需要计算车辆的精确运动，考虑到道路会向前延伸很长一段距离，因此任何被确定为道路的部分都将保持不变，直到有车辆经过。此外，在前方的道路上，任何被定位到的车辆显然都是在道路上行驶的，所以它的一部分会不断地被识别出来。因此，摄像车只需要记录所有已被确定的候选区域，这样通过强度识别产生的任何歧义就可以被消除。最后，这一次考虑到运动参数，在卡尔曼滤波器的帮助下保持道路边界的记录将解决许多遗留的问题。

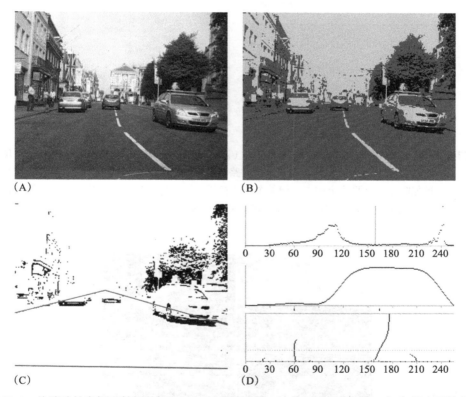

图 23-1　从移动的车辆上拍摄的视频。（A）原始图像。（B）双重阈值图像。（C）只应用较低阈值的结果。（D）顶部：原始场景的强度直方图；中间：应用全局波谷变换和平滑的结果；底部：虚线显示自动定位图 B 中使用的两个阈值。有关详细信息，请参见第 4 章。图 C 内的实线表明，在道路区域内，较低的阈值主要用于识别车辆下阴影

## 23.3　道路交通标线的定位

从图 4-9 和图 23-1 可以看出，用于道路灰度路面定位的多级阈值技术同时分割了白色

路面标线。然而，白色的道路标线很少是纯白色的，可能会磨损，甚至部分被旧的标线复写。在任何情况下，通过阈值分割它们都不等同于绝对识别。解决这个难题的一种方法是将道路标线与合适的模型相匹配。通常直线就足够了，尽管有时也会用到抛物线。图 23-2 显示了一个使用随机样本一致性（RANSAC）技术识别连续和破碎道路标线的案例，这有助于将 VP 定位到一个合理的近似值，使其得到合理的近似。道路车道标线的宽度也可以用这种方法测量。图 23-3 进一步说明了这一点。在这种情况下，将数据输入 RANSAC 之前，通过对每个车道标线进行局部水平平分，可以获得更高的可靠性和准确性。这样，如果有必要，可以通过过滤水平宽度来消除无关信号。请注意 RANSAC 如何找到最适合的直线截面，即使道路车道标线是弯曲的。同样，它能够消除由于存在旧的车道标线而扭曲的车道标线（图 23-3A）。如第 10 章所述，用于测试的 RANSAC 版本先后消除了用来拟合线段的数据点，使用大于拟合阈值 $d_f$ 的宽度删除阈值 $d_d$，从而删去在寻找后续线段时可能误导算法的数据点。（算法流程图见图 23-4）。

(A)          (B)

图 23-2   RANSAC 在道路标线定位中的应用。（A）RANSAC 识别的带有车道标线的道路场景原始图像。（B）RANSAC 用于定位道路车道标线的边缘点局部极大值。虽然车道标线近似收敛于水平线上的点，但单个车道标线的平行边收敛不太准确，表明边缘点较少的情况下可以达到的极限。这与其说是 RANSAC 本身的缺陷，不如说是边缘检测器的缺陷

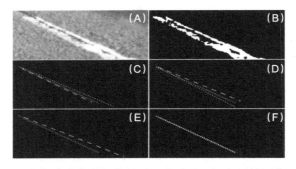

图 23-3   RANSAC 用于定位道路车道标线的进一步试验。（A）原始图像 1：一组扭曲的双线道路标线。（B）原图的阈值结果。（C）3-3。（D）3-6。（E）3-10。（F）3-11（标记 "$d_f$-$d_d$" 中 $d_f$ 为 "拟合距离"，$d_d$ 为 "删除距离"，参见正文）。（G）已经阈值化的原始图像 2：为了节省空间，去掉了不含标线的中段道路。（H）3-3。（I）3-6。（J）3-11。图 F 和 J 以密集的虚线表示最终结果，而在其他图中，使用点和破折号来区分不同的直线。注意，在阈值化之后，水平平分线算法立即找到沿水平线的白色区域的中点，并将其输入 RANSAC 进行拟合

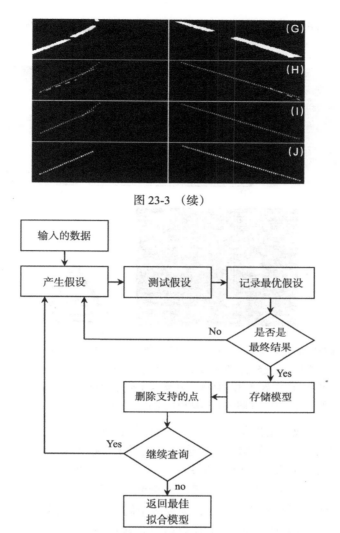

图 23-3 （续）

图 23-4　图 23-3 中测试的车道检测器算法流程图

## 23.4　道路交通标志的定位

我们现在继续分析车辆的环境，并考虑与之相关的、位于道路上或临近道路的静止目标，包括交通标志。不可能对一种或两种以上的情况进行更多的检查，但这些包含了各种相关的警告，包括道路颠簸和"让路"。请注意，很多警告以相同的风格出现——以白色为背景或封装在红色三角形中的黑色标语。为了定位这些标志，在没有使用颜色方面的情况下进行了一些测试，因为使用颜色可能代表一种过于简单的方法（还请注意，在错误的光照条件下，颜色可能具有误导性）：相反，使用了大小为 $22 \times 19$ 像素的理想化的小二进制模板。虽然这个小模板看起来很粗糙，但是它的优点是只需很少的计算就可以定位相关的目标。实际上，我们采用的是倒角匹配技术（22.7 节）来检测交通标志，如图 23-5 所示。虽然该模板主要用于检测路面颠簸标志，但它也为"让路"标志提供了一个相当大的检测信号。事实上，使用该模板发现的两个信号都远高于图像中其他地方的信噪比，最可能的虚假警报出现在树上，其上有大量的随机形状。请注意，这张照片是在非常不理想的情况下拍摄的，在一个潮湿的日子里，路上有许多反光区域。总的来说，倒角匹配技术似乎非常适合于快速定位各种类型的固定路标。

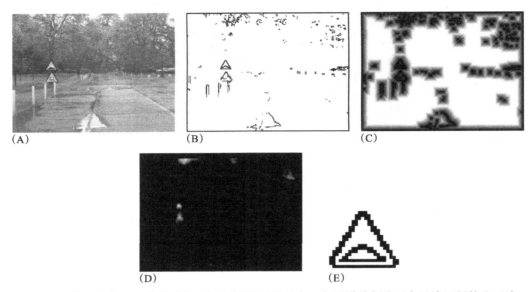

图 23-5 使用倒角匹配定位路标。（A）原图显示两个三角形道路标志（表示路面颠簸和"让路"）：每个标志在经过倒角匹配算法定位后用白色十字标记。（B）非最大抑制后的阈值边缘图像。（C）距离函数图像，注意这里使用的显示增强因子为 20，距离在 13 像素处出现饱和。（D）在图像上移动模板 E 时得到的响应

设计一个理想的模板来定位所有的三角形路标是有可能的。首先要注意的是，空白的白色内饰比图 23-5E 中的路面颠簸结构更合适：这相当于忽略了模板的中心，认为它是由"不相关"的位置组成的。事实上，模板的设计应该采用合适的训练方法，如 Davies（1992d）所概述的方法。在该方法中，模板设计采用匹配滤波器的方法，取训练样本的局部变异性（由标准差 $\sigma(x)$ 表示）与噪声对应，因此，需要减小局部加权：局部匹配滤波器权重（Davies 1992d）用 $\bar{S}(x)/\sigma(x)^2$ 而不是 $\bar{S}(x)$，其中 $\bar{S}(x)$ 是训练时 $x$ 处的平均局部信号。对于上述所考虑的道路标志类型，该方法将最优地处理中心白色区域内的黑色变量分布。

## 23.5 车辆的定位

近年来，无论是在监控应用程序中还是在车辆视觉系统中都设计了许多算法来定位道路上的车辆。实现这一目标的一个显著方法是寻找车辆产生的阴影（Tzomakas 和 von Seelen，1998；Lee 和 Park，2006）。重要的是，最强烈的阴影是那些出现在车辆下方的阴影，尤其是，这些阴影甚至在天空乌云密布、其他阴影不可见的情况下也会出现。我们再次用第 4 章中的多级阈值方法来识别这些阴影。图 23-1 显示了一个特殊的例子，其中在道路区域内出现的几乎唯一的暗像素是车辆下阴影。事实上，由于车辆下方的阴影位于车辆下方，定位附近车辆的一种很好的方法是从道路的最低处向上移动，直到出现一个黑暗的实体——它很有可能只定位车辆。请注意在图 23-1C 中，其他的主要候选目标是树，但是这些树被忽略为远远高于道路区域——如虚线三角形所示。

正如前面所指出的，在考虑道路区域的定位方法时，在特殊光照条件或其他因素的情

况下，使用多种方法来定位目标（如车辆）是很有用的。根据这一分析思路，我们考虑对称性，它在几年前首次被用于这一目的（例如，Kuehnle，1991；Zielke 等，1993）。图 23-6 显示了应用对称性来定位具有垂直对称轴的目标的若干次试验。所使用的方法是一维霍夫变换（1-D Hough Transform），并采用直方图的形式，在直方图中，沿水平线的成对边缘点的等分线位置被累积起来。在人脸检测中，该技术非常敏感，不仅可以定位人脸的中心线，还可以定位眼睛的中心线。以图 23-6C 为例，左眼定位时，算法被底部的金属目标所混淆，但在没有金属目标的情况下进行测试时，发现算法执行起来没有困难。请注意，这里出现了一些偏差，因为算法平均了整个眼睛的贡献，虹膜和眼睛其余部分之间的位移变得很重要。同样，图 23-6E 中叶子集合的定位没有问题，但是准确的垂直轴所处的位置代表的是来自下两片叶子和最上一片叶子的组合峰值信号：在这种情况下，最好是分别进行识别。这类问题在图 23-6G 中就不那么重要了，图中两辆车的位置都非常准确——尽管右边的车并不是完全水平的。有趣的是，这两辆车也可使用车辆阴影法定位。它们都在各自的车道上，这一事实也有助于积极的识别。

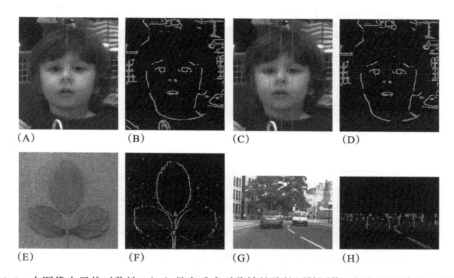

（A）　　　　　（B）　　　　　（C）　　　　　（D）

（E）　　　　　（F）　　　　　（G）　　　　　（H）

图 23-6　在图像中寻找对称性。（A）具有垂直对称轴的脸的原始图像。（B）用于确定 A 的对称轴的边缘图像。（C）眼睛带有对称轴的原始图像。（D）用于确定眼睛对称轴的轻微受限的边缘图像。（E）具有对称轴的三叶体的原始图像。（F）用于确定 E 的对称轴的垂直边缘图像。（G）标记了对称轴的交通场景原始图像。（H）用于确定图 G 中对称轴的垂直边缘图像。图 C 中最左边对称轴的轻微偏置并不奇怪，因为所涉及的像素很少，而且图像中其他边缘像素存在干扰

尽管有这些对称的成功应用，请注意该方法仍需要谨慎使用。特别是图 23-6G 左侧的建筑，由于其窗户之间的多重对称性，导致信号过多。一个有趣的经验是，在 $x=1,3,5$ 处等距的垂直线不仅在 $x=3$ 处对称，在 $x=2$ 和 $x=4$ 处也对称。

最后，关于非垂直轴的旋转对称和反射对称在当前环境中并不是特别有用。然而，正如一维 HT 可以用来定位关于垂直轴的对称，二维 HT 也可以用来定位关于任意方向直线的对称性。因此，我们可以构建一个二维参数空间，其中的每一条水平线表示图像中不同方向的对称性。这样的参数空间在垂直方向上可能会有少量的一致性，但是我们在这里不再进一步

考虑这个问题。

## 23.6  通过查看车牌和其他结构特征获得的信息

车牌定位已经在 22.10 节中提到。在本节中，我们将考虑从长度为 $R$ 的车牌的斜视图中可以推导出什么。我们简化了这种情况，假设图像平面和车牌都是垂直的，它们的主轴水平和垂直对齐。图 23-7A 和 B 分别为车牌横轴的斜视和平面图。明显的车牌中心线的水平投影（CQ）是 $R\cos\alpha$，这是在 PT 方向看。根据图 23-7C，它的垂直投影（QT）是 $R\sin\alpha\tan\beta$。

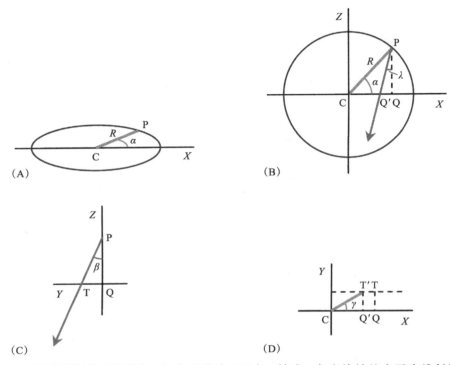

图 23-7  水平线姿势观察几何。（A）长度为 $R$ 且与 $x$ 轴成 $\alpha$ 角度旋转的水平直线斜视图。
（B）直线平面图。（C）侧面显示查看方向，沿着 PT 侧角为 $\lambda$；仰角 $\beta$ 是 T 的而不是 T' 的。（D）$X$-$Y$ 平面的前视图，平行于图像平面 $x$-$y$。注意，图 B 中的水平线 CP 似乎处于 D 中的角 $\gamma$ 位置：它的表观长度（CT'）为 $R'$

尽管如此，从更一般的方向 PT' 与横向角 $\lambda$ 来看，其水平投影为 $CQ'$，等于 $R\cos\alpha - R\sin\alpha\tan\lambda$。从图 23-7D，我们推断出其明显的角 $\gamma$ 和长度 $R'$ 由如下方程给出：

$$\tan\gamma = \frac{\tan\alpha\tan\beta}{1-\tan\alpha\tan\lambda} \tag{23.1}$$

$$R' = R\cos\alpha(1-\tan\alpha\tan\lambda)\sec\gamma = R\sin\alpha\tan\beta\csc\gamma \tag{23.2}$$

这些公式直观看起来正确，例如，如果 $\alpha=0$ 或 $\beta=0$ 则 $\gamma=0$。此外，在非斜视的情况下查看，$\beta=0$，$\gamma=0$，$\alpha=0$，所以式（23.2）恢复到非斜视情况下的标准结果，$R'=R\cos\alpha$。

也许更重要的场景是 $\alpha=\pi/2$，导致 $\tan\gamma=-\tan\beta/\tan\lambda$。我们可以通过图像平面坐标 $(x, y)$ 和三维坐标 $(X, Y, Z)$ 解释这一结果。注意，$\tan\beta=y/f$ 和 $\tan\lambda=x/f$，我们推断出 $\tan\gamma=-y/x=-Y/X$。这相当于观察平行于摄像机光轴的道路上的透视线（注意，这些方程对应的事实为当 $\alpha=\pi/2$ 时，$\gamma$ 在 $\pi/2$ 到 $\pi$ 之间）。

　　最后，请注意，我们并没有得到直线在视线方向上的投影，而是确定了直线在垂直平面 X-Y 上的投影，垂直平面 X-Y 与像平面 x-y 平行。因此，这些方程对应于图像平面的射影投影，而不仅仅是正投影。

　　我们现在需要获得一个用其他参数表示 $\alpha$ 的方程。通过解式（23.1），我们发现：

$$\tan\alpha = \frac{\tan\gamma}{\tan\beta + \tan\gamma\tan\lambda} \tag{23.3}$$

接下来，把预测的车牌图像的中心线 x 和 y 轴看作 $\delta x$、$\delta y$，我们发现参数 $\beta$、$\gamma$、$\lambda$ 都是可测量的，所以 $\alpha$ 可以估计为：

$$\tan\alpha = \frac{\delta y/\delta x}{(y/f)+(\delta y/\delta x)(x/f)} = \frac{f\delta y}{y\delta x + y\delta y} \tag{23.4}$$

这样，我们就知道了车牌在空间中的方向。原则上，我们可以用式（23.2）来估计车牌的范围。为了达到这个目的，我们需要知道 R 的值。事实上，对于标准的英国牌照，R 的定义是合理的（这假设车牌中的字符数是已知的），因此可以用式（23.2）来估计 R'。接下来，由 R' 与车牌表观长度 r 的比值给出范围 Z：

$$Z = fR'/r = \frac{fR'}{[(\delta x)^2 + (\delta y)^2]^{1/2}} \tag{23.5}$$

如果利用车牌短边的表观长度和方向，我们就可以消除对后者是垂直的假设的依赖。然而，这些短线不太可能被精确地测量，从而显著改善这种情况。相反，我们认为最好的方法是使用较长边的测量，以获得车辆位置的初步估计，然后再通过其他测量加以改进。

　　不幸的是，上述所有理论在某种程度上被道路的可变弯度所混淆。但是要注意的是，虽然在道路对面的弯度会有很大的不同，但是当在道路的同一边观察车辆的牌照时，它的影响往往会被抵消。接下来，$\gamma$ 的大小取决于 y，因此也依赖于摄像机在目标特征上方的高度。这意味着车牌的 $\gamma$ 观测值要小于后轮；因此，如果后轮没有被遮挡，它们很可能会给出比从车牌得到的更准确的 $\alpha$ 估计。然而，车牌是比后轮更令人满意的标志，一方面是因为它们不太容易被遮挡，另一方面是因为它们具有独一无二的识别性。最后，还需要考虑另一个因素——我们正试图从一个很小的量 $\gamma$ 估计另一个通常很小的量 $\alpha$，而这两个都是对外倾角的干扰作用相当的量。有趣的是，这个问题可以通过从 $\tilde{\gamma} = \pi/2 - \gamma$ 估算 $\tilde{\alpha} = \pi/2 - \alpha$ 及将这些度量应用于其他车辆的侧面（特别是车轮侧面）的视图来更有效地克服这个问题。所有这一切都可以通过将 $\tan\alpha$ 和 $\tan\gamma$ 分别由式（23.1）和（23.2）中的 $\cot\tilde{\alpha}$ 和 $\cot\tilde{\gamma}$ 代替来实现。总的来说，可以预期的是，车辆的侧视图在估计方向时比后视图更有价值，无论后视图是使用后轮还是车牌作为指标（显然，只有直接跟在后面行驶时车辆的后视图才有意义）。图 23-1、图 23-6、图 23-8 和图 23-9 将充分证实这些观察。

图 23-8　斜视的车辆。关于方向的更准确的信息通常是从车辆的侧面，而不是从它的后面获得的

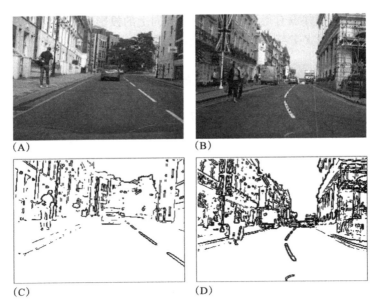

图 23-9    倒角匹配以通过小腿定位行人。图 A 和 B 为含有行人的道路场景的原图。黑点是采
          用理想二进制 "U" 模板进行倒角匹配后的峰值信号。注意存在过多的假阳性，因为
          垂直边缘的数量能够刺激信号，如图 C 和 D 所示

最后，人们可能会问，为什么如此强调角相对于距离的测量。这主要是因为角度表示距离的比值，因此它们往往提供比例不变的信息。此外，它们不需要绝对距离的知识来解释。

## 23.7    定位行人

原则上，定位整个行人需要许多不同形状和大小的倒角模板，以覆盖移动的人的许多身体轮廓。这里选择的替代方法是寻找更通用和不变的特定子形状，可能包括腿、胳膊、头和身体的部分。图 23-9 所示为使用具有平行侧边的理想化 "U" 模板定位小腿。然而，由于大量的垂直边缘能够刺激信号，因此出现了过多的误报。它们的存在意味着距离函数没有预期的理想最大值，因为伪边在许多地方将距离函数重置为零。这并不影响该方法的敏感性，因为模板一定会定位到它们所表示的配置文件的实例。然而，它确实会影响检测到的假阳性数量。事实上，在这些例子中，结果并不是灾难性的，因为，一旦道路标线被消除，发现的最低的目标是行人的脚。然而，该方法不能给出理想结果这一事实使得必须使用其他方法来支持它。

Harris 算子提供了一种有用的替代方法。如图 23-10 所示，它能够定位一系列特征，包括脚和头部，以及道路车道标线。注意，在图 23-10 所示的左图例子中，右脚没有被发现，因为右脚比另一只脚大，而使用的 Harris 算子的范围只有 7 像素。请注意，Harris 算子没有极性（对黑色或白色的偏好）：对于行人来说这是有用的，因为衣服和鞋子（或脚）是不可预测的，可以在浅色背景下显示为黑色，或者相反（没有极性也适用于倒角匹配，但原因不同）。

进一步的方法对于支持上面提到的两种方法以及确认已经进行的检测是有用的。在这方面，对人类肤色的独特识别是有用的。如图 23-11 所示，这是可能的，主要问题之一显然是人脸区域的像素数量太少。为了严格进行皮肤检测，需要对一组训练图像进行颜色分类器的训练。这是对图 23-11E 进行的。该方法非常成功（图 23-11F），对应于肤色的监督学习；在实践中，如果对训练图像的控制不那么严格，这个过程可能会受到沙子、石头、水泥和大量棕色变体的影响，这些变体的颜色接近于肤色较深或较浅的人。另一个重要的因素是车载视觉系统将没有足够的时间来收集足够的训练数据，特别是考虑到一辆车的存在目的是行进，因此从黑暗到光明的适应和其他环境因素势必成为严重问题的根源。在这方面，车载系统所受的条件比监视系统通常所受的条件差得多。

图 23-10 使用替代方法 Harris 算子进行行人定位。在这里，该算子具有定位角点和兴趣点的作用，其中一些角点和兴趣点包括行人的脚和头部；最重要的是，道路车道标线也有很高的概率被定位。该算子没有以任何方式进行调优以识别此类特性。此外，它没有极性（偏好黑暗或光明）

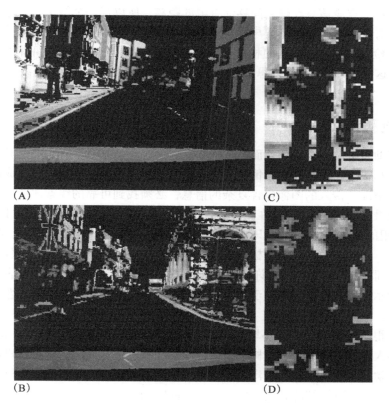

图 23-11 另一种通过肤色检测行人位置的方法。图 A 和 B 表明，通过肤色检测可以实现很多功能，不仅可以检测人脸，还可以检测颈部、胸部、手臂和脚（详见图 C 和 D）。通过适当的颜色分类器训练，可以实现更多功能，如图 E 和 F 所示

(E)                                    (F)

图 23-11    （续）

总的来说，我们发现车载行人检测系统涉及一系列的模式识别问题。之前我们强调了模式识别在从移动平台检测到移动目标时的潜在价值：这种方法对主体也很有用。然而，我们现在发现这是有限制的。事实上，至少通过跟踪特征并根据速度将其分组（这一过程已经在第 22 章中提到）来利用运动将是一种人为的限制。这种方法的问题是，在整个图像中存在大量的如兴趣点特征，其中几乎所有的特征都在移动。如果它们（比如 $N$）中的每一个都要在一对相邻的帧中与其他所有帧进行比较，那么就必须进行 $O(N^2)$ 次操作。然而，通过承认各种特征的个性和不同特征，以及它们的空间安排，这个庞大的数字可以减少到可管理的比例。特别是，特征点应该只在帧之间移动有限的距离，所以当一个给定的特征从一帧移动到下一帧时，只有少数 $n$ 个候选特征与之匹配。这样我们就有 $O(Nn)$ 对特征点需要考虑，这个数字可以通过检查不同对特征点的相对强度和颜色进一步最小化（理想情况下，最终结果将是 $O(N)$）。在这里，6.7 节的一些思想可能会被证明是有用的，尽管宽基线匹配与帧到帧跟踪无关。

## 23.8    导航和自我运动

驾驶员辅助系统的一个重要方面是车辆导航。事实上，这对于有人类驾驶员的车辆和无人驾驶的车辆都很重要。在这两种情况下，车辆的控制都是通过计算机来完成的，而计算机必须完全了解情况。传入的图像包含复杂的信息，必须找到可靠的线索才能处理问题。在这些线索中使用最广泛的是 VP，这在城市场景中经常是非常明显的（如图 17-11）。

VP 最有用的一种方法是帮助识别地平面，很多其他信息都是由此而来。特别是可以推导出局部尺度。例如，地平面上目标的宽度可以参考地平面的局部宽度，并且已知地平面的局部宽度的一部分；此外，VP 允许通过测量从相关图像点到 VP 的距离来估计沿地平面的距离，如下所示。因此，它们有助于启动识别和测量目标的过程，确定其位置和方向，并有助于导航任务。

在这里，很多东西将取决于环境的类型和车辆的类型。有许多可能性，如吸尘机器人、窗户清洁机器人、除草机器人、轮椅机器人，除草和喷洒机器人、迷宫运行机器人，更不用说在道路上自动行驶或自动停车的汽车。在某些情况下，机器人将不得不进行绘图、路径规划和导航建模，并进行详细的高级分析—— Kortenkamp 等人（1998）已经探索过这种情况。如果路径上有障碍物，如路桩或柱子（图 23-12），这种方法将是重要的，这对于迷宫运行机器人将是至关重要的。在许多这样的情况下，视觉或其他传感器只能提供关于工作区域的有限信息，并且必须以适当的表示形式扩充知识：这使得工作区域的平面视图模型成为一个自然的解决方案。为了继续这个想法,我们需要将信息从单个图像传输到平面视图的表示中(参见表23-2的算法)。

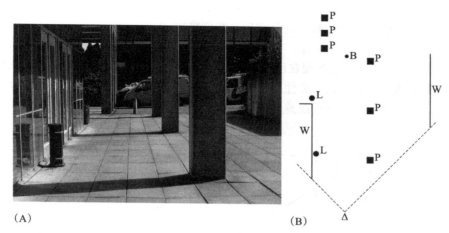

(A)                                    (B)

图 23-12　获得的用于导航的平面图。(A) 需要避免的障碍的场景。(B) 地平面的平面视图,
显示从观测点Δ可见的(为清晰起见,显示了整个区域的柱子 P、路桩 B 和废物箱
L)。墙被标记为 W

**表 23-2　计算地平面的平面图**

| | |
|---|---|
| 1 | 检测当前帧中的所有边缘 |
| 2 | 定位当前帧中的所有直线:例如使用霍夫变换 |
| 3 | 定位所有 VP:使用进一步的 HT,如 18.7 节所述 |
| 4 | 找到最接近运动方向的 VP:消除所有其他 VP |
| 5 | 确定 $G$ 最接近的部分:这应该是机器人正前方帧的一部分 |
| 6 | 使用这个信息和其他信息来确定哪些直线通过主 VP 位于 $G$ 上:消除所有其他直线 |
| 7 | 对 $G$ 上的目标进行分割 |
| 8 | 消除 $G$ 上与通过主 VP 的直线无关的目标边界 |
| 9 | 试探性地将 $G$ 上的任何黑暗区域识别为阴影 |
| 10 | 取剩下的目标和阴影边界,并检查帧之间的一致性:例如,使用 5 点交比值,如 18.3 节所述 |
| 11 | 用 $(X, Z)$ 坐标标记 $G$ 上所有剩余的特征点:使用式(23.7)和(23.8) |
| 12 | 检查与以前帧的一致性 |
| 13 | 更新边界不一致的目标列表,如不位于 $G$ 上,或在其他方面不可靠:这些可能是由于移动的阴影或噪声 |
| 14 | 更新 $G$ 上特征点坐标的历史记录 |

注:这个表格展示了如何计算地平面 $G$ 的平面图的算法。假设机器人看到一系列的视频帧,它必须在每一帧出现时更新它的知识库。建立该算法的前提是,最好从头开始分析每一帧,然后寻找与以前帧的一致性。

基本上,为了构建一个地平面的平面图,我们从一个场景的单一视图开始,其中消失点 $V$ 已经确定,并且地面上的重要特征点(特别是关于其边界)已经被识别。接下来,可以推导出沿地平面的距离,如图 23-13 所示。在地面上一般特征点 $P(X,H,Z)$ 的倾斜角 $\alpha$ [在图像中该点视为点 $(x, y)$]是由如下公式给出:

$$\tan \alpha = H/Z = y/f \tag{23.6}$$

因此 $Z$ 的值由如下公式给出：

$$Z = Hf/y \tag{23.7}$$

在得到一个类似的给出横向距离 $X$ 的公式后，我们推出：

$$X = Hx/y \tag{23.8}$$

世界（平面图）坐标 $(X, Z)$ 现在已经用图像坐标 $(x, y)$ 来表示。注意，$y$ 必须从消失点 $V$ 而不是图像的顶部来测量。还需要注意的是，由于 $X$ 和 $Z$ 与 $y$ 成反比，当 $y$ 很小的时候，它们变化很快，因此数字化和其他误差会显著影响从平面图中定位远处目标的准确性。

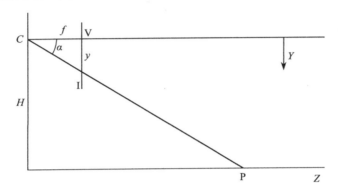

图 23-13　与图像和地平面有关的几何图形。$C$ 为摄像机的投影中心，$I$ 为像平面，$V$ 为消失点，$P$ 为地平面上的一般点。$f$ 是摄像机镜头的焦距，$H$ 是 $C$ 在地平面上的高度。假设摄像机的光轴平行于地平面

当摄像机光轴不平行于地平面时，最好使用齐次坐标进行计算，如第 19 章所示。

## 一个简单的路径规划算法

在本小节中，我们假设使用上述方法构建了环境的平面图。虽然目前还不清楚人类是否使用即时规划视图模型来帮助他们在环境中行走或开车（基于图像的表示似乎更有可能），但是很明显，他们使用平面视图来演绎、逻辑地分析环境和阅读地图。无论如何，平面视图可能是存储导航知识和获得全局最优路由的最自然的方法。在这里，我们暂且不去猜测人类是如何在这两种表述之间巧妙地转换信息的，而是集中精力研究机器人如何使用它构建的平面视图合理地进行路径规划。事实上，需要为一个迷宫运行机器人提供合适的算法来达到这个目的。

图 23-14A 显示了一个简单的迷宫，在这里机器人必须从入口处 E 到达最终目标 G（在图中分别标记为"↓"和"☺"）。我们假设一个平面视图的迷宫已经建立，需要一种系统的方法来找到到达目标 G 的最佳途径。该算法从 G 开始，在整个区域内传播距离函数，且只受迷宫壁的约束（图 23-14）。若采用并行算法，则距离函数到达 E 时终止；如果使用顺序算法，它必须一直进行到整个迷宫被覆盖为止——假设需要一个最优路径。当完成距离函数传播后，需要沿着距离函数向下寻找最优路径，直到到达 G 点：在每个点上，必须使用局部最大梯度（Kanesalingam 等，1998）。连通分量分析可以用来确认路径的存在与否，但是距离函数必须用来保证找到最短路径。注意，该方法只能找到若干长度相等的路径中的一条，这是因为这种类型的方法具有将整数值赋给相邻像素之间的距离的限制。

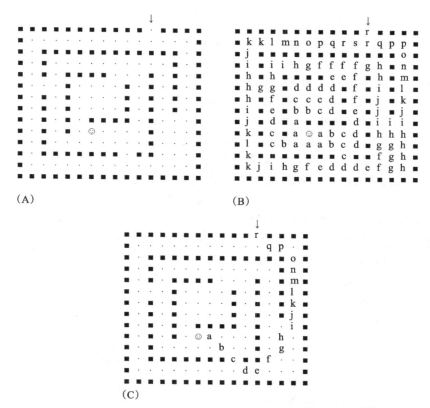

图 23-14 在迷宫中寻找最优路径的方法。(A) 迷宫平面图。(B) 迷宫的距离函数, 从目标 (标记为 ☺) 开始, 并使用 $a=1$ 作为开头, 用连续字母来表示距离值。(C) 从迷宫入口 (标记为 ↓) 沿最大梯度方向跟踪得到的最优路径

## 23.9 农业车辆导航

近年来, 要求农民减少用于农作物保护的化学品数量的压力越来越大。这些呼声既来自环保主义者, 也来自消费者本身。这个问题可以通过有选择性地对农作物喷洒化学药品来解决。例如, 如果有一台机器可以识别杂草并用除草剂专门喷洒, 而不伤害农作物, 或者只对某一类植物喷洒杀虫剂, 那将十分有用。这个案例的研究涉及一种车辆的设计, 该车辆能够追踪农作物并选择特定的农作物进行喷洒 (Marchant 和 Brivot, 1995 ; Marchant, 1996 ; Brivot 和 Marchant, 1996 ; Sanchiz 等, 1996 ; Marchant 等, 1998)。有趣的是, 这一工作的诸多细节与 Billingsley 和 Schoenfisch (1995) 于澳大利亚开展的完全独立的项目有诸多相同之处。

若农作物生长在非常规则的几何图形区域内, 这个问题将大大简化为按照位置判定植物为野草或农作物, 并做出相应的处理。然而, 生物系统的生长几乎是不可预测的, 使得这种简单的方法不可行。但是, 如果在温室内培育农作物, 待其生长至约 100mm 高时将其移植至地里, 若将它们移植成直线平行的行, 当它们成熟时这些行将会被大致保留。然后, 人们希望可以通过相对简单的视觉算法提取这些直线, 对植物直接进行定位和识别 (如图 23-15所示)。

现在, 我们面对的主要问题有: 农作物生长会偏离直线; 有些农作物会死亡; 杂草有可

能离农作物很近；部分农作物生长过慢导致无法被识别。因此，必须设计一个能够鲁棒地初步识别农作物所在直线的算法。HT 算法可以满足我们的需求，因为它能够精确地找到图像中的直线结构。

该过程的第一步是对农作物进行定位。通过对输入图像进行阈值处理能够得到较为精确的结果（若用红外光波长来增强对比度，这一过程将得到简化）。但是，在此阶段的植物图像会变成无规则的斑点或者小块（如图 23-16 所示）。其中包含了很多孔洞和裂片（如卷心菜或花椰菜的叶子），但是可以通过在目标形状周围放置一个边界框，或者通过扩大形状使其规则化并填充主要凹陷（实时解决方案采用了第一种方法）来达到一定的整理量。然后我们就可以确定形状的质心位置，从而可以使用 HT 算法来判定直线（农作物所在的行）。与一般的 HT 算法相同，在参数空间中积累与输入数据一致的所有可能的参数组合。在这里，这意味着我们会取经过特定农作物中心的所有直线的可能的梯度值，并在参数空间将这些梯度值进行累计。为了找到最有意义的解决方案，按植物面积的比例积累数值是很有用的。此外需要注意的是，如果在任何图像中出现三行农作物，最初都不知道哪一行是哪一种植物，因此每一种植物都应该被允许对所有行的位置进行投票：这自然只有在行间距已知且可以在分析中假定的情况下才能做此假设。但若使用此方法，整个过程对于缺失的农作物以及被误判为农作物的杂草有更强的抵抗力。

图 23-15　颜色在农业应用中的价值。在如图所示的农业场景下，颜色可以帮助我们划分、识别区域。如果应用机器人进行除杂草的话，颜色将会是其区别农作物与杂草的重要依据

图 23-16　阈值化后植物行的透视图。在这个理想化的图案中，杂乱的背景未被显示

该算法通过在应用 HT 之前优先消除图像中的杂草而得到改进。有三种方法可以实现杂草的消除——滞后阈值法、膨胀法和斑点大小过滤法。膨胀法指的是第 3 章中描述的标准形状膨胀技术，在此处用于填充图像中的孔洞。通过斑点面积过滤也是一种合理的方法，因为杂草与成熟之后才移植至地里的农作物相比十分弱小。

滞后阈值法是一种广泛应用的技术，涉及两个阈值水平的使用。在这种情况下，如果强度值大于较大的阈值 $t_u$，则被视为农作物；如果低于较小的阈值 $t_l$，则被视为杂草。如果处于中间水平，且靠近被归类为农作物的区域，也被视为农作物；植物区域被允许按照所需不断扩展，只要连接给定点与真正植物区域（$\geq t_u$）的 $t_l$ 到 $t_u$ 之间存在连续的强度区域即可。应注意的是使用滞后阈值法对整个目标进行分割是不寻常的：更常见的是使用该方法创建相连接的目标的边界（见 5.10 节）。

一旦获得了 HT，就必须分析参数空间以找到最显著的峰位置。正常情况下，正确的峰值毫无疑问——即使参数累加的方法使相邻行的农作物也会影响峰值。原因在于，由于相邻的三行作物对相邻的峰值都有影响，因此参数空间中的投票模式如下：1,1,1,0,0；0,1,1,1,0；0,0,1,1,1——综合考虑后可得 1,2,3,2,1——使真正的中心位置最突出（实际上，位置比这更复杂，因为每行都可以看到几株植物，中心位置因此被进一步扩大了）。然而，如果没有任何农作物，这种情况可能是错误的。因此，帮助 HT 算法获得真正的中心位置是非常有用的。这可以通过使用卡尔曼滤波器（20.8 节）来跟踪先前的中心位置并预测下一个位置，从而消除错误解来实现。Sanchiz 等人（1996）在论文中对这一概念进行了深入研究，在这篇论文中，各个农作物都在可靠的农田地图上被识别，并且系统地考虑了车辆任意随机运动的误差。

### 23.9.1  任务的三维层面

到目前为止，我们假设看到的简单的二维图像详细地再现了真实的三维情况。实际上，情况并非如此。造成这种现象的原因是我们观察农作物所在的行时会倾斜，因此它们看起来像直线，但是视觉变形会移动和旋转它们的位置。只有结合车辆的运动，才能算出完整的位置。实际上，沿着一排排农作物行驶的车辆会表现出不同的速度，并且会受到侧倾、俯仰和偏航的影响。这些运动中的前两个分别对应于沿运动方向和垂直于运动方向绕水平轴的旋转：这两个因素影响不大，在这里将其忽略。最后一个很重要，因为它对应于围绕垂直轴的旋转，并影响车辆的即时运动方向。

为了继续我们的讨论，必须建立三维空间内的点 $(X, Y, Z)$ 与二维图像中的点 $(x, y)$ 的关系。这可以通过通用的变换来实现：

$$T = (t_x, t_y, t_z)^\mathrm{T} \tag{23.9}$$

加上旋转矩阵：

$$\boldsymbol{R} = \begin{bmatrix} r_1 & r_2 & r_3 \\ r_4 & r_5 & r_6 \\ r_7 & r_8 & r_9 \end{bmatrix} \tag{23.10}$$

得到：

$$\begin{bmatrix} X \\ Y \\ Z \end{bmatrix} = \begin{bmatrix} r_1 & r_2 & r_3 \\ r_4 & r_5 & r_6 \\ r_7 & r_8 & r_9 \end{bmatrix} \begin{bmatrix} x \\ y \\ z \end{bmatrix} + \begin{bmatrix} t_x \\ t_y \\ t_z \end{bmatrix} \tag{23.11}$$

透镜投影公式也是相关的：

$$x = fX/Z \tag{23.12}$$

$$y = fY/Z \tag{23.13}$$

这里我们不做全面的分析，仅假设镜头的旋转和俯仰都为 0，并且航向角（相对于农作物行的运动方向）是 $\psi$，并且这个角度很小，我们能够得到 $\psi$ 关于 $t_x$ 的二次方程。这意味着我们可以得到两组满足方程的解。然而，我们很快发现只有一个解符合实际情况，因为错误的解无法在其他特征点处使方程成立。这表明透视投影会导致很高的复杂性——即使可以对几何形状做出限定性极强的假设（比如 $\psi$ 很小）。

### 23.9.2  实时实现

最后，我们发现可以在单个处理器上实现车辆导航系统，该处理器集成了两个特殊的硬件单元——一个颜色分类器和一个链编码器。后者对于边界跟踪后的快速形状分析非常有用。整个系统能够以 10Hz 的速率处理输入图像，这足以进行可靠的车辆导航。更重要的是，其精度在 10mm 和 1° 角的范围内，使得整个导航系统能够应用在模型仅稍微受限的条件下。后来的实现（Marchant 等，1998）做了更彻底的工作，分割了单个农作物（尽管仍不是使用块大小过滤器），获得了最终的 5Hz 采样率——对于农业场景下的实时应用来说已经足够。总之，这个案例研究证明了对杂草进行高精度选择性喷洒是可行的，从而大大减少了卷心菜、花椰菜和小麦等作物所需的除草剂数量。

## 23.10　结束语

本章讨论了将车载视觉系统作为驾驶员辅助系统的一部分的价值，还讨论了如何设计这种系统。这个过程十分重要，因为摄像机一直处在移动当中，所以场景中的所有目标看起来都在移动。因此，很难从中消除背景，也不太容易使用基于运动的分割方法。自然，我们只好采用基于对个别目标进行识别的方法。23.2 节和 23.3 节说明了这一概念不仅适用于道路的定位，也适用于道路标线和路标的定位。这一原则也适用于车辆的定位，但是由于这些车辆的外观不同，有必要用几种不同的方法来定位它们，包括车下的阴影、对称性、车轮和车牌（后者不仅作为唯一的车辆标识符，也作为一般车辆的特征）。有趣的是，虽然车牌提供了一种可能的方法来寻找道路上车辆的方位以及它们的位置，但其结果取决于被观测的车牌和摄像机的相对高度。这意味着，当它们没有被遮挡时，轮胎和车轮的位置可能是更准确的车辆方位指示器。

行人定位问题也是一个挑战——因为人类不是刚性连接的物体，在行走过程中人可能摇摆，且他们往往有独特的外观和服装。所以我们很自然想到用特定的模板对人进行腿部、手臂、头部和身体检测，而不是全身模板。在这里，人体的对称性和肤色也可以被用于检测。所有这些方法都在 23.7 节中进行了研究，并与文献中的结论一致。

本章还包括了将车辆和其他障碍物投射到地平面的平面图的路径规划方法：这对机器人自我运动和导航有一定的影响。它也适用于指导正在用于耕作、选择性喷洒等的农用车辆。这里，同样重要的是要考虑拖拉机或其他车辆在犁过的土地上行驶时所经历的更大程度的侧倾、俯仰和偏航，以及应对这种情况所需的视觉补偿。我们对如何处理这些因素给出了一些说明：有些原则是众所周知的，读者最好查阅论文以了解更多细节。

最后，我们应该指出，尤其是自 2000 年以来，对车载驾驶辅助系统的研究兴趣几乎呈爆炸性增长。下一节将非常详细地研究这一领域的发展，并提供与该领域各个方面相关的单独书目。

> 车载视觉系统必须运用移动摄像机，因此消除静止背景的常规策略变得难以应用。然而，改用直接定位最相关目标的策略可以获得相当大的成功，如道路、路标、道路标线、车辆（例如，通过它们的对称性、阴影、车轮和车牌）和行人（例如，通过它们的腿、胳膊、身体和头部）。地平面的平面视图是对这些方式获得的信息的有益补充。

## 23.11　高级驾驶辅助系统的更多细节及相关书目

如本章前面部分所述，近年来（尤其是自 2000 年以来），对车载视觉系统的研究兴趣几乎呈爆炸性增长。其主要的目的（虽未明说）是用来对驾驶员进行辅助——一个汽车导航的通用术语。1998 年，起初看来对 Bertozzi 和 Broggi 已经在很大程度上解决了这个问题。但事实上，他们给定了太多基本规则，包括借助形态学过滤器找到车道标线，在没有对称性或形状限制的情况下定位障碍物，分析立体图像以找到前方道路上的可通行路段，消除透视效果，在大规模并行硬件架构上快速运行软件以实现该系统，通过电视监控器和控制面板向驾驶员提供反馈信息，在道路上测试该系统，以上所有展示了对阴影、光照条件变化、道路纹理变化和道路上典型运动的鲁棒性。然而，该系统受制于一些基本假设，如道路平坦、道路标线清晰可见；此外，它在很大程度上依赖于立体视觉系统，而立体视觉系统仅在一定范围内有效；而且，它单独处理每对立体图像，不能利用时间相关性。最后，尽管对前方道路的车辆检测从未出过差错，但它有时会检测到错误的障碍物，因为各种图像重新映射过程会产生噪声。

针对这项工作，其他研究人员继续加快发展步伐，力求用基本方略消除不足；有趣的是，许多人放弃了立体视觉方法（这种方法带来了许多复杂因素）。事实上，对人类视觉系统的研究清楚地表明，对于驾驶车辆所涉及的受限任务，立体视觉带来的真正优势很少（即使在工作台上组装陀螺仪或其他仪器时）。我们将在下面再次论述这一点。

首先，Connolly（2009）的发现值得一提，他概括地描述了先进的驾驶员辅助系统（ADAS）将会取得的成果。成功与否主要表现为能够提供车道偏离警告、变道辅助、避免碰撞、自适应巡航控制和驾驶员警戒监控。然而，ADAS 不应该发出太多警告，否则驾驶员可能会烦躁并停用它。这一点很重要：ADAS 应能快速响应，且能使驾驶员放心的同时不使驾驶员过于依赖它。事实上，检测疲劳驾驶是至关重要的，因为大约 30% 的高速公路事故是由于驾驶员疲劳造成的。虽然在眨眼率分析上已经做了很多工作以检测这些情况，但是该方法在检测大脑活跃状态方面并不有效。很明显，视觉系统可以很好地监控驾驶员的行为，特别是监控他的注视方向和是否有明显的疲劳状态。总的来说，ADAS 可以在车道偏离警告和避免碰撞方面做得很好且不会让司机感到烦恼。事实上，如果驾驶员没有意识到即将发生的碰撞，或者不能尽快采取行动，ADAS 应该被允许自主运行。虽然这在原则上可能会引起法律争议，但这并非没有先例，因为防抱死制动系统是经常被使用的。

碰撞有许多原因，其中很大一部分是由于驾驶员的失误，即使疲劳驾驶不是必要因素。由于全神贯注于道路上或道路外的其他事件而看不到车辆或行人，未能充分准确地估计车辆的速度或轨迹，未能判断在当前条件下刹车的速度，以及不知道其他驾驶员打算做什么都是导致事故的原因：这份列表中不包括严重的车辆故障，如不可预测的轮胎爆裂。事实上，所有这些因素都是由于无法及时获得正确信息而造成的。因此，显而易见，视觉在克服这些问题中有很大的作用。虽然雷达、激光雷达、超声波或其他技术可能会有所帮助，但视觉提供的信息种类要多得多，响应速度也要快得多，计算机视觉应该能够足够可靠和快速地应对这种情况。其中主要问题如下：成本是多少？摄像机放在哪里？能否使用足够多的摄像机来确保相关信息？幸运的是，摄像机现在如此便宜，以至于成本——相对于车辆或撞车造成的损失——不再是一个问题。另一方面，真正的问题是相关软件的计算复杂度和运行速度（或者如何使用硬件对该系统进行实现，可参考 Bailey，2011）。因此，在本章的剩余部分，我们主要对复杂的软件方面进行讨论，以及总结自世纪之交以来所取得的成就。

### 23.11.1　车辆检测的发展

一个至关重要的领域是检测其他车辆，特别是超车（Zhu 等，2004；Wang 等，2005；Hilario 等，2006；Cherng 等，2009）。这些论文的最后一篇考虑了驾驶模式，如超车后"插队"，但更微妙的是，涉及两部以上车辆的事件之间的相互作用会导致分心，妨碍采取最佳行动：这是因为并非所有动态障碍都是可预测的；事实上，多个危急情况可能同时发生。这篇论文认为，计算机必须遵循模仿人脑的注意力模式，并周期性地集中精力消除正在经历的各种关键阶段。在这种情况下，必要的动态视觉模型是使用时空注意力神经网络来处理的。Guo 等人（2011）的系统专注于检测前方道路上的车辆，但也能够评估纵向距离信息，从而提供自适应巡航控制（尽管该论文中没有给出精度指示）。注意，该系统使用单目摄像机，因此避免了前面提到的立体系统的困难。

Sun 等人（2004，2006）审查了各种研究人员检测车辆的方法。他们报告了使用对称性、颜色、阴影、角点、水平和垂直边缘、纹理和灯光的基于知识的方法。此外，已经使用了立体和运动方法。他们还报告了模板匹配和基于外观的方法，并指出需要传感器融合来确保提供足够的信息，使车辆检测可靠。他们强调，假设的产生和验证对于获得可靠的解决方案非常重要。总的来说，除了传感器融合，他们没有提供"银弹"解决方案，尽管（从整体上看他们的结论）方法融合似乎更重要。他们发现最严峻的挑战之一是"全天候"行动。特别是，不良照明（尤其是在晚上）和雨雪的结果将影响许多众所周知的车辆检测算法，包括那些基于阴影的算法。虽然原则上，车灯应该提供一种检测车辆的简单方法，但是在黑暗中，它们可能会被证明是令人困惑的，尤其是当雨水浸泡的道路引起反射时。因此，Sun 等人"认为这些线索的适用性有限"。然而在一定条件下，某些方法肯定会不太有效，但是通过动态地使用方法融合，在不同的条件下赋予不同的方法以不同的权重，最终应该可以获得可行的解决方案。虽然人类可能会在没有任何信息的黑暗环境中感到困惑，但很难想象他们会因为下雨、下雪或随机反射，当然也不会因为看不到阴影而无法解决车辆检测问题。

虽然在高速公路上处理超速驾驶问题可能非常复杂，因为两边都有车辆超车，有时还会插队，但解决办法通常是放慢车速，从而将风险降至最低，并将数据速率降低到可管理的水平。然而，与行人打交道的问题要复杂得多。这是因为，与车辆以大致恒定的速度在恒定的方向上行驶相当长一段时间——并且周围有相当多的自由空间——相比，行人是不可预测的，他们有时会在车辆之间横穿马路，有时会违章穿越马路，有时会成群移动，这时行为甚至更不可预测。一个基本问题是，不知道静止的行人何时会突然进入道路，并且其临时加速度会超过大多数车辆的加速度。因此，许多研究人员已经并且正在为行人检测和跟踪推出算法。

### 23.11.2　行人检测的发展

Geronimo 等人（2010）最近对 ADAS 行人检测系统进行了研究。由于这篇文章非常全面，包含 146 篇参考文献，建议读者仔细阅读。尽管如此，这里还是要指出一些有用的观点。他们强调行人在尺寸、姿势、衣服、携带的物品等方面表现出高度的可变性；它们出现在杂乱的场景中，可能被部分遮挡，并且可能处于对比度差的区域；当它们和摄像机都在移动时，必须在动态变化的场景中识别它们；当从不同的方向看时，它们往往看起来完全不同。Geronimo 等人指出，轮廓匹配（如使用倒角匹配技术）被广泛用于检测，但是它需要通过附加的基于外观的步骤来增强（这不是反对轮廓匹配，而是根据上面表达的需要方法融合的想法，使用轮廓匹配作为一个线索——需要方法冗余来稳健地应对包含大量杂波的真实场景）。Geronimo 等人（2010）强调了验证和改进的必要性。有趣的是，他们注意到卡尔曼滤波器（仍然）是迄今为止使用最频繁的跟踪算法——考虑到人行道上、道路周围以及过马路的行人的运动远非稳定运动，这是一个令人惊讶的事实（事实上，当他们绕过障碍物和其他人时，其运动往往是不稳定和不明确的）。最后，Geronimo 等人强调全天候表现的必要性；在这里，他们注意到 NIR（近红外线）成像给出的图片与可见光图像没有什么不同，因此类似的算法可以用于分析。对于通常被称为"夜视"的热（远红外线或 FIR）图像就并非如此了。在任何情况下，后者都会对相对温度做出反应，这有助于区分热目标，包括对于车辆检测行人，但不适于检查大部分背景或诸如路标之类的目标。因此，热成像摄像机需要在白天用可见光摄像机或在夜间用近红外摄像机来支持，因此通常会构成不必要的开支。

Gavrila 和 Munder（2007）描述了一个多线索行人检测系统：在困难的城市交通条件下进行了广泛的实地测试后，他们合理地声称它处于前沿（2007）。四个主要检测模块是基于稀疏立体的 ROI（感兴趣区域）生成、基于形状的检测、基于纹理的分类和使用密集立体的验证，这些模块由跟踪模块补充。事实上，这篇论文建立在早期的工作基础上（Gavrila 等，2004）。其主要贡献是集成到多线索行人检测系统中的方法，以及用于参数设置和系统优化的基于 ROC（基于受试者工作特征）的系统程序。该系统的成功部分归功于使用了一种新颖的基于形状和纹理分类的专家混合体系结构：在这里，我们的想法是获取已知的形状信息，并使用纹理将特征空间划分成可变性降低的区域——这个过程很好地匹配了人类穿着的服装类型。重要的是，使用基于纹理的专家混合并根据形状匹配结果加权的方法被发现优于基于单一纹理分类器的方法。同样值得注意的是（继续）使用倒角匹配进行形状检测，这在 Gavrila 早期的大部分工作中非常突出。

前面说过，立体视觉给视觉系统增加了相当大的复杂性，当大多数被观察的目标都在数米之外时，这对于车载系统来说可能是不合理的。这使得 Enzweiler 和 Gavrila（2009）的综述文章集中于单目行人检测就不足为奇了。该论文还介绍了几种行人检测方法的大量实验比较。除了时间积分和跟踪外，测试的方法包括：（1）基于 Haar 小波的级联；（2）使用局部感受野的神经网络；（3）定向梯度直方图（HoG）和线性 SVM（支持向量机）分类器；（4）基于形状和纹理的组合方法。其中第 4 个随后被忽略，因为它的主要优势是处理速度，这被认为与比较无关。调查发现 HOG 方法优于小波和神经网络方法（22.16 节包含 HOG 方法的简要概述，也解释了为什么它在这类应用中优于小波方法；另见 6.7.8 节）。特别是，在 70% 的敏感度下，相应的假阳性率分别为 0.045、0.38 和 0.86，代表了假阳性的巨大减少因素［这里假设作者使用的术语"检测率"实际上是指"敏感度"（或"召回率"），参见第 14 章］。类似地，在 60% 的敏感度下，HOG 方法的精确度大大提高，特别是相对于神经网络方法。应该强调的是，这些结果适用于行人图像～ 48×96 像素的中间分辨率，而早期行人图像～ 18×36 像素的低分辨率工作导致 Haar 小波是最可行的选择。总的来说，对关键因素实际上是什么似乎有些许疑问。特别是，作者指出"也许数据才是最重要的"，这意味着性能的提高可能至少部分是由于训练集的增加。此外，很大程度上取决于应用的处理约束，对于更严格的约束，Haar 小波方法又回到了自己的状态。然而，像以往一样，很难标准化或指定图像数据，或者更确切地说是图像序列数据，因此该论文无法讲述整个故事。最后应该注意的是，在这个时候，基于形状的检测特别是倒角匹配方法已经消失了，因为它的主要优势是速度，而在这里，识别精度是主要的性能标准。在这一段中，请注意敏感度给出了假阴性率的反向度量，即 1−FN/(TP+FN)，而精确度给出了假阳性率的反向度量，即 1−FP/(TP+FP)。

　　回顾 Curio 等人（2000）的工作——他们使用 Hausdorff 距离而不是倒角匹配来进行模板匹配——他们的注意力集中在分析肢体运动、模拟人类行走和观察人类步态模式上。然而，他们注意到上身的外观变化很大，所以最好将行人检测限制在下身；事实上，这种策略更可靠，计算效率更高。他们还指出，对于穿裙子的女性来说，精确地建模更复杂（同样的情况也必然适用于穿着长袍或雨衣的男人）。总的来说，正如驾驶员不仅要知道行人的运动和步态，而且要知道身体模型一样，这些需要被结合到实际的行人检测算法中，以提供最大的可靠性和鲁棒性。

　　Zhang 等人（2007）在"红外（IR）图像"（这些图像实际上用一台运行在 7 ～ 14μm 光谱范围内的摄像机拍摄的热图像）中对行人检测进行了测试。他们的动机是制造一个能够在夜间工作的系统，尽管他们也注意到许多不受欢迎的活动发生在夜间或相对黑暗的环境中，因此该方法在其他应用中也应该是有用的。他们发现红外图像与可见光图像没有任何不同，因此类似的算法可以用于分析它们。也就是说，没有必要为红外领域发明完全不同的方法。特别是，他们发现边缘提取和 HOG 方法（见 Dalal 和 Triggs，2005）适用于红外图像，同样也适用于增强和 SVM 级联分类方法（Viola 和 Jones，2001）。因此，他们实现了红外图像的检测性能，与可见光的最新结果相当。其根本原因似乎是红外线和可见光导致了类似的轮廓。

### 23.11.3　道路和车道检测的发展

　　Zhou 等人（2006）开发了一种使用单目单色摄像机的车道检测和跟踪系统。他们使用一个可变形的模板模型来初步定位车道标线，用禁忌搜索来寻找最佳位置；然后他们用粒子滤波器跟踪标线。他们的实验结果表明，所得系统对破损车道标线、弯曲车道、阴影、分散注意力的边缘和遮挡具有鲁棒性。Kim（2008）也使用粒子滤波器跟踪车道标线，但使用 RANSAC 进行初始检测。类似地，Mastorakis 和 Davies（2011）使用 RANSAC 进行检测，但为了提高可靠性对其进行了修改，如 10.4 和 23.3 节所述；另见 Borkar 等人（2009）。最后，Marzotto 等人（2010）展示了如何使用 FPGA（现场可编程门阵列）平台实时实现基于 RANSAC 的系统。

　　虽然上述方法适用于通常有明确的车道标线的城市道路，但许多道路，特别是农村地区的道路，缺乏结构和标线，而且道路边界可能被植被覆盖。Cheng 等人（2010）设计了一个系统，能够使用单目摄像机处理结构化和非结构化的道路。为了实现这一目标，他们设计了一种分层车道检测策略，该策略能够使用相当简单的算法实现高精确度。首先，使用利用特征值分解正则化判别分析的高维特征向量对像素进行环境分类；对于非结构化道路，使用均值平移分割，然后从区域边界中选择道路边界候选点；使用贝叶斯规则来选择这些候选点中概率最大的点作为实际边界。当车辆从一种类型的道路移动到另一种类型的道路时，环境分类器表明应该使用不同的算法，以保持准确性。

　　有一种方法可以限制道路和车道的映射方案，即通过选择的摄像机所提供的视角。一般来说，这样可以提供高达～ 45° 的整体视角。事实上，理想的情况是，车载摄像机应该有 360° 的视角，这样从侧面超车的车辆和即将到来的行人就可以被清楚地看到。全向（反折射）摄像机可能是解决这个问题的最佳答案，许多工作者正在积极地追求这种可能性。Cheng 和 Trivedi（2007）测试了一个系统，该系统使用一个全向摄像机来完成车道检测和监视驾驶员头部姿态的双重任务（监视头部姿态的原因是为了检查驾驶员是否意识到道路上的情况）。他们的测试表明，由于这种摄像机的分辨率降低，车道检测的准确性降低了（仅仅）1/3~1/2。因此，在实际应用中应该可以节省传感器的数量。

### 23.11.4　交通标志检测的发展

新千年伊始，大量描述道路交通标志（路标）检测和识别研究的论文发表了，这表明了 ADAS 如今所受的重视程度。Fang 等人（2003）描述了一种利用神经网络根据路标的颜色和形状来检测和跟踪路标的系统，考虑的形状包括圆形、三角形、八边形、菱形和矩形。初始检测发生在一定的距离内，在这个距离内，路标看起来很小而且相对没有失真，然后使用卡尔曼滤波进行跟踪。在每一段距离上，由于投影变形的增加，都会适当考虑尺寸和形状的变化，当一个潜在的标志变得足够大时，系统会验证它是一个路标或者丢弃它。该论文没有讨论实际的识别，但是据说检测和跟踪是准确和鲁棒的：尽管在单台 PC（个人计算机）上速度较慢，但是神经网络可以方便地在其他处理器上并行运行。Fang 等人（2004）的一篇相关论文描述了在这种应用中使用的神经网络的类型。Kuo 和 Lin（2007）描述了一个类似的系统，同样涉及神经网络的使用。后一篇论文利用了大量的图像在检测阶段的结构分析，如使用角点检测、HT 和形态学。De la Escalara 等人（2003）描述了一个系统，该系统使用颜色分类开始分析，使用遗传算法缩小搜索范围，并使用神经网络进行标志分类。

McLoughlin 等人（2008）描述了道路标志检测以及"猫眼"检测方面的实际工作。他们的目标是评估道路标志的质量，而不是使用它，为此，他们将这些标识与 GPS 信息联系起来。他们特别关注路标的反射率方面，能够检测出有缺陷的路钉和路标。他们的系统是完全自主的，因此该方法在很大程度上可以转移到 ADAS。

Prieto 和 Allen（2009）描述了一种基于视觉的系统，用于使用自组织映射（SOM）——一种神经网络——来检测和分类交通标志。他们采用了两阶段的检测过程，首先通过分析图像中红色像素的分布来检测潜在的路标，然后根据中心象形图中黑色像素的分布来识别路标。HT 方法和其他结构分析方法被避开，因为它们对于（高效的）实时操作来说操作速度太慢，所以采用了 SOM 方法。为了实现对象形图的识别，它被分成 16 块，以三角形的形式排列（或发现的特定符号具有的任何形状）。人们发现有必要使标志区域的亮度正常化。用于该应用的嵌入式机器视觉的硬件是由 FPGA 和 SOM 的数字实现混合组成。实验表明，该系统具有良好的性能，能够容忍路标的位置、尺度、方向和部分遮挡的实质性变化，并且至少可以在彩色环绕和黑白象形图上的模型内进行训练。有关 SOM 和混合实现的更多详细信息，请参见原始论文和其中提到的参考文献。

Ruta 等人（2010）已经开发了一种基于颜色距离变换而非神经网络的系统，并结合了最近邻识别系统。颜色距离变换实际上是一组三个距离变换，每个颜色对应一个（RGB）。如果在测试过程中没有一种特定颜色，则将其最大距离设置为 10 像素，以避免混淆系统。测试颜色距离变换对各种条件的依赖性，如强入射光、反射和深阴影，并发现它对大量光照变化具有很强的鲁棒性。也许更重要的是，它对仿射变换的影响是合理不变的，而移动的摄像机会受到仿射变换的影响。这几乎是可以肯定的，因为当畸变发生时，倒角匹配会发生很好的退化，所以任何模板（边缘）位置的距离都会随着畸变程度的变化而逐渐增加。与其他方法相比，该方法的分类正确率较高，HOG/PCA 的分类正确率为 22.3%，Haar/AdaBoost 分类正确率为 62.6%，HOG/AdaBoost 分类正确率为 74.5%，使用颜色距离变换的新方法分类正确率为 74.4%。新方法的主要竞争对手 HOG/AdaBoost 提供了一个优雅的解决方案，但比新方法复杂得多，并在任何实际意义上都没有优于新方法。因此，这种新方法似乎很好适合它所设定的任务。

### 23.11.5  路径规划、导航和自我运动的发展

车辆导航与自我运动的研究可以追溯到 1992 年（Brady 和 Wang，1992；Dickmanns 和 Mysliwetz，1992），而自动视觉引导车队可以追溯到类似的时期（Schneiderman 等，1995；Stella 等，1995）。Kanesalingam 等人（1998）和 Kortenkamp 等人（1998）讨论了移动机器人和路径规划的必要性。随后，Desouza 和 Kak（2002）进行了一项调查：另见 Davison 和 Murray（2002）。户外车辆的导航，特别是道路导航，已经经历了飞速的发展。例如，参见 Bertozzi 和 Broggi（1998）、Guiducci（1999）、Kang 和 Jung（2003）以 及 Kastrinaki 等 人（2003）。Zhou 等人（2003）研究了老年行人的情况——尽管很清楚这些工作也可能与盲人或轮椅使用者相关。Hofmann 等人（2003）提出，视觉和雷达可以有效地结合使用，以将视觉的良好空间分辨率和雷达的精确距离分辨率结合起来。

尽管取得了明显的成功，但在日常使用中，全自动视觉车辆导航系统的数量仍然有限。主要的问题似乎是在"全天候"情况下，信任该系统所需的鲁棒性和可靠性似乎存在潜在的不足——尽管对于一个用于控制而不仅仅是用于车辆监控的系统来说，这也是合法的。

## 23.12  问题

1. 检查通过图 23-14C 所示迷宫的路径是否最佳：（1）通过手工计算；（2）通过计算机计算。确认其他几种路径也是最佳的。通过将任意像素的水平和垂直相邻像素取为 2 个单位，将对角相邻像素取为 3 个单位，获得更准确的结果。

# 结语——计算机视觉展望

## 24.1　导言

前面的章节已经涉及了许多与视觉有关的主题——如何处理图像以消除噪声，如何检测特征以及如何根据特征定位物体；还对如何设置照明以及如何选择快速硬件系统提出了深刻见解，如用于自动视觉检测。这个主题已经发展了 40 多年，并且已经走过了很长的路。然而，它是零碎而不是系统地发展起来的。通常情况下，发展是由小部分研究人员的特殊利益驱动的，而且是相对特殊的。另外，算法、过程和技术都受到各种研究人员创造力的限制：设计过程往往是直观的而不是系统的，所以往往不够严谨。因此，有时还没有为实现特定目标而设计的方法，但通常有一些不完善的方法可用，并且在它们之间进行选择的科学依据是有限的。

所有这些都提出了一个问题：如何才能使这门学科有一个更坚实的基础。时间可能会有所帮助，但时间也会让事情变得更加困难，因为需要考虑更多的方法和结果。在任何情况下，对现有技术水平进行理智的分析都没有捷径。本书的目的是在每个阶段进行一定程度的分析；但在最后一章中，我们将它们联系在一起分析，就方法论进行一些总结陈述，并指出未来可能采取的方向。

计算机视觉是一门工程学科，像所有这类学科一样，它必须以科学和对基本过程的理解为基础。然而，作为一门工程学科，它应该涉及基于规范的设计。一旦规定了视觉系统的规范，就可以看出它们是如何与自然和技术提供的约束相匹配的。在下文中，我们首先考虑视觉系统规范的相关参数，然后考虑关于约束和起源的问题，这就引出了一些关于如何进一步发展这门学科的线索。

然而，对于上述思维方式有一个重要的警告：到本章末尾，我们将会清楚地看到，一系列令人印象深刻、功能强大的深度学习架构的出现实际上带来了一场重大的颠覆——因此，有必要对未来计算机视觉的方式进行彻底反思。

## 24.2　机器视觉中的重要参数

对任何工程设计的第一个要求就是有效！这不仅适用于视觉系统，也适用于工程的其他部分。显然，设计找不到边的边缘检测器、找不到角的角检测器、并不细的细化算法、找不到物体的三维物体检测方案等，都是没有用的。但是这些方案会以何种方式失效呢？即使我们忽略了噪声或伪像阻碍算法正常运行的可能性，仍然存在某个阶段没有考虑到重要的基本因素的可能性。

例如，边界跟踪算法可能会出错，因为它会遇到边界的一部分只有一个像素宽，并且是交叉的，而不是连续的。细化算法可能会出错，因为在设计中没有考虑到每个可能的局部模式，进而导致骨架断开。三维物体检测方案可能会出错，因为没有进行适当的检查来确认一组观察到的特征是否共面。当然，这类问题可能很少出现（也就是说只在使用高度特定类型的输入数据时），这就是为什么设计错误在一段时间内不会被注意到。通常，可能性的数学运算或枚举可以帮助消除这些错误，因此可以系统地消除问题。但是，没有错误的绝对正确是很难实现的，并且计算机程序中的转录错误也可能导致问题。这些因素意味着应该对算法进行大量数据集的广泛测试，以确保它们的正确性，或者至少包含足够稳健的水平。对算法进行这种类型的多样化测试是无可替代的，可以检验出"显然"正确的想法。这一明显的事实仍然值得一提，因为在实践中有可能不断出现愚蠢的错误。

在这个阶段，想象一下，我们有一系列算法都可以在理想数据上获得相同的结果，并且它们确实有效。下一个问题是批判性地比较它们，特别是要找出它们如何对真实数据以及伴随数据的噪声等令人讨厌的现实做出反应。这些令人讨厌的现实可以概括如下：

1）噪声。

2）背景杂波。

3）遮挡。

4）物体缺陷和破损。

5）光学和透视失真。

6）不均匀的照明及其影响。

7）杂散光、阴影和闪烁的影响。

通常，算法需要有很好的鲁棒性以克服这些问题。但是，在实践中事情并不是那么简单。例如，HT和许多其他算法能够正常运行并检测物体或特征，尽管有一定程度的遮挡。但是允许多少遮挡？或者有多少扭曲、噪声，或者其他令人讨厌的现实是否可以容忍？在每一种具体情况下，我们都可以说明一些涵盖各种可能性的数字。例如，我们可能会说，一个直线检测算法必须能够容忍50%的遮挡，因此，一个特定的HT实现能够（或不能够）实现这一点。然而，在这个阶段我们以很多数字结尾，而这些数字本身可能没有什么意义，特别是它们看起来不同并且不兼容。事实上，后一个问题可以在很大程度上被消除：每个缺陷都可以想象为消除一定比例的物体（在脉冲噪声的情况下，这是显而易见的；对于高斯噪声，等价性不是那么清楚，但我们假设至少在原则上可以计算出等价性）。因此，我们最终通过建立特定数据集中的伪像来消除所有物体一定占比的面积和周长，或消除所有小物体的一定占比。显然，某些令人讨厌的现实（如光学失真）往往会降低精度，但我们在这里集中讨论物体检测的鲁棒性。考虑到所有这些评论，我们现在可以进入下一阶段的分析。

要进一步研究，有必要为特定的视觉算法的设计建立完整的规范。该规范如下（但一般性是通过不说明任何特定的算法函数来维持的）：

1）算法必须在理想数据上工作。

2）算法必须处理由伪像损坏的$x\%$的数据。

3）算法必须符合$p$像素精度。

4）算法必须在几秒钟内运行。

5）算法必须是可以训练的。

6）算法必须以每$d$天小于1的故障率实施。

7）实现该算法所需的硬件的成本必须低于$L$元。

（规范6中提到的故障率通常可以被认为主要是由硬件问题引起的，下面将忽略它。）

上述规范可能在技术（特别是硬件）发展的任何阶段都无法达到；这是因为它们的措辞很严谨，所以不能妥协。但是，如果给定的规范接近其可实现性的极限，那么切换到另一种算法是可能的——但是请注意，由于潜在的技术或自然约束，一些或全部相关算法可能受到几乎相同的限制；或者可以调整一个使该规范保持在范围内的内部参数，而使另一个规范逼近其极限值。一般来说，会有一些严格的（不可协商的）规范和其他一些可以接受的妥协方案。正如在本书各章所看到的那样，这导致了权衡的可能性 —— 下一节将讨论这个主题。

## 24.3 权衡

权衡是算法最重要的特征之一，因为它们允许一定程度的灵活性，只受限于事物性质的可能性。理想情况下，理论阐述的权衡提供了关于可能性的绝对陈述，因此，如果一个算法接近这些极限，那么它可能是尽可能"好"的。

接下来，存在关于在权衡曲线上的哪个位置应该使算法运行的问题。在许多情况下，权衡曲线（或曲面）受到严格的限制。然而，一旦确定了最佳工作点在这些限制内的某个位置，那么在一个连续统一体中，选择一个判别函数是合适的，由此可以唯一地找到最优值。每个案例的细节会有所不同，但关键的一点是，最佳值必须存在于一个权衡曲线上，并且一旦曲线已知，就可以系统地找到它。显然，所有这一切都意味着已经充分研究了相关情境，以便确定权衡。我们将在下面的小节中进一步说明这一点，这些小节可能在第一次阅读时被忽略。

### 24.3.1 一些重要的权衡

本书前面的章节已经揭示了一些相当重要的权衡，这些权衡不仅仅是相关参数之间的任意关系。在这里，作为总结，几个例子就足够了。

首先，在第5章中，发现DG边缘算子只有一个基本设计参数，即算子半径$r$。这里忽略了离散格在给出$r$的优先值时的重要作用，发现：

1）由于潜在的信号和噪声平均效应，信噪比随着$r$线性变化。

2）分辨率与$r$成反比，因为图像中的相关线性特征在邻域的活动区域上取平均值——边缘位置的测量尺度由分辨率给出。

3）边缘位置（在当前尺度下）的测量精度取决于邻域像素数的平方根，因此随$r$变化。

4）计算负载和相关硬件成本通常与邻域内的像素数成正比，因此随$r^2$的变化而变化。

因此，算子半径带有四个密切相关的性质——信噪比、分辨率（或尺度）、精度和硬件/计算成本。

另一个重要问题是圆心的快速定位（第10章），在这种情况下，鲁棒性被视为对可以容忍的噪声或信号失真的量度。对于基于HT的方案，噪声、遮挡、失真等都会降低参数空间中的峰值高度，从而降低信噪比并降低精度。此外，如果原始信号的$\beta$部分被移除，留下$\gamma = 1 - \beta$，或者通过这种失真或遮挡，或者通过有意的采样过程，那么中心位置的独立测量的数量下降到最优值的$\gamma$部分。这意味着中心位置估计的精度下降到最优值的$\sqrt{\gamma}$附近。

重要的是，采样的效果与信号失真的效果基本相同，因此必须忍受的失真越多，采样总信号的比例$\alpha$越高。这意味着，随着失真水平的增加，抵抗采样的能力降低，因此从采样中获得的速度增益会降低。也就是说，对于固定的信噪比和精度，确实存在鲁棒性与速度之间的权衡。另外，这种情况可以被视为精度、鲁棒性和处理速度之间的三方关系。这为我们提供了一个有趣的视角，帮助我们了解如何将前面考虑的边缘算子权衡推广开来。

为了强调研究这种权衡的价值，请注意，任何给定的算法都有一组特定的可调参数，这些参数是用来控制的，因此会导致已经提到的处理速度、信噪比和可达到精度等重要参数之间的权衡。最终，这种实际上可以实现的权衡（即由给定算法产生的权衡）应该与纯粹理论上可能推断出的权衡相对照。这样的考虑将表明是否存在比当前正在检查的算法更好的算法。

### 24.3.2　两阶段模板匹配权衡

在本书中，两阶段模板匹配已经被多次提到，通常缓慢的和计算密集型的模板匹配过程通过该方法可以加快。它涉及寻找容易识别的子特性，因此定位最终要查找的特性只涉及消除错误警报这一次要问题。这种策略有用的原因是，它在第一阶段消除了大部分原始图像数据，因此只剩下相对简单的测试过程。然后可以根据需要使后一个过程尽可能严格。相比之下，第一个"略读"阶段可能相对粗糙，主要标准是不能消除任何期望的特征：允许假阳性但不允许假阴性。然而，整个两阶段过程的效率自然受到第一阶段抛出的虚警数量的限制（请注意，21.4 节中描述的 Boosting 技术也会产生类似的原理，另请参见图 21-5）。

假设第一阶段的阈值为 $h_1$，第二阶段的阈值为 $h_2$。如果 $h_1$ 设置得非常低，那么该过程将恢复到正常的模板匹配情况，因为第一阶段不会消除图像的任何部分。事实上，最初设置 $h_1=0$ 是有用的，因此，$h_2$ 可以调整到正常工作值。然后，可以增加 $h_1$ 以提高效率（减少总体计算量）；当假阴性开始发生时，一个自然的限制就出现了——一些期望的特征未被定位。现在 $h_1$ 的进一步增加具有减少可用信号的效果，尽管速度会继续增加。这清楚地给出了信噪比以及定位的精度和速度之间的权衡。

在由 HT 定位物体的特定应用中，随着 $h_1$ 的增加，定位的边缘点数量减少，物体定位的准确性随之降低（Davies，1988f）。然后使用判别函数来确定最佳工作条件。一个合适的判别函数是 $C = T/A$，其中，$T$ 是总执行时间，$A$ 是可达到的准确度。虽然这种方法提供了有用的最优解，但如果使用常规两阶段模板匹配和随机采样相结合的方法，可以进一步提高最优解的精度。这将问题转化为具有可调参数 $h_1$ 和 $u$（随机采样系数，等于 $1/\alpha$）的二维优化问题。然而，实际上，这类问题比迄今为止所指出的还要复杂得多：一般来说，这是一个三维优化问题，相关参数为 $h_1$、$h_2$ 和 $u$，尽管实际上，先调整 $h_2$，然后再共同优化 $h_1$ 和 $u$，或者先调整 $h_2$，然后调整 $h_1$，再调整 $u$，都可以得到较好的全局最优逼近（Davies，1988f）。进一步的细节超出了本讨论的范围。

## 24.4　摩尔定律的作用

我们已经不止一次指出，限制算法的约束和权衡有时不是偶然的，而是潜在的技术或自然约束的结果。如果是这样，在尽可能多的情况下确定这一点很重要；否则，工作人员可能花费大量时间在算法开发上，却发现他们的努力一再受挫。通常，这说起来容易做起来难，但它强调了对基本面进行科学分析的必要性。

众所周知，摩尔定律（Noyce，1977）与计算机硬件有关，它指出，可以集成到单个集成电路中的元件数量每年增加约一倍。当然，1959 年之后的 20 年是如此，尽管这个比率随后有所下降（然而，这不足以阻止增长保持近似指数级别）。推测摩尔定律的准确性并不是本章的目的。但是，假设在可预见的未来，计算机内存和功率将以每年接近两倍的速度增长，这是有益的。同样，在可预见的未来，计算机的速度也可能以这个速度增长。然而什么时候轮到视觉呢？

不幸的是，诸如搜索之类的许多视觉过程本质上是 NP 完全的，因此需求计算随着一些内部参数（如匹配图中节点的数量）呈指数增长。这意味着技术的进步只能给这个内部参数提供大致线性的改进（就像匹配图中每两年多出一个节点），因此，它不能解决主要的搜索和其他问题，而仅仅是缓解问题。

撇开 NP 完全不谈，我们常常可以乐观地认为，摩尔定律所描述的计算机能力的不断进步，正在引领一个传统个人计算机将能够处理相当比例视觉任务的时代。当然，如果与专门设计的算法结合使用，就可以这种方式实现许多更简单的任务，从而使视觉系统设计人员的生活轻松一些。

## 24.5　硬件、算法和过程

前一部分提出希望：硬件系统的改进将成为开发令人印象深刻的视觉功能的关键。然而，在此之前，视觉算法似乎也需要突破。我的看法是，除非机器人能够以小孩子的方式玩弄物体和材料，否则它们将无法建立足够的信息和必要的数据库来处理真实视觉的复杂性。现实世界太复杂了，无法将所有规则都公开写下来：这些规则必须通过单独训练每个大脑来内化。在某些方面，这种方法更好，因为它更加灵活、适应性更强，同时更有可能纠正在直接传输大型数据库或程序时可能出现的错误。我们也不应忘记，重要的是视觉和智力的基本过程：硬件仅仅提供了一种实施手段。如果一个想法是针对视觉问题的硬件解决方案而设计的，那么它反映了一个基本的算法过程，这个算法要么是有效的，要么是无效的。一旦它被认为是有效的，那么可以分析硬件实现以确认其实用性。但是，我们不能将算法从硬件设计中分离出来，最后有必要对整个系统进行优化，这意味着要同时考虑两者。理想情况下，在硬件解决方案被冻结之前，首先应该考虑基本过程。硬件不应该成为驱动力，因为存在某种类型的硬件实现（特别是新兴的和有前景的）让工作人员对基本过程视而不见的危险。从串行管道到 SIMD（单指令流多数据流）、VLSI（超大规模集成电路）、ASIC（专用集成电路）到 FPGA（现场可编程门阵列），包括现在使用非常频繁的 GPU（图形处理单元）等，许多易于设计的硬件体系结构受到限制，体现出低级视觉能力而不是高级功能。硬件不应该成为本末倒置的决定因素。

## 24.6　选择表达形式的重要性

本书从低级思想到中级方法，再到高级处理，涵盖三维图像分析、必要技术等方面的内容——无可否认，本书以详细的例子和重点来阐明了这些内容。许多想法已经被涵盖，并描述了许多策略及方法。但是，我们已经做到了什么程度？在多大程度上解决了第 1 章提及的视觉问题呢？

所有视觉问题中最糟糕的是最小化实现特定图像识别和测量任务所需的处理量。图像不仅包含大量的数据，而且往往还需要在相当短的时间内进行解释，而潜在的搜索和其他任务往往会受到组合爆炸的影响。然而，回想起来，我们似乎没有多少通用的工具来处理这些问题。实际上，真正可用的通用工具——忽略高级处理方法，如 AI 树搜索——似乎是：

1）将高维度问题简化为可以依次解决的低维度问题。

2）霍夫变换和其他索引技术。

3）特征的位置在某种意义上是稀疏的，因此可以帮助快速减少冗余（这些特征的明显例子是边和角）。

4）两阶段和多阶段模板匹配。

5）随机采样。

这些工具被称为通用工具，因为它们在不同的情况下以不同的形式出现，数据完全不同。然而有必要问一下，这些工具在多大程度上是真正的工具，而不是减少计算的偶然手段（或技巧）。正如现在所看到的，进一步的分析可以为这个问题提供有趣的答案。

首先，考虑霍夫变换，该变换采用多种形式，包括抽象参数空间中直线的正规参数化，在与图像空间一致的空间中参数化的 GHT，抽象二维参数空间中参数化的自适应阈值变换（第 4 章），等等。这些形式的共同之处在于选择一种表达形式，其中数据在不同点自然达到峰值，从而可以提高分析效率。现在与上述第 3 项的关系变得清晰了，使得这些程序中的任何一个都不太可能纯粹是偶然的。

接下来，第 1 项以多种形式出现——可参见用于定位椭圆的方法（第 10 章）。因此，第 1 项与第 4 项有很多相同之处。还要注意的是第 5 项可以被认为是第 4 项的一个特例（随机采样是两阶段模板中第一阶段"无效"匹配的一种形式，能够以特别高的效率消除大量输入模式，参见 Davies，1988f）。最后请注意，24.3.2 节中所述的所谓两阶段模板匹配的例子实际上是一个更大问题的一部分，这个问题实际上是多阶段的：边缘检测器是两阶段的，但是它被包含在 HT 中，HT 本身又是两阶段的，这使得整个问题至少是四阶段的。现在可以看到，第 1～5 项都是多阶段匹配（或者序列模式识别）的形式，这可能比单阶段方法更强大和有效。附录 A 中得出了类似的结论，其中涉及稳健统计及其在机器视觉中的应用。

上述讨论清楚地提出了如何将复杂任务分解为最合适的多阶段过程，以及选择最适合稀疏特征定位的表达问题。同时，在研究视觉算法的表达时，我们需要意识到，*所有表达都会在系统上施加它们自己的顺序*：一段时间内，这可能是一个很好的强制措施，但最终可能会变成一个可怕的限制，超过其"保质期"（这是在边界编码的旧的链式编码表达以及形状分析的质心轮廓方法中发生的情况）。

## 24.7　过去、现在和未来

从某种意义上说，这样一本书的内容必须集中在明确的主题上，事实上，作者的责任是提供确定的而不是昙花一现的信息，因此必须集中在过去。然而，一本书也必须关注基本原则，这些原则必须从过去延伸到现在和未来。不同之处在于，只有在未来才会为人所知的原则是不可能包括在内的。在这里，一个健全的框架加上目前的困难和尚未解决的问题，至少可以使读者对将来的任何原则有所准备。事实上，本书已经解决了它自己设置的一些缺陷——从底层处理开始，集中于策略、限制以及中间层处理的优化，然后处理更高层次的任务，并试图创建对底层视觉过程的认识。与此同时，目前有许多令人关注的发展将被证明在未来更令人瞩目。因为这门学科经过了过分注重硬件和绝对效率的阶段，已经把重点放在扩展效能和能力的重要需求上。此外，过去十年左右的发展，已经使这门学科从一个特殊的时代进入数学精确和概率表达的时代。因此，无论预期实现何种愿景，都要用数学定义并转化为严格实现的估计量来表示。对具有大量描述符的新的不变特征检测器来说，更明确的一点是，它使得三维解释和运动跟踪变得更容易实现。这一切都意味着，基于视觉的驾驶员辅助系统等异乎寻常而迫切需要的应用能够问世，并且可以预测，只要我们和法律体系允许，这些应用程序就有可能在不久的将来与我们同在。

只有傻瓜才会做出轻率的预测（人工智能领域的许多预测在过去 40 多年里一直难以捉摸），但如果这些原则是明确的，情况就不同了。如今，对很多视觉工作者来说，这些原则是显而易见的；事实上，最新视觉算法和最新计算机的实施能力的迅速发展和成熟令我们欣喜，因此，这种势头开始让我们很容易估算出各种发展将在何时发生——一种情况即推进各种类型的视频分析，应用领域从运输到犯罪检测和预防，更不用说人脸识别、生物识别技术和机器人技术。希望本书能够传达当前和未来发展背后的一些令人兴奋之处，以及了解其基础的一些手段。

## 24.8 深度学习探索

本章的前几节着重讨论了计算机视觉发展道路的传统观点，其中创造力、设计和科学优化需要携手并进。然而，在 2011—2012 年，深度学习在计算机视觉领域以惊人的速度发展，这表明只要我们暂时放弃对纯科学分析的思考，这个课题就可以进一步推进。实际上，这种刺激带来了一个有力的存在定理，显示了一些不容忽视的东西——然而，我们作为科学家可能会产生疑虑（因为我们不知道通过自身学习而不是由"适当"算法引导，神经系统实际上是如何运行的）。然而，众所周知，科学的进步是分阶段的，首先是实践的进步，然后是理论的进步，再是实践的进步，然后是现象学模型，等等。仅仅因为我们在这个时间点还没有达到理想的理论阶段，并不一定是一件坏事，相信所需的理论将在几年内出现。事实上，所需要的是来自各种应用领域的大量实验数据，以便我们能够对可能的事物进行概括，并就深度网络在计算机视觉领域的真实能力和适当角色得出合理的科学结论。

尽管本章将关注点放在权衡和优化上，但也涉及更深层次的问题，比如找出如何为图像数据制定有效规范，在视觉算法中需要什么样的表达，以及后者如何将整个过程分解为可行的子过程。还有一些关于如何设置视觉算法以严格估计关键参数的问题——这是一个直接关系到可靠性、鲁棒性和适用性的因素。除此之外，这个快速成熟的学科还有令人兴奋的新应用。

然而，新的深度学习网络似乎改变了这一切。在性能上它们的表现令人印象深刻。最终的问题是，它们是否能够充分体现必要的科学方法，以使我们能够确信其内部工作是完全可靠的，而且这些隐藏的工作并不妨碍我们获得对在理想情况下如何构建任何总体视觉算法的足够严格的观点。

## 24.9 书目和历史注释

本章的大部分内容总结了前几章的工作，并试图给出一些观点。本章特别强调了两阶段模板匹配：Rosenfeld 和 VanderBrug（1977）、VanderBrug 和 Rosenfeld（1977）对此问题进行了最早的研究，而 Davies（1988）提出了 24.3.2 节的观点。两阶段模板匹配重提了第 11 章中讨论的空间匹配滤波概念。最终，该概念受到待检测物体可变性的限制。然而，滤波器掩模的设计（参见 Davies，1992d）中也考虑了这个问题。还应该指出，这一主题是高度成型的，尽管它是在模板匹配的背景下发展起来的，但是在整个主题中可以看到它的影子和对它的反思：人们会问，一个新算法是怎样将视觉分析分解成一组高效的子流程，以及它们是怎么表示的，以便了解这个概念的影响。

# 推 荐 阅 读

## 计算机视觉：模型、学习和推理

作者：[英]西蒙 J.D. 普林斯（Simon J. D. Prince）著　译者：苗启广 刘凯 孔韦韦 许鹏飞 译
书号：978-7-111-51682-8　定价：119.00元

"这本书是计算机视觉和机器学习相结合的产物。针对现代计算机视觉研究，本书讲述与之相关的机器学习基础。这真是一本好书，书中的任何知识点都表述得通俗易懂。当我读这本书的时候，我常常赞叹不已。对于从事计算机视觉的研究者与学生，本书是一本非常重要的书，我非常期待能够在课堂上讲授这门课。"

—— William T. Freeman，麻省理工学院

本书是一本从机器学习视角讲解计算机视觉的非常好的教材。全书图文并茂、语言浅显易懂，算法描述由浅入深，即使是数学背景不强的学生也能轻松理解和掌握。作者展示了如何使用训练数据来学习观察到的图像数据和我们希望预测的现实世界现象之间的联系，以及如何如何研究这些联系来从新的图像数据中作出新的推理。本书要求最少的前导知识，从介绍概率和模型的基础知识开始，接着给出让学生能够实现和修改来构建有用的视觉系统的实际示例。适合作为计算机视觉和机器学习的高年级本科生或研究生的教材，书中详细的方法演示和示例对于计算机视觉领域的专业人员也非常有用。